计 算 机 科 学 丛 书

RISC-V版

数字设计
和计算机体系结构

[美]　莎拉·L. 哈里斯（Sarah L. Harris）　著
　　　戴维·哈里斯（David Harris）

张功萱　周俊龙　刘冬梅　孙晋　译

Digital Design and Computer Architecture
RISC-V Edition

机械工业出版社
CHINA MACHINE PRESS

注意

本书涉及领域的知识和实践标准在不断变化。新的研究和经验拓展我们的理解,因此须对研究方法、专业实践或医疗方法作出调整。从业者和研究人员必须始终依靠自身经验和知识来评估和使用本书中提到的所有信息、方法、化合物或本书中描述的实验。在使用这些信息或方法时,他们应注意自身和他人的安全,包括注意他们负有专业责任的当事人的安全。在法律允许的最大范围内,爱思唯尔、译文的原文作者、原文编辑及原文内容提供者均不对因产品责任、疏忽或其他人身或财产伤害及/或损失承担责任,亦不对由于使用或操作文中提到的方法、产品、说明或思想而导致的人身或财产伤害及/或损失承担责任。

北京市版权局著作权合同登记　图字:01-2022-3149 号。

图书在版编目(CIP)数据

数字设计和计算机体系结构:RISC-V 版 /(美)莎拉·L. 哈里斯(Sarah L. Harris),(美)戴维·哈里斯 (David Harris) 著;张功萱等译 . -- 北京:机械工业出版社,2024.9. --(计算机科学丛书). -- ISBN 978-7-111-76737-4

I. TN79;TP303

中国国家版本馆 CIP 数据核字第 2024CH4827 号

机械工业出版社(北京市百万庄大街 22 号　邮政编码 100037)

策划编辑:曲　熠　　　　　　　　责任编辑:曲　熠
责任校对:王小童　张雨霏　景　飞　责任印制:任维东
天津嘉恒印务有限公司印刷
2025 年 1 月第 1 版第 1 次印刷
185mm×260mm · 30.5 印张 · 778 千字
标准书号:ISBN 978-7-111-76737-4
定价:119.00 元

电话服务　　　　　　　　　　　网络服务
客服电话:010-88361066　　　　机 工 官 网:www.cmpbook.com
　　　　　010-88379833　　　　机 工 官 博:weibo.com/cmp1952
　　　　　010-68326294　　　　金 书 网:www.golden-book.com
封底无防伪标均为盗版　　　　　机工教育服务网:www.cmpedu.com

众所周知，数字逻辑设计（计算机逻辑基础）、计算机组成原理、计算机体系结构、微机接口技术、嵌入式系统等课程是计算机专业系统能力培养的核心课程。数字逻辑设计是基础，计算机组成原理则承上启下。本书的独特之处在于将两个课程知识体系有机地融合为一体，从计算机体系结构的角度介绍数字逻辑设计基础知识，从基本的二进制数开始，详细讨论 RISC-V 微处理器的设计原则、技术与方法。

本书是在 MIPS、ARM 版本的基础上推出的新版本——RISC-V 版本。RISC-V 是一个基于 RISC 原则的全新开源指令集体系结构（ISA），"V"代表它是从 RISC-I 开始设计的第五代指令集体系结构。该体系结构最早由美国加利福尼亚大学伯克利分校的 Krste Asanović 教授、Andrew Waterman 和 Yunsup Lee 等开发人员于 2010 年提出，现在 RISC-V 指令集已经作为计算机软硬件接口的一种说明和描述规范，并开放给用户免费使用和拓展。它的层次化、规整化和模块化特性为当前开发兼容的 RISC-V 处理器提供了极大支撑。

虽然本书书名含有"计算机体系结构"，但实质上是一本关于计算机组成原理与设计的优秀教材，基于"利于简单设计的规整性原则、利于常用功能的快速执行原则、利于快速访问的空间量少原则、利于上品设计的上佳折中原则"这四个设计原则，完整地讨论了 RISC-V 处理器的单周期、多周期及流水线三种不同微体系结构的设计过程与实现方法，利于读者深度理解和掌握计算机处理器（CPU）设计的精髓，做到"知其然并知其所以然"。此外，本书内容丰富，并配有大量的实用示例和习题。我们希望 RISC-V 版中译本的出版，能够推动计算机硬件（芯片）的自主研发工作更上台阶，为我国计算机软硬件的建设和提升发挥积极作用，也希望广大师生和专业研究人员及其他读者通过本书的学习能受益匪浅。

感谢机械工业出版社华章分社一直关注这本经典教材的引进和中译本的出版工作，并为我们提供了这次宝贵的机会，感谢曲熠等编辑仔细审校翻译稿，为翻译工作提出了大量建设性的意见。

RISC-V 版共有 9 章，第 1 章、第 2 章、第 3 章由刘冬梅翻译，第 4 章、第 5 章由孙晋翻译，第 6 章、第 7 章由张功萱翻译，第 8 章、第 9 章由周俊龙翻译，全书由张功萱、周俊龙统稿与审定。

译者团队成员都有海外留学、访学和工作的经历，并长年从事计算机逻辑基础、计算机组成原理、计算机系统结构、嵌入式系统等专业课程的教学工作，在原书的基础上融入了许多教学心得、体会及理解，力求精准、顺畅地表达原文的意思。但仍难免存在一些遗漏、翻译不当和理解不妥的地方，恳切欢迎广大同行和读者批评指正。我们的邮箱是 gongxuan@njust.edu.cn 或 jlzhou@njust.edu.cn。

译者

2024 年 6 月于孝陵卫

这本书的独特之处在于从计算机体系结构的角度介绍数字逻辑设计，从基本的二进制数开始介绍，直到完成微处理器的设计。

我们一直坚信，构建一个微处理器是电子工程和计算机科学专业的学生求学生涯中一段特殊且重要的旅程。对于外行而言，处理器内部的工作原理几乎像魔法一样神奇，但是事实证明，经过详细解释之后，处理器的工作原理是非常易于理解的。数字逻辑设计本身是一门令人兴奋的学科，汇编语言程序是处理器内部所用的语言，而微体系结构是将两者联系在一起的纽带。

这本日益流行的书的前两版分别为 MIPS 体系结构版和 ARM 体系结构版。作为最初的 RISC 体系结构之一，MIPS 是清晰并且非常易于理解和构建的。因为受 MIPS 启发才有了包括 RISC-V 在内的众多后续体系结构，所以它目前仍是一种重要的体系结构。ARM 体系结构则由于其高效性和丰富的生态环境，在过去几十年中迅速流行起来。目前生产的 ARM 处理器已超过 500 亿个，地球上超过 75% 的人在使用含 ARM 处理器的相关产品。

在过去的十年中，无论是在教学还是在商业价值方面，RISC-V 都已经发展成一种日益重要的计算机体系结构。作为首个被广泛使用的开源计算机体系结构，RISC-V 具备 MIPS 的简便性，也兼顾了现代处理器的灵活性和功能性。

在教学方面，MIPS、ARM 和 RISC-V 三版书籍的学习目标都是相同的。RISC-V 体系结构具有可扩展性并提供压缩指令功能，这些特性虽提高了效率但也增加了少量复杂性。MIPS、ARM 和 RISC-V 这三种微体系结构有许多相似之处。只要市场需要，我们希望能同时提供 MIPS、ARM 和 RISC-V 三种版本的书籍。

特点

并列讲解 SystemVerilog 和 VHDL

硬件描述语言（hardware description language，HDL）是现代数字逻辑设计实践的中心，但设计者分布在 SystemVerilog 和 VHDL 两个语言阵营。本书在介绍组合逻辑和时序逻辑设计后，紧接着在第 4 章介绍了 HDL，然后在第 5 章和第 7 章介绍使用 HDL 设计更大的电路模块和整个处理器。如果不讲授 HDL，可以跳过第 4 章，直接学习后续的章节。

本书的独特之处在于同时介绍 SystemVerilog 和 VHDL，使读者能够同时学习这两种语言。第 4 章描述了适用于这两种 HDL 的原则，然后并列提供了两种语言的语法和示例。这种并列方式使教师能轻松地选择其中一种进行教学，也使读者在专业实践中能较为方便地从一种 HDL 转换到另一种 HDL。

RISC-V 体系结构和微体系结构

第 6 章和第 7 章深入介绍了 RISC-V 体系结构和微体系结构。因为 RISC-V 体系结构已广泛应用于实际产品，并且高效、易于学习，所以它是一种理想的体系结构。此外，它在商业界和业余爱好者社区中深受欢迎，相关仿真工具和开发工具也十分完备。

现实视角

第 6 章除了从现实视角讨论 RISC-V 体系结构之外，还从另一个视角阐释了 Intel x86 处理器的体系结构。第 9 章还介绍了 SparkFun 的 RED-V RedBoard 中的外设，这是一种以 SiFive 的 Freedom E310 RISC-V 处理器为中心的很受欢迎的开发板。这两章揭示了如何将书中所讲的概念应用到很多 PC 内部芯片和消费电子产品的设计中。

高级微体系结构概览

第 7 章概述了现代高性能微体系结构的特征，包括分支预测、超标量、乱序执行操作、多线程和多核处理器。这些内容对于第一次上体系结构课程的学生很有用。还说明了本书介绍的微体系结构原理是如何扩展到现代处理器的设计中的。

章末的习题和面试题

学习数字逻辑设计的最佳方法就是实践。每章的最后有很多习题，供读者实际应用所学习的内容。习题后面是同行向申请这个领域工作的学生提出的一些面试题。这些问题有助于学生了解求职者在面试过程中可能遇到的典型问题。习题答案可以通过本书的配套网站和教师网站获取。

在线补充资料⊖

补充资料可通过 ddcabook.com 或出版商网站 https://www.elsevier.com/books-and-journals/book-companion/9780128200643 获取。本书配套网站（对所有读者开放）包括：
- 视频讲解链接。
- 奇数编号习题的答案。
- PDF 格式和 PPTX 格式的插图。
- Intel 公司专业版计算机辅助设计工具的链接。
- 关于如何使用 PlatformIO（Visual Studio Code 的扩展）对 RISC-V 处理器进行编译、汇编以及模拟 C 和汇编代码的说明。
- RISC-V 处理器的 HDL 代码。
- Intel Quartus 使用提示。
- PPT 格式的电子教案。
- 课程示例和实验素材。
- 勘误表。

教师网站（仅提供给在 https://inspectioncopy.elsevier.com 注册的使用者）包括：
- 所有习题的答案。
- 实验解决方案。

⊖ 关于本书教辅资源，只有使用本书作为教材的教师才可以申请，需要的教师请访问爱思唯尔的教材网站 https://textbooks.elsevier.com/ 进行申请。——编辑注

EdX MOOC

本书还通过 EdX 提供了配套的 MOOC。课程包括视频讲解、互动练习、交互式问题集和实验。MOOC 分为数字逻辑设计（ENGR 85A）和计算机体系结构（ENGR 85B）两部分，它们由 HarveyMuddX 提供（在 EdX 上搜索" Digital Design HarveyMuddX"和" Computer Architecture HarveyMuddX"）。EdX 不对访问视频收费，但对互动练习和证书收费，并为有经济困难的学生提供折扣。

如何使用课程中的软件工具

Quartus 软件

Quartus 软件（Web 版或 Lite 版）是 Intel 专业级 Quartus ™ FPGA 设计工具的免费版本。它允许学生在原理图中或使用 SystemVerilog、VHDL 完成数字逻辑设计。完成设计后，学生可以使用 Quartus 软件提供的 ModelSim ™ - Intel FPGA 版或入门版对所设计的电路进行模拟。Quartus 还包括一个支持 SystemVerilog 和 VHDL 的内置逻辑综合工具。

Web 版或 Lite 版与 Pro 版之间的区别在于 Web 版或 Lite 版支持最常见的 Altera FPGA 的子集。ModelSim 的免费版本会降低超过 10 000 行 HDL 的仿真性能，而 ModelSim 的 Pro 版不会。

PlatformIO

PlatformIO 是 Visual Studio Code 的扩展，用作 RISC-V 的软件开发工具包（SDK）。随着针对每个新平台的 SDK 的爆炸式增长，PlatformIO 通过为大量平台和设备提供统一的接口，简化了编程和使用各种处理器的过程。它可以免费下载，并可与 SparkFun 的 RED-V RedBoard 一起使用，如配套网站上提供的实验所示。PlatformIO 提供对商业 RISC-V 编译器的访问，允许学生编写 C 和汇编程序并进行编译，然后在 SparkFun 的 RED-V RedBoard 上运行和调试程序（参见第 9 章及相关实验）。

Venus RISC-V 汇编模拟器

Venus 模拟器（网址为 https://www.kvakil.me/venus/）是一个基于 Web 的 RISC-V 汇编模拟器。可在编辑器选项卡中编写（或复制 / 粘贴）程序，然后在模拟器选项卡中模拟和运行。程序运行时可以查看寄存器和内存内容。

实验

配套网站提供了从数字逻辑设计到计算机体系结构的一系列实验的链接。这些实验教学生如何使用 Quartus 工具来输入、模拟、综合和实现设计。这些实验也包含使用 PlatformIO 和 SparkFun 的 RED-V RedBoard 完成 C 语言和汇编语言编程的内容。

经过综合后，学生可以在 Altera DE2、DE2-115、DE0 或其他 FPGA 开发板上实现设计。这些实验是针对 DE2 或 DE-115 开发板编写的。这些功能强大且具有价格优势的开发板可以通过 de2-115.terasic.com 获得。该开发板包含可通过编程来实现学生设计的 FPGA。我们提供的实验描述了如何使用 Quartus 软件在 DE2-115 开发板上实现一些设计。

为了运行这些实验，学生需要下载并安装 Quartus Web 版或 Lite 版和带有 PlatformIO 扩展的 Visual Studio Code。教师也可以选择在实验室的机器上安装这些软件。这些实验包括对如何在 DE2/DE2-115 开发板上实现项目的指导。这些实现步骤可以跳过，但是我们认为它们有很大的价值。我们已经在 Windows 平台上测试了所有的实验，当然这些工具也可以在 Linux 上使用。

RVfpga

RISC-V FPGA 也称为 RVfpga，是免费的两门课程，可以在学习完本书后完成。第一门课程展示了如何将商业 RISC-V 内核定位到 FPGA，使用 RISC-V 汇编或 C 对其进行编程，向其添加外设，以及分析和修改内核与内存系统，包括向内核添加指令。该课程使用基于 Western Digital 开源商用 SweRV EH1 内核（www.westerndigital.com/company/innovations/risc-v）的开源 SweRVolf 片上系统（https://github.com/chipsalliance/Cores-SweRVolf）。该课程还展示了如何使用 Verilator（开源 HDL 模拟器）和 Western Digital 的 Whisper［开源 RISC-V 指令集模拟器（ISS）］。第二门课程 RVfpga-SoC 展示了如何使用 SweRV EH1 内核、互连和存储器等构建块来构建基于 SweRVolf 的 SoC。该课程还指导用户在 RISC-V SoC 上加载和运行 Zephyr 操作系统。该课程中所有必要的软件和系统源代码（Verilog 或 SystemVerilog 文件）都是免费的，并且课程内容可以在模拟中完成，因此对硬件没有需求。RVfpga 材料可通过 Imagination Technologies University Programme 免费获得（https://university.imgtec.com/rvfpga/）。

错误

正如所有有经验的程序员都知道的，任何复杂的程序都毫无疑问存在潜在的错误。本书也不例外。我们花费了大量的精力查找和去除其中的错误。然而，错误仍然不可避免。我们将在本书的网站上维护和更新勘误表。

请将你发现的错误发送到 ddcabugs@gmail.com。第一个报告实质性错误而且其修改意见在后续版本中得到采用的读者可以得到 1 美元的奖励！

致谢

我们要感谢 Steve Merken、Nate McFadden、Ruby Gammell、Andrae Akeh、Manikandan Chandrasekaran 和 Morgan Kaufmann 团队其他成员的辛勤工作。没有他们的付出，本书就无法面世。

我们要感谢 Matthew Watkins 为 7.7.8 节撰稿，以及 Josh Brake 为 9.3 节撰稿。我们也要感谢 Mateo Markovic 和 Geordie Ryder 审阅本书并为习题提供答案。还有许多其他审阅人也对提升本书的质量给予了很大的帮助。他们包括 Daniel Chaver Martinez、Roy Kravitz、Zvonimir Bandic、Giuseppe Di Luna、Steffen Paul、Ravi Mittal、Jennifer Winikus、Hesham Omran、Angel Solis、Reiner Dizon 和 Olof Kindgren。还要感谢哈维·穆德学院和 UNLV 上这门课程的学生，他们对本书的草稿提供了有益的反馈。最后但同样重要的是，我们要感谢家人的爱和支持。

译者序

前言

第 1 章　数字系统 ·················· 1

1.1　写在最前面 ····················· 1

1.2　管理复杂性的技术 ············· 1

　1.2.1　抽象 ························ 1

　1.2.2　准则 ························ 2

　1.2.3　三 Y 原则 ·················· 3

1.3　数字抽象 ······················ 3

1.4　数制系统 ······················ 4

　1.4.1　十进制数 ·················· 4

　1.4.2　二进制数 ·················· 5

　1.4.3　十六进制数 ················ 6

　1.4.4　字节、半字和字 ··········· 7

　1.4.5　二进制加法 ················ 8

　1.4.6　有符号二进制数 ··········· 8

1.5　逻辑门 ······················· 11

　1.5.1　非门 ······················ 11

　1.5.2　缓冲器 ···················· 11

　1.5.3　与门 ······················ 11

　1.5.4　或门 ······················ 12

　1.5.5　其他二输入逻辑门 ········ 12

　1.5.6　多输入逻辑门 ············· 12

1.6　数字抽象的相关概念 ········· 13

　1.6.1　电源电压 ················· 13

　1.6.2　逻辑电平 ················· 13

　1.6.3　噪声容限 ················· 14

　1.6.4　直流传输特性 ············· 14

　1.6.5　静态准则 ················· 15

1.7　CMOS 晶体管 * ··············· 16

　1.7.1　半导体 ···················· 16

　1.7.2　二极管 ···················· 17

　1.7.3　电容 ······················ 17

　1.7.4　nMOS 和 pMOS 晶体管 ········ 17

　1.7.5　CMOS 非门 ················· 19

　1.7.6　其他 CMOS 逻辑门 ········· 19

　1.7.7　传输门 ···················· 21

　1.7.8　伪 nMOS 逻辑 ·············· 21

1.8　功耗 * ························· 21

1.9　本章总结和后续章节概览 ····· 23

习题 ······························· 23

面试题 ····························· 29

第 2 章　组合逻辑设计 ·········· 30

2.1　引言 ··························· 30

2.2　布尔表达式 ··················· 32

　2.2.1　术语 ······················ 32

　2.2.2　与或式 ···················· 32

　2.2.3　或与式 ···················· 33

2.3　布尔代数 ····················· 34

　2.3.1　公理 ······················ 34

　2.3.2　单变量定律 ··············· 34

　2.3.3　多变量定律 ··············· 35

　2.3.4　定律的统一证明方法 ······ 36

　2.3.5　表达式化简 ··············· 37

2.4　从逻辑到门 ··················· 37

2.5　多级组合逻辑 ················· 39

　2.5.1　逻辑门量的精简 ··········· 39

　2.5.2　推气泡法 ················· 40

2.6　非法值和浮空值 ·············· 42

　2.6.1　非法值 X ·················· 42

　2.6.2　浮空值 Z ·················· 42

2.7　卡诺图 ······················· 43

　2.7.1　画圈的原理 ··············· 44

　2.7.2　用卡诺图最小化逻辑 ······ 44

　2.7.3　无关项 ···················· 46

　2.7.4　小结 ······················ 47

2.8　组合逻辑模块 ············· 47
　2.8.1　多路选择器 ·········· 47
　2.8.2　译码器 ············· 50
2.9　时序 ················· 50
　2.9.1　传输延迟和最小延迟 ···· 50
　2.9.2　毛刺 ·············· 53
2.10　本章总结 ·············· 54
习题 ····················· 55
面试题 ···················· 59

第3章　时序逻辑设计 ········· 60
3.1　引言 ················· 60
3.2　锁存器和触发器 ··········· 60
　3.2.1　SR 锁存器 ··········· 61
　3.2.2　D 锁存器 ············ 62
　3.2.3　D 触发器 ············ 63
　3.2.4　寄存器 ············· 63
　3.2.5　带使能端的触发器 ······ 63
　3.2.6　带复位功能的触发器 ····· 64
　3.2.7　晶体管级的锁存器和触发器
　　　　 设计 * ············· 64
　3.2.8　小结 ·············· 65
3.3　同步逻辑设计 ············ 66
　3.3.1　问题电路 ··········· 66
　3.3.2　同步时序电路 ········· 67
　3.3.3　同步和异步电路 ······· 68
3.4　有限状态机 ············· 68
　3.4.1　有限状态机设计实例 ····· 69
　3.4.2　状态编码 ··········· 72
　3.4.3　Moore 型和 Mealy 型状态机 ··· 73
　3.4.4　状态机的分解 ········· 76
　3.4.5　由电路图导出有限状态机 ··· 77
　3.4.6　小结 ·············· 79
3.5　时序逻辑电路的时序 ········ 79
　3.5.1　动态准则 ··········· 80
　3.5.2　系统时序 ··········· 80
　3.5.3　时钟偏移 * ··········· 83
　3.5.4　亚稳态 ············· 85
　3.5.5　同步器 ············· 86
　3.5.6　分辨时间的推导 * ········ 87

3.6　并行 ················· 89
3.7　本章总结 ·············· 91
习题 ····················· 92
面试题 ···················· 96

第4章　硬件描述语言 ········· 97
4.1　引言 ················· 97
　4.1.1　模块 ·············· 97
　4.1.2　语言起源 ··········· 98
　4.1.3　仿真与综合 ·········· 99
4.2　组合逻辑 ·············· 100
　4.2.1　位运算符 ··········· 100
　4.2.2　注释和空白字符 ······· 102
　4.2.3　归约运算符 ·········· 102
　4.2.4　条件赋值 ··········· 103
　4.2.5　内部变量 ··········· 105
　4.2.6　优先级 ············· 106
　4.2.7　数字 ·············· 107
　4.2.8　Z 和 X ············· 108
　4.2.9　位混合 ············· 109
　4.2.10　延迟 ············· 109
4.3　结构建模 ·············· 110
4.4　时序逻辑 ·············· 113
　4.4.1　寄存器 ············· 113
　4.4.2　可复位寄存器 ········· 115
　4.4.3　使能寄存器 ·········· 116
　4.4.4　多寄存器 ··········· 117
　4.4.5　锁存器 ············· 117
4.5　更多组合逻辑 ············ 118
　4.5.1　case 语句 ··········· 120
　4.5.2　if 语句 ············ 122
　4.5.3　含无关项的真值表 ······ 123
　4.5.4　阻塞和非阻塞赋值 ······ 124
4.6　有限状态机 ············· 127
4.7　数据类型 * ·············· 130
　4.7.1　System Verilog ········ 130
　4.7.2　VHDL ············· 131
4.8　参数化模块 * ············ 133
4.9　测试平台 ·············· 136
4.10　本章总结 ·············· 139

习题 ···················· 139
System Verilog 习题 ·········· 142
VHDL 习题 ················ 145
面试题 ·················· 146

第 5 章 常见数字模块 ·········· 147
5.1 引言 ················· 147
5.2 算术电路 ·············· 147
  5.2.1 加法 ·············· 147
  5.2.2 减法 ·············· 153
  5.2.3 比较器 ············ 153
  5.2.4 算术逻辑单元 ········ 155
  5.2.5 移位器和循环移位器 ···· 158
  5.2.6 乘法 * ············ 159
  5.2.7 除法 * ············ 159
  5.2.8 扩展材料 ·········· 160
5.3 数制系统 ·············· 161
  5.3.1 定点数系统 ········· 161
  5.3.2 浮点数系统 * ········ 161
5.4 时序电路模块 ··········· 164
  5.4.1 计数器 ············ 164
  5.4.2 移位寄存器 ········· 165
5.5 存储器阵列 ············ 167
  5.5.1 概述 ·············· 167
  5.5.2 动态随机存储器 ······ 169
  5.5.3 静态随机存储器 ······ 169
  5.5.4 面积和延迟 ········· 169
  5.5.5 寄存器堆 ·········· 170
  5.5.6 只读存储器 ········· 170
  5.5.7 使用存储器阵列的逻辑 ··· 171
  5.5.8 存储器 HDL ········· 172
5.6 逻辑阵列 ·············· 173
  5.6.1 可编程逻辑阵列 ······ 174
  5.6.2 现场可编程门阵列 ····· 175
  5.6.3 阵列实现 * ········· 179
5.7 本章总结 ·············· 180
习题 ···················· 180
面试题 ·················· 186

第 6 章 体系结构 ············ 187
6.1 引言 ················· 187

6.2 汇编语言 ·············· 188
  6.2.1 概述 ·············· 188
  6.2.2 操作数：寄存器、内存和
        常数 ············ 189
6.3 编程 ················· 192
  6.3.1 程序流程 ·········· 192
  6.3.2 逻辑、移位和乘法指令 ··· 193
  6.3.3 分支指令 ·········· 194
  6.3.4 条件语句 ·········· 196
  6.3.5 循环语句 ·········· 197
  6.3.6 数组 ·············· 198
  6.3.7 函数调用 ·········· 200
  6.3.8 伪指令 ············ 208
6.4 机器语言 ·············· 209
  6.4.1 R-type 指令 ········· 209
  6.4.2 I-type 指令 ········· 210
  6.4.3 S/B-type 指令 ········ 211
  6.4.4 U/J-type 指令 ········ 213
  6.4.5 立即数编码 ········· 214
  6.4.6 寻址方式 ·········· 215
  6.4.7 解释机器语言代码 ····· 215
  6.4.8 存储程序 ·········· 216
6.5 编译、汇编和加载 * ······· 217
  6.5.1 内存映射 ·········· 217
  6.5.2 汇编指示字 ········· 218
  6.5.3 编译 ·············· 220
  6.5.4 汇编 ·············· 221
  6.5.5 链接 ·············· 223
  6.5.6 加载 ·············· 225
6.6 其他主题 * ············ 226
  6.6.1 字节顺序 ·········· 226
  6.6.2 异常 ·············· 226
  6.6.3 有符号 / 无符号数算术指令 ··· 228
  6.6.4 浮点指令 ·········· 229
  6.6.5 压缩指令 ·········· 230
6.7 RISC-V 体系结构的演变 ····· 230
  6.7.1 RISC-V 基本指令集与扩展 ··· 231
  6.7.2 RISC-V 与 MIPS 体系结构的
        比较 ············ 231
  6.7.3 RISC-V 与 ARM 体系结构的
        比较 ············ 231

6.8　换位观察：x86 体系结构 ·········· 232
　　6.8.1　x86 寄存器 ·········· 232
　　6.8.2　x86 操作数 ·········· 233
　　6.8.3　状态标志 ·········· 234
　　6.8.4　x86 指令 ·········· 234
　　6.8.5　x86 指令编码 ·········· 236
　　6.8.6　x86 的其他特性 ·········· 237
　　6.8.7　整体情况 ·········· 237
6.9　本章总结 ·········· 238
习题 ·········· 238
面试题 ·········· 248

第 7 章　微体系结构 ·········· 249
7.1　引言 ·········· 249
　　7.1.1　体系结构状态与指令集 ·········· 249
　　7.1.2　设计过程 ·········· 249
　　7.1.3　微体系结构 ·········· 251
7.2　性能分析 ·········· 251
7.3　单周期处理器 ·········· 252
　　7.3.1　简单程序 ·········· 252
　　7.3.2　单周期数据通路 ·········· 253
　　7.3.3　单周期控制信号 ·········· 258
　　7.3.4　更多指令 ·········· 261
　　7.3.5　单周期性能分析 ·········· 263
7.4　多周期处理器 ·········· 264
　　7.4.1　多周期数据通路 ·········· 264
　　7.4.2　多周期控制信号 ·········· 269
　　7.4.3　更多指令 ·········· 276
　　7.4.4　多周期性能分析 ·········· 279
7.5　流水线处理器 ·········· 280
　　7.5.1　流水线数据通路 ·········· 282
　　7.5.2　流水线控制信号 ·········· 283
　　7.5.3　流水线冲突 ·········· 284
　　7.5.4　流水线性能分析 ·········· 291
7.6　硬件描述语言表示 * ·········· 292
　　7.6.1　单周期处理器 ·········· 293
　　7.6.2　通用构建块 ·········· 296
　　7.6.3　测试平台 ·········· 298
7.7　高级微体系结构 * ·········· 302
　　7.7.1　深度流水线 ·········· 302

　　7.7.2　微操作 ·········· 303
　　7.7.3　分支预测 ·········· 303
　　7.7.4　超标量处理器 ·········· 304
　　7.7.5　乱序处理器 ·········· 306
　　7.7.6　寄存器重命名 ·········· 308
　　7.7.7　多线程 ·········· 309
　　7.7.8　多处理器 ·········· 309
7.8　现实世界视角：RISC-V 微体系
　　　结构的演变 * ·········· 311
7.9　本章总结 ·········· 314
习题 ·········· 314
面试题 ·········· 319

第 8 章　存储器系统 ·········· 320
8.1　引言 ·········· 320
8.2　存储器系统性能分析 ·········· 323
8.3　高速缓存 ·········· 324
　　8.3.1　高速缓存中存放的数据 ·········· 324
　　8.3.2　高速缓存中的数据查找 ·········· 325
　　8.3.3　数据的替换 ·········· 331
　　8.3.4　多级高速缓存设计 * ·········· 332
8.4　虚拟存储器 ·········· 334
　　8.4.1　地址转换 ·········· 336
　　8.4.2　页表 ·········· 337
　　8.4.3　转换后备缓冲区 ·········· 338
　　8.4.4　存储器保护 ·········· 339
　　8.4.5　替换策略 * ·········· 339
　　8.4.6　多级页表 * ·········· 339
8.5　本章总结 ·········· 341
习题 ·········· 341
面试题 ·········· 346

第 9 章　嵌入式 I/O 系统 ·········· 347
9.1　引言 ·········· 347
9.2　内存映射 I/O ·········· 347
9.3　嵌入式 I/O 系统 ·········· 348
　　9.3.1　RED-V 开发板 ·········· 348
　　9.3.2　FE310-G002 片上系统 ·········· 349
　　9.3.3　通用数字 I/O ·········· 352
　　9.3.4　设备驱动器 ·········· 355

9.3.5 串行 I/O ······················· 358

9.3.6 计时器 ··························· 370

9.3.7 模拟 I/O ························· 370

9.3.8 中断 ······························ 377

9.4 其他微控制器外设 ··················· 380

9.4.1 字符 LCD ······················· 380

9.4.2 VGA 显示器 ···················· 382

9.4.3 蓝牙无线链路 ··················· 387

9.4.4 电动机控制器 ··················· 388

9.5 本章总结 ·························· 397

后记 ···································· 398

附录 ···································· 399

扩展阅读 ······························ 476

数 字 系 统

1.1　写在最前面

　　30 年来微处理器彻底改变了世界，现在笔记本计算机的性能远远超过了过去的巨型计算机，而豪华汽车的微处理器也多达 100 个。微处理器推动了移动电话和互联网的快速发展，并在医学、军事等方面发挥了巨大作用。从 1985 年到 2020 年，全球半导体产业销售额由 210 亿美元增长到 4000 亿美元，其中微处理器占主要份额。微处理器是一项极具吸引力的人类发明，不只在技术、经济和社会层面具有重要意义。通过学习本书，读者将掌握设计和构造微处理器的技能，为进一步设计其他数字系统奠定坚实的基础。

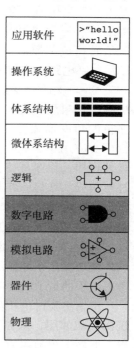

　　对于有志于学习微处理器内部运行原理的读者，建议先熟悉电子学的基本概念并具备一定的编程经验。本书着重讨论 0/1 数字系统的设计，从接收 0 和 1 作为输入，且产生 0 和 1 作为输出的数字逻辑门开始介绍。之后探讨如何利用逻辑门构造加法器、存储器等复杂模块，学习使用微处理器语言即汇编语言进行程序设计。最终将各种逻辑门组合起来构造能执行汇编程序的微处理器。

　　构成数字系统的模块很简单，只包含 0 和 1，不需要设计人员具备枯燥繁杂的数学知识或者高深玄奥的物理学知识，如何将这些简单模块组合成复杂系统是设计人员面临的最大挑战。对于初次接触的读者来说，构造微处理器的复杂性往往难以想象，因此贯穿本书的主题之一是如何管理复杂性。

1.2　管理复杂性的技术

　　工程师或计算机科学家的专业性在于他们掌握了管理复杂性的系统方法。现代数字系统由数百万甚至数十亿的晶体管构成，人类无法通过为每个晶体管中电子的运动建立方程并同时求解规模如此庞大的电子运动方程来理解数字系统。因此读者有必要学习复杂性管理，在不拘泥于细节的情况下构造微处理器。

1.2.1　抽象

　　抽象（abstraction）是管理复杂性的关键技术之一，即隐藏不重要的细节。可以从多个不同的抽象层次来理解系统，例如美国政治家将世界抽象为城市、县、州和国家，一个县包含多个城市，一个州包含多个县。对总统竞选而言，州是最有意义的抽象层次，因为政治家关注整个州而不是单个县的投票情况。为了统计每个城市的人口，美国人口调查局必须考虑更低的抽象层。

　　图 1.1 展示了电子计算机系统的抽象层次以及每个层次上的典型构成模块。表示电子运动的物理层在抽象的最底层，电子的行为由量子力学和麦克斯韦（Maxwell）方程组描述。物理层之上是晶体管或真空管等电子器件（device）所在层，我们的系统由这些器件组成。器件有明确定义的端（terminal）作为外部连接点，可以建模为端与端之间电压和电流的关系。器件级的抽象使设计人员无须考虑底层的单个电子。模拟电路（analogy circuit）是更高一层的抽象，其输入和输出都是连续的电压值，这一层将器件组装在一起构造放大器等组件。逻辑门等数字电路（digital circuit）将连续电压值转换成离散值，用来表示 0 和 1。逻辑（设计）层使用数字电路构造加法器、存储器等更为复杂的结构。

　　微体系结构（microarchitecture）介于逻辑和体系结构两个抽象层次之间。体系结构（architecture）层从程序员的角度描述计算机，例如 Intel 公司的 x86 体系结构广泛应用于个人计算机（personal computer，PC）的

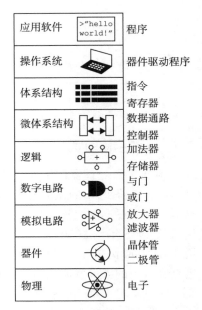

图 1.1　电子计算机系统的抽象层次

微处理器，程序员使用该体系结构中定义的指令集和寄存器（用于存储临时变量的存储器）进行编程。微体系结构将逻辑组件组合起来执行体系结构中定义的指令，选择微体系结构实现某特定体系结构时需要均衡考虑价格、性能和功耗等因素。例如，Intel 公司的 Core i7、80486 和 AMD 公司的 Athlon 分别使用不同的微体系结构实现了 x86 体系结构。

　　向上进入软件层面后，操作系统负责处理低层的细节，如访问硬盘或管理存储器；应用软件使用操作系统提供的功能为用户处理问题。总之，抽象这一概念使得人们在上网时不用考虑电子的量子波动或计算机的存储器组织等问题。

　　本书主要讨论从数字电路到体系结构的四个抽象层次。读者在设计系统时需要了解当前层次的相邻层，例如，计算机科学家在理解程序运行体系结构的情况下能够更好地优化代码，器件工程师在理解晶体管电路的情况下能够做出明智的权衡。本书将教会读者如何在正确的抽象层次上进行设计以及如何评估这些设计对其他抽象层次的影响。

1.2.2　准则

　　准则（discipline）是对设计选择的一种内在限制，目的是在更高的抽象层次上能够更高效地工作。一种常见的准则是使用可互换零件，其典型应用领域是早期的汽车制造业。现代燃油汽车源于 1886 年的德国奔驰专利汽车，早期汽车则由技术高超的工匠们手工制造，制造过程非常耗时且昂贵。亨利·福特在 1908 年通过可互换零件和流水装配线进行大规模生产，彻底改变了汽车产业。只要零件参数在具有明确公差的标准集合内，即使技术不高超的工人也可以快速地组装和维修汽车。汽车制造商不再需要考虑如何在非标准开口处安装门等较低抽象层次的问题。福特 T 型车成为当时产量最高的汽车，其销量超过 1500 万辆。关于准则的另一个例子是福特的名言："不管顾客需要什么颜色的汽车，我们生产的汽车只有黑色的。"

　　设计系统时要注重数字电路的准则，数字电路使用离散电压，而模拟电路使用连续电

压，因此某种意义上可将数字电路看成性能较低的模拟电路。但设计数字电路要简单一些，设计人员可以使用数字电路构造复杂的数字系统，而且在很多应用中数字系统远远优于由模拟电路构成的系统。例如，数字电视、光盘（CD）和手机正在取代过去的模拟设备。

1.2.3　三 Y 原则

除了抽象和准则外，管理系统的复杂性还应遵循三个原则，即层次化（hierarchy）、模块化（modularity）和规整化（regularity）。这三个原则同时适用于软硬件系统的设计，将贯穿本书。

- 层次化：将系统划分为若干模块，迭代划分每个模块直到所有小模块易被理解。
- 模块化：所有模块有明确定义的功能和接口，易于组合且不会产生其他影响。
- 规整化：模块之间是一致的，可以重复使用通用模块，从而在设计中减少模块数量。

仍以汽车制造为例来解释这三个原则，汽车是 20 世纪早期的高端生活用品。按照层次化原则，将 T 型福特汽车划分为底盘、发动机和座椅等部件。发动机包括四个气缸、一个化油器、一个磁电机和一个冷却系统。化油器包含燃油进气口、阻风门、节气阀以及针阀等，燃油进气口由螺丝弯头和连接螺母构成，如图 1.2 所示。由此可见，复杂系统能够被递归地划分成可大规模生产的简单可互换零件。

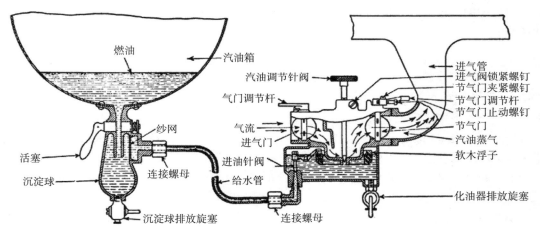

图 1.2　福特 T 型车燃油系统的剖视图，左侧为燃油供油器，右侧为化油器

（图片来源：https://en.wikipedia.org/wiki/Ford_Model_T_engine%23/media/File:Pag%C3%A9_1917_Model_T_Ford_Car_Figure_14.png）

模块化原则要求每个组件都有明确定义的功能和接口。例如连接螺母将燃油供油管固定到进气弯头上，根据标准直径和螺距，使用扳手拧紧至标准扭矩，可以轻松拆卸和更换供油管而不会引起泄漏。汽车制造商购买的螺母只要符合标准尺寸即可。模块化原则要求部件的设计不能对其他部件产生影响，如连接螺母不应该使弯头变形，最好放在不需要取出发动机中的其他部件就可以拧紧或拆卸的位置。

可互换零件符合规整化原则，泄漏的化油器可以用相同的零件替换。在流水装配线上可以更有效地生产化油器，而不用费劲地手工制作。

1.3　数字抽象

大部分物理变量是连续的，如导线上的电压值、振荡频率或物体位置等。数字系统使用离散值变量（discrete-valued variable）表示信息，这种变量取有限个不同值。早期数字系统——由 Charles Babbage 发明的分析机，使用具有 10 个离散值的变量。从 1834 年 到 1871 年，Babbage 一 直 努力设计和尝试制作这种机械式计算机。分析机使用 10 个标记为 0 ～ 9 号的齿轮，如同汽车里的机械里程表。图 1.3 展示了分析机的原型，每行处理一位数字，Babbage 使用了 25 行齿轮，因此其精度为 25 位。

大部分电子计算机和 Babbage 分析机不同，它们采用更易区分的两种电压实现二进制（二值）表示法，其中高电压表示 1，低电压表示 0。在电子计算机中，采用二进制位度量具有 N 个不同状态的离散值变量的信息量 D，计算如下：

图 1.3   Babbage 的分析机，1871 年 Babbage 去世时仍在生产

（图片来源：科学馆 / 科学与社会图片库）

$$D = \log_2 N \text{ 位} \tag{1.1}$$

一个二进制变量包含 $\log_2 2 = 1$ 位信息，位（bit）是二进制数字（binary digit）的缩写。Babbage 分析机的每个齿轮包含 $\log_2 10 = 3.322$ 位的信息，因为它能够表示 $2^{3.322} = 10$ 种不同状态。理论上一个连续信号表示无穷多个数值，因此包含无穷多的信息。实际中对于大多数连续信号而言，噪声和测量误差将信息量限制在 10 ～ 16 位内，而在快速测量信号的情况下只能获得更低的信息量（如 8 位）。

本书着重介绍基于二进制变量 0/1 的数字电路。George Boole 发明的布尔逻辑（Boolean logic）针对二进制变量进行逻辑运算，每个布尔变量可能是 TRUE 或 FALSE。电子计算机普遍使用正电压和零电压分别表示 1 和 0，本书中的 1、TRUE 和 HIGH 含义相同，0、FALSE 和 LOW 含义相同。

数字抽象（digital abstraction）使得设计人员可以忽略布尔变量的物理含义，无论是特定电压、旋转齿轮还是液体高度都可表示成 0 和 1；程序员在不清楚计算机硬件的情况下可以编程，但是了解特定计算机的硬件细节可以让程序员更好地优化软件。

一个二进制位所含信息量是有限的，下一节讨论如何使用一组二进制位表示数字，后面几节还将讨论如何使用一组二进制位表示字母和程序。

1.4   数制系统

人们习惯使用十进制数，但在 0/1 数字系统中常使用二进制数或十六进制数。本节将介绍后续章节中要用到的几种不同数制。

1.4.1   十进制数

我们在小学阶段学会使用十进制（decimal）计数和做算术题，正如人有 10 根手指一样，十进制数由 0，1，2，…，9 这 10 个数字组成，多个十进制数字串在一起形成更大的十进制数。按照从右到左的顺序，十进制数每一列的权值是前一列的十倍，分别为 1、10、100、1000 等。十进制数的基数（base）为 10，为避免混淆，数值后方的下标表示基，图 1.4 是十进制数 9742_{10} 的表示，其写法是将每一列的数字乘以该列权值再求和。N 位十进制数表示范围 $[0,10^N-1]$ 内共 10^N 个数中的某一个，如 3 位十进制数表示 0 到 999 这 1000 个数中的某一个。

1000的列 100的列 10的列 1的列

$$9742_{10} = 9\times10^3 + 7\times10^2 + 4\times10^1 + 2\times10^0$$

9个1000　7个100　4个10　2个1

图 1.4　十进制数的表示

1.4.2　二进制数

1 个二进制位表示 0 或 1，多个位串在一起形成二进制数（binary number）。按照从右到左的顺序，二进制数的每一列权值都是前一列的两倍，因此二进制数的基数为 2，每一列的权值分别为 1、2、4、8、16、32、64、128、256、512、1024、2048、4096、8192、16 384、32 768、65 536，以此类推。记住这些 2 的 n 次方（$n \leqslant 16$）有助于二进制快速运算。N 位二进制数表示 $[0,2^N-1]$ 内共 2^N 个数中的某一个，表 1.1 给出了 1 位、2 位、3 位及 4 位二进制数及对应的十进制数。

表 1.1　二进制数和对应的十进制数

1 位二进制数	2 位二进制数	3 位二进制数	4 位二进制数	十进制等价值
0	00	000	0000	0
1	01	001	0001	1
	10	010	0010	2
	11	011	0011	3
		100	0100	4
		101	0101	5
		110	0110	6
		111	0111	7
			1000	8
			1001	9
			1010	10
			1011	11
			1100	12
			1101	13
			1110	14
			1111	15

例 1.1（二进制到十进制的转换）将二进制数 10110_2 转换为十进制数。

解：图 1.5 给出了转换方法。 ■

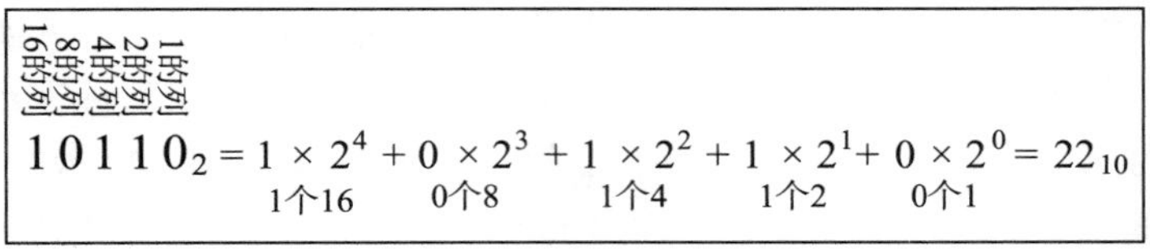

$$10110_2 = 1 \times 2^4 + 0 \times 2^3 + 1 \times 2^2 + 1 \times 2^1 + 0 \times 2^0 = 22_{10}$$

（图中标注：1的列、2的列、4的列、8的列、16的列；1个16　0个8　1个4　1个2　0个1）

图 1.5　二进制数到十进制数的转换

例 1.2（十进制到二进制的转换）　将十进制数 84_{10} 转换为二进制数。

解：判断二进制数的每列是 1 还是 0，从二进制数的最左或最右边开始转换。

从最左边开始，首先从小于或等于十进制数 84 的 2 的最高次幂（本例是 64）开始，$84 \geqslant 64$，权值为 64 的列是 1；剩下 $84 - 64 = 20$，$20 < 32$，权值为 32 的列是 0；$20 \geqslant 16$，权值为 16 的列是 1；此时剩下 $20 - 16 = 4$，$4 < 8$，权值为 8 的列是 0；$4 \geqslant 4$，权值为 4 的列是 1；还剩 $4 - 4 = 0$，权值为 2 和 1 的列均是 0。将这些 0 和 1 依次串在一起，得到 $84_{10} = 1010100_2$。

从最右边开始，用 2 重复除十进制数 84，余数放在每一列。$84 / 2 = 42$，权值为 1 的列是 0；$42 / 2 = 21$，权值为 2 的列是 0；$21 / 2 = 10$，余数是 1，权值为 4 的列是 1；$10 / 2 = 5$，权值为 8 的列是 0；$5 / 2 = 2$，余数是 1，权值为 16 的列是 1；$2 / 2 = 1$，权值为 32 的列是 0；$1 / 2 = 0$，余数是 1，权值为 64 的列是 1。同样，$84_{10} = 1010100_2$。　∎

1.4.3　十六进制数

书写长长的二进制数费时且容易出错，而 4 位二进制数表示 $2^4 = 16$ 种数，因此有时使用基数为 16 的十六进制（hexadecimal）表示会更方便。十六进制数使用数字 0 ～ 9 和字母 A ～ F，如表 1.2 所示。十六进制数每一列的权值分别是 1、16、16^2（256）、16^3（4096），以此类推。

表 1.2　十六进制数系统

十六进制数字	十进制等价值	二进制等价值	十六进制数字	十进制等价值	二进制等价值
0	0	0000	8	8	1000
1	1	0001	9	9	1001
2	2	0010	A	10	1010
3	3	0011	B	11	1011
4	4	0100	C	12	1100
5	5	0101	D	13	1101
6	6	0110	E	14	1110
7	7	0111	F	15	1111

例 1.3（十六进制到二进制和十进制的转换）　将十六进制数 $2ED_{16}$ 转换为二进制数和十进制数。

解：十六进制和二进制之间的转换很容易，每个十六进制数对应一个 4 位二进制数。$2_{16} = 0010_2$，$E_{16} = 1110_2$，$D_{16} = 1101_2$，因此 $2ED_{16} = 001011101101_2$。十六进制到十进制的转换过程如图 1.6 所示。　∎

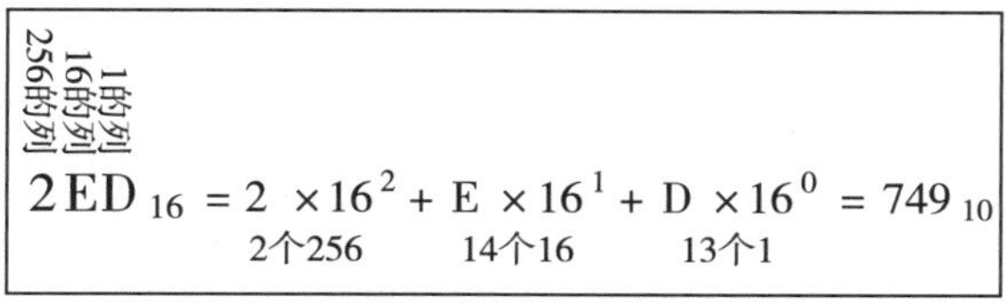

$$2ED_{16} = 2 \times 16^2 + E \times 16^1 + D \times 16^0 = 749_{10}$$

2个256　　　　14个16　　　　13个1

图 1.6　十六进制数到十进制数的转换

例 1.4（二进制到十六进制的转换）　将二进制数 1111010_2 转换为十六进制数。

解: 转换非常容易,从右往左依次转换,最低 4 位有效位 $1010_2 = A_{16}$,高三位有效位 $111_2 = 7_{16}$。因此, $1111010_2 = 7A_{16}$。■

例 1.5（十进制到十六进制和二进制的转换）　将十进制数 333_{10} 转换为十六进制数和二进制数。

解: 和十进制转换为二进制一样,十进制到十六进制的转换也可以从最左边或最右边开始。

从最左边开始,首先从小于或等于十进制数 333 的 16 的最高次幂（本例是 256）开始,333 仅包含 1 个 256,故权值为 256 的列是 1,剩下 $333 - 256 = 77$; 77 含有 4 个 16,权值为 16 的列是 4;此时还剩 $77 - 16 \times 4 = 13$; $13_{10} = D_{16}$,权值为 1 的列是 D。因此, $333_{10} = 14D_{16}$。如例 1.3 所示,将十六进制转换为二进制非常容易, $14D_{16} = 101001101_2$。

从最右边开始,用 16 重复除十进制数 333,余数放在每一列。 $333/16 = 20$,余数是 $13_{10} = D_{16}$,权值为 1 的列是 D; $20/16 = 1$,余数为 4,权值为 16 的列是 4; $1/16 = 0$,余数是 1,权值为 256 的列是 1。最终结果为 $14D_{16}$。■

1.4.4　字节、半字和字

8 位为一个字节（byte）,表示 $2^8 = 256$ 个数,计算机存储器中的数据通常使用字节而非位作为单位。4 位或者半个字节为一个半字（nibble）,表示 $2^4 = 16$ 个数。存储一个十六进制数字占 1 个半字空间,存储两个十六进制数字则占一个字节空间,半字不是一个常用单位。

微处理器处理的块数据称为字（word）,字的大小取决于微处理器的结构。当前大部分计算机采用 64 位处理器,对长度为 64 位的字进行操作,同时处理 32 位字的老式计算机也被广泛使用。简单一些的微处理器,类似烤面包机等小设备中的处理器使用 8 位或 16 位字。

在一组位中,权值为 1 的位是最低有效位（least significant bit,lsb）,而另一端的位是最高有效位（most significant bit,msb）,图 1.7a 给出一个长度为 6 的二进制数。同样,对于一个字而言,也可以用最低有效字节（least significant byte,lsb）和最高有效字节（most significant byte,msb）来表示两端的字节,图 1.7b 所示的是一个 4 字节的数据,用 8 个十六进制数字表示。

101100　　　　　　DEAFDAD8

最高　　最低　　　　最高　　　最低
有效位　有效位　　　有效字节　有效字节

a)　　　　　　　　　b)

图 1.7　最低有效位（字节）和最高有效位（字节）

巧合的是, $2^{10} = 1024 \approx 10^3$,因此 kilo（希腊文的千）表示 2^{10}。例如, 2^{10} 字节是 1 千字节（1KB）。类似地,mega（兆）表示 $2^{20} \approx 10^6$,giga（吉）表示 $2^{30} \approx 10^9$。若知道 $2^{10} \approx 1$ 千、 $2^{20} \approx 1$ 兆、 $2^{30} \approx 1$ 吉,并且记住 2 的 n 次方（ $n \leqslant 9$ ）的值,能够很容易地计算出 2 的任意次方的值。

例 1.6（估算 2 的 n 次方）　不用计算器求 2^{24} 的近似值。

解：将指数分成 10 的倍数和余数，即 $2^{24}=2^{20}\times 2^4$，而 $2^{20}\approx 1$ 兆，$2^4=16$，因此 $2^{24}\approx 16$ 兆。精确地说，$2^{24}=16\,777\,216$，但是 16 兆足够正确。∎

1024 字节称为 1 千字节 [kilobyte（KB）或 kibibyte（KiB）]。1024 比特称为 1 千比特 [kilobit（Kb、Kbit）或 kibibit（Kib、Kibit）]。类似地，MB/MiB、Mb/Mib、GB/GiB 和 Gb/Gib 分别叫作兆字节、兆比特、吉字节和吉比特。内存容量通常以字节为单位，信息传输速率一般以 "10 的幂次方比特 / 秒" 为单位。例如，拨号调制解调器的最大传输速率通常为 56Kb/s，即 56 000 比特 / 秒。

1.4.5　二进制加法

二进制加法与十进制加法相似但更简单，如图 1.8 所示。在十进制加法中，如果两个数之和大于单个数字的表示范围，将在下一列的位置上标记进位 1。图 1.8 比较了二进制加法与十进制加法。图 1.8a 的最右列，$7+9=16$，由于 $16>9$，无法用单个数字表示，因此记录权值为 1 的结果（6），然后将权值为 10 的结果（1）进位到更高一列。同样，在二进制加法中，如果两个数之和大于 1，那么将权值为 2 的结果进位到更高一列，如图 1.8b 所示的最右列，$1+1=2_{10}=10_2$，由于无法用单个二进制位表示此结果，因此记录权值为 1 的结果（0），并将权值为 2 的结果（1）进位到更高一列。依次向左处理下一列，$1+1+1=3_{10}=11_2$，记录权值为 2 的结果（1），并将权值为 4 的结果（1）进位到更高一列。为了明确表示，进位到相邻列的位称为进位（carry bit）。

例 1.7（二进制加法）　计算 0111_2+0101_2。

解：图 1.9 给出了计算结果 1100_2，进位在最上面一行。使用十进制运算检验计算结果，$0111_2=7_{10}$，$0101_2=5_{10}$，其结果为 $12_{10}=1100_2$。∎

```
  11    ← 进位 →    11
4277              1011
+5499            +0011
─────            ─────
9776              1110
 a)                b)
```

图 1.8　带进位的加法示例。a）十进制。b）二进制

```
  111
 0111
+0101
─────
 1100
```

图 1.9　二进制加法示例

数字系统通常处理固定长度的数，若计算结果太大，将超出数的表示范围从而产生溢出（overflow）。例如，一个 4 位数的表示范围是 [0, 15]，如果两个 4 位数相加的结果超过 15，则产生溢出，那么将丢弃结果的第 5 位，产生一个不正确的结果。一个判断技巧是若最高有效位有进位则产生溢出。

例 1.8（有溢出的加法）　计算 1101_2+0101_2，有没有产生溢出？

解：图 1.10 给出的计算结果是 10010_2，此结果超出了 4 位二进制数的表示范围。若计算结果只能存储 4 位，则丢弃最高位后的结果 0010_2 是不正确的。若计算结果可以使用 5 位或更多位来表示，则 10010_2 是正确的。

```
 11 1
 1101
+0101
──────
10010
```

图 1.10　带溢出的二进制加法示例

1.4.6　有符号二进制数

前几节讨论了表示正数的无符号（unsigned）二进制数，下面讨论同时表示正数和负数

的二进制系统。在有符号（signed）二进制数的表示方案中，使用最广泛的两种是二进制原码和二进制补码。

1. 二进制原码

二进制原码（sign/magnitude）是一种很直观的数据表示方式，在数字前面加负号来表示负数，符合我们的习惯。N 位二进制原码的最高位是符号位，剩下的 $N-1$ 位是数值（绝对值）。符号位为 0 表示正数，为 1 则表示负数。

例 1.9（二进制原码）　用 4 位二进制原码表示 5 和 -5。

解：两个数的数值均为 $5_{10}=101_2$，因此 $5_{10}=0101_2$，$-5_{10}=1101_2$。■

遗憾的是，二进制原码不适用于普通的二进制加法，按照 1.4.5 节所述的二进制加法，上例的 -5_{10} 和 5_{10} 相加结果为 $0101_2+1101_2=10010_2$，这是不合理的。N 位二进制原码数据的表示范围为 $[-2^{N-1}+1, 2^{N-1}-1]$，该方案的特殊之处在于 0 有两种表示，即 $+0$ 和 -0，同一个数有两种不同的表示方法有可能会带来麻烦。

2. 二进制补码

二进制补码和无符号二进制表示法基本相同，但其最高有效位的权值是 -2^{N-1} 而不是 2^{N-1}。二进制补码适用于普通的二进制加法，解决了二进制原码中 0 有两种表示方式带来的问题。在二进制补码中，0 用全 0 来表示，即 $00\cdots000_2$。最大正数的最高有效位为 0，其余位为全 1，即 $01\cdots111_2=2^{N-1}-1$。最小负数的最高有效位为 1，其余位为全 0，即 $10\cdots000_2=-2^{N-1}$。-1 用全 1 来表示，即 $11\cdots111_2$。值得一提的是，正数的最高位都是 0，负数的最高位都是 1，因此最高位可以看作符号位，但是对整个数的解释与二进制原码是不同的。

二进制补码的计算过程如下：首先对数中的每一位取反，然后在最低有效位上加 1，此时二进制补码的符号就会反转（从 $+5$ 到 -5 或者从 -17 到 $+17$），这也称为反转符号法。该方法有助于计算负数的二进制补码或确定负数对应的原码。

例 1.10（负数的二进制补码表示）　使用 4 位二进制补码表示 -2_{10}。

解：从原码表示开始，$+2_{10}=0010_2$。为得到 -2_{10} 的值，将所有位取反后加 1。0010_2 取反后得到 1101_2，然后 $1101_2+1=1110_2$，因此 $-2_{10}=1110_2$。■

例 1.11（二进制补码负数的原码）　求 4 位二进制补码数 0x9（1001_2）对应的十进制值。

解：1001_2 的最高位为 1，因此它是一个负数。为计算其原码，将所有位取反后加 1，1001_2 取反后的结果是 0110_2，计算 $0110_2+1=0111_2=7_{10}$，因此 $1001_2=-7_{10}$。■

使用二进制补码表示数据有一个突出的优点，即加法操作同时适用于正数和负数。当进行 N 位数加法操作时，将丢弃第 N 位的进位（即第 $N+1$ 位的结果）。减法是将第二个操作数改变符号后求取补码，再与第一个操作数相加。

例 1.12（两个二进制补码数相加）　使用二进制补码计算：（a）$-2_{10}+1_{10}$；（b）$-7_{10}+7_{10}$。

解：（a）$-2_{10}+1_{10}=1110_2+0001_2=1111_2=-1_{10}$。

（b）$-7_{10}+7_{10}=1001_2+0111_2=10000_2$，丢弃第五位后的 4 位结果是 0000_2。■

例 1.13（两个二进制补码数相减）　使用 4 位二进制补码计算：（a）$5_{10}-3_{10}$；（b）$3_{10}-5_{10}$。

解：（a）$3_{10}=0011_2$，取 -3_{10} 的二进制补码得 1101_2，计算 $5_{10}+(-3_{10})=0101_2+1101_2=0010_2=2_{10}$。注意，由于使用 4 位数表示结果，因此丢弃最高位的进位。

（b）对第二个操作数 -5_{10} 取二进制补码得 1011_2，计算 $3_{10} + (-5_{10}) = 0011_2 + 1011_2 = 1110_2 = -2_{10}$。

现在计算 0 的二进制补码，将所有位取反（产生 $11 \cdots 111_2$）后加 1，丢弃最高有效位的进位，得到全 0。因此，0 的唯一表示为全 0。与二进制原码不同，二进制补码表示中没有 -0 的概念，0 被视为正数，因为其符号位为 0。

与无符号数一样，N 位二进制补码表示有 2^N 种可能值，但这些数值分为正数和负数。例如，4 位无符号数表示 $0 \sim 15$ 这 16 个数值，4 位的二进制补码表示 $-8 \sim 7$ 这 16 个数值。一般而言，N 位二进制补码的表示范围为 $[-2^{N-1}, 2^{N-1}-1]$。值得注意的是由于没有 -0，负数比正数多一个。最小的负数 $10 \cdots 000_2 = -2^{N-1}$ 有时被称为奇异数（weird number），在计算其二进制补码时，先将每一位取反得到 $01 \cdots 111_2$，然后加 1 又变成奇异数 $10 \cdots 000_2$。因此，最小的负数找不到对应的正数。

当两个 N 位正数或者负数相加时，若计算结果大于 $2^{N-1}-1$ 或者小于 -2^{N-1}，则产生溢出。一个正数和一个负数相加不会导致溢出。和无符号数相加不同，最高有效位产生的进位并不表示溢出。在二进制补码加法中，若相加的两个数符号相同但计算结果的符号与两个被加数符号相反，则产生溢出。

例 1.14（有溢出的二进制数加法）　使用 4 位二进制补码计算 $4_{10} + 5_{10}$，判断结果是否溢出。

解：　$4_{10} + 5_{10} = 0100_2 + 0101_2 = 1001_2 = -7_{10}$，计算结果超过 4 位二进制补码的表示范围，是个不正确的负数。若使用 5 位或更多位数计算，则结果 $01001_2 = 9_{10}$ 正确。 ■

符号扩展（sign extension）指将符号位复制到所有的扩展高位中，例如，数 3 和 -3 的 4 位二进制补码分别为 0011 和 1101，将这两个数扩展到 7 位，要将符号位复制到新的高 3 位，因此 3 和 -3 的 7 位二进制补码分别为 0000011 和 1111101。

3. 数制的比较

三种常见的二进制数制是无符号数、二进制补码和二进制原码，表 1.3 比较了它们的 N 位数表示范围。二进制补码能够表示正数和负数且适用于普通加法，因此是最实用的表示方法。减法采用将减数取反（将符号取反）再和被减数相加的方法实现。除非事先声明，本书默认使用二进制补码表示有符号数。

表 1.3　N 位数表示范围

数制	表示范围
无符号数	$[0, 2^N-1]$
二进制补码	$[-2^{N-1}, 2^{N-1}-1]$
二进制原码	$[-2^{N-1}+1, 2^{N-1}-1]$

图 1.11 给出了三种数制中 4 位数的表示方法。4 位无符号数按常规二进制顺序在 $[0,15]$ 的表示范围内排列。4 位二进制补码的表示范围为 $[-8,7]$，其中非负数 $[0,7]$ 的编码与无符号数相同，而在负数 $[-8,-1]$ 中，无符号二进制值越大则越接近 0。值得注意的是，奇异数 1000_2 表示 -8，并没有对应的正数。二进制原码的表示范围为 $[-7,7]$，最高有效位是符号位。正数 $[1,7]$ 的编码与无符号数相同，而负数表示与正数是对称的，但符号位为 1。0000_2 和 1000_2 都表示 0，正是因为 0 有两种表示方法，才使得 N 位二进制原码只能表示 2^N-1 个整数，而 N 位无符号数和二进制补码则表示 2^N 个整数。

| −8 | −7 | −6 | −5 | −4 | −3 | −2 | −1 | 0 | 1 | 2 | 3 | 4 | 5 | 6 | 7 | 8 | 9 | 10 | 11 | 12 | 13 | 14 | 15 |

无符号数　　　　　　　　　　0000 0001 0010 0011 0100 0101 0110 0111 1000 1001 1010 1011 1100 1101 1110 1111

1000 1001 1010 1011 1100 1101 1110 1111 0000 0001 0010 0011 0100 0101 0110 0111　　二进制补码

1111 1110 1101 1100 1011 1010 1001 0000/1000 0001 0010 0011 0100 0101 0110 0111　　二进制原码

图 1.11　数值线和 4 位二进制数编码

1.5　逻辑门

上节介绍如何使用二进制变量表示信息，接下来将探讨基于二进制变量的数字系统。逻辑门（logic gate）是接收一个或多个二进制输入并产生一个二进制输出的简单数字电路。一般使用电路符号表示逻辑门，在左侧（或上部）标出输入，在右侧（或下部）标出输出。数字电路设计人员通常使用字母表开始部分表示门输入，并用 Y 表示门输出，输入和输出之间的关系使用真值表或布尔表达式描述。在真值表（truth table）中，一行对应一种可能的输入组合，左侧列输入，右侧列对应的输出。布尔表达式（boolean equation）是基于二进制变量的数学表达式。

1.5.1　非门

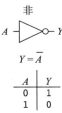

非
$$Y = \overline{A}$$

A	Y
0	1
1	0

图 1.12　非门

非门（NOT gate）有一个输入 A 和一个输出 Y，如图 1.12 所示。非门的输出与其输入相反。如果 A 为 FALSE，则 Y 为 TRUE。如果 A 为 TRUE，则 Y 为 FALSE。图 1.12 中的真值表和布尔表达式总结了这种关系，其中 A 上方的横线表示“非”，非门也称为反相器（inverter）。其他文献有一些对非的不同表示，例如 $Y = A'$、$Y = \neg A$、$Y = !A$ 或 $Y = \sim A$。本书仅使用 $Y = \overline{A}$，但在遇到其他表示时读者也不要困惑。

1.5.2　缓冲器

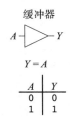

缓冲器
$$Y = A$$

A	Y
0	0
1	1

图 1.13　缓冲器

另一种单输入逻辑门是缓冲器（buffer），如图 1.13 所示，它仅仅将输入传递到输出。仅从逻辑的角度看，缓冲器好像没有用，因此它和导线没有任何区别。但从模拟电路的角度看，缓冲器具有一些理想的特性，例如可以向电机输送大电流或者将输出快速传递到多个门输入。这个例子说明设计人员要考虑多个抽象层次才能充分理解系统，而数字抽象会掩盖缓冲器的真实用途。缓冲器和非门的电路符号都含三角形。图 1.12 中非门输出上的圆圈称为气泡（bubble），表示取反。

1.5.3　与门

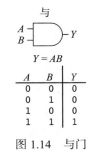

与
$$Y = AB$$

A	B	Y
0	0	0
0	1	0
1	0	0
1	1	1

图 1.14　与门

二输入比单输入逻辑门更有趣，图 1.14 所示的与门（AND gate）在输入 A 和 B 都为 TRUE 时，输出 Y 为 TRUE，否则输出为 FALSE。为方便起见，输入按照 00、01、10、11 的二进制递增顺序排列。与门的布尔表达式可以写成如下多种形式：$Y = A \cdot B$、$Y = AB$ 或者 $Y = A \cap B$。其中符号∩读作"交"，逻辑学家常用，我们更常用 $Y=AB$。

1.5.4 或门

在图 1.15 所示的或门（OR gate）中，输入 A 和 B 只要有一个为 TRUE，输出 Y 就为 TRUE。或门的布尔表达式可以写成：$Y=A+B$ 或者 $Y=A\cup B$。其中符号∪读作"并"，逻辑学家常用，我们更常用 $Y=A+B$。

或

$$Y = A + B$$

A	B	Y
0	0	0
0	1	1
1	0	1
1	1	1

图 1.15 或门

1.5.5 其他二输入逻辑门

图 1.16 给出了其他三种常见的二输入逻辑门。当异或（exclusive OR，XOR）门的输入 A 和 B 中有且仅有一个为 TRUE 时，输出为 TRUE。XOR 操作由带圈的加号⊕表示，任意门后添加气泡表示取反操作。与非（NAND）门执行与非操作，当它的两个输入均为 TRUE 时输出为 FALSE，其他情况输出为 TRUE。或非（NOR）门执行或非操作，当其输入 A 和 B 均不为 TRUE 时输出 TRUE。N 输入的 NOR 门也称为奇偶校验（parity）门，即有奇数个输入为 TRUE 时产生输出 TRUE。和二输入门一样，真值表中的输入组合按照二进制递增顺序排列。

例 1.15（异或非门） 图 1.17 给出了二输入 XNOR 门的逻辑符号和布尔表达式，它执行异或的取反操作，请完成真值表。

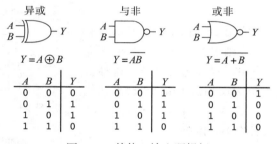

图 1.16 其他二输入逻辑门

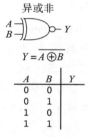

图 1.17 异或非门

解：图 1.18 给出了真值表，在所有输入均为 TRUE 或均为 FALSE 的情况下，XNOR 输出 TRUE。由于输入相等时输出为 TRUE，二输入 XNOR 门也称为相等（equality）门。∎

A	B	Y
0	0	1
0	1	0
1	0	0
1	1	1

图 1.18 异或非的真值表

1.5.6 多输入逻辑门

许多布尔函数有 3 个或 3 个以上的输入，最常见的是 AND、OR、XOR、NAND、NOR 和 XNOR。N 输入与门在所有输入均为 TRUE 时输出 TRUE，N 输入或门只要有一个输入为 TRUE 就输出 TRUE。

例 1.16（三输入 NOR 门） 图 1.19 给出了三输入 NOR 门的逻辑符号和布尔表达式，请完成真值表。

解：图 1.20 给出了真值表，只有在所有输入均不为 TRUE 时，输出才为 TRUE。∎

例 1.17（四输入 AND 门） 图 1.21 给出了四输入 AND 门的逻辑符号和布尔表达式，请完成真值表。

解: 图 1.22 给出了真值表, 当所有输入均为 TRUE 时, 输出为 TRUE。

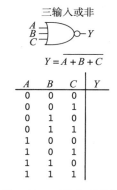

三输入或非

$$Y = \overline{A + B + C}$$

A	B	C	Y
0	0	0	
0	0	1	
0	1	0	
0	1	1	
1	0	0	
1	0	1	
1	1	0	
1	1	1	

图 1.19　三输入或非门

A	B	C	Y
0	0	0	1
0	0	1	0
0	1	0	0
0	1	1	0
1	0	0	0
1	0	1	0
1	1	0	0
1	1	1	0

图 1.20　三输入或非的真值表

四输入与

$$Y = ABCD$$

A	B	C	D	Y
0	0	0	0	0
0	0	0	1	0
0	0	1	0	0
0	0	1	1	0
0	1	0	0	0
0	1	0	1	0
0	1	1	0	0
0	1	1	1	0
1	0	0	0	0
1	0	0	1	0
1	0	1	0	0
1	0	1	1	0
1	1	0	0	0
1	1	0	1	0
1	1	1	0	0
1	1	1	1	1

图 1.21　四输入与门　　　　　　图 1.22　四输入与的真值表

1.6　数字抽象的相关概念

在数字系统中, 电压、齿轮位置或气缸液体高度等连续物理量需要由离散值变量表示, 因此, 设计人员必须设法将连续值和离散值关联起来。例如, 考虑使用电压表示二进制信号 A 时, 0V 电压意味着 $A = 0$, 5V 电压则表示 $A = 1$。实际系统都有一定的噪声, 因此 4.97V 也可能意味着 $A = 1$, 但是 4.3V、2.8V 或 2.500 000V 呢?

1.6.1　电源电压

假设系统最低电压为 0V, 也称为地 (ground, GND)。系统最高电压为电源电压, 通常称为 V_{DD}。在 20 世纪 70 和 80 年代, V_{DD} 一般为 5V。随着芯片采用了更小的晶体管, V_{DD} 已降至 3.3V、2.5V、1.8V、1.5V、1.2V 甚至更低, 系统功耗降低的同时避免了晶体管过载。

1.6.2　逻辑电平

逻辑电平 (logic level) 将连续变量映射成离散二进制变量, 如图 1.23 所示。第一个门称为驱动器 (driver), 第二个门称为接收器 (receiver), 驱动器的输出连接到接收器的输入。驱动器产生 $0 \sim V_{OL}$ 之间的 LOW (0) 输出电压或者 $V_{OH} \sim V_{DD}$ 之间的 HIGH (1) 输出电压。

对于接收器而言，$0 \sim V_{IL}$ 之间的输入电压为 LOW，$V_{IH} \sim V_{DD}$ 之间的输入电压为 HIGH。如果噪声干扰或部件缺陷等导致接收器输入电压处于 $V_{IL} \sim V_{IH}$ 之间的禁止区域（forbidden zone），那么门行为将无法预测。V_{OH} 和 V_{OL} 分别称为输出高和输出低逻辑电平，V_{IH} 和 V_{IL} 分别称为输入高和输入低逻辑电平。

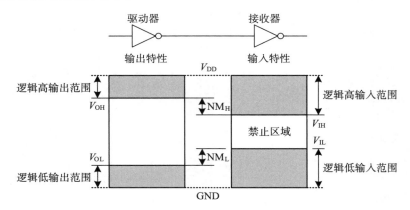

图 1.23   逻辑电平和噪声容限

1.6.3   噪声容限

当 $V_{OL} < V_{IL}$ 且 $V_{OH} > V_{IH}$ 时，驱动器的输出能够正确地传送到接收器的输入，即使驱动器的输出受噪声干扰，接收器的输入也能检测到正确的逻辑电平。噪声容限（noise margin）指为产生后一级接收器有效输入，加在前一级驱动器输出上的最大噪声值。从图 1.23 中可以看出，低电平和高电平的噪声容限分别为：

$$NM_L = V_{IL} - V_{OL} \tag{1.2}$$

$$NM_H = V_{OH} - V_{IH} \tag{1.3}$$

例 1.18（计算噪声容限）   考虑图 1.24 中的反相器电路，V_{O1} 是反相器 I_1 的输出电压，V_{I2} 是反相器 I_2 的输入电压。两个反相器遵循同样的逻辑电平特性，即 $V_{DD} = 5V$，$V_{IL} = 1.35V$，$V_{IH} = 3.15V$，$V_{OL} = 0.33V$，$V_{OH} = 3.84V$。反相器的低电平和高电平噪声容限分别为多少？该电路能否承受 V_{O1} 和 V_{I2} 之间 1V 的噪声？

图 1.24   反相器电路

解：反相器低电平和高电平的噪声容限分别为：$NM_L = V_{IL} - V_{OL} = (1.35V - 0.33V) = 1.02V$，$NM_H = V_{OH} - V_{IH} = (3.84V - 3.15V) = 0.69V$。当电路输出为 LOW 时，可以承受 1V 的噪声电压（$NM_L = 1.02V$）；当输出为 HIGH 时，不能承受此噪声电压（$NM_H = 0.69V$）。举例来说，当驱动器 I_1 输出为 HIGH 时，即 $V_{O1} = V_{OH} = 3.84V$ 时，如果噪声导致电压在到达接收器 I_2 输入前降低了 1V，即 $V_{I2} = (3.84V - 1V) = 2.84V$，该值小于可接受的 HIGH 逻辑电平 $V_{IH} = 3.15V$，因此接收器 I_2 无法检测到正确的 HIGH 输入。

1.6.4   直流传输特性

为理解数字抽象存在的问题，本节深入讨论门的模拟行为。门的直流传输特性（DC

transfer characteristic）将输出电压描述成输入电压的函数，并假设输入电压缓慢变化以保证输出电压稳定。之所以称为传输特性函数，是因为它描述了输入和输出电压之间的关系。

理想的反相器在输入电压达到 $V_{DD}/2$ 时产生突变，如图 1.25a 所示。当 $V(A) < V_{DD}/2$ 时，$V(Y) = V_{DD}$。当 $V(A) > V_{DD}/2$ 时，$V(Y) = 0$。此时，$V_{IH} = V_{IL} = V_{DD}/2$，$V_{OH} = V_{DD}$ 且 $V_{OL} = 0$。

真实的反相器在两个端点之间变化得缓慢一些，如图 1.25b 所示。当输入电压 $V(A)$ 为 0 时，输出电压 $V(Y) = V_{DD}$。当 $V(A) = V_{DD}$ 时，$V(Y) = 0$。但在两个端点之间的变化是平滑的，突变可能也不发生在中点 $V_{DD}/2$ 处。因此，一种合理的逻辑电平选择是传输特性函数的曲线斜率 $dV(Y)/dV(A)$ 为 -1 的两个点，也称为单位增益点（unity gain point）。在此情况下，若 V_{IL} 减少，V_{OH} 仅仅增加一点；若 V_{IL} 增加，V_{OH} 则会显著降低，因此能够获得最大的噪声容限。

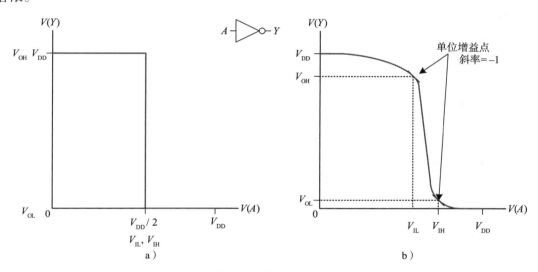

图 1.25 直流电压传输特性和逻辑电平

1.6.5 静态准则

设计逻辑门需要遵循以下静态准则（static discipline）以避免输入电压落在禁止区域内：给定有效的逻辑输入，每个电路元件将产生有效的逻辑输出。在静态准则下，数字电路设计人员不再使用模拟电路元件，而是使用简单可靠的数字电路。在设计时无须了解模拟电路元件的细节，因此大大提高了设计效率。

电源电压和逻辑电平可以任意选择，但所有相互通信逻辑门的逻辑电平必须兼容。按照逻辑系列（logic family）进行分组，同组的所有门遵循相同的静态准则。由于采用相同的电源电压和逻辑电平，同一逻辑系列中门的组合方式类似搭乐高。

20 世纪 70 年代～90 年代的四大主流逻辑系列是晶体管–晶体管逻辑（Transistor-Transistor Logic，TTL）、互补性金属–氧化物–半导体逻辑（Complementary Metal-Oxide-Semiconductor Logic，CMOS）、低电压 TTL（Low Voltage TTL，LVTTL）和低电压 CMOS（Low Voltage CMOS，LVCMOS），表 1.4 比较了它们的逻辑电平。随着电源电压的降低，不断分化出新的逻辑系列。附录 A.6 更加详细地讨论了常见的逻辑系列。

表 1.4　5V 和 3.3V 逻辑系列的逻辑电平

逻辑系列	V_{DD}	V_{IL}	V_{IH}	V_{OL}	V_{OH}
TTL	5 (4.75 ～ 5.25)	0.8	2.0	0.4	2.4
CMOS	5 (4.5 ～ 6)	1.35	3.15	0.33	3.84
LVTTL	3.3 (3 ～ 3.6)	0.8	2.0	0.4	2.4
LVCMOS	3.3 (3 ～ 3.6)	0.9	1.8	0.36	2.7

例 1.19（逻辑系列的兼容性）　表 1.4 中的哪些逻辑系列能够可靠地和其他逻辑系列通信？

解：表 1.5 列出了逻辑系列之间的兼容性。注意 5V 的 TTL 或 CMOS 逻辑系列可能产生电压为 5V 的 HIGH 输出信号。如果使用 5V 的 HIGH 输出信号驱动 3.3V 的 LVTTL 或 LVCMOS 输入，可能会损坏接收器，除非将接收器专门设计为 "5V 兼容的"。 ■

表 1.5　逻辑系列的兼容性

驱动器	接收器			
	TTL	CMOS	LVTTL	LVCMOS
TTL	兼容	不兼容：$V_{OH} < V_{IH}$	可能兼容[1]	可能兼容[1]
CMOS	兼容	兼容	可能兼容[1]	可能兼容[1]
LVTTL	兼容	不兼容：$V_{OH} < V_{IH}$	兼容	兼容
LVCMOS	兼容	不兼容：$V_{OH} < V_{IH}$	兼容	兼容

[1]只要 5V 高电平对接收器输入没有损害。

1.7　CMOS 晶体管 *

理解本书的核心内容不需要本节和后续带 * 章节的基础知识，读者可以跳过这些章节的学习。

Babbage 分析机由齿轮构造，早期的电子计算机使用继电器或真空管，现代计算机则使用廉价、微型和可靠的晶体管。晶体管（transistor）是一个电子控制开关，施加电压或电流到控制端时其打开（ON）或关闭（OFF）。两种主要类型的晶体管是双极晶体管（bipolar junction transistor）和金属－氧化物－半导体场效应晶体管（Metal-Oxide-Semiconductor field effect transistor，MOSFET 或 MOS）。

1958 年，德州仪器（Texas Instrument）的 Jack Kilby 制造了世界上第一个由两个晶体管构成的集成电路。1959 年，仙童半导体（Fairchild Semiconductor）的 Robert Noyce 申请了在一块硅芯片上互连多个晶体管的专利。当时，每个晶体管的成本是 10 美元。

半导体制造技术经过三十多年的飞速发展，如今的工程师可以在 $1cm^2$ 的硅芯片上集成 10 亿个 MOS 晶体管，每个晶体管的成本低于 10 微美分。集成规模和价格每 8 年左右提高一个数量级，现在几乎所有的数字电路系统都使用 MOS 晶体管。本节将讨论电路细节，了解如何使用 MOS 晶体管构造逻辑门。

1.7.1　半导体

MOS 晶体管由硅构成，硅（Silicon, Si）是岩石和沙子中的主要元素。硅是第Ⅳ族元素，因此其化合价外层有 4 个电子，并与 4 个相邻原子紧密形成晶格（lattice）。图 1.26a 是晶格结构的二维简化网格，实际上是三维立方晶体。图中的一条线表示一个共价键，由于硅的电子被束缚在共价键中，它的导电性很弱。但若在硅中精确地添加少量称为掺杂（dopant）原子的杂质，硅的导电性会大大提高。如果在硅中添加砷（As）等第Ⅴ族元素，掺杂原子会有一个额外的不受共价键束缚的电子，该电子可以在晶格中自由移动，从而留下一个带正电的掺杂原子（As$^+$），如图 1.26b 所示。由于电子带负电荷，因此砷被称为 n 型掺杂原子。

如果在硅中掺入硼（B）等第Ⅲ族元素，掺杂原子将失去一个电子，该电子称为空穴（hole），如图 1.26c 所示。掺杂原子邻近的硅原子将移动一个电子填充共价键，从而产生一个带负电荷的掺杂原子（B$^-$），并在该邻近硅原子中产生空穴。类似地，空穴可以在晶格中迁移，由于空穴缺少负电荷，可以被看作一个具有正电荷的粒子，因此硼被称为 p 型掺杂原子。硅的导电性随着掺杂浓度的不同存在很大差异，因此硅被称为半导体（semiconductor）。

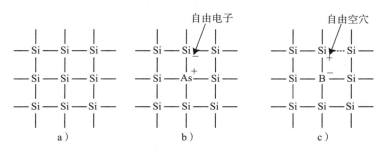

图 1.26　硅晶格和掺杂原子

1.7.2　二极管

二极管（diode）指 p 型硅和 n 型硅之间的结，p 型区域为阳极（anode），n 型区域为阴极（cathode），如图 1.27 所示。当阳极上的电压高于阴极时，二极管处于正向偏压，电流从阳极流向阴极。当阳极上的电压低于阴极时，二极管处于反向偏压，没有电流流动。二极管符号直观地表示了电流仅沿一个方向流动。

p 型	n 型
阳极	阴极

图 1.27　基于 p-n 结的二极管结构和电路

1.7.3　电容

电容（capacitor）由夹着绝缘体的两片导体构成，被施加电压 V 的导体积累正电荷（charge）Q，而另一片导体积累负电荷 $-Q$。电容量 C（capacitance）是电荷和电压之比，即 $C = Q/V$。电容量与导体大小成正比，与导体间的距离成反比，电容符号如图 1.28 所示。电容的重要性在于导体充电或放电需要时间和能量，大电容意味着电路较慢且耗费较多能量。对于速度和能量的讨论将贯穿本书。

图 1.28　电容符号

1.7.4　nMOS 和 pMOS 晶体管

MOS 晶体管由多层导体和绝缘体叠加而成，使用直径约 $15 \sim 30\text{cm}$ 的硅晶圆片（wafer）制造。制造过程在一个裸晶圆片上进行，包括掺杂原子的注入、氧化硅膜的生长和金属的淀积等一系列步骤，每个步骤完成后，晶圆片上产生特定图案以呈现所需部分。晶体管的尺寸在微米（$1\mu m = 10^{-6}\text{m}$）级别，一次可以加工整个晶圆片，因此制作几十亿个晶体管的成本很低。一次加工完成后，晶圆片被切割成包含成千上万甚至 10 亿个晶体管的芯片（chip 或 dice）。经过测试的芯片被封装到塑料或陶瓷中，通过金属引脚和电路板连接。

MOS 晶体管包括底层叫作半导体衬底（substrate）的硅晶圆片、上层的导电栅极（gate）和中间二氧化硅（SiO₂）构成的绝缘层。早期栅极由金属制成，因此称为金属 – 氧化物 – 半导体（Metal-Oxide-Semiconductor，MOS）。现代制造工艺使用多晶硅制造栅极，避免金属在后续高温处理过程中熔化。二氧化硅常用于制造玻璃，在半导体工业中通常简称为氧化物。在 MOS 结构中，金属和半导体衬底被称为电介质（dielectric）的绝缘氧化物薄膜层隔开，从而形成电容。

MOS 晶体管有两种类型，即 nMOS 和 pMOS。图 1.29 给出了晶圆片的侧面截面图。nMOS 晶体管在 p 型衬底上有两个与栅极相连的 n 型掺杂区域，分别称为源极（source）和漏极（drain）。pMOS 晶体管则相反，在 n 型衬底上构造 p 型源极和漏极。

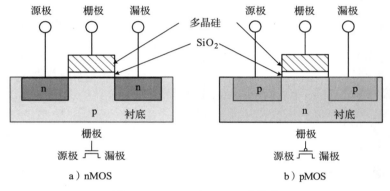

图 1.29　nMOS 和 pMOS 晶体管

MOS 晶体管可作为受电压控制的开关，栅极电压产生电场使得源极和漏极之间的连接处于导通（ON）或截止（OFF）状态，术语"场效应晶体管"正是来源于这种工作原理。nMOS 晶体管的衬底一般连接到地（GND），这是系统的最低电压。考虑栅极电压为 0V 的情况，如图 1.30a 所示，由于源极或漏极的电压非负，因此它们与衬底之间的二极管处于反向偏压状态，此时源极和漏极之间没有电流，晶体管处于截止状态。再考虑栅极电压为 V_{DD} 的情况，如图 1.30b 所示，当把正电压施加在电容上表面时，产生一个电场并在上表面吸收正电荷，在下表面吸收负电荷。当电压足够大时，大量的负电荷积聚在栅极底部，使得此区域从 p 型有效反转为 n 型，这个反转区域称为沟道（channel）。此时存在一条从 n 型源极经 n 型沟道到 n 型漏极的通路，电流可以从源极流到漏极，晶体管处于导通状态。导通晶体管的栅极电压称为门限电压（threshold voltage）V_t，通常为 0.3 ～ 0.7V。

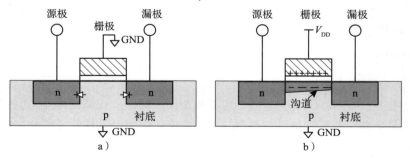

图 1.30　nMOS 晶体管的工作过程

观察图 1.31 中的电路符号，可以看出 pMOS 晶体管的工作方式和 nMOS 晶体管相反。

当 pMOS 晶体管的衬底电压为 V_{DD} 时，若栅极电压为 V_{DD}，则晶体管处于截止状态；若栅极接地，则沟道反转为 p 型，晶体管处于导通状态。

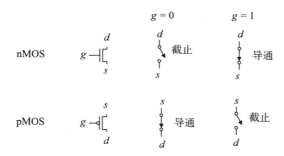

图 1.31　MOS 晶体管的开关模式（图中 s、g、d 代表源极、栅极、漏极）

但是 MOS 晶体管并不是完美的开关，尤其是 nMOS 晶体管虽然能够很好地导通低电平，但其导通高电平的能力比较弱。当栅极电压为 V_{DD} 时，随着漏极电压在 0V ～ V_{DD} 之间变化，源极电压在 0V ～ $V_{DD} - V_t$ 之间变化。同样，pMOS 晶体管导通高电平的能力虽然很好，但其导通低电平的能力较弱。然而，只在良好模式下使用晶体管构造逻辑门仍是可行的。

nMOS 晶体管需要 p 型衬底，pMOS 晶体管需要 n 型衬底。为了在一块芯片上同时构造这两种类型的晶体管，从 p 型晶圆片开始制造，在 pMOS 晶体管中植入 n 型区域构成阱（well）。这种同时提供两种类型晶体管的工艺称为互补型 MOS（Complementary MOS，CMOS），CMOS 工艺已经成为当前集成电路制造的主要方法。

总之，CMOS 工艺提供两种类型的电控开关，如图 1.31 所示，栅极的电压调节源极和漏极之间的电流流向。nMOS 晶体管在栅极为低电平时截止，为高电平时导通。pMOS 晶体管则相反，在栅极为低电平时导通，为高电平时截止。

1.7.5　CMOS 非门

图 1.32 给出了使用 CMOS 构造的非门电路示意图，其中三角形表示 GND，横线表示 V_{DD}（这些标记在后续电路示意图中不再标出）。nMOS 晶体管 N1 连接 GND 和输出 Y，pMOS 晶体管 P1 连接 V_{DD} 和输出 Y，两个晶体管的栅极均由输入 A 控制。

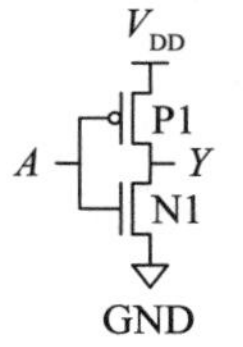

图 1.32　非门的电路示意图

当 $A = 0$ 时，N1 截止，P1 导通。因此 Y 连接到 V_{DD}，与 GND 断开，且被拉高成逻辑 1，P1 很好地导通高电平。当 $A = 1$ 时，N1 导通，P1 截止，Y 被拉低为逻辑 0，N1 很好地导通低电平。与图 1.12 中的真值表对比一下，可以看出这个电路实现了非门。

1.7.6　其他 CMOS 逻辑门

图 1.33 给出了二输入与非门的电路示意图，图中的线总是在三路相交点上连接，只在四路连接时才打点示意。nMOS 晶体管 N1 和 N2 串联，即当两个 nMOS 晶体管均导通时，输出 Y 才被拉低到 GND。pMOS 晶体管 P1 和 P2 并联，即只要有一个 pMOS 晶体管导通就可以将输出 Y 拉高到 V_{DD}。表 1.6

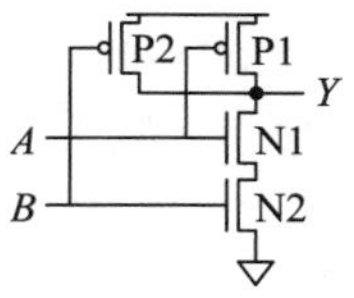

图 1.33　二输入与非门的电路示意图

给出了上拉网络和下拉网络的操作以及输出状态，该电路实现了与非功能。例如，当 $A = 1$ 且 $B = 0$ 时，N1 导通但 N2 截止，从输出 Y 到 GND 的通道阻塞，同时 P1 截止但 P2 导通，从 V_{DD} 到输出 Y 的通道顺畅。因此，输出 Y 被上拉到高电平。

表 1.6　与非门操作

A	B	下拉网络	上拉网络	Y
0	0	截止	导通	1
0	1	截止	导通	1
1	0	截止	导通	1
1	1	导通	截止	0

图 1.34 给出了构造反向逻辑门（如非门、与非门、或非门等）的通用结构。nMOS 晶体管可以很好地导通低电平，因此由 nMOS 构成的下拉网络连接输出和 GND，从而将输出下拉到低电平。pMOS 晶体管可以很好地导通高电平，因此由 pMOS 构成的上拉网络连接输出和 V_{DD}，从而将输出上拉到高电平。网络由串联或并联的晶体管构成，只要任一并联的晶体管导通，网络就导通；只有所有串联的晶体管导通，网络才能导通。输入上的斜线表示逻辑门可以接收多个输入。

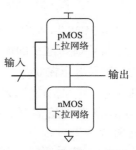

图 1.34　反向逻辑门的通用结构

如果上拉网络和下拉网络同时导通，V_{DD} 和 GND 之间将会产生短路（short circuit）。门输出电压可能处于禁止区域，损耗大量功率的晶体管很可能被烧毁。反过来，如果上拉网络和下拉网络同时截止，门输出既不能连接到 V_{DD}，也能不连接到 GND，此时输出是浮空的（float）。浮空输出值无法确定，设计时通常不希望有浮空输出，但后续的 2.6 节将展示浮空输出为设计带来的益处。

正常工作逻辑门的两个网络在任意给定时刻必然有一个导通而另一个截止，这样输出被上拉至高电平或下拉至低电平，不会产生短路或浮空。利用传导互补规则可以确保逻辑门正常工作，即当 nMOS 串联时，pMOS 必须并联；而当 nMOS 并联时，pMOS 必须串联。

例 1.20（三输入与非门电路示意图）　使用 CMOS 晶体管画出三输入与非门的电路示意图。

解： 当 3 个输入都为 1 时，与非门产生输出 0，因此下拉网络应该由三个串联的 nMOS 晶体管构成。根据传导互补规则，pMOS 晶体管必须并联，电路如图 1.35 所示，读者可以自行验证其功能是否和真值表吻合。∎

例 1.21（二输入或非门电路示意图）　使用 CMOS 晶体管画出二输入或非门的电路示意图。

解： 只要有一个输入为 1，或非门就产生输出 0，因此下拉网络应该由两个并联的 nMOS 晶体管构成。根据传导互补规则，pMOS 晶体管必须串联，电路如图 1.36 所示。∎

例 1.22（二输入与门电路示意图）　画出二输入与门的电路示意图。

解： 仅使用一个单独的 CMOS 门构造与门是不可能的，

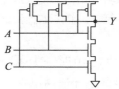

图 1.35　三输入与非门的电路示意图

图 1.36　二输入或非门的电路示意图

但与非门和非门很容易构造。因此，使用 CMOS 晶体管构造与门的最佳途径是将与非门的输出和非门的输入连接，如图 1.37 所示。■

图 1.37　二输入与门的电路示意图

1.7.7　传输门

下面讨论如何设计同时导通 0 和 1 的理想开关。回想一下，nMOS 晶体管善于导通 0，pMOS 晶体管善于导通 1，因此两者的并联组合能够很好地导通两种电平。图 1.38 给出了传输门（transmission gate 或 pass gate）的电路，开关两侧称为 A 和 B，由于开关是双向的，因此 A 和 B 两侧均可看作输入或输出。控制信号称为使能（enable），写作 EN 和 $\overline{\text{EN}}$。当 EN = 0 且 $\overline{\text{EN}}$ = 1 时，两个晶体管均截止，因此传输门关闭或禁用，此时 A 和 B 未连接。当 EN = 1 且 $\overline{\text{EN}}$ = 0 时，传输门导通或使能，此时 A 和 B 之间可以传递任意逻辑值。

图 1.38　传输门

1.7.8　伪 nMOS 逻辑

N 输入或非门需要 N 个 nMOS 晶体管并联和 N 个 pMOS 晶体管串联，正如电阻串联阻值大于并联一样，串联晶体管的开关速度比并联晶体管要慢一些。此外，由于空穴在硅晶格中的移动速度低于电子的速度，pMOS 晶体管的开关速度比 nMOS 晶体管要慢一些。因此，并联 nMOS 晶体管的开关速度快，而串联 pMOS 晶体管的开关速度慢，尤其当串联较多的晶体管时更慢。

伪 nMOS 逻辑（pseudo-nMOS logic）将上拉网络替换为单个始终导通的 pMOS 晶体管，如图 1.39 所示，该 pMOS 晶体管通常称为弱上拉（weak pull-up），其物理尺寸需满足以下条件：当所有 nMOS 晶体管均不导通时，弱上拉能维持输出高电平；但任一 nMOS 晶体管导通超过弱上拉时，输出 Y 被下拉得接近 GND 从而产生逻辑 0。

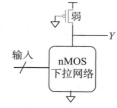

图 1.39　通用伪 nMOS 门

伪 nMOS 逻辑用于构造快速多输入或非门，图 1.40 给出了伪 nMOS 四输入或非门示例。伪 nMOS 门适合于构造第 5 章中讨论的存储器和逻辑阵列，其缺点是当输出为低电平时，V_{DD} 和 GND 之间将会产生短路，此时弱 pMOS 和所有 nMOS 晶体管均导通。短路会持续损耗功率，因此必须谨慎使用伪 nMOS 逻辑。

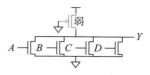

图 1.40　伪 nMOS 四输入或非门

伪 nMOS 门出现于 20 世纪 70 年代，当时的制造工艺仅能生产 nMOS 晶体管，还不能制造 pMOS 晶体管，因此使用一个弱 nMOS 晶体管将输出拉高。

1.8　功耗 *

作为数字系统中非常重要的一个概念，功耗（power consumption）指单位时间内消耗的能量。手机、笔记本计算机等便携式系统的电池使用时间取决于功耗，例如手机电池可以储蓄约 10W·h（瓦时）的能量，即 1W 使用 10h 或 2W 使用 5h。若手机电池要持续一整天，其平均耗电量应低于 1W。笔记本计算机电池通常能够储蓄 50 ~ 100W 的能量，正常运行时耗电量低于 10W，其中屏幕消耗大部分能量。电力对固定电源供电的系统来说也很重要，因为这些系统的电力消耗不仅成本高、排放量大，而且过高的功耗会导致系统过热。每天工作 8h 耗电 200W 的台式计算机每年耗电约 600kW·h，以每瓦时 12 美分和 1 磅二氧化碳排放量的平均成本来计算，每年的电费为 72 美元，而二氧化碳的排放量为 600 磅。

数字系统包含动态功耗（dynamic power）和静态功耗（static power）。动态功耗是信号在 0 和 1 变化过程中电容充电所消耗的能量，静态功耗是信号不发生变化时系统处于空闲所消耗的能量。逻辑门和连接它们的导线都有电容，将电容 C 充电到电压 V_{DD} 所需的能量为 $CV_{DD}{}^2$。如果系统以频率 f 运行，且电容充电和放电的周期为 α（称为活跃因子），则动态功耗为：

$$P_{dynamic} = \alpha CV_{DD}{}^2 f \tag{1.4}$$

图 1.41 解释了活跃因子，图 1.41a 显示的时钟信号在每个周期上升和下降一次，其活跃因子为 1。从一个上升沿到下一个上升沿的时钟周期（clock period）称为 T_c，它是时钟频率 f 的倒数。图 1.41b 显示的时钟信号在每个周期内切换一次，时序图上的平行线表明信号的高或低，具体值并不重要。交叉点表示信号变化一次，出现在时钟周期早期，因此活跃因子为 0.5（一半周期上升，一半周期下降）。图 1.41c 显示在一半周期内切换、在另一半周期内保持不变的随机信号，因此活跃因子为 0.25。真正的数字系统通常使用周期内无须切换信号的理想器件，因此典型的活跃因子为 0.1。

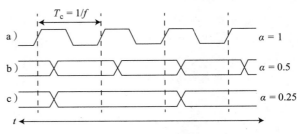

图 1.41　活跃因子示例

空闲时电子系统也会消耗一些电，当晶体管截止时，仍泄漏少量电流。和 1.7.8 节中讨论的伪 nMOS 电路类似，V_{DD} 和 GND 之间的通路中持续有电流，总静态电流 I_{DD} 也称为 V_{DD} 和 GND 之间的漏电流（leakage current）或静态电源电流（quiescent supply current）。静态功耗正比于总静态电流，表示如下：

$$P_{static} = I_{DD}V_{DD} \tag{1.5}$$

例 1.23（功耗）　某款手机的电池容量为 8W·h，电源电压为 0.707V。假定手机使用时的工作频率为 2GHz，电路总电容为 10nF（10^{-8} F），活跃因子为 0.05。当手机处于语音通信或数据传输等活动状态时（占使用时间的 10%），天线广播消耗 3W 功率。当手机处于空闲状态时，由于所有信号处理停止，因此动态功耗降低到 0。但是无论是否使用，手机仍然具有 100mA 的漏电流。请计算手机在以下两种情况下电池的使用时间：（a）不使用；（b）连续使用。

解：静态功耗 $P_{static} = (0.100A)(0.707V) = 71mW$。（a）如果手机处于空闲状态，那么仅有静态功耗，因此其电池使用时间为 $(8Wh)/(0.071W) = 113h$（约 5 天）。（b）如果连续使用手机，那么其动态功耗为 $P_{dynamic} = (0.05)(10^{-8}F)(0.707V)^2(2 \times 10^9 Hz) = 0.5W$，平均广播功率为 $(3W)(0.1) = 0.3W$。

加上静态功耗和广播功耗，总的活动功耗为 $0.5W + 0.071W + 0.3W = 0.871W$，因此电池使用时间为 $(8Wh)/(0.871W) = 9.2h$。这个例子对手机的实际操作进行了简化，但是解释了功耗的关键点。

1.9 本章总结和后续章节概览

本章介绍了理解和设计复杂系统的基本原则。虽然现实世界是模拟的，但是数字电路设计人员仅会使用信号的离散值，尤其是只有 0 和 1（有时也称为 FALSE 和 TRUE 或者 LOW 和 HIGH）两种状态的二进制变量。逻辑门根据一个或多个二进制输入计算一位二进制输出。常见的逻辑门包括 NOT、AND、OR 和 XOR。逻辑门通常由 CMOS 晶体管构成，CMOS 类似于电控开关，当栅极为 1 时 nMOS 导通，当栅极为 0 时 pMOS 导通。

第 2 章～第 5 章继续讨论数字逻辑。第 2 章讨论输出仅依赖于当前输入的组合逻辑（combinational logic），前面介绍的逻辑门是组合逻辑的示例。读者将学习如何使用多个门设计电路，实现真值表或逻辑表达式描述的输入和输出之间的关系。第 3 章讨论输出同时依赖于当前输入和过去输入的时序逻辑（sequential logic）。寄存器（register）是有记忆功能的常用时序器件。由寄存器和组合逻辑构建的有限状态机（finite state machine）提供了一种强有力的构造复杂系统的方法。第 3 章还研究数字系统的时序，分析系统的运行速度。第 4 章介绍硬件描述语言（HDL）。HDL 和传统的程序设计语言相关，但它们用于模拟和构造硬件系统而非软件。现代大部分数字系统都使用 HDL 来设计，本书将介绍两种主流的硬件描述语言：System Verilog 和 VHDL。第 5 章探讨其他组合逻辑和时序逻辑模块，例如加法器、乘法器和存储器等。

第 6 章转向计算机体系结构，主要介绍当前在工业界和学术界快速发展的开源 RISC-V 处理器。RISC-V 体系结构由寄存器和汇编语言指令集定义，读者将学习如何使用汇编语言为 RISC-V 处理器编写程序，以便更好地和处理器交流。

第 7 章和第 8 章打通数字逻辑和计算机体系结构。第 7 章研究微体系结构，读者将学习如何使用加法器和寄存器等数字模块构造 RISC-V 处理器。这章还介绍了三种考虑性能和成本的不同微体系结构，随着处理器性能的飞速提高，需要设计更复杂的存储器系统以满足日益增长的数据需求。第 8 章深入研究存储器系统的体系结构。第 9 章介绍计算机如何与显示器、蓝牙和电机等外部设备进行通信。

习题

1.1 使用至少三个层次的抽象解释以下领域：
（a）生物学家研究细胞运作。
（b）化学家研究物质成分。

1.2 解释以下人员使用的层次化、模块化和规整化技术：
（a）汽车设计工程师
（b）企业运营管理者

1.3 Ben 正在盖房子，解释在施工期间如何应用层次化、模块化和规整化原则节省时间和金钱。

1.4 模拟电压的范围为 0 ～ 5V，若测量精度为 ±50mV，此模拟信号最多可以传递多少位的信息？

1.5 教室墙上有一个旧钟，它的分针断了。
（a）如果你能把时针读数精确到 15 分钟，那么时钟能传递多少位的时间信息？
（b）如果你知道现在是午前还是午后，那么可以再获知多少位的时间信息？

1.6 巴比伦人大约在 4000 年前发明了六十进制（sexagesimal），一个六十进制数字可以传递多少位信息？如何使用六十进制书写 4000_{10}？

1.7 16 位可以表示多少个不同的数？

1.8 最大的无符号 32 位二进制数是多少？

1.9 对于以下三种表示，最大的 16 位二进制数是多少？

   （a）无符号　　　　　（b）二进制补码　　　　（c）二进制原码

1.10 对于以下三种表示，最大的 32 位二进制数是多少？

   （a）无符号　　　　　（b）二进制补码　　　　（c）二进制原码

1.11 对于以下三种表示，最小的 16 位二进制数是多少？

   （a）无符号　　　　　（b）二进制补码　　　　（c）二进制原码

1.12 对于以下三种表示，最小的 32 位二进制数是多少？

   （a）无符号　　　　　（b）二进制补码　　　　（c）二进制原码

1.13 将下列无符号二进制数转换为十进制数，给出转换过程。

   （a）1010_2　　　（b）110110_2　　　（c）11110000_2　　　（d）000100010100111_2

1.14 将下列无符号二进制数转换为十进制数，给出转换过程。

   （a）1110_2　　　（b）100100_2　　　（c）11010111_2　　　（d）011101010100100_2

1.15 重复习题 1.13，要求转换为十六进制数。

1.16 重复习题 1.14，要求转换为十六进制数。

1.17 将下列十六进制数转换为十进制数，给出转换过程。

   （a）$A5_{16}$　　　（b）$3B_{16}$　　　（c）$FFFF_{16}$　　　（d）$D0000000_{16}$

1.18 将下列十六进制数转换为十进制数，给出转换过程。

   （a）$4E_{16}$　　　（b）$7C_{16}$　　　（c）$ED3A_{16}$　　　（d）$403FB001_{16}$

1.19 重复习题 1.17，要求转换为无符号二进制数。

1.20 重复习题 1.18，要求转换为无符号二进制数。

1.21 将下列二进制补码转换为十进制数。

   （a）1010_2　　　（b）110110_2　　　（c）01110000_2　　　（d）10011111_2

1.22 将下列二进制补码转换为十进制数。

   （a）1110_2　　　（b）100011_2　　　（c）01001110_2　　　（d）10110101_2

1.23 重复习题 1.21，假设二进制数是二进制原码。

1.24 重复习题 1.22，假设二进制数是二进制原码。

1.25 将下列十进制数转换为无符号二进制数。

   （a）42_{10}　　　（b）63_{10}　　　（c）229_{10}　　　（d）845_{10}

1.26 将下列十进制数转换为无符号二进制数。

   （a）14_{10}　　　（b）52_{10}　　　（c）339_{10}　　　（d）711_{10}

1.27 重复习题 1.25，要求转换为十六进制数。

1.28 重复习题 1.26，要求转换为十六进制数。

1.29 将下列十进制数转换为 8 位二进制补码，并指出哪些十进制数超出了表示范围。

   （a）42_{10}　　　（b）-63_{10}　　　（c）124_{10}

   （d）-128_{10}　　（e）-133_{10}

1.30 将下列十进制数转换为 8 位二进制补码，并指出哪些十进制数超出了表示范围。

   （a）24_{10}　　　（b）-59_{10}　　　（c）128_{10}

   （d）-150_{10}　　（e）127_{10}

1.31 重复习题 1.29，要求转换为 8 位二进制原码。

1.32 重复习题 1.30，要求转换为 8 位二进制原码。

1.33 将下列 4 位二进制补码转换为 8 位二进制补码。

   （a）0101_2　　　　　　　　　　　　（b）1010_2

1.34 将下列 4 位二进制补码转换为 8 位二进制补码。

(a) 0111_2 (b) 1001_2

1.35 重复习题 1.33，假设二进制数为无符号数。

1.36 重复习题 1.34，假设二进制数为无符号数。

1.37 基于 8 的数制称为八进制，将习题 1.25 中的数转换为八进制数。

1.38 基于 8 的数制称为八进制，将习题 1.26 中的数转换为八进制数。

1.39 将下述八进制数分别转换为二进制数、十六进制数和十进制数。

(a) 42_8 (b) 63_8 (c) 255_8 (d) 3047_8

1.40 将下述八进制数分别转换为二进制数、十六进制数和十进制数。

(a) 23_8 (b) 45_8 (c) 371_8 (d) 2560_8

1.41 有多少个 5 位二进制补码大于 0？有多少个小于 0？对于二进制原码，结果有何区别？

1.42 有多少个 7 位二进制补码大于 0？有多少个小于 0？对于二进制原码，结果有何区别？

1.43 一个 32 位字中有多少字节？多少半字节？

1.44 一个 64 位字中有多少字节？

1.45 某款 DSL 调制解调器的数据传输率为 768Kbps，它一分钟可以接收多少字节？

1.46 USB 3.0 的数据传输率为 5Gbps，它一分钟可以发送多少字节？

1.47 硬盘制造商使用 MB 表示 10^6 字节，使用 GB 表示 10^9 字节。在一个 50GB 的硬盘上，真正能用于存储音乐的空间有多大（以 GB 为单位）？

1.48 不使用计算器估算 2^{31}。

1.49 奔腾 II 微处理器上的存储器按照 2^8 行 × 2^9 列的位阵列方式组织，不使用计算器估算存储器的位数。

1.50 按照图 1.11，给出 3 位无符号数、二进制补码和二进制原码的编码。

1.51 按照图 1.11，给出 2 位无符号数、二进制补码和二进制原码的编码。

1.52 执行下列无符号二进制数加法，并指出 4 位结果是否溢出。

(a) $1001_2 + 0100_2$ (b) $1101_2 + 1011_2$

1.53 执行下列无符号二进制数加法，并指出 8 位结果是否溢出。

(a) $10011001_2 + 01000100_2$ (b) $11010010_2 + 10110110_2$

1.54 重复习题 1.52，假设二进制数采用补码表示。

1.55 重复习题 1.53，假设二进制数采用补码表示。

1.56 将下列十进制数转换为 6 位二进制补码表示，完成加法操作，并指出 6 位结果是否溢出。

(a) $16_{10} + 9_{10}$ (b) $27_{10} + 31_{10}$ (c) $(-4)_{10} + 19_{10}$

(d) $3_{10} + (-32)_{10}$ (e) $(-16)_{10} + (-9)_{10}$ (f) $(-27)_{10} + (-31)_{10}$

1.57 对下列数字重复习题 1.56。

(a) $7_{10} + 13_{10}$ (b) $17_{10} + 25_{10}$ (c) $(-26)_{10} + 8_{10}$

(d) $31_{10} + (-14)_{10}$ (e) $(-19)_{10} + (-22)_{10}$ (f) $(-2) + (-29)_{10}$

1.58 执行下列无符号十六进制数加法，并指出 8 位结果（2 个十六进制位）是否溢出。

(a) $7_{16} + 9_{16}$ (b) $13_{16} + 28_{16}$ (c) $AB_{16} + 3E_{16}$ (d) $8F_{16} + AD_{16}$

1.59 执行下列无符号十六进制数加法，并指出 8 位结果（2 个十六进制位）是否溢出。

(a) $22_{16} + 8_{16}$ (b) $73_{16} + 2C_{16}$ (c) $7F_{16} + 7F_{16}$ (d) $C2_{16} + A4_{16}$

1.60 将下列十进制数转换为 5 位二进制补码表示，完成减法操作，并指出 5 位结果是否溢出。

(a) $9_{10} - 7_{10}$ (b) $12_{10} - 15_{10}$ (c) $(-6)_{10} - 11_{10}$ (d) $4_{10} - (-8)_{10}$

1.61 将下列十进制数转换为 6 位二进制补码表示，完成减法操作，并指出 6 位结果是否溢出。

(a) $18_{10} - 12_{10}$ (b) $30_{10} - 9_{10}$ (c) $(-28)_{10} - 3_{10}$ (d) $(-16)_{10} - 21_{10}$

1.62 在偏移为 B 的 N 位二进制偏移码中，正数或负数表示为其值加上偏移 B。例如，在偏移为 15 的 5 位数中，0 表示为 01111，1 表示为 10000 等。二进制偏移码有时用于浮点运算，详细内容在第 5 章中讨论。考虑一个偏移为 127_{10} 的 8 位二进制偏移码。

(a) 二进制数 10000010_2 对应的十进制数为多少？

(b) 表示 0 的二进制数是多少？

(c) 最小负数的值是多少？其二进制如何表示？

(d) 最大正数的值是多少？其二进制如何表示？

1.63 按照图 1.11，给出偏移为 3 的 3 位二进制偏移码的编码（参见习题 1.62 中对二进制偏移码的定义）。

1.64 在 BCD（binary coded decimal，二进制编码的十进制）系统中，使用 4 位二进制表示 0 ~ 9 的十进制数字。例如，37_{10} 表示为 00110111_{BCD}。

(a) 写出 289_{10} 的 BCD 码表示。

(b) 将 100101010001_{BCD} 转换为十进制数。

(c) 将 01101001_{BCD} 转换为二进制数。

(d) 解释为什么 BCD 码可能是一种有用的数字表示方法。

1.65 回答下列与 BCD 系统相关的问题。

(a) 写出 371_{10} 的 BCD 码表示。

(b) 将 000110000111_{BCD} 转换为十进制数。

(c) 将 10010101_{BCD} 转换为二进制数。

(d) 与二进制表示方法相比，BCD 码有哪些缺点。

1.66 一艘飞碟坠毁在 Nebraska 的庄稼地里，联邦调查局检查了飞碟残骸，在一本工程手册中发现了按照 Martian 数制书写的等式：$325 + 42 = 411$。如果该等式是正确的，则 Martian 数制的基数是多少？

1.67 Ben 和 Alyssa 正在争论一个问题。Ben 说："所有大于 0 且能被 6 整除的整数的二进制表示中必然正好有两个 1。"Alyssa 不同意，她说："不是这样，所有这些数的二进制表示中有偶数个 1。"你同意 Ben 还是 Alyssa，或者都同意，又或者都不同意？给出你的解释。

1.68 Ben 和 Alyssa 又争论另外一个问题。Ben 说："将一个数减 1，然后将结果各位取反可得到该数的二进制补码。"Alyssa 说："不，可以从一个数的最低有效位开始检查每一位，当找到第一个 1 时，将后续的所有位取反可得到该数的二进制补码。"你同意 Ben 还是 Alyssa，或者都同意，又或者都不同意？给出你的解释。

1.69 使用你最擅长的语言（C、Java、Perl）编写一个程序将二进制数转换为十进制数。用户应输入无符号二进制数，程序打印相应的十进制值。

1.70 重复习题 1.69，将以任意基 b_1 表示的数转换为以另一基 b_2 表示的相应值。支持的最大基为 16，使用字母表示大于 9 的数字。用户输入 b_1 和 b_2，然后输入基为 b_1 的数，最后程序打印出基为 b_2 的相应值。

1.71 针对下述逻辑门，给出其电路符号、布尔表达式和真值表。

(a) 三输入或门　　(b) 三输入异或门　　(c) 四输入异或非门

1.72 针对下述逻辑门，给出其电路符号、布尔表达式和真值表。

(a) 四输入或门　　(b) 三输入异或非门　　(c) 五输入与非门

1.73 当多于一半的输入为 TRUE 时，多数门（majority gate）电路输出 TRUE。请给出图 1.42 所示的三输入多数门的真值表。

1.74 如图 1.43 所示的三输入与或（AO）门在 A 和 B 都为 TRUE 时或者在 C 为 TRUE 时输出 TRUE。请给出其真值表。

1.75 如图 1.44 所示的三输入或与反相（OAI）门在 C 为 TRUE 时且 A 或 B 为 TRUE 时输出 FALSE，

其余情况输出 TRUE。请给出其真值表。

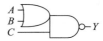

图 1.42　三输入多数门　　　　图 1.43　三输入与或门　　　　图 1.44　三输入或与反相门

1.76　对于两个输入变量的布尔表达式，请列出所有 16 种不同的真值表，并给每个真值表一个简短的名字（例如 OR、NAND 等）。

1.77　对于 N 个输入变量的布尔表达式，有多少种不同的真值表？

1.78　若某器件的直流传输特性如图 1.45 所示，该器件可否作为反相器使用？如果可以，其输入和输出的高低电平（V_{IL}、V_{OL}、V_{IH} 和 V_{OH}）以及噪声容限（N_{ML} 和 N_{MH}）分别是多少？如果不能用作反相器，请说明理由。

1.79　对图 1.46 所示的直流传输特性重复习题 1.78。

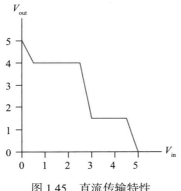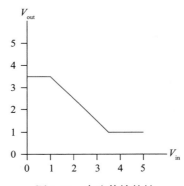

图 1.45　直流传输特性　　　　　　　　图 1.46　直流传输特性

1.80　若某器件的直流传输特性如图 1.47 所示，该器件可否作为缓冲器使用？如果可以，其输入和输出的高低电平（V_{IL}、V_{OL}、V_{IH} 和 V_{OH}）以及噪声容限（N_{ML} 和 N_{MH}）分别是多少？如果不能用作缓冲器，请说明理由。

1.81　Ben 发明了一个缓冲器电路，其直流传输特性如图 1.48 所示，这个缓冲器能正常工作吗？请解释原因。Ben 希望这个电路与 LVCMOS 以及 LVTTL 逻辑兼容。Ben 的这个缓冲器能否正确接收这些逻辑系列的输入？其输出可否正确驱动这些逻辑系列？请给出解释。

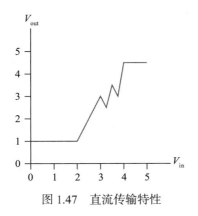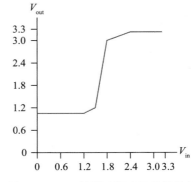

图 1.47　直流传输特性　　　　　图 1.48　Ben 的缓冲器直流传输特性

1.82　Ben 在黑暗的小巷中碰到了一个二输入门，其传输功能如图 1.49 所示，其中 A、B 为输入，Y 为输出。

（a）他发现的逻辑门是哪种类型？

（b）该逻辑门的高低逻辑电平大约是多少？

1.83　针对图 1.50 重复习题 1.82。

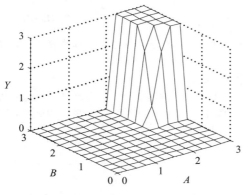

图 1.49　二输入门直流传输特性　　　　　图 1.50　二输入门直流传输特性

1.84　使用最少的晶体管构造下列 CMOS 逻辑门的晶体管级电路。

（a）四输入与非门

（b）三输入或与反相门（参见习题 1.75）

（c）三输入与或门（参见习题 1.74）

1.85　使用最少的晶体管构造下列 CMOS 逻辑门的晶体管级电路。

（a）三输入或非门

（b）三输入与门

（c）二输入或门

1.86　当少于一半的输入为 TRUE 时，少数门（minority gate）电路输出 TRUE，否则输出 FALSE。请用最少的晶体管构造三输入 CMOS 少数门的晶体管级电路。

1.87　请给出图 1.51 所示逻辑门的真值表，真值表的输入为 A 和 B。请说明此逻辑功能的名称。

1.88　请给出图 1.52 所示逻辑门的真值表，真值表的输入为 A、B 和 C。

1.89　仅使用伪 nMOS 逻辑门实现下列三输入逻辑门，该逻辑门的输入为 A、B 和 C，要求使用最少数目的晶体管。

（a）三输入或非门

（b）三输入与非门

（c）三输入与门

1.90　电阻晶体管逻辑（Resistor-Transistor Logic，RTL）使用 nMOS 晶体管将输出下拉到 LOW，在没有回路连接到地时使用弱电阻将输出上拉到 HIGH。使用 RTL 构造的非门如图 1.53 所示。画出一个三输入 RTL 或非门，要求使用最少数目的晶体管。

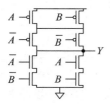　　　　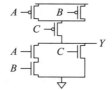　　　　

图 1.51　待解的电路图　　　　图 1.52　待解的电路图　　　　图 1.53　RTL 非门

面试题

下面列出了在面试数字设计工作时可能会碰到的问题。

1.1 请画出 CMOS 四输入或非门的晶体管级电路。

1.2 国王收到 64 个金币，但其中有一个是假的，他命令你找出这个假币。如果你有一个两端可以放置硬币的天平，请问最少需要使用多少次天平才能找到那个比较轻的假币？

1.3 教授、助教、数字设计专业学生和优秀田径新生 4 人在一个漆黑的夜晚要经过一座摇摇欲坠的桥，这座桥每次只能有两个人带着手电筒通过。他们只有一把手电筒，而且桥太长，无法把手电筒扔回来，因此必须有人要把手电筒拿回来。优秀田径新生过桥需要 1min，数字设计专业学生过桥需要 2min，助教过桥需要 5min，教授过桥需要 10min。请问所有人都通过此桥的最短时间是多少？

组合逻辑设计

2.1 引言

在数字电子学中，电路（circuit）是处理离散值变量的网络，可理解为图 2.1 所示的黑盒，包括以下四个部分：

（1）一个或多个离散值输入端（input terminal）；

（2）一个或多个离散值输出端（output terminal）；

（3）描述输入和输出关系的功能规范（functional specification）；

（4）描述输入变化和输出响应间延迟的时序规范（timing specification）。

在黑盒内部，电路由一些节点和元件组成。元件（element）本身又是带输入、输出、功能规范和时序规范的电路。节点（node）是通过电压传递离散值变量的导线，分为输入节点、输出节点和内部节点三种类型。输入节点接收外部值，输出节点输出值到外部，既不是输入节点也不是输出节点的导线称为内部节点。图 2.2 所示的电路包含 3 个元件 E1、E2、E3 以及 6 个节点，其中 A、B、C 是输入节点，Y 和 Z 是输出节点，n_1 是 E1 和 E3 之间的内部节点。

数字电路分为组合（combinational）电路和时序（sequential）电路。组合电路的输出仅取决于当前输入值，即它组合当前输入值以确定输出值，逻辑门就是一种组合电路。时序电路的输出取决于包含当前和历史输入值的输入序列。组合电路没有记忆，但时序电路有记忆。本章讨论组合电路，第 3 章分析时序电路。

组合电路的功能规范描述各种当前输入值对应的输出值，而时序规范描述从输入到输出所产生延迟的最大值和最小值。本章首先介绍功能规范，后面再讨论时序规范。

图 2.3 所示的组合电路有 2 个输入节点 A、B 和 1 个输出节点 Y。黑盒里面的符号表示该电路仅由组合逻辑实现，其逻辑功能 F 为或逻辑 $Y = F(A,B) = A + B$，即输出 Y 是 2 个输入 A 和 B 的函数，$Y = A\ \mathrm{OR}\ B$。

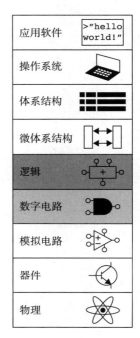

图 2.1 用带输入、输出和规范的黑盒表示电路

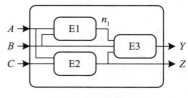

图 2.2 元件和节点

图 2.4 给出图 2.3 中或逻辑电路的两种可能实现（implementation），本书后续也将多次给出简单函数的多种实现。在给定配置情况以及面积、速度、功率和时间等约束的情况下，设计人员选择模块实现组合逻辑电路。

$$A, B \quad \boxed{CL} \quad Y$$

$$Y = F(A, B) = A + B$$

图 2.3　组合逻辑电路

图 2.5 所示的组合电路有多个输出，称为全加器（full adder），后续 5.2.1 节中将详细讨论。两个函数表达式分别表示根据输入 A、B 和 C_{in} 确定输出 S 和 C_{out}。

多个信号构成的总线（bus）使用一根信号线简化表示，总线上斜线旁标注的数字表示信号数量。图 2.6a 所示的组合逻辑块有 3 个输入和 2 个输出。不重要的或者能从上下文获知的总线位数无须标注，图 2.6b 所示的两个组合逻辑块有任意数量的输出，一个逻辑块的输出作为下一个逻辑块的输入。

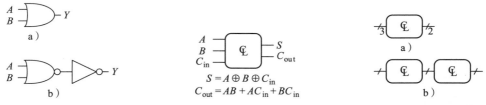

图 2.4　或逻辑的两种实现　　　　图 2.5　多输出组合电路　　　　图 2.6　多信号的斜线表示

用较小的元件构造大的组合电路需要遵循一些规则，组合电路由满足以下条件的互连电路元件构成：

（1）每一个电路元件本身都是组合电路；

（2）每一个电路节点要么是电路的输入，要么是连接外部电路元件的单个输出端；

（3）电路不包含回路，即经过电路的每条路径遍历每个节点最多一次。

例 2.1（组合电路）　根据上述构造规则，图 2.7 中哪些是组合电路？

解：图 2.7a 是组合电路，它由 2 个组合电路元件（反相器 I1 和 I2）以及 3 个节点 n_1、n_2、n_3 构成。n_1 是整个电路和 I1 的输入，内部节点 n_2 是 I1 的输出和 I2 的输入，n_3 是电路和 I2 的输出。图 2.7b 不是组合电路，因为它存在回路：异或门的输出反馈到一个输入端，从 n_4 开始通过异或门到 n_5 再返回到 n_4 是一个回路。图 2.7c 是组合电路。图 2.7d 不是组合电路，因为节点 n_6 同时连接 I3 和 I4 的输出端。图 2.7e 是组合电路，两个组合电路连接构成大的组合电路。图 2.7f 不遵循组合电路的构造规则，因为存在一个通过 2 个元件的回路，需进一步根据元件功能确定是否为组合电路。■

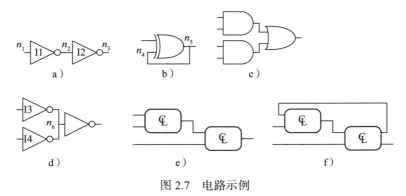

图 2.7　电路示例

微处理器这样的大规模电路非常复杂，我们用第 1 章介绍的准则管理其复杂性。应用抽象和模块化原则将电路视为具有明确定义接口和功能的黑盒，应用层次化原则从小电路构造复杂电路，应用约束原理产生组合电路的构造规则。

组合电路的功能规范通常描述为真值表或者布尔表达式。后续章节将介绍由真值表计算布尔表达式以及基于布尔代数和卡诺图化简表达式的方法，并给出用逻辑门实现逻辑表达式的步骤以及对电路速度的分析。

2.2　布尔表达式

布尔表达式中的变量取真或假，因此很适合描述数字逻辑。本节定义布尔表达式中常用的术语，并介绍根据真值表的逻辑功能写出布尔表达式的方法。

2.2.1　术语

变量 A 的补（complement）是它的反，记为 $\overline{A}$。项（literal）是变量或它的反，如 A、$\overline{A}$、B 和 $\overline{B}$ 是项。A 为变量的真形式（true form），$\overline{A}$ 为取反形式（complementary form），但"真形式"并不意味着 A 为真，仅是 A 上方没有线。

乘积项（product）或蕴涵项（implicant）指一个项或者多个项的"与"，如 $\overline{A}B$、$A\overline{B}\overline{C}$ 和 B 都是三变量函数的蕴涵项。最小项（minterm）是包含全部输入变量的乘积项，如 $A\overline{B}\overline{C}$ 是输入为 A、B、C 的三变量函数的最小项，但是 $\overline{A}B$ 不是最小项，因为它不包含变量 C。同样，求和项（sum）指一个项或者多个项的"或"，最大项（maxterm）是包含全部输入变量的求和项，如 $A+\overline{B}+C$ 是输入为 A、B、C 的三变量函数的最大项。

布尔表达式中的运算顺序很重要，如 $Y=A+BC$ 表示 $Y=(A\ OR\ B)\ AND\ C$ 还是 $Y=A\ OR(B\ AND\ C)$？当不加括号时，布尔表达式中的运算按"非""与""或"顺序执行，类似普通运算中的乘法优先于加法。因此，上述表达式理解为 $Y=A\ OR(B\ AND\ C)$。式（2.1）给出另一示例：

$$\overline{A}B+BC\overline{D}=((\overline{A})B)+(BC(\overline{D}))\qquad(2.1)$$

2.2.2　与或式

N 输入的真值表有 2^N 行。每行包含输入变量的一种可能取值，以及该行取值为真的最小项。图 2.8 给出二输入 A、B 的真值表以及每行对应的最小项，如第一行的最小项是 $\overline{A}\overline{B}$，当 $A=0$ 且 $B=0$ 时，$\overline{A}\overline{B}$ 为真。最小项从 0 开始标号，第一行对应最小项 m_0，然后是 m_1、m_2，依此类推。

真值表的布尔表达式写成输出 Y 为真的所有最小项之和。图 2.8 中圈出了输出 Y 为真的行（一个最小项），因此 $Y=\overline{A}B$。图 2.9 所示的真值表有多行输出 Y 为真，因此 $Y=\overline{A}B+AB$。

A	B	Y	最小项	最小项名称
0	0	0	$\overline{A}\ \overline{B}$	m_0
0	1	1	$\overline{A}\ B$	m_1
1	0	0	$A\ \overline{B}$	m_2
1	1	0	$A\ B$	m_3

图 2.8　真值表和最小项

A	B	Y	最小项	最小项名称
0	0	0	$\overline{A}\ \overline{B}$	m_0
0	1	1	$\overline{A}\ B$	m_1
1	0	0	$A\ \overline{B}$	m_2
1	1	1	$A\ B$	m_3

图 2.9　有多个最小项为真的真值表

上述表达式形为若干积（"与"构成的最小项）的和（"或"），因为被称为函数的与或

（sum-of-products）范式，这是布尔函数的第一种表达式。尽管同一函数有多种表达形式（如图 2.9 所示的真值表也可以写为 $Y = B\overline{A} + BA$），但按最小项出现顺序书写，一个真值表对应唯一的布尔表达式。

与或范式也可以使用求和符号 Σ 写成连续相加的形式，图 2.9 对应的函数写成如下形式：

$$F(A,B) = \Sigma(m_1, m_3) \text{ 或 } F(A,B) = \Sigma(1, 3) \tag{2.2}$$

例 2.2（与或式） Ben 正在野炊，如果下雨或者地上有蚂蚁，Ben 将不能野炊。设计一个电路，当输出为真时表示 Ben 可以野炊。

解： 首先定义输入和输出，输入 A、R 分别表示有蚂蚁和下雨，有蚂蚁时 A 为真，反之 A 为假。同样地，下雨时 R 为真，反之 R 为假。输出 E 表示 Ben 野炊，Ben 可以野炊时 E 为真，反之 E 为假。图 2.10 给出 Ben 野炊经历的真值表。

使用与或式写出表达式 $E = \overline{A}\overline{R}$ 或 $E = \Sigma(0)$，使用 2 个反相器和 1 个二输入与门的实现电路如图 2.11a 所示。该真值表描述的或非函数 $E = A \text{ NOR } R = \overline{A + R}$ 曾在 1.5.5 节中出现。2.11b 表示或非运算，后续 2.3 节将说明 $\overline{A}\overline{R}$ 和 $\overline{A + R}$ 是等价的。

多变量真值表对应唯一的与或表达式，图 2.12 给出了一个三输入真值表，其逻辑函数的与或式如下：

$$Y = \overline{A}\overline{B}\overline{C} + A\overline{B}\overline{C} + A\overline{B}C \text{ 或 } Y = \Sigma(0, 4, 5) \tag{2.3}$$

然而，与或式不一定能生成最简表达式，2.3 节将介绍构造最简表达式的方法。

A	R	E
0	0	1
0	1	0
1	0	0
1	1	0

图 2.10　Ben 的真值表

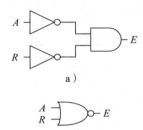

图 2.11　Ben 的实现电路

A	B	C	Y
0	0	0	1
0	0	1	0
0	1	0	0
0	1	1	0
1	0	0	1
1	0	1	1
1	1	0	0
1	1	1	0

图 2.12　随机三输入真值表

2.2.3　或与式

布尔函数的第二种表达式是或与（product-of-sums）范式，真值表的每行对应该行取值为假的最大项。如二输入真值表第一行的最大项是 $(A+B)$，当 $A = 0$ 且 $B = 0$ 时，$(A+B)$ 为假。真值表对应电路的布尔表达式写成输出为假的所有最大项的与，或与范式也可以使用求积符号 Π 写成连续相乘的形式。

A	B	Y	最大项	最大项名称
0	0	0	$A + B$	M_0
0	1	1	$A + \overline{B}$	M_1
1	0	0	$\overline{A} + B$	M_2
1	1	1	$\overline{A} + \overline{B}$	M_3

图 2.13　有多个最大项为假的真值表

例 2.3（或与式） 写出图 2.13 中的真值表对应的或与表达式。

解： 真值表中有 2 行输出为假，故函数写成如下或与式：$Y = (A + B)(\overline{A} + B)$、$Y = \Pi(M_0, M_2)$ 或 $Y = \Pi(0, 2)$。当 $A = 0$ 且 $B = 0$ 时，第一个最大项 $(A + B)$ 为 0，这时任何值与 0 相与都等于 0，从而保证 $Y = 0$。同样地，当 $A = 1$ 且 $B = 0$ 时，第二个最大项 $(\overline{A} + B)$ 为 0，也保证 $Y = 0$。图 2.13 和图 2.9 中的真值表相同，因此一个函数有多种表达方法。

类似地，将图 2.10 所示真值表中为 0 的三行圈出来写成如下或与式：$E = (A + \overline{R})$

$(\overline{A}+R)(\overline{A}+\overline{R})$ 或 $E = \Pi(1,2,3)$ ，比与或式 $E = \overline{A}R$ 要复杂，但这两个表达式在逻辑上是等价的。当真值表中只有少数行输出为真时，与或式较短。反之，当只有少数行输出为假时，或与式比较简单。

2.3　布尔代数

上节讨论了由真值表写出布尔表达式的方法，但该方法不一定能构造出一组最简逻辑门。使用布尔代数化简布尔表达式和使用代数化简数学表达式类似，由于变量只有 0 和 1 两种可能值，布尔代数法在某些情形下更加简单。

布尔代数以一组假定正确的公理为基础，公理和定义一样无须证明。布尔代数的定律用来指导化简逻辑从而生成简单且低成本的电路，所有这些定律可以通过公理来证明。

布尔代数的公理和定律都遵循对偶原理，即互换符号 0 和 1 以及运算符 ·（与）和 +（或），表达式依然正确，对偶式使用上标（'）表示。

2.3.1　公理

表 2.1 给出了布尔代数的公理，这 5 个公理和它们的对偶式定义了布尔变量以及非、或、与的含义。公理 A1 表示布尔变量 B 要么是 1，要么是 0。公理对偶式 A1' 表示布尔变量 B 要么是 0，要么是 1。A1 和 A1' 说明布尔变量非 0 即 1。公理 A2 和 A2' 定义了非操作。公理 A3 ~ A5 定义了与操作，它们的对偶式 A3' ~ A5' 定义了或操作。

表 2.1　布尔代数的公理

	公理		对偶式	名称
A1	$B=0$，如果 $B \neq 1$	A1'	$B=1$，如果 $B \neq 0$	布尔变量
A2	$\overline{0}=1$	A2'	$\overline{1}=0$	非
A3	$0 \cdot 0 = 0$	A3'	$1+1=1$	与 / 或
A4	$1 \cdot 1 = 1$	A4'	$0+0=0$	与 / 或
A5	$0 \cdot 1 = 1 \cdot 0 = 0$	A5'	$1+0=0+1=1$	与 / 或

2.3.2　单变量定律

表 2.2 给出了化简单变量表达式的定律。

表 2.2　单变量的布尔定律

	定律		对偶式	名称
T1	$B \cdot 1 = B$	T1'	$B + 0 = B$	幺元律
T2	$B \cdot 0 = 0$	T2'	$B + 1 = 1$	零元律
T3	$B \cdot B = B$	T3'	$B + B = B$	等幂律
T4		$\overline{\overline{B}} = B$		还原律
T5	$B \cdot \overline{B} = 0$	T5'	$B + \overline{B} = 1$	互补律

幺元律 T1 表示对于任何布尔变量 B，有 B AND $1 = B$，它的对偶式表示 B OR $0 = B$。在图 2.14 所示的电路中，T1 的含义是在二输入与门中如果有一个输入恒为 1，则可以删除与门，用连接输入变量 B 的一条导线代替与门。同样，T1' 的含义是在二输入或门中如果有一个输入恒为 0，则可以用连接输入变量 B 的一条导线代替或门。逻辑门通常涉及成本、功耗和延迟，因此最好使用导线代替门电路。

零元律 T2 表示 *B* 和 0 相与总是等于 0，由于 0 使得其他输入不影响输出，因此被称为与操作的零元。对偶式 T2′表示 *B* 和 1 相或总是等于 1，因此 1 是或操作的零元。在图 2.15 所示的电路中，若与门的输入是 0，则可以用连接低电平（0）的一条导线代替与门。同样，若或门的输入是 1，也可以用连接高电平（1）的一条导线代替或门。

等幂律 T3 表示变量和自身相与仍等于变量本身，其对偶式 T3′表示变量和自身相或也等于变量本身，即操作返回和输入相同的值。在图 2.16 所示的电路中，使用一根导线代替门。

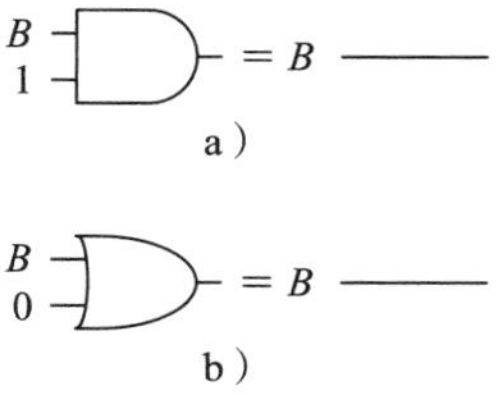

图 2.14 幺元律的电路说明。
a）T1。b）T1′

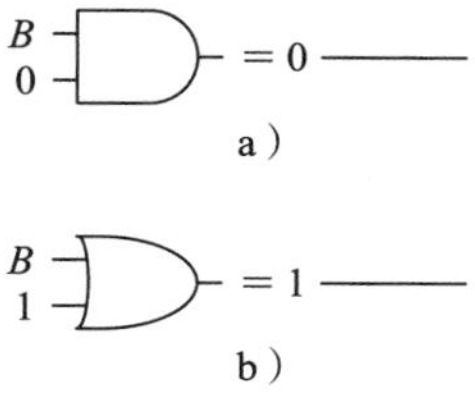

图 2.15 零元律的电路说明。
a）T2。b）T2′

图 2.16 等幂律的电路说明。
a）T3。b）T3′

还原律 T4 表示对变量两次求补可得到原变量。在数字电子学中，两次错误将产生一个正确结果。串联的两个反相器在逻辑上等效于一根导线，如图 2.17 所示。T4 的对偶式是它自身。

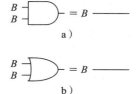

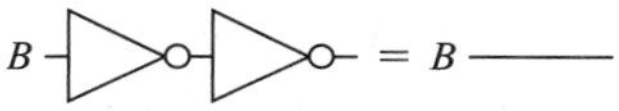

图 2.17 还原律的电路说明

互补律 T5 表示变量和其补相与的结果是 0（因为它们中必然有一个值为 0）。同时，对偶式 T5′表示变量与其补相或的结果是 1（因为它们中必然有一个值为 1），电路说明如图 2.18 所示。

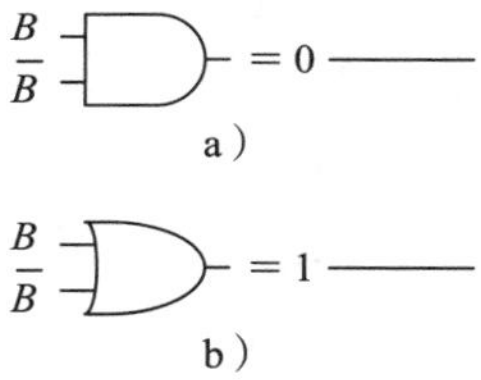

2.3.3 多变量定律

表 2.3 给出了化简多变量布尔表达式的定律。

图 2.18 互补律的电路说明。
a）T5。b）T5′

表 2.3 多变量的布尔定律

	定律		对偶式	名称
T6	$B \cdot C = C \cdot B$	T6′	$B + C = C + B$	交换律
T7	$(B \cdot C) \cdot D = B \cdot (C \cdot D)$	T7′	$(B + C) + D = B + (C + D)$	结合律
T8	$(B \cdot C) + (B \cdot D) = B \cdot (C + D)$	T8′	$(B + C) \cdot (B + D) = B + (C \cdot D)$	分配律
T9	$B \cdot (B + C) = B$	T9′	$B + (B \cdot C) = B$	吸收律
T10	$(B \cdot C) + (B \cdot \overline{C}) = B$	T10′	$(B + C) \cdot (B + \overline{C}) = B$	消去律
T11	$(B \cdot C) + (\overline{B} \cdot D) + (C \cdot D) = (B \cdot C) + (\overline{B} \cdot D)$	T11′	$(B + C) \cdot (\overline{B} + D) \cdot (C + D) = (B + C) \cdot (\overline{B} + D)$	包含律
T12	$\overline{B_0 \cdot B_1 \cdot B_2 \cdots} = (\overline{B_0} + \overline{B_1} + \overline{B_2} \cdots)$	T12′	$\overline{B_0 + B_1 + B_2 \cdots} = (\overline{B_0} \cdot \overline{B_1} \cdot \overline{B_2} \cdots)$	德·摩根定律（反演律）

交换律 T6 和结合律 T7 与传统代数相同，交换律表示"与""或"函数的输入顺序不影响输出结果，而结合律表示输入分组不影响输出结果。分配律 T8 与传统代数相同，但是它的对偶式 T8′和传统代数不同。T8 中"与"先于"或"分配，而 T8′中"或"先于"与"分配。在传统代数中，乘法分配先于加法但是加法分配不先于乘法，因此

$(B+C)\times(B+D)\neq B+(C\times D)$。吸收律 T9、消去律 T10 和包含律 T11 用于消除冗余变量，读者可自行证明。

在数字设计中，德·摩根定律 T12 非常有用，它表示所有项相与的补等于每项取补后相或。同样，所有项相或的补等于每项取补后相与。根据德·摩根定律，与非门等效于带反相输入的或门，而或非门等效于带反相输入的与门。图 2.19 表示与非门和或非门的德·摩根等效门，函数的这两种表达式称为对偶式，它们在逻辑上等效，可以相互替换。

图 2.19 中的反相圆圈称为气泡（bubble），将气泡从门一端推到另一端可将与门替换成或

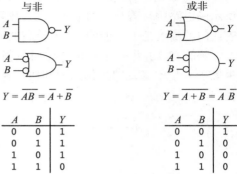

图 2.19　德·摩根定律的等效门

门，反过来也可以将或门替换成与门。图 2.19 中左侧的与非门是输出端含气泡的与门，将输出端的气泡推到左边即生成输入端含气泡的或门。以下是推气泡的规则，后续 2.5.2 节中将使用推气泡法分析电路。

（1）后推输出端的气泡或者前推输入端的气泡，能将与门换成或门，反之亦然；

（2）后推输出端的气泡，能将气泡放置在门的所有输入端；

（3）前推门的所有输入端的气泡，能将气泡放置在门的输出端。

例 2.4（推导或与式）　图 2.20 给出了布尔函数 Y 以及其反 $\overline{Y}$ 的真值表。使用德·摩根定律，通过 $\overline{Y}$ 的与或式推导出 Y 的或与式。

解：图 2.21 中圈出的部分表示 $\overline{Y}$ 的最小项，$\overline{Y}$ 的与或式如下：

$$\overline{Y} = \overline{A}\,\overline{B} + \overline{A}B \tag{2.4}$$

等式两边同时取反并应用两次德·摩根定律，可以得到

$$\overline{\overline{Y}} = Y = \overline{\overline{A}\,\overline{B} + \overline{A}B} = \left(\overline{\overline{A}\,\overline{B}}\right)\left(\overline{\overline{A}B}\right) = (A+B)(A+\overline{B}) \tag{2.5}$$ ■

A	B	Y	$\overline{Y}$
0	0	0	1
0	1	0	1
1	0	1	0
1	1	1	0

图 2.20　Y 和 $\overline{Y}$ 的真值表

A	B	Y	$\overline{Y}$	最小项
0	0	0	1	$\overline{A}\,\overline{B}$
0	1	0	1	$\overline{A}B$
1	0	1	0	$A\overline{B}$
1	1	1	0	AB

图 2.21　含 $\overline{Y}$ 最小项的真值表

2.3.4　定律的统一证明方法

在布尔代数中，证明有限变量定律的方法很简单，只要证明对于变量所有可能取值定律都正确即可。该方法称为完全归纳法，可以通过真值表进行证明。

例 2.5（使用完全归纳法证明包含律）　证明表 2.3 中的包含律 T11。

解：图 2.22 中的真值表列出了等式两边 B、C 和 D 的所有 8 种组合，对于每种组合均有

B	C	D	$BC+\overline{B}D+CD$	$BC+\overline{B}D$
0	0	0	0	0
0	0	1	1	1
0	1	0	0	0
0	1	1	1	1
1	0	0	0	0
1	0	1	0	0
1	1	0	1	1
1	1	1	1	1

图 2.22　证明 T11 的真值表

$BC + \overline{B}D + CD = BC + \overline{B}D$ ，因此定律得证。

2.3.5 表达式化简

应用布尔代数定律可化简布尔表达式。如图 2.9 中真值表对应的与或式 $Y = \overline{A}B + AB$ ，应用定理 T10 可化简为 $Y = B$ ，这在真值表中显而易见。通常，复杂表达式的化简需要若干步骤。

化简与或式的基本原则是应用 $PA + P\overline{A} = P$ 合并项，其中 P 是任意蕴涵项。最小与或式指含最少蕴涵项的表达式，对于具有相同数量蕴涵项的多个表达式，项数最少的是最小与或式。若蕴涵项无法和其他蕴涵项合并导致无法减少项数，那么该蕴涵项称为主蕴涵项。最小与或式中的所有蕴涵项必须均是主蕴涵项，否则可以通过合并减少项的数量。

例 2.6（最小化等式） 最小化表达式（2.3）：$\overline{A}\overline{B}\overline{C} + A\overline{B}\overline{C} + A\overline{B}C$ 。

解： 从初始表达式开始，按步骤应用表 2.4 所示定律。

是否生成了最小与或式？我们接下来分析。初始表达式中的前两个最小项 $\overline{A}\overline{B}\overline{C}$ 和 $A\overline{B}\overline{C}$ 仅仅在变量 A 上不同，可合并成最小项 $\overline{B}\overline{C}$ 。类似地，初始表达式中的后两个最小项 $A\overline{B}\overline{C}$ 和 $A\overline{B}C$ 也只有一个项不同，可合并成最小项 $A\overline{B}$ 。我们称，蕴涵项 $\overline{B}\overline{C}$ 和 $A\overline{B}$ 共享最小项 $A\overline{B}\overline{C}$ 。在此基础上应用等幂律（复制所需的项任意次）可以将表达式化简为两个主蕴涵项 $\overline{B}\overline{C} + A\overline{B}$ ，如表 2.5 所示。

展开蕴涵项（如将 $A\overline{B}$ 展开成 $A\overline{B}C + A\overline{B}\overline{C}$ ）是表达式化简的常用技巧，可以复制展开的最小项从而和其他的最小项进行合并。完全使用布尔代数定律化简复杂表达式容易出错，后续 2.7 节介绍的卡诺图有助于化简复杂表达式。

总之，逻辑表达式的化简减少了物理实现逻辑功能所需门的数量，使得实现电路更小、更便宜甚至更快。下节将介绍布尔表达式的逻辑门实现方法。

表 2.4 最小化表达式

步骤	表达式	应用的定律
	$\overline{A}\overline{B}\overline{C} + A\overline{B}\overline{C} + A\overline{B}C$	
1	$\overline{B}\overline{C}(\overline{A} + A) + A\overline{B}C$	T8：分配律
2	$\overline{B}\overline{C}(1) + A\overline{B}C$	T5：互补律
3	$\overline{B}\overline{C} + A\overline{B}C$	T1：幺元律

表 2.5 改进的最小化表达式

步骤	表达式	应用的定律
	$\overline{A}\overline{B}\overline{C} + A\overline{B}\overline{C} + A\overline{B}C$	
1	$\overline{A}\overline{B}\overline{C} + A\overline{B}\overline{C} + A\overline{B}\overline{C} + A\overline{B}C$	T3：等幂律
2	$\overline{B}\overline{C}(\overline{A} + A) + A\overline{B}(\overline{C} + C)$	T8：分配律
3	$\overline{B}\overline{C}(1) + A\overline{B}(1)$	T5：互补律
4	$\overline{B}\overline{C} + A\overline{B}$	T1：幺元律

2.4 从逻辑到门

电路原理图（schematic）描述了数字电路的内部元件及连接节点，图 2.23 所示原理图表示 2.2 节中逻辑函数 $Y = \overline{A}\overline{B}\overline{C} + A\overline{B}\overline{C} + A\overline{B}C$ ，也就是式（2.3）的一种硬件实现。

为方便阅读和检查错误，原理图需要遵循以下准则以保持一致的风格，图 2.24 表示后三条准则。

（1）输入在原理图的左边或者顶部；

（2）输出在原理图的右边或者底部；

（3）无论何时，门的流向从左至右；

（4）尽量使用直线；

（5）走线总是在 T 交叉点连接；

（6）两条线交叉处有点表示它们之间有连接；

（7）两条线交叉处没有点表示它们没有连接。

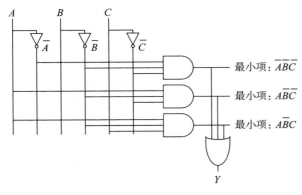

图 2.23 $Y = \overline{A}\,\overline{B}\,\overline{C} + A\overline{B}\,\overline{C} + A\overline{B}C$ 的电路原理图

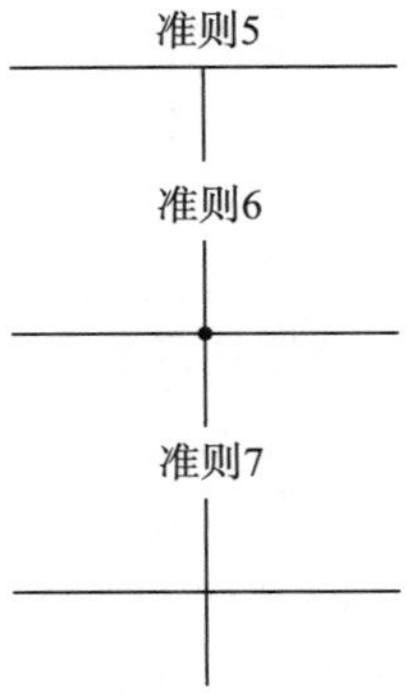

图 2.24 节点连接部分准则

基于上述准则，采用以下步骤构造的与或式实现电路原理图与图 2.23 类似。第一步按列画出输入，必要时可在相邻列之间放置反相器提供输入信号的补；第二步针对每个最小项画出与门；第三步针对每一个输出画出或门以连接和输出有关的最小项。反相器、与门和或门的系统化排列风格被称为可编程逻辑阵列（Programmable Logic Array，PLA），后续 5.6 节将详细讨论。

图 2.25 给出了例 2.6 中布尔代数化简后的实现电路原理图，与图 2.23 相比，简化后的电路硬件明显减少，逻辑门输入更少，电路的执行速度可能更快一些。

利用反相门（尽管只有单个反相器）可以进一步减少门的数量。考虑到 $\overline{B}\,\overline{C}$ 是一个带反相输入的与门，图 2.26 给出消除输入信号 C 上反相器的优化实现原理图。利用德·摩根定律，带反相输入的与门等效于或非门。总之，使用更少的门或者更适合的门会降低成本，如在 CMOS 实现中与非门和或非门比与门和或门更适用。

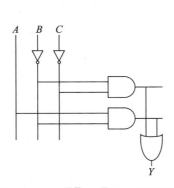

图 2.25 $Y = \overline{B}\,\overline{C} + A\overline{B}$ 的电路原理图

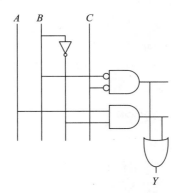

图 2.26 $Y = \overline{B}\,\overline{C} + A\overline{B}$ 的优化电路原理图

针对多输出电路，可以分别给出每个输出对应的布尔函数和真值表，但更好的方法是在一个真值表中写出所有输出，并画出含所有输出的电路原理图。

例 2.7（多输出电路） 院长、系主任、助教和寝室长有时会使用礼堂，他们偶尔会发生冲突。如系主任和一些理事要在礼堂召开会议，但同一时间寝室长要举行狂欢会。现要求 Alyssa 设计礼堂预定系统。该系统有 4 个输入 $A_3, \cdots, A_0 (A_{3:0})$ 和 4 个输出 $Y_3, \cdots, Y_0 (Y_{3:0})$。当用户预订礼堂时将其对应输入置为真，输出最多一个为真，表示将礼堂的使用权给优先级最高的用户。院长优先级别最高（3），系主任、助教和寝室长的优先级别依次递减。根据上述描述写出系统的真值表和布尔表达式，并画出功能实现电路。

解：该系统功能称为四输入优先级电路，其电路符号和真值表如图 2.27 所示。

先写出每个输出的与或式，再使用布尔代数化简表达式。对照函数表达式（和真值表）可以检查化简是否正确：A_3 有效时 Y_3 为真，故 $Y_3 = A_3$；A_2 有效且 A_3 无效时 Y_2 为真，故 $Y_3 = \overline{A_3}A_2$；A_1 有效且无更高优先级的信号有效时 Y_1 为真，故 $Y_1 = \overline{A_3}\,\overline{A_2}A_1$；$A_0$ 有效且无更高优先级的信号有效时 Y_0 为真，故 $Y_0 = \overline{A_3}\,\overline{A_2}\,\overline{A_1}A_0$。图 2.28 给出原理图。有经验的设计师通过观察实现逻辑电路，对于给定的设计规范，把文字转换成布尔表达式，再把表达式转换成门电路。■

在上例的优先级电路中，A_3 为真时输出无须考虑其他输入量，因此使用符号 X 表示不需要考虑的输入。图 2.29 给出带无关项的四输入优先级电路的精简真值表，使用无关项 X 更容易写出布尔表达式的与或式。后续 2.7.3 节将讨论无关项出现在真值表输出项的情况。

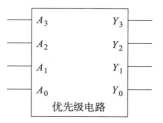

A_3	A_2	A_1	A_0	Y_3	Y_2	Y_1	Y_0
0	0	0	0	0	0	0	0
0	0	0	1	0	0	0	1
0	0	1	0	0	0	1	0
0	0	1	1	0	0	1	0
0	1	0	0	0	1	0	0
0	1	0	1	0	1	0	0
0	1	1	0	0	1	0	0
0	1	1	1	0	1	0	0
1	0	0	0	1	0	0	0
1	0	0	1	1	0	0	0
1	0	1	0	1	0	0	0
1	0	1	1	1	0	0	0
1	1	0	0	1	0	0	0
1	1	0	1	1	0	0	0
1	1	1	0	1	0	0	0
1	1	1	1	1	0	0	0

图 2.27 优先级电路

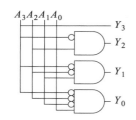

图 2.28 优先级电路原理图

A_3	A_2	A_1	A_0	Y_3	Y_2	Y_1	Y_0
0	0	0	0	0	0	0	0
0	0	0	1	0	0	0	1
0	0	1	X	0	0	1	0
0	1	X	X	0	1	0	0
1	X	X	X	1	0	0	0

图 2.29 带无关项 X 的优先级电路真值表

2.5 多级组合逻辑

与或式的实现电路先连接一级与门再连接一级或门，因此称为两级逻辑。设计师经常使用多级逻辑门建立电路，其使用的硬件比两级组合电路更少。在分析和设计多级电路时，推气泡方法很有效。

2.5.1 逻辑门量的精简

当使用两级逻辑时，实现一些逻辑函数需要很多硬件，一个典型例子是多变量异或门函数。考虑使用两级逻辑建立三输入异或门电路。对于一个 N 输入异或门，当有奇数个输入为真时输出为真。图 2.30 给出了三输入异或门的真值表，其中圈出行的输出为真。通过真值表写出布尔表达式的与或式如等式（2.6）所示，但很可惜没有好办法将其化简成较小的蕴涵项。

$$Y = \overline{A}\overline{B}C + \overline{A}B\overline{C} + A\overline{B}\overline{C} + ABC \qquad (2.6)$$

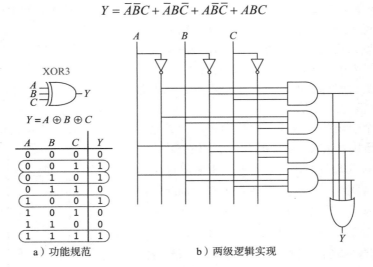

a）功能规范　　　　　　　　b）两级逻辑实现

图 2.30　三输入异或门

由于 $A \oplus B \oplus C = (A \oplus B) \oplus C$，故三输入异或门可以通过串联两个二输入异或门构造，如图 2.31 所示。同样，八输入异或门的两级与或式逻辑实现需要 128 个八输入与门和一个 128 输入或门，而更好的选择是使用二输入异或门构造，如图 2.32 所示。

选择最佳多级结构实现特定逻辑功能并不容易，此外最佳指门数量最少、速度最快、设计时间最短还有花费最少或功耗最低。后续第 5 章指出在某种工艺中最好的电路在另一种工艺中并不是最好的，例如在 CMOS 电路中与非门和或非门比常用的与门和或门高效。本书将探讨各种不同的设计策略并且权衡选择，通过学习后续章节的电路实例，读者可以获得一些设计经验，这样通过观察可以设计大部分电路的最佳多级方案。计算机辅助设计（CAD）工具通常可以有效地发现更多可能的多级设计，并且找出满足约束条件的最佳设计。

图 2.31　使用二输入异或门构造的三输入异或门

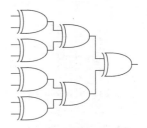

图 2.32　使用 7 个二输入异或门构造的八输入异或门

2.5.2　推气泡法

如 1.7.6 节所述，CMOS 电路中与非门和或非门的实现比与门和或门更高效，但很难基于带与非门和或非门的多级电路直接写出布尔表达式，如图 2.33 所示。推气泡法有助于重画这些电路，消除气泡并且较容易地确定逻辑功能。根据 2.3.3 节中的规则，推气泡法步骤如下：

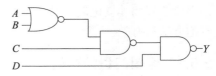

图 2.33　使用与非门和或非门实现的多级电路

（1）从电路的输出端开始向输入方向推；

（2）将气泡从最后的输出端向输入端推，以便读出输出 Y 而不是 $\overline{Y}$ 的表达式；

（3）继续后推以消除气泡，若当前门有一个输入气泡，则在前面门的输出上画气泡，否则不画气泡。

　　图 2.34 展示了使用推气泡法重画图 2.33 的步骤。从输出 Y 开始，去除与非门的输出气泡，将输出气泡向后推生成带反相输入的或门，如图 2.34a 所示。继续向左，最右侧或门的输入气泡和中间与非门的输出气泡相抵消，因此中间与非门无须改变，如图 2.34b 所示。中间门没有输入气泡，将最左侧或非门变成不带输出气泡的与门，如图 2.34c 所示。至此，电路中除输入以外没有气泡，因此直接写出基于输入的真值或补的与或式：$Y = \overline{AB}C + \overline{D}$。

　　最后强调一点，图 2.35 给出了与图 2.34 等效的逻辑电路，内部节点函数用灰色表示。由于串联气泡相互抵消，因此可以去除中间门的输出气泡和最右侧门的输入气泡，产生逻辑等效电路图。

　　例 2.8（推气泡法在 CMOS 逻辑中的应用）　设计师通常使用与门和或门构造电路，但 CMOS 逻辑电路偏向于使用与非门和或非门。现假定要使用 CMOS 逻辑实现图 2.36 所示电路，使用推气泡法将此电路转变为与非门、或非门和非门。

　　解：简单的解决方案是将与门替换成与非门和非门，将或门替换成或非门和非门，如图 2.37 所示。该方案需要 8 个门，为强调气泡和后续非门可以相互抵消，非门的气泡画在输入上。

　　较好的解决方案利用将气泡添加到当前门的输出和下一个门的输入不改变逻辑功能这一特性，如图 2.38a 所示。最后一个与门则转换成与非门和非门，如图 2.38b 所示，该解决方案仅需要 5 个门。

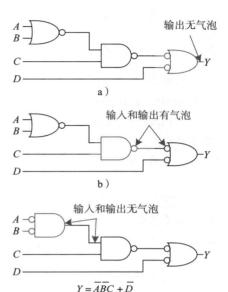

图 2.34　推气泡法生成的电路

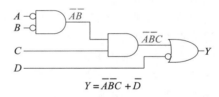

图 2.35　推气泡法生成的逻辑等效电路

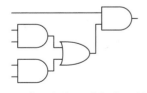

图 2.36　使用与门和或门实现的电路

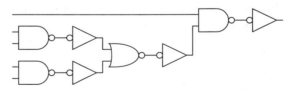

图 2.37　使用与非门和或非门实现的较差电路

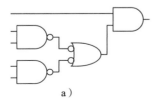
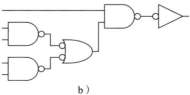

图 2.38　使用与非门和或非门实现的较好电路

2.6 非法值和浮空值

布尔代数仅使用 0 和 1，但真实电路中会出现非法值和浮空值，分别使用 X 和 Z 表示。

2.6.1 非法值 X

当电路节点同时被 0 和 1 驱动时，使用符号 X 表示该节点有未知（unknown）或非法（illegal）值。图 2.39 描述有竞争（contention）的电路，节点 Y 同时被高电平和低电平驱动，这种错

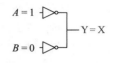

图 2.39 有竞争的电路

误必须避免。竞争节点上的真实电压取决于驱动高电平和低电平两个门的相对强度，经常处于禁止区域，但有时可能处于 $0 \sim V_{DD}$ 之间。竞争导致大电流在两个门之间流动，电路发热易损坏。

X 值有时也被电路模拟器用来表示未初始化的值，当发现未明确说明的输入值时，模拟器假定该值是 X 并发出警告。图 2.29 的真值表中出现过 X 值，表示不重要的值（可以为 0 或 1），而电路中 X 值表示电路节点有未知或者非法值。

2.6.2 浮空值 Z

符号 Z 表示节点是浮空（floating）、高阻态（high impedance）或者高 Z 态的，即节点既没有被高电平驱动也没有被低电平驱动。注意浮空或未被驱动的节点和逻辑 0 是不同的，浮空节点电压值取决于系统先前的状态，可能对应 0 也可能对应 1，还可能对应在 $0 \sim 1$ 之间的电压。出现浮空节点并不意味着电路出错，当其他电路元件将该节点驱动到有效电平时，该节点上的值可以参与电路操作。

产生浮空节点的常见原因是没有将电压值连接到输入端或者假定未连接的输入为 0，浮空输入在 $0 \sim 1$ 之间的随机变化可能导致不确定的电路行为。实际上，人体内的静电就足以触发改变，实验中曾发现只有在学生把一个手指压在芯片上时电路才能正确运行。

图 2.40 所示的三态缓冲器（tristate buffer）有 3 种可能输出：高电平（1）、低电平（0）和浮空（Z）。三态缓冲器有输入端 A、输出端 Y 和使能端 E。当使能端为真时，三态缓冲器传送输入值到输出端。当使能端为假时，输出被置为高阻态（Z）。

图 2.40 中三态缓冲器的使能端是高电平有效，即使能端为高电平（1）时缓冲器使能。图 2.41 给出了带低电平有效使能端的三态缓冲器，即使能端为低电平（0）时缓冲器使能。通常在输入端放置气泡或者在 E 上画一条横线表示信号在低电平时有效。

图 2.40 三态缓冲器　　　　图 2.41 低电平有效使能的三态缓冲器

三态缓冲器常用在连接多个芯片的总线上，如微处理器、视频控制器和以太网控制器可

能与计算机的存储器通信，每个芯片通过三态缓冲器连接共享的存储总线，如图 2.42 所示。在某个时刻只允许一个芯片的使能信号有效并向总线驱动数据，其他芯片的输出浮空以避免和正与存储器通信的芯片产生竞争。芯片随时可以通过共享总线读取信息，三态总线曾经得到广泛的使用，但现代计算机使用点到点连接（point-to-point link）以获得更高的速度，因此芯片之间不再通过共享总线连接而是直接互连。

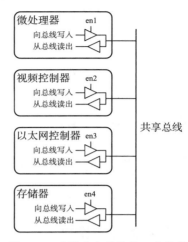

图 2.42　连接多个芯片的三态总线

2.7　卡诺图

如前所述，使用布尔代数化简不能保证得到最简表达式。卡诺图（Karnaugh map，K-map）由贝尔实验室的电信工程师 Maurice Karnaugh 于 1953 年发明，是图形化的布尔表达式化简方法。卡诺图适用于处理含不超过 4 个变量的表达式，并且给出了化简布尔表达式的可视化方法。

在逻辑最小化过程中，若两个项包含同一蕴涵项 P，且分别包含其他变量 A 的真和假形式，则合并这两项消去 A，即 $PA + P\bar{A} = P$。为便于合并，卡诺图将可合并项放在相邻方格中。

图 2.43 给出了三输入函数的真值表和卡诺图。卡诺图最上边给出输入 A、B 的 4 种可能值，最左边给出输入 C 的 2 种可能值。图中的方格与真值表的行输出 Y 相对应，如左上角的方格与真值表中的第一行对应，即 $ABC = 000$ 时，$Y = 1$。真值表中的每行和卡诺图中的每个方格均表示一个最小项，图 2.43c 显示了卡诺图中每个方格对应的最小项。

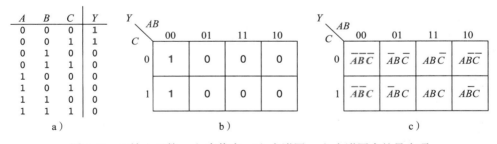

图 2.43　三输入函数。a）真值表。b）卡诺图。c）卡诺图中的最小项

卡诺图中的每个方格（最小项）和相邻方格仅有一个变量值不同，如表示最小项 $\bar{A}\bar{B}\bar{C}$ 和 $\bar{A}B\bar{C}$ 的两个方格是相邻的，它们仅变量 C 取值不同。卡诺图最上边变量 A 和 B 按照 00、01、11 和 10 的格雷码顺序组合，与普通的二进制顺序（00、01、10、11）不同，格雷码在相邻项中只有一个变量值不同。如格雷码 01 到 11 仅仅是 A 从 0 变成 1，而普通二进制顺序中 01 到 10 是 A 从 0 变成 1 和 B 从 1 变成 0。因此，以普通二进制顺序写出的组合项不具备相邻方格仅有一个变量值不同的性质。

卡诺图是环绕的，最右边方格和最左边方格相邻，它们仅有一个变量取值不同。换句话说，把图卷成一个圆柱体，连接圆柱体的末端成一个圆环，仍然保证相邻方格仅有一个变量值不同。

2.7.1　画圈的原理

从卡诺图中读取最小项与直接从真值表中读取与或式完全相同，图 2.43c 中只有最左边的两个最小项 $\overline{A}\overline{B}\overline{C}$ 和 $\overline{A}\overline{B}C$ 取值为 1。使用布尔代数将等式最小化为如下：

$$Y = \overline{A}\overline{B}\overline{C} + \overline{A}\overline{B}C = \overline{A}\overline{B}(\overline{C} + C) = \overline{A}\overline{B} \tag{2.7}$$

通过将值为 1 的相邻方格圈起来，卡诺图以可视化方式进行化简，如图 2.44 所示。针对每个圈写出相应蕴涵项，当一个圈中同时包含某变量的真和假时，从蕴涵项中删除该变量。图 2.44 中的圈包含变量 C 的真和假，因此 C 不包含在蕴涵项中。换句话说，当 $A = B = 0$ 时 Y 为真，与 C 的值无关，因此蕴涵项为 $\overline{A}\overline{B}$。由此可见，该方式与使用布尔代数化简结果一致。

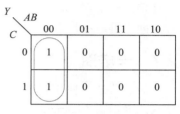

图 2.44　卡诺图化简

2.7.2　用卡诺图最小化逻辑

卡诺图提供了一种简单直观的逻辑最小化方式，先用尽可能少的圈覆盖图中所有为 1 的方格，每个圈尽可能大，然后读取每个圈的蕴涵项。前面讲过，最小化布尔表达式可以写成最少数量的主蕴涵项相或。卡诺图中的每个圈代表一个蕴涵项，最大的圈代表主蕴涵项。在图 2.44 的卡诺图中，$\overline{A}\overline{B}\overline{C}$ 和 $\overline{A}\overline{B}C$ 是蕴涵项，但不是主蕴涵项，只有 $\overline{A}\overline{B}$ 是主蕴涵项。从卡诺图得到最小化表达式的规则如下：

（1）用最少的圈覆盖所有的 1；

（2）圈中的所有方格必须都为 1；

（3）每个圈必须是矩形，其边长必须是 2 的整数次幂（即 1、2 或者 4）；

（4）每个圈必须尽可能大；

（5）圈可以环绕卡诺图的边界；

（6）如果可以使用更少数量的圈，为 1 方格可以被多次圈住。

例 2.9（用卡诺图最小化三变量函数）　假设函数 $Y = F(A, B, C)$ 的卡诺图如图 2.45 所示，使用卡诺图最小化表达式。

解：用尽可能少的圈覆盖卡诺图中为 1 的格，如图 2.46 所示。卡诺图中的每个圈表示一个主蕴涵项，每个圈的边长都是 2 的整数次幂（2 × 1 和 2 × 2）。写出圈中仅出现真或假的变量得出每个圈的主蕴涵项。

其中，B 为真和为假均出现在 2 × 1 的圈中，因此该圈对应的主蕴涵项不包含 B。然而，A 为真和 C 为假在该圈中，故主蕴涵项为 $A\overline{C}$。同样，2 × 2 的圈覆盖 $B = 0$ 的全部方格，故其对应的主蕴涵项为 $\overline{B}$。注意，右上角的方格（最小项）被覆盖了两次，从而主蕴涵项最大，这相当于布尔代数中共享最小项来减小蕴涵项大小的化简技术。此外，该卡诺图边上有环绕 4 个方格的圈。

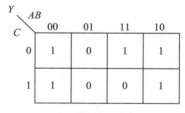

图 2.45　例 2.9 的卡诺图

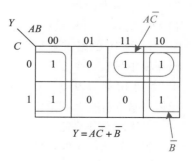

$$Y = A\overline{C} + \overline{B}$$

图 2.46　例 2.9 的求解

例 2.10（7 段数码管显示译码器） 7 段数码管显示译码器（seven-segment display decoder）根据 4 位数据输入 $D_{3:0}$ 生成 7 位输出，从而控制发光二极管显示数字 0 ～ 9。7 位的输出通常称为段 a ～ 段 g 或者 S_a ～ S_g，如图 2.47 所示。图 2.48 给出了数字显示。写出输出 S_a 和 S_b 的四输入真值表，并用卡诺图化简布尔表达式。假设输入非法值（10 ～ 15）时不产生任何显示。

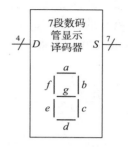

图 2.47 7 段数码管显示译码器的电路符号

解： 表 2.6 给出了真值表，如输入 0000 将点亮除 S_g 以外所有的数码管。7 个输出都是关于 4 个变量的独立函数，输出 S_a 和 S_b 的卡诺图如图 2.49 所示。注意行和列按照格雷码顺序排列为 00、01、11、10，因此相邻方格仅有一个变量不同。在方格中写输出量时，也必须记住这个顺序。

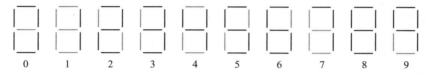

图 2.48 7 段数码管显示的数字

表 2.6 7 段数码管显示译码器真值表

$D_{3:0}$	S_a	S_b	S_c	S_d	S_e	S_f	S_g
0000	1	1	1	1	1	1	0
0001	0	1	1	0	0	0	0
0010	1	1	0	1	1	0	1
0011	1	1	1	1	0	0	1
0100	0	1	1	0	0	1	1
0101	1	0	1	1	0	1	1
0110	1	0	1	1	1	1	1
0111	1	1	1	0	0	0	0
1000	1	1	1	1	1	1	1
1001	1	1	1	0	0	1	1
其他	0	0	0	0	0	0	0

S_a

$D_{1:0}$＼$D_{3:2}$	00	01	11	10
00	1	0	0	1
01	0	1	0	1
11	1	1	0	0
10	1	1	0	0

S_b

$D_{1:0}$＼$D_{3:2}$	00	01	11	10
00	1	1	0	1
01	1	0	0	1
11	1	1	0	0
10	1	0	0	0

图 2.49 S_a 和 S_b 的卡诺图

接着圈主蕴涵项，用最少数量的圈覆盖所有 1，可以圈住水平和垂直边缘，1 可以被圈住多次。图 2.50 显示了主蕴涵项和化简的布尔表达式。注意包含最少变量的主蕴涵项并不是唯一的，如在 S_a 的卡诺图中，将 0000 项和 1000 项圈起来产生最小项 $\overline{D}_2\overline{D}_1\overline{D}_0$，将 0000 项和 0010 项圈起来则产生最小项 $\overline{D}_3\overline{D}_2\overline{D}_0$，如图 2.51 中的虚线所示。

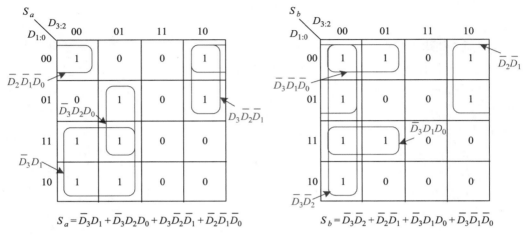

$$S_a = \overline{D}_3 D_1 + \overline{D}_3 D_2 D_0 + D_3\overline{D}_2\overline{D}_1 + \overline{D}_2\overline{D}_1\overline{D}_0 \qquad S_b = \overline{D}_3\overline{D}_2 + \overline{D}_2\overline{D}_1 + \overline{D}_3 D_1 D_0 + \overline{D}_3\overline{D}_1\overline{D}_0$$

图 2.50　例 2.10 的卡诺图解

图 2.52 展示了一个生成非主蕴涵项的常见错误，即用单独的圈覆盖左上角的 1 产生最小项 $\overline{D}_3\overline{D}_2\overline{D}_1\overline{D}_0$，但给出的与或式不是最小的。最小项 $\overline{D}_3\overline{D}_2\overline{D}_1\overline{D}_0$ 要和相邻的较大圈组合，如图 2.50 和图 2.51 所示。

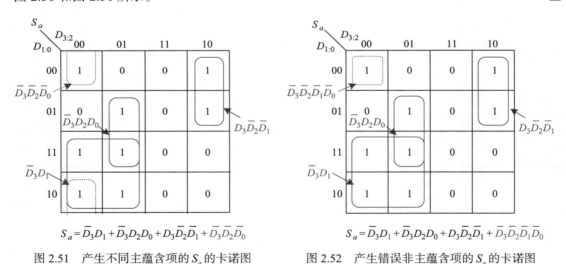

$$S_a = \overline{D}_3 D_1 + \overline{D}_3 D_2 D_0 + D_3\overline{D}_2\overline{D}_1 + \overline{D}_3\overline{D}_2\overline{D}_0 \qquad S_a = \overline{D}_3 D_1 + \overline{D}_3 D_2 D_0 + D_3\overline{D}_2\overline{D}_1 + \overline{D}_3\overline{D}_2\overline{D}_1\overline{D}_0$$

图 2.51　产生不同主蕴含项的 S_a 的卡诺图　　　图 2.52　产生错误非主蕴含项的 S_a 的卡诺图

2.7.3　无关项

在 2.4 节中已经提过真值表的无关项，将对输出没有影响的输入表示成无关项 X，从而减少表中行的数量。当输出值不重要或者没有对应的输入组合时，真值表的输出也使用无关项表示，此时由设计师决定这些输出是 0 还是 1。在卡诺图中，无关项用于进一步化简逻辑。当可用较少或较大的圈覆盖 1 时，也覆盖无关项，若这些无关项没帮助也可不覆盖。

例 2.11（带有无关项的 7 段数码管显示译码器） 不考虑输入非法值 10 ～ 15 时产生的输出，重复例 2.10。

解： 卡诺图如图 2.53 所示，X 表示无关项，可以为 0 或者 1。当覆盖无关项可使生成的圈较少或较大时，覆盖这些无关项，视其为 1；反之不覆盖，视其为 0。观察 S_a 中环绕四个角的 2×2 方格，利用无关项可以很好地来化简逻辑式。■

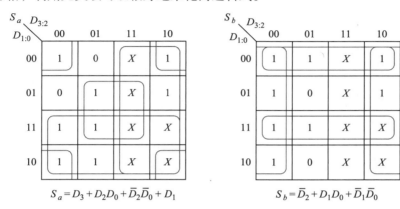

$$S_a = D_3 + D_2 D_0 + \overline{D}_2 \overline{D}_0 + D_1 \qquad S_b = \overline{D}_2 + D_1 D_0 + \overline{D}_1 \overline{D}_0$$

图 2.53 带无关项的卡诺图

2.7.4 小结

布尔代数和卡诺图是两种逻辑化简方法，最终目的都是找出开销最小的逻辑函数实现方法。在现代数字设计实践中，逻辑综合器（logic synthesizer）通过描述逻辑函数产生化简电路，该内容将在第 4 章介绍。对于复杂问题，逻辑综合器比人工方法更高效。对于简单问题，有经验的设计者通过观察可以找出好的解决方案。卡诺图有助于提高洞察力，找工作时面试官常问关于卡诺图的问题。

2.8 组合逻辑模块

组合逻辑电路通常被组成更大的模块以实现复杂系统，根据抽象原理，在设计时要关注模块功能，隐藏不重要的门级细节。之前已经讨论三种组合逻辑模块：全加器（2.1 节）、优先级电路（2.4 节）和 7 段数码管显示译码器（2.7 节）。下面介绍两种更常用的组合逻辑模块：多路选择器和译码器。更多的组合逻辑模块将在第 5 章介绍。

2.8.1 多路选择器

多路选择器（multiplexer）是一种最常用的组合逻辑电路，简称为 mux，根据选择（select）信号值从多个可能的数据输入中选择一个作为输出。

1. 2:1 多路选择器

图 2.54 中给出了 2:1 多路选择器的原理图和真值表，它有两个数据输入 D_0 和 D_1、一个选择信号输入 S 和一个输出 Y。多路选择器根据选择信号值在两个数据输入中选择一个作为输出：若 $S = 0$，$Y = D_0$；若 $S = 1$，$Y = D_1$。S 也称为控制信号（control signal），因为它控制多路选择器的行为。

2:1 多路选择器可以使用与或逻辑实现，如图 2.55 所示。通过卡诺图或者分析（若 $S = 0$ 且 $D_0 = 1$ 或 $S = 1$ 且 $D_1 = 1$，则 $Y = 1$）生成多路选择器的布尔表达式。

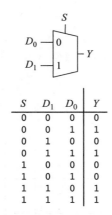

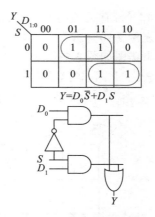

图 2.54   2:1 多路选择器符号和真值表

图 2.55   使用两级逻辑实现 2:1 多路选择器

多路选择器也可以由三态缓冲器构建，如图 2.56 所示。三态门的使能信号使得在任何时刻仅有一个三态缓冲器有效。当 $S = 0$ 时，三态门 T0 有效，允许输出 D_0 到 Y；当 $S = 1$ 时，三态门 T1 有效，允许输出 D_1 到 Y。

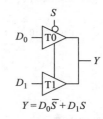

2. 更宽的多路选择器

4:1 多路选择器有 4 个数据输入和 1 个输出，如图 2.57 所示，在 4 个数据输入中进行选择需要 2 位选择信号。4:1 多路选择器可以使用与或逻辑、三态门或多个 2:1 多路选择器构建，如图 2.58 所示。三态门的使能信号可以用与门和非门组成，也可以用后续 2.8.2 节介绍的译码器组成。

8:1 和 16:1 等更宽的多路选择器也可以使用如图 2.58 所示的扩展方法进行构造。总之，N:1 多路选择器需要 $\log_2 N$ 位选择信号，好的实现选择取决于具体的技术。

图 2.56   使用三态缓冲器实现 2:1 多路选择器

图 2.57   4:1 多路选择器

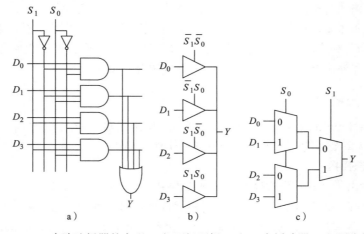

图 2.58   4:1 多路选择器的实现。a) 两级逻辑。b) 三态缓冲器。c) 层次结构

3. 多路选择器逻辑

查找表（lookup table）是多路选择器逻辑功能的实现方式，图 2.59 给出二输入与门的

4:1 多路选择器实现。与门输入 A 和 B 是选择信号，根据真值表相应行值，多路选择器的数据输入连接到 0 或 1。总之，将 0/1 连接到正确数据输入，2^N 输入的多路选择器能够实现任意 N 输入逻辑函数。此外，随着数据输入的变化，多路复用器可以重新编程以实现其他逻辑功能。

增加 0/1 变量作为数据输入可以将多路选择器的规模减半，即 2^{N-1} 输入的多路选择器可以实现任意 N 输入逻辑函数。图 2.60 展示了如何使用 2:1 多路选择器实现二输入与函数和异或函数。从普通真值表开始，合并成对的行，通过分析最右边的输入变量和输出值消除该变量。以与门门为例进行分析，当 $A = 0$ 时，不管 B 取何值，$Y = 0$；当 $A = 1$ 时，若 $B = 0$，则 $Y = 0$，否则 $Y = 1$，故 $Y = B$。按照合并后的新真值表，将多路选择器作为一个查找表。

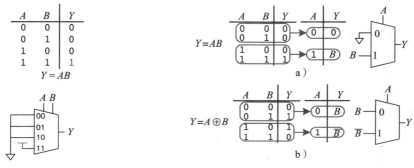

图 2.59 二输入与门的 4:1 多路选择器实现   图 2.60 使用可变输入的多路选择器逻辑

例 2.12（使用多路选择器实现逻辑） Alyssa 的毕业设计要实现函数 $Y = A\bar{B} + \bar{B}\bar{C} + \bar{A}BC$，但她查看实验工具箱时，发现只剩下一个 8:1 多路选择器。请问她如何实现这个函数？

解：如图 2.61 所示，Alyssa 使用 8:1 多路选择器实现这个函数。多路选择器作为查找表，真值表中的每一行分别和多路选择器的一个输入相对应。 ■

例 2.13（再次使用多路选择器实现逻辑） 在提交期末报告前，Alyssa 打开电路电源，结果将 8:1 多路选择器烧坏了（由于前一晚没有休息，她一不小心用 20V 电压而不是 5V 电压供电了）。她请求朋友将余下的元器件给她，结果她只拿到一个 4:1 多路选择器和一个非门。请问她如何使用这些部件构造新电路？

解：经分析发现输出取决于变量 C，Alyssa 将真值表减少到 4 行。（她也尝试过重新排列真值表的列，使输出取决于 A 或 B 的取值。）图 2.62 给出了新设计。 ■

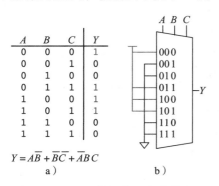

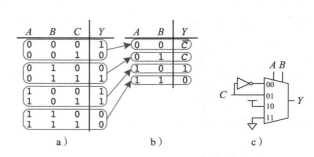

图 2.61 Alyssa 的电路。a）真值表。
b）8:1 多路选择器实现

图 2.62 Alyssa 的新电路

2.8.2 译码器

译码器有 N 个输入和 2^N 个输出，每个输出取决于输入组合。图 2.63 给出了一个 2:4 译码器，当 $A_{1:0} = 00$ 时 $Y_0 = 1$；当 $A_{1:0} = 01$ 时 $Y_1 = 1$ 等。译码器在给定条件下只有一个输出为高电平，因此称输出具有独热（one-hot）性。

例 2.14（译码器的实现）用与门、或门和非门实现 2:4 译码器。

解： 使用 4 个与门实现 2:4 译码器的电路如图 2.64 所示，每个门依赖于所有输入的真或假形式。总之，使用 2^N 个 N 输入与门并接收所有输入的真或假的组合可以构建 $N:2^N$ 译码器。译码器的每个输出均代表一个最小项，如 Y_0 表示最小项 $\overline{A_1}\,\overline{A_0}$。当与其他数字构造块一起使用时，这点很有帮助。■

将译码器和或门组合在一起可以实现逻辑函数，图 2.65 给出了使用 2:4 译码器和或门实现的二输入异或非函数。由于译码器的每个输出均代表一个最小项，因此使用所有最小项的或形式实现函数。在图 2.65 中，$Y = \overline{A}B + A\overline{B} = \overline{A \oplus B}$。使用译码器构造逻辑电路时，很容易将函数表示成真值表或者标准与或式。对于真值表包含 M 个 1 的 N 输入函数，可以使用 $N:2^N$ 译码器和 M 输入或门实现。后续 5.5.6 节的只读存储器将使用这一概念。

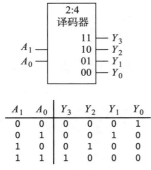

A_1	A_0	Y_3	Y_2	Y_1	Y_0
0	0	0	0	0	1
0	1	0	0	1	0
1	0	0	1	0	0
1	1	1	0	0	0

图 2.63 2:4 译码器

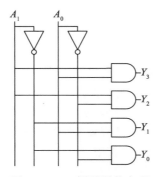

图 2.64 2:4 译码器的实现

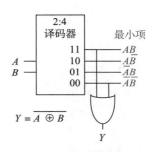

$$Y = \overline{A \oplus B}$$

图 2.65 使用 2:4 译码器实现的逻辑函数

2.9 时序

除了关注如何设计门最少的电路，有经验的设计师还要考虑电路如何运行得最快，这一最具挑战性的问题称为时序（timing）。输入改变导致的输出改变需要一定的响应时间，图 2.66 所示的时序图（timing diagram）显示了缓冲器的输入改变和随后输出改变之间的延迟，描述了输入改变时缓冲器电路的瞬间响应（transient response）。从低电平到高电平的转变称为上升沿，从高电平到低电平的转变称为下降沿（图中未显示），弯曲的箭头表示 Y 的上升沿

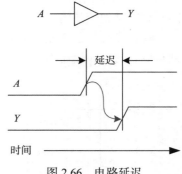

图 2.66 电路延迟

由 A 的上升沿引起。中点（50% 点）是信号在转变过程中电压处于的高电平和低电平的中间位置，通常测量输入信号 A 的中点和输出信号 Y 的中点之间的延迟。

2.9.1 传输延迟和最小延迟

组合逻辑电路的时序特征包括传输延迟（propagation delay）和最小延迟（contamination

delay）。传输延迟 t_{pd} 指从输入改变到一个或多个输出达到最终值所经历的最长时间。最小延迟 t_{cd} 指从输入改变到任何一个输出开始改变的最短时间。

图 2.67 分别用深灰色和浅灰色箭头显示了缓冲器的传输延迟和最小延迟。图中分别显示了 A 的初值是高电平和低电平以及在特定时间变化成另一电平，我们不关心具体电压值而只关心这个变化过程。随着 A 的变化 Y 做出响应产生变化，在 A 发生改变 t_{cd} 时间后 Y 开始改变，在 t_{pd} 时间后确定 Y 的新值。

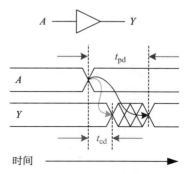

图 2.67　传输延迟和最小延迟

电路产生延迟的根源在于电容充电需要时间以及电信号的光速传播。由于以下原因，t_{pd} 和 t_{cd} 的值可能不同：

（1）不同的上升和下降延迟；

（2）多个输入和输出之间的延迟可能不同；

（3）电路较热时速度变慢，而较冷时变快。

对 t_{pd} 和 t_{cd} 的计算不在本书讨论范围内，但芯片制造商通常提供数据手册说明每个门的延迟。根据上述描述，分析信号从输入到输出的路径可以确定传输延迟和最小延迟，图 2.68 给出了四输入逻辑电路的最短路径和关键路径。关键路径（critical path）是从 A 或者 B 到输出 Y 的路径，由于输入信号经过 3 个门才传送到输出，因此该路径最长也最慢，限制了电路运行的速度。最短路径（short path）是从输入 D 到输出 Y 的路径，由于输入信号经过 1 个门就到达输出，因此该路径最短也最快。

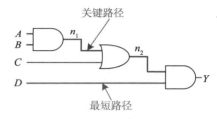

图 2.68　最短路径和关键路径

组合电路的传输延迟是关键路径上每一个元件的传输延迟之和，最小延迟是最短路径上每个元件的最小延迟之和。根据图 2.69 所示的延迟，t_{pd} 和 t_{cd} 由下列等式描述：

$$t_{pd} = 2t_{pd\_AND} + t_{pd\_OR} \tag{2.8}$$

$$t_{cd} = t_{cd\_AND} \tag{2.9}$$

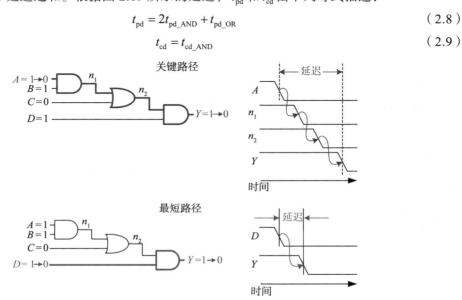

图 2.69　关键路径和最短路径的波形

例 2.15（计算延迟） Ben 要计算图 2.70 所示电路的传输延迟和最小延迟。根据数据手册，每个门的传输延迟和最小延迟分别为 100ps 和 60ps。

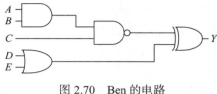

图 2.70　Ben 的电路

解： Ben 首先确定电路中的关键路径和最短路径。关键路径是从输入 A 或者 B 经过 3 个门到输出 Y 的路径，如图 2.71 中的深色粗线所示，因此 t_{pd} 是单个门传输延迟的 3 倍，即 300ps。

最短路径是从输入 C、D 或者 E 经过 2 个门到输出 Y 的路径，如图 2.72 中的浅色粗线所示，最短路径上有 2 个门，因此 t_{cd} 是 120ps。 ■

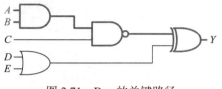

图 2.71　Ben 的关键路径

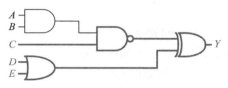

图 2.72　Ben 的最短路径

例 2.16（多路选择器的时序：控制关键路径和数据关键路径的比较） 比较 2.8.1 节中的图 2.58 所示 3 种四输入多路选择器的最坏时序情况，表 2.7 列出了元件的传输延迟。每一种设计的关键路径是什么？选出你认为的好设计并给出时序分析。

解： 如图 2.73 和图 2.74 所示，3 种设计方法的关键路径使用粗线标出。t_{pd_sy} 表示从输入 S 到输出 Y 的传输延迟；t_{pd_dy} 表示从输入 D 到输出 Y 的传输延迟；t_{pd} 是这两个延迟的最坏情况，即 $\max(t_{pd\_sy}, t_{pd\_dy})$。

表 2.7　多路选择器电路元件的时序规范

门	t_{pd}/ps	门	t_{pd}/ps
非	30	四输入或	90
二输入与	60	三态缓冲器（A 到 Y）	50
三输入与	80	三态缓冲器（使能端到 Y）	35

使用两级逻辑电路和三态缓冲器实现的电路如图 2.73 所示，其关键路径都从控制信号 S 到输出信号 Y，即 $t_{pd} = t_{pd\_sy}$。由于关键路径从控制信号到输出，因此称为控制关键（control critical）路径。对控制信号的任何附加延迟都将直接增加最坏情况下的延迟。图 2.73b 中从 D 到 Y 的延迟只有 50ps，而从 S 到 Y 的延迟有 125ps。

图 2.74 显示了用两级 2:1 多路选择器分层实现的 4:1 多路选择器，其关键路径是任意一条从输入 D 到输出 Y 的路径。由于关键路径从数据输入到输出（$t_{pd} = t_{pd\_dy}$），因此称为数据关键（data critical）路径。

当数据输入在控制输入之前到达时，最好选择最短控制 – 输出延迟的设计（图 2.74 的分层设计）。同样，当控制输入在数据输入之前到达时，选择最短数据 – 输出延迟的设计（图 2.73b 的三态缓冲器设计）。除了考虑通过电路的关键路径和输入到达的时间，最佳设计选择还要考虑功耗、成本、可用性等诸多因素。 ■

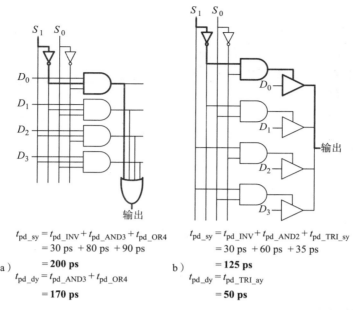

$$t_{\text{pd\_sy}} = t_{\text{pd\_INV}} + t_{\text{pd\_AND3}} + t_{\text{pd\_OR4}}$$
$$= 30\ \text{ps} + 80\ \text{ps} + 90\ \text{ps}$$
a）**= 200 ps**
$$t_{\text{pd\_dy}} = t_{\text{pd\_AND3}} + t_{\text{pd\_OR4}}$$
$$= \textbf{170 ps}$$

$$t_{\text{pd\_sy}} = t_{\text{pd\_INV}} + t_{\text{pd\_AND2}} + t_{\text{pd\_TRI\_sy}}$$
$$= 30\ \text{ps} + 60\ \text{ps} + 35\ \text{ps}$$
b）**= 125 ps**
$$t_{\text{pd\_dy}} = t_{\text{pd\_TRI\_ay}}$$
$$= \textbf{50 ps}$$

图 2.73　4:1 多路选择器的传输延迟。a）两级逻辑。b）三态缓冲器

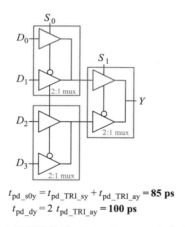

$$t_{\text{pd\_s0y}} = t_{\text{pd\_TRI\_sy}} + t_{\text{pd\_TRI\_ay}} = \textbf{85 ps}$$
$$t_{\text{pd\_dy}} = 2\ t_{\text{pd\_TRI\_ay}} = \textbf{100 ps}$$

图 2.74　4:1 多路选择器的传输延迟：基于 2:1 多路选择器的分层结构

2.9.2　毛刺

上节讨论了单个输入信号的改变导致单个输出信号改变的情况，但实际中单个输入信号的改变可能导致多个输出信号改变，这种现象称为毛刺（glitch）或者冒险（hazard）。毛刺通常不会导致问题，但是了解并在时序图中识别它们也很重要。图 2.75 给出了带毛刺的电路和其卡诺图。

上图给出了正确的最简布尔表达式，分析当 $A=0$、$C=1$，B 从 1 变成 0 时的情况。图 2.76 给出这一分析过程。图中灰色标出的最短路径经过与门和或门两个门，黑色标

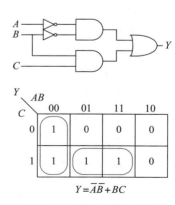

Y \ AB	00	01	11	10
C				
0	1	0	0	0
1	1	1	1	0

$$Y = \overline{A}\,\overline{B} + BC$$

图 2.75　带毛刺的电路

出的关键路径经过一个反相器以及与门和或门两个门。

当 B 从 1 变成 0 时，最短路径上的 n_2 在关键路径上的 n_1 上升之前下降。在 n_1 上升之前，或门的两个输入都是 0，输出 Y 下降到 0。当 n_1 上升后，Y 值返回 1。从图 2.76 所示的时序图中可以看出，Y 的值从 1 开始，结束时也为 1，但是存在暂时为 0 的毛刺。

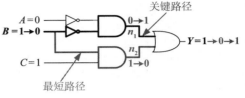

只要读取输出之前的等待时间和传输延迟一样长，出现毛刺就不会有问题，这是因为最终输出值正确。

在已有实现中增加门电路可以避免毛刺，通过卡诺图可以很好地理解这一点。图 2.77 显示了当输入 B 的改变导致 ABC 从 001 变成 011 时，输出从一个主蕴涵项圈移到另一个。该改变穿过了卡诺图中两个主蕴涵项的边界，从而可能产生毛刺。

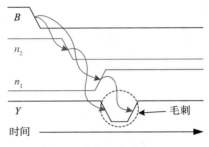

图 2.76 毛刺的时序

从图 2.76 中的时序图中可以看出，在一个主蕴涵项的电路开启之前，如果另一个主蕴涵项的电路关闭，就会产生毛刺。因此，增加覆盖主蕴涵项边缘的圈可以去除毛刺，如图 2.78 所示。根据包含律，新增加的项 AC 是包含项或者多余项。

图 2.79 所示电路能够避免毛刺，其中增加了灰色的与门。当 $A=0$ 且 $C=1$ 时，即使 B 变化也不会输出毛刺，因为在整个变化过程中该与门始终输出为 1。

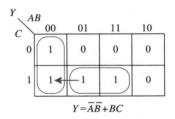

$$Y = \overline{A}\,\overline{B} + BC$$

图 2.77 输入改变穿过了蕴涵项边界

总之，信号变化在卡诺图中穿过两个主蕴涵项的边缘时会产生毛刺，通过在卡诺图中增加多余的蕴涵项盖住这些边缘可以避免毛刺，但会增加额外的硬件成本。当多个变量同时发生变化时也会产生毛刺，不能一味地增加硬件来避免毛刺。由于大部分系统的多个输入会同时发生（或者几乎同时发生）变化，因此电路中经常会出现毛刺。尽管本节介绍了一种避免毛刺的方法，但讨论毛刺的关键不在于如何去除它们，而是要意识到毛刺的存在，尤其在示波器和模拟器上分析时序图时这非常重要。

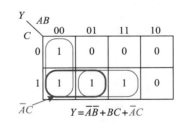

$$Y = \overline{A}\,\overline{B} + BC + \overline{A}C$$

图 2.78 无毛刺的卡诺图

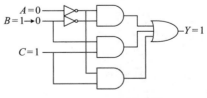

图 2.79 无毛刺的电路

2.10 本章总结

数字电路是带离散电压值输入和输出的模块，其规范描述了模块实现的功能和时序，本章重点是输出仅取决于当前输入的组合电路。

组合电路的功能可以通过真值表或者布尔表达式描述，通过系统地使用与或式或者或与式生成真值表对应的布尔表达式。与或式表示的布尔表达式写成一个或者多个蕴涵项的或，蕴涵项是各个项的与，而项是输入变量的真值或反。

可以使用布尔代数中的规则化简布尔表达式，包含某个变量的真值和反的两个蕴涵项可以化简成最简与或式，即 $PA + P\bar{A} = P$。卡诺图是化简最多 4 个变量函数的图形化方法。通过不断地化简，设计人员能够将布尔表达式化简成只含最少变量的形式。计算机辅助设计工具也常用于处理更加复杂的函数，第 4 章将介绍更多的化简方法和工具。

连接逻辑门构造组合电路以实现预期功能，两级逻辑能够实现任意表达式的与或式。具体地，非门实现输入的取反、与门实现输入的求积、或门实现输入的求和。根据功能和可用模块，基于各类型门的多级逻辑实现会更加高效。如 CMOS 电路优先使用与非门和或非门，因为它们可以直接用 CMOS 晶体管实现而不需要额外的非门。当使用与非门和或非门时，推气泡方法有助于跟踪取反。

逻辑门的组合可以构造更大规模的电路，如多路选择器、译码器和优先级电路等组合电路模块。多路选择器根据信号选择输出其中的一个输入数据，译码器根据输入将多个输出中的一个设置为高电平，优先级电路根据输入优先级选择输出。更多的组合逻辑模块将在第 5 章介绍，包括多种算术电路，这些模块将在第 7 章中得到广泛应用。

组合电路的时序包括电路的传输延迟和最小延迟，分别表示输入改变和随后的输出改变之间的最长和最短时间。计算电路的传输延迟首先要确定电路中的关键路径，然后将路径上每一个元件的传输延迟相加。实现复杂的组合逻辑电路有很多方式，这些方式在速度和成本上各有侧重。

下一章将介绍输出同时取决于先前输入和当前输入的时序电路，时序电路对过去的状态有记忆能力。

习题

2.1 写出图 2.80 中每个真值表的与或式。

a)

A	B	Y
0	0	1
0	1	0
1	0	1
1	1	1

b)

A	B	C	Y
0	0	0	1
0	0	1	1
0	1	0	0
0	1	1	0
1	0	0	0
1	0	1	0
1	1	0	0
1	1	1	1

c)

A	B	C	Y
0	0	0	1
0	0	1	0
0	1	0	1
0	1	1	0
1	0	0	1
1	0	1	1
1	1	0	0
1	1	1	1

d)

A	B	C	D	Y
0	0	0	0	1
0	0	0	1	1
0	0	1	0	1
0	0	1	1	1
0	1	0	0	0
0	1	0	1	0
0	1	1	0	0
0	1	1	1	0
1	0	0	0	1
1	0	0	1	0
1	0	1	0	0
1	0	1	1	0
1	1	0	0	0
1	1	0	1	0
1	1	1	0	0
1	1	1	1	0

e)

A	B	C	D	Y
0	0	0	0	1
0	0	0	1	0
0	0	1	0	0
0	0	1	1	1
0	1	0	0	0
0	1	0	1	1
0	1	1	0	0
0	1	1	1	0
1	0	0	0	0
1	0	0	1	1
1	0	1	0	1
1	0	1	1	1
1	1	0	0	0
1	1	0	1	0
1	1	1	0	0
1	1	1	1	1

图 2.80 习题 2.1 和习题 2.3 的真值表

2.2 写出图 2.81 中每个真值表的与或式。

a)

A	B	Y
0	0	0
0	1	1
1	0	1
1	1	1

b)

A	B	C	Y
0	0	0	0
0	0	1	1
0	1	0	1
0	1	1	1
1	0	0	1
1	0	1	0
1	1	0	1
1	1	1	0

c)

A	B	C	Y
0	0	0	0
0	0	1	1
0	1	0	1
0	1	1	0
1	0	0	0
1	0	1	0
1	1	0	1
1	1	1	1

d)

A	B	C	D	Y
0	0	0	0	1
0	0	0	1	0
0	0	1	0	0
0	0	1	1	1
0	1	0	0	0
0	1	0	1	0
0	1	1	0	0
0	1	1	1	1
1	0	0	0	1
1	0	0	1	0
1	0	1	0	1
1	0	1	1	0
1	1	0	0	1
1	1	0	1	0
1	1	1	0	0
1	1	1	1	0

e)

A	B	C	D	Y
0	0	0	0	0
0	0	0	1	0
0	0	1	0	0
0	0	1	1	1
0	1	0	0	0
0	1	0	1	0
0	1	1	0	1
0	1	1	1	1
1	0	0	0	0
1	0	0	1	1
1	0	1	0	1
1	0	1	1	1
1	1	0	0	0
1	1	0	1	0
1	1	1	0	0
1	1	1	1	0

图 2.81　习题 2.2 和习题 2.4 的真值表

2.3　写出图 2.80 中每个真值表的或与式。

2.4　写出图 2.81 中每个真值表的或与式。

2.5　最小化习题 2.1 中的与或式。

2.6　最小化习题 2.2 中的与或式。

2.7　画出习题 2.5 中每一个函数的简单组合电路实现，简单意味着不浪费逻辑门，但也不要浪费大量的时间来检验每种可能的实现电路。

2.8　画出习题 2.6 中每一个函数的简单组合电路实现。

2.9　仅使用非门、与门和或门重做习题 2.7。

2.10　仅使用非门、与门和或门重做习题 2.8。

2.11　仅使用非门、与非门和或非门重做习题 2.7。

2.12　仅使用非门、与非门和或非门重做习题 2.8。

2.13　使用布尔定律化简下列布尔表达式，用真值表或者卡诺图检验其正确性。

（a）$Y = AC + \overline{A}BC$

（b）$Y = \overline{A}B + \overline{A}B\overline{C} + \overline{(A + \overline{C})}$

（c）$Y = \overline{A}\overline{B}\overline{C}D + A\overline{B}C + \overline{A}B\overline{C}D + ABD + \overline{A}\overline{B}C\overline{D} + BC\overline{D} + \overline{A}$

2.14　使用布尔定律化简下列布尔表达式，用真值表或者卡诺图检验其正确性。

（a）$Y = \overline{A}BC + \overline{A}B\overline{C}$

（b）$Y = \overline{A}\overline{B}\overline{C} + A\overline{B}$

（c）$Y = ABC\overline{D} + A\overline{B}\overline{C}D + \overline{(A + B + C + D)}$

2.15　画出习题 2.13 中每一个函数的简单组合电路实现。

2.16　画出习题 2.14 中每一个函数的简单组合电路实现。

2.17　化简下列布尔表达式，并画出表达式的简单组合电路实现。

（a）$Y = BC + \overline{A}\overline{B}\overline{C} + B\overline{C}$

（b）$Y = \overline{A + \overline{A}B + \overline{A}\overline{B} + \overline{A} + \overline{B}}$

（c）$Y = ABC + ABD + ABE + ACD + ACE + \overline{(A + D + E)} + \overline{B}CD + \overline{B}CE + \overline{B}\overline{D}E + \overline{C}\overline{D}E$

2.18　化简下列布尔表达式，并画出表达式的简单组合电路实现。

（a）$Y = \overline{A}BC + \overline{B\overline{C}} + BC$

（b）$Y = \overline{(A + B + C)}D + AD + B$

（c）$Y = ABCD + \overline{A}B\overline{C}D + (\overline{\overline{B} + D})E$

2.19 给定行数在 30 亿～ 50 亿之间的真值表，请用少于 40 个（至少 1 个）的二输入门实现该真值表。

2.20 给出带环路但仍是组合电路的例子。

2.21 Alyssa 认为任意布尔函数均可以写成最小与或式（函数所有主蕴涵项的或），Ben 则认为存在一些函数，它们的最小表达式不含有所有的主蕴涵项。解释为什么 Alyssa 是正确的或者提供反例证明 Ben 的观点。

2.22 用完全归纳法证明下列定律，不需要证明它们的对偶式。

    （a）等幂律（T3）

    （b）分配律（T8）

    （c）消去律（T10）

2.23 用完全归纳法证明三变量 A、B 和 C 的德·摩根定律（T12）。

2.24 写出图 2.82 中电路对应的布尔表达式，不要求最小化表达式。

2.25 最小化习题 2.24 中的布尔表达式，画出具有相同功能的改进电路。

2.26 使用德·摩根定律等效门和推气泡方法，重画图 2.83 中的电路，通过观察写出布尔表达式。

2.27 针对图 2.84 中的电路重做习题 2.26。

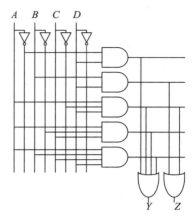

图 2.82 习题 2.24 的电路原理图

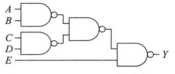

图 2.83 习题 2.26 的电路原理图

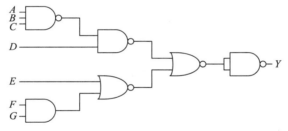

图 2.84 习题 2.27 的电路原理图

2.28 写出图 2.85 中真值表对应的最小化布尔表达式，记得使用无关项。

2.29 画出习题 2.28 中函数对应的电路图。

2.30 当改变某个输入时，习题 2.29 中的电路有潜在的毛刺吗？如果没有，解释为什么没有。如果有，写出如何修改电路以消除毛刺。

2.31 写出图 2.86 中真值表对应的最小化布尔表达式，记得使用无关项。

2.32 画出习题 2.31 中函数对应的电路图。

2.33 Ben 通常会在没有蚂蚁的晴天去野炊，但如果他看到蜂鸟，即使野炊的地方有蚂蚁和瓢虫，他也会去野炊。根据太阳（S）、蚂蚁（A）、蜂鸟（H）和瓢虫（L）写出 Ben 去野炊（E）的布尔表达式。

2.34 完成 7 段数码管显示译码器段 $S_c \sim S_g$ 的设计（参考例 2.10）：

    （a）假设输入大于 9 时输出均为 0，写出输出 $S_c \sim S_g$ 的布尔表达式

    （b）假设输入大于 9 时输出是无关项，写出输出 $S_c \sim S_g$ 的布尔表达式

    （c）针对问题 b 画出简单的门级实现，要求多重输出在合适的位置共享门电路

2.35 电路有 4 个输入、2 个输出，输入 $A_{3:0}$ 代表 0 ～ 15 中的一个数。若输入数是素数（0 和 1 不是素

数，2、3、5 等都是素数），输出 P 为真。若输入数可以被 3 整除，输出 D 为真。写出每个输出的最小化布尔表达式，并画出电路图。

A	B	C	D	Y
0	0	0	0	X
0	0	0	1	X
0	0	1	0	X
0	0	1	1	0
0	1	0	0	0
0	1	0	1	X
0	1	1	0	X
0	1	1	1	X
1	0	0	0	1
1	0	0	1	1
1	0	1	0	X
1	0	1	1	1
1	1	0	0	1
1	1	0	1	1
1	1	1	0	X
1	1	1	1	1

图 2.85　习题 2.28 的真值表

A	B	C	D	Y
0	0	0	0	0
0	0	0	1	1
0	0	1	0	X
0	0	1	1	X
0	1	0	0	0
0	1	0	1	X
0	1	1	0	X
0	1	1	1	X
1	0	0	0	1
1	0	0	1	1
1	0	1	0	1
1	0	1	1	1
1	1	0	0	1
1	1	0	1	1
1	1	1	0	X
1	1	1	1	1

图 2.86　习题 2.31 的真值表

2.36　优先级编码器有 2^N 个输入，产生 N 位二进制输出。有输入为真时，输出为该输入的最高有效位。没有任何输入为真时，输出为 0。此外，它还产生一个输出 NONE，在没有输入为真时，该输出为真。设计八输入优先级编码器，输入为 $A_{7:0}$，输出为 $Y_{2:0}$ 和 NONE。如输入为 00100000 时，输出 Y 为 101，NONE 为 0。写出每个输出的最小化布尔表达式，并画出电路图。

2.37　设计新的优先级编码器（参见习题 2.36），有 8 位输入 $A_{7:0}$，产生 2 个 3 位输出 $Y_{2:0}$ 和 $Z_{2:0}$。Y 指示为真输入的最高有效位，Z 指示为真输入的第二高有效位。如果没有一个输入为真，则 Y 为 0；如果有不多于一个输入为真，则 Z 为 0。写出每个输出的最小化布尔表达式，并画出电路图。

2.38　M 位温度计码（thermometer code）的最低 k 位为 1，最高 $M-k$ 位为 0。二进制 – 温度计码转换器（binary-to-thermometer code converter）有 N 个输入和 2^{N-1} 个输出，根据二进制输入产生 2^{N-1} 位的温度计码，如输入是 110，则输出是 0111111。设计 3:7 二进制 – 温度计码转换器，写出每个输出的最小化布尔表达式，并画出电路图。

2.39　写出图 2.87 中电路对应的最小化布尔表达式。

2.40　写出图 2.88 中电路对应的最小化布尔表达式。

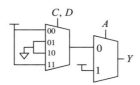

图 2.87　习题 2.39 的多路选择器电路

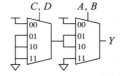

图 2.88　习题 2.40 的多路选择器电路

2.41　请使用下列器件实现图 2.80b 中的函数：

（a）一个 8:1 多路选择器

（b）一个 4:1 多路选择器和一个非门

（c）一个 2:1 多路选择器和两个其他的逻辑门

2.42　请使用下列器件实现习题 2.17a 中的函数：

（a）一个 8:1 多路选择器

（b）一个 4:1 多路选择器，不用其他任何门

（c）一个 2:1 多路选择器、一个或门和一个非门

2.43　计算图 2.83 中电路的传输延迟和最小延迟，表 2.8 给出了所使用门的延迟。

表 2.8 习题 2.43～习题 2.48 的门延迟

门	t_{pd}/ps	t_{cd}/ps	门	t_{pd}/ps	t_{cd}/ps
非	15	10	二输入与	30	25
二输入与非	20	15	三输入与	40	30
三输入与非	30	25	二输入或	40	30
二输入或非	30	25	三输入或	55	45
三输入或非	45	35	二输入异或	60	40

2.44 计算图 2.84 中电路的传输延迟和最小延迟，表 2.8 给出了所使用门的延迟。

2.45 画出快速 3:8 译码器的原理图，门延迟在表 2.8 中给出（只能使用表 2.8 中的逻辑门）。要求设计具有最短关键路径的译码器，标出关键路径并计算电路的传输延迟和最小延迟。

2.46 设计从数据输入到数据输出的延迟尽可能小的 8:1 多路选择器，可以使用表 2.7 中的任何门。画出原理图，基于表 2.7 中的门延迟计算电路延迟。

2.47 重新为习题 2.35 设计尽可能快的电路，仅使用表 2.8 中的逻辑门。画出新电路，标出关键路径并计算电路的传输延迟和最小延迟。

2.48 重新为习题 2.36 设计尽可能快的优先级编码器，可以使用表 2.8 中的任何门。画出新电路，标出关键路径并计算电路的传输延迟和最小延迟。

2.49 应用德·摩根定律分析上拉网络和下拉网络是晶体管级的另一种设计方法。针对以下布尔表达式，先设计晶体管门级的下拉网络，再应用德·摩根定律改写这些布尔表达式并画出上拉网络。标注所使用的晶体管数量，不要遗漏输入反相器。

（a）$W = \overline{A + BC + \overline{C}D}$

（b）$X = \overline{\overline{A}(B + C + D) + A\overline{D}}$

（c）$Y = \overline{\overline{A}(BC + \overline{B}\overline{C}) + A\overline{B}C}$

2.50 针对以下布尔表达式重做习题 2.49。

（a）$W = \overline{(A + B)(C + D)}$

（b）$X = \overline{\overline{A}B(C + D) + A\overline{D}}$

（c）$Y = \overline{\overline{A}(B + \overline{C}D) + A\overline{B}CD}$

面试题

下面列出了在面试数字设计工作时可能会碰到的问题。

2.1 仅使用与非门画出二输入或非门的原理图，最少使用几个门？

2.2 设计电路，根据输入月份确定是否有 31 天。月份用 4 位输入 $A_{3:0}$ 表示，如输入 0001 表示 1 月，输入 1100 表示 12 月。当输入月份有 31 天时，电路输出 Y 为高电平。写出最小化表达式，使用最少数量的门画出电路图。（提示：记住使用无关项。）

2.3 什么是三态缓冲器？如何使用它？为什么使用它？

2.4 如果一个或者一组门可以构造出任何布尔函数，那么这些门就是通用门。比如，{ 与门，或门，非门 } 是一组通用门。

（a）单单与门是通用门吗？为什么？

（b）{ 或门，非门 } 是一组通用门吗？为什么？

（c）单单与非门是通用门吗？为什么？

2.5 解释为什么电路的最小延迟可能小于（而不是等于）它的传输延迟。

时序逻辑设计

3.1 引言

上一章介绍了组合逻辑的分析和设计，其输出仅取决于当前输入值，即根据给定的真值表或布尔表达式，设计人员可以构造符合规范要求的优化电路。本章分析和设计输出同时取决于当前和先前输入值的时序（sequential）逻辑。时序逻辑具有记忆功能，它能记住某些先前输入，也能从先前输入中提取少量称为系统状态（state）的信息。时序逻辑电路的状态由一组状态变量（state variable）位构成，包含解释电路未来行为所需的所有过去信息。

本章首先介绍锁存器和触发器两种简单的时序逻辑电路，它们存储一位状态。分析时序逻辑电路的过程并不简单，本章只涉及同步时序逻辑电路，它们由组合逻辑和一组表示电路状态的触发器组成。此外，本章介绍一种简单的时序电路设计方法——有限状态机。最后分析时序电路的速度，讨论提高速度的并行方法。

应用软件	>"hello world!"
操作系统	
体系结构	
微体系结构	
逻辑	
数字电路	
模拟电路	
器件	
物理	

3.2 锁存器和触发器

双稳态（bistable）元件，即有两种稳定状态的元件是存储器的基本模块，图 3.1a 所示的简单双稳态元件包含一对构成环路的反相器，图 3.1b 给出了与图 3.1a 相同的电路，只是画法更突出对称性。两个反相器是交叉耦合的（cross-coupled），即 I1 的输入是 I2 的输出，反之亦然。电路没有输入，但有 Q 和 $\bar{Q}$ 两个输出。由于电路是循环的，即 Q 和 $\bar{Q}$ 相互依赖，因此采取与组合电路不同的分析方法。

考虑以下两种情况：当 $Q=0$ 时，如图 3.2a 所示，I2 输入为 0，使得 $\bar{Q}$ 上输出为 1，而 I1 输入为 1，使得 Q 上输出为 0。这和假设 $Q=0$ 是一致的，因此称为稳态；当 $Q=1$ 时，如图 3.2b 所示，I2 输入为 1，使得 $\bar{Q}$ 上输出为 0，而 I1 输入为 0，使得 Q 上的输出为 1，这也是一种稳态。

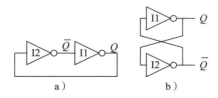

图 3.1 交叉耦合的反相器对

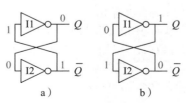

图 3.2 交叉耦合反相器的双稳态操作

交叉耦合反相器有 $Q=0$ 和 $Q=1$ 两种稳定状态，因此称为双稳态电路。该电路可能存在第三种状态亚稳态（metastable），即两个输出均约处于 0 和 1 之间的一半处，后续 3.5.4 节将展开讨论。

具有 N 种稳态的元件传递 $\log_2 N$ 位信息，因此双稳态元件存储一位信息。一位二进制状态变量 Q 包含交叉耦合反相器的状态，Q 值保存解释电路未来行为所需的以往信息，无论 $Q=0$ 还是 $Q=1$，它永远保持原值。Q 确定后 $\bar{Q}$ 随之确定，因此节点 $\bar{Q}$ 不包含额外信息，反过来 $\bar{Q}$ 也可以作为状态变量。首次加电时，时序电路的初始状态往往不确定且不可预测，因此每次启动的初始状态可能不同。

尽管交叉耦合反相器能够存储一位信息，但没有输入控制状态的信息使得它并不实用。下面介绍锁存器和触发器两种双稳态元件电路，它们提供用于控制状态变量值的输入。

3.2.1 SR 锁存器

最简单的时序电路 SR 锁存器由一对耦合或非门组成，如图 3.3 所示，它有两个输入 S、R 以及两个输出 Q、$\bar{Q}$。SR 锁存器与交叉耦合反相器类似，但其输入 S 和 R 可以置位（set）和复位（reset）输出 Q，从而控制其状态。

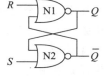

图 3.3 SR 锁存器原理图

下面通过分析真值表来理解电路。当或非门中有一个输入为 1 时输出为 0，考虑 S 和 R 的以下 4 种组合。

- 情况 I：$R=1$，$S=0$。
  N1 至少有一个为 1 的输入 R，因此输出 $Q=0$；N2 的输入 Q 和 S 均为 0，因此输出 $\bar{Q}=1$。

- 情况 II：$R=0$，$S=1$。
  N1 的输入为 0 和值未知的 $\bar{Q}$，因此无法确定输出 Q 值；N2 至少有一个为 1 的输入 S，因此输出 $\bar{Q}=0$。再次分析 N1 的两个输入，发现均为 0，因此输出 $Q=1$。

- 情况 III：$R=1$，$S=1$。
  N1 和 N2 都至少有一个为 1 的输入，因此输出均为 0，我们发现 Q 和 $\bar{Q}$ 同时为 0。

- 情况 IV：$R=0$，$S=0$。
  N1 的输入为 0 和值未知的 $\bar{Q}$，因为无法确定输出 Q 值；N2 的输入为 0 和值未知的 Q，同样无法确定输出 $\bar{Q}$ 值。这种情况和交叉耦合反相器类似，下面分别考虑 $Q=0$ 和 $Q=1$ 两种子情况。

  - 情况 IV a：$Q=0$。
    N2 的两个输入均为 0，因此输出 $\bar{Q}=1$，如图 3.4a 所示；N1 的一个输入 $\bar{Q}=1$，因此输出 $Q=0$，这和之前假设一致。

  - 情况 IV b：$Q=1$。
    N2 有一个输入 $Q=1$，因此输出 $\bar{Q}=0$，如图 3.4b 所示；N1 的两个输入均为 0，因此输出 $Q=1$，这也和之前假设一致。

    综上所述，假设情况 IV 之前的 Q 值已知，记为 Q_{prev} 表示系统状态，有 0 和 1 两个取值。当 $R=S=0$ 时，Q 保持原值 Q_{prev} 不变，$\bar{Q}$ 则取 $\bar{Q}_{prev}$，因此该电路有记忆功能。

图 3.5 中的真值表总结了以上 4 种情况。输入 S 和 R 分别表示置位和复位，置位表示

将位设为 1，复位表示将位设为 0。输出 Q 和 $\bar{Q}$ 通常互反。当输入 S 有效时，Q 置位为 1，$\bar{Q}=0$。当输入 R 有效时，Q 复位为 0，$\bar{Q}=1$。当两个输入均无效时，Q 保持原值 Q_{prev} 不变。S 和 R 同时有效没有意义，因为锁存器不可能同时被置位或复位。这样会产生两个输出同时为 0 的混乱电路响应。

图 3.6 给出了 SR 锁存器的符号表示，该符号表示体现了电路设计的抽象和模块化原则。构造 SR 锁存器有很多方法，如使用不同的逻辑门或者晶体管。任何能够实现图 3.5 中真值表的电路元件均被称为 SR 锁存器，其符号表示见图 3.6。

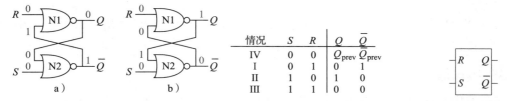

情况	S	R	Q	$\bar{Q}$
IV	0	0	Q_{prev}	$\bar{Q}_{prev}$
I	0	1	0	1
II	1	0	1	0
III	1	1	0	0

图 3.4　SR 锁存器的双稳态　　　图 3.5　SR 锁存器真值表　　图 3.6　SR 锁存器电路符号表示

和交叉耦合反相器类似，SR 锁存器是在 Q 节点上存储一位状态的双稳态元件，但其状态由输入 S 和 R 控制。R 有效时状态复位为 0，S 有效时状态置位为 1。当 S 和 R 都无效时，状态保持原值不变。注意，状态变量 Q 保存输入的全部历史，无论以往的置位或复位如何发生，只需最近一次置位或复位信息即可预测 SR 锁存器的行为。

3.2.2　D 锁存器

当输入 S 和 R 同时有效时，SR 锁存器的输出不确定，并且 S 和 R 混淆了状态值和时间。有效输入既要确定状态值也要确定时间，将状态值和时间分开考虑使得电路设计变得简单。图 3.7a 所示的 D 锁存器能够解决上述问题，两个输入分别为控制下一状态值的数据输入 D 和控制状态改变时间的时钟输入 CLK。

同样，通过分析图 3.7b 所示真值表来理解 D 锁存器。先考虑外部节点 $\bar{D}$、S 和 R，若 CLK $=0$，则 $S=R=0$，此时 D 的值无意义。若 CLK $=1$，则根据 D 的不同取值，一个与门输出为 1 而另一个与门输出为 0。给定 S 和 R，可根据图 3.5 确定 Q 和 $\bar{Q}$ 值。当 CLK $=0$ 时，Q 保持原值 Q_{prev} 不变；当 CLK $=1$ 时，$Q=D$。在所有情况下，$\bar{Q}$ 值始终是 Q 值的取反。因此，D 锁存器避免了 S 和 R 同时有效造成的困境。

综上所述，时钟输入控制了数据通过锁存器的时间。当 CLK $=1$ 时，D 锁存器是透明的（transparent），即数据 D 通过 D 锁存器流向 Q，此时 D 锁存器充当缓冲器。当 CLK $=0$ 时，D 锁存器是阻塞的（opaque），即阻止新数据 D 通过 D 锁存器流向 Q，Q 保持原值不变。因此，D 锁存器也被称为透明锁存器或者电平敏感锁存器，其电路符号如图 3.7c 所示。当 CLK $=1$ 时，D 锁存器不断更新其状态。本章后面将讲到仅在特定时刻更新状态是有用的，下一节介绍的 D 触发器就是这样。

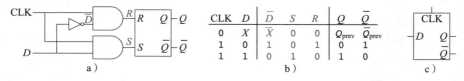

CLK	D	$\bar{D}$	S	R	Q	$\bar{Q}$
0	X	$\bar{X}$	0	0	Q_{prev}	$\bar{Q}_{prev}$
1	0	1	0	1	0	1
1	1	0	1	0	1	0

图 3.7　D 锁存器。a）原理图。b）真值表。c）电路符号

3.2.3 D 触发器

D 触发器由反相时钟控制的两个背靠背 D 锁存器构成，如图 3.8a 所示。第一个锁存器 L1 称为主锁存器，第二个锁存器 L2 称为从锁存器，N_1 是 L1 和 L2 之间的节点。图 3.8b 给出了 D 触发器的电路符号，当不需要输出 $\overline{Q}$ 时，简化的电路符号如图 3.8c 所示。

当 CLK = 0 时主锁存器 L1 是透明的，从锁存器 L2 是阻塞的，因此 D 值可以传送到 N_1。当 CLK = 1 时，主锁存器 L1 变成阻塞的，从锁存器 L2 变成透明的，N_1 值可以传送到 Q，此时 D 值无法传递到 N_1。因此，时钟从 0 上升到 1 之前的 D 值在时钟上升之后立即被复制到 Q，而在其他时刻，总有一个阻塞的锁存器阻断 D 到 Q 的通路，因此 Q 保持原值不变。

总之，D 触发器在时钟上升沿时将 D 值复制到 Q，在其他时刻保持原有状态。一定要记住这一点，初级数字设计师经常忘记触发器的功能。时钟的上升沿简称为时钟沿（clock edge），输入 D 确定新状态值，而时钟沿确定状态改变时间。

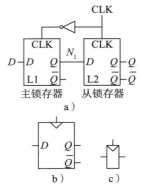

图 3.8 D 触发器。a）原理图。b）电路符号。c）简化的电路符号

D 触发器常称为边沿触发器（edge-triggered flip-flop）或正边沿触发器（positive edge-triggered flip-flop）。电路符号中的三角形表示边沿触发的时钟输入，常省略不需要的输出 $\overline{Q}$。

例 3.1（计算触发器的晶体管数量） 构造上述 D 触发器需要多少个晶体管？

解：构造或非门或者与非门需要 4 个晶体管，而非门需要 2 个晶体管。与门可以由与非门和非门组成，需要 6 个晶体管。SR 锁存器需要 2 个或非门即 8 个晶体管，D 锁存器需要一个 SR 锁存器、2 个与门和一个非门即 22 个晶体管。D 触发器需要两个 D 锁存器和一个非门即 46 个晶体管。后续 3.2.7 节将介绍更高效的基于传输门的 CMOS 实现方法。∎

3.2.4 寄存器

N 位寄存器由一排共享时钟的 N 个触发器组成，因此寄存器的所有位能够同时被更新。寄存器是大多时序电路的关键部件，图 3.9 给出了其原理图以及 4 位寄存器的电路符号，输入 $D_{3:0}$ 和输出 $Q_{3:0}$ 都是 4 位总线。

3.2.5 带使能端的触发器

带使能端的触发器增加了一个决定是否将数据载入时钟沿的输入 EN（ENABLE），当 EN = 1 时，带使能端的触发器和普通 D 触发器一样；当 EN = 0 时，带使能端的触发器忽略时钟，保持原状态不变。当要求在某些时刻而不是在每个时钟沿载入新值到触发器时，带使能端的触发器非常适用。

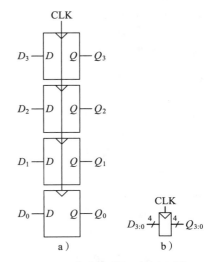

图 3.9 4 位寄存器。a）原理图。b）电路符号

图 3.10 给出了由 D 触发器和门组成带使能端触发器的两种方法。在图 3.10a 中，当

EN=1时，输入多路选择器传递 D 值；当 EN=0 时，输入多路选择器传递原先 Q 值。在图
3.10b 中，时钟被门控（gated），当 EN=1 时，CLK 作为开关控制触发器；当 EN=CLK=0 时，
触发器保持原值不变。注意，当 CLK=1 时，为避免时钟毛刺（切换时间不正确），EN 不能
改变。通常在时钟上设置逻辑不是好办法，时钟门控会导致时钟延迟，从而引起时序错误，
后续 3.5.3 节中将进一步介绍。图 3.10c 给出了电路符号。

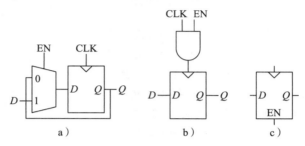

图 3.10   带使能端的触发器。a，b）原理图。c）电路符号

3.2.6   带复位功能的触发器

带复位功能的触发器增加了输入 RESET，当 RESET=0 时，带复位功能的触发器和普
通 D 触发器一样；当 RESET=1 时，带复位功能的触发器忽略 D 且将输出 Q 复位为 0。当系
统加电将触发器设置为已知状态（如 0）时，带复位功
能的触发器非常适用。触发器有同步（synchronously）
和异步（asynchronously）两种复位方式，前者仅
仅在时钟上升沿进行复位，后者与时钟无关，只要
$\overline{\text{RESET}}$=1 即可进行复位。

图 3.11a 所示的同步复位触发器由 D 触发器和与
门构造而成，当 $\overline{\text{RESET}}$=0 时，与门施加 0 至触发器
输入端。当 $\overline{\text{RESET}}$=1 时，与门将 D 传送至触发器输
入端。这里，$\overline{\text{RESET}}$ 是一个低电平有效（active low）
信号，即复位信号为 0 时执行功能。通过增加反相器，
触发器可使用高电平有效复位信号，这种触发器的电
路符号如图 3.11b 和图 3.11c 所示。

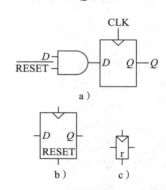

图 3.11   同步复位触发器。a）原理图。
b）电路符号。c）电路符号

异步复位触发器需要修改触发器的内部结构，习题 3.13 要求读者自行完成具体设计，
设计人员经常使用同步和异步复位触发器这些基本元件。带置位功能的触发器偶尔也被使
用，置位时触发器以同步或异步方式置位为 1。带置位和复位功能的触发器可以带使能输入
端，也可以构造 N 位寄存器。

3.2.7   晶体管级的锁存器和触发器设计 *

由例 3.1 可知，通过逻辑门构造锁存器和触发器需要大量的晶体管。锁存器的基本功能
和开关类似，起穿透或阻塞作用。1.7.7 节中介绍的传输门能够高效构造 CMOS 开关，利用
它可以大大减少晶体管的数量。

精简 D 锁存器由一个传输门构造，如图 3.12a 所示。当 CLK=1 且 $\overline{\text{CLK}}$=0 时，传输门
打开，D 传输到 Q，故 D 锁存器是透明的。当 CLK=0 且 $\overline{\text{CLK}}$=1 时，传输门关闭，D 和 Q

隔离，故 D 锁存器是阻塞的。精简 D 锁存器有两个主要缺点。一个是输出节点浮空：当锁存器被阻塞时，任何门无法保留 Q 值，因此 Q 是浮空（floating）节点或动态（dynamic）节点。经过一段时间后，噪声和电荷泄漏会扰乱 Q 值。另一个是没有缓冲器：很多商业芯片由于没有缓冲器会产生故障，即使在 CLK 为 0 的情况下，当噪声尖峰将 D 值拉成负电压时也能够打开 nMOS 晶体管导通锁存器。同样，当 D 的噪声尖峰超过 V_{DD} 时也能够打开 pMOS 晶体管。由于传输门是对称的，Q 上的噪声可能反向驱动从而影响输入 D。常用规则是传输门的输入或时序电路的状态节点都不应暴露在有噪声的外部世界中。

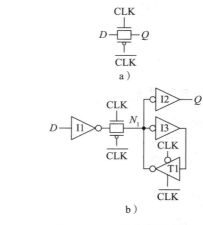

图 3.12 给出了当前商业芯片中常用的 D 锁存器，包含 12 个晶体管。它使用由时钟控制的传输门构造，增加了反相器 I1 和 I2 用作输入和输出缓冲器。反相器 I3 和三态缓冲器 T1 为 N_1 提供反馈使之成为静态节点，因此锁存器的状态保持在节点 N_1 上。当 CLK = 0 时，即使 N_1 上有小噪声，T1 也会驱使 N_1 回到有效逻辑值。

图 3.13 中 D 触发器由受 CLK 和 $\overline{\text{CLK}}$ 控制的两个静态锁存器构成，由于消除了多余的内部反相器，因此仅需要 20 个晶体管。

图 3.12　D 锁存器原理图

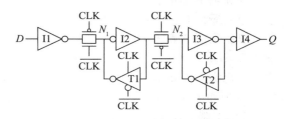

图 3.13　D 触发器原理图

3.2.8　小结

锁存器和触发器是时序电路的基本模块。D 锁存器属于电平敏感型，D 触发器属于边沿触发型。当 CLK = 1 时，D 锁存器是透明的，允许输入 D 传输到输出 Q。D 触发器在时钟边沿复制 D 值到 Q。在其他时刻，锁存器和触发器保持原状态不变。寄存器由一排共享同一 CLK 信号的 D 触发器构成。

例 3.2（触发器和锁存器比较）　如图 3.14 所示，Ben 在 D 锁存器和 D 触发器上施加输入 D 和 CLK，请帮助 Ben 确定两者的输出 Q 值。

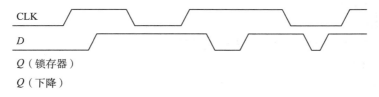

图 3.14　示例波形图

解： 输出波形如图 3.15 所示，假设输入值变化时输出 Q 存在小延迟，箭头表示输出改变的原因。Q 的初值未知，可能是 0 或 1，用一对水平线表示。首先考虑 D 锁存器，在 CLK 第一个上升沿，$D = 0$，因此 Q 值变成 0。当 CLK = 1 时，D 值改变会导致 Q 值改变；当 CLK = 0 时，D 值改变不会引起 Q 值变化。接着考虑 D 触发器，在 CLK 时钟上升沿到来时，复制 D 值到 Q，在其他时刻，Q 值保持原状态不变。

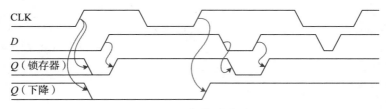

图 3.15   解的波形图

3.3   同步逻辑设计

只是简单观察当前输入值无法确定时序电路的输出，所有非组合电路的电路都可以称为时序电路。本节先给出几个特别的时序电路，然后重点介绍同步时序电路的概念和动态准则，并介绍一种系统化的时序电路分析和设计方法。

3.3.1   问题电路

例 3.3（非稳态电路）   图 3.16 给出了 3 个设计拙劣的反相器，它们以环状连在一起，第三个反相器的输出反馈到第一个反相器的输入，每一个反相器都有 1ns 的传输延迟。确定该电路功能。

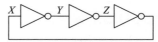

图 3.16   3 个反相器构成的环

解：假设节点 X 的初值为 0，这时 $Y=1$，$Z=0$，继而 $X=1$，这和假设不一致。该电路没有稳定状态，称为不稳定态（unstable）或者非稳态（astable）电路。电路行为如图 3.17 所示，若 X 在 0 时刻上升，Y 将在 1ns 时刻下降，Z 将在 2ns 时刻上升，X 将在 3ns 时刻下降，接着 Y 在 4ns 时刻上升，Z 将在 5ns 时刻下降，X 将在 6ns 时刻再次上升，一直重复这个模式。每个节点以 6ns 为周期在 0 ~ 1 之间摆动，因此该电路称为环形振荡器（ring oscillator）。

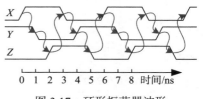

图 3.17   环形振荡器波形

环形振荡器的周期取决于反相器的传输延迟，而延迟又取决于反相器的制造工艺、电源电压甚至工作温度等诸多因素，因此环形振荡器的周期很难准确预测。总之，环形振荡器是无输入以及输出周期性改变的时序电路。

例 3.4（竞争情况）   Ben 使用较少数量的门设计的新 D 锁存器如图 3.18 所示，他认为新设计改进了图 3.7 中的 D 锁存器。给定包括 D 和 CLK 两个输入以及锁存器的原始状态 Q_{prev} 的真值表，根据真值表得出布尔表达式并通过反馈输出 Q 得到 Q_{prev}。不考虑门的延迟，请问该锁存器能否正确工作？

解：当某些门比其他门慢时，电路中的竞争情况将导致电路错误，如图 3.19 所示。假设 CLK = D = 1，锁存器是透明的，将 D 传送到 Q，Q = 1。当 CLK 下降时，锁存器保持原状态，Q = 1。现在假设从 CLK 到 $\overline{\text{CLK}}$ 通过反相器的延迟比与门和或门的延迟要长，这样在 $\overline{\text{CLK}}$ 上升之前，N_1 和 Q 可能同时下降。在这种情况下，N_2 不能上升，Q 值锁定为 0。

这是输出直接反馈到输入的异步电路设计例子，异步电路中经常会出现竞争情况，其电路行为取决于通过逻辑门的两条路径中的快路径。电路看上去没有问题，但使用延迟稍许不同的门可能就无法正常工作。因此，此类电路只能在特定温度和电压下正常工作，此时不同门的延迟恰好一致，而这种错误很难跟踪查出。

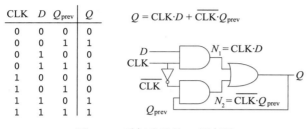

$$Q = \text{CLK} \cdot D + \overline{\text{CLK}} \cdot Q_{\text{prev}}$$

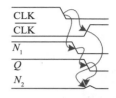

图 3.18　看似改进的 D 锁存器　　　　图 3.19　带竞争情况的锁存器波形

3.3.2　同步时序电路

前面两个电路包含环路（cyclic path），由于输出直接反馈到输入，因此它们是时序电路而不是组合电路。组合电路没有环路和竞争，给定输入后输出在传输延迟内稳定为正确值。但包含环路的时序电路存在不良竞争和不稳定行为，在分析时不仅耗时而且容易出错。

为避免这些问题，设计人员在环路中插入寄存器以断开环路，将时序电路转变成组合电路加寄存器。寄存器用来存储在时钟沿改变的系统状态，因此状态和时钟信号保持同步。若时钟足够慢，则在下一个时钟沿到达之前输入寄存器的信号可以稳定下来，所有竞争会被消除。根据总是在反馈环路上使用寄存器的原则，可给出同步时序电路（synchronous sequential circuit）的规范定义。

如第 2 章所述，电路包括输入端、输出端、功能规范和时序规范四个方面，时序电路有离散状态有限集合 $\{S_0, S_1, S_2, \cdots\}$，同步时序电路有表示上升沿状态可能发生改变的时钟输入，当前状态（current state）和下一状态（next state）分别表示系统目前状态和下一个时钟沿进入的状态。功能规范详细说明了当前状态和输入值的各种组合下，电路的下一状态和输出值。时序规范包括：（1）时间上界 t_{pcq} 和时间下界 t_{ccq}，即从时钟上升沿直到输出发生改变的时间；（2）建立时间 t_{setup} 和保持时间 t_{hold}，即输入必须相对于时钟上升沿保持稳定的时间。

同步时序电路的构造需要遵循一些组合规则，它由满足以下条件的互连电路元件构成：

（1）每一个电路元件要么是寄存器要么是组合电路；

（2）至少有一个电路元件是寄存器；

（3）所有寄存器接收同一个时钟信号；

（4）每一个环路至少包含一个寄存器。

非同步时序电路称为异步（asynchronous）电路。

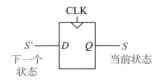

图 3.20　触发器的当前状态和下一个状态

触发器是最简单的同步时序电路，包含输入 D、时钟 CLK、输出 Q 和 $\{0, 1\}$ 两种状态。其功能规范为下一个状态是 D，输出 Q 是当前状态，如图 3.20 所示。当前状态通常使用变量 S 表示，下一个状态使用变量 S' 表示，后续 3.5 节将分析时序电路的时序规范。

有限状态机和流水线是两种常见的同步时序电路，详见后序章节。

例 3.5（同步时序电路）　图 3.21 中哪些电路是同步时序电路？

解：图 3.21a 是组合电路不是时序电路，因为它没有寄存器。图 3.21b 是不带反馈回路

的简单时序电路。图 3.21c 既不是组合电路也不是时序电路，因为它包含非寄存器非组合电路的锁存器。图

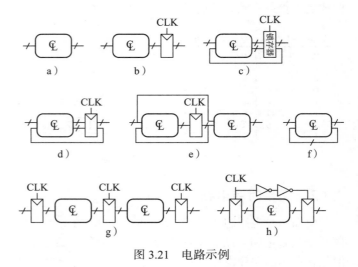

3.21e 是同步时序电路，它们是有限状态机的两种形式，将在 3.4 节中讨论。图 3.21f 既不是组合电路也不是时序电路，因为它有从组合电路的输出端反馈到同一电路输入端的回路，但回路上没有寄存器。图 3.21g 是同步时序电路的流水线形式，将在 3.6 节中讨论。图 3.21h 严格上不是同步时序电路，两个寄存器接收的时钟信号不同，它们间有两个反相器的延迟。 ■

图 3.21   电路示例

3.3.3 同步和异步电路

由于系统时序不受时钟控制寄存器的约束，理论上异步电路设计方法比同步电路设计方法更通用些。正如使用任意电压的模拟电路比数字电路更通用一样，使用各种反馈的异步电路似乎比同步电路具有更强的通用性。然而，就像设计数字电路更容易一样，设计同步电路也容易一些。尽管异步电路研究已开展数十年，但几乎所有系统本质上都是同步的。

当然，异步电路在某些情况下特别重要，如在两个时钟不同的系统之间进行通信或者在任意时刻接收输入时。类似地，模拟电路在使用连续电压的真实世界通信中发挥重要作用。此外，在异步电路研究过程中的更多发现也有利于优化同步电路。

3.4 有限状态机

由于 k 位寄存器电路有 2^k 种状态，因此图 3.22 所示的同步时序电路称为有限状态机（Finite State Machine，FSM）。有限状态机有 M 位输入、N 位输出和 k 位状态，同时还有一个时钟信号和一个可选复位信号。有限状态机由两个组合逻辑和一组用于存储状态的寄存器构成，其中两个组合逻辑是下一个状态逻辑（next state logic）和输出逻辑（output logic）。在每个时钟沿，有限状态机进入由当前状态和输入值计算而得的下一个状态。根据特点和功能，有限状态机划分成 Moore 型和 Mealy 型两类，前者的输出仅仅取决于当前状态，而后者的输出同时取决于当前状态和输入值。有限状态机根据功能规范设计同步时序逻辑电路，下面以一个实例介绍

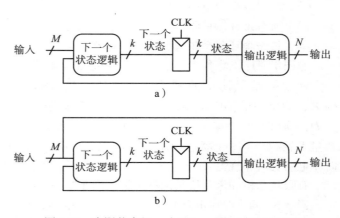

图 3.22   有限状态机。a) Moore 型。b) Mealy 型

系统化设计方法。

3.4.1 有限状态机设计实例

考虑在校园繁忙的十字路口搭建交通灯控制器，工程系学生喜欢在宿舍和实验室之间的 Academic 大道上漫步，他们忙于阅读有限状态机的教科书，没有看前面的路。足球运动员们在运动场和食堂间的 Bravado 大道上喧嚷，他们正在向前和向后投球，也没有看前面的路。在两条大道相交的十字路口发生了严重的事故，为防止事故再次发生，系主任要求 Ben 安装一个交通灯。

Ben 使用有限状态机来解决这个问题，他在 Academic 大道和 Bravado 大道上分别安装交通传感器 T_A 和 T_B，传感器输出 1 时表示对应大道上有行人出现，输出 0 时表示大道上没有行人。Ben 还安装了两个交通控制灯 L_A 和 L_B 用来接收数字输入以显示绿色、黄色或红色。因此，有限状态机包括 T_A 和 T_B 两个输入以及 L_A 和 L_B 两个输出，十字路口的灯和传感器如图 3.23 所示。Ben 采用周期为 5s 的时钟，在每个时钟上升沿，灯根据传感器做出相应变化。同时，Ben 还设计复位按键便于技术员打开交通灯时将控制器设置为已知的初始状态。有限状态机的黑盒视图如图 3.24 所示。

第二步 Ben 画出如图 3.25 所示的状态转换图（state transition diagram），用来说明系统所有可能状态以及状态之间的转换。当系统复位时，Academic 大道上的灯是绿色，Bravado 大道上的灯是红色。控制器每 5 秒检查交通模式并决定下一步该如何处理，只要 Academic 大道上有行人，此大道上的灯就不再改变。当 Academic 大道上没有行人时，该大道上的灯变成黄色并保持 5s，然后变成红色，同时 Bravado 大道上的灯变成绿色。同样地，只要 Bravado 大道上有行人，此大道上的灯就保持绿色，否则变成黄色最终再变成红色。

在状态转换图中，圆圈代表状态，圆弧代表状态之间的转换，转换发生在时钟上升沿。由于时钟总是出现在同步时序电路中，因此未在图中标出。此外，时钟仅控制转换发生在何时，状态转换图显示了发生什么转换。复位圆弧从外部进入状态 S_0，表示无论当前什么状态，当复位时系统都进入状态 S_0。如果状态有多个转出圆弧，则每个圆弧旁的标注表示触发对应状态转换的输入条件。如状态 S_0 有两个转出圆弧，若 T_A 为真，则系统保持当前状态；若 T_A 为假，则系统将转换到状态 S_1。如果状态只有一个转出圆弧，则任意输入都会导致转换发生，如状态 S_1 总是转换到状态 S_2。处于特定状态时的系统输出可以在状态中给出，如

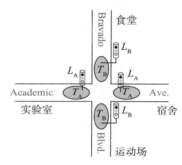

图 3.23 校园地图

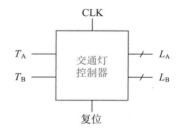

图 3.24 有限状态机的黑盒视图

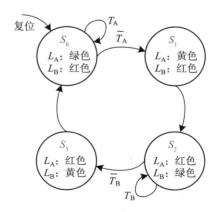

图 3.25 状态转换图

处于状态 S_2 时，L_A 是红色，L_B 是绿色。

接下来 Ben 将状态转换图重写为如表 3.1 所示的状态转换表（state transition table），用来说明根据每种状态和输入值产生的下一个状态 S'。表中使用的无关项（X）表示下一个状态不依赖于特定输入。复位也未在表中显示。实际上，使用带复位功能的触发器使得复位后总是进入状态 S_0，这与输入无关。

状态转换图中使用了抽象的状态标记 $\{S_0, S_1, S_2, S_3\}$ 和输出标记 $\{$ 红色，黄色，绿色 $\}$，为建立真实电路，状态和输出必须使用二进制编码。Ben 选择简单编码方式，如表 3.2 和表 3.3 所示，状态和输出均被编码成 2 位，即 $S_{1:0}$、$L_{A1:0}$ 和 $L_{B1:0}$。

使用二进制编码更新的状态转换表如表 3.4 所示，该逻辑真值表将下一个状态 S' 定义成当前状态 S 和输入的逻辑函数。

分析表 3.4 可以直接写出下一个状态的与或式布尔表达式。

$$S_1' = \overline{S_1}S_0 + S_1\overline{S_0}\overline{T_B} + S_1S_0T_B \qquad (3.1)$$
$$S_0' = \overline{S_1}\overline{S_0}\overline{T_A} + S_1\overline{S_0}\overline{T_B}$$

可以使用卡诺图化简上式，但通过观察更容易化简。如表达式 S_1' 中的项 T_B 和 $\overline{T_B}$ 明显是多余的，可以简化成一个异或操作，式（3.2）给出化简后的逻辑表达式。

$$S_1' = S_1 \oplus S_0 \qquad (3.2)$$
$$S_0' = \overline{S_1}\overline{S_0}\overline{T_A} + S_1\overline{S_0}\overline{T_B}$$

表 3.1　状态转换表

当前状态	输入		下一个状态
S	T_A	T_B	S'
S_0	0	X	S_1
S_0	1	X	S_0
S_1	X	X	S_2
S_2	X	0	S_3
S_2	X	1	S_2
S_3	X	X	S_0

表 3.2　状态编码

状态	编码 $S_{1:0}$
S_0	00
S_1	01
S_2	10
S_3	11

表 3.3　输出编码

输出	编码 $L_{1:0}$
绿色	00
黄色	01
红色	10

表 3.4　使用二进制编码的状态转换表

当前状态		输入		下一个状态		当前状态		输入		下一个状态	
S_1	S_0	T_A	T_B	S_1'	S_0'	S_1	S_0	T_A	T_B	S_1'	S_0'
0	0	0	X	0	1	1	0	X	0	1	1
0	0	1	X	0	0	1	0	X	1	1	0
0	1	X	X	1	0	1	1	X	X	0	0

同样，Ben 针对每个状态的输出写出如表 3.5 所示的输出表，也可以通过观察直接读出输出的化简布尔表达式，如仅在 S_1 为真时 L_{A1} 为真。

$$L_{A1} = S_1 \qquad (3.3)$$
$$L_{A0} = \overline{S_1}S_0$$
$$L_{B1} = \overline{S_1}$$
$$L_{B0} = S_1S_0$$

最后，Ben 以图 3.22a 的形式绘制 Moore 型有限状态机的电路图。首先，画一个 2 位状态寄存器，如图 3.26a 所示。在每个时钟沿，状态寄存器复制下一个状态 $S'_{1:0}$ 成为状态 $S_{1:0}$。系统启动时，状态寄存器收到同步或异步复位信号，有限状态机进行初始化设置。然后，根据等式（3.2）画出下一个状态逻辑的电路图，如图 3.26b 所示，该逻辑根据当前状态和输入值计算出下一个状态值。最后，根据等式（3.3）画出输出逻辑的电路图，如图 3.26c 所示，该逻辑根据当前状态计算输出值。

表 3.5　输出表

当前状态		输出				当前状态		输出			
S_1	S_0	L_{A1}	L_{A0}	L_{B1}	L_{B0}	S_1	S_0	L_{A1}	L_{A0}	L_{B1}	L_{B0}
0	0	0	0	1	0	1	0	1	0	0	0
0	1	0	1	1	0	1	1	1	0	0	1

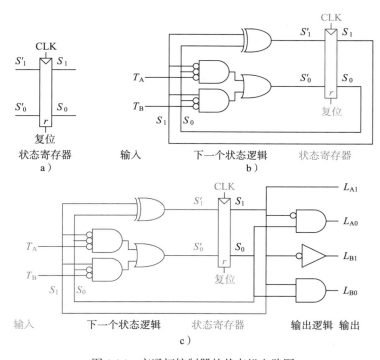

图 3.26　交通灯控制器的状态机电路图

图 3.27 给出了交通灯控制器经过一系列状态转换的时序图，图中显示了 CLK、复位、输入 T_A 和 T_B、下一个状态 S'、当前状态 S、输出 L_A 和 L_B。箭头表明因果关系，如当前状态的改变导致输出改变，输入的改变导致下一个状态改变，虚线则表示在 CLK 的上升沿状态发生改变。

时钟周期为 5s，因此交通灯最多每 5s 改变一次。该有限状态机第一次启动时，其状态未知，如图中问号所示，因此系统应该被复位到已知状态。在时序图中，使用带复位功能的异步触发器使得 S 被立即复位成 S_0。在状态 S_0 中，L_A 是绿色，L_B 是红色。

在上例中，复位后 Academic 大道上已经有行人，因此控制器保持在 S_0 状态，L_A 保持绿色。此时 Bravado 大道上尽管有行人到达，但也要等待。15s 后，Academic 大道上不再有行人，T_A 开始下降。在随后的时钟沿，控制器进入 S_1 状态，L_A 成黄色。在下一个 5s 后，

控制器进入 S_2 状态，L_A 变成红色，L_B 变成绿色。控制器在状态 S_2 上等待，直到 Bravado 大道上不再有行人，此时进入状态 S_3，L_B 变成黄色。5s 后，控制器进入状态 S_0，L_B 变成红色，L_A 变成绿色，这个过程重复进行。

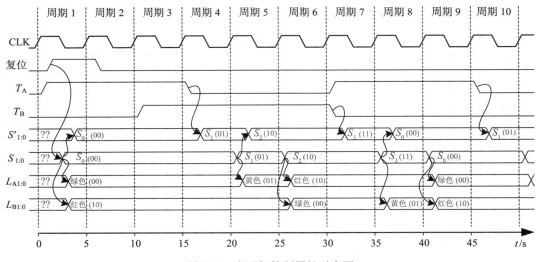

图 3.27　交通灯控制器的时序图

3.4.2　状态编码

上例可以任意选择状态编码和输出编码，但不同选择将产生不同电路，关键是确定哪种编码构造的电路逻辑门数量最少或传输延迟最短。遗憾的是，没有一种简单的方法可以找出最佳编码，现有方法是尝试所有可能情况，当状态数量很大时穷举方法显然不可行。通常好的编码使得相关状态或输出可以共享一些位，CAD 工具有助于寻找可能的编码集合并选择一种合理的编码。

在状态编码中，一个重要决策是选择二进制编码还是独热编码。交通灯控制器示例使用二进制编码（binary encoding），其中一个二进制数代表一种状态。由于 $\log_2 K$ 位表示 K 个不同二进制数，因此 K 状态系统只需要 $\log_2 K$ 位状态。

在独热编码（one-hot encoding）中，一位表示一种状态，且在任何时候只有一位是"热"或真的，如三状态有限状态机的独热编码为 001、010 和 100。状态的每一位储存在一个触发器中，因此独热编码比二进制编码需要更多的触发器，但其下一个状态和输出逻辑通常会更简化一些，需要的门电路也更少。因此，最佳编码方式取决于具体的有限状态机。

例 3.6（有限状态机的状态编码）N 分频计数器有一个输出没有输入，每循环 N 个时钟后，输出 Y 产生一个周期的高电平信号，即输出是时钟的 N 分频。三分频计数器的波形和状态转换图如图 3.28 所示，使用二进制编码和独热编码画出该计数器的草图。

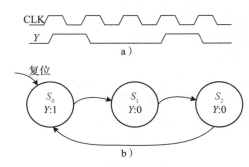

图 3.28　三分频计数器。a）波形图。b）状态转换图

解：表 3.6 和表 3.7 给出了编码前的抽象状态转换表和输出表。

表 3.6 三分频计数器抽象状态转换表

当前状态	下一个状态
S_0	S_1
S_1	S_2
S_2	S_0

表 3.7 三分频计数器输出表

当前状态	输出
S_0	1
S_1	0
S_2	0

表 3.8 比较了三种状态的二进制编码和独热编码。

二进制编码使用 2 位状态，表 3.9 给出了使用该编码的状态转换表，输出表留给读者自行完成。注意，由于没有输入，下一个状态仅取决于当前状态。下一个状态和输出的表达式如下：

$$S_1' = \overline{S_1} S_0 \qquad （3.4）$$

$$S_0' = \overline{S_1}\,\overline{S_0}$$

$$Y = \overline{S_1}\,\overline{S_0} \qquad （3.5）$$

独热编码使用 3 位状态，表 3.10 给出了使用该编码的状态转换表，输出表留给读者自行完成。下一个状态和输出的表达式如下：

$$S_2' = S_1 \qquad （3.6）$$

$$S_1' = S_0$$

$$S_0' = S_2$$

$$Y = S_0 \qquad （3.7）$$

图 3.29 给出了两种设计的原理图。通过使 Y 和 S_0' 共享相同门电路可以优化二进制编码设计的硬件，独热编码设计需要带置位（s）和复位（r）功能的触发器以便复位时将状态机初始化为 S_0。最佳实现选择取决于门电路和触发器的相对成本，但独热编码设计更适合该例。■

另一种相关编码方式是独冷编码（one-cold encoding），K 个状态通过 K 位表示，其中仅一位为假。

3.4.3 Moore 型和 Mealy 型状态机

前面给出的是输出只取决于系统状态的 Moore 型状态机示例，状态转换图中的输出标

表 3.8 三分频计数器的二进制编码和独热编码

状态	独热编码			二进制编码	
	S_2	S_1	S_0	S_1	S_0
S_0	0	0	1	0	0
S_1	0	1	0	0	1
S_2	1	0	0	1	0

表 3.9 二进制编码的状态转换表

当前状态		下一个状态	
S_1	S_0	S_1'	S_0'
0	0	0	1
0	1	1	0
1	0	0	0

表 3.10 独热编码的状态转换表

当前状态			下一个状态		
S_2	S_1	S_0	S_2'	S_1'	S_0'
0	0	1	0	1	0
0	1	0	1	0	0
1	0	0	0	0	1

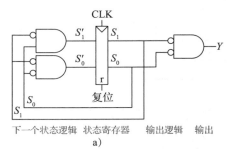

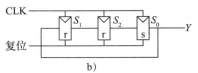

图 3.29 三分频计数器电路。a）二进制编码。b）独热编码

在圆圈内。Mealy 型和 Moore 型状态机很相似，但其输出同时取决于输入和当前状态，因此在 Mealy 型状态机对应的状态转换图中，输出标在圆弧上面而不是圆圈内。图 3.22b 所示的组合逻辑模块使用输入和当前状态计算输出。

例 3.7（Moore 型和 Mealy 型状态机的比较）　Alyssa 有个带有限状态机大脑的机器宠物蜗牛，蜗牛沿着含 1 和 0 序列的纸带从左向右爬行。在每个时钟周期，蜗牛爬行到下一位。最后经过的两位是 01 时，蜗牛会高兴得笑起来。设计有限状态机计算蜗牛何时会发笑，蜗牛触角下面的位是输入 A，当蜗牛发笑时，输出 Y 为真。比较 Moore 型和 Mealy 型状态机的两种设计，画出包含输入、状态和输出的两种设计时序草图。已知蜗牛爬行的序列是 0100110111。

解：Moore 型状态机需要三个状态，如图 3.30a 所示。请确保状态转换图正确，尤其要理解输入为 0 时 S_2 到 S_1 转换的含义。Mealy 型状态机只需要两个状态，如图 3.30b 所示，每个圆弧被标注成 A/Y，A 是引起转换的输入值，Y 是输出值。

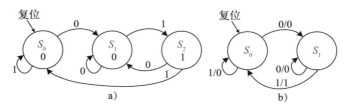

图 3.30　有限状态机状态转换图。a）Moore 型。b）Mealy 型

表 3.11 和表 3.12 给出了 Moore 型状态机的状态转换表和输出表，Moore 型状态机至少需要两位状态，使用二进制状态编码为 S_0=00、S_1=01 和 S_2=10。表 3.13 和表 3.14 给出了二进制编码的状态转换表和输出表。

表 3.11　Moore 型有限状态机的状态转换表

当前状态 S	输入 A	下一个状态 S'	当前状态 S	输入 A	下一个状态 S'
S_0	0	S_1	S_1	1	S_2
S_0	1	S_0	S_2	0	S_1
S_1	0	S_1	S_2	1	S_0

表 3.12　Moore 型有限状态机的输出表

当前状态 S	输出 Y	当前状态 S	输出 Y	当前状态 S	输出 Y
S_0	0	S_1	0	S_2	1

表 3.13　Moore 型有限状态机的二进制编码状态转换表

当前状态 S_1	S_0	输入 A	下一个状态 S'_1	S'_0	当前状态 S_1	S_0	输入 A	下一个状态 S'_1	S'_0
0	0	0	0	1	0	1	1	1	0
0	0	1	0	0	1	0	0	0	1
0	1	0	0	1	1	0	1	0	0

表 3.14　Moore 型有限状态机的二进制编码输出表

当前状态		输出	当前状态		输出	当前状态		输出
S_1	S_0	Y	S_1	S_0	Y	S_1	S_0	Y
0	0	0	0	1	0	1	0	1

通过分析上述表写出下一个状态和输出的表达式。注意，状态机不存在 11 状态，使用无关项（表中未显示）表示该不存在状态对应的下一个状态和输出，可将表达式最小化为如下表达式：

$$S_1' = S_0 A \tag{3.8}$$

$$S_0' = \overline{A}$$

$$Y = S_1 \tag{3.9}$$

表 3.15 给出了 Mealy 型状态机的状态转换和输出表，Mealy 型状态机只需要一位状态，使用二进制编码为 $S_0=0$ 和 $S_1=1$。表 3.16 给出了二进制编码的状态转换和输出表。

表 3.15　Mealy 型状态机的状态转换和输出表

当前状态	输入	下一个状态	输出	当前状态	输入	下一个状态	输出
S	A	S'	Y	S	A	S'	Y
S_0	0	S_1	0	S_1	0	S_1	0
S_0	1	S_0	0	S_1	1	S_0	1

表 3.16　Mealy 型状态机的二进制编码状态转换和输出表

当前状态	输入	下一个状态	输出	当前状态	输入	下一个状态	输出
S_0	A	S_0'	Y	S_0	A	S_0'	Y
0	0	1	0	1	0	1	0
0	1	0	0	1	1	0	1

分析上述表写出下一个状态和输出的表达式如下：

$$S_0' = \overline{A} \tag{3.10}$$

$$Y = S_0 A \tag{3.11}$$

Moore 型和 Mealy 型状态机的电路原理图和时序图分别如图 3.31 和图 3.32 所示，两种状态机的状态序列有所不同。Mealy 型状态机的输出直接响应输入，因此其输出早一个周期上升，不需要等待状态的变化。若 Mealy 型状态机的输出通过触发器产生延迟，则其输出和 Moore 型状态机一样。在选择有限状态机设计类型时，需要考虑输出何时响应。

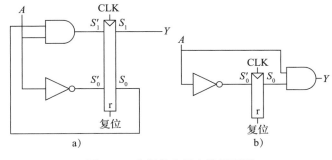

图 3.31　有限状态机电路原理图

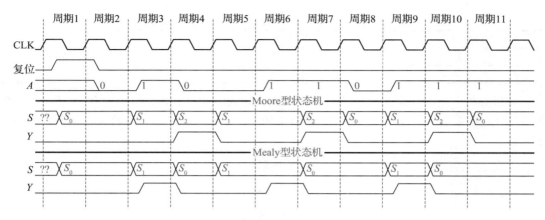

图 3.32   Moore 型和 Mealy 型状态机的时序图

3.4.4   状态机的分解

设计中通常将复杂有限状态机分解成多个相互作用的简单状态机，其中一些状态机的输出是另外一些状态机的输入，这种应用层次化和模块化原则的方法称为状态机的分解（factoring）。

例 3.8（不分解的状态机和分解后的状态机） 考虑在 3.4.1 节的交通灯控制器中增加一个游行模式，当观众和乐队以分散队形漫步去看足球比赛时进入游行模式，此时 Bravado 大道上的灯保持绿色。控制器需要增加 P 和 R 两个输入，P 确保至少有一个周期会进入游行模式，R 确保至少有一个周期会退出游行模式。在游行模式下，控制器按照正常时序运行直到 L_B 变成绿色，然后保持 L_B 绿色状态直到游行模式结束。

首先，画出单个有限状态机的状态转换图，如图 3.33a 所示。然后画出两个相互作用有限状态机的状态转换图，如图 3.33b 所示。在进入游行模式时，模式有限状态机的输出 M 有效。灯有限状态机根据 M 值、交通传感器 T_A 和 T_B 控制灯的颜色。

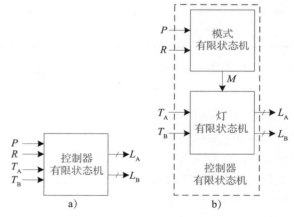

图 3.33   修改后交通灯控制器有限状态机的两种设计。a) 单个有限状态机。b) 分解为两个有限状态机

解：图 3.34a 给出了单个有限状态机的设计，状态 $S_0 \sim S_3$ 处于普通模式，状态 $S_4 \sim S_7$ 处于游行模式。这两个部分基本相同，但在游行模式下，有限状态机保持状态 S_6，此时 Bravado 大道上的灯为绿色。输入 P 和 R 控制两个部分之间的转换，整个有限状态机设计很杂乱。图 3.34b 显示了分解设计的有限状态机，模式有限状态机有两种状态，用来跟踪处于正常模式或游行模式。当 M 为真时，灯有限状态机更新并保持状态 S_2。

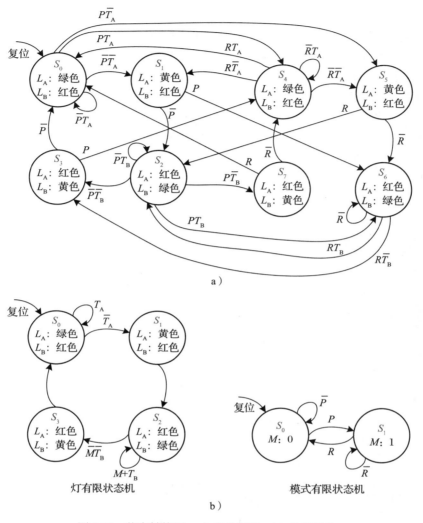

图 3.34 状态转换图。a）未分解的。b）分解后的

3.4.5 由电路图导出有限状态机

由电路图导出状态转换图的过程与有限状态机的设计步骤几乎相反，在承担开发缺乏完整文档的项目或者开展基于已有系统的逆向工程等任务时需要如下过程：

（1）检查电路，标明输入、输出和状态位；

（2）写出下一个状态和输出表达式；

（3）构造下一个状态和输出表；

（4）删除不可达状态以简化下一状态表；

（5）给每个有效的状态位组合指定状态名称；

（6）结合状态名称重写下一个状态和输出表；

（7）画出状态转换图；

（8）使用文字描述有限状态机的功能。

最后一步不是简单地重述状态转换图的每个转换，而是简洁地描述有限状态机的主要工作目标和功能。

例 3.9（由电路导出有限状态机）　Alyssa 回家发现门键盘锁已被重装，她的旧密码无效，新键盘锁的电路图如图 3.35 所示。Alyssa 认为这个电路可能是有限状态机，因此她决定由电路图导出状态转换图，从而打开门锁。

解：Alyssa 首先检查电路，确定电路的输入是 $A_{1:0}$，输出是 Unlock，状态位如图 3.35 所示。由于电路的输出只取决于状态位，因此是 Moore 型状态机。Alyssa 写出电路对应的下一个状态和输出表达式如下：

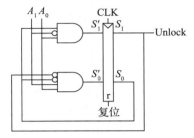

图 3.35　例 3.9 中的有限状态机电路

$$S_1' = S_0 \overline{A_1} A_0 \qquad (3.12)$$

$$S_0' = \overline{S_1} \, \overline{S_0} A_1 A_0$$

$$\text{Unlock} = S_1$$

接下来写出下一个状态表和输出表，如表 3.17 和表 3.18 所示。首先，根据式（3.12）标注真值表中取值为 1 的位置，其余位置标注为 0。

表 3.17　由图 3.35 导出的下一个状态表

当前状态		输入		下一个状态		当前状态		输入		下一个状态	
S_1	S_0	A_1	A_0	S_1'	S_0'	S_1	S_0	A_1	A_0	S_1'	S_0'
0	0	0	0	0	0	1	0	0	0	0	0
0	0	0	1	0	0	1	0	0	1	0	0
0	0	1	0	0	0	1	0	1	0	0	0
0	0	1	1	0	1	1	0	1	1	0	0
0	1	0	0	0	0	1	1	0	0	0	0
0	1	0	1	1	0	1	1	0	1	1	0
0	1	1	0	0	0	1	1	1	0	0	0
0	1	1	1	0	0	1	1	1	1	0	0

表 3.18　由图 3.35 导出的输出表

当前状态		输出	当前状态		输出
S_1	S_0	Unlock	S_1	S_0	Unlock
0	0	0	1	0	1
0	1	0	1	1	1

然后，Alyssa 通过删除未使用状态和利用无关项合并行等方法简化表。$S_{1:0} = 11$ 状态未出现在表 3.17 中的下一个状态栏，因此删除以该状态作为当前状态的行。对于当前状态 $S_{1:0} = 10$，下一个状态总是 $S_{1:0} = 00$，与输入无关，因此在表对应的输入栏填上无关项。简化的表如表 3.19 和表 3.20 所示。

表 3.19　简化的下一个状态表

当前状态		输入		下一个状态		当前状态		输入		下一个状态	
S_1	S_0	A_1	A_0	S_1'	S_0'	S_1	S_0	A_1	A_0	S_1'	S_0'
0	0	0	0	0	0	0	1	0	1	1	0
0	0	0	1	0	0	0	1	1	0	0	0
0	0	1	0	0	0	0	1	1	1	0	0
0	0	1	1	0	1	1	0	X	X	0	0
0	1	0	0	0	0						

表 3.20 简化的输出表

当前状态		输出	当前状态		输出
S_1	S_0	Unlock	S_1	S_0	Unlock
0	0	0	1	0	1
0	1	0			

Alyssa 为每个状态位组合赋予如下名称：S_0 表示 $S_{1:0}=00$，S_1 表示 $S_{1:0}=01$，S_2 表示 $S_{1:0}=10$。表 3.21 和表 3.22 给出了使用状态名称的下一个状态表和输出表。

表 3.21 符号化的下一个状态表

当前状态	输入	下一个状态	当前状态	输入	下一个状态
S	A	S'	S	A	S'
S_0	0	S_0	S_1	1	S_2
S_0	1	S_0	S_1	2	S_0
S_0	2	S_0	S_1	3	S_0
S_0	3	S_1	S_2	X	S_0
S_1	0	S_0			

表 3.22 符号化的输出表

当前状态	输出	当前状态	输出
S	Unlock	S	Unlock
S_0	0	S_2	1
S_1	0		

Alyssa 通过表 3.21 和表 3.22 画出如图 3.36 所示的状态转换图。通过检查状态转换图可知有限状态机的工作原理，状态机在检测到 $A_{1:0}$ 的输入值是一个 3 跟着一个 1 时就会将门解锁，然后门会再次关闭。Alyssa 尝试在门锁键盘上输入该数字串，成功将门打开。∎

3.4.6 小结

有限状态机是根据给定规范设计同步时序电路的系统化方法，其设计步骤如下：

（1）确定输入和输出；

（2）画状态转换图；

（3）对于 Moore 型状态机，分别写出状态转换表和输出表；

（4）对于 Mealy 型状态机，写出组合的状态转换和输出表；

（5）选择状态编码，该选择将影响硬件设计；

（6）为下一个状态和输出写出布尔表达式；

（7）画出电路草图。

本书将多次使用有限状态机设计复杂的数字系统。

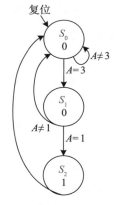

图 3.36 例 3.9 的有限状态机的状态转换图

3.5 时序逻辑电路的时序

触发器在时钟上升沿将 D 复制到输出 Q 的过程称为在时钟沿采样 D。若 D 在时钟上升时处于 0 或 1 的稳定状态，则触发器的行为很清楚。若 D 在时钟上升时发生变化，触发器的行为又当如何？

上述问题类似于分析正在捕捉图片的照相机。设想这样一个场景，一只青蛙正从睡莲上跳入湖水里，如果在青蛙跳之前拍照，将捕捉一只在睡莲上的青蛙。如果在青蛙跳之后拍照，将捕捉水面上的波纹。如果刚好在青蛙跳的时候拍照，将捕捉一只伸展的青蛙从睡莲跳入湖水的模糊影像。照相机的特征由孔径时间（aperture time）表示，在此时间内物体必须保持不动，照相机才能获得清晰的图像。同样，时序元件在时钟沿附近也有孔径时间，在孔径时间内输入必须稳定，触发器才能产生明确定义的输出。

时序元件的孔径时间用时钟沿前的建立时间（setup time）和时钟沿后的保持时间（hold time）定义。正如静态准则限制使用禁止区域外的逻辑电平一样，动态准则限制使用在孔径时间外变化的信号。利用动态准则，时间成为基于时钟周期的离散单元，正如信号电平是离散的 1 和 0 一样。信号可以有毛刺，也可以在有限时间内反复振荡。在动态准则下，无须考虑实数 t 时刻 A 的值 $A(t)$，仅须关心一个时钟周期的最终稳定值。简单地用 $A[n]$ 表示在第 n 个时钟周期结束时信号 A 的值，其中 n 是一个整数。

时钟周期应该足够长从而使得所有信号稳定下来，但这限制了系统速度。在真实系统中，时钟信号往往存在时钟偏移，不能准确地同时到达所有触发器，因此需要进一步增加必要的时钟周期。

面对真实世界时，动态准则往往无法满足。考虑通过按键输入的电路，一只猴子可能在时钟刚上升时按下键，此时触发器捕获 0 ～ 1 之间的一个值，该值很难稳定到正确的逻辑值，这种现象称为亚稳态（metastability）。同步器产生非法逻辑值的概率非常小（但是不为 0），可以用来解决异步输入问题。下面将展开讨论上述问题。

3.5.1　动态准则

前面重点讨论时序电路的功能规范，触发器和有限状态机等同步时序电路也有如图 3.37 所示的时序规范。当时钟上升时，输出在时钟到 Q 的最小延迟 t_{ccq} 之后开始改变，并在时钟到 Q 的传输延迟 t_{pcq} 之后达到稳定值，它们分别表示通过电路的最快和最慢延迟。为正确采样输入量，在时钟上升沿到来之前，输入必须在建立时间 t_{setup} 内保持稳定，在时钟上升沿之后，输入必须在保持

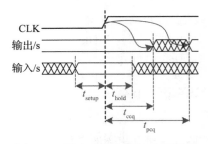

图 3.37　同步时序电路的时序规范

时间 t_{hold} 内保持稳定。建立时间和保持时间合在一起称为电路的孔径时间，为输入保持稳定状态的时间总和。

动态准则（dynamic discipline）指同步时序电路的输入在时钟沿附近的建立时间和保持时间内必须保持稳定。为满足这个要求，触发器采样时信号不能变化，采样只关注最终输入值，因此可以将信号看成时间和逻辑电平上的离散量。

3.5.2　系统时序

时钟周期或者时钟时间 T_c 是周期性时钟信号中上升沿之间的时间，时钟频率是其倒数 $f_c = 1/T_c$。在其他相同条件下，提高时钟频率可以增加数字系统在单位时间内完成的工作量。频率的单位是 Hz 或者是每秒周期数，有 $1\text{MHz} = 10^6\text{Hz}$ 和 $1\text{GHz} = 10^9\text{Hz}$。

图 3.38a 给出了同步时序电路中的一条路径，现要计算同步时序电路的时钟周期。在时钟上升沿，寄存器 R1 产生输出 Q_1，Q_1 进入组合电路产生 D_2 并作为寄存器 R2 的输入。如图 3.38b 所示的时序图说明输出信号在输入信号发生改变的最小延迟后开始改变，在输入信号稳定之后的传输延迟时间内输出信号得到最终稳定值。两个箭头分别表示通过 R1 和组合逻辑块的最小延迟和传输延迟。下面分析寄存器 R2 的建立时间和保持时间。

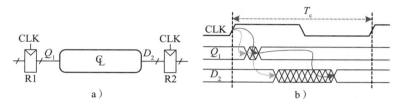

图 3.38 寄存器间的路径及时序

1. 建立时间约束

图 3.39 仅显示路径的最大延迟时序图，用箭头表示。为满足 R2 的建立时间，D_2 应在下一个时钟沿之前的建立时间内稳定，因此最小时钟周期表达式如下：

$$T_c \geq t_{pcq} + t_{pd} + t_{setup} \tag{3.13}$$

在商业设计中，时钟周期经常由研发总监和市场部提出以确保产品的竞争性。更重要的是，由制造工艺决定触发器时钟到 Q 的传输延迟 t_{pcq} 和建立时间 t_{setup}。由式（3.13）确定通过组合逻辑的最大传输延迟，通常设计师只能控制这一变量：

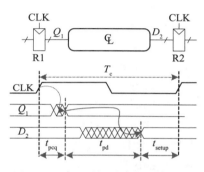

图 3.39 建立时间约束的最大延迟

$$t_{pd} \leq T_c - (t_{pcq} + t_{setup}) \tag{3.14}$$

上式圆括号内的项 $t_{pcq} + t_{setup}$ 称为时序开销（sequencing overhead）。理想状态下整个时钟周期 T_c 都用于组合逻辑计算 t_{pd}，但触发器的时序开销也占用时钟周期。式（3.14）依赖于建立时间并限制组合逻辑的最大延迟时间，因此被称为建立时间约束（setup time constraint）或最大延迟约束（max-delay constraint）。

若组合逻辑的传输延迟太大，R2 采样时可能无法获得稳定的 D_2 值，使得采样结果不正确甚至出现禁止区域内的非法电平。在这种情况下，电路将出现故障，增加时钟周期和重新设计组合逻辑以缩短传输延迟是两种解决方法。

2. 保持时间约束

图 3.38a 中的寄存器 R2 也有保持时间约束，在时钟上升沿之后的保持时间 t_{hold} 内，其输入 D_2 必须保持不变。根据图 3.40，D_2 在时钟上升沿之后的 $t_{ccq} + t_{cd}$ 内可能会变化，因此有如下约束：

$$t_{ccq} + t_{cd} \geq t_{hold} \tag{3.15}$$

设计者无法控制触发器的自身属性 t_{ccq} 和 t_{hold}，由式

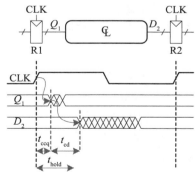

图 3.40 保持时间约束的最小延迟

（3.15）确定组合逻辑的最小延迟如下：

$$t_{cd} \geq t_{hold} - t_{ccq} \qquad （3.16）$$

式（3.16）限制组合逻辑的最小延迟，因此也被称为最小
延迟约束（min-delay constraint）。

假定任何逻辑元件在不产生时序问题的情况下可以
互连，保证图 3.41 所示的两个触发器在不产生保持时间
问题的情况下直接级连，此时触发器之间没有组合逻辑，
因此 $t_{cd} = 0$，代入式（3.16）得到以下约束：

图 3.41　背靠背互连触发器

$$t_{hold} \leqslant t_{ccq} \qquad （3.17）$$

由此可知，可靠触发器的保持时间比最小延迟短，t_{hold} 通常为 0，因此式（3.17）总能
成立。除非特别注明，本书通常忽略保持时间约束。

然而保持时间约束非常重要，若它们不能得到满足，唯一解决办法是重新设计电路以增
加组合逻辑的最小延迟。与建立时间约束不同，该问题无法通过调整时钟周期进行修复。以
当前技术水平重新设计和制造集成电路需要花费数月时间和上千万美元，因此违反保持时间
约束将产生非常严重的后果。

3. 小结

时序电路中的建立时间和保持时间约束了触发器间组合逻辑的最大延迟和最小延迟，当
前触发器中组合逻辑的最小延迟通常设计为 0，即触发器可以背靠背放置。高时钟频率意味
着短时间周期，因此高速电路的最大延迟限制了其关键
路径上的串联门数。

例 3.10（时序分析）　Ben 设计的电路如图 3.42 所示，
根据使用组件的数据手册，触发器时钟到 Q 的最小延迟
和传输延迟分别为 30ps 和 80ps，建立时间和保持时间分
别为 50ps 和 60ps，每个逻辑门的传输延迟和最小延迟分
别为 40ps 和 25ps。通过时序分析（timing analysis）确定
最大时钟周期以及能否满足保持时间约束。

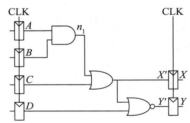

图 3.42　时序分析的电路示例

解： 信号变化波形图如图 3.43a 所示，从 A 到 D 的
输入均保存到寄存器中，因此它们仅在 CLK 上升后立刻改变。

关键路径出现在 $B = 1$、$C = 0$、$D = 0$ 且 A 从 0 上升为 1 时，这将触发 n_1 上升，X' 上
升，Y' 下降，如图 3.43b 所示。该路径包含 3 个门延迟，假定每个门都产生最大传输延迟。
Y' 必须在下一个时钟上升沿到来之前建立，因此最小时钟周期如下：

$$T_c \geq t_{pcq} + 3t_{pd} + t_{setup} = 80 + 3 \times 40 + 50 = 250ps \qquad （3.18）$$

而最大时钟频率 $f_c = 1 / T_c = 4GHz$。

最短路径出现在 $A = 0$ 且 C 上升时，这将触发 X' 上升，如图 3.43c 所示。对于最短
路径，假定每个门仅在最小延迟之后翻转。该路径仅包含一个门的延迟，因此它将在
$t_{ccq} + t_{cd} = 30 + 25 = 55ps$ 之后发生翻转。但是该触发器的保持时间为 60ps，这意味着 X' 必须
在时钟上升沿到来之后的 60ps 内保持稳定，触发器才能可靠采样 X'。在这种情况下，第一
个时钟上升沿时 $X' = 0$，Ben 希望触发器捕获 $X = 0$，但由于 X' 不能长时间保持稳定状态，

因此无法预测 X 实际值。总之，Ben 设计的电路违反了保持时间约束，在任意时钟频率下都可能出错。■

例 3.11（修复违反保持时间约束的问题）　为了修复 Ben 的上述电路，Alyssa 打算增加缓冲器从而降低最短路径速度，如图 3.44 所示，缓冲器的延迟和其他门相同。确定修复电路的最大时钟频率以及能否满足保持时间约束。

解：信号变化波形图如图 3.45 所示，从 A 到 Y 的关键路径未通过任何缓冲器故不受影响，最大时钟频率仍为 4GHz，但最短路径速度因所增加缓冲器的最小延迟而变慢。X' 保持 $t_{ccq} + 2t_{cd} = 30 + 2 \times 25 = 80\text{ps}$ 不变，满足 60ps 的保持时间约束，因此电路运行正常。

上例采取不常用的长保持时间决策来解决问题，通常很多触发器在设计时满足 $t_{hold} < t_{ccq}$。但一些高性能微处理器（包括奔腾 4）的触发器使用脉冲锁存器（pulsed latch）组件，其行为和触发器类似，时钟到 Q 延迟很短，而保持时间很长。总之，增加缓冲器通常（并不总是）能在不降低关键路径速度的同时解决保持时间问题。■

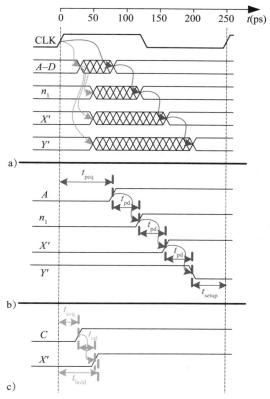

图 3.43　时序图。a）一般情况。b）关键路径。c）最短路径

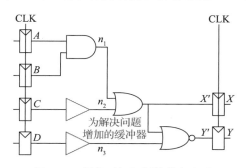

图 3.44　保持时间问题的修复电路

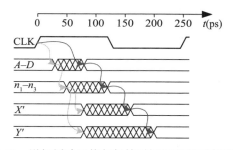

图 3.45　增加缓冲区修复保持时间问题的时序图

3.5.3　时钟偏移 *

之前的分析假设时钟信号在同一时刻到达各个寄存器，但实际上每个寄存器的时钟信号到达时间总会有些偏差，将时钟沿到达时间的偏差称为时钟偏移（clock skew）。例如时钟源与不同寄存器间连线长度的不同会导致延迟的微小差异，如图 3.46 所示，噪声同样也会导致不同延迟。前面 3.2.5 节中介绍的时钟门控可用来进一步延迟时钟，如果只有部分时钟经过门控，那么门控时钟和非门控时钟之间一定会存在偏移。图 3.46 中的 CLK2 比 CLK1 要

早一些，因为两个寄存器间的时钟线上有一条通路，如果时钟布线不同，CLK1 也可能会早一些。时序分析要考虑最坏情况，以保证电路在所有环境下均可工作。

图 3.47 是在图 3.38 上增加时钟偏移后进行的时序分析，粗时钟线表示时钟信号到达每个寄存器的最迟时间，虚线表示时钟信号可能提前 t_{skew} 时间到达。

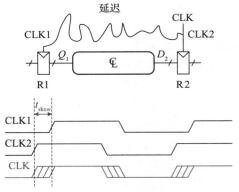

图 3.46 由线延迟引起的时钟偏移

首先考虑图 3.48 的建立时间约束，最坏情况下 R1 收到最迟偏移时钟信号，R2 收到最早偏移时钟信号，仅留下一点点时间用于两个寄存器间的数据传输。数据通过寄存器和组合逻辑传输，在 R2 采样前建立的约束如下：

$$T_c \geq t_{pcq} + t_{pd} + t_{setup} + t_{skew} \tag{3.19}$$

$$t_{pd} \leq T_c - (t_{pcq} + t_{setup} + t_{skew}) \tag{3.20}$$

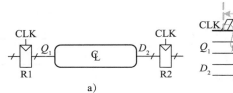

图 3.47 带时钟偏移的时序图

下一步考虑图 3.49 的保持时间约束，最坏情况下 R1 收到最早偏移时钟 CLK1，R2 收到最迟偏移时钟 CLK2。数据通过寄存器和组合逻辑传输，但必须在慢时钟的保持时间后才能到达，因此：

$$t_{ccq} + t_{cd} \geq t_{hold} + t_{skew} \tag{3.21}$$

$$t_{cd} \geq t_{hold} + t_{skew} - t_{ccq} \tag{3.22}$$

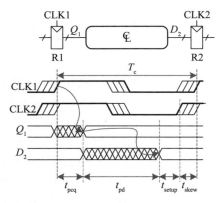

图 3.48 带时钟偏移的建立时间约束

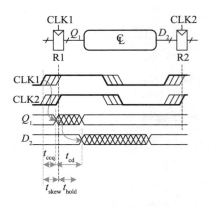

图 3.49 带时钟偏移的保持时间约束

总之，时钟偏移大大延长了建立时间和保持时间，增加了时序总开销，减少了组合逻辑的有效工作时间，同时它也增加了经过组合逻辑的最小延迟。如果 $t_{hold} = 0$ 且 $t_{skew} > t_{ccq}$，则背靠背成对触发器无法满足式（3.22）。为防止出现严重的保持时间错误，设计人员绝对不能允许太多的时钟偏移。当时钟偏移存在时，触发器有时被故意设计得特别慢（即增大 t_{ccq}），以避免出现保持时间问题。

例 3.12（时钟偏移的时序分析）　假定系统时钟偏移为 50ps，重新分析例 3.10。

解：关键路径保持不变，由于时钟偏移建立时间显著增加，因此最小周期时间如下：

$$T_c \geqslant t_{pcq} + 3t_{pd} + t_{setup} + t_{skew} = 80 + 3 \times 40 + 50 + 50 = 300\text{ps} \tag{3.23}$$

最大时钟频率是 $f_c = 1/T_c = 3.33\text{GHz}$。

最短路径也保持 55ps 不变。由于时钟偏移保持时间显著增加至 $60 + 50 = 110\text{ps}$，这远远大于 55ps，因此电路违反保持时间约束，在任何频率都会发生故障。即使没有时钟偏移，电路也违反保持时间约束，只是系统时钟偏移使得违反更加严重。　■

例 3.13（调整电路以满足保持时间约束）　假设系统时钟偏移是 50ps，重新分析例 3.11。

解：关键路径不受影响，因此最大时钟频率仍然为 3.33GHz。最短路径增加至 80ps，但仍小于 $t_{hold} + t_{skew} = 110\text{ps}$，因此电路仍违反保持时间约束。为修复这个问题，需要加入更多的缓冲器，同样在关键路径上也需要增加缓冲器以降低时钟频率。另外，也可以选用保持时间更短的触发器。　■

3.5.4　亚稳态

前面提过，外界的输入可能在孔径时间内到达电路，这样无法保证时序电路的输入总是稳定的。现考虑在触发器输入端添加一个按扭，如图 3.50 所示，按键时 $D=1$，否则 $D=0$。假设有只猴子在时钟上升沿前后随机按键，在时钟上升沿后的输出 Q 如下：

- 情况 I，在时钟上升沿之前按键，$Q=1$；
- 情况 II，在时钟上升沿之后仍未按键，$Q=0$；
- 情况 III，在时钟上升沿之前 t_{setup} 和时钟上升沿之后 t_{hold} 之间的某个时刻按键，此时输入破坏动态规则，无法确定输出。

1. 亚稳态

当触发器采样在孔径时间内发生变化的输入时，输出 Q 可能随时处于禁止区域（$0 \sim V_{DD}$），此时称为亚稳态。触发器最终输出 0 或 1 的稳定状态，但到达稳定状态的分辨时间（resolution time）没有上界。

触发器的亚稳态类似于放在两个山谷间峰顶的球，如图 3.51 所示。只要不受干扰，山谷的球就一直保持稳定状态，但峰顶的球只有绝对平衡才能保持在峰顶，因此称为亚稳定状态。然而没有绝对的平衡，峰顶的球最终将滚落到某一边，何时滚落取决于球在峰顶的平衡程度。任意双稳态设

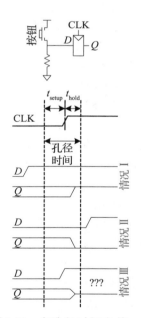

图 3.50　在孔径时间之前、之后和之间改变输入

图 3.51　稳定态和亚稳态

备在两个稳定状态之间都存在一个亚稳态。

2. 分辨时间

若触发器的输入在时钟周期内随机发生变化，则达到稳定状态前的分辨时间 t_{res} 也是随机变量。若输入在孔径时间外变化，则 $t_{res} = t_{pcq}$，否则 t_{res} 一定很大。后续 3.5.6 节的理论和实践分析表明，分辨时间 t_{res} 超过任意时间 t 的概率随着 t 的增大呈指数级减少：

$$P(t_{res} > t) = \frac{T_0}{T_c} e^{-\frac{t}{\tau}} \qquad (3.24)$$

其中，T_c 为时钟周期，T_0 和 τ 由触发器的特性决定，上式仅在 $t > t_{pcq}$ 时成立。直观上 T_0 / T_c 表示最坏时间（即孔径时间）内输入发生变化的概率，该值随周期 T_c 的增大而减少。时间常量 τ 表示触发器离开亚稳态的速度，该值与触发器中耦合门的延迟有关。

总之，若触发器等双稳态设备的输入在孔径时间内发生变化，则输出在稳定到 0 或 1 之前处于亚稳态。对任何有限时间 t 来说，触发器处于亚稳态的概率不为 0，因此到达稳定状态的时间没有上界。但随着 t 的增大该概率呈指数级减少，当等待时间超过 t_{pcq} 时，触发器将有极大概率到达有效逻辑电平。

3.5.5　同步器

数字系统的外界输入可能是异步的，如人工输入。对异步输入的处理不当可能导致出现亚稳态电压，从而产生很难发现和修复的不稳定错误。对于给定的异步输入，设计人员要确保出现亚稳态电压的概率足够小。不同系统对小概率的要求不同，数字移动电话可以接受 10 年产生一次失效，电话锁定后用户关机再开机即可重打；医疗设备只能接受在预期宇宙生命（10^{10} 年）中产生一次失效。为确保产生正确的逻辑电平，所有异步输入必须经过同步器（synchronizer）。

图 3.52 给出的同步器接收异步输入信号 D 和时钟信号，在有限时间内产生输出 Q，输出很大概率为有效逻辑电压。若 D 在孔径时间内稳定，则 Q 值同 D；否则 Q 可能取 HIGH 或者 LOW，一定不是亚稳态。

图 3.52　同步器符号

使用 2 个触发器建立同步器的简单方法如图 3.53 所示，F1 在 CLK 上升沿采样 D，此时若 D 发生变化，输出 D_2 将处于暂时的亚稳态。若时钟周期足够长，D_2 在该周期结束前大概率为有效逻辑电平。F2 接着采样稳定的 D_2，从而产生好的输出 Q。

同步器在输出 Q 为亚稳态的情况下失效，这是因为 D_2 在 F2 要求的建立时间之前没有成为有效电平，即 $t_{res} > T_c - t_{setup}$。由式（3.24）可知，输入的一次随机变化导致的失效概率如下：

$$P(failure) = \frac{T_0}{T_c} e^{\frac{T_c - t_{setup}}{\tau}} \qquad (3.25)$$

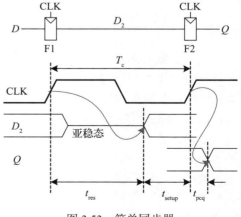

图 3.53　简单同步器

失效概率 $P(\text{failure})$ 是 D 的一次变化导致输出 Q 为亚稳态的概率。若 D 每秒钟改变一次，每秒钟失效概率为 $P(\text{failure})$，则 D 每秒钟改变 N 次的失效概率要乘以 N：

$$P(\text{failure}) / \text{s} = N \frac{T_0}{T_c} \text{e}^{\frac{T_c - t_{\text{setup}}}{\tau}} \tag{3.26}$$

系统可靠性通常由失效平均间隔时间（mean time between failures，MTBF）来衡量，根据定义，MTBF 是系统失效之间的平均时间，表示成系统失效概率的倒数：

$$\text{MTBF} = \frac{1}{P(\text{failure}) / \text{s}} = \frac{T_c \text{e}^{\frac{T_c - t_{\text{setup}}}{\tau}}}{N T_0} \tag{3.27}$$

式（3.27）表明 MTBF 随着同步器延迟 T_c 的增加呈指数级增长。对于多数系统而言，同步器等待一个时钟周期后产生安全的 MTBF，但高速系统必须等待更多的时钟周期。

例 3.14（有限状态机输入的同步器） 3.4.1 节中的有限状态机交通灯控制器接收交通传感器的异步输入，假定有同步器保证控制器获得稳定的输入信号。交通信号平均每秒钟到达 0.2 次，同步器中触发器的特性如下：$\tau = 200\text{ps}$、$T_0 = 150\text{ps}$、$t_{\text{setup}} = 500\text{ps}$。现要求 MTBF 超过 1 年，计算需要的时钟周期。

解： 1 年 $\approx \pi \times 10^7$，根据式（3.27），有

$$\pi \times 10^7 = \frac{T_c \text{e}^{\frac{T_c - 500 \times 10^{-12}}{200 \times 10^{-12}}}}{(0.2)(150 \times 10^{-12})} \tag{3.28}$$

上式没有精确解，但通过猜想和检验很容易解答。使用数据表将一些 T_c 值代入计算 MTBF，直到 T_c 值满足 MTBF 为 1 年的条件，最终 $T_c = 3.036\text{ns}$。■

3.5.6 分辨时间的推导 *

使用电路理论、差分方程和概率论等基础知识可以推出式（3.24），对推导不感兴趣或不了解相关数学知识的读者可以跳过此节。

若触发器采样正在变化的输入（将导致亚稳态条件）且输出在时钟沿后的一段时间 t 内没有达到稳定电平，则触发器在时间 t 后处于亚稳态，该过程描述如下：

$$P(t_{\text{res}} > t) = P(\text{采样正在变化的输入}) \times P(\text{未达到稳定电平}) \tag{3.29}$$

上述每个概率项是独立的，如图 3.54 所示，t_{swith} 内异步输入信号在 0 和 1 之间切换。在时钟沿附近的孔径时间内输入发生变化的概率如下：

$$P(\text{采样正在变化的输入}) = \frac{t_{\text{switch}} + t_{\text{setup}} + t_{\text{hold}}}{T_c} \tag{3.30}$$

若触发器以 P（采样正在变化的输入）概率进入亚稳态，从亚稳态到达有效电平的时间取决于电路的内部工作原理。该分辨时间可确定概率 P（未达到稳定电平），即触发器在时间 t 后未成为有效电平的概率。下面通过分析简单的双稳态装置模型来估计概率 P（未达到稳定电平）。双稳态装置使用带正反馈的存储器，图 3.55a 给出了用成对反相器实现的正反馈，这是典型的双稳态元件，成对反相器的作用类似于缓冲器。缓冲器建模结果如图 3.55b 所示，它的斜率为 G，拥有对称的直流传输特性。该缓冲器只能提供有限输出电流，可以将其建模为输出电阻 R。所有真实电路都有电容 C，电阻对电容充电形成 RC 延迟，从而阻

止缓冲器的瞬间切换。完整电路模型如图 3.55c 所示，其中 $v_{\text{out}}(t)$ 是双稳态装置传输状态的电压。

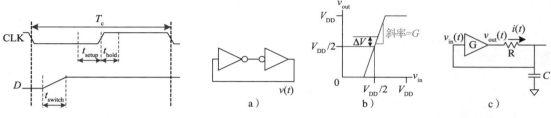

图 3.54 输入时序　　　　　　　　　　　　　图 3.55 双稳态元件的电路模型

上述电路的亚稳态点是 $v_{\text{out}}(t) = v_{\text{in}}(t) = V_{\text{DD}}/2$，若初始电压为 $V_{\text{DD}}/2$，则电路将在无噪声情况下永远保持亚稳态。由于电压是连续变量，电路初始电压很少恰好为 $V_{\text{DD}}/2$。但电路在 0 时刻的开始位置可能处于亚稳态附近，即 $v_{\text{out}}(0) = V_{\text{DD}}/2 + \Delta V$，其中 ΔV 是小偏移量。此时若 $\Delta V > 0$，则正反馈最终驱动 $v_{\text{out}}(t)$ 到 V_{DD}，否则将驱动 $v_{\text{out}}(t)$ 到 0。到达 V_{DD} 或 0 所需要时间为双稳态装置的分辨时间。

虽然直流传输特性是非线性的，但它在亚稳态点附近表现为线性的。尤其当 ΔV 很小时，若 $v_{\text{in}}(t) = V_{\text{DD}}/2 + \Delta V/G$，则 $v_{\text{out}}(t) = V_{\text{DD}}/2 + \Delta V$，通过电阻的电流 $i(t) = (v_{\text{out}}(t) - v_{\text{in}}(t))/R$，电容充电速率 $\mathrm{d}v_{\text{in}}(t)/\mathrm{d}t = i(t)/C$。因此，输出电压的方程式如下：

$$\frac{\mathrm{d}v_{\text{out}}(t)}{\mathrm{d}t} = \frac{(G-1)}{RC}\left[v_{\text{out}}(t) - \frac{V_{\text{DD}}}{2}\right] \tag{3.31}$$

上式为一阶线性微分方程，根据初值 $v_{\text{out}}(0) = V_{\text{DD}}/2 + \Delta V$ 求解为：

$$v_{\text{out}}(t) = \frac{V_{\text{DD}}}{2} + \Delta V \mathrm{e}^{\frac{(G-1)t}{RC}} \tag{3.32}$$

图 3.56 所示的起始点不同的 $v_{\text{out}}(t)$ 轨迹呈指数级远离亚稳态点 $V_{\text{DD}}/2$ 直到饱和为 V_{DD} 或 0，输出电压最终为 1 或 0，花费时间取决于到亚稳态点 $V_{\text{DD}}/2$ 的最初电压偏移量 ΔV。

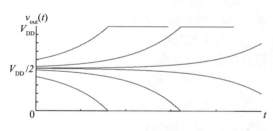

图 3.56 分辨轨迹

求解式（3.32）计算满足 $v_{\text{out}}(t_{\text{res}}) = V_{\text{DD}}$ 或 0 的分辨时间 t_{res}：

$$|\Delta V| \mathrm{e}^{\frac{(G-1)t_{\text{res}}}{RC}} = \frac{V_{\text{DD}}}{2} \tag{3.33}$$

$$t_{\text{res}} = \frac{RC}{G-1}\ln\frac{V_{\text{DD}}}{2|\Delta V|} \tag{3.34}$$

总之，若双稳态装置的电阻和电容很大，导致其输出变化慢，则分辨时间增加。若增益 G 很高，则分辨时间缩短。当电路在亚稳态附近点（$\Delta V \to 0$）开始时，分辨时间呈对数级增加。

假定 $\tau = \dfrac{RC}{G-1}$，给定特定分辨时间 t_{res}，求解式（3.34）计算最初偏移量 ΔV_{res}：

$$\Delta V_{res} = \frac{V_{DD}}{2} e^{-t_{res}/\tau} \tag{3.35}$$

假设双稳态装置在输入变化时对输入采样，它会测量输入电压 $v_{in}(0)$，该电压均匀分布在 $0 \sim V_{DD}$ 之间。时间 t_{res} 后输出未达到稳定电平的概率取决于最初偏移量足够小的概率，尤其 v_{out} 上的最初偏移量要小于 ΔV_{res}，v_{in} 上的最初偏移量必须小于 $\Delta V_{res}/G$。双稳态装置采样输入时获得足够小的最初偏移量的概率如下：

$$P(\text{未达到稳定电平}) = P\left(\left|v_{in}(0) - \frac{V_{DD}}{2}\right| < \frac{\Delta V_{res}}{G}\right) = \frac{2\Delta V_{res}}{GV_{DD}} \tag{3.36}$$

综上所述，分辨时间超过时间 t 的概率如下：

$$P(t_{res} > t) = \frac{t_{swith} + t_{setup} + t_{hold}}{GT_c} e^{-\frac{t}{\tau}} \tag{3.37}$$

上式是式（3.24）的另一种写法，其中 $T_0 = (t_{swith} + t_{setup} + t_{hold})/G$，$\tau = RC/(G-1)$。至此推导出式（3.24），并说明 T_0 和 τ 取决于双稳态装置的物理属性。

3.6 并行

延迟和吞吐量是衡量系统速度的指标。任务（token）定义为一组输入，这些输入经过处理后产生一组输出，在电路图中可视化地显示数据的移动。延迟（latency）是任务从开始到结束所需时间，吞吐量（throughput）是单位时间内系统产生任务的数量。

例 3.15（饼干的延迟和吞吐量） Ben 举行晚宴庆祝交通灯控制器安装成功，将饼干搓成各种形状并放入盘中需 5min，烤饼干需 15min。一盘饼干烤好后，他开始做下一盘。Ben 做一盘饼干的吞吐量和延迟是多少？

解：此例中一盘饼干是一个任务，每盘的延迟是 1/3h，吞吐量是 3 盘 /h。 ■

上例中，在同一时间内处理多个任务可以提高吞吐量，这体现了并行性。空间并行使用多个相同硬件在同一时间内处理多个任务。时间并行像装配线一样将任务分成多个阶段执行，多个任务分布到所有阶段。虽然每个任务必须通过所有阶段，但在给定时间内每个阶段都有一个不同任务，从而多个任务可以重叠起来，时间并行通常称为流水线（pipelining）。

例 3.16（饼干并行） Ben 邀请了上百个朋友参加晚宴，因此他要加快做饼干的速度，考虑使用空间并行和时间并行。

（1）空间并行：Ben 请 Alyssa 提供帮助，Alyssa 有自己的饼干盘和烤箱。

（2）时间并行：Ben 拿来第二个饼干盘，只要把一个饼干盘放入烤箱，就开始搓饼干并放入另一个饼干盘，而不是等着第一盘烤好。

使用空间并行和时间并行后的吞吐量和延迟是多少？两种方法同时使用后的吞吐量和延迟是多少？

解：延迟是任务从开始到结束所需时间，在所有情况下，延迟都是 1/3h。开始时 Ben 没有饼干，延迟即是他完成第一盘饼干所需时间。

吞吐量是每小时烤好的饼干盘数量，使用空间并行方法，Ben 和 Alyssa 每 20 分钟完成一盘饼干，因此吞吐量是以前的 2 倍，即 6 盘 /h；使用时间并行方法，Ben 每 15 分钟就把一盘放入烤箱，吞吐量是 4 盘 /h，如图 3.57 所示。如果 Ben 和 Alyssa 同时使用这两种并行技术，吞吐量是 8 盘 /h。 ■

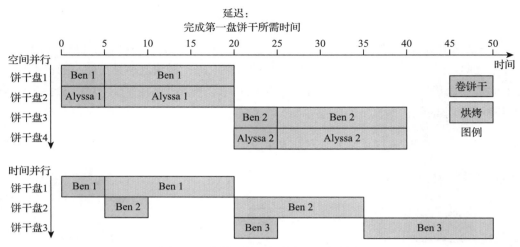

图 3.57　烤饼干的时间并行和空间并行

考虑延迟为 L 的任务，在没有使用并行方法的系统中，吞吐量为 $1/L$。在空间并行系统中，有 N 个相同的硬件，则吞吐量为 N/L。在时间并行系统中，任务可以理想地分成等长的 N 个步骤或阶段执行，在这种情况下，吞吐量也是 N/L，且只需要一套硬件。但是饼干例子表明，将任务分解为 N 个等长阶段执行是不切实际的，若最长延迟为 L_1，则流水线的吞吐量为 $1/L_1$。

由于流水线（时间并行）没有增加硬件就能加速电路运行，因此特别实用。具体方法是在组合逻辑块之间添加寄存器将逻辑块分成较短的阶段，从而以较快的时钟频率运行。寄存器的作用是防止流水线中某一级的任务超过和破坏下一级的任务。

图 3.58 给出了没有流水线的电路示例，寄存器之间包含 4 个逻辑块，关键路径通过第 2、3、4 块。假设寄存器时钟到 Q 的传输延迟为 0.3ns，建立时间为 0.2ns，则时钟周期为 $T_c = 0.3 + 3 + 2 + 4 + 0.2 = 9.5\text{ns}$，电路延迟为 9.5ns，吞吐量为 $1/9.5\text{ns} = 105\text{MHz}$。

图 3.59 给出了实现相同功能的电路，但在第 3 和第 4 逻辑块之间加入寄存器，从而将电路分割成两阶段流水线。第一个阶段的最小周期是 $0.3 + 3 + 2 + 0.2 = 5.5\text{ns}$，第二阶段的最小周期是 $0.3 + 4 + 0.2 = 4.5\text{ns}$。时钟必须足够慢，这样所有阶段才能正确工作，因此系统时钟周期为 $T_c = 5.5\text{ns}$。延迟为 2 个时钟周期，即 11ns，吞吐量是 $1/5.5\text{ns} = 182\text{MHz}$。该例表明两级流水线通常可以得到几乎双倍的吞吐量和稍微增加的延迟，而理想状态下流水线的吞吐量可以提高一倍且延迟不变。然而，电路不可能分割成完全相等的两半，而且添加寄存器也将带

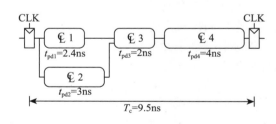

图 3.58　无流水线电路

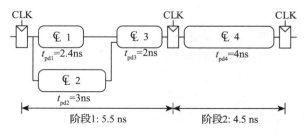

图 3.59　两阶段流水线电路

来额外的时序开销。

图 3.60 给出了分割成三阶段流水线的相同电路，注意需要添加多个寄存器用来存储第一流水线完成后多个逻辑块的结果。

时钟周期被第三阶段限制为 4.5ns，延迟为 3 个周期，即 13.5ns，吞吐量为 $1/4.5\text{ns} = 222\text{MHz}$。由此可见，流水阶段的增加使得在提高吞吐量的同时也增加了一些延迟。

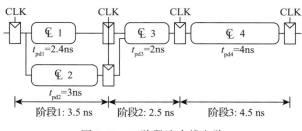

图 3.60　三阶段流水线电路

尽管上述技术很强大，但它们并不能应用到所有情况。依赖关系（dependency）会影响并行，若当前任务依赖于前一个任务的结果，而不是当前任务中的前一阶段结果，此时只有前一个任务完成后，当前任务才能开始。例如 Ben 在开始准备第二盘之前要检查第一盘饼干的味道是否好，该依赖关系会影响流水线或并行操作。并行性是设计高性能微处理器的重要技术，第 7 章将进一步讨论流水线，使用例子说明如何处理依赖关系。

3.7　本章总结

本章介绍时序逻辑电路的分析和设计，和输出只取决于当前输入的组合逻辑电路相比，时序逻辑电路的输出同时取决于当前和先前输入，即时序逻辑电路会记住先前的输入信息，这种记忆称为逻辑状态。

时序逻辑电路很难分析且易产生设计错误，因此本章只关注几种模块。最重要的元件是触发器，其接收时钟信号和输入 D，产生一个输出 Q。触发器在时钟上升沿将 D 值复制到 Q，其他时候保持原状态 Q 不变。共享同一时钟的触发器称为寄存器，触发器还可以接收复位和使能信号。

虽然时序逻辑有很多种形式，但本章只考虑最容易设计的同步时序逻辑电路。同步时序逻辑电路包含由时钟驱动寄存器隔开的组合逻辑块，电路的状态存储在寄存器中，仅在时钟沿到达时进行更新。

有限状态机是设计时序电路的一种强大技术。为设计有限状态机，首先要识别状态机的输入和输出，画出状态转换图，说明状态和状态之间的转换。为状态选择合适编码后将状态转换图重写为状态转换表和输出表，指出给定当前状态和输入的下一个状态与输出。最后通过这些表，设计组合逻辑以计算下一个状态和输出，画出电路图。

同步时序逻辑电路的时序规范包括时钟到 Q 的传输延迟 t_{pcq} 和最小延迟 t_{ccq}、建立时间 t_{setup} 和保持时间 t_{hold}。为确保操作正确，在孔径时间内电路的输入必须稳定。建立时间从时钟上升沿之前开始，保持时间到时钟上升沿之后结束。系统最小延迟周期 T_c 等于通过组合逻辑块的传输延迟 t_{pd} 加上寄存器的 $t_{pcq} + t_{setup}$。为确保操作正确，通过寄存器和组合逻辑的最小延迟必须大于 t_{hold}。与常见误解相反，保持时间不影响时间周期。

整个系统性能可以用延迟和吞吐量来衡量，延迟是从任务开始到结束所需时间，吞吐量是系统单位时间内处理任务的数量，而并行可以提高系统的吞吐量。

习题

3.1　根据图 3.61 所示的输入波形，画出 SR 锁存器的输出 Q。

图 3.61　习题 3.1 的 SR 锁存器输入波形

3.2　根据图 3.62 所示的输入波形，画出 SR 锁存器的输出 Q。

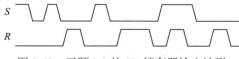

图 3.62　习题 3.2 的 SR 锁存器输入波形

3.3　根据图 3.63 所示的输入波形，画出 D 锁存器的输出 Q。

图 3.63　习题 3.3 和习题 3.5 的 D 锁存器或 D 触发器输入波形

3.4　根据图 3.64 所示的输入波形，画出 D 锁存器的输出 Q。

3.5　根据图 3.63 所示的输入波形，画出 D 触发器的输出 Q。

3.6　根据图 3.64 所示的输入波形，画出 D 触发器的输出 Q。

3.7　图 3.65 所示电路是组合逻辑还是时序逻辑？简要说明输入和输出之间的关系以及电路名称。

图 3.64　习题 3.4 和习题 3.6 的 D 锁存器或 D 触发器输入波形

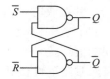

图 3.65　待求解电路

3.8　图 3.66 所示电路是组合逻辑还是时序逻辑？简要说明输入和输出之间的关系以及电路名称。

3.9　T 触发器（toggle flip-flop）有输入 CLK 和输出 Q，在每个 CLK 上升沿，Q 值为其前一个值的取反。使用 D 触发器和反相器画出 T 触发器的原理图。

3.10　JK 触发器（JK flip-flop）接收时钟信号和两个输入 J、K，在时钟上升沿更新输出 Q。若 J、K 同时为 0，则 Q 保持原值不变。若只有 $J=1$，则 $Q=1$。若只有 $K=1$，则 $Q=0$。若 $J=K=1$，则 Q 值为其前一个值的取反。

（a）使用 D 触发器和组合逻辑构造 JK 触发器；

（b）使用 JK 触发器和组合逻辑构造 D 触发器；

（c）使用 JK 触发器构造 T 触发器（见习题 3.9）。

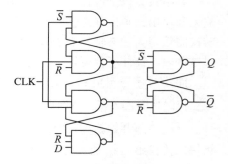

图 3.66　待求解电路

3.11　图 3.67 所示电路称为 Muller C 元件，请简要说明输入和输出之间的关系。

3.12　使用逻辑门设计带异步复位功能的 D 锁存器。

3.13　使用逻辑门设计带异步复位功能的 D 触发器。

3.14 使用逻辑门设计带同步置位功能的 D 触发器。

3.15 使用逻辑门设计带异步置位功能的 D 触发器。

3.16 假设 N 个反相器以环方式连接构成环形振荡器，每个反相器的最小延迟为 t_{cd}，最大延迟为 t_{pd}。若 N 是奇数，确定该振荡器的频率范围。

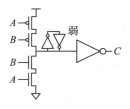

图 3.67 Muller C 元件

3.17 解释习题 3.16 中 N 为何必须是奇数。

3.18 图 3.68 所示电路哪些是同步时序电路？请解释。

3.19 现为一栋 25 层的建筑物设计电梯控制器，该控制器有 UP 和 DOWN 两个输入以及指明当前电梯所在楼层的输出。假设该建筑物没有第 13 层，控制器状态最少需要几位表示？

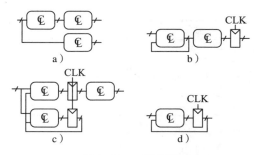

图 3.68 一些电路

3.20 现设计有限状态机跟踪数字设计实验室 4 个学生的心情，学生可能处于以下五种心情，即 HAPPY（开心，电路正常工作）、SAD（忧愁，电路烧坏）、BUSY（忙碌，正在设计电路）、CLUELESS（困惑，被电路所困扰）和 ASLEEP（睡觉，趴在电路板上睡着）。该有限状态机有几个状态？至少需要多少位表示这些状态？

3.21 如何将习题 3.20 中的有限状态机分解成多个简单状态机？每个简单状态机有几个状态？分解后的设计至少需要多少位表示状态？

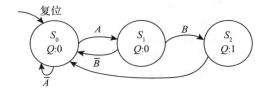

图 3.69 状态转换图

3.22 说明图 3.69 所示状态机的功能，使用二进制编码完成有限状态机的状态转换表和输出表。写出下一个状态和输出的布尔表达式并画出有限状态机的原理图。

3.23 说明图 3.70 所示状态机的功能，使用二进制编码完成有限状态机的状态转换表和输出表。写出下一个状态和输出的布尔表达式并画出有限状态机的原理图。

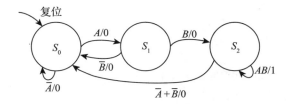

图 3.70 状态转换图

3.24 在 Academic 和 Bravado 大道的十字路口上，交通事故时有发生。当灯 B 变成绿色时，足球队正冲进路口。在灯 A 变成红色之前，足球队和慢慢行走的计算机专业硕士撞到一起。请扩展 3.4.1 节的交通灯控制器，使得 A 和 B 中的一个灯在变绿之前两灯均保持红色 5s。画出改进的 Moore 型状态机的状态转换图、状态编码、状态转换表和输出表，写出下一个状态和输出的布尔表达式并画出有限状态机的原理图。

3.25 假定 3.4.3 节中 Alyssa 的蜗牛有一个女儿，用 Mealy 型有限状态机当大脑，当它爬过 1101 或 1110 时会微笑。用尽可能少的状态构造该开心蜗牛的状态转换图，选择状态编码并画出组合的状态转换和输出表，写出下一个状态和输出的表达式并画出有限状态机的原理图。

3.26 现为部门休息室设计苏打汽水自动售货机，由于收到 IEEE 学生会的赞助，因此售价仅为 25 美分。自动售货机接收 5 美分、10 美分和 25 美分，当投入足够硬币时分配汽水和找零钱。设计自动售货机的有限状态机控制器，其输入是表示投入机器硬币金额的 Nickle（5 美分）、Dime（10 美分）和 Quarter（25 美分），假设一个周期内只能投入一个硬币，输出是 Dispense、ReturnNickel、ReturnDime 和 ReturnTwoDime。当有限状态机收到 25 美分时，给出 Dispense 和相应的 Return 输出表示找零，之后准备接收硬币开始下一次售卖。

3.27 格雷码在连续数字中只有一个信号位不同，表 3.23 列出了表示数字 0 ~ 7 的 3 位格雷码。设计没有输入、有 3 个输出的 3 位 8 取模格雷码计数器的有限状态机。（N 取模计数器指从 0 ~ $N-1$ 计数，并不断重复。如手表的分和秒是 60 取模计数器，从 0 ~ 59 计数。）重启时输出 000。在每一个时钟沿，输出为下一个格雷码，到达 100 后再从 000 开始重复。

表 3.23   3 位格雷码

数值	格雷码			数值	格雷码		
0	0	0	0	4	1	1	0
1	0	0	1	5	1	1	1
2	0	1	1	6	1	0	1
3	0	1	0	7	1	0	0

3.28 扩展习题 3.27 中的 8 取模格雷码计数器，增加 UP 输入变成 UP/DOWN 计数器。当 UP = 1 时，计数器进入下一个格雷码。当 UP = 0 时，计数器回退到上一个格雷码。

3.29 设计有输入 A、B 和输出 Z 的有限状态机，周期 n 内的输出 Z_n 是输入 A_n 和前一个输入 A_{n-1} 的"与"或"或"，其运算取决于输入 B_n：若 $B_n = 0$，则 $Z_n = A_n A_{n-1}$，否则 $Z_n = A_n + A_{n-1}$。

（a）根据图 3.71 所示输入画出 Z 的波形图。

（b）这是 Moore 型还是 Mealy 型状态机？

（c）设计有限状态机。画出状态转换图，编码状态转换表，写出下一个状态和输出的表达式，以及画出原理图。

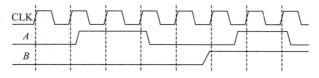

图 3.71   有限状态机的输入波形

3.30 设计有输入 A 和输出 X、Y 的有限状态机，若 A 在 3 个周期内为 1（可以不连续），则 X 为 1；若 A 在至少 2 个连续周期内为 1，则 Y 为 1。画出状态转换图，编码状态转换表，写出下一个状态和输出的表达式，以及画出原理图。

3.31 分析图 3.72 所示的有限状态机，写出状态转换表和输出表，画出状态转换图，并简要介绍有限状态机的功能。

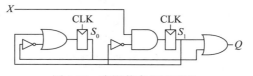

图 3.72   有限状态机原理图

3.32 针对图 3.73 所示的有限状态机重复习题 3.31，注意寄存器输入 r 和 s 分别表示复位和置位。

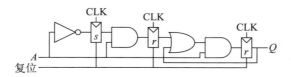

图 3.73 有限状态机原理图

3.33 Ben 设计了图 3.74 所示电路用来计算带寄存器的四输入异或函数。每个二输入异或门的传输延迟为 100ps，最小延迟为 55ps，每个触发器的建立时间为 60ps，保持时间为 20ps，时钟到 Q 的最大延迟是 70ps，时钟到 Q 的最小延迟是 50ps。

(a) 如果不存在时钟偏移，电路最大运行频率是多少？

(b) 如果必须工作在 2GHz 下，电路能够承受的时钟偏移是多少？

(c) 在满足保持时间约束的条件下，电路能够承受的时钟偏移是多少？

(d) Alyssa 重新设计输入 / 输出寄存器间的组合逻辑，使得电路更快且承受的时钟偏移更大。改进电路也使用 3 个二输入异或门，但是排列不同，画出改进电路。若不存在时钟偏移，改进电路的最大频率是多少？在满足保持时间约束的条件下，改进电路能够承受的时钟偏移是多少？

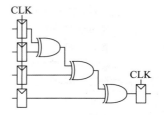

图 3.74 四输入异或电路的寄存器

3.34 现为快速 2 位 RePentium 处理器设计加法器，该加法器由两个全加器构成，第一个加法器的进位输出连接到第二个加法器的进位输入，如图 3.75 所示。加法器有输入和输出寄存器，要在一个周期内完成加法运算。每个全加器中，从 C_{in} 到 C_{out} 或到 $Sum(S)$ 的传输延迟为 20ps，从 A 或 B 到 C_{out} 的传输延迟为 25ps，从 A 或 B 到 S 的传输延迟为 30ps。加法器中，从 C_{in} 到其他输出的最小延迟为 15ps，从 A 或 B 到其他输出的最小延迟为 22ps。每个触发器的建立时间是 30ps，保持时间是 10ps，时钟到 Q 的传输延迟是 35ps，时钟到 Q 的最小延迟是 21ps。

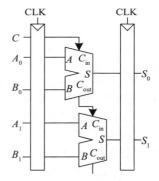

图 3.75 2 位加法器的电路图

(a) 如果不存在时钟偏移，电路最大运行频率是多少？

(b) 如果必须工作在 8GHz 下，电路能够承受的时钟偏移是多少？

(c) 在满足保持时间约束的条件下，电路能够承受的时钟偏移是多少？

3.35 现场可编程门阵列（FPGA）使用可配置逻辑块（CLB）而不是逻辑门实现组合逻辑。Xilinx 公司 Spartan 3 FPGA 的每个 CLB 的传输延迟和最小延迟分别是 0.61ns 和 0.30ns，触发器的传输延迟和最小延迟分别是 0.72ns 和 0.50ns，建立时间和保持时间分别是 0.53ns 和 0ns。

(a) 假设 CLB 之间没有时钟偏移和连线延迟，如果系统运行频率为 40MHz，在 2 个触发器之间需要多少个连续的 CLB？

(b) 假设触发器间的所有路径至少通过一个 CLB，在满足保持时间约束的条件下 FPGA 能够承受的时钟偏移是多少？

3.36 由一对触发器构建具有如下参数的同步器：$t_{setup} = 50ps$，$T_0 = 20ps$，$\tau = 30ps$。采样异步输入时每秒变化 10^8 次。现要求 MTBF 为 100 年，该同步器的最小时钟周期是多少？

3.37 现设计接收异步输入的同步器，要求 MTBF 为 50 年，系统运行主频为 1GHz，采用 $\tau = 100ps$、$T_0 = 110ps$，$t_{setup} = 70ps$ 的触发器进行采样，同步器每秒收到 0.5 次的异步输入（即每 2 秒钟 1

次）。计算满足 MTBF 的失效概率并给出读取采样输入信号前的等待周期。

3.38 在走廊里 A 看见实验室伙伴 B 迎面而来，两人先在同一个道上走一步，又同时到另一个道上走一步，两人都站着等，希望对方让开。上述情景可以使用亚稳态思想建模并能够应用到同步器和触发器中。假设已为两人建立数学模型，两人相遇在亚稳态。在时间 t 秒后，A 保持亚稳态状态的概率是 $e^{\frac{t}{\tau}}$，τ 表示 A 的反应速度。由于缺乏睡眠，A 的大脑模糊，τ 为 20s。

（a）经过多久，A 有 99% 的可能性离开亚稳态？

（b）A 此时很饿，若 3min 内没到咖啡屋将会饿死，B 不得不把 A 推进太平间的概率是多少？

3.39 使用 $T_0 = 20\text{ps}$、$\tau = 30\text{ps}$ 的触发器构建同步器，现要求将 MTBF 提高 10 倍，相应时钟周期为多少？

3.40 Ben 改进的同步器如图 3.76 所示，他认为该同步器能够在一个周期内消除亚稳态。盒子 M 中电路是逻辑亚稳态检测器，若输入电压在禁区 $V_{IL} \sim V_{IH}$ 之间，则产生高电平输出。亚稳态检测器检查第一个触发器是否产生亚稳态输出 D_2，若产生亚稳态输出，则异步复位 D_2 为 0。第二个触发器采样 D_2，确保输出 Q 上为有效逻辑电平。Alyssa 认为，消除亚稳态就像制造永动机一样是不可能的，因此电路存在错误。你认为谁是正确的？请解释。

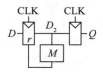

图 3.76 "新型和改进"同步器

面试题

下面列出了在面试数字设计工作时可能会碰到的问题。

3.1 画出检测接收序列 01010 的状态机。

3.2 设计串行（每次一位）二进制补码的有限状态机，它具有输入 Start、A，以及输出 Q。输入 A 是从最低有效位开始的任意长度二进制数，在同一周期内，Q 输出相同位。在最低有效位输入之前，有限状态机初始化时 Start 保持一个周期有效。

3.3 锁存器和触发器有什么不同？它们的适用范围有哪些？

3.4 设计 5 位计数器有限状态机。

3.5 设计边沿检测电路。输入从 0 变成 1 后，在一个周期内输出为高电平。

3.6 描述流水线的概念和使用流水线的原因。

3.7 描述触发器中保持时间为负数的含义。

3.8 图 3.77 给出了信号 A 的波形，设计产生信号 B 的电路。

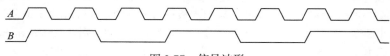

图 3.77 信号波形

3.9 考虑两个寄存器间的组合逻辑块，解释时序约束，若在接收器方（第二个触发器）的时钟输入中增加缓冲器，建立时间约束将变好还是变坏？

硬件描述语言

4.1 引言

本书之前的内容主要专注电路图级别的组合数字电路设计和时序数字电路设计。寻找一组有效的逻辑门来执行给定功能的过程非常繁杂且容易出错，因为需要对真值表或布尔表达式进行手动简化，并将有限状态机手动转换为逻辑门。在上世纪 90 年代，设计人员已经发现了更为高效的设计方法：从更高层级的抽象层入手，只关注逻辑功能，同时引入 CAD 工具去生成优化的门电路。电路规范通常以硬件描述语言（hardware description language，HDL）的形式进行定义。主流的硬件描述语言有两种，分别是 System Verilog 和 VHDL。

System Verilog 和 VHDL 具有相似的构建原理，差别之处在于语法。为了对这两种语言进行点对点的比较，本章把对它们的讨论分为两栏，左侧是 System Verilog，右侧是 VHDL。读者在第一次阅读本章时只须专注于两种语言中的一种即可。一旦掌握了其中一种语言，在必须使用另外一种语言的场合下也能够得心应手。

后续章节中仍将以电路图和 HDL 的形式展示硬件结构。选择跳过本章且不学习任何一种 HDL 的读者，仍然能够从电路图中掌握计算机组织的原理。考虑到现在绝大多数商业化的电路系统都是基于 HDL 而非而电路图构建的，对于将数字电路设计纳入职业规划的读者，本书强烈建议选择一种 HDL 进行学习。

4.1.1 模块

一个具有输入和输出的硬件结构块称为模块。与门、多路选择器和优先级电路都属于典型硬件模块。描述模块功能的形式主要有行为模型和结构模型两种。行为模型描述了模块的功能。结构模型是一种层次化应用，用于描述如何由简单的功能部件构建模块。HDL 示例 4.1 中的 System Verilog 和 VHDL 代码展示了计算布尔函数 $y = \overline{abc} + a\overline{bc} + a\overline{b}c$ 的模块的行为描述。两种语言都定义了命名为 sillyfunction 的模块，具有三个输入 a、b 和 c 以及一个输出 y。

模块是模块化的良好应用。模块具有一个由输入和输出组成的定义明确的接口，并执行某种特定功能。只要模块能执行自己的功能，其编码实现方式对于使用该模块的其他模块来说就并不重要。

HDL 示例 4.1   组合逻辑

SystemVerilog

```
module sillyfunction(input  logic a, b, c,
                     output logic y);

  assign y = ~a & ~b & ~c |
             a & ~b & ~c |
             a & ~b &  c;

endmodule
```

System Verilog 模块以模块名称以及输入输出列表开头。assign 语句描述组合逻辑。~ 符号表示逻辑非，& 符号表示逻辑与，| 符号表示逻辑或。

输入和输出等 logic 信号可以是布尔变量（0 或 1）。如后文 4.2.8 节所述，这些信号也可以是浮点数或未定义的值。

System Verilog 中引入了 logic 类型变量用以取代 reg 类型变量，因为后者在 Verilog 中经常造成混乱。除了具有多个驱动的信号外，其他地方都应该使用 logic 类型变量。具有多个驱动的信号定义为 net 类型，这一点将在 4.7 节中解释。

VHDL

```
library IEEE; use IEEE.STD_LOGIC_1164.all;

entity sillyfunction is
  port(a, b, c: in  STD_LOGIC;
       y:       out STD_LOGIC);
end;

architecture synth of sillyfunction is
begin
  y <= (not a and not b and not c) or
       (a and not b and not c) or
       (a and not b and c);
end;
```

VHDL 代码包含三个部分：库（library）调用子句、实体（entity）声明和结构（architecture）体。库调用子句将在 4.7.2 节中讨论，实体声明列出了模块名称及其输入和输出，结构体定义了模块的功能。

输入和输出等 VHDL 信号必须有类型声明。数字信号应声明为 STD_LOGIC 类型，取值可以是 "0" 或 "1"，也可以是浮点数和未定义值，具体将在 4.2.8 节描述。IEEE.STD_LOGIC_1164 库中定义了 STD_LOGIC 类型，因此 VHDL 代码中必须调用该库。

VHDL 对于逻辑与和或没有定义默认的优先级，因此布尔表达式中必须使用括号。

4.1.2   语言起源

对于使用哪一种硬件描述语言进行课堂教学，选择 System Verilog 和 VHDL 的高校基本上各占一半。工业界倾向于使用 System Verilog，但许多公司仍在使用 VHDL。因此许多设计人员需要同时精通这两种语言。相较而言，VHDL 比 System Verilog 更加烦琐冗长。

两种语言都完全可以描述任何硬件系统，且各有优势。具体哪一种语言是更好的选择取决于设计人员已经在使用或者客户所需要的是何种语言。目前大多数 CAD 工具都支持两种语言的混合使用，以便于使用不同的语言描述不同的模块。

System Verilog

Verilog 是 Gateway Design Automation 于 1984 年开发的一门用于逻辑仿真的专有语言。Gateway 于 1989 年被 Cadence 收购，而 Verilog 也于 1990 年成为开放标准，由 Open Verilog International 组织维护。Verilog 语言于 1995 年成为 IEEE 标准⊖，并于 2005 年进行了扩展，以

VHDL

VHDL 是 VHSIC 硬件描述语言的简称。VHSI 的全称为 Very High Speed Integrated Circuits Program of the US Department of Defense（美国国防部超高速集成电路计划）。

VHDL 最初由美国国防部于 1981 年开发，用于描述集成电路硬件的结构和功能。 VHDL

⊖ 电气电子工程师学会（IEEE）是负责许多计算标准的职业协会，包括 Wi-Fi（802.11）、以太网（802.3）和浮点数（754）。

简化其特性并更好地支持系统级建模和验证。Verilog 及其扩展内容已形成了单独的语言标准，即现在的 System Verilog（IEEE STD 1800-2009）。System Verilog 文件名通常以 .sv 作为后缀。

语言起源于 Ada 编程语言，最初被设计为文档用途，但很快就被用作仿真和综合。IEEE 于 1987 年对其进行了标准化，并在此后多次更新该标准。本章基于 2008 年修订的 VHDL 标准（IEEE STD 1076-2008）编写，该标准以多种方式简化了 VHDL 语言。 如要在 ModelSim 中使用 VHDL 2008，读者可能需要在配置文件 modelsim.ini 中设置 VHDL93=2008 选项。VHDL 文件名通常以 .vhd 作为后缀。

4.1.3 仿真与综合

逻辑仿真和综合是硬件描述语言的两个主要用途。在仿真过程中，对模块施加一定的输入，并检查输出以验证模块是否正确运行。在综合过程中，模块的文本描述将转换为逻辑门实现。

1. 仿真

人类不可避免地会经常犯错误，在硬件设计中这样的错误称为"bug"。显然，消除数字系统中的 bug 很重要，特别是当用户正在进行金钱交易或者正在进行性命攸关的操作时。在实验室中测试系统是非常耗时的，寻找引起错误的原因也可能非常困难，因为只能观察到路由到芯片引脚的信号，而没有办法直接观察芯片内部发生了什么。在系统完成后才改正错误付出的代价极大。例如，改正一个尖端集成电路中的错误需要花费超过 100 万美元并且需要几个月的时间。英特尔在奔腾处理器中的著名浮点除法（FDIV）bug 迫使该公司在 1984 年交货后又召回芯片，共花费 4.75 亿美元。可见在构建系统之前进行逻辑仿真至关重要。

图 4.1 显示了前一个 sillyfunction 模块的仿真⊖波形，表明该模块工作正常。如布尔表达式所指定的，当 a、b 和 c 为 000、100 或 101 时，y 的值为 TRUE。

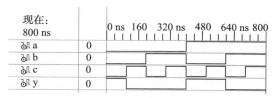

图 4.1 仿真波形

2. 综合

逻辑综合将 HDL 代码转换为描述硬件（例如，逻辑门和门之间的连接线）的网表（netlist）。逻辑综合器可能会进行优化以减少所需的硬件数量。网表可以是文本文件，也可以绘制成示意图以帮助电路可视化。图 4.2 显示了 sillyfunction 模块的综合⊖结果。注意 3 个三输入与门是如何简化

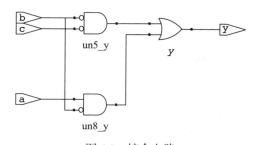

图 4.2 综合电路

⊖ 本章中的仿真使用 ModelSim PE 学生版 10.3c 版运行。之所以选择 ModelSim 是因为商业用途的 ModelSim 可以免费获得容量为 10 000 行代码的学生版。

⊖ 本章中的综合使用 Synopsys 的 Synplify Premier 运行。其他综合工具有很多，如 Vivado 和 Quartus 中包含的工具，它们是免费提供的 Xilinx 和 Intel 设计工具，用于将 HDL 综合到现场可编程门阵列中（参见第 5.6.2 节）。

为 2 个二输入与门的，正如在例 2.6 中使用布尔代数一样。

　　HDL 中的电路描述类似于编程语言中的代码。但是，必须记住这里代码旨在表示硬件。System Verilog 和 VHDL 是丰富的语言，具有许多命令，并非所有命令都可以综合到硬件中。例如，在仿真期，往屏幕上打印结果的命令不会转化为硬件。因为本章的主要关注点是构建硬件，所以本章强调的是语言的可综合子集。具体来说，本章将 HDL 代码分为可综合模块和测试平台。可综合模块描述了硬件，测试平台包含将输入应用到模块、检查输出结果是否正确以及打印预期输出和实际输出之间的差异的代码。测试平台代码仅用于仿真，不能用于综合。

　　初学者最常见的错误之一，是将 HDL 视为计算机程序，而不是描述数字硬件的快速方法。如果你不知道自己的 HDL 应该综合到什么硬件中，则可能不会得到满意的结果。结果可能是创建了多余的的硬件，或者编写了仿真正确但无法在硬件上实现的代码。因此，请根据组合逻辑块、寄存器和有限状态机的形式来考虑一下系统。在开始编写代码之前，在纸上先画出这些模块并看看它们是如何连接的。

　　以本书作者的经验，学习 HDL 的最佳方式是在例子中学习。HDL 用一些特定的方法描述各种逻辑，这些方法被称为习语。本章将讲述如何为每种类型的模块编写正确的 HDL 习语，以及如何将这些块组合在一起生成一个可以工作的系统。当你需要描述一种特定类型的硬件时，可寻找一个类似的示例并根据目的进行调整。本章不会严格定义 HDL 的所有语法，因为这种做法不但非常枯燥，而且容易造成将 HDL 视为编程语言而非硬件的误解。如读者需要有关特定主题的更多信息，可参考 IEEE System Verilog、VHDL 规范和大量枯燥但详尽的教科书获得所有细节。（参见书后的扩展阅读部分。）

4.2　组合逻辑

　　首先回顾一下如何设计由组合逻辑和寄存器组成的同步时序电路。组合逻辑的输出仅取决于当前输入。本节介绍如何使用 HDL 编写组合逻辑的行为模型。

4.2.1　位运算符

　　位运算符作用于单位信号或多位总线。例如，HDL 示例 4.2 中的 inv 模块描述了 4 个连接到 4 位总线的反相器。

HDL 示例 4.2　反相器

SystemVerilog
```
module inv(input  logic [3:0] a,
           output logic [3:0] y);

  assign y = ~a;
endmodule
```

a[3:0]表示一个 4 位总线。这些位从最高有效位到最低有效位分别是 a[3]、a[2]、a[1]和 a[0]。因为最低有效位的位号最小，故称为小端顺序。总线也可以命名为 a[4:1]，在这种情况下 a[4]将会在最高有效位。还可以命名为 a[0:3]，在这种情况下，从最高有效

VHDL
```
library IEEE; use IEEE.STD_LOGIC_1164.all;

entity inv is
   port(a: in  STD_LOGIC_VECTOR(3 downto 0);
        y: out STD_LOGIC_VECTOR(3 downto 0));
end;

architecture synth of inv is
begin
  y <= not a;
end;
```

　　VHDL 中，使用 STD_LOGIC_VECTOR 来代表 STD_LOGIC 总线。

　　STD_LOGIC_VECTOR(3 downto 0)代

位到最低有效位分别是 a[0]、a[1]、a[2] 和 a[3]，这被称为大端顺序。

表一个 4 位总线。从最高有效位到最低有效位的位分别是 a(3)、a(2)、a(1) 和 a(0)。因为最低有效位的位号最小，故称为小端顺序。也可以将总线声明为 STD_LOGIC_VECTOR(4 downto 1)，在这种情况下，第 4 位成为最高有效位。总线声明还可以写为 STD_LOGIC_VECTOR(0 to 3)，在这种情况下，从最高有效位到最低有效位分别是 a(0)、a(1)、a(2) 和 a(3)，称为大端顺序。

　　总线的字节顺序（大小端）完全是任意的。（有关该术语的来源，请参考第 6.6.1 节。）实际上，字节顺序也与此示例无关，因为一组反相器并不关心位的顺序是什么。位顺序只对运算符重要，例如加法操作中要把前一列的进位输出到下一列中。只要保持一致，可以采用任何一种位顺序。本章中的 HDL 代码将始终使用小端顺序，对于 N 位总线，位在 System Verilog 中是 [N-1 : 0]，在 VHDL 中是 (N-1 downto 0)。

　　本章中的每个代码示例之后都有由 Synplify Premier 综合工具根据 System Verilog 代码生成的电路图。图 4.3 显示了将 inv 模块综合为 1 组 4 个反相器的结果，由反相器符号 y[3:0] 表示。反相器组连接到 4 位的输入和输出总线。相似的硬件也可从可综合的 VHDL 代码中产生。

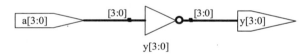

图 4.3　inv 综合后的电路

　　HDL 示例 4.3 中的 gates 模块表示作用于 4 位总线上实现其他基本逻辑功能的位运算，图 4.4 显示了该模块综合后的电路。

HDL 示例 4.3　逻辑门

SystemVerilog

```
module gates(input  logic [3:0] a, b,
             output logic [3:0] y1, y2,
                                y3, y4, y5);

  /* five different two-input logic
     gates acting on 4-bit busses */
  assign y1 = a & b;      // AND
  assign y2 = a | b;      // OR
  assign y3 = a ^ b;      // XOR
  assign y4 = ~(a & b);   // NAND
  assign y5 = ~(a | b);   // NOR
endmodule
```

　　~、^ 和 | 都是 System Verilog 运算符，而 a、b 和 y1 是操作数。运算符和操作数的组合，如 a &b 或 ~(a | b)，称为表达式。一个完整的命令，如 assign y4 = ~(a & b);，称为语句。

　　assign out = in1 op in2; 称为

VHDL

```
library IEEE; use IEEE.STD_LOGIC_1164.all;

entity gates is
port(a, b: in  STD_LOGIC_VECTOR(3 downto 0);
     y1, y2, y3, y4,
     y5:   out STD_LOGIC_VECTOR(3 downto 0));
end;

architecture synth of gates is
begin
  -- five different two-input logic gates
  -- acting on 4-bit busses
  y1 <= a and b;
  y2 <= a or b;
  y3 <= a xor b;
  y4 <= a nand b;
  y5 <= a nor b;
end;
```

　　not、xor 和 or 都是 VHDL 运算符，而 a、b 和 y1 是操作数。运算符和操作数的组合，如 a and b 或 a nor b，称为表达式。一个完整连续赋值语句。连续赋值语句以一个分号结束。每当连续赋值语句中 = 右侧的输入发生变化时，都会重新计算左侧的输出。因此，连续赋值语句用于描述组合逻辑。

的命令，如 y4 <= a nand b;，称为语句。

out <= in1 op in2; 称为并发信号赋值语句。VHDL 赋值语句以一个分号结束。每当并发信号赋值语句中 <= 右侧的输入发生变化时，都会重新计算左侧的输出。因此，并发信号分配语句用于描述组合逻辑。

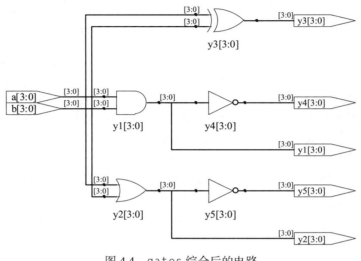

图 4.4　gates 综合后的电路

4.2.2　注释和空白字符

gates 示例展示了如何注释。System Verilog 和 VHDL 对空白字符（即空格、制表符和换行符）的使用并不敏感。然而，适当的缩进和空行的使用可以增加复杂设计的可读性。在命名信号和模块时大写字母和下划线要保持一致。本文全部使用小写字母。模块和信号名称不能以数字开头。

System Verilog

System Verilog 注释与 C 和 Java 中的一样。注释以 /* 开始，可以延续多行，以下一个 */ 结束。以 // 开始的注释则一直延续到所在行的末尾。

System Verilog 是大小写敏感的。y1 和 Y1 在 System Verilog 中是不同的信号。然而，只通过大小写的不同来区分不同的信号是容易造成混乱的。

VHDL

注释以 /* 开始，可以延续多行，以下一个 */ 结束。以 -- 开始的注释则一直延续到所在行的末尾。

VHDL 是大小写不敏感的，y1 和 Y1 在 VHDL 中是相同的信号。但是，其他读取文件的工具可能是大小写敏感的，如果随意混合大小写，则会导致严重的错误。

4.2.3　归约运算符

归约运算符表示作用在单个总线上的多输入门。HDL 示例 4.4 描述了一个八输入与门，其输入分别是 a7，a6，…，a0。或门、异或门、与非门、或非门和同或门也有类似的归约算子。参考多输入异或门的奇偶校验过程，如果有奇数个输入为 TRUE，则返回 TRUE。图 4.5 显示了该模块综合后的电路。

HDL 示例 4.4   八输入与门

SystemVerilog
```
module and8(input  logic[7:0] a,
           output logic        y);

  assign y=&a;

  // &a is much easier to write than
  // assign y = a[7] & a[6] & a[5] & a[4] &
  //           a[3] & a[2] & a[1] & a[0];
endmodule
```

VHDL
```
library IEEE; use IEEE.STD_LOGIC_1164.all;

entity and8 is
  port(a: in  STD_LOGIC_VECTOR(7 downto 0);
       y: out STD_LOGIC);
end;

architecture synth of and8 is
begin
  y <= and a;
  -- and a is much easier to write than
  -- y <= a(7) and a(6) and a(5) and a(4) and
  --      a(3) and a(2) and a(1) and a(0);
end;
```

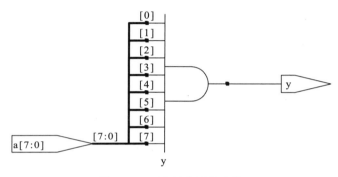

图 4.5   and8 综合后的电路

4.2.4　条件赋值

条件赋值根据条件在所有可选的输入中选择一个作为输出。HDL 示例 4.5 说明了使用条件赋值的 2:1 多路选择器。图 4.6 显示了该模块综合后的电路。

HDL 示例 4.5   2:1 多路选择器

System Verilog

条件运算符 ? : 基于第一个表达式在第二个和第三个表达式之间做选择。第一个表达式称为条件。如果条件值为 1，则运算符选择第二个表达式。如果条件值为 0，则运算符选择第三个表达式。

? : 对于描述多路选择器特别有用，因为它根据第一个输入在其他两个表达式间进行选择。以下的代码说明了用条件赋值实现 4 位的 2:1 多路复用器的习语。

```
module mux2(input  logic [3:0] d0, d1,
           input  logic        s,
           output logic [3:0] y);

  assign y = s ? d1 : d0;
endmodule
```

如果 s 为 1，则 y = d1。如果 s 为 0，则

VHDL

条件信号赋值语句根据不同的条件执行不同的操作。它们在描述多路选择器时特别有用。例如，2:1 多路选择器可以使用条件信号赋值从 2 个 4 位输入中选择一个。

```
library IEEE; use IEEE.STD_LOGIC_1164.all;

entity mux2 is
  port(d0, d1: in  STD_LOGIC_VECTOR(3 downto 0);
       s:      in  STD_LOGIC;
       y:      out STD_LOGIC_VECTOR(3 downto 0));
end;

architecture synth of mux2 is
begin
  y <= d1 when s else d0;
end;
```

如果 s 为 1，则条件信号赋值语句将 y 设置为 d1。否则，将 y 设置为 d0。注意在 2008 年 VHDL 修订版之前，必须写上 when s =

y = d0。

?: 也称为三元运算符，因其要三个输入。三元运算符在 C 和 Java 编程语言中有相同的用途。

'1' 而不是 when s。

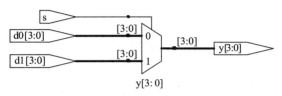

图 4.6 mux2 综合后的电路

基于与 HDL 示例 4.5 中 2:1 多路选择器相同的设计原则，HDL 示例 4.6 给出了一个 4:1 多路选择器。图 4.7 表示了由综合工具生成的 4:1 多路选择器的电路图。该软件使用的多路选择器符号与本书中使用的符号有所不同。多路选择器具有多个数据（d）和独热使能（e）输入。当其中一个使能信号有效时，相关数据被传递到输出端。例如，当 s[1] = s[0] = 0 时，底部的与门 un1_s_5 产生信号 1，使能多路选择器的底部输入并使其选择 d0[3:0]。

HDL 示例 4.6   4:1 多路选择器

System Verilog

4:1 多路选择器可以使用嵌套的条件运算符，实现从 4 个输入中选择 1 个。

```
module mux4(input   logic [3:0] d0, d1, d2, d3,
            input   logic [1:0] s,
            output  logic [3:0] y);
  assign y = s[1] ? (s[0] ? d3 : d2)
                  : (s[0] ? d1 : d0);
endmodule
```

如果 s[1] 为 1，则多路选择器选择第一个表达式（s[0] ? d3 : d2）。紧接着，此表达式根据 s[0] 选择 d3 或 d2（如果 s[0] 为 1，则 y = d3；如果 s[0] 为 0，则选择 d2）。如果 s[1] 为 0，则多路选择器会选择第二个表达式，它根据 s[0] 的值选择 d1 或 d0。

VHDL

4 :1 多路选择器使用多重 else 子句实现从 4 个输入中选择 1 个。

```
library IEEE; use IEEE.STD_LOGIC_1164.all;

entity mux4 is
  port(d0, d1,
       d2, d3: in  STD_LOGIC_VECTOR(3 downto 0);
       s:      in  STD_LOGIC_VECTOR(1 downto 0);
       y:      out STD_LOGIC_VECTOR(3 downto 0));
end;

architecture synth1 of mux4 is
begin
  y <= d0 when s = "00" else
       d1 when s = "01" else
       d2 when s = "10" else
       d3;
end;
```

VHDL 还支持选择信号赋值语句，以提供从几种可能值中选择一个的简便方法。这与在某些编程语言中使用 switch/case 语句代替多个 if/else 语句类似。4:1 多路选择器可以用选择信号赋值语句重写，如下所示：

```
architecture synth2 of mux4 is
begin
  with s select y <=
    d0 when "00",
    d1 when "01",
    d2 when "10",
    d3 when others;
end;
```

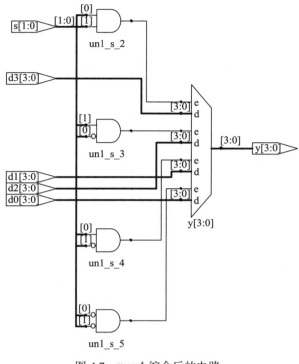

图 4.7　mux4 综合后的电路

4.2.5　内部变量

通常来说，将一个复杂功能分解为几个中间步骤会更方便。例如，在第 5.2.1 节中描述的全加器是具有 3 个输入和 2 个输出的电路，由以下等式定义：

$$S = A \oplus B \oplus C_{\text{in}}$$
$$C_{\text{out}} = AB + AC_{\text{in}} + BC_{\text{in}}$$

（4.1）

如果定义中间信号 P 和 G，

$$P = A \oplus B$$
$$G = AB$$

（4.2）

则可以如下重新描述全加器：

$$S = P \oplus C_{\text{in}}$$
$$C_{\text{out}} = G + PC_{\text{in}}$$

（4.3）

P 和 G 称为内部变量，因为它们既不是输入也不是输出，它们只在模块内部使用，类似于编程语言中的局部变量。HDL 示例 4.7 显示了在 HDL 中如何使用内部变量。图 4.8 给出了 fulladder 综合后的电路。

HDL 示例 4.7　全加器

System Verilog

在 System Verilog 中，内部变量通常用 logic 变量类型声明。

```
module fulladder(input  logic a, b, cin,
                 output logic s, cout);
```

VHDL

在 VHDL 中，signal 用于表示内部变量，其值由并发信号赋值语句定义，如 p <= a xor b。

```
library IEEE; use IEEE.STD_LOGIC_1164.all;
```

```
logic p, g;

assign p = a ^ b;
assign g = a & b;

assign s = p ^ cin;
assign cout = g | (p & cin);
endmodule
```

```
entity fulladder is
   port(a, b, cin: in  STD_LOGIC;
        s, cout:   out STD_LOGIC);
end;

architecture synth of fulladder is
   signal p, g: STD_LOGIC;
begin
   p <= a xor b;
   g <= a and b;

   s <= p xor cin;
   cout <= g or (p and cin);
end;
```

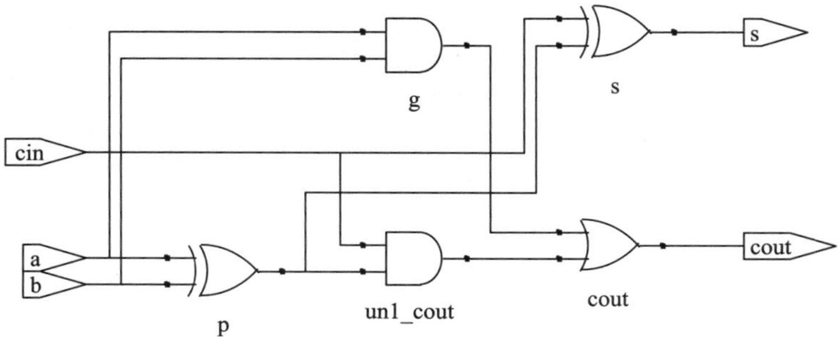

图 4.8 fulladder 综合后的电路

HDL 赋值语句（System Verilog 中的 assign 和 VHDL 中的 <=）是并发执行的，这与传统的编程语言（例如 C 或 Java）不同。在传统编程语言中，语句按照编写顺序执行，因此 $S = P \oplus C_{in}$ 必须放在 $P = A \oplus B$ 之后。在 HDL 中，语句的顺序无关紧要。与硬件一样，赋值语句在右侧的输入信号改变时就会进行计算，而不考虑赋值语句在模块中出现的顺序如何。

4.2.6　优先级

注意在 HDL 示例 4.7 中为 cout 计算加上括号，将运算顺序定义为了 $C_{out} = G + (P \cdot C_{in})$ 而不是 $C_{out} = (G + P) \cdot C_{in}$。如果没有使用括号，就采用编程语言定义的默认计算顺序。HDL 示例 4.8 说明了每种语言从高到低的运算符优先级，分别见表 4.1 和表 4.2。这两个表包括了第 5 章定义的算术运算符、移位运算符和比较运算符。

HDL 示例 4.8　运算符优先级

System Verilog

表 4.1　System Verilog 运算符优先级

	运算符	意义
最高	~	非
	*, /, %	乘，除，取余
	+, -	加，减
	<<, >>	逻辑左 / 右移
	<<<, >>>	算数左 / 右移
	<, <=, >, >=	相对比较
	= =, !=	相等比较
	&, ~&	与，与非
	^, ~^	异或，异或非
最低	|, ~|	或，或非
	?:	条件判断

VHDL

表 4.2　VHDL 运算符优先级

	运算符	意义
最高	not	非
	*, /, mod, rem	乘，除，取模，取余
	+, -	加，减
	rol, ror, srl, sll	旋转，移位逻辑
	<, <=, >, >=	相对比较
	=, /=	相等比较
最低	and, or, nand, nor, xor, xnor	逻辑运算

如你所料，System Verilog 运算符优先级和其他的编程语言很相似。特别是，"与"优先级高于"或"。可以利用这个优先级来消除括号：

```
assign cout = g | p & cin;
```

如你所料，在 VHDL 中"乘"优先级高于"加"。然而，与 System Verilog 不同的是，所有逻辑运算符（and、or 等）都具有相同的优先级，这与布尔代数不同。因此，括号是必要的。否则，cout <= g or p and cin 将被从左到右解释为 cout <= (g or p) and cin。

4.2.7 数字

数字可以采用二进制、八进制、十进制和十六进制来表示（分别以 2、8、10 和 16 为基数）。数字的位宽，即位数，可以任意给出，并可以在数字的开头插入一些 0 以达到该位数要求。数字中的下划线会被忽略，下划线有助于将长数字分解为更易读的几部分。HDL 示例 4.9 解释了在不同的语言中如何表示数字，表 4.3 和表 4.4 给出了例子。

HDL 示例 4.9 数字

System Verilog

声明常量的格式是 N'Bvalue，其中 N 是位数，B 是表示基的字母，value 代表数值。例如，9'h25 表示一个 9 位的数字，其值为 $25_{16} = 37_{10} = 000100101_2$。System Verilog 用 'b 表示二进制，用 'o 表示八进制，用 'd 表示十进制，用 'h 表示十六进制。

如果省略基，则数字默认为十进制。如果未给出位数，则假定该数字具有与使用它的表达式一样多的位数。0 会自动补充在数字的前面以达到满位。例如，如果 w 是 6 位总线，则 assign w ='b11 会为 w 赋值 000011。最好还是明确给出位数大小。但有个例外，0 和 1 分别是将全 0 和全 1 值给一条总线的 System Verilog 惯用语法。

表 4.3 System Verilog 数字

数字	位数	基	数值	存储结果
3'b101	3	2	5	101
'b11	?	2	3	000···0011
8'b11	8	2	3	00000011
8'b1010_1011	8	2	171	10101011
3'd6	3	10	6	110
6'o42	6	8	34	100010
8'hAB	8	16	171	10101011
42	?	10	42	00···0101010

VHDL

在 VHDL 中，STD_LOGIC 数字用二进制表示并用单引号括起来：'0' 和 '1' 表示逻辑 0 和 1。声明 STD_LOGIC_VECTOR 常量使用的格式是 NB"value"，其中 N 表示位数，B 表示基，value 代表数值。例如，9X"25" 表示一个 9 位的数字，其值为 $25_{16} = 37_{10} = 000100101_2$。VHDL 2008 使用 B 表示二进制，用 O 表示八进制，用 D 表示十进制，用 X 表示十六进制。

如果省略基，则数字默认为二进制。如果未给出位数，那么该数字的位数与其数值所对应的位数一致。例如，y <= X"7B" 要求 y 是 8 位信号。即使 y 有更多位，VHDL 也不会在左边用 0 填充数字，而是会在编译期间发生错误。others => '0' 和 others => '1' 分别是将全部位赋为 0 和 1 的 VHDL 惯用语法。

表 4.4 VHDL 数字

数字	位数	基	数值	存储结果
3B"101"	3	2	5	101
B"11"	2	2	3	11
8B"11"	8	2	3	00000011
8B"1010_1011"	8	2	171	10101011
3D"6"	3	10	6	110
6O"42"	6	8	34	100010
8X"AB"	8	16	171	10101011
"101"	3	2	5	101
B"101"	3	2	5	101
X"AB"	8	16	171	10101011

4.2.8 Z 和 X

HDL 使用 z 来表示浮空值。z 对于描述三态缓冲器特别有用，当使能位为 0 时，它输出浮空值。回顾一下 2.6.2 节，总线可以由多个三态缓冲器驱动，但其中最多只有一个使能。HDL 示例 4.10 显示了三态缓冲区的习语。如果缓冲区被使能，则输出与输入相同。如果缓冲区被禁用，则输出浮空值（z）。图 4.9 给出了 tristate 综合后的电路。

HDL 示例 4.10 三态缓冲器

SystemVerilog

```
module tristate(input  logic [3:0] a,
                input  logic       en,
                output tri   [3:0] y);

  assign y = en ? a : 4'bz;
endmodule
```

注意 y 被声明为 tri 变量类型而不是 logic 变量类型。logic 信号只能有一个驱动器。三态总线可以有多个驱动器，所以它们应该被声明为 net 变量。System Verilog 中 net 变量有 tri 和 trireg 两种类型。一般来说，每次只有一个驱动器处于激活状态，net 采纳该驱动器的数值作为其信号数值。如果没有驱动器处于激活状态，则 tri 类型信号将处于浮空状态（z），而 trireg 保留之前的值。如果没有为输入或输出指定类型，则默认为 tri。此外，一个模块的 tri 输出可用作另一个模块的 logic 输入。4.7 节将进一步讨论具有多个驱动器的 net 变量。

VHDL

```
library IEEE; use IEEE.STD_LOGIC_1164.all;

entity tristate is
  port(a:  in  STD_LOGIC_VECTOR(3 downto 0);
       en: in  STD_LOGIC;
       y:  out STD_LOGIC_VECTOR(3 downto 0));
end;

architecture synth of tristate is
begin
  y <= a when en else "ZZZZ";
end;
```

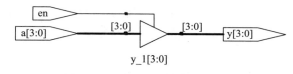

图 4.9 tristate 综合后的电路

类似地，HDL 使用 x 来指示无效的逻辑电平。如果总线被两个使能的三态缓冲器（或其他门器件）同时驱动为 0 和 1，则结果将是 x，表示发生冲突。如果所有的三态缓冲器同时以 OFF 驱动总线，那么结果将会是 z，表示浮空。

开始仿真时，触发器输出等状态节点会被初始化为未知状态（System Verilog 中的 x 和 VHDL 中的 u）。这有助于跟踪在使用触发器的输出之前忘记复位触发器而导致的错误。

如果一个门接收一个浮空的输入，那么当它不能确认正确的输出值时，可能会输出一个 x 值。如果它接收到非法或未初始化的输入，它也可能会产生 x 输出。HDL 示例 4.11 显示了 System Verilog 和 VHDL 如何在逻辑门中组合这些不同的信号值。

HDL 示例 4.11 无效和浮空输入的真值表

System Verilog

System Verilog 信号值包括 0、1、z 和 x。

VHDL

VHDL 当中的 STD_LOGIC 信号值包括 "0"、

以 z 或 x 开头的 System Verilog 常量在必要时用前导 z 或 x（而不是 0）填充以达到它们的满位。

表 4.5 显示了使用全部 4 个可能信号值的与门真值表。注意，尽管有时某些输入值是未知的，但门可以确定输出值。例如，0 & z 返回 0，因为与门只要有一个输入为 0，输出就会是 0。另外，浮空或无效输入会导致输出无效，这在 System Verilog 中用 x 表示。

表 4.5 System Verilog 中带 z 和 x 的与门真值表

&		A			
		0	1	z	x
B	0	0	0	0	0
	1	0	1	x	x
	z	0	x	x	x
	x	0	x	x	x

"1"、"z"、"x" 和 "u"。

表 4.6 显示了使用所有 5 个可能信号值的与门真值表。注意，尽管有时某些输入值是未知的，但门可以确定输出值。例如，'0' and 'z' 返回 "0"，因为与门只要有一个输入为 0，输出就会是 0。另外，浮空或无效输入会导致输出无效，在 VHDL 中以 'x' 表示。未初始化的输入会产生未初始化的输出，在 VHDL 中以 'u' 表示。

表 4.6 VHDL 中带 z 和 x 的与门真值表

and		A				
		0	1	z	x	u
B	0	0	0	0	0	0
	1	0	1	x	x	u
	z	0	x	x	x	u
	x	0	x	x	x	u
	u	0	u	u	u	u

在仿真时看到 x 或者 z 值，基本已经说明出现了 bug 或者不正确编码。在综合后的电路中，这对应于浮空的门输入、未初始化状态或内容。x 或 u 可能会被电路随机解释为 0 或 1，从而导致不可预知的行为。

4.2.9 位混合

HDL 中通常需要对总线的子集进行操作，或连接信号以形成总线，这些操作统称为位混合。在 HDL 示例 4.12 中，使用位混合操作为 y 赋予 9 位值 $c_2 c_1 d_0 d_0 d_0 c_0 101$。

HDL 示例 4.12 位混合

System Verilog

```
assign y = {c[2:1], {3{d[0]}}, c[0], 3'b101};
```

{} 运算符用于连接总线。{3{d[0]}} 表示 d[0] 的 3 个副本。

不要将 3 位二进制常量 3'b101 与名为 b 的总线混淆。注意，常量长度为 3 位的说明很重要。否则，将可能有未知数量个前导 0 出现在 y 的中间。

如果 y 长度大于 9 位，会在最高位填充 0。

VHDL

```
y <= (c(2 downto 1), d(0), d(0), d(0), c(0), 3B"101");
```

( ) 聚合运算符用于连接总线。y 必须是 9 位的 STD_LOGIC_VECTOR。

另一个例子展示了 VHDL 聚合的强大功能。假设 z 是一个 8 位的 STD_LOGIC_VECTOR，使用如下的连接总线命令为 z 赋予值 10010110：

```
z <= ("10", 4 => '1', 2 downto 1 =>'1', others =>'0')
```

"10" 位于 z 开头的两位，z[4]、z[2] 和 z[1] 上的值为 1，其余位的值为 0。

4.2.10 延迟

HDL 语句可以与任意单位的延迟相关联。这有助于在仿真过程中预测电路的工作速度

（若指定了有意义的延迟）和在调试时知道原因和后果（如果所有信号在仿真结果中同时发生变化，则很难推断出错误输出的来源）。延迟在综合过程中会被忽略，综合器产生的门延迟由 t_{pd} 和 t_{cd}，而不是由 HDL 代码中的数字决定。

在 HDL 示例 4.1 $y = \overline{abc} + a\overline{bc} + ab\overline{c}$ 的功能上，HDL 示例 4.13 加上了延迟。假设反相器有 1 ns 的延迟，三输入与门有 2 ns 的延迟，三输入或门有 4 ns 的延迟。图 4.10 显示了比输入延迟 7ns 的 y 仿真波形。注意 y 在刚开始仿真时是未知值。

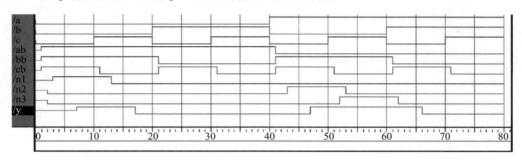

图 4.10　带延迟的示例仿真波形（来自 ModelSim 仿真器）

HDL 示例 4.13　带延迟的逻辑门

SystemVerilog

```
'timescale 1ns/1ps

module example(input  logic a, b, c,
               output logic y);

  logic ab, bb, cb, n1, n2, n3;

  assign #1 {ab, bb, cb} = ~{a, b, c};
  assign #2 n1 = ab & bb & cb;
  assign #2 n2 = a & bb & cb;
  assign #2 n3 = a & bb & c;
  assign #4  y  = n1 | n2 | n3;
endmodule
```

System Verilog 文件可以用时间刻度指令来说明每一个时间单位的值。该语句的格式为 'timescale unit/ precision。在这个文件中，每个时间单位为 1 ns，仿真精度为 1 ps。如果文件中没有给出时间刻度指令，则使用默认单位和精度（一般两者都是 1ns）。在 System Verilog 中，# 符号用于表示延迟单位的数量。它可以放在 assign 语句中，也可以放在非阻塞（<=）和阻塞（=）赋值中，这将在 4.5.4 节中讨论。

VHDL

```
library IEEE; use IEEE.STD_LOGIC_1164.all;

entity example is
  port(a, b, c: in  STD_LOGIC;
       y:       out STD_LOGIC);
end;

architecture synth of example is
  signal ab, bb, cb, n1, n2, n3: STD_LOGIC;
begin
  ab <= not a after 1 ns;
  bb <= not b after 1 ns;
  cb <= not c after 1 ns;
  n1 <= ab and bb and cb after 2 ns;
  n2 <= a and bb and cb after 2 ns;
  n3 <= a and bb and c after 2 ns;
  y  <= n1 or n2 or n3 after 4 ns;
end;
```

在 VHDL 中，after 子句用于说明延迟。在这个例子中，单元声明了纳秒级的延迟。

4.3　结构建模

上一节讨论了行为建模，根据输入和输出之间的关系描述模块。本节将介绍结构建模，描述一个模块怎样由更简单的模块组成。

HDL 示例 4.14 描述了如何将 3 个 2:1 多路选择器组合成一个 4:1 多路选择器。每个 2:1

多路选择器称为一个实例。同一模块的多个实例通过不同的名称来区分，在这个例子中分别为 `lowmux`、`highmux` 和 `finalmux`。这是一个规整化的例子，其中 2:1 多路选择器被多次重复使用。图 4.11 给出了该模块综合后的电路。

　　HDL 示例 4.15 使用结构建模基于一对三态缓冲器构建一个 2:1 多路选择器，图 4.12 给出了该模块综合后的电路。不过，使用三态缓冲器构建逻辑电路的这种方式并不推荐。

　　HDL 示例 4.16 显示了模块如何访问总线的部分内容。一个 8 位宽的 2:1 多路选择器由两个已经定义的分别在字节的低半字节和高半字节上操作的 4 位 2:1 多路选择器构建而得。图 4.13 给出了该模块综合后的电路。

HDL 示例 4.14　4:1 多路选择器的结构模型

SystemVerilog

```
module mux4(input  logic [3:0] d0, d1, d2, d3,
            input  logic [1:0] s,
            output logic [3:0] y);

  logic [3:0] low, high;

  mux2 lowmux(d0, d1, s[0], low);
  mux2 highmux(d2, d3, s[0], high);
  mux2 finalmux(low, high, s[1], y);
endmodule
```

3 个 `mux2` 实例分别为 `lowmux`、`highmux` 和 `finalmux`。`mux2` 模块必须在 System Verilog 代码的其他部分有定义——参见 HDL 示例 4.5、HDL 示例 4.15 或 HDL 示例 4.34。

VHDL

```
library IEEE; use IEEE.STD_LOGIC_1164.all;

entity mux4 is
  port(d0, d1,
       d2, d3:in  STD_LOGIC_VECTOR(3 downto 0);
       s:     in  STD_LOGIC_VECTOR(1 downto 0);
       y:     out STD_LOGIC_VECTOR(3 downto 0));
end;

architecture struct of mux4 is
  component mux2
    port(d0,
         d1:in  STD_LOGIC_VECTOR(3 downto 0);
         s: in  STD_LOGIC;
         y: out STD_LOGIC_VECTOR(3 downto 0));
  end component;
  signal low, high: STD_LOGIC_VECTOR(3 downto 0);
begin
  lowmux:   mux2 port map(d0, d1, s(0), low);
  highmux:  mux2 port map(d2, d3, s(0), high);
  finalmux: mux2 port map(low, high, s(1), y);
end;
```

在 `architecture` 部分，我们必须先用 `component` 语句声明 `mux2` 的端口，以便 VHDL 工具检查想要使用的组件和在代码其他部分声明的实体是否具有相同的端口，从而避免产生由于更改实体但是没有改变实例而导致的错误。然而，`component` 声明使 VHDL 代码变得冗长。

注意到这个 `mux4` 的 `architecture` 被命名为 `struct`，而具有 4.2 节中行为描述的模块 `architecture` 被命名为 `synth`。VHDL 允许在同一个实体中有多个 `architecture`（实现），这些 `architecture` 以名字区分。名称本身对 CAD 工具没有意义，只是 `struct` 和 `synth` 比较常用。可综合的 VHDL 代码一般每个实体只包含一个 `architecture`，所以本章不讨论在定义多个 `architecture` 的时候 VHDL 如何设置的语法。

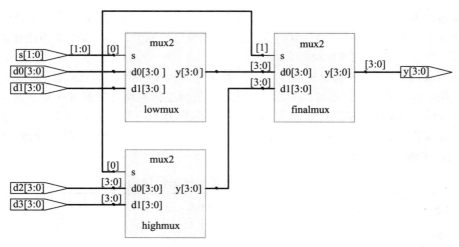

图 4.11　mux4 综合后的电路

HDL 示例 4.15　2:1 多路选择器的结构模型

SystemVerilog

```
module mux2(input logic [3:0] d0, d1,
            input logic       s,
            output tri   [3:0] y);

  tristate t0(d0, ~s, y);
  tristate t1(d1, s, y);
endmodule
```

在 System Verilog 中，实例的端口列表中允许使用 ~s 等表达式。随意和复杂的表达式是合法的，但不建议使用，因为这会降低代码的可读性。

VHDL

```
library IEEE; use IEEE.STD_LOGIC_1164.all;

entity mux2 is
  port(d0, d1: in  STD_LOGIC_VECTOR(3 downto 0);
       s:      in  STD_LOGIC;
       y:      out STD_LOGIC_VECTOR(3 downto 0));
end;

architecture struct of mux2 is
  component tristate
    port(a:  in  STD_LOGIC_VECTOR(3 downto 0);
         en: in  STD_LOGIC;
         y:  out STD_LOGIC_VECTOR(3 downto 0));
  end component;
  signal sbar: STD_LOGIC;
begin
  sbar <= not s;
  t0: tristate port map(d0, sbar, y);
  t1: tristate port map(d1, s, y);
end;
```

在 VHDL 中，不允许在实例的端口映射中使用诸如 not s 的表达式。因此，sbar 必须被定义为一个单独的信号。

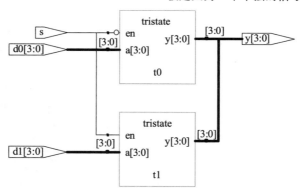

图 4.12　mux2 综合后的电路

HDL 示例 4.16　访问部分总线

SystemVerilog

```
module mux2_8(input  logic [7:0] d0, d1,
              input  logic      s,
              output logic [7:0] y);

  mux2 lsbmux (d0[3:0], d1[3:0], s, y[3:0]);
  mux2 msbmux(d0[7:4], d1[7:4], s, y[7:4]);
endmodule
```

VHDL

```
library IEEE; use IEEE.STD_LOGIC_1164.all;

entity mux2_8 is
  port(d0, d1: in  STD_LOGIC_VECTOR(7 downto 0);
       s:      in  STD_LOGIC;
       y:      out STD_LOGIC_VECTOR(7 downto 0));
end;

architecture struct of mux2_8 is
  component mux2
    port(d0, d1: in  STD_LOGIC_VECTOR(3 downto 0);
         s:      in  STD_LOGIC;
         y:      out STD_LOGIC_VECTOR(3 downto 0));
  end component;
begin

  lsbmux: mux2
    port map(d0(3 downto 0), d1(3 downto 0),
             s, y(3 downto 0));
  msbmux: mux2
    port map(d0(7 downto 4), d1(7 downto 4),
             s, y(7 downto 4));
end;
```

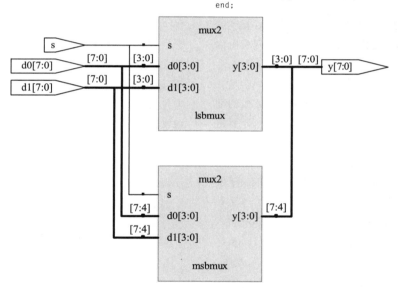

图 4.13　mux2_8 综合后的电路

通常，复杂的系统是分层设计的，以实例化主要组件的方式结构化描述整个系统。而每一个组件也由更小的模块构成，然后进一步分解，直到足够简单可以描述行为。避免（或至少尽量减少）在单个模块中混合使用结构描述和行为描述是一个好的程序设计风格。

4.4　时序逻辑

HDL 综合器能够识别特定的习语，并将它们转换为特定的时序电路。其他编码风格可能在仿真时正确，但是在综合成电路时会出现明显或不明显的错误。本节介绍了寄存器和锁存器的正确描述方法。

4.4.1　寄存器

大多数现代的商业系统都是由寄存器构成的，这些寄存器使用上升沿触发的 D 触发器。

HDL 示例 4.17 给出了这些触发器的习语。图 4.14 给出了 flop 模块综合后的电路。

HDL 示例 4.17　寄存器

SystemVerilog

```
module flop(input  logic      clk,
            input  logic [3:0] d,
            output logic [3:0] q);

  always_ff @(posedge clk)
    q <= d;
endmodule
```

一般来说，System Verilog 的 always 语句的写法是：

```
always @(sensitivity list)
  statement;
```

仅当敏感列表 sensitivity list 中指定的事件发生时才执行 statement。在这个例子中，statement 是 q <= d（读作"q 得到 d"）。因此，触发器在时钟的上升沿将 d 复制给 q，否则会保持 q 的旧状态。注意敏感列表也称为刺激列表。

<= 称为非阻塞赋值。这时可以认为它是一个普通的 =。本书第 4.5.4 节中将介绍更多的细节。注意，在 always 语句中使用 <= 而不是 assign。

在后续小节中将看到，always 语句可用于表示触发器、锁存器或组合逻辑，这取决于敏感列表和执行语句。由于这种灵活性，容易在不经意间制造错误的硬件。System Verilog 引入了 always_ff、always_latch 和 always_comb 来降低发生常见错误的风险。always_ff 跟 always 一样运作，但仅用于表示触发器，并且当其用于表示其他器件时允许设计工具生成警告信息。

VHDL

```
library IEEE; use IEEE.STD_LOGIC_1164.all;

entity flop is
  port(clk: in  STD_LOGIC;
       d:   in  STD_LOGIC_VECTOR(3 downto 0);
       q:   out STD_LOGIC_VECTOR(3 downto 0));
end;

architecture synth of flop is
begin
  process(clk) begin
    if rising_edge(clk) then
      q <= d;
    end if;
  end process;
end;
```

VHDL 的 process 语句的写法是：

```
process(sensitivity list) begin
  statement;
end process;
```

只要 sensitivity list 中有变量发生变化，就会执行 statement。在这个例子中，if 语句检查信号变化是否是 clk 的上升沿。如果是，那么 q <= d（读作"q 得到 d"）。因此，触发器在时钟的上升沿将 d 复制给 q，否则就记录 q 的旧状态。

触发器的另一种 VHDL 习语是：

```
process(clk) begin
  if clk'event and clk = '1' then
    q <= d;
  end if;
end process;
```

这里 rising_edge(clk) 与 clk'event and clk = '1' 同义。

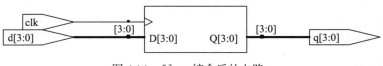

图 4.14　flop 综合后的电路

在 System Verilog 的 always 语句和 VHDL 的 process 语句中，信号保持其旧值，直到敏感列表中的一个事件发生并显式导致该值更改。因此，具有合适敏感列表的代码可用于描述具有存储器的时序电路。例如，触发器在敏感列表中只有 clk。这说明 q 在下一个 clk 上升沿来临前都会保持旧值，即使 d 在此期间发生变化。

与之不同，只要右侧有输入发生变化，就会重新评估 System Verilog 的连续赋值语句

（assign）和 VHDL 的并发赋值语句（<=）。因此，这样的代码用于描述组合逻辑。

4.4.2　可复位寄存器

当仿真开始或电路首次接通电源时，触发器或寄存器的输出是未知的。这个输出在 System Verilog 和 VHDL 中分别用 x 和 u 表示。通常，应该使用可复位寄存器，这样在接通电源时可以将系统置于已知状态。复位可以是异步的也可以是同步的。异步复位立即生效，而同步复位仅在时钟的下一个上升沿复位输出。HDL 示例 4.18 说明了同步复位和异步复位触发器的习语。图 4.15 展示了该模块综合后的电路。需要注意的是，仅通过电路图难以区分同步复位和异步复位。

HDL 示例 4.18　可复位寄存器

SystemVerilog

```
module flopr(input  logic      clk,
             input  logic      reset,
             input  logic [3:0] d,
             output logic [3:0] q);

 // asynchronous reset
 always_ff @(posedge clk, posedge reset)
    if (reset) q <= 4'b0;
    else       q <= d;
endmodule

module flopr(input  logic      clk,
             input  logic      reset,
             input  logic [3:0] d,
             output logic [3:0] q);

 // synchronous reset
 always_ff @(posedge clk)
    if (reset)  q <= 4'b0;
    else        q <= d;
endmodule
```

在 always 语句的敏感列表中，多个信号用逗号或 or 分隔。注意 posedge reset 在异步复位触发器的敏感列表中，不在同步复位触发器的中。因此，异步复位触发器会马上响应 reset 的上升沿，同步复位触发器在时钟上升沿时才响应 reset。

两个模块的名字都是 flopr，只能在设计中使用其中一个。如果想同时使用两者，则需要将其中一个模块重命名。

VHDL

```
library IEEE; use IEEE.STD_LOGIC_1164.all;

entity flopr is
  port(clk, reset: in  STD_LOGIC;
       d:          in  STD_LOGIC_VECTOR(3 downto 0);
       q:          out STD_LOGIC_VECTOR(3 downto 0));
end;

architecture asynchronous of flopr is
begin
  process(clk, reset) begin
    if reset then
      q <= "0000";
    elsif rising_edge(clk) then
      q <= d;
    end if;
  end process;
end;

library IEEE; use IEEE.STD_LOGIC_1164.all;

entity flopr is
  port(clk, reset: in  STD_LOGIC;
       d:          in  STD_LOGIC_VECTOR(3 downto 0);
       q:          out STD_LOGIC_VECTOR(3 downto 0));
end;

architecture synchronous of flopr is
begin
  process(clk) begin
    if rising_edge(clk) then
      if reset then q <= "0000";
      else q <= d;
      end if;
    end if;
  end process;
end;
```

在 process 语句的敏感列表中，多个信号以逗号分隔。注意，reset 在异步复位触发器的敏感列表中，不在同步复位触发器的中。因此，异步复位触发器会马上响应 reset 的上升沿，同步复位触发器在时钟上升沿时才响应 reset。

如前文所述，architecture 的名称（在本例中为 asynchronous 或 synchronous）被 VHDL 工具忽略但是对人们阅读代码有帮助。因为这两个 architecture 都描述了实体 flopr，只能在设计中使用其中一个。如果想同时使用两者，则需要将其中一个模块重命名。

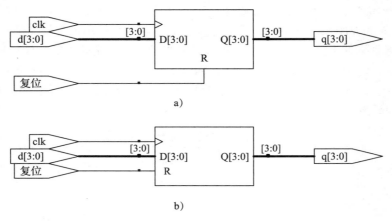

图 4.15 flopr 综合后的电路。a) 异步复位。b) 同步复位

4.4.3 使能寄存器

使能寄存器仅在使能有效时才响应时钟。HDL 示例 4.19 展示了一个异步复位使能寄存器，如果 reset 和 en 都是 FALSE，该寄存器将保留其原来的值。图 4.16 展示了该模块综合后的电路。

HDL 示例 4.19　可复位使能寄存器

SystemVerilog
```
module flopenr(input logic      clk,
               input logic      reset,
               input logic      en,
               input logic [3:0] d,
               output logic [3:0] q);

 // asynchronous reset
 always_ff @(posedge clk, posedge reset)
   if      (reset) q <= 4'b0;
   else if (en)    q <= d;
endmodule
```

VHDL
```
library IEEE; use IEEE.STD_LOGIC_1164.all;

entity flopenr is
  port(clk,
       reset,
       en: in STD_LOGIC;
       d:  in  STD_LOGIC_VECTOR(3 downto 0);
       q:  out STD_LOGIC_VECTOR(3 downto 0));
end;

architecture asynchronous of flopenr is
-- asynchronous reset
begin
  process(clk, reset) begin
    if reset then
      q <= "0000";
    elsif rising_edge(clk) then
      if en then
        q <= d;
      end if;
    end if;
  end process;
end;
```

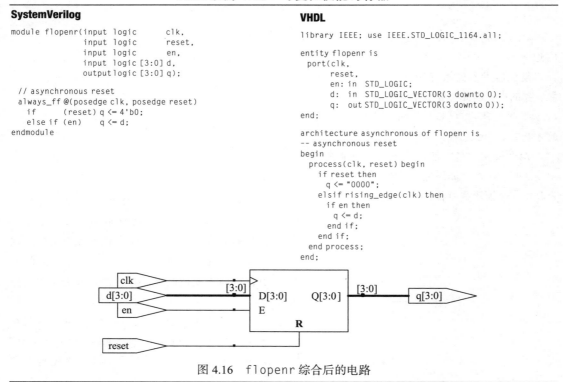

图 4.16 flopenr 综合后的电路

4.4.4 多寄存器

单个 always/process 语句可用于描述多个硬件。例如，3.5.5 节中的同步器由两个背靠背连接的触发器组成，如图 4.17 所示。HDL 示例 4.20 描述了同步器。在 clk 的上升沿，d 被复制给 n1，同时 n1 被复制给 q。图 4.18 给出了该模块综合后的电路。

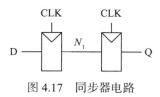

图 4.17 同步器电路

HDL 示例 4.20 同步器

SystemVerilog

```
module sync(input  logic clk,
            input  logic d,
            output logic q);

  logic n1;

  always_ff @(posedge clk)
    begin
      n1 <= d; // nonblocking
      q <= n1; // nonblocking
    end
endmodule
```

注意，begin/end 结构是不可或缺的，因为在 always 语句中出现了多条声明语句。这类似于 C 或 Java 中的 {}。begin/end 在 flopr 例子中并不是必需的，因为 if/else 是一个单独的语句。

VHDL

```
library IEEE; use IEEE.STD_LOGIC_1164.all;

entity sync is
  port(clk: in  STD_LOGIC;
       d:   in  STD_LOGIC;
       q:   out STD_LOGIC);
end;

architecture good of sync is
  signal n1: STD_LOGIC;
begin
  process(clk) begin
    if rising_edge(clk) then
      n1 <= d;
      q <= n1;
    end if;
  end process;
end;
```

n1 必须被声明为 signal 类型，因为这是一个在模块中使用的内部信号。

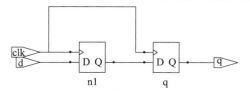

图 4.18 sync 综合后的电路

4.4.5 锁存器

回顾 3.2.2 节，当时钟为高电平时，D 锁存器是透明的，允许数据从输入端流向输出端。当时钟为低电平时，锁存器保持其原有状态。HDL 示例 4.21 表示了 D 锁存器的习语，图 4.19 给出了该模块综合后的电路。

并非所有综合工具都能很好地支持锁存器。除非综合工具明确支持锁存器且有必要使用锁存器，否则应避免使用锁存器并改用边沿触发的触发器。此外，需要注意在 HDL 代码中不能出现预期之外的锁存器，如果不仔细很容易就会这样。许多综合工具会在创建锁存器时发出警告；如果警告的锁存器不是预期想要使用的，则需要在 HDL 代码中查找相应的 bug。如果你不知道是否需要锁存器，那么你很可能将 HDL 作为一门编程语言来处理了，这将为你带来更大的隐患。

HDL 示例 4.21　D 锁存器

SystemVerilog

```
module latch(input  logic      clk,
             input  logic [3:0] d,
             output logic [3:0] q);

  always_latch
    if (clk) q <= d;
endmodule
```

`always_latch` 等价于 `always @(clk, d)`，并且在 System Verilog 中是描述锁存器的首选习惯用法。它检测每次 `clk` 和 `d` 信号的变化。如果 `clk` 为 HIGH，将 d 的值赋给 q，因此这段代码描述了一个正极敏感锁存器。否则，q 保持原有的值。如果 `always_latch` 块没有锁存器，System Verilog 会生成警告。

VHDL

```
library IEEE; use IEEE.STD_LOGIC_1164.all;

entity latch is
  port(clk: in STD_LOGIC;
       d:   in  STD_LOGIC_VECTOR(3 downto 0);
       q:   out STD_LOGIC_VECTOR(3 downto 0));
end;

architecture synth of latch is
begin
  process(clk, d) begin
    if clk = '1' then
      q <= d;
    end if;
  end process;
end;
```

敏感列表同时包含 `clk` 和 `d`，因此只要 `clk` 和 `d` 有一个发生变化，`process` 语句就会进行计算。如果 `clk` 为 HIGH，将 d 的值赋给 q。

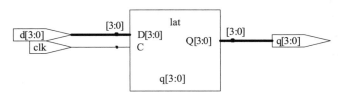

图 4.19　latch 综合后的电路

4.5　更多组合逻辑

4.2 节中使用赋值语句从行为上描述组合逻辑。System Verilog 的 `always` 语句和 VHDL 的 `process` 语句用于描述时序电路，因为它们在没有产生新状态时保持旧状态。但是 `always/process` 语句也可以用于在行为上描述组合逻辑，前提是编写敏感列表以响应所有输入的变化，并且主体为每个可能的输入组合都定义了对应的输出。HDL 示例 4.22 使用 `always/process` 语句来描述一组（4 个）反相器（综合后的电路参见图 4.3）。

HDL 示例 4.22　使用 `always/process` 语句的反相器

SystemVerilog

```
module inv(input  logic [3:0] a,
           output logic [3:0] y);

  always_comb
    y = ~a;
endmodule
```

当 `always` 语句中 `<=` 或 `=` 右侧的信号发生变化时，`always_comb` 都会重新计算 `always` 语句中的代码。在这种情况下，它等效于 `always @(a)`，但比 `always @(a)` 更好，因为它避免了 `always` 语句中由于信号改名或添加信号带来的错误。如果 `always` 模块中的

VHDL

```
library IEEE; use IEEE.STD_LOGIC_1164.all;

entity inv is
  port(a: in  STD_LOGIC_VECTOR(3 downto 0);
       y: out STD_LOGIC_VECTOR(3 downto 0));
end;

architecture proc of inv is
begin
  process(all) begin
    y <= not a;
  end process;
end;
```

只要 `process` 语句中有信号发生变化，`process(all)` 就会重新运算 `process` 语句中的代码。它等同于 `process(a)`，但比

代码不是组合逻辑，System Verilog 会产生警告。always_comb 等价于 always @(*)，但在 System Verilog 中更常用。

= 在 always 语句中称为阻塞赋值，与之相对的是 <=，为非阻塞赋值。对于 System Verilog，在组合逻辑中适合使用阻塞赋值，而在时序逻辑中需要使用非阻塞赋值。这将在第 4.5.4 节中进一步讨论。

process(a) 更好，因为它避免了 process 语句中由于信号改名或添加信号带来的错误。VHDL 中需要 begin 和 end process 语句，尽管 process 中只有一个赋值语句。

HDL 支持在 always/process 语句中进行阻塞和非阻塞赋值。和一些标准的编程语言一样，阻塞赋值语句按照它们在代码中出现的顺序进行运算，非阻塞赋值语句则是并发运算。在左侧的信号更新前就会计算所有语句。

System Verilog

在 System Verilog 的 always 语句中，= 表示阻塞赋值，<= 表示非阻塞赋值（也被称作并发赋值）。

不要将这两种类型与连续赋值（即 assign 语句）混淆。assign 语句必须在 always 语句外部使用，而且是并发计算的。

VHDL

在 VHDL 的 process 语句中，:= 表示阻塞赋值，<= 表示非阻塞赋值（也称为并发赋值）。这里是第一次介绍 := 的章节。

非阻塞赋值用于产生输出和信号。阻塞赋值用于产生在 process 语句中声明的变量（参阅 HDL 示例 4.23）。<= 也可以在 process 语句外部出现，同时也是并发计算的。

HDL 示例 4.23 定义了一个全加器，使用中间信号 p 和 g 来计算 s 和 cout。它产生的电路与图 4.8 一致，但使用 always/process 语句代替了赋值语句。

HDL 示例 4.23 使用 always/process 语句的全加器

SystemVerilog
```
module fulladder(input  logic a, b, cin,
                 output logic s, cout);
  logic p, g;

  always_comb
    begin
      p = a ^ b;             // blocking
      g = a & b;             // blocking
      s = p ^ cin;           // blocking
      cout = g | (p & cin);  // blocking
    end
endmodule
```

在这里，always @(a, b, cin) 等价于 always_comb。但是 always_comb 更好，因为它避免了在敏感列表中漏写信号的常见错误。

基于将在 4.5.4 节讨论的原因，在这里最好使用阻塞赋值实现组合逻辑。这个例子中使用了阻塞赋值，首先计算 p，然后是 g，再后是 s，最后计算 cout。

VHDL
```
library IEEE; use IEEE.STD_LOGIC_1164.all;

entity fulladder is
  port(a, b, cin: in  STD_LOGIC;
       s, cout:   out STD_LOGIC);
end;

architecture synth of fulladder is
begin
  process(all)
    variable p, g: STD_LOGIC;
  begin
    p := a xor b; -- blocking
    g := a and b; -- blocking
    s <= p xor cin;
    cout <= g or (p and cin);
  end process;
end;
```

在这里，process(a, b, cin) 等价于 process(all)。但是 process(all) 更好，因为它避免了在敏感列表中漏写信号的常见错误。

基于将在 4.5.4 节中讨论的原因，最好使用阻塞赋值方式计算组合逻辑中的内部变量。此示例对 p 和 g 使用阻塞赋值, 以便在计算依赖于它们值的 s 和 cout 之前得到它们的值。

因为 p 和 g 出现在 process 语句中阻塞赋值 := 的左侧, 所以它们必须声明为 variable 而不是 signal 类型。variable 声明出现在使用它的过程的 begin 之前。

HDL 示例 4.22 和 HDL 示例 4.23 中使用 always/process 语句对组合逻辑建模并不合适, 因为它们与 HDL 示例 4.2 和 HDL 示例 4.7 中使用的赋值语句实现同等功能却需要更多代码。但是, case 和 if 语句便于对更复杂的组合逻辑进行建模。case 和 if 语句必须出现在 always/process 语句中, 我们将在下一节中检查它们。

4.5.1　case 语句

使用 always/process 语句实现组合逻辑的一个较好应用是利用 case 语句实现 7 段数码管显示译码器。case 语句必须出现在 always/process 语句的内部。

正如你可能注意到的, 在例 2.10 的 7 段数码管显示译码器中, 大型组合逻辑块的设计过程很烦琐且容易出错。HDL 提供了很大的改进, 允许用户在更高的抽象级别上指定函数, 然后自动将函数综合到门电路中。HDL 示例 4.24 基于真值表, 使用 case 语句描述 7 段数码管显示译码器。图 4.20 给出了该模块综合后的电路。case 语句根据输入的不同值执行不同的操作。如果定义了所有可能的输入组合, 则 case 语句表示组合逻辑, 否则表示时序逻辑, 因为在未定义情况下输出将保持其原来的值。

HDL 示例 4.24　7 段数码管显示译码器

SystemVerilog

```
module sevenseg(input  logic [3:0] data,
                output logic [6:0] segments);
  always_comb
    case(data)
      //                      abc_defg
      0:       segments = 7'b111_1110;
      1:       segments = 7'b011_0000;
      2:       segments = 7'b110_1101;
      3:       segments = 7'b111_1001;
      4:       segments = 7'b011_0011;
      5:       segments = 7'b101_1011;
      6:       segments = 7'b101_1111;
      7:       segments = 7'b111_0000;
      8:       segments = 7'b111_1111;
      9:       segments = 7'b111_0011;
      default: segments = 7'b000_0000;
    endcase
endmodule
```

case 语句检查 data 的值。当 data 为 0 时, 语句会执行冒号后的操作, 将 segments 设置为 1111110。类似地, case 语句检查其他 data 的值, 最大为 9(这里使用了默认基数 10)。

default 语句是为所有未明确列出的情况

VHDL

```
library IEEE; use IEEE.STD_LOGIC_1164.all;

entity seven_seg_decoder is
  port(data:    in  STD_LOGIC_VECTOR(3 downto 0);
       segments: out STD_LOGIC_VECTOR(6 downto 0));
end;

architecture synth of seven_seg_decoder is
begin
  process(all) begin
    case data is
      --                        abcdefg
      when X"0"  => segments <= "1111110";
      when X"1"  => segments <= "0110000";
      when X"2"  => segments <= "1101101";
      when X"3"  => segments <= "1111001";
      when X"4"  => segments <= "0110011";
      when X"5"  => segments <= "1011011";
      when X"6"  => segments <= "1011111";
      when X"7"  => segments <= "1110000";
      when X"8"  => segments <= "1111111";
      when X"9"  => segments <= "1110011";
      when others => segments <= "0000000";
    end case;
  end process;
end;
```

case 语句检查 data 的值。当 data 为 0 时, 语句会执行 => 后的操作, 将 segments

定义输出的便捷方式，可确保产生组合逻辑。

在 System Verilog 中，case 语句必须出现在 always 语句中。

设置为 1111110。类似地，case 语句检查其他 data 的值，最大为 9（注意 X 用于表示十六进制数）。others 语句是为所有未明确列出的情况定义输出的便捷方式，可确保产生组合逻辑。

与 System Verilog 不同，VHDL 支持选择信号赋值语句（参阅 HDL 示例 4.6），这些语句与 case 语句很像，但可以出现在进程外部。因此不应该使用进程来描述组合逻辑。

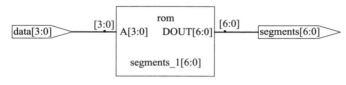

图 4.20 sevenseg 综合后的电路

7 段数码管显示译码器的 HDL 综合到了一个只读存储器（ROM）中，其中对每 16 个可能输入包含 7 个输出。ROM 将在 5.5.6 节中进一步讨论。

如果 case 语句中省略了 default 或 others 子句，那么当数据在 10 ～ 15 的范围内时，译码器将记录其先前的输出。这对于硬件来说是一个奇怪的行为。

普通译码器通常也写有 case 语句。HDL 示例 4.25 描述了一个 3:8 译码器，图 4.21 给出了该模块综合后的电路。

HDL 示例 4.25 3:8 译码器

SystemVerilog

```
module decoder3_8(input  logic [2:0]a,
                  output logic [7:0] y);

  always_comb
    case(a)
      3'b000: y=8'b00000001;
      3'b001: y=8'b00000010;
      3'b010: y=8'b00000100;
      3'b011: y=8'b00001000;
      3'b100: y=8'b00010000;
      3'b101: y=8'b00100000;
      3'b110: y=8'b01000000;
      3'b111: y=8'b10000000;
      default: y=8'bxxxxxxxx;
    endcase
endmodule
```

default 语句在这个代码的逻辑综合里不是严格必需的，因为所有可能的输入组合都已经定义了，但是在仿真中需要谨慎，以防某个输入为 x 或 z。

VHDL

```
library IEEE; use IEEE.STD_LOGIC_1164.all;

entity decoder3_8 is
  port(a: in  STD_LOGIC_VECTOR(2 downto 0);
       y: out STD_LOGIC_VECTOR(7 downto 0));
end;

architecture synth of decoder3_8 is
begin
  process(all) begin
    case a is
      when "000" => y <= "00000001";
      when "001" => y <= "00000010";
      when "010" => y <= "00000100";
      when "011" => y <= "00001000";
      when "100" => y <= "00010000";
      when "101" => y <= "00100000";
      when "110" => y <= "01000000";
      when "111" => y <= "10000000";
      when others => y <= "XXXXXXXX";
    end case;
  end process;
end;
```

others 语句在这个代码的逻辑综合里不是严格必需的，因为所有可能的输入组合都已经定义了，但是在仿真中需要谨慎，以防某个输入为 x、z 或 u。

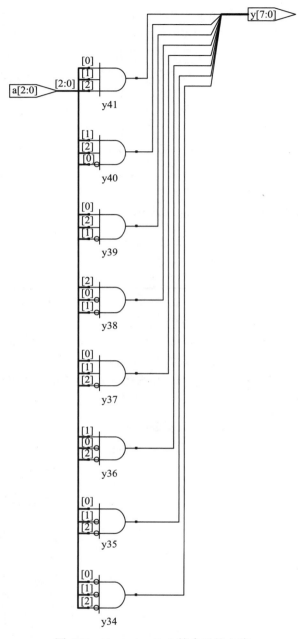

图 4.21   decoder3_8 综合后的电路

4.5.2   if 语句

always/process 语句中也可以包含 if 语句。if 语句后面可以出现 else 语句。如果所有的输入组合都被处理了，则该语句表示组合逻辑，否则就产生时序逻辑（如 4.4.5 节中的锁存器）。HDL 示例 4.26 使用 if 语句来描述 2.4 节中介绍的优先级电路，图 4.22 给出了综合后的电路。一个 N 输入的优先级电路在对应最高优先级输入为 TRUE 的位输出 TRUE。

HDL 示例 4.26　优先级电路

SystemVerilog

```
module priorityckt(input  logic [3:0]a,
                   output logic [3:0] y);
  always_comb
    if      (a[3]) y = 4'b1000;
    else if (a[2]) y = 4'b0100;
    else if (a[1]) y = 4'b0010;
    else if (a[0]) y = 4'b0001;
    else           y = 4'b0000;
endmodule
```

在 System Verilog 中，if 语句必须出现在 always 语句中。

VHDL

```
library IEEE; use IEEE.STD_LOGIC_1164.all;

entity priorityckt is
  port(a: in  STD_LOGIC_VECTOR(3 downto 0);
       y: out STD_LOGIC_VECTOR(3 downto 0));
end;

architecture synth of priorityckt is
begin
  process(all) begin
    if      a(3) then y <= "1000";
    elsif a(2) then y <= "0100";
    elsif a(1) then y <= "0010";
    elsif a(0) then y <= "0001";
    else              y <= "0000";
    end if;
  end process;
end;
```

与 System Verilog 不同，VHDL 支持条件信号赋值语句（参见 HDL 示例 4.6）。这与 if 语句很像，但可以出现在进程外部。因此不应该使用进程描述组合逻辑。

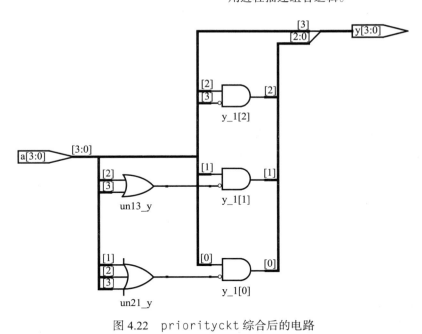

图 4.22　priorityckt 综合后的电路

4.5.3　含无关项的真值表

如 2.7.3 节所述，真值表可能包含无关项以允许做更多的逻辑简化。HDL 示例 4.27 展示了如何用无关项描述一个优先级电路。如图 4.23 所示，综合工具为该模块生成了电路，这与图 4.22 中的优先级电路稍微有点不同。然而，它们在逻辑上是功能等价的。

HDL 示例 4.27   使用无关项的优先级电路

SystemVerilog

```
module priority_casez(input  logic [3:0]a,
                      output logic [3:0] y);
  always_comb
    casez(a)
      4'b1???: y = 4'b1000;
      4'b01??: y = 4'b0100;
      4'b001?: y = 4'b0010;
      4'b0001: y = 4'b0001;
      default: y = 4'b0000;
    endcase
endmodule
```

casez 语句的作用类似于 case 语句，但它能识别？为无关项。

VHDL

```
library IEEE; use IEEE.STD_LOGIC_1164.all;

entity priority_casez is
  port(a: in  STD_LOGIC_VECTOR(3 downto 0);
       y: out STD_LOGIC_VECTOR(3 downto 0));
end;

architecture dontcare of priority_casez is
begin
  process(all) begin
    case? a is
      when "1---" => y <= "1000";
      when "01--" => y <= "0100";
      when "001-" => y <= "0010";
      when "0001" => y <= "0001";
      when others => y <= "0000";
    end case?;
  end process;
end;
```

case? 语句的作用类似于 case 语句，但它能将代码中的 "-" 识别为无关项。

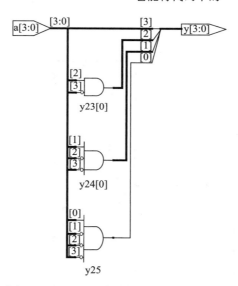

图 4.23   priority_casez 综合后的电路

4.5.4   阻塞和非阻塞赋值

以下准则解释了何时以及如何使用不同的赋值类型。如果不遵循这些准则，编写的代码就很可能在仿真时正确，但是综合到不正确的硬件中。本节余下的可选读部分解释了这些准则背后的原则。

System Verilog

1. 使用 always_ff @(posedge clk) 和非阻塞赋值描述同步时序逻辑。

```
always_ff @(posedge clk)
  begin
    n1 <= d; // nonblocking
    q <= n1; // nonblocking
  end
```

VHDL

1. 使用 process(clk) 和非阻塞赋值描述同步时序逻辑。

```
process(clk) begin
  if rising_edge(clk) then
    n1 <= d; -- nonblocking
    q <= n1; -- nonblocking
  end if;
end process;
```

2. 使用连续赋值描述简单组合逻辑。

　assign y = s ? d1 : d0;

3. 使用 always_comb 和阻塞赋值描述更复杂的组合逻辑，其中 always 语句很有帮助。

```
always_comb
  if      (a[3]) y = 4'b1000;
  else if (a[2]) y = 4'b0100;
  else if (a[1]) y = 4'b0010;
  else if (a[0]) y = 4'b0001;
  else           y = 4'b0000;
```

4. 不要在多个 always 语句或连续赋值语句中对同一信号进行赋值。

2. 在 process 语句之外使用并发赋值描述简单组合逻辑。

　y <= d0 when s = '0' else d1;

3. 使用 process(all) 描述更复杂的组合逻辑，其中 process 语句会有帮助。对内部变量使用阻塞赋值。

```
process(all)
  variable p, g: STD_LOGIC;
begin
  p := a xor b; -- blocking
  g := a and b; -- blocking
  s <= p xor cin;
  cout <= g or (p and cin);
end process;
```

4. 不要在多个 process 语句或并发赋值语句中对同一变量进行赋值。

1. 组合逻辑 *

HDL 示例 4.23 中的全加器使用阻塞赋值可以正确描述。本节将探讨它是如何操作的，以及如果使用了非阻塞赋值会有什么不同。

假设 a、b 和 cin 初始值都是 0。因此，p、g、s 和 cout 也是 0。在某一时刻，a 变为 1，触发 always/process 语句。4 个阻塞赋值按顺序计算值。（在 VHDL 代码中，s 和 cout 并发赋值。）注意由于 p 和 g 是阻塞赋值的，所以它们在计算 s 和 cout 之前获得了新值。这对于使用新的 p 和 g 值来计算 s 和 cout 十分重要。

（1）$p \leftarrow 1 \oplus 0 = 1$

（2）$g \leftarrow 1 \cdot 0 = 0$

（3）$s \leftarrow 1 \oplus 0 = 1$

（4）$cout \leftarrow 0 + 1 \cdot 0 = 0$

相应地，HDL 示例 4.28 说明了非阻塞赋值的使用。

HDL 示例 4.28 使用非阻塞赋值的全加器

SystemVerilog

```
// nonblocking assignments (not recommended)
module fulladder(input  logic a, b, cin,
                 output logic s, cout);

  logic p, g;

  always_comb
    begin
      p <= a ^ b; // nonblocking
      g <= a & b; // nonblocking

      s <= p ^ cin;
      cout <= g | (p & cin);
    end
endmodule
```

VHDL

```
-- nonblocking assignments (not recommended)
library IEEE; use IEEE.STD_LOGIC_1164.all;

entity fulladder is
  port(a, b, cin: in  STD_LOGIC;
       s, cout:   out STD_LOGIC);
end;

architecture nonblocking of fulladder is
  signal p, g: STD_LOGIC;
begin
  process(all) begin
    p <= a xor b; -- nonblocking
    g <= a and b; -- nonblocking
    s <= p xor cin;
    cout <= g or (p and cin);
  end process;
end;
```

因为 p 和 g 出现在 process 语句中非阻塞赋值的左侧，所以必须将它们声明为 signal 而不是 variable 类型。signal 声明出现在 architecture 里 begin 之前，而不是 process 中。

现在考虑相同的情形，a 从 0 上升为 1，这时 b 和 cin 都为 0。4 个非阻塞赋值并发计算：$p \leftarrow 1 \oplus 0 = 1$　$g \leftarrow 1 \cdot 0 = 0$　$s \leftarrow 0 \oplus 0 = 1$　$cout \leftarrow 0 + 0 \cdot 0 = 0$。

注意 s 与 p 是并发计算的。因此，s 使用 p 的旧值而不是新值，s 保持 0 而不是变为 1。但是，p 确实从 0 变为 1。这个改变触发了 always/process 语句进行第二次计算：$p \leftarrow 1 \oplus 0 = 1$　$g \leftarrow 1 \cdot 0 = 0$　$s \leftarrow 1 \oplus 0 = 1$　$cout \leftarrow 0 + 1 \cdot 0 = 0$。

此时，p 已经变为 1，所以 s 正确地变为 1。非阻塞赋值最终得到正确答案，但 always/process 语句必须计算两次。这会使仿真速度变慢，尽管它综合出的是相同的硬件。

使用非阻塞赋值描述组合逻辑的另外一个缺点是，如果没有在敏感列表中包含中间变量，HDL 将产生错误的结果。

更糟糕的是，即使错误的敏感列表引起仿真错误，一些综合工具也会综合出正确的硬件。这会导致仿真结果与硬件实际功能不匹配。

System Verilog	**VHDL**
HDL 示例 4.28 中的 always 语句的敏感列表写成 always @(a, b, cin) 而不是 always_comb，那么这个语句就不会在 p 或 g 改变时重新计算。在这种情况下，s 将被错误地保留为 0，而不是 1。	如果 HDL 示例 4.28 中的 process 语句的敏感列表写作 process(a, b, cin) 而不是 process(all)，那么这个语句不会在 p 或 g 改变时重新计算。在这种情况下，s 将被错误地保留为 0，而不是 1。

2. 时序逻辑 *

HDL 示例 4.20 中使用非阻塞赋值正确地描述同步器。在时钟的上升沿，在将 n1 复制到 q 的同时，将 d 复制到 n1，因此代码正确地描述了两个寄存器。例如，假设初始化 d = 0、n1 = 1、q = 0。在时钟上升沿，以下两个赋值同时发生：

$n1 \leftarrow d = 0$　$q \leftarrow n1 = 1$

所以在时钟沿之后，n1 = 0，q = 1。

HDL 示例 4.29 尝试使用阻塞赋值来描述同一个模块。在 clk 的上升沿，d 被复制到 n1。然后，n1 的这个新值被复制到 q，导致在 n1 和 q 中出现不正确的 d。赋值依次进行：

（1）$n1 \leftarrow d = 0$

（2）$q \leftarrow n1 = 0$

所以在时钟上升沿后，q = n1 = 0。

因为 n1 对外界是透明的并且不影响 q 的行为，所以同步器优化并去掉了 n1，如图 4.24 所示。

HDL 示例 4.29　使用阻塞赋值的错误的同步器

SystemVerilog

```
// Bad implementation of a synchronizer using blocking
// assignments
module syncbad(input  logic clk,
               input  logic d,
               output logic q);

  logic n1;

  always_ff @(posedge clk)
    begin
      n1 = d; // blocking
      q = n1; // blocking
```

VHDL

```
-- Bad implementation of a synchronizer using blocking
-- assignment
library IEEE; use IEEE.STD_LOGIC_1164.all;

entity syncbad is
  port(clk:in STD_LOGIC;
       d:  in  STD_LOGIC;
       q:  out STD_LOGIC);
end;

architecture bad of syncbad is
begin
```

```
end                              process(clk)
endmodule                          variable n1: STD_LOGIC;
                                 begin
                                   if rising_edge(clk) then
                                     n1 := d; -- blocking
                                     q <= n1;
                                   end if;
                                 end process;
                               end;
```

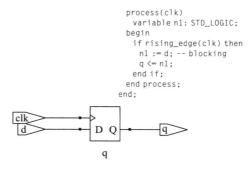

图 4.24   syncbad 综合后的电路

这个例子表示在描述顺序逻辑时，在 always/process 语句中必须使用非阻塞赋值。如果读者足够聪明，例如颠倒赋值的顺序，也可以使阻塞赋值正确工作，但阻塞赋值没有任何优势，只会引入产生意外行为的风险。有些时序电路无论赋值顺序如何，都无法使用阻塞赋值。

4.6 有限状态机

有限状态机（FSM）由一个状态寄存器和两个组合逻辑块组成，用于在给定当前状态和输入时计算下一个状态以及输出，如图 3.22 所示。状态机的 HDL 描述相应地分为三个部分，分别描述状态寄存器、下一个状态逻辑和输出逻辑。

HDL 示例 4.30 描述了 3.4.2 节中三分频计数器的有限状态机。它提供了一个异步复位来初始化有限状态机。状态寄存器使用触发器的惯用习语，下一个状态和输出逻辑块使用组合逻辑。图 4.25 给出了该模块综合后的电路。

HDL 示例 4.30   三分频计数器的有限状态机

SystemVerilog
```
module divideby3FSM(input  logic clk,
                    input  logic reset,
                    output logic y);
  typedef enum logic [1:0] {S0, S1, S2} statetype;
  statetype state, nextstate;

  // state register
  always_ff @(posedge clk, posedge reset)
    if (reset) state <= S0;
    else       state <= nextstate;

  // next state logic
  always_comb
    case (state)
      S0:      nextstate = S1;
      S1:      nextstate = S2;
      S2:      nextstate = S0;
      default: nextstate = S0;
    endcase

  // output logic
  assign y = (state == S0);
endmodule
```

typedef 语句将 statetype 定义为一个 2 位的逻辑数值，它有三个可能取值：S0、S1 和 S2。state 和 nextstate 都是 statetype

VHDL
```
library IEEE; use IEEE.STD_LOGIC_1164.all;

entity divideby3FSM is
  port(clk, reset: in  STD_LOGIC;
       y:          out STD_LOGIC);
end;

architecture synth of divideby3FSM is
  type statetype is (S0, S1, S2);
  signal state, nextstate: statetype;
begin

  -- state register
  process(clk, reset) begin
    if reset then state <= S0;
    elsif rising_edge(clk) then
      state <= nextstate;
    end if;
  end process;

  -- next state logic
  nextstate <= S1 when state = S0 else
               S2 when state = S1 else
               S0;

  -- output logic
  y <= '1' when state = S0 else '0';
end;
```

这个例子定义了一种新的枚举数据类型

类型信号。

枚举编码默认按数字顺序：S0 = 00、S1 = 01、S2 = 10。编码可以由用户显式设置，不过，综合工具只将其作为建议而不是要求。例如，以下代码段将状态变量编码为 3 位独热编码：

```
typedef enum logic [2:0] {S0 = 3'b001, S1 = 3'b010, S2 = 3'b100}
statetype;
```

注意 case 语句用于定义状态转换表。因为下一个状态逻辑必须是组合逻辑，所以 dafault 不能缺少，尽管这里 2'b11 状态不会出现。

当状态为 S0 时，输出 y 为 1。如果 a 等于 b，则相等比较 a == b 的计算结果为 1，否则为 0。不等式比较 a != b 则相反，如果 a 不等于 b，则计算结果为 1。

statetype，它具有三个可能值：S0、S1 和 S2。state 和 nextstate 都 是 statetype 信号。使用枚举代替状态编码时，VHDL 综合器可以自由探索各种状态编码以选择最佳的一种。

在上面的 HDL 中，当状态为 S0 时，输出 y 为 1。不等式比较使用 /=。当把比较改为 state/=S0 时，除了状态为 S0 外，其他状态的输出都为 1。

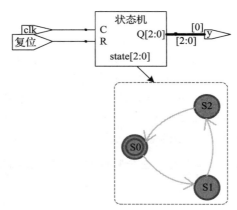

图 4.25 divideby3FSM 综合后的电路

综合工具只生成状态机的框图和状态转换图，并不显示逻辑门以及弧和状态上的输入与输出。因此要注意在 HDL 代码中正确地描述有限状态机。图 4.25 中三分频计数器有限状态机的状态转换图与图 3.28b 相似。双圆圈表示 S0 是复位状态。3.4.2 节显示了三分频计数器有限状态机的门级实现。

注意状态是用枚举数据类型命名的，而不使用二进制值表示。这使代码可读性更高也更易更改。

如果需要在状态 S0 和 S1 中输出 HIGH，那么输出逻辑应做如下修改：

SystemVerilog	VHDL
`// output logic` `assign y = (state == S0 | state == S1);`	`-- output logic` `y <= '1' when (state = S0 or state = S1) else '0';`

下面两个例子描述了 3.4.3 节中的模式识别器有限状态机。代码显示了如何使用 case 和 if 语句，根据输入和当前状态产生下一个状态和输出逻辑。这里给出了 Moore 状态机和 Mealy 状态机的模块。在 Moore 型状态机（HDL 示例 4.31）中，输出只取决于当前状态，

而在 Mealy 型状态机（HDL 示例 4.32）中，输出逻辑与当前状态和输入都有关。图 4.26 和图 4.27 分别给出了这两个模块综合后的电路。

HDL 示例 4.31　模式识别器的 Moore 型有限状态机

SystemVerilog

```
module patternMoore(input  logic clk,
                    input  logic reset,
                    input  logic a,
                    output logic y);

  typedef enum logic [1:0] {S0, S1, S2} statetype;
  statetype state, nextstate;

  // state register
  always_ff @(posedge clk, posedge reset)
    if (reset) state <= S0;
    else       state <= nextstate;

  // next state logic
  always_comb
    case (state)
      S0: if (a) nextstate = S0;
          else   nextstate = S1;
      S1: if (a) nextstate = S2;
          else   nextstate = S1;
      S2: if (a) nextstate = S0;
          else   nextstate = S1;
      default:   nextstate = S0;
    endcase

  // output logic
  assign y = (state == S2);
endmodule
```

注意如何在状态寄存器中使用非阻塞赋值（<=）来描述时序逻辑，而在下一个状态逻辑中使用阻塞赋值（=）来描述组合逻辑。

VHDL

```
library IEEE; use IEEE.STD_LOGIC_1164.all;

entity patternMoore is
  port(clk, reset: in  STD_LOGIC;
       a:          in  STD_LOGIC;
       y:          out STD_LOGIC);
end;

architecture synth of patternMoore is
  type statetype is (S0, S1, S2);
  signal state, nextstate: statetype;
begin
  -- state register
  process(clk, reset) begin
    if reset then              state <= S0;
    elsif rising_edge(clk) then state <= nextstate;
    end if;
  end process;

  -- next state logic
  process(all) begin
    case state is
      when S0 =>
        if a then nextstate <= S0;
        else      nextstate <= S1;
        end if;
      when S1 =>
        if a then nextstate <= S2;
        else      nextstate <= S1;
        end if;
      when S2 =>
        if a then nextstate <= S0;
        else      nextstate <= S1;
        end if;
      when others =>
                  nextstate <= S0;
    end case;
  end process;

  --output logic
  y <= '1' when state = S2 else '0';
end;
```

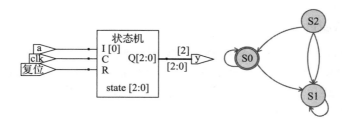

图 4.26　patternMoore 综合后的电路

HDL 示例 4.32　模式识别器的 Mealy 型有限状态机

SystemVerilog

```
module patternMealy(input  logic clk,
                    input  logic reset,
                    input  logic a,
                    output logic y);

  typedef enum logic {S0, S1} statetype;
  statetype state, nextstate;
```

VHDL

```
library IEEE; use IEEE.STD_LOGIC_1164.all;

entity patternMealy is
  port(clk, reset: in  STD_LOGIC;
       a:          in  STD_LOGIC;
       y:          out STD_LOGIC);
end;
```

```
// state register
always_ff @(posedge clk, posedge reset)
  if (reset) state <= S0;
  else       state <= nextstate;

// next state logic
always_comb
  case (state)
    S0: if (a)nextstate = S0;
        else  nextstate = S1;
    S1: if (a)nextstate = S0;
        else  nextstate = S1;
    default: nextstate = S0;
  endcase

// output logic
assign y = (a & state == S1);
endmodule
```

```
architecture synth of patternMealy is
  type statetype is (S0, S1);
  signal state, nextstate: statetype;
begin
  -- state register
  process(clk, reset) begin
    if reset then            state <= S0;
    elsif rising_edge(clk) then state <= nextstate;
    end if;
  end process;

  -- next state logic
  process(all) begin
    case state is
      when S0 =>
        if a then nextstate <= S0;
        else      nextstate <= S1;
        end if;
      when S1 =>
        if a then nextstate <= S0;
        else      nextstate <= S1;
        end if;
      when others =>
                  nextstate <= S0;
    end case;
  end process;

  -- output logic
  y <= '1' when (a = '1' and state = S1) else '0';
end;
```

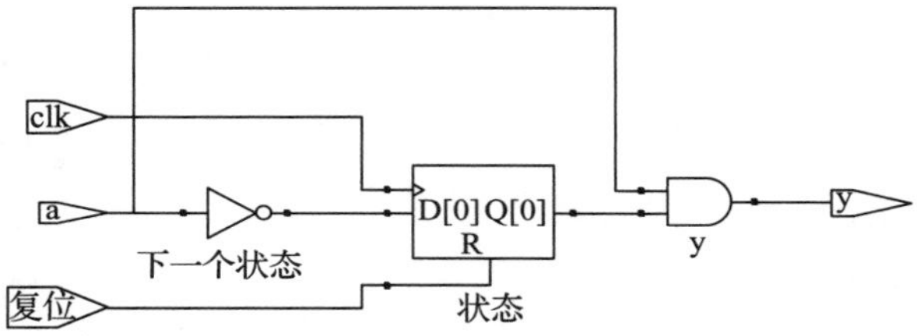

图 4.27　patternMealy 综合后的电路

4.7　数据类型 *

本节将更深入地解释有关 System Verilog 和 VHDL 类型的一些细节。

4.7.1　System Verilog

在 System Verilog 出现之前，Verilog 主要使用两种类型：reg 和 wire。尽管名字如此，但 reg 信号并非只和寄存器关联。初学者对此可能会有很大的困惑。System Verilog 引入了 logic 类型以消除歧义，因此本书着重强调 logic 类型。本节为需要阅读旧 Verilog 代码的读者更详细地解释了 reg 和 wire 类型。

在 Verilog 中，如果信号出现在 always 模块中 <= 或 = 的左侧，则必须将其声明为 reg 类型。否则，它应该被声明为 wire 类型。因此，一个 reg 信号可能是触发器、锁存器或组合逻辑的输出，具体取决于 always 模块中的敏感列表和语句。

输入和输出端口默认为 wire 类型，除非它们的类型被明确定义为 reg。以下示例显示了传统 Verilog 中是如何描述触发器的。请注意，clk 和 d 默认为 wire 类型，而 q 被明确定义为 reg 类型，因为 q 出现在 always 模块中 <= 的左侧。

```
module flop(input           clk,
            input     [3:0] d,
```

```
         output reg [3:0] q);
    always @(posedge clk)
       q <= d;
 endmodule
```

System Verilog 引入了 logic 数据类型。logic 是 reg 的同义词，避免了用户怀疑它是否真是触发器。此外，System Verilog 放宽了关于 assign 语句和分层端口实例化的规则，使得 logic 可以在传统语法上需 wire 变量的 always 模块外部使用。因此，几乎所有 System Verilog 信号都可以是 logic 信号。但也有例外，具有多个驱动程序的信号（例如三态总线）必须声明为 net 类型，如 HDL 示例 4.10 中所述。此规则使得在 logic 信号意外连接到多个驱动程序时，System Verilog 生成错误信息而不是 x 值。

最常见的 net 类型称为 wire 或 tri。这两种类型是同义的，但是通常 wire 类型用于单信号源驱动，tri 类型用于多信号源驱动。wire 在 System Verilog 中已过时，因为 logic 类型更适合具有单个驱动程序的信号。

当 tri 变量由一个或多个信号源驱动为某个数值时，它会采用该值。当它未被驱动时，它呈现为浮空值（z）。当它被多个驱动程序驱动为不同的值（0、1 或 x）时，它呈现为不确定值（x）。

同时存在其他使用不同方法解决未驱动或者多驱动源问题的 net 类型，这些类型很少使用，但是可以在任何使用 tri 类型的地方作为 tri 的替代（例如用于具有多个驱动程序的信号）。每个类型都在表 4.7 中进行了描述。

表 4.7　net 解决方案

net 类型	无驱动程序时	驱动程序冲突时	net 类型	无驱动程序时	驱动程序冲突时
tri	z	x	trior	z	如果任意输入为 1，输出 1
trireg	先前值	x	tri0	0	x
triand	z	如果任意输入为 0，输出 0	tri1	1	x

4.7.2　VHDL

与 System Verilog 不同，VHDL 强制执行一个严格的数据类型系统以保护用户免受一些错误的影响，但在某些场合也会因此而显得缺乏灵活性。

尽管 STD_LOGIC 类型非常重要，但 VHDL 并未内置该类型，而是将其定义为 IEEE.STD_LOGIC_1164 库的一部分。因此，前面例子中的所有文件都必须包含库语句。

此外，IEEE.STD_LOGIC_1164 库缺少 STD_LOGIC_VECTOR 数据的加法、比较、移位和整数转换等基本运算。这些运算最终被添加到 IEEE.NUMERIC_STD_UNSIGNED 库的 VHDL 2008 标准中。

VHDL 还有一个 BOOLEAN 类型，包含两个值：true 和 false。BOOLEAN 值通过比较运算返回（如相等比较 s='0'），并用于条件语句中，例如 when 和 if 语句。尽管很容易认为 BOOLEAN 值 true 应该等同于 STD_LOGIC 值 '1'，而 BOOLEAN 值 false 应该等于 STD_LOGIC 值 '0'，但这两个类型在 VHDL 2008 之前是不可互换的。例如，在旧 VHDL 代码中，必须写为：

```
y <= d1 when (s='1') else d0;
```

而在 VHDL 2008 标准中，when 语句可自动将 s 从 STD_LOGIC 转换为 BOOLEAN 类型，因

此上述语句可以简化为：

```
y <= d1 when s else d0;
```

甚至在 VHDL 2008 标准中，仍然需要写：

```
q <= '1' when (state=S2) else '0';
```

而不是：

```
q <= (state=S2);
```

这是因为（state=S2）返回一个 BOOLEAN 结果，不能直接将其赋值给 STD_LOGIC 信号 y。

无须将任何信号声明为 BOOLEAN 类型，比较语句会自动生成该类型值并在条件语句中使用。类似地，VHDL 用 INTEGER 类型表示正整数和负整数。INTEGER 类型的信号数值跨度为从 $-(2^{31}-1)$ 到 $2^{31}-1$。整数用于做总线的标识。例如在语句

```
y <= a(3) and a(2) and a(1) and a(0);
```

中，0、1、2 和 3 是用作选择 a 信号位的索引整数。此处不可用 STD_LOGIC 或 STD_LOGIC_VECTOR 信号直接标识总线，而必须将信号转换为 INTEGER 类型。这将由下面的例子来说明，一个 8:1 多路选择器，用 3 位标识从向量中选择一位。TO_INTEGER 函数在 IEEE.NUMERIC_STD_UNSIGNED 库中定义，该函数针对正（无符号）值执行从 STD_LOGIC_VECTOR 到 INTEGER 的转换。

```
library IEEE;
use IEEE.STD_LOGIC_1164.all;
use IEEE.NUMERIC_STD_UNSIGNED.all;
entity mux8 is
  port(d: in  STD_LOGIC_VECTOR(7 downto 0);
       s: in  STD_LOGIC_VECTOR(2 downto 0);
       y: out STD_LOGIC);
end;
architecture synth of mux8 is
begin
  y <= d(TO_INTEGER(s));
end;
```

VHDL 严格规定 out 端口只能用于输出。例如，以下是二输入和三输入与门的非法 VHDL 代码，因为 v 是一个输出同时被用于计算 w。

```
library IEEE; use IEEE.STD_LOGIC_1164.all;
entity and23 is
  port(a, b, c: in STD_LOGIC;
       v, w: out    STD_LOGIC);
end;
architecture synth of and23 is
begin
  v <= a and b;
  w <= v and c;
end;
```

VHDL 定义了一个特殊的端口类型 buffer 来解决这个问题。连接到 buffer 端口的信号用作输出，但也可以在模块内使用。下方代码为改正后的实体定义，图 4.28 是该模块综合后的电

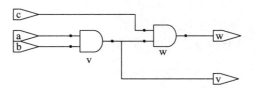

图 4.28   and23 综合后的电路

路。Verilog 和 System Verilog 没有这个限制，也不需要 buffer 端口。VHDL 2008 通过允许 out 端口可读来消除此限制。

```
entity and23 is
  port(a, b, c: in STD_LOGIC;
       v: buffer   STD_LOGIC;
       w: out      STD_LOGIC);
end;
```

大多数运算（例如加法、减法和布尔逻辑运算）对于有符号数和无符号数都是相同的。然而，对于有符号二进制补码，执行大小比较、乘法和算术右移的方式与无符号二进制数不同。这些操作将在第 5 章中讨论。HDL 示例 4.33 描述了如何用一个信号代表一个有符号数。

HDL 示例 4.33　（a）无符号乘法器。（b）有符号乘法器

SystemVerilog

```
// 4.33(a): unsigned multiplier
module multiplier(input  logic [3:0] a, b,
                  output logic [7:0] y);
  assign y = a * b;
endmodule

// 4.33(b): signed multiplier
module multiplier(input  logic signed [3:0] a, b,
                  output logic signed [7:0] y);

  assign y = a * b;
endmodule
```

在 System Verilog 中，信号默认为无符号数。添加 signed 修饰符后（例如，logic signed[3:0]a），信号 a 作为有符号数被处理，即二进制补码。

VHDL

```
-- 4.33(a): unsigned multiplier
library IEEE; use IEEE.STD_LOGIC_1164.all;
use IEEE.NUMERIC_STD_UNSIGNED.all;

entity multiplier is
  port(a, b: in  STD_LOGIC_VECTOR(3 downto 0);
          y: out STD_LOGIC_VECTOR(7 downto 0));
end;

architecture synth of multiplier is
begin
  y <= a * b;
end;
```

VHDL 使用 NUMERIC_STD_UNSIGNED 库对 STD_LOGIC_VECTOR 执行算术和比较运算，向量被视为无符号数处理：

```
use IEEE.NUMERIC_STD_UNSIGNED.all;
```

VHDL 还在 IEEE.NUMERIC_STD 库中定义了 UNSIGNED 和 SIGNED 数据类型，但这些涉及类型转换，超出了本章的范围。

4.8　参数化模块 *

目前为止，所有模块的输入和输出的宽度都是固定的。例如，4 位和 8 位宽 2:1 多路选择器分别需要定义单独的模块。HDL 允许使用参数化模块实现可变位宽。

HDL 示例 4.34 描述了一个默认宽度为 8 的参数化 2:1 多路选择器，然后使用它来创建 8 位和 12 位 4:1 多路选择器。图 4.29 给出了 mux4_12 综合后的电路。

HDL 示例 4.34　参数化的 N 位 2:1 多路选择器

SystemVerilog

```
module mux2
  #(parameter width = 8)
   (input  logic [width-1:0] d0, d1,
    input  logic             s,
    output logic [width-1:0] y);

  assign y = s ? d1 : d0;
endmodule
```

System Verilog 允许在输入和输出之前使用 #(parameter...) 语句来定义参数。

VHDL

```
library IEEE; use IEEE.STD_LOGIC_1164.all;

entity mux2 is
  generic(width: integer := 8);
  port(d0,
       d1: in  STD_LOGIC_VECTOR(width-1 downto 0);
       s:  in  STD_LOGIC;
       y:  out STD_LOGIC_VECTOR(width-1 downto 0));
end;

architecture synth of mux2 is
begin
```

parameter 语句包括参数 width 的默认值（8）。输入和输出信号的位数取决于此参数。

```
module mux4_8(input  logic [7:0] d0, d1, d2, d3,
              input  logic [1:0] s,
              output logic [7:0] y);

  logic [7:0] low, hi;

  mux2 lowmux(d0, d1, s[0], low);
  mux2 himux(d2, d3, s[0], hi);
  mux2 outmux(low, hi, s[1], y);
endmodule
```

8 位 4:1 多路选择器使用 3 个 2:1 多路选择器的默认宽度对它们进行了实例化。

与之不同，12 位 4:1 多路选择器 mux4_12 需要在实例名称前使用 #() 重写默认宽度，如下所示。

```
module mux4_12(input  logic [11:0] d0, d1, d2, d3,
               input  logic [1:0]  s,
               output logic [11:0] y);

  logic [11:0] low, hi;

  mux2 #(12) lowmux(d0, d1, s[0], low);
  mux2 #(12) himux(d2, d3, s[0], hi);
  mux2 #(12) outmux(low, hi, s[1], y);
endmodule
```

注意此处不要混淆表示延迟的 # 符号与定义和重写参数的 #(...) 符号。

```
  y <= d1 when s else d0;
end;
```

generic 语句包括 width 的默认值（8）。该值是一个整数。

```
library IEEE; use IEEE.STD_LOGIC_1164.all;

entity mux4_8 is
  port(d0, d1, d2,
       d3: in  STD_LOGIC_VECTOR(7 downto 0);
        s: in  STD_LOGIC_VECTOR(1 downto 0);
        y: out STD_LOGIC_VECTOR(7 downto 0));
end;
architecture struct of mux4_8 is
  component mux2
    generic(width: integer := 8);
    port(d0,
         d1: in  STD_LOGIC_VECTOR(width-1 downto 0);
          s: in  STD_LOGIC;
          y: out STD_LOGIC_VECTOR(width-1 downto 0));
  end component;
  signal low, hi: STD_LOGIC_VECTOR(7 downto 0);
begin
  lowmux: mux2 port map(d0, d1, s(0), low);
  himux:  mux2 port map(d2, d3, s(0), hi);
  outmux: mux2 port map(low, hi, s(1), y);
end;
```

8 位 4:1 多路选择器 mux4_8 使用 3 个 2:1 多路选择器的默认宽度对它们进行了实例化。

相比之下，12 位 4:1 多路选择器 mux4_12 需要使用 generic map 覆盖默认宽度，如下所示。

```
lowmux: mux2 generic map(12)
             port map(d0, d1, s(0), low);
himux:  mux2 generic map(12)
             port map(d2, d3, s(0), hi);
outmux: mux2 generic map(12)
             port map(low, hi, s(1), y);
```

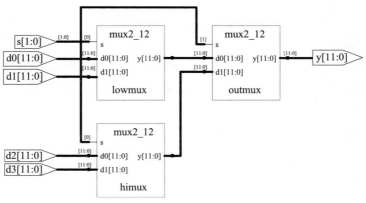

图 4.29　mux4_12 综合后的电路

HDL 示例 4.35 描述了一个更好的参数化模块——译码器。使用 case 语句描述大型 $N:2^N$ 译码器很麻烦，使用参数化代码设置合适的输出位为 1 却很容易。具体来说，译码器使用阻塞赋值先将所有位设置为 0，然后将适当的位更改为 1。

HDL 示例 4.35　参数化 N:2^N 译码器

SystemVerilog

```
module decoder
 #(parameter N = 3)
  (input  logic [N-1:0]   a,
   output logic [2**N-1:0] y);

  always_comb
    begin
      y = 0;
      y[a] = 1;
    end
endmodule
```

2**N 代表 2^N。

VHDL

```
library IEEE; use IEEE.STD_LOGIC_1164.all;
use IEEE. NUMERIC_STD_UNSIGNED.all;

entity decoder is
  generic(N: integer := 3);
  port(a: in STD_LOGIC_VECTOR(N-1 downto 0);
       y: out STD_LOGIC_VECTOR(2**N-1 downto 0));
end;

architecture synth of decoder is
begin
  process(all)
  begin
    y <= (OTHERS => '0');
    y(TO_INTEGER(a)) <= '1';
  end process;
end;
```

2**N 代表 2^N。

　　HDL 还提供 generate 语句产生基于参数值的可变数量的硬件。generate 支持 for 循环和 if 语句，以确定要生产多少和什么种类的硬件。HDL 示例 4.36 说明了如何使用 generate 语句串联二输入与门来实现 N 输入"与"功能。当然，如果在这个应用中使用归约运算符会更简单明了，但这个例子说明了硬件生成器的通用原理。图 4.30 给出了该模块综合后的电路。

　　谨慎使用 generate 语句，因为这种做法容易在无形之中产生大量硬件！

HDL 示例 4.36　参数化的 N 输入与门

SystemVerilog

```
module andN
 #(parameter width = 8)
  (input  logic [width-1:0] a,
   output logic            y);

  genvar i;
  logic [width-1:0] x;

  generate
    assign x[0] = a[0];
    for(i=1; i<width; i=i+1) begin: forloop
      assign x[i] = a[i] & x[i-1];
    end

  endgenerate

  assign y = x[width-1];
endmodule
```

　　for 语句循环通过 i=1，2，…，width-1 生成许多连续的与门。generate for 循环中的 begin 后面必须跟有"："和一个任意标识（在本例中是 forloop）。

VHDL

```
library IEEE; use IEEE.STD_LOGIC_1164.all;

entity andN is
  generic(width: integer := 8);
  port(a: in STD_LOGIC_VECTOR(width-1 downto 0);
       y: out STD_LOGIC);
end;

architecture synth of andN is
  signal x: STD_LOGIC_VECTOR(width-1 downto 0);
begin
  x(0) <= a(0);
  gen: for i in 1 to width-1 generate
    x(i) <= a(i) and x(i-1);
  end generate;
  y <= x(width-1);
end;
```

　　生成循环变量 i 不需要声明。

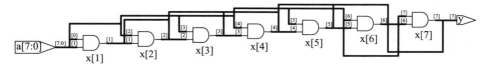

图 4.30　andN 综合后的电路

4.9 测试平台

测试平台（testbench）是用于测试其他待测模块（device under test，DUT）的硬件描述语言模块。测试平台包含向 DUT 提供输入的语句，以测试是否产生了理想的正确输出。输入和期望的输出模式称为测试向量。

考虑测试 4.1.1 节中计算 $y = \overline{a}\,\overline{b}\,\overline{c} + a\overline{b}\,\overline{c} + a\overline{b}c$ 的 sillyfunction 模块。这是一个简单的模块，因此可以通过应用所有 8 个可能的测试向量来执行穷举测试。

HDL 示例 4.37 说明了一个简单的测试平台，实例化 DUT 然后提供输入。阻塞赋值和延迟用于确保输入顺序正确。用户必须检查仿真结果以验证是否产生了正确的输出。测试平台的仿真与其他 HDL 模块相同，但是它们不可综合。

HDL 示例 4.37   测试平台

SystemVerilog

```
module testbench1();
 logic a, b, c, y;

 // instantiate device under test
 sillyfunction dut(a, b, c, y);

 // apply inputs one at a time
 initial begin
   a = 0; b = 0; c = 0; #10;
   c = 1;            #10;
   b = 1; c = 0;     #10;
   c = 1;            #10;
   a = 1; b = 0; c = 0; #10;
   c = 1;            #10;
   b = 1; c = 0;     #10;
   c = 1;            #10;
 end
endmodule
```

initial 语句在仿真开始时执行该段内的语句。在本例中，它首先提供输入 000 并等待 10 个时间单位，然后提供 001 并再等待 10 个单位，依此类推，直到提供了所有 8 个可能的输入。initial 语句只能应用于测试平台的仿真，而不能用在可综合为实际硬件的模块中。硬件在首次启动时无法神奇地执行一系列特殊的步骤。

VHDL

```
library IEEE; use IEEE.STD_LOGIC_1164.all;

entity testbench1 is -- no inputs or outputs
end;

architecture sim of testbench1 is
  component sillyfunction
    port(a, b, c: in  STD_LOGIC;
         y:       out STD_LOGIC);
  end component;
  signal a, b, c, y: STD_LOGIC;
begin
  -- instantiate device under test
  dut: sillyfunction port map(a, b, c, y);

  -- apply inputs one at a time
  process begin
    a <= '0'; b <= '0'; c <= '0'; wait for 10 ns;
    c <= '1';                     wait for 10 ns;
    b <= '1'; c <= '0';           wait for 10 ns;
    c <= '1';                     wait for 10 ns;
    a <= '1'; b <= '0'; c <= '0'; wait for 10 ns;
    c <= '1';                     wait for 10 ns;
    b <= '1'; c <= '0';           wait for 10 ns;
    c <= '1';                     wait for 10 ns;
    wait; --wait forever
  end process;
end;
```

process 语句首先提供输入 000 并等待 10 ns，然后提供 001 并再等待 10 ns，依此类推，直到提供了所有 8 个可能的输入。最后，该过程无限期地等待。否则，该过程将再次开始，重复提供测试向量。

检查输出是否正确是枯燥的，而且容易出错。此外，当设计在脑中还是很清晰时，检查输出是否正确会容易得多。如果进行了微小的修改并需要在数周后重新测试，那么检查输出是否正确就会变得很麻烦。更好的方法是编写具有自测功能的测试平台，如 HDL 示例 4.38 所示。

HDL 示例 4.38   能自测的测试平台

SystemVerilog

```
module testbench2();
 logic a, b, c, y;

 // instantiate device under test
```

VHDL

```
library IEEE; use IEEE.STD_LOGIC_1164.all;

entity testbench2 is -- no inputs or outputs
end;
```

```
sillyfunction dut(a, b, c, y);

// apply inputs one at a time
// checking results
initial begin
  a = 0; b = 0; c = 0; #10;
  assert (y === 1) else $error("000 failed.");
  c = 1;  #10;
  assert (y === 0) else $error("001 failed.");
  b = 1; c = 0; #10;
  assert (y === 0) else $error("010 failed.");
  c = 1;  #10;
  assert (y === 0) else $error("011 failed.");
  a = 1; b = 0; c = 0; #10;
  assert (y === 1) else $error("100 failed.");
  c = 1;  #10;
  assert (y === 1) else $error("101 failed.");
  b = 1; c = 0;  #10;
  assert (y === 0) else $error("110 failed.");
  c = 1;  #10;
  assert (y === 0) else $error("111 failed.");
 end
endmodule
```

System Verilog 的 assert 语句用于检查指定条件是否为真。如果不是，则执行 else 语句。else 语句中的 $error 系统任务会打印一条描述 assert 错误的错误信息。assert 在综合过程中将被忽略。

在 System Verilog 中，可以在不包括 x 和 z 值的信号中间使用 == 或 != 进行比较。测试平台分别使用 === 和 !== 运算符来比较相等和不等，因为这些运算符可以正确处理可能是 x 或 z 的操作数。

```
architecture sim of testbench2 is
  component sillyfunction
    port(a, b, c: in  STD_LOGIC;
         y:       out STD_LOGIC);
  end component;
  signal a, b, c, y: STD_LOGIC;
begin
  -- instantiate device under test
  dut: sillyfunction port map(a, b, c, y);

  -- apply inputs one at a time
  -- checking results
  process begin
    a <= '0'; b <= '0'; c <= '0'; wait for 10 ns;
      assert y = '1' report "000 failed.";
    c <= '1';                     wait for 10 ns;
      assert y = '0' report "001 failed.";
    b <= '1'; c <= '0';           wait for 10 ns;
      assert y = '0' report "010 failed.";
    c <= '1';                     wait for 10 ns;
      assert y = '0' report "011 failed.";
    a <= '1'; b <= '0'; c <= '0'; wait for 10 ns;
      assert y = '1' report "100 failed.";
    c <= '1';                     wait for 10 ns;
      assert y = '1' report "101 failed.";
    b <= '1'; c <= '0';           wait for 10 ns;
      assert y = '0' report "110 failed.";
    c <= '1';                     wait for 10 ns;
      assert y = '0' report "111 failed.";
    wait; -- wait forever
  end process;
end;
```

assert 语句用于检查条件，并在不满足条件时打印 report 子句中的信息。assert 仅在仿真时有意义，在综合时没有意义。

为每个测试向量编写代码也变得枯燥，尤其是对于需要大量向量的模块。一个更好的方法是将测试向量放在单独的文件中。测试平台简单地从文件中读取测试向量，向 DUT 输入测试向量，等待，检查 DUT 的输出值是否与输出向量匹配，然后重复直到到达测试向量文件的末尾。

HDL 示例 4.39 说明了这种测试平台。测试平台使用没有敏感列表的 always/process 语句生成时钟，因此它会连续不断地运行。在仿真开始时，它从文本文件中读取测试向量，之后提供两个周期的 reset 脉冲。虽然时钟信号和复位信号对于测试组合逻辑不是必需的，但它们也被包括在代码中，因为它们在时序 DUT 测试中很重要。example.txt 是一个包含测试向量、输入和预期输出的文本文件，以二进制形式编写：

```
000_1
001_0
010_0
011_0
100_1
101_1
110_0
111_0
```

HDL 示例 4.39　带有测试向量文件的测试平台

SystemVerilog

```
module testbench3();
  logic      clk, reset;
```

VHDL

```
library IEEE; use IEEE.STD_LOGIC_1164.all;
use IEEE.STD_LOGIC_TEXTIO.ALL; use STD.TEXTIO.all;
```

```
logic         a, b, c, y, yexpected;
logic [31:0]  vectornum, errors;
logic [3:0]   testvectors[10000:0];

// instantiate device under test
sillyfunction dut(a, b, c, y);

// generate clock
always
  begin
    clk = 1; #5; clk = 0; #5;
  end

// at start of test, load vectors
// and pulse reset
initial
  begin
    $readmemb("example.txt", testvectors);
    vectornum = 0; errors = 0;
    reset = 1; #22; reset = 0;
  end

// apply test vectors on rising edge of clk
always @(posedge clk)
  begin
    #1; {a, b, c, yexpected} = testvectors[vectornum];
  end

// check results on falling edge of clk
always @(negedge clk)
  if (~reset) begin // skip during reset
    if (y !== yexpected) begin // check result
      $display("Error: inputs = %b", {a, b, c});
      $display(" outputs = %b (%b expected)", y, yexpected);
      errors = errors + 1;
    end
    vectornum = vectornum + 1;
    if (testvectors[vectornum] === 4'bx) begin
      $display("%d tests completed with %d errors",
               vectornum, errors);
      $stop;
    end
  end
endmodule
```

$readmemb 用于将二进制数字文件读入 testvectors 数组。$readmemh 作用类似，但读取的是十六进制数字文件。

下一个代码块在时钟的上升沿之后等待一个时间单位（以防止时钟和数据同时改变造成混乱），然后根据当前测试向量中的 4 位内容设置 3 位输入和预期输出。测试平台将生成的输出 y 与预期的输出 yexpected 进行比较，如果不匹配则打印错误。%b 和 %d 分别表示以二进制和十进制打印值。$display 是在仿真器窗口中打印的系统任务。例如，$display("%b %b", y, yexpected); 表示以二进制打印 y 和 yexpected 两个值。%h 则以十六进制打印一个值。

重复此过程直到 testvectors 数组中不再有可用的测试向量。$stop 表示停止仿真。注意，即使 System Verilog 模块支持多达 10 001 个测试向量，它也会在执行 8 个测试向量之后结束仿真。

```
entity testbench3 is -- no inputs or outputs
end;

architecture sim of testbench3 is
  component sillyfunction
    port(a, b, c: in  STD_LOGIC;
         y:      out STD_LOGIC);
  end component;
  signal a, b, c, y:  STD_LOGIC;
  signal y_expected: STD_LOGIC;
  signal clk, reset: STD_LOGIC;
begin
  -- instantiate device under test
  dut: sillyfunction port map(a, b, c, y);

  -- generate clock
  process begin
    clk <= '1'; wait for 5 ns;
    clk <= '0'; wait for 5 ns;
  end process;

  -- at start of test, pulse reset
  process begin
    reset <= '1'; wait for 27 ns; reset <= '0';
    wait;
  end process;

  -- run tests
  process is
    file tv: text;
    variable L: line;
    variable vector_in: std_logic_vector(2 downto 0);
    variable dummy: character;
    variable vector_out: std_logic;
    variable vectornum: integer := 0;
    variable errors: integer := 0;
  begin
    FILE_OPEN(tv, "example.txt", READ_MODE);
    while not endfile(tv) loop

      -- change vectors on rising edge
      wait until rising_edge(clk);

      -- read the next line of testvectors and split into pieces
      readline(tv, L);
      read(L, vector_in);
      read(L, dummy); -- skip over underscore
      read(L, vector_out);
      (a, b, c) <= vector_in(2 downto 0) after 1 ns;
      y_expected <= vector_out after 1 ns;

      -- check results on falling edge
      wait until falling_edge(clk);

      if y /= y_expected then
        report "Error: y = " & std_logic'image(y);
        errors := errors + 1;
      end if;

      vectornum := vectornum + 1;
    end loop;

    -- summarize results at end of simulation
    if (errors = 0) then
      report "NO ERRORS -- " &
             integer'image(vectornum) &
             " tests completed successfully."
             severity failure;
    else
      report integer'image(vectornum) &
             " tests completed, errors = " &
             integer'image(errors)
             severity failure;
    end if;
  end process;
end;
```

VHDL 代码使用文件读取命令，这超出了本章的范围，但这里给出了自检测试平台的概况。

在时钟的上升沿应用新输入，并在时钟的下降沿检查其输出。测试平台在发生错误时会报告错误。在仿真结束时，测试平台打印使用的测试向量总数和检测到的错误数。

这样一个简单的电路使用 HDL 示例 4.39 中的测试平台看上去有些大费周章。但是，简单地对其进行修改可以使其测试更复杂的电路，例如更改 example.txt 文件、实例化新DUT、更改几行代码以设置输入和检查输出。

4.10　本章总结

对于现代数字设计者，HDL 是极为重要的工具。一旦学会 System Verilog 或 VHDL，就可以比手工绘制图表更快地描述数字系统。因为修改只需要更改代码而不是进行烦琐的电路图重新布线，调试周期通常也短得多。但是，如果不了解代码所表示的硬件，那么使用HDL 的调试周期可能会更长。

HDL 用于仿真和综合。逻辑仿真是一种在将计算机系统转换为硬件之前对其进行测试的强大方法。仿真器可以检查系统中用物理硬件无法测量的信号值。逻辑综合将 HDL 代码转换为数字逻辑电路。

编写 HDL 代码时需要记住的最重要的事情是，你是在描述真实存在的硬件，而不是在编写计算机程序。初学者最常见的错误是编写 HDL 代码时没有考虑准备生产的硬件。如果你不知道要表示的硬件是什么，那么几乎肯定不会得到你想要的东西。相反，应该先绘制系统的框图，确定哪些部分是组合逻辑，哪些部分是时序电路或有限状态机等。然后，为每个部分编写 HDL 代码，并使用正确的习语来表示需要的硬件类型。

习题

以下的习题可以用你习惯的硬件描述语言完成。如果你有可用的仿真器，请测试你的设计。打印出波形并解释它们如何证明设计是有效的。如果你有可用的综合器，请综合你的代码。打印出生成的电路图，并解释为什么它符合你的期望。

4.1　描绘由以下 HDL 代码描述的电路图。简化电路图，使其显示最少数量的门。

SystemVerilog
```
module exercise1(input  logic a, b, c,
                 output logic y, z);

  assign y = a & b & c | a & b & ~c | a & ~b & c;
  assign z = a & b | ~a & ~b;
endmodule
```

VHDL
```
library IEEE; use IEEE.STD_LOGIC_1164.all;

entity exercise1 is
  port(a, b, c: in  STD_LOGIC;
          y, z:   out STD_LOGIC);
end;

architecture synth of exercise1 is
begin
  y <= (a and b and c) or (a and b and not c) or
       (a and not b and c);
  z <= (a and b) or (not a and not b);
end;
```

4.2　描绘由以下 HDL 代码描述的电路图。简化电路图，使其显示最少数量的门。

SystemVerilog
```
module exercise2(input  logic [3:0] a,
                 output logic [1:0] y);
  always_comb
    if      (a[0]) y = 2'b11;
    else if (a[1]) y = 2'b10;
    else if (a[2]) y = 2'b01;
    else if (a[3]) y = 2'b00;
```

VHDL
```
library IEEE; use IEEE.STD_LOGIC_1164.all;

entity exercise2 is
  port(a: in  STD_LOGIC_VECTOR(3 downto 0);
       y: out STD_LOGIC_VECTOR(1 downto 0));
end;

architecture synth of exercise2 is
```

```
else        y = a[1:0];
endmodule
```

```
begin
  process(all) begin
    if    a(0) then y <= "11";
    elsif a(1) then y <= "10";
    elsif a(2) then y <= "01";
    elsif a(3) then y <= "00";
    else          y <= a(1 downto 0);
    end if;
  end process;
end;
```

4.3 编写一个 HDL 模块，计算四输入 XOR 函数。输入为 $a_{3:0}$，输出为 y。

4.4 为习题 4.3 编写一个自测测试平台。创建一个包含所有 16 个测试用例的测试向量文件。仿真电路并证明它可以工作。在测试向量文件中引入一个错误并显示测试平台报告不匹配。

4.5 编写一个名为 minority 的 HDL 模块。它接收 a、b 和 c 三个输入，在至少有两个输入为 FALSE 时产生一个值为 TRUE 的输出 y。

4.6 为十六进制 7 段数码管显示译码器编写一个 HDL 模块。译码器应能够处理数字 A、B、C、D、E 和 F，以及 0～9。

4.7 为习题 4.6 编写一个自测测试平台。创建一个包含所有 16 个测试用例的测试向量文件。仿真电路并证明它可以工作。在测试向量文件中引入一个错误，证明测试平台报告一个不匹配。

4.8 编写一个名为 mux8 的 8:1 多路选择器模块，输入为 $s_{2:0}$、d0、d1、d2、d3、d4、d5、d6、d7，输出为 y。

4.9 编写一个结构模块，使用多路选择器逻辑计算逻辑函数 $y = a\bar{b} + \overline{bc} + \bar{a}bc$。使用习题 4.8 中的 8:1 多路选择器。

4.10 使用 4:1 多路选择器和所需数量的非门重新实现习题 4.9。

4.11 在 4.5.4 节指出，如果赋值顺序合适，则可以用阻塞赋值正确描述同步器。设计一个简单的时序电路，它无论采用何种顺序都不能用阻塞赋值描述。

4.12 编写一个八输入优先级电路的 HDL 模块。

4.13 编写一个 2:4 译码器的 HDL 模块。

4.14 使用习题 4.13 中的 2:4 译码器实例和一些三输入与门编写一个 6:64 译码器的 HDL 模块。

4.15 编写 HDL 模块实现习题 2.13 中的布尔方程。

4.16 编写 HDL 模块实现习题 2.26 中的电路。

4.17 编写 HDL 模块实现习题 2.27 中的电路。

4.18 编写 HDL 模块实现习题 2.28 中的逻辑功能。注意如何处理那些无关项。

4.19 编写 HDL 模块实现习题 2.35 中的功能。

4.20 编写 HDL 模块实现习题 2.36 中的优先级译码器。

4.21 编写 HDL 模块实现习题 2.37 中的修改版优先级译码器。

4.22 编写 HDL 模块实现习题 2.38 中的二进制 - 温度计码转换器。

4.23 编写 HDL 模块实现面试题 2.2 中判断一个月天数的功能。

4.24 画出由以下 HDL 代码描述的有限状态机的状态转换图。

SystemVerilog

```
module fsm2(input  logic clk, reset,
            input  logic a, b,
            output logic y);

logic [1:0] state, nextstate;

parameter S0 = 2'b00;
parameter S1 = 2'b01;
parameter S2 = 2'b10;
parameter S3 = 2'b11;

always_ff @(posedge clk, posedge reset)
  if (reset) state <= S0;
```

VHDL

```
library IEEE; use IEEE.STD_LOGIC_1164.all;

entity fsm2 is
  port(clk, reset: in  STD_LOGIC;
       a, b:       in  STD_LOGIC;
       y:          out STD_LOGIC);
end;

architecture synth of fsm2 is
  type statetype is (S0, S1, S2, S3);
  signal state, nextstate: statetype;
begin
  process(clk, reset) begin
```

```
else        state <= nextstate;

always_comb
  case (state)
    S0: if (a ^ b) nextstate = S1;
        else      nextstate = S0;
    S1: if (a & b) nextstate = S2;
        else      nextstate = S0;
    S2: if (a | b) nextstate = S3;
        else      nextstate = S0;
    S3: if (a | b) nextstate = S3;
        else      nextstate = S0;
  endcase

assign y = (state == S1) | (state == S2);
endmodule
```

```
    if reset then state <= S0;
    elsif rising_edge(clk) then
      state <= nextstate;
    end if;
  end process;

  process(all) begin
    case state is
      when S0 => if (a xor b) then
                   nextstate <= S1;
                 else nextstate <= S0;
                 end if;
      when S1 => if (a and b) then
                   nextstate <= S2;
                 else nextstate <= S0;
                 end if;
      when S2 => if (a or b) then
                   nextstate <= S3;
                 else nextstate <= S0;
                 end if;
      when S3 => if (a or b) then
                   nextstate <= S3;
                 else nextstate <= S0;
                 end if;
    end case;
  end process;

  y <= '1' when((state = S1) or (state = S2))
       else '0';
end;
```

4.25 画出由以下 HDL 代码描述的有限状态机的状态转换图。这种有限状态机被用于一些微处理器上的分支预测。

SystemVerilog

```
module fsm1(input  logic clk, reset,
            input  logic taken, back,
            output logic predicttaken);

  logic [4:0] state, nextstate;

  parameter S0 = 5'b00001;
  parameter S1 = 5'b00010;
  parameter S2 = 5'b00100;
  parameter S3 = 5'b01000;
  parameter S4 = 5'b10000;

  always_ff @(posedge clk, posedge reset)
    if (reset) state <= S2;
    else       state <= nextstate;

  always_comb
    case (state)
      S0: if (taken) nextstate = S1;
          else       nextstate = S0;
      S1: if (taken) nextstate = S2;
          else       nextstate = S0;
      S2: if (taken) nextstate = S3;
          else       nextstate = S1;
      S3: if (taken) nextstate = S4;
          else       nextstate = S2;
      S4: if (taken) nextstate = S4;
          else       nextstate = S3;
      default:       nextstate = S2;
    endcase

  assign predicttaken = (state == S4) |
                        (state == S3) |
                        (state == S2 & back);
endmodule
```

VHDL

```
library IEEE; use IEEE.STD_LOGIC_1164. all;

entity fsm1 is
  port(clk, reset:   in  STD_LOGIC;
       taken, back:  in  STD_LOGIC;
       predicttaken: out STD_LOGIC);
end;

architecture synth of fsm1 is
  type statetype is (S0, S1, S2, S3, S4);
  signal state, nextstate: statetype;
begin
  process(clk, reset) begin
    if reset then state <= S2;
    elsif rising_edge(clk) then
      state <= nextstate;
    end if;
  end process;

process(all) begin
  case state is
    when S0 => if taken then
                 nextstate <= S1;
               else nextstate <= S0;
               end if;
    when S1 => if taken then
                 nextstate <= S2;
               else nextstate <= S0;
               end if;
    when S2 => if taken then
                 nextstate <= S3;
               else nextstate <= S1;
               end if;
    when S3 => if taken then
                 nextstate <= S4;
               else nextstate <= S2;
               end if;
    when S4 => if taken then
                 nextstate <= S4;
               else nextstate <= S3;
               end if;
```

```
                                        when others => nextstate <= S2;
                                      end case;
                                    end process;

                                    -- output logic
                                    predicttaken <= '1' when
                                                      ((state = S4) or (state = S3) or
                                                       (state = S2 and back = '1'))
                                                    else '0';
                                    end;
```

4.26　为 SR 锁存器编写 HDL 模块。

4.27　为 JK 触发器编写一个 HDL 模块。触发器输入为 clk、J 和 K，输出为 Q。在时钟的上升沿，如果 $J = K = 0$，则 Q 保持其旧值。如果 $J = 1$，将 Q 设置为 1，如果 $K = 1$ 则复位 Q，如果 $J = K = 1$，则 Q 取反。

4.28　为图 3.18 中的锁存器编写一个 HDL 模块。每个门使用一个赋值语句。为每个门指定 1 个单位或 1 ns 的延迟。仿真锁存器并证明它可以正常运行。然后增加反相器的延迟。设置多长的延迟才能避免竞争产生的锁存器故障？

4.29　为 3.4.1 节中的交通灯控制器编写 HDL 模块。

4.30　为例 3.8 中游行模式交通灯控制器的分解状态机编写 3 个 HDL 模块。模块名称分别为 controller、mode、lights，它们的输入输出如图 3.33b 所示。

4.31　编写一个描述图 3.42 电路的 HDL 模块。

4.32　为习题 3.22 中图 3.69 给出的有限状态机的状态转换图编写 HDL 模块。

4.33　为习题 3.23 中图 3.70 给出的有限状态机的状态转换图编写 HDL 模块。

4.34　为习题 3.24 中改进的交通灯控制器编写 HDL 模块。

4.35　为习题 3.25 中蜗牛女儿的例子编写 HDL 模块。

4.36　为习题 3.26 中的汽水售卖机的例子编写 HDL 模块。

4.37　为习题 3.27 中的格雷码计数器编写 HDL 模块。

4.38　为习题 3.28 中的 UP/DOWN 格雷码计数器编写 HDL 模块。

4.39　为习题 3.29 中的有限状态机编写 HDL 模块。

4.40　为习题 3.30 中的有限状态机编写 HDL 模块。

4.41　为习题 3.2 中的串行二进制补码器编写 HDL 模块。

4.42　为习题 3.31 中的电路编写 HDL 模块。

4.43　为习题 3.32 中的电路编写 HDL 模块。

4.44　为习题 3.33 中的电路编写 HDL 模块。

4.45　为习题 3.34 中的电路编写 HDL 模块。可能需要用到 4.2.5 节中的全加器。

System Verilog 习题

以下习题用 System Verilog 完成。

4.46　在 System Verilog 中声明为 tri 的信号代表什么意思？

4.47　重写 HDL 示例 4.29 中的 syncbad 模块。使用非阻塞赋值，但是把代码修改成用两个触发器产生正确的同步器。

4.48　考虑以下两个 System Verilog 模块。它们的功能一样吗？描述各自表示的硬件。

```
module code1(input  logic clk, a, b, c,
             output logic y);
  logic x;
  always_ff @(posedge clk) begin
    x <= a & b;
    y <= x | c;
```

```
      end
    endmodule
    module code2(input  logic a, b, c, clk,
                 output logic y);

      logic x;

      always_ff @(posedge clk) begin
        y <= x | c;
        x <= a & b;
      end
    endmodule
```

4.49 在每个赋值中用 = 代替 <=，重新讨论习题 4.48 的问题。

4.50 以下 System Verilog 模块表示一个作者在实验室中看到学生犯的错误。解释每个模块的错误并指出如何修改它。

```
(a) module latch(input logic       clk,
                 input logic [3:0] d,
                 output reg  [3:0] q);
      always @(clk)
        if (clk) q <= d;
    endmodule

(b) module gates(input  logic [3:0] a, b,
                 output logic [3:0] y1, y2, y3, y4, y5);
      always @(a)
        begin
          y1 = a & b;
          y2 = a | b;
          y3 = a ^ b;
          y4 = ~(a & b);
          y5 = ~(a | b);
        end
    endmodule

(c) module mux2(input  logic [3:0] d0, d1,
               input  logic       s,
               output logic [3:0] y);
      always @(posedge s)
        if(s)  y <= d1;
        else   y <= d0;
    endmodule

(d) module twoflops(input  logic clk,
                     input  logic d0, d1,
                     output logic q0, q1);
      always @(posedge clk)
        q1=d1;
        q0=d0;
    endmodule

(e) module FSM(input  logic clk,
              input  logic a,
              output logic out1, out2);

      logic state;

      // next state logic and register (sequential)
      always_ff @(posedge clk)
        if (state==0) begin
          if (a)  state <= 1;
        end else begin
```

```
                        if (~a) state <= 0;
                    end

                always_comb // output logic (combinational)
                  if (state == 0) out1 = 1;
                  else              out2 = 1;
            endmodule
```

(f)
```
module priority(input  logic [3:0] a,
                output logic [3:0] y);

    always_comb
      if      (a[3]) y = 4'b1000;
      else if (a[2]) y = 4'b0100;
      else if (a[1]) y = 4'b0010;
      else if (a[0]) y = 4'b0001;
endmodule
```

(g)
```
module divideby3FSM(input  logic clk,
                    input  logic reset,
                    output logic out);

    logic [1:0] state, nextstate;

    parameter S0 = 2'b00;
    parameter S1 = 2'b01;
    parameter S2 = 2'b10;

    // state register
    always_ff @(posedge clk, posedge reset)
      if (reset) state <= S0;
      else       state <= nextstate;

    // next state logic
    always @(state)
      case (state)
        S0: nextstate = S1;
        S1: nextstate = S2;
        S2: nextstate = S0;
      endcase

    // output logic
    assign out = (state == S2);
endmodule
```

(h)
```
module mux2tri(input  logic [3:0] d0, d1,
               input  logic       s,
               output tri   [3:0] y);
    tristate t0(d0, s, y);
    tristate t1(d1, s, y);
endmodule
```

(i)
```
module floprsen(input  logic       clk,
                input  logic       reset,
                input  logic       set,
                input  logic [3:0] d,
                output logic [3:0] q);
    always_ff @(posedge clk, posedge reset)
      if (reset) q <= 0;
      else       q <= d;

    always @(set)
      if (set)   q <= 1;
endmodule
```

```
(j) module and3(input  logic a, b, c,
               output logic y);

       logic tmp;
       always @(a, b, c)
       begin
         tmp <= a & b;
         y   <= tmp & c;
       end
     endmodule
```

VHDL 习题

以下习题用 VHDL 完成。

4.51 在 VHDL 中，为什么写为

```
q <= '1' when state = S0 else '0';
```

而不写为

```
q <= (state = S0);
```

4.52 以下每个 VHDL 模块中都有错误。为简洁，只给出了结构描述；假设 library 使用子句和 entity 声明都是正确的。解释错误并加以修改。

```
(a) architecture synth of latch is
    begin
      process(clk) begin
        if clk = '1' then q <= d;
        end if;
      end process;
    end;

(b) architecture proc of gates is
    begin
      process(a) begin
        Y1 <= a and b;
        y2 <= a or b;
        y3 <= a xor b;
        y4 <= a nand b;
        y5 <= a nor b;
      end process;
    end;

(c) architecture synth of flop is
    begin
      process(clk)
        if rising_edge(clk) then
          q <= d;
    end;

(d) architecture synth of priority is
    begin
      process(all) begin
        if    a(3) then y <= "1000";
        elsif a(2) then y <= "0100";
        elsif a(1) then y <= "0010";
        elsif a(0) then y <= "0001";
        end if;
      end process;
    end;
```

```
(e) architecture synth of divideby3FSM is
      type statetype is (S0, S1, S2);
      signal state, nextstate: statetype;
    begin
      process(clk, reset) begin
        if reset then state <= S0;
        elsif rising_edge(clk) then
          state <= nextstate;
        end if;
      end process;

      process(state) begin
        case state is
          when S0 => nextstate <= S1;
          when S1 => nextstate <= S2;
          when S2 => nextstate <= S0;
        end case;
      end process;
      q <= '1' when state = S0 else '0';
    end;

(f) architecture struct of mux2 is
      component tristate
        port(a:  in  STD_LOGIC_VECTOR(3 downto 0);
             en: in  STD_LOGIC;
             y:  out STD_LOGIC_VECTOR(3 downto 0));
      end component;

    begin
      t0: tristate port map(d0, s, y);
      t1: tristate port map(d1, s, y);
    end;

(g) architecture asynchronous of floprs is
    begin
      process(clk, reset) begin
        if reset then
          q <= '0';
        elsif rising_edge(clk) then
          q <= d;
        end if;
      end process;

      process(set) begin
        if set then
          q <= '1';
        end if;
      end process;
    end;
```

面试题

下面列出了在面试数字设计工作时可能会碰到的问题。

4.1 编写一行 HDL 代码，用名为 sel 的信号对名为 data 的 32 位总线进行门控，以产生 32 位结果。如 sel 为 TRUE，则 result=data。否则，result 应为全 0。

4.2 解释 System Verilog 中阻塞赋值和非阻塞赋值的区别，并举例。

4.3 以下的 System Verilog 语句进行什么操作？

```
assign result = |(data[15:0] & 16'hC820);
```

常见数字模块

5.1 引言

到目前为止，本书已经介绍了如何使用布尔表达式、原理图和硬件描述语言进行组合电路和时序电路的设计。本章将介绍数字系统中使用的更复杂的组合电路和时序电路模块，包括算术电路、计数器、移位寄存器、存储器阵列和逻辑阵列。这些模块不仅本身有用，体现了层次化、模块化和规整化的原则。模块由更简单的组件（例如逻辑门、多路选择器和译码器）分层组装而成，每个模块都有定义好的接口。当底层实现不重要时，可以将其视为黑盒。每个模块的规则结构很容易扩展到不同的规模，在第 7 章中将使用这其中的多个模块来构建一个微处理器。

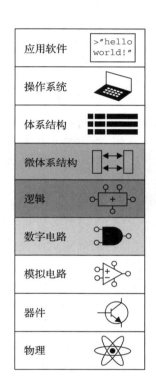

5.2 算术电路

算术电路是计算机的核心模块。计算机和数字逻辑可以执行许多算术运算，例如加法、减法、比较、移位、乘法和除法。本节将介绍所有这些运算的硬件实现。

5.2.1 加法

加法是数字系统中最常见的操作之一。首先考虑如何将两个 1 位二进制数相加，然后扩展到 N 位二进制数。不同加法器体现了速度和硬件复杂度之间的权衡。

1. 半加器

首先构建一个半加器。如图 5.1 所示，半加器有两个输入 A 和 B，以及两个输出 S 和 C_{out}，S 是 A 和 B 的和。如果 A 和 B 都为 1，则 S 为 2，但 2 不能用 1 位二进制数表示，会向下一列输出进位 C_{out}。半加器可以由一个 XOR 门电路和一个 AND 门电路构成。

在多位加法器中，C_{out} 用于相加或进位到下一个最高有效位。例如，在图 5.2 中，最上方显示的进位是第一列的一位加法输出 C_{out}，同时是第二列加法的输入 C_{in}。然而，半加器缺少一个输入 C_{in} 来接收前一列的 C_{out}。下节中介绍的全加器会解决这个问题。

2. 全加器

如图 5.3 所示，2.1 节中介绍的全加器接收进位 C_{in}。图中还给出了 S 和 C_{out} 的输出表达式。

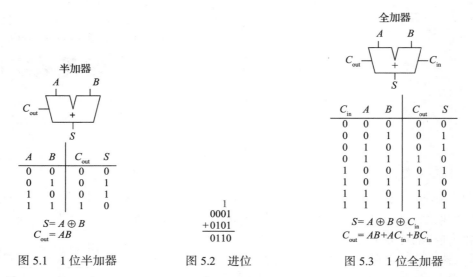

$$S= A \oplus B$$
$$C_{\text{out}} = AB$$

图 5.1　1 位半加器

1
0001
+0101
0110

图 5.2　进位

$$S= A \oplus B \oplus C_{\text{in}}$$
$$C_{\text{out}} = AB+AC_{\text{in}}+BC_{\text{in}}$$

图 5.3　1 位全加器

3. 进位传播加法器

一个 N 位加法器将两个 N 位输入 A 和 B 以及一个进位 C_{in} 相加，产生一个 N 位结果 S 和一个进位 C_{out}。因为进位会传播到下一位，它通常被称为进位传播加法器（CPA）。CPA 的符号如图 5.4 所示，除了 A、B 和 S 是总线而不是单独一位，它和全加器画起来很像。三种常见的 CPA 实现分别是行波进位加法器、先行进位加法器和前缀加法器。

（1）行波进位加法器

构建 N 位进位传播加法器的最简单方法是将 N 个全加器串联在一起。如图 5.5 的 32 位加法器所示，一个阶段的 C_{out} 作为下一个阶段的 C_{in}。这种加法器称为行波进位加法器，它是模块化和规整化的一个应用范例——多次重用全加器模块以形成一个更大的系统。行波进位加法器的缺点是，当 N 比较大时运算速度较慢。如图 5.5 中加法器符号中间的横线所示，S_{31} 依赖于 C_{30}，C_{30} 依赖于 C_{29}，C_{29} 又依赖于 C_{28}，依此类推，最终依赖于 C_{in}。进位通过进位链波动，加法器的延迟 t_{ripple} 直接随位数的增长而增长，如公式（5.1）中所示，其中 t_{FA} 是全加器的延迟：

$$t_{\text{ripple}} = Nt_{\text{FA}} \tag{5.1}$$

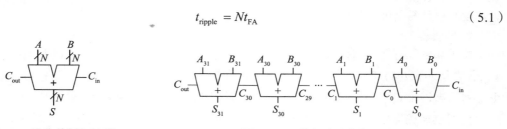

图 5.4　进位传播加法器

图 5.5　32 位行波进位加法器

（2）先行进位加法器

大型行波进位加法器运算速度慢的根本原因是进位信号必须依次通过加法器中的每一位传播。先行进位加法器（CLA）是另一种类型的进位传播加法器，它通过将加法器分解成若干块并提供电路，以在知道进位后立即确定块的进位来解决此问题。因此它直接先行通过每个块，而不是等待进位通过块内的所有加法器单元。例如，一个 32 位加法器可以分解为 8

个 4 位的块。

CLA 使用 G（产生）和 P（传播）信号来描述列或块如何确定进位。如果加法器的第 i 列产生与输入无关的进位，则称它产生了进位。如果 A_i 和 B_i 都为 1，则加法器的第 i 列必然产生进位 C_i，因此第 i 列的产生信号 G_i 可由 $G_i = A_i \& B_i$ 计算。如果在有进位时产生进位输出，则称该列传播了进位。如果 A_i 或 B_i 为 1，则第 i 列将传播进位 C_{i-1}，因此 $P_i = A_i | B_i$。利用这些定义，可以重写加法器特定列的进位逻辑。如果加法器的第 i 列产生了进位 G_i 或传播了进位 P_iC_{i-1}，它将生成进位输出 C_i。表达式为

$$C_i = A_iB_i + (A_i + B_i)C_{i-1} = G_i + P_iC_{i-1} \tag{5.2}$$

产生和传播的定义可以扩展到多位块。如果一个块产生一个独立于该块进位输入的进位输出，则称该块产生一个进位。如果在块中有进位输入时产生进位输出，则称该块传播了进位。定义 1 位块 $G_{i:j}$ 和 $P_{i:j}$ 为从第 i 位到第 j 位块的产生和传播信号。

如果最高有效列产生进位，或者如果前一列产生进位并且最高有效列传播该进位，则块产生进位，依此类推。例如，一个从第 3 位到第 0 位的块的产生逻辑如下所示：

$$G_{3:0} = G_3 + P_3(G_2 + P_2(G_1 + P_1G_0)) \tag{5.3}$$

如果块中的所有列都传播进位，则块传播进位。例如，一个从第 3 位到第 0 位的块的传播逻辑如下：

$$P_{3:0} = P_3P_2P_1P_0 \tag{5.4}$$

使用块的产生和传播信号，可以根据块的进位输入 C_{j-1} 快速计算模块的进位输出 C_i：

$$C_i = G_{i:j} + P_{i:j}C_{j-1} \tag{5.5}$$

图 5.6a 所示是一个由 8 个 4 位块组成的 32 位先行进位加法器。每个模块包含一个 4 位行波进位加法器和一些根据进位输入提前计算进位输出的逻辑，如图 5.6b 所示。为简洁，图中省略了使用信号 A_i、B_i 计算列产生信号 G_i 和传播信号 P_i 所需的 AND 门及 OR 门。同样，先行进位加法器也体现了模块化和规整化。

所有 CLA 模块共同计算 1 位列，并且模块同时产生和传播信号。关键路径从计算第一个 CLA 块中的 G_0 和 $G_{3:0}$ 开始。然后，C_{in} 通过每个块中的 AND/OR 门直接传输到 C_{out}，直到最后一个块。具体来说，在计算完所有列和块的传播和产生信号后，C_{in} 通过 AND/OR 门产生 C_3，然后 C_3 通过其块的 AND/OR 门产生 C_7，C_7 继续通过其块的 AND/OR 门产生 C_{11}，依此类推，直到 C_{27}，进位输入最后一块。对大型加法器来说，这比等待进位通过加法器的每个连续位波动要快得多。最后，通过最后一块的关键路径包含一个短行波进位加法器。因此，一个分解成 k 位块的 N 位加法器延迟为

$$t_{CLA} = t_{pg} + t_{pg\_block} + \left(\frac{N}{k} - 1\right)t_{AND\_OR} + kt_{FA} \tag{5.6}$$

其中 t_{pg} 是用来生成 P_i 和 G_i 的列传播和产生门电路（单个 AND 或 OR 门）的延迟，t_{pg_block} 是在 k 位块中生成块传播信号 $P_{i:j}$ 和产生信号 $G_{i:j}$ 的延迟，t_{AND_OR} 是在 k 位 CLA 块中通过最后的 AND/OR 逻辑从 C_{in} 到 C_{out} 的延迟。当 $N > 16$ 时，先行进位加法器通常比行波进位加法器快得多。然而，加法器的延迟仍然随 N 的增大而线性增长。

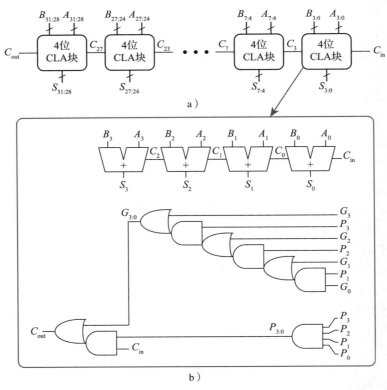

图 5.6   a）32 位先行进位加法器（CLA）。b）4 位 CLA 模块

例 5.1（行波进位加法器和先行进位加法器的延迟） 对比 32 位行波进位加法器和 4 位块组成的 32 位先行进位加法器的延迟。假设每个二输入门延迟为 100 ps，全加器延迟为 300 ps。

解： 根据公式（5.1），32 位行波进位加法器的传播延迟为 $32 \times 300 \text{ ps} = 9.6 \text{ ns}$。CLA 的 $t_{pg} = 100 \text{ ps}$，$t_{pg\_block} = 6 \times 100 \text{ ps} = 600 \text{ ps}$，$t_{AND\_OR} = 2 \times 100 \text{ ps} = 200 \text{ ps}$。根据公式（5.6），4 位块组成的 32 位先行进位加法器的传播延迟为 $100 \text{ ps} + 600 \text{ ps} + \left(\dfrac{32}{4} - 1\right) \times 200 \text{ ps} + (4 \times 300 \text{ ps}) = 3.3 \text{ ns}$，几乎比行波进位加法器快 3 倍。

（3）前缀加法器 *

前缀加法器扩展了先行进位加法器的产生和传播逻辑，可以更快地执行加法运算。它们首先计算成对的列的 G 和 P，然后计算 4 个块，8 个块，之后是 16 个块，依此类推直到生成了每列的产生信号。根据这些产生信号计算得到总和。

换句话说，前缀加法器的策略是尽可能快地计算第 i 列的进位输入 C_{i-1}，然后使用以下公式计算总和：

$$S_i = (A_i \oplus B_i) \oplus C_{i-1} \tag{5.7}$$

定义列 $i = -1$ 以包含 C_{in}，所以 $G_{-1} = C_{in}$，$P_{-1} = 0$。如果从 -1 列到 $i-1$ 列的块中产生一个进位，那么在第 $i-1$ 列将会产生进位输出，所以 $C_{i-1} = G_{i-1:-1}$。进位要么在第 $i-1$ 列中产生，要么在前一列中产生并传播。因此，公式（5.7）可以改写为

$$S_i = (A_i \oplus B_i) \oplus G_{i-1:-1} \tag{5.8}$$

主要问题就是快速计算所有块的产生信号 $G_{-1:-1}, G_{0:-1}, G_{1:-1}, G_{2:-1}, \cdots, G_{N-2:-1}$。这些信号与 $P_{-1:-1}, P_{0:-1}, P_{1:-1}, P_{2:-1}, \cdots, P_{N-2:-1}$ 一起被称为前缀（prefix）。

图 5.7 是一个 $N = 16$ 位的前缀加法器。这个加法器以预计算开始，用 AND 门和 OR 门电路为每一列的 A_i 和 B_i 产生 P_i 和 G_i。然后使用 $\log_2 N = 4$ 层的黑色单元来组成 $G_{i:j}$ 和 $P_{i:j}$ 的前缀，每个黑色单元从跨度为 $i:k$ 的块的上部分和跨度为 $k-1:j$ 的块的下部分获取输入。它使用以下等式将这些部分组合起来，为整个跨度为 $i:j$ 的块计算产生信号和传播信号：

$$G_{i:j} = G_{i:k} + P_{i:k} G_{k-1:j} \tag{5.9}$$

$$P_{i:j} = P_{i:k} P_{k-1:j} \tag{5.10}$$

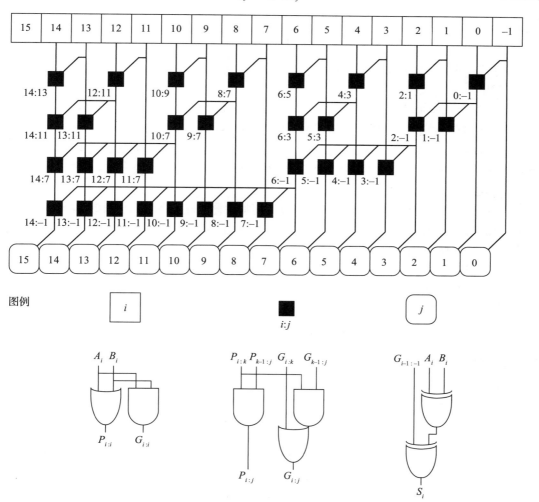

图 5.7 16 位前缀加法器

换句话说，如果上部分（$i:k$）产生一个进位，或者上部分传播一个在下部分（$k-1:j$）产生的进位，则跨度为 $i:j$ 的块将产生一个进位。如果上部分和下部分都传播进位，则块将传播进位。最后，前缀加法器使用公式（5.8）计算总和。

　　总之，前缀加法器使得延迟随着加法器中的列数呈对数增长，而不是线性增长。加速效果十分明显，尤其是对于 32 位或更多位的加法器，但代价是要使用比简单的先行进位加法器更多的硬件。黑色单元构成的网络称为前缀树。

　　使用前缀树来执行随输入数量呈对数增长的计算，这是一种强大的技术，可以灵活地用于许多其他类型的电路（例如习题 5.7）。

　　N 位前缀加法器的关键路径包括对 P_i 和 G_i 执行预计算，然后通过 $\log_2 N$ 步黑色前缀单元获得所有前缀，之后 $G_{i-1:-1}$ 通过底部的最后一个 XOR 门电路计算 S_i。N 位前缀加法器的延迟可用公式表示为：

$$t_{PA} = t_{pg} + \log_2 N\left(t_{pg\_prefix}\right) + t_{XOR} \tag{5.11}$$

其中 t_{pg_prefix} 是黑色前缀单元的延迟。

　　请注意，前缀加法器中最终（总和）框的延迟是一个 XOR 延迟（不是两个），因为 $\left(A_i \oplus B_i\right)$ 早在 A_i 和 B_i 可用时就已经计算过了。

　　例 5.2（前缀加法器的延迟）　计算 32 位前缀加法器的延迟，假设每个二输入门电路的延迟为 100 ps。

　　解：每个黑色前缀单元的传播延迟 t_{pg_prefix} 为 200 ps（即 2 个门电路的延迟）。因此，使用公式（5.11），32 位前缀加法器的传播延迟为 $100\ ps + \log_2(32) \times 200\ ps + 100\ ps = 1.2\ ns$，比先行进位加法器快了大概 3 倍，比例 5.1 中的行波进位加法器快了 8 倍。在实践中，效益并没有那么大，但前缀加法器仍然比其他方法快得多。

　　4. 小结

　　本节介绍了半加器、全加器和三种进位传播加法器（行波进位加法器、先行进位加法器和前缀加法器）。更快的加法器需要更多的硬件，因此成本和功耗也都更高，在为设计选择合适的加法器时必须权衡这些因素。

　　硬件描述语言提供"+"操作来指定 CPA。现代综合工具在许多可能的实现方法中进行选择，得到可以满足速度要求的最便宜（最小）的设计，这极大地简化了设计师的工作。HDL 示例 5.1 描述了一个带有进位输入和输出的 CPA，图 5.8 是生成的硬件。

HDL 示例 5.1　进位传播加法器

SystemVerilog

```systemverilog
module adder #(parameter N = 8)
              (input  logic [N-1:0] a, b,
               input  logic         cin,
               output logic [N-1:0] s,
               output logic         cout);

  assign {cout, s} = a + b + cin;
endmodule
```

VHDL

```vhdl
library IEEE; use IEEE.STD_LOGIC_1164.ALL;
use IEEE.NUMERIC_STD_UNSIGNED.ALL;

entity adder is
  generic(N: integer := 8);
  port(a, b: in  STD_LOGIC_VECTOR(N-1 downto 0);
       cin:  in  STD_LOGIC;
       s:    out STD_LOGIC_VECTOR(N-1 downto 0);
       cout: out STD_LOGIC);
end;

architecture synth of adder is
  signal result: STD_LOGIC_VECTOR(N downto 0);
begin
  result <= ("0" & a) + ("0" & b) + cin;
  s      <= result(N-1 downto 0);
  cout   <= result(N);
end;
```

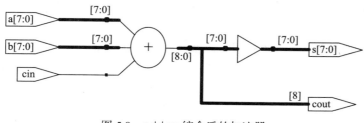

图 5.8　adder 综合后的加法器

5.2.2　减法

回顾 1.4.6 节，加法器可以使用二进制补码表示实现正数和负数的加法。减法几乎同样简单：改变减数的符号，然后做加法。要改变二进制补码的符号，可翻转所有的位，然后加 1。

要计算 $Y = A - B$，首先生成 B 的二进制补码，再将 B 的所有位取反得到 $\bar{B}$，加 1 得到 $-B = \bar{B} + 1$。把这个值和被减数 A 相加得到 $Y = A + \bar{B} + 1 = A - B$，通过将 $A + \bar{B}$ 与 $C_{in} = 1$ 相加，可以使用单个 CPA 进行求和。图 5.9 为减法器的符号和执行 $Y = A - B$ 的底层硬件。HDL 示例 5.2 描述了减法器，图 5.10 为生成的硬件。

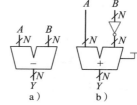

图 5.9　减法器。a）符号。b）实现

HDL 示例 5.2　减法器

SystemVerilog	VHDL

```
module subtractor #(parameter N = 8)
                   (input  logic [N-1:0] a, b,
                    output logic [N-1:0] y);

  assign y = a - b;
endmodule
```

```
library IEEE; use IEEE.STD_LOGIC_1164.ALL;
use IEEE.NUMERIC_STD_UNSIGNED.ALL;

entity subtractor is
  generic(N: integer := 8);
  port(a, b: in  STD_LOGIC_VECTOR(N-1 downto 0);
       y:    out STD_LOGIC_VECTOR(N-1 downto 0));
end;

architecture synth of subtractor is
begin
  y <= a - b;
end;
```

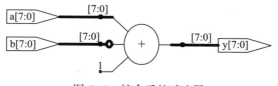

图 5.10　综合后的减法器

5.2.3　比较器

比较器用于判断两个二进制数是否相等，或者一个比另一个大还是小。比较器的输入为两个 N 位二进制数 A 和 B，并输出 1 位比较结果。

相等比较器产生单个输出，说明是否 A 等于 B ($A == B$)。大小比较器产生一个或多个输出，说明 A 和 B 的相对值。

相等比较器是相对简单的硬件，图 5.11 给出了 4 位相等比较器的符号和实现。它首先用 XNOR 门检查以确定 A 和 B 每个对应的位是否相等，如果每一位都相等，则两个数字相等。

如图 5.12 所示，有符号数的大小比较通常通过计算 $A–B$ 并查看结果的符号位（最高有效位）来完成。如果结果为负（即符号位为 1），则 A 小于 B。否则，A 大于或等于 B。然而，该比较器在溢出时会运行错误，习题 5.9 和习题 5.10 探讨了这个限制以及如何解决它。

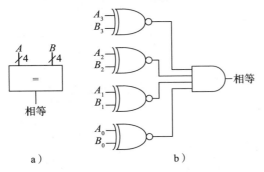

图 5.11　4 位相等比较器。a) 符号。b) 实现

图 5.12　N 位有符号数比较器

HDL 示例 5.3 展示了如何对无符号数执行各种比较操作，图 5.13 显示了生成的硬件。

HDL 示例 5.3　比较器

SystemVerilog

```
module comparators #(parameter N = 8)
                    (input  logic [N-1:0] a, b,
                     output logic eq, neq, lt, lte, gt, gte);

  assign eq  = (a == b);
  assign neq = (a != b);
  assign lt  = (a < b);
  assign lte = (a <= b);
  assign gt  = (a > b);
  assign gte = (a >= b);
endmodule
```

VHDL

```
library IEEE; use IEEE.STD_LOGIC_1164.ALL;

entity comparators is
  generic(N: integer := 8);
  port(a, b: in STD_LOGIC_VECTOR(N-1 downto 0);
       eq, neq, lt, lte, gt, gte: out STD_LOGIC);
end;

architecture synth of comparators is
begin
  eq  <= '1' when (a = b)  else '0';
  neq <= '1' when (a /= b) else '0';
  lt  <= '1' when (a < b)  else '0';
  lte <= '1' when (a <= b) else '0';
  gt  <= '1' when (a > b)  else '0';
  gte <= '1' when (a >= b) else '0';
end;
```

图 5.13　综合后的比较器

5.2.4　算术逻辑单元

算术逻辑单元 (ALU) 将各种算术和逻辑运算组合成一个单元。例如，典型的 ALU 可以执行加法、减法、AND 和 OR 操作。ALU 是绝大多数计算机系统的核心。

图 5.14 给出了具有 N 位输入和输出的 N 位 ALU 电路符号。ALU 接收 2 位控制信号 ALUControl，该信号指定 ALU 执行哪个功能。控制信号通常以灰色显示，以将它们与数据信号区分开来。表 5.1 列出了 ALU 可以执行的典型功能。

图 5.15 给出了一个 ALU 的实现。其中包含：一个 N 位加法器，N 个二输入 AND 门和 OR 门电路；反相器和一个多路选择器，用于在 ALUControl_0 控制信号有效时翻转输入信号 B；一个 4:1 多路选择器，根据 ALUControl 控制信号选择所需的功能。

更具体地，若 ALUControl = 00，则输出多路选择器选择 $A + B$。若 ALUControl = 01，则 ALU 计算 $A - B$。（回顾 5.2.2 节，在二进制补码算法中 $\bar{B}+1=-B$。因为 ALUControl_0 为 1，所以加法器接收输入 A 和 B 以及有效的进位输入，使其执行减法 $A+\bar{B}+1=A-B$。）如果 ALUControl = 10，则 ALU 计算 A AND B。如果 ALUControl = 11，则 ALU 计算 A OR B。

一些 ALU 产生额外的输出，这些输出被称为标志（flag），指示有关 ALU 输出的信息。图 5.16 是带有 4 位标志输出的 ALU 电路符号。如图 5.17 中该 ALU 的电路图所示，标志输出由 N、Z、C 和 V 标志组成，分别表示 ALU 输出结果为负、为零、加法器产生进位输出和溢出。回想一下，如果是负数则二进制补码数的最高有效位为 1，否则为 0。因此，N（负）标志连接到 ALU 输出的最高有效位 Result_{31}。当结果的所有位都为 0 时，Z（零）标志被置位，由图 5.17 中的 N 位非门检测到。当加法器产生进位输出并且 ALU 正在执行加法或减法（由 $\text{ALUControl}_1 = 0$ 指示）时，C（进位）标志被置位。

表 5.1　ALU 操作

$\text{ALUControl}_{1:0}$	功能	$\text{ALUControl}_{1:0}$	功能
00	加	10	AND
01	减	11	OR

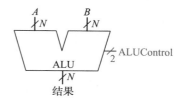

图 5.14　算术逻辑单元电路符号

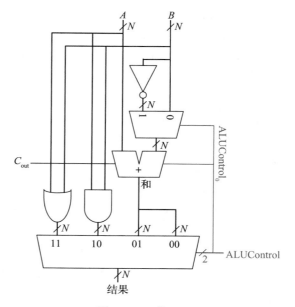

图 5.15　N 位 ALU

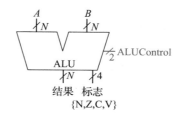

图 5.16　带有标志输出的 ALU 电路符号

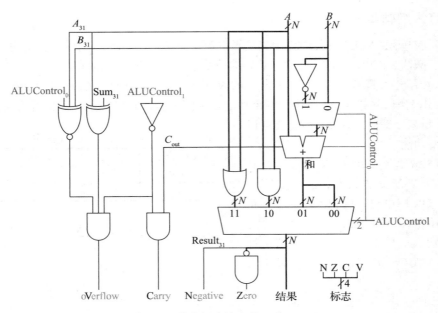

图 5.17   带有标志输出的 N 位 ALU

如图 5.17 左侧所示，溢出检测比较棘手。回顾 1.4.6 节，当两个相同符号的有符号数相加产生具有相反符号的结果时，就会发生溢出。因此，当以下三个条件都为真时，V（溢出）标志被置位：（1）ALU 正在执行加法或减法（$ALUControl_1 = 0$）；（2）XOR 门检测到 A 与和的符号相反；（3）可能会溢出。也就是说，由 XNOR 门检测到 A 和 B 的符号相同并且加法器正在执行加法（$ALUControl_0 = 0$），或 A 和 B 的符号相反并且加法器正在执行减法（$ALUControl_0 = 1$）。三输入 AND 门检测何时三个条件都为真，并将 V 标志置位。

如表 5.2 所示，ALU 标志也可用于比较。为了比较输入 A 和 B，ALU 计算 $A - B$ 并检查标志。如果 Z 标志被置位，则结果为 0，因此 A 等于 B，否则 A 不等于 B。

表 5.2   有符号和无符号比较

比较	有符号	无符号
$=$	Z	Z
$\neq$	$\bar{Z}$	$\bar{Z}$
$<$	$N \oplus V$	$\bar{C}$
$\leqslant$	$Z + (N \oplus V)$	$Z + \bar{C}$
$>$	$\bar{Z} \cdot \overline{(N \oplus V)}$	$\bar{Z} \cdot C$
$\geqslant$	$\overline{(N \oplus V)}$	C

大小比较有些复杂，而且取决于数字是有符号的还是无符号的。例如，为了确定 A 是否小于 B，将计算 $A - B$ 并检查结果是否为负。如果是无符号数并且没有进位输出，则 A 不小于 B。⊖如果对有符号数进行比较则不能依赖于进位，因为小的负数与大的正无符号数的表示方式相同，只须计算 $A - B$ 并查看由 N 标志指示的结果是否为负。但是，发生溢出时 N 标志将是不正确的。因此，如果 $N \oplus V$ 为真（即如果结果为负并且没有溢出，或者结果为正但发生溢出），则 A 小于 B。总之，如果 $A < B$，则定义 L（小于信号）为真。对于无符号数，$L = \bar{C}$。对于有符号数，$L = N \oplus V$。剩余的检查更为容易，小于或等于（$\leqslant$）为 L OR Z，因为 L 表示小于，Z 表示等于。大于或等于（$\geqslant$）是小

⊖   可以通过测试一些数字来检查这一点。注意，将 N 位数字的符号取反（即取二进制补码）进行减法运算会产生运算 $-B = \bar{B} + 1 = 2^N - B$。那么 $A + (-B) = 2^N + A - B$。如果 $A \geqslant B$，将产生进位（第 N 列中的 1），如果 $A < B$ 则没有进位。

于的反义词：$\bar{L}$。大于（>）表示大于但不等于：$\bar{L}$ AND $\bar{Z}$。

例 5.3（比较大小）考虑 4 位数字 $A = 1111$，$B = 0010$。确定是否 $A < B$，首先将数字解释为无符号数（15 和 2），然后将其解释为有符号数（–1 和 2）。

解：计算 $A - B = A + \bar{B} + 1 = 1111 + 1101 + 1 = 11101$。进位 C 为 1，如最高位所示。N 标志为 1，如次高位所示。V 标志为 0，因为结果与 A 的符号位相同。Z 标志为 0，因为结果不是 0000。

对于无符号比较，因为 15 不小于 2，故 $L = \bar{C} = 0$。对于有符号比较，$L = N \oplus V = 1$，因为 –1 小于 2。

某些 ALU 还实现了一个称为如果小于则置位（SLT）的指令。当 $A < B$ 时结果为 1，否则结果为 0。这对于无法访问 ALU 标志的计算机来说很方便，因为它从本质上将标志信息存储在结果中。SLT 通常将输入视为有符号数，另一种指令 SLTU 将输入视为无符号数。有许多基于 ALU 的变体可以支持其他功能，如非、异或以及同或。N 位 ALU 的 HDL，包括支持 SLT 和标志输出的版本，将在习题 5.11 至习题 5.14 中讨论。

例 5.4（扩展 ALU 以处理 SLT）扩展 ALU 以处理 SLT 操作。

解：要给 ALU 添加一个功能，必须将多路选择器扩展为具有 5 个输入。通过计算 $A - B$ 来确定 A 是否小于 B；如果结果为负，则 A 小于 B。表 5.3 给出了更新后的用于处理 SLT 的 ALUControl 信号。图 5.18a 为扩展后的电路，其中的变化以深灰色（控制信号）和黑色突出显示。若 ALUControl = 101 则进行 SLT 操作，若 $\text{ALUControl}_0 = 1$ 则加法器执行 $A - B$。当 $\text{Sum}_{N-1} = 1$ 时，$A - B$ 的结果为负，A 小于 B。因此将 Sum_{N-1} 用零扩展并送到 101 多路选择器的输入端以完成 SLT 操作。但是请注意，这样执行并不考虑溢出。发生溢出时，和的符号将是错的。

表 5.3　SLT 的 ALU 扩展运算

$\text{ALUControl}_{2:0}$	功能
000	加
001	减
010	与
011	或
101	SLT

因此对和的符号位与溢出信号 V 进行异或运算，以正确表示负和值，如图 5.18b 所示。

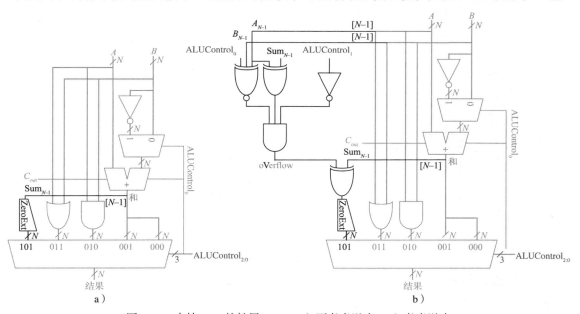

图 5.18　支持 SLT 的扩展 ALU。a）不考虑溢出。b）考虑溢出

5.2.5 移位器和循环移位器

移位器和循环移位器用于移动数字的位以及将数乘以或除以 2 的整数次幂。顾名思义，移位器将二进制数向左或向右移动指定位数。有几种常用的移位器：

- 逻辑移位器——将数字向左或向右移动，用 0 填充空位。

  例如：11001 >> 2 = 00110，11001 << 2 = 00100。

- 算术移位器——与逻辑移位器相同，但在算术右移时，用原来的最高有效位填充至新数据的最高有效位。这对于有符号数的乘法和除法很有用（参见 5.2.6 节和 5.2.7 节）。算术左移与逻辑左移相同。

  例如：11001 >>> 2 = 11110，11001 << 2 = 00100。通常运算符 <<、>> 和 >>> 分别表示左移、逻辑右移和算术右移。

- 循环移位器——将数字旋转成一个圆圈，这样从一端移走的位就会填充到另一端的空位上。

  例如：11001 ROR 2 = 01110，11001 ROL 2 = 00111。ROR 表示向右循环，ROL 表示左循环。

一个 N 位移位器可以由 N 个 $N{:}1$ 多路选择器构建。根据 $\log_2 N$ 位选择线的值，输入将移位 $0 \sim N{-}1$ 位。图 5.19 给出了 4 位移位器的符号和硬件，根据 2 位移位量 $\text{shamt}_{1:0}$ 的值，输出 Y 为经过 $0 \sim 3$ 位移位的输入 A。对于所有的移位器，当 $\text{shamt}_{1:0} = 00$ 时，$Y = A$。习题 5.22 包含了循环移位器的设计。

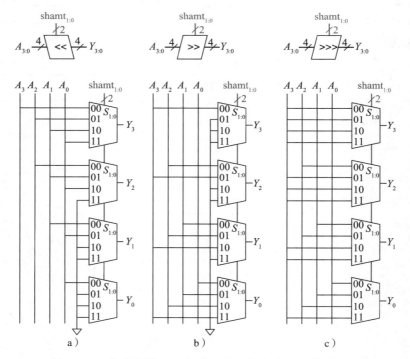

图 5.19 4 位移位器。a) 左移。b) 逻辑右移。c) 算术右移

左移是乘法的一个特例，左移 N 位相当于将一个数乘以 2^N。例如 $000011_2 << 4 = 110000_2$ 等价于 $3_{10} \times 2^4 = 48_{10}$。

算术右移是除法的一个特例,算术右移 N 位相当于将一个数除以 2^N。例如 $11100_2 >>> 2 = 11111_2$ 等价于 $-4_{10}/2^2 = -1_{10}$。

5.2.6 乘法 *

无符号二进制数的乘法类似于十进制乘法,但它只涉及 1 和 0。图 5.20 对比了十进制乘法和二进制乘法。在这两种情况下,部分积为乘数的一位乘以被乘数的所有位,将部分积移位后相加就能得到结果。

一般来说,$N \times N$ 乘法器将两个 N 位数字相乘并产生一个 $2N$ 位的结果。二进制乘法中的部分积要么是被乘数,要么是全 0。1 位二进制乘法相当于与运算,因此与门用于产生部分积。

```
    230          被乘数        0101
  ×  42          乘数       ×  0111
  ———            ————         ————
   460          部分积        0101
 + 920                        0101
  ————                        0101
  9660                      + 0000
                             ————————
             结果          0100011

 230 × 42 = 9660          5 × 7 = 35
      a )                    b )
```

图 5.20 乘法。a) 十进制。b) 二进制

有符号乘法和无符号乘法不同。例如,考虑 0xFE × 0xFD。如果将这些 8 位数解释为有符号整数,那么它们表示 –2 和 –3,因此 16 位乘积为 0x0006。如果这些数被解释为无符号整数,则 16 位乘积为 0xFB06。请注意,在任何一种情况下最低有效字节都是 0x06。图 5.21 给出了无符号 4×4 乘法器的电路符号、功能和实现。无符号乘法器接收被乘数 A 和乘数 B,并产生乘积 P。图 5.21b 显示了部分积是如何形成的,每个部分积由单个乘数位(B_3、B_2、B_1、B_0)与被乘数所有位(A_3、A_2、A_1、A_0)进行与运算得出。对于 N 位操作数,有 N 个部分积和 $N-1$ 级 1 位加法器。例如,对于 4×4 乘法器,第一行的部分积为 $B_0 \text{ AND}(A_3, A_2, A_1, A_0)$,该部分积与已移位的第二个部分积 $B_1 \text{ AND}(A_3, A_2, A_1, A_0)$ 相加。随后几行的与门和加法器生成剩余的部分积,并将它们相加。

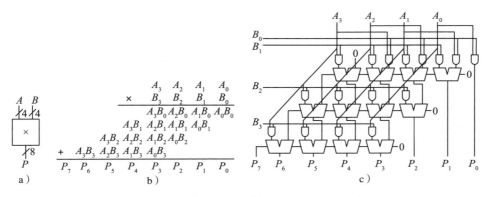

图 5.21 4×4 乘法器。a) 符号。b) 功能。c) 实现

HDL 示例 4.33 是有符号和无符号乘法器的 HDL。与加法器一样,存在许多不同的乘法器,它们的设计速度和成本不同。综合工具会根据时间约束选择最合适的设计。

乘法累加操作将两个数相乘,并将它们与第三个数相加,第三个数通常是累加值。这些操作也称为 MAC,通常用于数字信号处理(DSP)算法,例如需要对乘积求和的傅里叶变换。

5.2.7 除法 *

对于 $[0, 2^{N-1}]$ 范围内的 N 位无符号数,二进制除法可以使用以下算法执行:

```
R' = 0
for i = N-1 to 0
  R = {R' << 1, A_i}
```

```
D = R - B
if D < 0 then Q₁ = 0, R' = R   // R < B
else          Q₁ = 1, R' = D   // R ≥ B
R = R'
```

部分余数 R 初始化为 0（ $R' = 0$ ），被除数 A 的最高位变为 R 的最低位（ $R = \{R' << 1, A_i\}$ ）。用这个部分余数减去除数 B 以确定它是否符合条件（ $D = R - B$ ）。如果差值 D 为负（即 D 的符号位为 1），则商 Q_i 为 0，差值被舍去。否则，Q_i 为 1，部分余数更新为差值。不管是哪种情况，部分余数都乘以 2（左移一位），A 的下一个最高有效位成为 R 的最低有效位，并且重复该过程，结果满足 $\frac{A}{B} = Q + \frac{R}{B}$ 。

图 5.22 为一个 4 位阵列除法器的示意图。除法器计算 A/B 并生成商 Q 和余数 R 。图例给出了阵列除法器中每个块的符号和示意图，每行执行除法算法的一次迭代。具体来说，每行计算差值 $D = R - B$ 。（回想一下，$R + \bar{B} + 1 = R - B$ 。）多路选择器选择信号 N 表示负数，当行的差 D 为负时 N 为 1。所以 N 由 D 的最高有效位驱动，当差值为负时 N 为 1。当 D 为负时，商的每位 (Q_i) 都是 0，否则为 1。如果差值为负，多路选择器将 R 传递到下一行，否则将 D 传递到下一行。下一行将新的部分余数左移一位并附加 A 的下一个最高有效位，然后重复该过程。

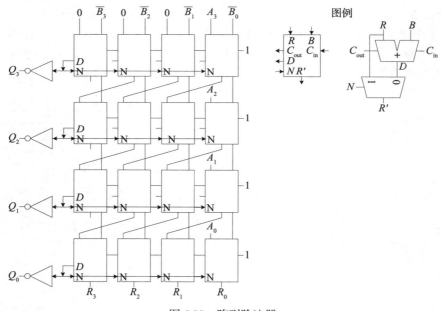

图 5.22　阵列除法器

N 位阵列除法器的延迟按 N^2 的比例增长，因为在确定符号和多路选择器选择 R 或 D 之前，进位必须逐次地通过一行中的所有 N 级，而且对所有 N 行重复这样的操作。除法是硬件中缓慢且很消耗资源的操作，因此应尽量少使用除法。

5.2.8　扩展材料

计算机算术可以是一本书的主题。由 Ercegovac 和 Lang 编写的 *Digital Arithmetic* 对这个领域进行了精彩的介绍，Weste 和 Harris 的 *CMOS VLSI Design* 涵盖高性能算术运算电路的设计。

5.3　数制系统

计算机不仅可以对整数进行操作，还可以对小数进行操作。到目前为止，本书只考虑了 1.4 节所介绍的有符号和无符号整数，本节将介绍可以表示有理数的定点数和浮点数系统。定点数类似于小数，其中一些位表示整数部分，其余位表示小数部分。浮点数类似于科学记数法，包含尾数和指数。

5.3.1　定点数系统

定点表示法在整数位和小数位之间有一个隐含的二进制小数点，类似于普通十进制数中整数位和小数位之间的十进制小数点。例如，图 5.23a 是一个具有 4 个整数位和 4 个小数位的定点数。图 5.23b 标出了隐含的二进制小数点，图 5.23c 是其等价的十进制值。

a）01101100
b）0110.1100
c）$2^2 + 2^1 + 2^{-1} + 2^{-2} = 6.75$

图 5.23　具有 4 个整数位和 4 个小数位的 6.75 的定点表示法

有符号定点数可以使用二进制补码或带符号的原码表示。图 5.24 给出了 –2.375 的定点数表示，使用了具有 4 个整数位和 4 个小数位的两种表示法。

a）0010.0110
b）1010.0110
c）1101.1010

图 5.24　–2.375 的定点数表示。a）绝对值。b）带符号的原码。c）二进制补码

为阅读清楚，显式标记出了隐含的二进制小数点。在带符号的原码中，最高有效位用于表示符号。二进制补码是通过将绝对值按位取反，并将最低有效（最右侧的）位加 1 形成的。在这个例子中，最低有效位的位置在 2^{-4} 列。

与所有二进制表示法一样，定点数只是位的集合。除非人为对数字加以解释，否则无法知道是否存在隐含的二进制小数点。

通常使用 $Ua.b$ 来表示有 a 个整数位和 b 个小数位的无符号定点数，用 $Qa.b$ 表示具有 a 个整数位（包括符号位）和 b 个小数位的有符号（二进制补码）定点数。

例 5.5（定点数的算术）　使用 $Q4.4$ 定点数计算 0.75 +（–0.625）。

解： 首先，将第二个数的大小 0.625 转换为定点二进制表示。$0.625 \geq 2^{-1}$，所以 2^{-1} 列为 1，剩下 0.625–0.5 = 0.125。因为 $0.125 < 2^{-2}$，所以 2^{-2} 列为 0。因为 $0.125 \geq 2^{-3}$，所以 2^{-3} 列为 1，剩下 0.125–0.125 = 0。因此，2^{-4} 列必为 0。综上所述，$0.625_{10} = 0000.1010_2$。

为使加法能正确进行，需要使用二进制补码表示有符号数，图 5.25 给出了从 –0.625 到二进制定点数补码的转换过程。

```
0000.1010   二进制原码
1111.0101   取反
+        1   加1
1111.0110   二进制补码
```

图 5.25　定点数二进制补码转换

图 5.26 对二进制定点数加法和等值十进制数加法做了比较。注意，图 5.26a 的二进制定点加法中的 8 位结果丢弃了溢出的 1。∎

```
  0000.1100            0.75
+ 1111.0110        + (–0.625)
 10000.0010            0.125
     a）                b）
```

图 5.26　加法。a）二进制定点数加法。b）等值十进制数加法

5.3.2　浮点数系统 *

浮点数类似于科学记数法。它规避了整数和小数位数固定的限制，允许表示非常大或非常小的数。与科学记数法一样，浮点数也有符号、尾数（M）、底数（B）和阶码（E），如图 5.27 所示。例如，数字 4.1×10^3 是 4100 的十进制科学记数法。它的尾数为 4.1，底数为 10，阶码为 3。小数点浮动到最高有效位之后的

位置，浮点数以 2 为底，尾数为二进制。32 位浮点数中包含 1 个符号位、8 个阶码位和 23 个尾数位。

例 5.6（32 位浮点数） 表示十进制数 228 的浮点数形式。

解： 首先将十进制数转换为二进制数：$228_{10} = 11100100_2 = 1.11001_2 \times 2^7$。图 5.28 为其 32 位编码，后面将进一步修改以提高效率。符号位为正（0），8 位阶码的值为 7，其余 23 位是尾数。

在二进制浮点数中，尾数的第一位（二进制小数点左侧）始终为 1，因此不需要存储，这被称为隐含前导位。图 5.29 所示为 $228_{10} = 11100100_2 \times 2^0 = 1.11001_2 \times 2^7$ 修改后的浮点表示。为了提高效率，隐含的前导位不包括在 23 位尾数中，仅存储小数位，为有用的数据省了一位空间。∎

最后对阶码字段进行一次修改，使得阶码能够表示正指数和负指数。为此，浮点数使用偏置阶码，即原始阶码加上恒定的偏置。32 位浮点数使用的偏置是 127，例如，对于阶码 7，偏置阶码为 7 + 127 = 134 = 10000110_2。对于阶码 –4，偏置阶码为 –4 + 127 = 123 = 01111011_2。图 5.30 是以浮点表示法表示的 $1.11001_2 \times 2^7$，其中隐含了前导位和偏置阶码 134（7 + 127），这种表示法符合 IEEE 754 浮点标准。

$\pm M \times B^E$

图 5.27 浮点数

1位	8位	23位
0	00000111	111 0010 0000 0000 0000 0000
符号	阶码	尾数

图 5.28 32 位浮点数表示版本 1

1位	8位	23位
0	00000111	110 0100 0000 0000 0000 0000
符号	阶码	小数

图 5.29 32 位浮点数表示版本 2

1位	8位	23位
0	10000110	110 0100 0000 0000 0000 0000
符号	偏置阶码	小数

图 5.30 IEEE 754 浮点表示法

1. 特殊情况：0、±∞ 和 NaN

IEEE 浮点标准用特殊方式表示 0、无穷大和非法结果等数。例如，在浮点数表示中隐含了前导位，所以表示数字 0 时是有问题的。为解决这些特殊情况，保留了阶码为全 0 或全 1 的特殊编码。表 5.4 为 0、±∞ 和 NaN 的浮点表示。与带符号的原码一样，浮点数也有正数 0 和负数 0。NaN 用于表示不存在的数字，例如 $\sqrt{-1}$ 或 $\log_2(-5)$ 。

表 5.4 0、±∞ 和 NaN 的 IEEE 754 浮点表示法

数字	符号	阶码	小数
0	X	00000000	00000000000000000000000
∞	0	11111111	00000000000000000000000
– ∞	1	11111111	00000000000000000000000
NaN	X	11111111	非零

2. 单精度、双精度和四精度格式

本节到目前的讨论都基于 32 位浮点数，这也称为单精度（single-precision、single 或 float）数。IEEE 754 标准还定义了 64 位双精度（double-precision 或 doubles）数和 128 位四精度（quadruple-precision 或 quads）数，以提供更高的精度和更大的取值范围。表 5.5 所示为每种格式中各字段的位数。

表 5.5　浮点格式

格式	总位数	符号位	阶码位	小数位	偏置
单精度	32	1	8	23	127
双精度	64	1	11	52	1023
四精度	128	1	15	112	16 363

排除前面所提到的特殊情况，正常单精度数的范围是 $\pm 1.175\ 494 \times 10^{-38}$ 到 $\pm 3.402\ 824 \times 10^{38}$，它们的精度约为 7 位十进制有效数字（因为 $2^{-24} \approx 10^{-7}$）。相似地，正常双精度数的范围是 $\pm 2.225\ 073\ 858\ 507\ 20 \times 10^{-308}$ 到 $\pm 1.797\ 693\ 134\ 862\ 32 \times 10^{308}$，精度约为 15 位十进制有效数字。四精度数具有 34 位十进制数字的精度，但尚未在硬件或软件中得到广泛支持。

3. 舍入

有效精度外的算术结果必须舍入为近似值。舍入模式有向下舍入、向上舍入、向零舍入和向最近端舍入，默认的舍入模式是向最近端舍入。在向最近端舍入模式中，如果到两端的距离一样，则选择小数部分最低有效位是 0 的数。

回想一下，当一个数字因太大而无法表示时会产生上溢。同样，当一个数字因太小而无法表示时会产生下溢。在舍入模式下，上溢会向上舍为 $\pm\infty$，下溢则向下舍为 0。

4. 浮点数加法

浮点数的加法并不像二进制补码加法那么简单。同符号浮点数加法步骤如下：

（1）提取阶码位和小数位；

（2）加上前导 1，形成尾数；

（3）比较阶码；

（4）必要时对较小的尾数进行移位；

（5）尾数相加；

（6）规整化尾数，并在必要时调整阶码；

（7）结果舍入；

（8）将阶码和小数组合成浮点数。

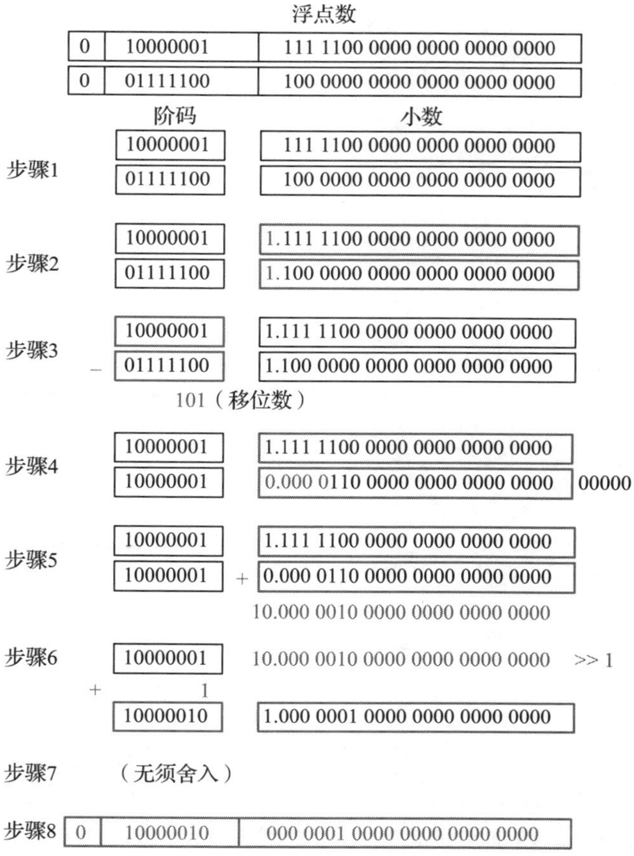

图 5.31 给出了 7.875（1.11111×2^2）和 0.1875（1.1×2^{-3}）的浮点加法，结果是 8.0625（1.0000001×2^3）。在步骤 1 和步骤 2 后，通过用较大阶码减去较小阶码的方式比较阶码字段。减法的结果就是在步骤 4 中将较小的数右移的位数，以对齐隐含的二进制小数点（使阶码相等）。将对齐后的数相加，因为

图 5.31　浮点数加法

相加得到的尾数大于等于 2.0，所以将其右移一位并使阶码加 1 来对结果进行规整化。在这个例子中，结果是准确的，因此不需要舍入。结果在删除尾数的隐含前导位并添加符号位后，以浮点数格式存储。

5.4 时序电路模块

本节将介绍计数器和移位寄存器两种时序电路模块。

5.4.1 计数器

图 5.32 所示为一个 N 位二进制计数器，是包含时钟、复位输入和一个 N 位输出 Q 的时序算术电路。复位将输出初始化为 0。然后计数器在每个时钟上升沿递增 1，以二进制顺序输出所有 2^N 种可能的值。

图 5.32　计数器符号

图 5.33 是一个由加法器和可复位寄存器组成的 N 位计数器。在每个周期里，计数器对存储在寄存器中的值加 1。HDL 示例 5.4 显示了一个带异步复位的二进制计数器，图 5.34 为生成的硬件。

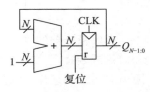

图 5.33　N 位计数器

HDL 示例 5.4　计数器

SystemVerilog

```systemverilog
module counter #(parameter N = 8)
                (input  logic         clk,
                 input  logic         reset,
                 output logic [N-1:0] q);

  always_ff @(posedge clk, posedge reset)
    if (reset) q <= 0;
    else       q <= q + 1;
endmodule
```

VHDL

```vhdl
library IEEE; use IEEE.STD_LOGIC_1164.ALL;
use IEEE.NUMERIC_STD_UNSIGNED.ALL;

entity counter is
  generic(N: integer := 8);
  port(clk, reset: in  STD_LOGIC;
       q:          out STD_LOGIC_VECTOR(N-1 downto 0));
end;

architecture synth of counter is
begin
  process(clk, reset) begin
    if reset then               q <= (OTHERS => '0');
    elsif rising_edge(clk) then q <= q + '1';
    end if;
  end process;
end;
```

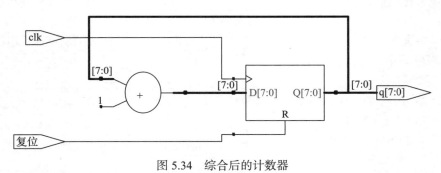

图 5.34　综合后的计数器

N 位计数器的最高有效位每 2^N 个周期切换一次。因此，它将时钟频率降低了 2^N 倍。这被称为 2^N 分频计数器，可用于减慢快速信号的速度。例如，如果一个数字系统有一个 50 MHz 的内部时钟，则可以使用 24 位计数器来产生一个 $(50 \times 10^6 \text{ Hz}/2^{24}) = 2.98$ Hz 的信号，该信号使发光二极管（LED）以人眼可观察的速率闪烁。

产生任意频率的一般化计数器称为数字控制振荡器（DCO，例 5.7）。考虑一个 N 位计数器，它在每个周期累加 p，而不是 1。如果计数器接收到频率为 f_{clk} 的时钟，则最高有效位现在在 $f_{out} = f_{clk} \times p / 2^N$ 处切换。通过明智地选择 p 和 N，可以产生任意频率的输出。更大的 N 提供了更精确的控制，但这以使用更多的硬件为代价。

例 5.7（数字控制振荡器） 假设有一个 50 MHz 的时钟并想要产生一个 500 Hz 的输出。考虑使用 N=24 位或 32 位的计数器，应该选择怎样的 p 值，以及可以多接近 500 Hz？

解： 想得到 $p/2^N$ = 500 Hz/50 MHz = 0.001。如果 N = 24，选择 p = 168 以得到 f_{out} = 500.68 Hz。如果 N = 32，选择 p = 42 950 以得到 f_{out} = 500.038 Hz。 ■

其他类型的计数器，如 Up/Down 计数器，将在习题 5.51 到习题 5.54 中讨论。

5.4.2 移位寄存器

如图 5.35 所示，移位寄存器包含时钟、串行输入 S_{in}、串行输出 S_{out} 和 N 位并行输出 $Q_{N-1:0}$。在每个时钟上升沿，会从 S_{in} 移入新的一位，所有后续内容都向前移动，移位寄存器的最后一位在 S_{out} 中。移位寄存器可以看作串行到并行转换器，S_{in} 以串行（一次一位）的方式提供输入。在 N 个周期后，之前的 N 位输入可在 Q 处并行访问。

图 5.35 移位寄存器电路符号

如图 5.36 所示，移位寄存器可由 N 个触发器串联构成，有些移位寄存器还有复位信号来初始化所有的触发器。

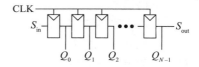

图 5.36 移位寄存器原理图

一个与之相关的电路是并行到串行转换器，它并行加载 N 位，然后一次移出一位。如图 5.37 所示，通过添加并行输入 $D_{N-1:0}$ 和控制信号 Load，移位寄存器既能执行串行到并行操作，也能执行并行到串行操作。当 Load 置位时，触发器从输入 D 中并行加载数据。否则，移位寄存器正常进行移位操作。HDL 示例 5.5 描述了这种移位寄存器，图 5.38 为生成的硬件。

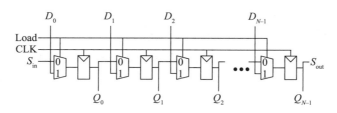

图 5.37 并行读取的移位寄存器

HDL 示例 5.5 带并行加载的移位寄存器

SystemVerilog

```
module shiftreg #(parameter N = 8)
                (input  logic       clk,
                 input  logic       reset, load,
                 input  logic       sin,
                 input  logic [N-1:0] d,
                 output logic [N-1:0] q,
                 output logic       sout);
```

VHDL

```
library IEEE; use IEEE.STD_LOGIC_1164.ALL;

entity shiftreg is
  generic(N: integer := 8);
  port(clk, reset: in  STD_LOGIC;
       load, sin:  in  STD_LOGIC;
       d:          in  STD_LOGIC_VECTOR(N-1 downto 0);
```

```
always_ff @(posedge clk, posedge reset)
  if (reset)       q <= 0;
  else if (load)   q <= d;
  else             q <= {q[N-2:0], sin};

 assign sout = q[N-1];
endmodule
```

```
  q:          out STD_LOGIC_VECTOR(N-1 downto 0);
  sout:       out STD_LOGIC);
end;

architecture synth of shiftreg is
begin
  process(clk, reset) begin
    if reset = '1' then q <= (OTHERS => '0');
    elsif rising_edge(clk) then
      if load then       q <= d;
      else               q <= q(N-2 downto 0) & sin;
      end if;
    end if;
  end process;

  sout <= q(N-1);
end;
```

图 5.38　综合后的移位寄存器

扫描链 *

移位寄存器常用于测试时序电路，使用的是一种称为扫描链的技术。测试组合电路相对简单，应用称为测试向量的已知输入，然后对照预期结果检查输出。测试时序电路要更困难，因为电路具有状态，可能需要大量的测试向量循环才能使从已知初始条件开始的电路进入所需状态。例如，测试 32 位计数器的最高有效位从 0 ～ 1 的变化，需要重置计数器，然后提供 2^{31}（约 20 亿）个时钟脉冲。

为了解决这个问题，设计人员希望能够直接观察并控制机器的所有状态。具体做法是添加一个测试模式，在该模式下，所有触发器的内容都可以被读出或被载入所需的值。大多数系统中的触发器数目太多，无法分配独立的引脚来读写每个触发器。为此，系统中所有的触发器都连接到一个称为扫描链的移位寄存器中。在正常模式下，触发器从输入 D 加载数据并忽略扫描链。在测试模式下，触发器使用 S_{in} 和 S_{out} 将其内容串行移出并移入新内容，负载多路选择器常常集成到触发器中以构成可扫描触发器。图 5.39 为可扫描触发器的原理图和电路符号，并说明了触发器如何级联以构建一个 N 位可扫描寄存器。

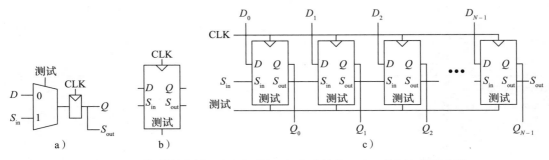

图 5.39　可扫描触发器。a）原理图。b）电路符号。c）N 位可扫描寄存器

例如，在测试 32 位计数器时，可以在测试模式下移入 011111…111，在正常模式下计数一个周期，然后移出结果（应为 100000…000）。这只需要 32 + 1 + 32 = 65 个周期。

5.5　存储器阵列

前面章节介绍了用于处理数据的算术和时序电路，数字系统还需要存储器来存储此类电路使用和生成的数据。由触发器构建的寄存器是一种可存储少量数据的存储器，本节介绍可以有效存储大量数据的存储器阵列。

本节首先概述所有存储器阵列共有的特性，然后介绍三种类型的存储器阵列，包括动态随机存储器（DRAM）、静态随机存储器（SRAM）和只读存储器（ROM），每一种存储器以不同的方式存储数据。本节简要讨论了对面积和延迟的权衡，并介绍了如何使用存储器阵列，它不仅可以存储数据，还可以执行逻辑功能。最后以存储器阵列的 HDL 来结束本节。

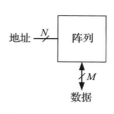

图 5.40　存储器阵列通用电路符号

5.5.1　概述

图 5.40 为存储器阵列的通用电路符号。存储器被组织为一个二维存储器单元阵列，存储器可以读取或写入阵列中的一行内容，该行由地址（address）指定，读取或写入的值称为数据。具有 N 位地址和 M 位数据的阵列有 2^N 行和 M 列，每一行数据称为一个字（word）。因此，该阵列包含 2^N 个 M 位字。

图 5.41 为一个具有 2 个地址位和 3 个数据位的存储器阵列，2 个地址位指定阵列中 4 行（数据字）中的一行，每个数据字的宽为 3 位。图 5.41b 显示了一些存储器阵列中可能存储的内容。

阵列的深度是行数，宽度是列数（也称为字长），阵列的大小以深度 × 宽度的形式给出。图 5.41 是一个 4 字 ×3 位的阵列，简称为 4×3 阵列。1024 字 ×32 位阵列的符号如图 5.42 所示，该数组的总大小为 32Kb，也称为 32Kib。

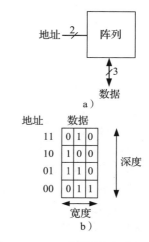

图 5.41　4×3 存储器阵列。a）电路符号。b）功能

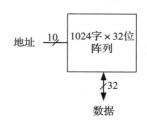

图 5.42　32Kb 阵列。深度 $=2^{10}=$ 1024 字，宽度 = 32 位

1. 位单元

存储器阵列以位单元构成的阵列组成，每个位单元存储 1 位数据。图 5.43 中每个位单元都连接到一条字线和一条位线。对于地址位的每一个组合，存储器断开一条字线，激活该行中的位单元。当字线为高电平时，就从位线传出或向位线传入要存储的位。否则，位线将与位单元断开，存储位的电路因存储器类型而异。

读取位单元时，位线初始化为浮空（Z）。然后字线转换为高电平，允许存储的值驱动位线为 0 或 1。写入

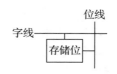

图 5.43　位单元

位单元时，位线被强制驱动为所需的值。然后字线转换为高电平，位线连接到存储的位。强制驱动的位线会改写位单元的内容，将所需的值写入存储位。

2. 存储器组成

图 5.44 显示了 4×3 存储器阵列的内部结构。当然，实际的存储器要大得多，较大阵列的行为可以从较小阵列中推断出来。在本例中，阵列存储了图 5.41b 中的数据。

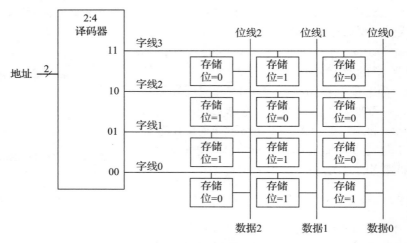

图 5.44 4×3 存储器阵列

读取存储器时，一条字线被置位，相应的位单元行将位线驱动为高电平或低电平。写入存储器时，首先将位线驱动为高电平或低电平，然后断开一条字线，从而允许将位线值存储在该行位单元中。例如，要读取地址 10，首先让位线浮空，译码器断开字线 2，该行位单元（100）中存储的数据被读出到数据位线。要将值 001 写入地址 11，首先位线被驱动为值 001，然后字线 3 被断开，之后新值（001）存储到了位单元中。

3. 存储器端口

所有存储器都有一个或多个端口，每个端口都提供对一个存储器地址的读取和 / 或写入访问权限，前面的例子都是单端口存储器。

多端口存储器可以同时访问多个地址。图 5.45 为具有 2 个读端口和 1 个写端口的三端口存储器，端口 1 从地址 A1 读取数据到读数据输出 RD1，端口 2 从地址 A2 读取数据到 RD2。如果写使能

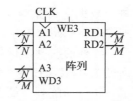

图 5.45 三端口存储器

WE3 被断开，则端口 3 在时钟的上升沿将来自写数据输入 WD3 的数据写入地址 A3。

4. 存储器类型

存储器阵列由它们的大小（深度 × 宽度）以及端口数目和类型指定，所有存储器阵列都以位单元阵列存储数据，但它们存储位的方式不同。

根据存储器如何在位单元上存储位对存储器进行分类，应用最广泛的分类是随机访问存储器（RAM）和只读存储器（ROM）。RAM 是易失性的，因此在电源关闭时会丢失数据。ROM 是非易失性的，这意味着即使没有电源，它也可以无限期地保存数据。

RAM 和 ROM 因历史原因而得名，但是这些原因现在不再有意义了。RAM 被称为随机访问存储器，因为对任何数据字的访问延迟都相同。与之相对，顺序访问存储器（例如磁带

录音机）访问附近数据比访问远处数据（例如磁带另一端的数据）更快。ROM 被称为只读存储器，因为早期的 ROM 只能读取而无法写入。这些名称令人困惑，因为 ROM 也是随机访问的。更糟糕的是，现在大部分 ROM 既可以读也可以写。要记住的重要区别是 RAM 是易失性的，而 ROM 是非易失性的。

　　RAM 的两种主要类型是动态 RAM（DRAM）和静态 RAM（SRAM）。动态 RAM 将数据存储为电容器上的电荷，而静态 RAM 使用一对交叉耦合的反相器存储数据。根据写入和擦除方式的不同，ROM 可以分为很多种不同的类型，这些不同类型的存储器将在后续章节中讨论。

5.5.2　动态随机存储器

　　动态随机存储器（DRAM）根据电容器上是否存在电荷来存储一位。图 5.46 是一个 DRAM 位单元，位值存储在电容器上，nMOS 晶体管充当开关控制电容器与位线连接或断开。当字线被断开时，nMOS 晶体管为导通状态，存储位的值就可以在位线上传入和传出。

　　如图 5.47a 所示，当电容器充电到 V_{DD} 时，存储位为 1；当放电到 GND 时（图 5.47b），存储位为 0。电容器节点是动态的，因为它没有被连接到 V_{DD} 或 GND 的晶体管主动驱动为高电平或低电平。

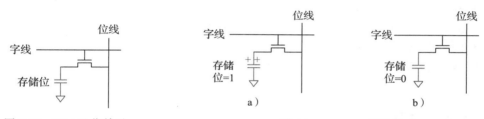

图 5.46　DRAM 位单元　　　　图 5.47　DRAM 存储值

　　在读取时，数据值从电容器传输到位线。在写入时，数据值从位线传输到电容器。读取会破坏存储在电容器中的位值，因此必须在每次读取后恢复（重写）数据。即使 DRAM 没有被读，内容也必须每隔几毫秒刷新（读取和重写）一次，因为电容器上的电荷会逐渐泄漏。

5.5.3　静态随机存储器

　　静态随机存储器（SRAM）是静态的，因为不需要刷新存储位。图 5.48 是一个 SRAM 位单元，数据位存储在 3.2 节所述交叉耦合的反相器上。每个单元有两个输出：位线和 $\overline{位线}$。当字线被断开时，两个 nMOS 晶体管都导通，数据值就从位线传出或传入位线。与 DRAM 不同，如果噪声降低了存储位的值，则交叉耦合反相器会恢复该值。

5.5.4　面积和延迟

　　触发器、SRAM 和 DRAM 都是易失性存储器，但各自具有不同的面积和延迟特性，表 5.6 比较了这三种类型的易失性存储器。存储在触发器中的数据位可以在其输出端直接访问，但是触发器至少需要 20 个晶体管来构建。一般来说，设备中的晶体管越多，它

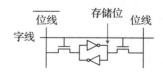

图 5.48　SRAM 位单元

表 5.6　存储器比较

存储器类型	每位单元晶体管数	延迟
触发器	~20	快
SRAM	6	中等
DRAM	1	慢

需要的面积就越大，功耗和成本就越高。DRAM 延迟比 SRAM 更大，因为它的位线不是由晶体管驱动的，DRAM 必须等待电荷（相对）缓慢地从电容器移动到位线。DRAM 的吞吐量基本上也低于 SRAM，因为它必须在读取后周期性地刷新数据。现已开发出新的 DRAM 技术来解决这个问题，如同步 DRAM（SDRAM）和双倍数据速率（DDR）SDRAM 技术等，SDRAM 使用时钟来流水线化存储器访问。DDR SDRAM 有时简称为 DDR，同时使用时钟的上升沿和下降沿来访问数据，从而使给定时钟速率下的吞吐量翻倍。DDR 于 2000 年首次标准化，存取速率为 100 ~ 200 MHz。之后的 DDR2、DDR3 和 DDR4 标准提高了时钟速率。

存储器延迟和吞吐量也取决于存储器的大小。其他条件都相同时，较大的存储器往往比较小的存储器更慢。对于特定的设计，最好的存储器类型取决于其速度、成本和功耗约束。

5.5.5 寄存器堆

数字系统通常使用多个寄存器来存储临时变量。这组寄存器称为寄存器堆，通常构建为小型多端口 SRAM 阵列，因为它比触发器阵列更紧凑。在某些寄存器堆中，特定条目（例如寄存器 0）被硬连线为始终读取值 0，因为 0 是一个常用常量。

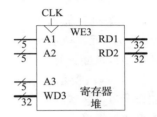

图 5.49 具有 2 个读端口和 1 个写端口的 32 × 32 寄存器堆

图 5.49 显示了由图 5.45 的三端口存储器构建的 32 × 32 三端口寄存器堆，有 2 个读端口（A1/RD1 和 A2/RD2）和 1 个写端口（A3/WD3）。5 位地址 A1、A2 和 A3 可以分别访问所有 $2^5=32$ 个寄存器。因此，可以同时读取两个寄存器并写入一个寄存器。

5.5.6 只读存储器

只读存储器以晶体管是否存在来存储一个位，图 5.50 是一个简单的 ROM 位单元。读这个单元时，位线被缓慢地推至高电平，随后字线导通。如果晶体管存在，它会使位线为低电平。如果它不存在，则位线保持高电平。请注意，ROM 位单元是一个组合电路，在电源关闭时没有可以"忘记"的状态。

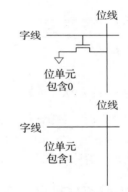

图 5.50 包含 0 和 1 的 ROM 位单元

ROM 的内容可以用点符号表示，图 5.51 中用点符号表示了包含图 5.41 中数据的 4 字 × 3 位 ROM，行（字线）和列（位线）交叉处的点表示数据位为 1。例如，顶端字线在数据 1 上有一个点，所以地址 11 存储的数据字为 010。

理论上，ROM 可以使用具有一组与门和一组或门的两层逻辑组成。与门产生所有可能的最小项，因此形成一个译码器。图 5.52 用译码器和或门组成了图 5.51 中的 ROM，图 5.51 中每个有点的行都是图 5.52 中或门的输入，只有一个点的数据位（在本例中为数据 0）不需要或门。ROM 的这种表示方法很有趣，因为它表示了 ROM 如何执行任何两层逻辑的功能。在实践中，为了减小尺寸和成本，ROM 是由晶体管而不是逻辑门组成的。5.6.3 节将进一步探讨晶体管层的实现。

图 5.50 中的 ROM 位单元的内容是在制造过程中通过每个位单元中是否存在晶体管来确定的。可编程 ROM（PROM）在每个位单元中放置一个晶体管，并提供了一种将晶体管接地

或断开接地的方法。

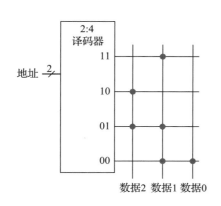

图 5.51 4×3 ROM：点符号表示

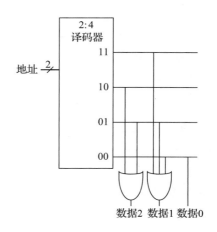

图 5.52 4×3 ROM：门电路实现

图 5.53 为熔丝可编程 ROM 的位单元。使用者通过施加高电压选择性地熔断熔丝来对 ROM 进行编程。如果熔丝存在，则晶体管接地，单元保持 0。如果保险丝被破坏，则晶体管与地断开，单元保持 1。因为熔丝一旦熔断就无法修复，这也被称为一次性可编程 ROM。

可重复编程 ROM 提供了一种可逆机制，用于控制晶体管到地的连接或断开。可擦写 PROM（EPROM）用浮栅晶体管代替 nMOS 晶体管和熔丝，浮栅不与任何的线物理连接。当施加合适的高电平时，电子穿过绝缘体进入浮栅，打开晶体管并将位线连接到字线（译码器的输出）。当 EPROM 暴露在强紫外（UV）光下约半小时时，电子被从浮栅中击落，从而关闭晶体管。这些动作分别称为编程和擦除。电子可擦除 PROM（EEPROM）和闪

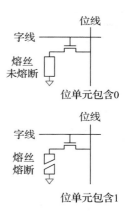

图 5.53 熔丝可编程 ROM 位单元

存基于类似的原理，但在芯片上包含用于擦除和编程的电路，因此不需要紫外线。EEPROM 位单元可单独擦除。闪存可擦除更大的位块并且更便宜，因为需要擦除的电路更少。2021 年，每吉字节闪存的价格约为 0.10 美元，并且价格持续以每年 30% ～ 40% 的速度下降，闪存已成为在便携式电池供电系统（如相机和音乐播放器）中存储大量数据的一种非常流行的方式。

总而言之，现代 ROM 并不是真正只读的，它们也可以被编程（写入）。RAM 和 ROM 之间的区别在于 ROM 需要更长的写入时间，但它是非易失性的。

5.5.7 使用存储器阵列的逻辑

存储器阵列主要用于数据存储，但也可以实现组合逻辑功能。例如，图 5.51 中 ROM 的数据 2 输出是两个地址输入的 XOR。同样，数据 0 是两个输入的 NOR。一个 2^N 字 × M 位的存储器可以执行任何 N 个输入和 M 个输出的组合功能。例如，图 5.51 中的 ROM 执行两位输入的三种功能。

用于执行逻辑的存储器阵列称为查找表（LUT），图 5.54 中的 4 字 ×1 位存储器阵列可以执行 $Y=AB$ 函数的查找表。使用存储器执行逻辑，用户可以查找给定输入组合（地址）的输出值。每个地址对应真值表中的一行，每个数据位对应一个输出值。

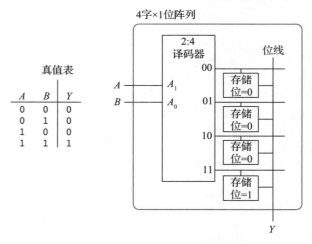

真值表

A	B	Y
0	0	0
0	1	0
1	0	0
1	1	1

图 5.54 用作查找表的 4 字 ×1 位存储器阵列

5.5.8 存储器 HDL

HDL 示例 5.6 描述了一个 2^N 字 × M 位的 RAM，图 5.55 是生成的硬件，RAM 有一个同步写使能。换句话说，当写使能 we 有效时，在时钟的上升沿就会发生写入。读取立即发生。首次供电时，RAM 的内容是不可预测的。

HDL 示例 5.6 RAM

SystemVerilog

```
module ram #(parameter N = 6, M = 32)
            (input  logic          clk,
             input  logic          we,
             input  logic [N-1:0]  adr,
             input  logic [M-1:0]  din,
             output logic [M-1:0]  dout);

  logic [M-1:0] mem [2**N-1:0];

  always_ff @(posedge clk)
    if (we) mem [adr] <= din;

  assign dout = mem[adr];
endmodule
```

VHDL

```
library IEEE; use IEEE.STD_LOGIC_1164.ALL;
use IEEE.NUMERIC_STD_UNSIGNED.ALL;

entity ram_array is
  generic(N: integer := 6; M: integer := 32);
  port(clk,
       we:   in  STD_LOGIC;
       adr:  in  STD_LOGIC_VECTOR(N-1 downto 0);
       din:  in  STD_LOGIC_VECTOR(M-1 downto 0);
       dout: out STD_LOGIC_VECTOR(M-1 downto 0));
end;

architecture synth of ram_array is
  type mem_array is array ((2**N-1) downto 0)
       of STD_LOGIC_VECTOR (M-1 downto 0);
  signal mem: mem_array;
begin
  process(clk) begin
    if rising_edge(clk) then
      if we then mem(TO_INTEGER(adr)) <= din;
      end if;
    end if;
  end process;

  dout <= mem(TO_INTEGER(adr));
end;
```

图 5.55 综合后的 RAM

HDL 示例 5.7 描述了一个 4 字 ×3 位的 ROM，ROM 的内容在 HDL 的 case 语句中指定，像这么小的 ROM 应该被综合成逻辑门电路而不是阵列。请注意，HDL 示例 4.24 中的 7 段数码管显示译码器综合为了图 4.20 中的 ROM。HDL 示例 5.8 为一个三端口 32×32 寄存器堆，其中条目 0 硬连线到 0。

HDL 示例 5.7　ROM

SystemVerilog

```
module rom(input  logic [1:0] adr,
           output logic [2:0] dout);

   always_comb
     case(adr)
       2'b00: dout = 3'b011;
       2'b01: dout = 3'b110;
       2'b10: dout = 3'b100;
       2'b11: dout = 3'b010;
     endcase
endmodule
```

VHDL

```
library IEEE; use IEEE.STD_LOGIC_1164.all;

entity rom is
   port(adr:  in  STD_LOGIC_VECTOR(1 downto 0);
        dout: out STD_LOGIC_VECTOR(2 downto 0));
end;

architecture synth of rom is
begin
   process(all) begin
     case adr is
       when "00"    => dout <= "011";
       when "01"    => dout <= "110";
       when "10"    => dout <= "100";
       when "11"    => dout <= "010";
       when others  => dout <= "---";
     end case;
   end process;
end;
```

HDL 示例 5.8　寄存器堆

SystemVerilog

```
module regfile(input  logic        clk,
               input  logic        we3,
               input  logic [5:0]  a1, a2, a3,
               input  logic [31:0] wd3,
               output logic [31:0] rd1, rd2);

   logic [31:0] rf[31:0];
   // three ported register file
   // read two ports combinationally (A1/RD1, A2/RD2)
   // write third port on rising edge of clock (A3/WD3/WE3)
   // register 0 hardwired to 0

   always_ff @(posedge clk)
     if (we3) rf[a3] <= wd3;

   assign rd1 = (a1 != 0) ? rf[a1] : 0;
   assign rd2 = (a2 != 0) ? rf[a2] : 0;
endmodule
```

VHDL

```
library IEEE;
use IEEE.STD_LOGIC_1164.all;
use IEEE.NUMERIC_STD_UNSIGNED.all;

entity regfile is
   port(clk:        in  STD_LOGIC;
        we3:        in  STD_LOGIC;
        a1, a2, a3: in  STD_LOGIC_VECTOR(5 downto 0);
        wd3:        in  STD_LOGIC_VECTOR(31 downto 0);
        rd1, rd2:   out STD_LOGIC_VECTOR(31 downto 0));
end;

architecture behave of regfile is
   type ramtype is array (31 downto 0) of STD_LOGIC_VECTOR
                                          (31 downto 0);
   signal mem: ramtype;
begin
   -- three ported register file
   -- read two ports combinationally (A1/RD1, A2/RD2)
   -- write third port on rising edge of clock (A3/WD3/WE3)
   -- register 0 hardwired to 0
   process(clk) begin
     if rising_edge(clk) then
       if we3 = '1' then mem(to_integer(a3)) <= wd3;
       end if;
     end if;
   end process;
   process(a1, a2) begin
     if (to_integer(a1) = 0) then rd1 <= X"00000000";
     else rd1 <= mem(to_integer(a1));
     end if;
     if (to_integer(a2) = 0) then rd2 <= X"00000000";
     else rd2 <= mem(to_integer(a2));
     end if;
   end process;
end;
```

5.6　逻辑阵列

　　和存储器一样，门也可以组织成规整的阵列。如果门间的连接是可编程的，那么可以配置这些逻辑阵列执行任何功能，而无须使用者以特定方式连线，规整的结构可以简化设计。

逻辑阵列可以大量生产，因此价格低廉。软件工具允许使用者将逻辑设计映射到这些阵列上，大部分逻辑阵列也是可重新配置的，这允许在不更换硬件的情况下修改设计。可重构性在开发过程中很有价值，并且在使用现场也很有用，因为只须下载新配置即可升级系统。

本节介绍两种类型的逻辑阵列：可编程逻辑阵列（PLA）和现场可编程门阵列（FPGA）。PLA 是相对较旧的技术，只能执行组合逻辑功能。FPGA 可以执行组合逻辑和时序逻辑。

5.6.1 可编程逻辑阵列

PLA 以乘积和（SOP）的形式实现两级组合逻辑，PLA 由一个 AND 阵列和一个 OR 阵列构成，如图 5.56 所示。输入（以真值和取反的形式）驱动 AND 阵列，该阵列产生蕴涵项，这些蕴涵项依次做 OR 运算以形成输出。一个 $M \times N \times P$ 位 PLA 有 M 位输入、N 位蕴涵项和 P 位输出。

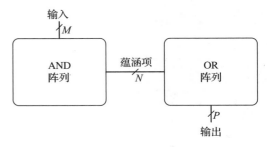

图 5.56　$M \times N \times P$ 位 PLA

图 5.57 所示为执行 $X = \overline{ABC} + AB\overline{C}$ 和 $Y = A\overline{B}$ 功能的 $3 \times 3 \times 2$ 位 PLA 的点符号表示。AND 阵列中的每一行组成一个蕴涵项，AND 阵列每一行中的点表示构成蕴涵项的是哪些变量。图 5.57 中的 AND 阵列形成了 3 个蕴涵项：$\overline{ABC}$、$AB\overline{C}$ 和 $A\overline{B}$。OR 阵列中的点说明输出函数中包含哪些蕴涵项。

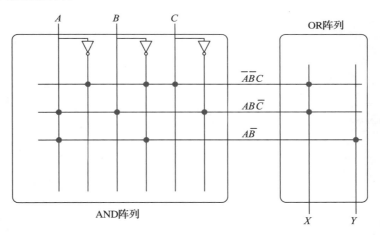

图 5.57　$3 \times 3 \times 2$ 位 PLA：点符号表示法

图 5.58 展示了如何使用两层逻辑组成 PLA，5.6.3 节中给出了另一种实现。

ROM 可以看作 PLA 的一个特例，一个 2^M 字 $\times N$ 位的 ROM 就是一个 $M \times 2^M \times N$ 位的 PLA。译码器和 AND 阵列一样，它产生所有的 2^M 个最小项。ROM 阵列和 OR 阵列一样，产生所有输出。如果函数不依赖于所有的 2^M 个最小项，则 PLA 可能比 ROM 小。例如，要实现与图 5.57 和图 5.58 所示的 $3 \times 3 \times 2$ 位 PLA 相同的功能，需要一个 8 字 $\times 2$ 位的 ROM。

简单可编程逻辑器件（SPLD）是增强型 PLA，可在基础 AND/OR 中加入寄存器和各种其他功能。然而，SPLD 和 PLA 已在很大程度上被 FPGA 取代，因为后者在构建大型系统时更加灵活和高效。

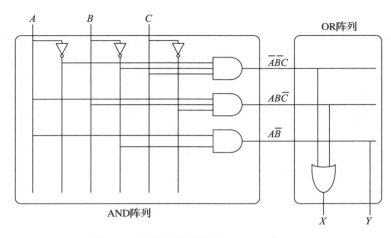

图 5.58　使用两层逻辑的 $3 \times 3 \times 2$ 位 PLA

5.6.2　现场可编程门阵列

FPGA 是一组可重配置的门，借助软件编程工具，使用者可以使用 HDL 或原理图在 FPGA 上实现设计。出于多种原因，FPGA 比 PLA 更强大也更灵活。FPGA 可以实现组合逻辑和时序逻辑，还可以实现多级逻辑功能，而 PLA 只能实现两级逻辑。现代 FPGA 集成了其他有用的功能，如内置乘法器、高速 I/O、包括数模转换器在内的数据转换器、大型 RAM 阵列和处理器。

FPGA 由可配置逻辑元件（Logic Element，LE）阵列构成，也称为可配置逻辑块（CLB）。每个 LE 都可以配置为执行组合或时序功能，图 5.59 为 FPGA 的一般框图。LE 被输入/输出元件（IOE）包围以与外界连接，IOE 将 LE 输入和输出连接到芯片封装的引脚上，LE 通过可编程路由通道连接到其他 LE 和 IOE。

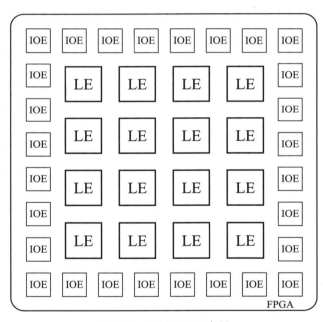

图 5.59　通用 FPGA 布局

两家领先的 FPGA 制造商分别是英特尔（前身为 Altera 公司）和赛灵思公司。图 5.60 为英特尔于 2009 年推出的 Cyclone IV FPGA 中的一个 LE，LE 的关键元素是一个四输入查找表（LUT）和一个 1 位寄存器。LE 还包含可配置的多路选择器，从而路由信号通过 LE。指定查找表的内容和多路选择器的选择信号，可以配置 FPGA。

每个 Cyclone IV LE 都有一个四输入 LUT 和一个触发器，通过将合适的值载入 LUT 中，可以配置其实现含最多 4 个变量的任意函数。配置 FPGA 还需要选择信号，以确定多路选择器如何路由数据通过 LE 到达相邻的 LE 和 IOE。例如，根据多路选择器的配置，LUT 将从数据 3 或者 LE 自带寄存器的输出处接收一个输入，其他三个输入始终来自数据 1、数据 2 和数据 4。数据 1 ~ 数据 4 输入来自 IOE 或其他 LE 的输出，具体取决于 LE 外部的路由。LUT 输出要么直接输出到 LE 输出端以实现组合函数，要么可以通过触发器实现寄存器函数。触发器的输入来自其自身的 LUT 输出、数据 3 输入或前一个 LE 的寄存器输出。其他硬件包括支持使用进位链硬件的加法功能、其他用于路由的多路选择器以及触发器使能和复位。Altera 公司将 16 个 LE 组合在一起以构成一个逻辑阵列块（LAB），并提供 LAB 内 LE 间的本地连接。

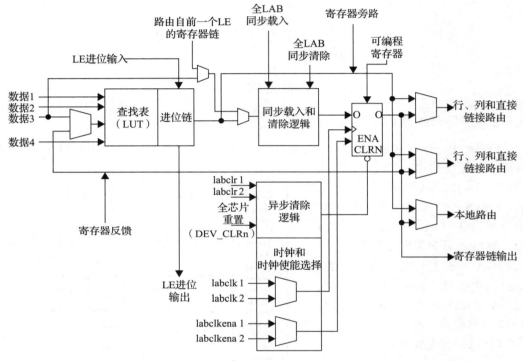

图 5.60 Cyclone IV 逻辑元件（LE）

（经允许转载自 Altera 公司 Altera Cyclone™ IV 手册 © 2010）

总之，每个 Cyclone IV LE 都可以实现一个含最多 4 个变量的组合和 / 或寄存器函数。其他品牌 FPGA 的组织方式略有不同，但支持相同的一般原则。例如，Xilinx 的 7 系列 FPGA 使用六输入 LUT，而不是四输入 LUT。

设计者配置 FPGA 时，首先创建设计的原理图或 HDL 描述，然后将设计综合到 FPGA 上。综合工具决定应如何配置 LUT、多路选择器和路由通道以实现指定的函数，然后将配置信息下载到 FPGA 上。因为 Cyclone IV FPGA 将其配置信息存储在 SRAM 中，所以它们很容易重新编程。当系统开启时，FPGA 可以从实验室的计算机或 EEPROM 芯片中下载其 SRAM 内容，一些制造商直接在 FPGA 上安装一个 EEPROM 或使用一次性可编程熔丝来配置 FPGA。

例 5.8（使用 LE 实现特定函数） 解释如何配置一个或多个 Cyclone IV LE 以实现以下函数：（a） $X = \overline{ABC} + AB\overline{C}$ 和 $Y = A\overline{B}$；（b） $Y = JKLMPQR$；（c）二进制状态编码的三分频计数器（参见图 3.29a）。你可能需要给出 LE 间的互联。

解：（a）配置两个 LE。一个 LUT 计算 X，另一个 LUT 计算 Y，如图 5.61 所示。对于第一个 LE，输入数据 1、数据 2、数据 3 分别是 A、B、C（这些连接由路由通道设置）。数据 4 是无关项，但必须连接到某值，因此连接到 0。对于第二个 LE，输入数据 1 和数据 2 分别为 A 和 B，其他 LUT 输入是无关项并连接到 0。配置最后的多路选择器，从 LUT 中选择组合输出，以产生 X 和 Y。通常，单个 LE 可以用这种方式计算任何含最多 4 个输入变量的函数。

(A) 数据1	(B) 数据2	(C) 数据3	数据4	(X) LUT输出
0	0	0	X	0
0	0	1	X	1
0	1	0	X	1
0	1	1	X	0
1	0	0	X	1
1	0	1	X	0
1	1	0	X	1
1	1	1	X	0

(A) 数据1	(B) 数据2	数据3	数据4	(Y) LUT输出
0	0	X	X	0
0	1	X	X	1
1	0	X	X	1
1	1	X	X	0

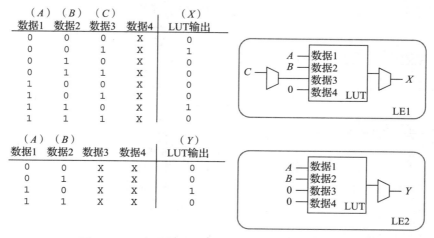

图 5.61　两个最多含 4 个输入变量的函数的 LE 配置

（b）配置第一个 LE 的 LUT 计算 $X = JKLM$，配置第二个 LE 的 LUT 计算 $Y = XPQR$，配置最后的多路选择器从每个 LE 中选择组合输出 X 和 Y。配置如图 5.62 所示，LE 之间的路由通道（由虚线表示）将 LE1 的输出连接到 LE2 的输入。一般来说，一组 LE 可以用这种方式计算一个 N 输入变量的函数。

(J) 数据1	(K) 数据2	(L) 数据3	(M) 数据4	(X) LUT输出
0	0	0	0	0
0	0	0	1	0
0	0	1	0	0
0	0	1	1	0
0	1	0	0	0
0	1	0	1	0
0	1	1	0	0
0	1	1	1	0
1	0	0	0	0
1	0	0	1	0
1	0	1	0	0
1	0	1	1	0
1	1	0	0	0
1	1	0	1	0
1	1	1	0	0
1	1	1	1	1

(P) 数据1	(Q) 数据2	(R) 数据3	(X) 数据4	(Y) LUT输出
0	0	0	0	0
0	0	0	1	0
0	0	1	0	0
0	0	1	1	0
0	1	0	0	0
0	1	0	1	0
0	1	1	0	0
0	1	1	1	0
1	0	0	0	0
1	0	0	1	0
1	0	1	0	0
1	0	1	1	0
1	1	0	0	0
1	1	0	1	0
1	1	1	0	0
1	1	1	1	1

图 5.62　含多于 4 个输入的函数的 LE 配置

（c）FSM 有两位状态（$S_{1:0}$）和一个输出（Y），下一个状态取决于两位当前状态。如

图 5.63 所示，使用两个 LE 根据当前状态计算下一个状态。使用分别在两个 LE 上的两个触发器来保持这个状态，触发器有一个可以连接到外部复位信号的复位输入。如虚线所示，使用数据 3 上的多路选择器和 LE 之间的路由通道将寄存器的输出反馈到 LUT 输入，通常可能需要另一个 LE 来计算输出 Y。然而，在这个例子中，$Y = S'_0$，所以 Y 可以来自 LE 1。因此，整个 FSM 适合两个 LE。通常 FSM 的每个状态位至少需要一个 LE，如果输出或下一个状态逻辑过于复杂而无法放入单个 LUT，则可能需要更多的 LE。∎

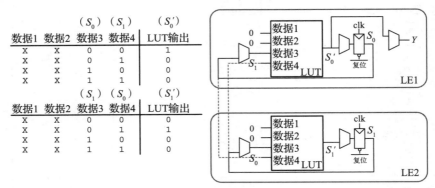

(S_0)	(S_1)		(S'_0)	
数据1	数据2	数据3	数据4	LUT输出
X	X	0	0	1
X	X	0	1	0
X	X	1	0	0
X	X	1	1	0

(S_1)	(S_0)		(S'_1)	
数据1	数据2	数据3	数据4	LUT输出
X	X	0	0	0
X	X	0	1	1
X	X	1	0	0
X	X	1	1	0

图 5.63 两位状态有限状态机的 LE 配置

例 5.9（更多逻辑元件的例子） 构建以下每个电路需要多少个 Cyclone IV LE？

（a）四输入与门电路

（b）七输入异或门电路

（c）$Y = A(B + C + D + E) + \bar{A}(BCDE)$

（d）12 位移位寄存器

（e）32 位 2:1 多路选择器

（f）16 位计数器

（g）具有 2 位状态、2 个输入和 3 个输出的任意有限状态机

解：

（a）1 个，LUT 可以实现含最多 4 个输入的任何函数。

（b）2 个，第一个 LUT 可以计算 4 个输入的异或结果，第二个 LUT 可以将该结果与另外 3 个输入进行异或。

（c）3 个，第一个 LUT 计算 $B + C + D + E$（1 个四输入的函数），第二个 LUT 计算 $BCDE$（另一个四输入函数），第三个 LUT 使用 3 个输入（前两个计算结果和 A）来计算 Y。

（d）12 个，移位寄存器的每一位包含一个触发器。

（e）32 个，2:1 多路选择器是三输入（S、D_0 和 D_1）的函数，因此每位需要一个 LUT。

（f）16 个，计数器的每位都需要一个触发器和一个全加器。LE 包含触发器和加法器逻辑。虽然一个全加器有两个输出并且可能看起来需要两个 LUT，但 LE 包含图 5.60 中所示的特殊进位链逻辑，经过优化可以使用单个 LE 执行加法。

（g）5 个，FSM 有两个触发器、两个下一个状态信号和三个输出信号。每个下一个状态信号都是四变量（两位状态和两个输入）函数，可以使用一个 LUT 进行计算。因此，对于下一个状态逻辑和状态寄存器，两个 LE 就足够了。每个输出是最多含四个信号的函数，因此每个输出都需要一个 LUT。∎

例 5.10（LE 延迟）　Alyssa P. Hacker 正在设计一个必须运行在 200MHz 下的有限状态机。她使用的 Cyclone IV FPGA 规格如下：$t_{LE} = 381\,ps\,/\,LE$，$t_{setup} = 76\,ps$，$t_{pcq} = 199\,ps$。LE 间的连接延迟为 246 ps。假设触发器的保持时间为 0。她的设计在两个寄存器之间最多可以用多少级 LE？

解： Alyssa 使用公式（3.13）求解逻辑的最大传播延迟：$t_{pd} \leqslant T_c - (t_{pcq} + t_{setup})$。

因此，$t_{pd} = 5ns - (0.199ns + 0.076ns)$，$t_{pd} \leqslant 4.725ns$。每个 LE 的延迟加上 LE 之间的连接延迟为 $t_{LE+wire} = 81ps + 246ps = 627ps$。LE 的最大级数 N 满足 $Nt_{LE+wire} \leqslant 4.725ns$。因此，$N = 7$。

5.6.3　阵列实现 *

为了最小化尺寸和成本，ROM 和 PLA 通常使用伪 nMOS（参见 1.7.8 节）或动态电路而不是传统的逻辑门。

图 5.64a 为 4×3 位 ROM 的点符号表示，它实现以下函数：$X = A \oplus B$、$Y = \overline{A} + B$ 和 $Z = \overline{AB}$。这些是与图 5.51 中相同的函数，只是地址输入重命名为 A 和 B，数据输出重命名为 X、Y 和 Z。伪 nMOS 实现如图 5.64b 所示，译码器的每一个输出连接到所在行中 nMOS 晶体管的栅极。注意在伪 nMOS 电路中，只在没有通过下拉（nMOS）网络到 GND 的路径时，弱 pMOS 晶体管才会输出高电平。

下拉晶体管放置在每个没有点符号的交汇点上。为了便于比较，图 5.64a 中的点在图 5.64b 中仍然可见。弱上拉晶体管在相应字线中没有下拉晶体管时将输出拉到高电平。例如，当 $AB = 11$ 时，字线 11 为高电平，X、Z 上的晶体管导通，并将这些输出拉为低电平。Y 输出上没有晶体管连接到字线 11，因此 Y 被弱上拉晶体管拉高。

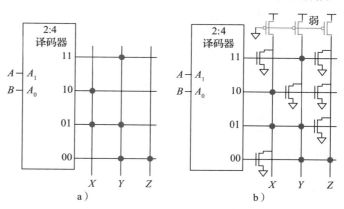

图 5.64　ROM 实现。a) 点符号。b) 伪 nMOS 电路

PLA 也可以用伪 nMOS 电路实现，图 5.65 为图 5.57 中 PLA 的实现。下拉（nMOS）晶体管放置在 AND 阵列中没有点的位置，以及 OR 阵列中有点的行上，OR 阵列中的列在被反馈到输出位之前都需要经过一个反相器。同样，为了便于比较，图 5.57 中的点在图 5.65 中仍然可见。

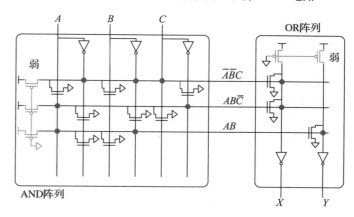

图 5.65　使用伪 nMOS 电路的 $3 \times 3 \times 2$ 位 PLA

5.7 本章总结

本章介绍了许多数字系统中使用的数字构建模块。这些模块包括：加法器、减法器、比较器、移位器、乘法器和除法器等算术电路；计数器和移位寄存器等时序电路；存储器阵列和逻辑阵列。本章还探讨了小数的定点和浮点表示，在第 7 章中将使用这些构建模块来构造微处理器。

加法器是大多数算术电路的基础。半加器将两个一位输入 A 和 B 相加，并产生一位和以及一位进位。全加器将半加器扩展为可接受进位。N 个全加器可以级联以形成进位传输加法器（CPA），以实现两个 N 位数的加法。因为进位要逐次通过每一个全加器，这一类 CPA 称为行波进位加法器。可以使用前瞻或前缀技术构建更快的 CPA。

减法器把减数变为负数，再和被减数相加。大小比较器把一个数和另一个数相减，并根据结果的符号或进位确定相对关系。乘法器使用与门形成中间结果，然后使用全加器将这些位相加。除法器重复地从部分余数中减去除数，并检查差的符号以确定商位。计数器使用加法器和寄存器来增加正进行的计数。

小数使用定点或浮点形式表示，定点数类似于十进制数，浮点数类似于科学记数法。定点数使用一般的算术电路，而浮点数需要更复杂的硬件来提取和处理符号、阶码、尾数。大型的存储器按字阵列方式组织，存储器具有一个或多个端口用来读取和 / 或写入字。SRAM 和 DRAM 等易失性存储器在断电时会丢失其状态。SRAM 比 DRAM 快，但需要更多晶体管。寄存器组是一个小型多端口 SRAM 阵列。非易失性存储器 ROM 可以无限期地保持其状态，尽管命名为 ROM，但大多数现代 ROM 都可以写入。

阵列也是构建逻辑的常规方式，存储器阵列可用作 LUT 来实现组合函数。PLA 由可配置的 AND 和 OR 阵列之间的专用连接组成，它们只实现组合逻辑。FPGA 由许多小的 LUT 和寄存器组成，它们实现组合逻辑和时序逻辑，可以配置 LUT 的内容及其内部连接以执行任何逻辑功能。现代 FPGA 易于重新编程，具有足够大的容量和便宜的价格来构造专用数字系统，因此广泛用于中小型的商业和教育产品。

习题

5.1 以下三种 64 位加法器的延迟是多少？假设每个二输入门延迟为 150 ps，全加器延迟为 450 ps。
 （a）行波进位加法器
 （b）四位单元的先行进位加法器
 （c）前缀加法器

5.2 设计两个加法器：一个是 64 位的行波进位加法器，另一个是四位单元的 64 位先行进位加法器。只使用二输入门器件，每一个二输入门器件的面积为 $15\,\mu m^2$，延迟为 50ps，门电容为 20fF。假设静态电源可以忽略。
 （a）比较两个加法器的面积、延迟和功率（运行频率为 100MHz，运行电压为 1.2V）。
 （b）讨论功率、面积和延迟之间的权衡。

5.3 解释为什么设计者会选择使用行波进位加法器而不是先行进位加法器。

5.4 用 HDL 设计图 5.7 的 16 位前缀加法器。模拟并测试你的模块，以证明它能正确运行。

5.5 图 5.7 所示的前缀网络使用黑色单元格来计算所有前缀，一些单元传播信号并不是必需的。设计一个 "灰色单元" 从位 i:k 和 k-1:j 接收 G 和 P 信号，但只产生 $G_{i:j}$，而不产生 $P_{i:j}$。重新绘制前缀网络，尽可能用灰色单元替换黑色单元。

5.6 图 5.7 所示的前缀网络并不是以对数时间计算所有前缀的唯一方法。Kogge-Stone 网络是另一种常见的前缀网络，它使用不同的黑色单元连接来执行相同的功能。研究 Kogge-Stone 加法器并绘制类似于图 5.7 的原理图，该原理图表示 Kogge-Stone 加法器中黑色单元的连接。

5.7 回想一个 N 输入优先级编码器，它具有 $\log_2 N$ 位输出，用于编码 N 个输入中的某一个以获得优先级（参见习题 2.36）。

    （a）设计一个 N 输入优先级编码器，延迟按 N 的对数增加。画出电路原理图，并根据电路元件的延迟给出电路的延迟。

    （b）用 HDL 对你的设计进行编码。模拟并测试你的模块，证明它能正确地运行。

5.8 为 32 位无符号数设计以下三种比较器。画出原理图。

    （a）不等于

    （b）大于或等于

    （c）小于

5.9 考虑图 5.12 的有符号比较器。

    （a）给出两个 4 位有符号数 A 和 B 的例子，其中 4 位有符号比较器正确地计算 $A < B$。

    （b）给出两个 4 位有符号数 A 和 B 的例子，其中 4 位有符号比较器错误地计算 $A < B$。

    （c）一般来说，N 位有符号比较器何时不正确工作？

5.10 修改图 5.12 的 N 位有符号比较器，为所有 N 位有符号输入 A 和 B 正确计算 $A < B$。

5.11 使用你最喜欢的 HDL 设计图 5.15 所示的 32 位 ALU。可以用行为模型或者结构模型设计顶层模块。

5.12 使用你最喜欢的 HDL 设计图 5.17 所示的 32 位 ALU。可以用行为模型或者结构模型设计顶层模块。

5.13 使用你最喜欢的 HDL 设计图 5.18a 所示的 32 位 ALU。可以用行为模型或者结构模型设计顶层模块。

5.14 使用你最喜欢的 HDL 设计图 5.18b 所示的 32 位 ALU。可以用行为模型或者结构模型设计顶层模块。

5.15 编写一个测试平台来测试习题 5.11 中的 32 位 ALU，之后用它来测试 ALU，包括任何必要的测试向量文件。一定要测试足够多的极端案例，使人信服 ALU 的功能是正确的。

5.16 对习题 5.12 中的 ALU 重复习题 5.15。

5.17 对习题 5.13 中的 ALU 重复习题 5.15。

5.18 对习题 5.14 中的 ALU 重复习题 5.15。

5.19 构建一个无符号比较单元来比较两个无符号数 A 和 B。该单元的输入是来自图 5.16 中 ALU 的标志信号（N、Z、C、V），ALU 执行减法 $A-B$。单元的输出为 HS、LS、HI 和 LO，分别表示 A 大于或等于、小于或等于、大于和小于 B。

    （a）用 N、Z、C 和 V 写出 HS、LS、HI 和 LO 的最小方程。

    （b）画出 HS、LS、HI 和 LO 的电路图。

5.20 构建一个有符号比较单元来比较两个有符号数 A 和 B。该单元的输入是来自图 5.16 中 ALU 的标志信号（N、Z、C、V），ALU 执行减法 $A-B$。单元的输出是 GE、LE、GT 和 LT，分别表示 A 大于或等于、小于或等于、大于和小于 B。

    （a）用 N、Z、C 和 V 写出 GE、LE、GT 和 LT 的最小方程。

    （b）画出 GE、LE、GT 和 LT 的电路图。

5.21 设计一个将 32 位输入左移 2 位的移位器，输入和输出均为 32 位。用文字解释设计并画出电路图，用你最喜欢的 HDL 实现设计。

5.22 设计 4 位向左和向右的循环移位器。绘制每个设计的电路图，用你最喜欢的 HDL 实现设计。

5.23 仅使用 24 个 2:1 多路选择器设计一个 8 位左移位器。移位器接收 8 位输入 A 和 3 位移位量

shamt$_{2:0}$，它产生一个 8 位输出 Y。画出电路图。

5.24 解释如何仅使用 $N\log_2 N$ 个 2:1 多路选择器构造任意 N 位移位器或循环移位器。

5.25 图 5.66 中的漏斗移位器可以执行任何 N 位移位或循环移位操作。它将 $2N$ 位输入右移 k 位，输出 Y 是结果的 N 位最低有效位。输入的 N 位最高有效位称为 B，N 位最低有效称为 C。通过选择合适的 B、C 和 k 值，漏斗移位器可以执行任何类型的移位或循环移位。用 A、shamt 和 N 描述以下这些值应该是什么。

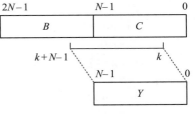

图 5.66　漏斗移位器

(a) A 逻辑右移 shamt 位

(b) A 逻辑右移 shamt 位

(c) A 左移 shamt 位

(d) A 右循环移位 shamt 位

(e) A 右循环移位 shamt 位

5.26 根据与门延迟（t_{AND}）和全加器延迟（t_{FA}）从图 5.21 中找到无符号 4×4 乘法器的关键路径。以相同方式构建的 $N\times N$ 乘法器的延迟是多少？

5.27 根据 2:1 多路选择器延迟（t_{MUX}）、全加器延迟（t_{FA}）和反相器延迟（t_{INV}），从图 5.22 中找到无符号 4×4 除法器的关键路径。以相同方式构建的 $N\times N$ 除法器的延迟是多少？

5.28 设计一个处理二进制补码的乘法器。

5.29 符号扩展单元通过将输入的最高有效位复制到输出的高位（参见 1.4.6 节），将 M 位二进制补码数扩展到 N（$N > M$）位。它接收一个 M 位输入 A 并产生一个 N 位输出 Y。绘制一个具有 4 位输入和 8 位输出的符号扩展单元的电路，为设计编写 HDL 代码。

5.30 零扩展单元通过将零放在输出的高位，将 M 位无符号数扩展到 N 位（$N > M$）。绘制一个具有 4 位输入和 8 位输出的零扩展单元的电路，为设计编写 HDL 代码。

5.31 使用小学标准除法算法以二进制形式计算 $111001.000_2/001100.000_2$，并进行证明。

5.32 下列数字系统可以表示的数的范围是多少？

(a) U12.12 格式（24 位无符号定点数，含 12 个整数位和 12 个小数位）

(b) 具有 12 个整数位和 12 个小数位的 24 位原码定点数

(c) Q12.12 格式（24 位补码定点数，含 12 个整数位和 12 个小数位）

5.33 用 16 位定点原码格式（8 个整数位和 8 个小数位）表示以下十进制数。用十六进制表示结果。

(a) -13.5625

(b) 42.3125

(c) $-17.156\,25$

5.34 用 12 位定点原码格式（6 个整数位和 6 个小数位）表示以下十进制数。用十六进制表示结果。

(a) -30.5

(b) 16.25

(c) $-8.078\,125$

5.35 以 Q8.8 格式表示习题 5.33 中的十进制数（16 位定点补码格式，有 8 个整数位和 8 个小数位）。用十六进制表示结果。

5.36 以 Q6.6 格式表示习题 5.34 中的十进制数（12 位定点补码格式，包含 6 个整数位和 6 个小数位）。用十六进制表示结果。

5.37 以 IEEE 754 单精度浮点格式表示习题 5.33 中的十进制数。用十六进制表示结果。

5.38 以 IEEE 754 单精度浮点格式表示习题 5.34 中的十进制数。用十六进制表示结果。

5.39 将下面 Q4.4 格式的数（二进制补码定点数）转换为十进制数。这里显式给出了隐含的二进制小数点以帮助理解。

(a) 0101.1000

(b) 1111.1111

(c) 1000.0000

5.40 对以下 Q6.5 格式的数（二进制补码定点数）重复习题 5.39。

(a) 011101.10101

(b) 100110.11010

(c) 101000.00100

5.41 当两个浮点数相加时，为什么阶码较小的数被移位？用文字解释并举例说明你的解释。

5.42 将以下 IEEE 754 单精度浮点数相加。

(a) C0123456 + 81C564B7

(b) D0B10301 + D1B43203

(c) 5EF10324 + 5E039020

5.43 将以下 IEEE 754 单精度浮点数相加。

(a) C0D20004 + 72407020

(b) C0D20004 + 40DC0004

(c) (5FBE4000 + 3FF80000) + DFDE4000（为什么结果与预想不同？解释一下。）

5.44 扩展 5.3.2 节中实现浮点数加法的步骤，使它能和计算正浮点数一样计算负浮点数。

5.45 考虑 IEEE 754 单精度浮点数。

(a) IEEE 754 单精度浮点格式可以表示多少数字？不需要考虑 $\pm\infty$ 和 NaN。

(b) 如果不包含 $\pm\infty$、NaN 的表示，另外还可以表示多少个数字？

(c) 解释为什么 $\pm\infty$ 和 NaN 用特殊的形式表示。

5.46 考虑以下十进数：245 和 0.0625。

(a) 用单精度浮点表示法写出这两个数。用十六进制给出你的答案。

(b) 对（a）中的两个 32 位数字进行大小比较。换句话说，将两个 32 位数字表示为二进制补码并进行比较。整数比较是否给出了正确的结果？

(c) 你决定提出一种新的单精度浮点表示法，一切都与 IEEE 754 单精度浮点标准相同，只是你使用二进制补码而不是偏置数来表示阶码。用你的新标准写出这两个数，用十六进制给出答案。

(d) 整数比较是否适用于（c）中的新浮点表示法？

(e) 为什么整数比较可以方便地处理浮点数？

5.47 使用你最喜欢的 HDL 设计一个单精度浮点加法器。在使用 HDL 对设计进行编码之前，画出设计的电路图。模拟并测试加法器，证明它能正确运行。你可以只考虑正数并使用向零舍入（舍位），也可以忽略表 5.4 中给出的特殊情况。

5.48 探索 32 位浮点乘法器的设计。乘法器有两个 32 位浮点输入并产生一个 32 位浮点输出，你可以只考虑正数并使用向零舍入（舍位），也可以忽略表 5.4 中给出的特殊情况。

(a) 写出实现 32 位浮点乘法的步骤。

(b) 画出 32 位浮点乘法器的原理图。

(c) 用 HDL 设计一个 32 位浮点乘法器。模拟并测试乘法器，证明它能正确运行。

5.49 探索 32 位前缀加法器的设计。

(a) 画出设计原理图。

(b) 用 HDL 设计 32 位前缀加法器。模拟并测试加法器，证明它能正确运行。

(c)（a）中的 32 位前缀加法器的延迟是多少？假设每个二输入门延迟为 100 ps。

(d) 设计 32 位前缀加法器的流水线版本，画出设计原理图。流水线前缀加法器可以运行多快？可以假设排序开销（$t_{pcq} + t_{setup}$）为 80 ps，使设计尽可能快地运行。

(e) 用 HDL 设计流水线 32 位前缀加法器。

5.50 递增器能将一个 N 位数加 1，使用半加器构建一个 8 位递增器。

5.51 设计一个 32 位同步 Up/Down 计数器，输入为 Reset 和 Up。当 Reset 为 1 时，输出全部为 0。否则，当 Up = 1 时，电路向上计数；当 Up = 0 时，电路向下计数。

5.52 设计一个 32 位计数器，在每个时钟沿加 4。计数器具有复位和时钟输入，复位后，计数器输出全为 0。

5.53 修改习题 5.52 中的计数器，使计数器在每个时钟沿加 4，或加载一个新的 32 位值 D，这取决于控制信号 Load。当 Load = 1 时，计数器加载新值 D。否则，它增加 4。

5.54 N 位 Johnson 计数器由一个带复位信号的 N 位移位寄存器组成，移位寄存器的输出（S_{out}）取反并反馈到输入（S_{in}）。当计数器复位时，所有位都清零。

(a) 显示由 4 位 Johnson 计数器在复位后立即开始产生的输出序列 $Q_{3:0}$。

(b) N 位 Johnson 计数器经过多少个周期就会重复出现相同的序列？解释你的结果。

(c) 使用 5 位 Johnson 计数器、10 个与门和反相器设计一个十进制计数器。十进制计数器有时钟、复位和 10 个单状态输出 $Y_{9:0}$。当计数器复位时，Y_0 被置位。在每一个序列周期中，下一个输出将有效。10 个周期之后，计数器必须重复。画出十进制计数器的电路图。

(d) Johnson 计数器与传统计数器相比有哪些优势？

5.55 为如图 5.38 所示的 4 位可扫描触发器编写 HDL。模拟和测试你的 HDL 模块，证明其能正确运行。

5.56 英语中有大量的冗余信息能够用来重建乱码传输，二进制数据也可以以冗余形式传输以允许纠错。例如，数字 0 可以编码为 00000，数字 1 可以编码为 11111。然后，该值可以通过可能翻转两个位的噪声通道发送。接收器可以重构出原始数据，因为在接收的 5 位数据中，至少有 3 位为 0 才为 0；同样，应该至少有 3 位为 1 才是 1。

(a) 设计一种编码，它使用 5 位信息编码发送 00、01、10 或 11，以便可以纠正所有损坏一位编码数据的错误。提示：00 和 11 的编码 00000 和 11111 无效。

(b) 设计一个电路来接收五位编码数据并将其译码为 00、01、10 或 11，即使一位传输数据已更改。

(c) 假设你想更改为另一种五位编码。如何实现你的设计，以便在无须使用不同硬件的情况下轻松更改编码？

5.57 快速 EEPROM 简称为闪存，是引起消费电子产品革命的新产品。研究并解释闪存的工作原理，用图说明浮栅。描述存储器中的位是如何编程的，正确注明引用的来源。

5.58 外星生命项目组刚刚发现了居住在莫诺湖底部的外星人。他们需要设计一个电路，根据 NASA 探测器提供的测量特征（绿色、棕色、黏稠和丑陋）按潜在的起源行星对外星人进行分类。仔细咨询异种生物学家后得出以下结论：

● 如果外星人是绿色黏稠的或丑陋、棕色、黏稠的，它可能来自火星。

● 如果外星人是丑陋、棕色、黏稠的，或者是绿色且既不丑陋也不黏稠的，它可能来自金星。

● 如果外星人是棕色且既不丑陋也不黏稠的，或者是绿色黏稠的，它可能来自木星。

请注意，这是一门不精确的科学。例如，一种呈绿色和棕色斑驳的、黏稠但不丑陋的生命形式可能来自火星或木星。

(a) 编写一个 $4 \times 4 \times 3$ 的 PLA 来识别外星人。可以使用点符号表示法。

(b) 编写一个 16×3 的 ROM 来识别外星人。可以使用点符号表示法。

(c) 用 HDL 实现你的设计。

5.59 使用单个 16×3 的 ROM 实现以下函数。使用点符号表示法说明 ROM 的内容。

(a) $X = AB + B\overline{C}D + \overline{AB}$

(b) $Y = AB + BD$

（c）$Z = A + B + C + D$

5.60 使用 $4 \times 8 \times 3$ 的 PLA 实现习题 5.59 中的函数。可以使用点符号表示法。

5.61 说明对以下每个组合电路编程时所需的 ROM 容量。使用 ROM 来实现这些功能是一个好的设计选择吗？解释为什么。

（a）带有 C_{in} 和 C_{out} 的 16 位加法器 / 减法器

（b）8×8 乘法器

（c）6 位优先级编码器（参见习题 2.36）

5.62 考虑图 5.67 中的 ROM 电路。对于每一行，是否可以通过对第 II 列的 ROM 进行适当编程，将第 I 列中的电路替换为第 II 列中的等效电路？

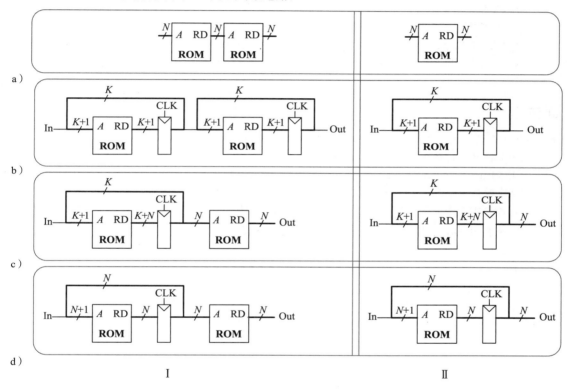

a）

b）

c）

d）

I   II

图 5.67 ROM 电路

5.63 需要多少个 Cyclone IV FPGA LE 来实现以下每个函数？如何配置一个或多个 LE 以执行该功能？应该能够通过观察来做到这一点，而无须执行逻辑综合。

（a）习题 2.13（c）中的组合函数

（b）习题 2.17（c）中的组合函数

（c）习题 2.24 中的二输出函数

（d）习题 2.35 中的函数

（e）四输入优先级编码器（参见习题 2.36）

5.64 对下列函数重复习题 5.63。

（a）八输入优先级编码器（参见习题 2.36）

（b）3:8 译码器

（c）4 位进位传播加法器（没有进位输入或输出）

（d）习题 3.22 中的 FSM

（e）习题 3.27 中的格雷码计数器

5.65 考虑图 5.60 所示的 Cyclone IV LE。根据数据表，它具有表 5.7 中给出的时序规范。

（a）实现图 3.26 的 FSM 需要至少多少个 Cyclone IV LE？

（b）不计算时钟偏移，这个 FSM 可靠运行的最快时钟频率是多少？

（c）时钟偏移是 3ns 时，这个 FSM 可靠运行的最快时钟频率是多少？

5.66 对图 3.31（b）的 SM 重复习题 5.65。

5.67 你想用 FPGA 来实现 M&M 分类器，该分类器有一个颜色传感器和一个电动机，它将红色糖果放在一个罐子里，将绿色糖果放在另一个罐子里。该设计将使用 Cyclone IV FPGA 实现为 FSM，根据数据手册，FPGA 的时序特性如表 5.7 所示。你希望 FSM 以 100MHz 运行，关键路径上的最大 LE 数是多少？ FSM 运行的最快速度是多少？

表 5.7　Cyclone IV 时间参数

名称	值（ps）
t_{pcq}, t_{ccq}	199
t_{setup}	76
t_{hold}	0
t_{pd}（每 LE）	381
t_{wire}（LE 之间）	246
t_{skew}	0

面试题

下面列出了在面试数字设计工作时可能会碰到的问题。

5.1 两个无符号 N 位数相乘的最大可能结果是多少？

5.2 BCD（Binary Coded Decimal）码使用 4 位数编码每个十进制数。例如，42_{10} 表示为 01000010_{BCD}。用文字解释为什么处理器会使用 BCD 码表示。

5.3 设计硬件把两个 8 位无符号 BCD 数（见问题 5.2）相加。绘制设计原理图，并为 BCD 加法器编写一个 HDL 模块。输入为 A、B 和 C_{in}，输出为 S 和 C_{out}。C_{in} 和 C_{out} 是 1 位进位，A、B 和 S 是 8 位 BCD 数。

体 系 结 构

6.1　引言

前面的章节介绍了数字设计的原理及一些逻辑构建块。在本章中，我们将从上面的几个抽象层次来定义计算机的体系结构（architecture）。体系结构从计算机程序员的角度来看，定义为指令集（语言）和操作数地址（寄存器和内存）。有许多不同的体系结构，如 RISC-V、ARM、x86、MIPS、SPARC、PowerPC 等。

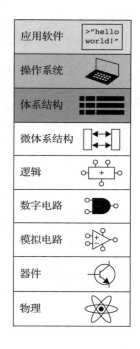

首先，理解计算机体系结构就得学习它的语言，构成它的词语叫作指令（instruction），专业词汇叫指令集（instruction set）。所有运行于计算机的程序使用相同的指令集，甚至是复杂的软件应用程序，如文字处理和电子表格应用，最终也要编译成加、减和分支等一系列简单指令。计算机指令指明了要执行的操作和所用的操作数，操作数可以来源于内存、寄存器，或者指令本身。

计算机硬件只能识别 1 和 0，所以指令被编码成二进制的格式（称为机器语言，machine language）。正如我们用文字描述人类语言一样，计算机用二进制数编码机器语言。RISC-V 体系结构的指令是 32 位的字，微处理器是读取并执行机器语言指令的数字系统。考虑到人类阅读机器语言枯燥乏味，所以我们喜欢用标识符格式（称为汇编语言，assemble language）来表示指令。

不同体系结构的指令集比起像不同语言，更像是不同的方言。几乎所有的体系结构都会定义基本的指令，如加、减和分支指令，这些指令对内存或寄存器数据实施操作。只要学会了一套机器指令，就可以融会贯通掌握其他机器指令集。

计算机体系结构不关注底层的硬件实现，因为同一个体系结构可以有许多不同的硬件实现。例如，英特尔（Intel）和 AMD（Advanced Micro Devices）公司都销售属于同一 x86 体系结构的各种微处理器，这些微处理器运行相同的程序，但使用不同的底层硬件。因此，需要在性能、价格和功耗方面进行权衡，一些微处理器针对高性能服务器进行了优化，另一些则针对小装置或笔记本计算机的电池寿命进行了优化。组成微处理器的寄存器、内存、算术 / 逻辑单元（ALU）和其他构件的具体安排被称为微体系结构（microarchitecture），这个主题将在第 7 章讨论。

在本章中，我们介绍 RISC-V 体系结构，这是第一个获得广泛商业支持的开源指令集体系结构。本书叙述的 2.2 版本 RISC-V 32 位整数指令集（RV32I），是 RISC-V 指令的核心集，而该体系结构其他版本的特性将会在 6.6 节和 6.7 节概述。大家可以从网上获取 RISC-V 指令集手册，该手册权威性地定义了 RISC-V 体系结构。

RISC-V 体系结构最初于 2010 年由加州大学伯克利分校的 Krste Asanović、Andrew Waterman、David Patterson 等人阐述，自此已有许多人献身推动该体系结构的开发。RISC-V 采用与众不同的开放模式，供大家免费使用，并且在功能上做到与 ARM 和 x86 等商业体系结构相媲美。到目前为止，虽然只有包括 SiFive 和西部数据（Western Digital）在内的少数几家公司制造了商用芯片，然而应用正迅速增加。下面将通过介绍汇编语言指令、操作数存放位置和常见编程结构（如分支、循环、数组操作和函数调用），开启理解 RISC-V 体系结构之旅。然后，叙述汇编语言如何转换成机器语言，以及程序是如何装入内存和执行的。

贯穿本章，我们在叙述如何设计 RISC-V 体系结构时，将遵循 David Patterson 和 John Hennessy 在《计算机组织与设计》中指出的四个原则，即（1）利于简单设计的规整性原则；（2）利用常用功能的快速执行原则；（3）利于快速访问的空间量少原则；（4）利于上品设计的上佳折中原则。

6.2 汇编语言

汇编语言是以人类可读的方式表示计算机自身语言，每条汇编指令都要指明所实施的操作和处理的操作数。我们将介绍简单的算术指令，并展示如何用汇编语言编写这些操作。然后定义 RISC-V 指令操作数：寄存器、内存和常量。

本章认为大家已经熟悉 C、C++ 或 Java 等高级编程语言，它们的语句在本章的大多数例子中实际上是相同的，不同的地方只是使用 C 语言描述。有很少或没有编程经验的读者可以参考附录 C 提供的 C 语言概述。

6.2.1 概述

计算机最常见的一种运算就是加法，如代码示例 6.1 描述了变量 b 和 c 相加并将结果写入 a 的代码。左边是高级语言 (使用 C、C++ 和 Java) 的代码，右边是 RISC-V 汇编语言的代码。注意 C 程序中的语句以分号结束。

代码示例 6.1 加法

高级语言代码	RISC-V 汇编代码
a = b + c;	add a, b, c

汇编指令的第一部分 add 被称为助记符（mnemonic），指明要执行的操作。它对源操作数 b 和 c 执行操作，并将结果写入目标操作数 a。

代码示例 6.2 则给出了与加法类似的减法指令码，其格式与加法指令一样：两个源操作数，一个目的操作数。这种指令格式一致性很好地印证了第一条设计原则：

设计原则 1：利于简单设计的规整性原则（regularity supports simplicity）

代码示例 6.2 减法

高级语言代码	RISC-V 汇编代码
a = b − c;	sub a, b, c

指令带有一致数量的操作数有利于编码和硬件处理，如本例的 2 个源操作数和 1 个目的操作数。更复杂的高级语言代码可以转译成多条 RISC-V 指令，如代码示例 6.3 所示。

代码示例 6.3 更复杂代码

高级语言代码

```
a = b + c - d; // single-line comment
               /* multiple-line
                  comment */
```

RISC-V 汇编代码

```
add t, b, c # t = b + c
sub a, t, d # a = t - d
```

使用高级语言编程时，单行注释以 // 开头直到行尾，多行注释以 /* 开始且以 */ 结束。而在 RISC-V 汇编语言中，只使用 # 标明单行注释。代码示例 6.3 中的汇编语言程序使用临时变量 t 存储中间运算结果（b+c）。这种使用多条汇编语言指令执行更复杂操作的代码体现了计算机体系结构的第二个设计原则：

设计原则 2：利用常用功能的快速执行原则（make the common case fast）

RISC-V 指令集只包括简单常用指令，以加快常用功能部件的运行速度。指令量少便于硬件译码，且指令操作数具有简单、短小和快速的特性，而那些不常见的更复杂操作可以使用多条简单指令来执行。因此，RISC-V 是一种精简指令集计算机 (RISC，reduced instruction set computer) 体系结构。另一种是复杂指令集计算机（CISC，complex instruction set computer）体系结构，它具有很多复杂指令，如英特尔的 x86 体系结构。x86 定义了一条"字符串移动"指令，它将一个字符串（一系列字符）从内存的一位置复制到另一位置。这种操作需要多条甚至数百条 RISC 机器简单指令。CISC 体系结构中复杂指令的实现一定会增加硬件和开销，并降低简单指令的运行速度。

RISC 体系结构（如 RISC-V）则能最小化硬件复杂度，且通过保持不同指令的小集合对必要的指令进行编码。例如，一个包含 64 条简单指令的指令集需要 $\log_2 64 = 6$ 位用于编码每个操作，一个包含 256 条指令的指令集则需要 $\log_2 256 = 8$ 位来编码每条指令。在 CISC 机器中，即使复杂指令很少使用，也会增加包括简单指令在内的所有指令的开销。

6.2.2 操作数：寄存器、内存和常数

操作数由指令实施操作，如代码示例 6.2 中的变量 a、b 和 c 都是操作数，但计算机只能处理二进制数据而非变量名，这就需要从物理地址取出二进制数据。操作数可以是寄存器或内存中的数据，也可以是指令本身存储的常量，计算机通过将操作数存放到不同的地方来优化速度和数据容量。常量或寄存器中的操作数虽然可以快速获取但量少，而额外的数据必须从容量大速度慢的内存中访问。RISC-V 由于操作的是 32 位数据，所以被称为 32 位体系结构。

1. 寄存器

指令只有快速访问操作数才能快速运行，而获取内存的操作数耗时长，因此大多数体系结构都指定少量寄存器存放常用操作数。RISC-V 体系结构设有 32 个寄存器（称为寄存器集），它可以用小容量的多端口存储器（称为寄存器堆）代替，寄存器越少访问速度越快。这就遵循了第三个设计原则：

设计原则 3：利于快速访问的空间量少原则（smaller is faster）

从书桌上的少量相关书籍中查找信息总比去图书馆书架上查找信息快得多。同样，从小寄存器堆读取数据要比从大内存中读取快，寄存器堆通常由小型 SRAM 阵列构建。

代码示例 6.4 显示了操作寄存器数据的 add 指令，变量 a、b 和 c 被预置在 s0、s1 和 s2 三个寄存器中，该指令将 s1(b) 和 s2(c) 中的 32 位值相加并将 32 位的结果写入 s0(a)。代码示例 6.5 则说明了 RISC-V 汇编代码使用临时寄存器 t0 来保存 b+c 的中间结果。

代码示例 6.4　寄存器操作数

高级语言代码	RISC-V 汇编代码
a = b + c;	# s0 = a, s1 = b, s2 = c add s0, s1, s2　　#a = b + c

代码示例 6.5　临时寄存器

高级语言代码	RISC-V 汇编代码
a = b + c - d;	# s0 = a, s1 = b, s2 = c, s3 = d, t0 = t add t0, s1, s2　#t = b + c sub s0, t0, s3　#a = t - d

例 6.1（高级语言代码转成汇编语言）　请将下列高级语言代码转换成 RISC-V 汇编语言，假设变量 a ~ c 预置在 s0 ~ s2 寄存器中，f ~ j 在 s3 ~ s7 中。

```
// high-level code
a = b - c;
f = (g + h) - (i + j);
```

解：程序可用 4 条汇编语言指令。

```
# RISC-V assembly code
# s0 = a, s1 = b, s2 = c, s3 = f, s4 = g, s5 = h, s6 = i, s7 = j
  sub s0, s1, s2      # a = b - c
  add t0, s4, s5      # t0 = g + h
  add t1, s6, s7      # t1 = i + j
  sub s3, t0, t1      # f = (g + h) - (i + j)
```

2. 寄存器集

RISC-V 设置了 32 个寄存器（编号为 0 ~ 31），这些寄存器都有别名和常规用途，如表 6.1 所示。寄存器名称，如 s1 寄存器通常用于编写汇编指令，当然也可以使用寄存器号 x9（9 号寄存器）表示。zero 寄存器始终保存常数 0（写入其他值均视为无效）；s0 寄存器 ~ s11 寄存器（编号 8 ~ 9 和 18 ~ 27）以及 t0 ~ t6（编号 5 ~ 7 和 28 ~ 31）都可用来存储变量；ra 寄存器和 a0 ~ a7 用于函数调用（留在 6.3.7 节叙述）。其中，2 ~ 4 号寄存器又被称为 sp、gp 和 tp（后续讨论）。

表 6.1　RISC-V 寄存器集

名称	编号	用途	名称	编号	用途
zero	x0	常数 0	s0/fp	x8	保存寄存器 / 帧指针
ra	x1	返回地址	s1	x9	保存寄存器
sp	x2	栈指针	a0 ~ a1	x10 ~ x11	函数参数 / 返回值
gp	x3	全局指针	a2 ~ a7	x12 ~ x17	函数参数
tp	x4	线程指针	s2 ~ s11	x18 ~ x27	保存寄存器
t0 ~ t2	x5 ~ x7	临时寄存器	t3 ~ t6	x28 ~ x31	临时寄存器

3. 常量 / 立即数

除寄存器操作外，RISC-V 指令还可以使用常量或立即数（immediate）操作数，这些值直接从指令中获得而无须访问寄存器或内存。代码示例 6.6 是 addi 指令的例子，该指令将立即数加到寄存器中。汇编代码的立即数可以采用十进制、十六进制或二进制形式，如 RISC-V 汇编语言中，十六进制常数以 0x 开始，二进制常数以 0b 开始，这和 C 语言描述的一样。立即数是 12 位的补码，需要按符号扩展为 32 位。addi 指令常用于初始化寄存器的值，如代码示例 6.7 所示，变量 i、x 和 y 分别初始化为 0、2032 和 −78。

代码示例 6.6　立即数操作数

高级语言代码	RISC-V 汇编代码
a = a + 4; b = a − 12;	# s0 = a, s1 = b 　addi s0, s0, 4　　# a = a + 4 　addi s1, s0, −12　# b = a − 12

代码示例 6.7　使用立即数初始化值

高级语言代码	RISC-V 汇编代码

i = 0;
x = 2032;
y = −78;
	# s4 = i, s5 = x, s6 = y
	　addi s4, zero, 0　　　# i = 0
	　addi s5, zero, 2032　# x = 2032
	　addi s6, zero, −78　 # y = −78

若要赋值更大的常量，则应在 addi 指令前面安排一条 lui 指令，如代码示例 6.8 所示，该指令将 20 位立即数赋值给寄存器的高 20 位并将其他位置 0。

代码示例 6.8　32 位常量例子

高级语言代码	RISC-V 汇编代码
int a = 0xABCDE123;	lui s2, 0xABCDE　 # s2 = 0xABCDE000 addi s2, s2, 0x123 # s2 = 0xABCDE123

在处理大立即数时，若 addi 的低 12 位立即数为负（第 11 位为 1），则 lui 的高 20 位立即数必须加 1。addi 须符号扩展 12 位立即数，因此负立即数的高 20 位都是 1。全 1 的补码是 −1，将全 1 加到高位就相当于将高减 1。如代码示例 6.9 所示，其中所需的立即数是 0xFEEDA987。lui s2,0xFEEDB 将 0xFEEDB000 放入 s2，高 20 位立即数 0xFEEDA 加 1，而低 12 位的 −1657 表示为 0x987，因此 addi　s2,s2,−1657 将 s2 寄存器和符号扩展的 12 位立即数相加（0xFEEDB000 + 0xFFFFF987 = 0xFEEDA987），将结果存入 s2 中。

代码示例 6.9　符号位为 1 的 32 位常量例子

高级语言代码	RISC-V 汇编代码
int a = 0xFEEDA987;	lui s2, 0xFEEDB　 # s2 = 0xFEEDB000 addi s2, s2, −1657 # s2 = 0xFEEDA987

4. 内存

寄存器限制我们只能处理变量数不超过 32 个的简单程序，但它不是唯一的操作数存储空间，操作数也可以存储在内存中。寄存器堆容量小速度快，而内存容量大速度慢，因此寄存器只存放常用变量。RISC-V 体系结构的指令只处理寄存器操作数，内存数据必须复制到寄存器中才能得到处理。内存和寄存器的联合使用可以让程序快速访问大量数据，内存被组织为数据字阵列（见 5.5 节）。RISC-V 体系结构的 RV32I 指令使用 32 位内存地址和 32 位数据字长。

RISC-V 采用字节寻址内存，即为内存的每个字节都赋予唯一的地址，如图 6.1a 所示。32 位的数据字由 4 个 8 位（字节）组成，每个字地址按 4 的倍数编址，最高字节（MSB）在左边，最低字节 (LSB) 在右边（有关字的字节顺序将在 6.6.1 节讨论）。图 6.1b 以十六进制形式给出了 32 位字地址和数据值，如内存地址 4 处存放了数据字 0xF2F1AC07。通常内存的低地址处于底部而高地址处于顶部。

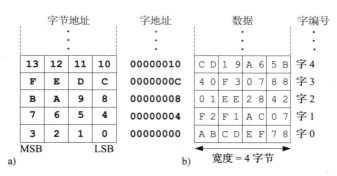

图 6.1 RISC-V 字节寻址内存示例。a) 字节地址。b) 数据

lw（装入字）指令从内存读数据字写入寄存器，代码示例 6.10 读取内存地址 8 处的数据（字 2）装入 s7 寄存器（a 变量）中，C 语言括号内的数字是索引号或字编号（见 6.3.6 节）。lw 指令使用"基址寄存器 + 偏移量"方式指明内存地址（有效地址），4 个字节的数据字的字地址是字编号的 4 倍，字 0 的地址是 0，字 1 的地址是 4，字 2 的地址是 8，依此类推。本例通过"基寄存器 0 + 偏移量 8"算出地址 8（字 2）。代码示例 6.10 中的 lw 指令执行后，s7 保存值 0x01EE2842，此值正是图 6.1 中内存地址 8 处的数据值。

代码示例 6.10 读内存

高级语言代码	RISC-V 汇编代码
a = mem[2];	# s7 = a
	lw s7, 8(zero) # s7 = data at memory address (zero + 8)

sw（存储字）指令则是将寄存器中的数据字写入内存，如代码示例 6.11 所示，sw 将 t3 寄存器中的值（42）写入地址为 20（字 5）的内存中。

代码示例 6.11 写内存

高级语言代码	RISC-V 汇编代码
mem[5] = 42;	addi t3, zero, 42 # t3 = 42
	sw t3, 20(zero) # data value at memory address 20 = 42

6.3 编程

高级编程语言（如 C 或 Java 等软件语言）是建立在汇编语言之上的更抽象的编程语言，它们使用通用软件结构，如算术逻辑操作、if/else 语句、for 和 while 循环、数组索引和函数调用等（有关 C 语言更多结构示例见附录 C）。本节先讨论支持高级结构的程序流程和指令，然后探讨如何将高级结构转换为 RISC-V 汇编代码。

6.3.1 程序流程

指令和数据一样也是存储在内存中的，指令字长为 32 位（4 字节，参见 6.4 节），连续指令的地址增量为 4。如下面的代码段中，addi 指令的地址是 0x538，下一条指令 lw 的地址则是 0x53C（地址加 4）。

```
内存地址          指令
0x538            addi s1, s2, s3
0x53C            lw   t2, 8(s1)
0x540            sw   s3, 3(t6)
```

程序计数器 PC（program counter）用于跟踪当前指令，保存当前指令的内存地址，并在指令执行结束后增加 4，便于处理器读取或取出内存中的下条指令。例如，addi 执行时的 PC 为 0x538，执行结束后的 PC 为 0x53C（增量为 4），处理器从该地址获取 lw 指令。

6.3.2 逻辑、移位和乘法指令

RISC-V 体系结构定义了各种逻辑和算术指令，本节只简要介绍高级结构所必需的指令。

1. 逻辑指令

RISC-V 逻辑运算包括 and、or 和 xor。这些指令对两个源寄存器实施按位运算，并将结果写入目的寄存器，如图 6.2 所示。它们对应的带立即数的指令是 andi、ori 和 xori，这些指令使用一个源寄存器和一个 12 位经符号扩展的立即数[⊖]作为源操作数。

源寄存器

s1	0100 0110	1010 0001	1111 0001	1011 0111
s2	1111 1111	1111 1111	0000 0000	0000 0000

汇编代码 运算结果

and	s3, s1, s2	s3	0100 0110	1010 0001	0000 0000	0000 0000
or	s4, s1, s2	s4	1111 1111	1111 1111	1111 0001	1011 0111
xor	s5, s1, s2	s5	1011 1001	0101 1110	1111 0001	1011 0111

图 6.2　逻辑运算

and 指令通常用于清除或屏蔽一些位，即强制使一些位为 0。如图 6.2 所示的 and 指令用 s2 寄存器的低半字（这些位为 0）清除 s1 寄存器低半字的值，并将 s1 高半字（未被屏蔽）的值 0x46A1 移入 s3 寄存器。又如 andi s6,s0,0xFF7 指令清除 s0 寄存器的第 3 位并将结果放在 s6 中[⊖]。

or 指令则用于合并两个寄存器的位字段。例如，0x347A0000 OR 0x000072FC = 0x347A72FC。该指令也可以用于设置一些位，即强制使一些位为 1。如 ori s7,s0,0x020 指令设置 s0 寄存器的第 5 位，并将结果存入 s7 寄存器。

逻辑 NOT 操作可以通过 xori s8,s1,-1 指令实现，注意 -1 (0xFFF) 被符号扩展为 0xFFFFFFFF（全 1）。使用全 1 的 XOR 运算将对所有位进行求反，这样 s8 寄存器存储的就是 s1 的反码。

2. 移位指令

移位（shift）指令对寄存器实施左移、右移操作，并截掉移出的数据位。RISC-V 的移位操作包括 sll（逻辑左移）、srl（逻辑右移）和 sra（算术右移），左移时最低空出位补 0（见 5.2.5 节的讨论），右移则有逻辑移位（最高位补 0）和算术移位（符号位移到最高位），移位量由第二个源寄存器给定。对于带立即数的移位指令（slli、srli 和 srai），则由 5 位无符号立即数指定移位量。

图 6.3 给出了带立即数的 slli、srli 和 srai 指令移位立即数位时的汇编代码和目的寄存器值，s5 移位立即数位，并将结果置入目的寄存器。

⊖ 经符号扩展的逻辑立即数有点不同，其他体系结构（如 MIPS 和 ARM）中用于逻辑运算的是经零扩展的立即数。

⊖ 补码 0xFF7 需要扩展符号位。——译者注我们在 5.2.5 节讨论过，左移 N 位相当于乘以 2^N，如 slli s0,s0,3 指令完成 s0×8（即 2^3）的运算。同理，右移 N 位相当于除以 2^N。算术右移完成补码除运算，逻辑右移则完成无符号数除运算。

逻辑移位还可以和 and、or 指令一起使用，以提取或组合某些数据位。如下面代码将 s7 寄存器中的 15:8 位存入 s6 寄存器的最低字节中，若 s7 中存储了 0x1234ABCD，则代码结束后的 s6 存储的是 0xAB。

```
srli s6, s7, 8
andi s6, s6, 0xFF
```

3. 乘法指令 *

乘法运算不同于其他算术运算，因为两个 N 位的数相乘产生 2N 位的乘积。RISC-V 体系结构提供了产生 32 或 64 位积的乘法指令，这些指令不在 RV32I 中，而是作为 RVM（RISC-V 乘 / 除）扩展模块的指令。

	源寄存器			
s5	1111 1111	0001 1100	0001 0000	1110 0111

汇编代码		运算结果			
slli t0, s5, 7	**t0**	1000 1110	0000 1000	0111 0011	1000 0000
srli s1, s5, 17	**s1**	0000 0000	0000 0000	0111 1111	1000 1110
srai t2, s5, 3	**t2**	1111 1111	1110 0011	1000 0010	0001 1100

图 6.3　带立即数移位量的移位指令

mul（乘法）指令是一条两个 32 位数相乘产生 32 位积的指令，如 mul s1,s2,s3 指令将 s2 寄存器与 s3 寄存器中的值相乘，并将乘积的低 32 位有效位存入 s1 寄存器（舍弃高 32 位有效位）。mul 指令适用于将乘积小于 32 位的数相乘，且结果的低 32 位与操作数是否有符号没有关系。

mulh、mulhsu 和 mulhu 三条指令则执行"高位乘法"，将乘法结果的高 32 位存入目的寄存器。mulh 指令将所有操作数都视为有符号数。mulhsu 指令将第一个操作数视为有符号数，将第二个操作数视为无符号数。mulhu 将所有操作数都视为无符号数。如 mulhsu t1,t2,t3 指令将 t2 寄存器视为 32 位有符号数（补码），将 t3 视为 32 位无符号数，乘以这两个源操作数并把结果的高 32 位存入 t1 寄存器。这些高位乘法指令与 mul 指令联合就能实现"两个 32 位数相乘得 64 位积"运算，64 位结果放在指定的两个寄存器中。如下面的代码完成 s3 与 s5 两个寄存器中 32 位有符号数的乘运算，64 位的乘积存入 t1 和 t2 中，即 {t1,t2}=s3×s5。

```
mulh t1, s3, s5
mul  t2, s3, s5
```

6.3.3　分支指令

如果程序每次只能以相同的顺序运行，独立于输入，无疑会很无聊。相比计算器，计算机的一个优点是它能做出决定。计算机根据输入来执行不同的任务。例如，if/else 语句、switch/case 语句、while 循环和 for 循环都根据某些测试有条件地执行代码。分支指令能够修改程序的流程，以便处理器可以获取在内存中不按顺序排列的指令。它们修改 PC，以跳过部分代码或重复以前的代码。条件分支指令测试条件并在测试为 TRUE 时执行分支。无条件的分支指令称为跳转，总会执行分支。

1. 条件分支指令

RISC-V 指令集有 6 条条件分支指令，通过比较两个源寄存器的值决定是否转向标签所指的目的地址。beq 指令当两个寄存器值相等时转向分支，bne 则当值不等时转向分支。

blt 当第一个源寄存器值小于第二个源寄存器值时转向分支，bge 则当第一个源寄存器值大于或等于第二个源寄存器值时转向分支。blt 和 bge 都将操作数视为有符号数，无符号数的比较可以用 bltu 和 bgeu 指令。

代码示例 6.12 演示了 beq 的使用情况，程序执行到 beq 指令时，s0 与 s1 中的值相等，所以分支转移成功，执行的下一条指令是 target 之后的 add 指令。分支指令和 target 之间的 addi 和 sub 指令则不会执行。

代码示例 6.12 条件分支指令 beq

RISC-V 汇编代码

```
addi   s0, zero, 4     # s0 = 0 + 4 = 4
addi   s1, zero, 1     # s1 = 0 + 1 = 1
slli   s1, s1, 2       # s1 = 1 << 2 = 4
beq    s0, s1, target  # s0 == s1, so branch is taken
addi   s1, s1, 1       # not executed
sub    s1, s1, s0      # not executed
target:                # label
add    s1, s1, s0      # s1 = 4 + 4 = 8
```

汇编代码使用标签指明程序的指令位置，标签指代紧随其后的指令，这些标签在汇编代码被转换为机器码时变成对应的指令地址（将在 6.4.3 节和 6.4.4 节讨论）。RISC-V 汇编标签后面通常跟着冒号（:），多数程序员会缩进指令而不缩进标签以突出标签位置。代码示例 6.13 的代码演示了未执行 bne 分支的情况，这是由于 s0 与 s1 中的值相等。该示例中的所有指令都会得到执行。

代码示例 6.13 条件分支指令 bne

RISC-V 汇编代码

```
addi   s0, zero, 4     # s0 = 0 + 4 = 4
addi   s1, zero, 1     # s1 = 0 + 1 = 1
slli   s1, s1, 2       # s1 = 1 << 2 = 4
bne    s0, s1, target  # branch not taken
addi   s1, s1, 1       # s1 = 4 + 1 = 5
sub    s1, s1, s0      # s1 = 5 - 4 = 1
target:
add    s1, s1, s0      # s1 = 1 + 4 = 5
```

2. 跳转指令

跳转指令是指无条件分支转移，程序可以使用 j（跳转）、jal（跳转链接）或 jr（跳转寄存器）指令实现跳转。j 直接跳转到标签指定的指令处。代码示例 6.14 展示了 j 指令跳过三条指令并执行 target 处的 add 指令。因此，j 指令执行之后，程序将跳过跳转指令和标签之间的所有指令，而无条件地执行标签指定的 add 指令。jal 和 jr 指令主要用于函数调用（将在 6.3.7 节讨论）。

代码示例 6.14 无条件分支指令 j

RISC-V 汇编代码

```
j      target          # jump to target
srai   s1, s1, 2        # not executed
addi   s1, s1, 1        # not executed
sub    s1, s1, s0       # not executed
target:
add    s1, s1, s0       # s1 = s1 + s0
```

6.3.4 条件语句

if、if/else 和 switch/case 语句是高级语言中常用的条件语句,都有条件地执行由一个或多个语句组成的代码块,本节讨论如何将这些高级结构转换为 RISC-V 汇编语言。

1. if 语句

if 语句只在满足条件时执行 if 代码块,如代码示例 6.15 所示的 if 语句与 RISC-V 汇编代码间的转换。汇编代码中 if 语句的测试条件与高级语言中的相反,高级代码中测试条件是 apple==oranges,而汇编代码用 bne 测试条件满足否,若条件(apples!=oranges)成立就跳过 if 代码块,否则(即当 apples==oranges 时),执行 if 代码块的 add 指令。

代码示例 6.15 if 语句

高级语言代码	RISC-V 汇编代码

`if (apples == oranges)`
`  f = g + h;`
`apples = oranges - h;`
	`# s0 = apples, s1 = oranges`
	`# s2 = f, s3 = g, s4 = h`
	`    bne s0, s1, L1 # skip if (apples != oranges)`
	`    add s2, s3, s4 # f = g + h`
	`L1: sub s0, s1, s4 # apples = oranges - h`

2. if/else 语句

if/else 语句根据条件执行两个代码块中的一个,满足条件则执行 if 块,否则执行 else 块,如代码示例 6.16 所示。

与 if 语句一样,汇编代码中 if/else 语句的测试条件也与高级语言中的相反。在代码示例 6.16 中,高级代码的测试条件是 apples==oranges 而汇编代码的是 apples!=oranges。如果汇编代码的测试条件为 TRUE,bne 将跳过 if 块而执行 else 块,否则执行 if 块并以 j 指令跳过 else 块结束。

代码示例 6.16 if/else 语句

高级语言代码	RISC-V 汇编代码

`if (apples == oranges)`
`  f = g + h;`
`else`
`  apples = oranges - h;`
	`# s0 = apples, s1 = oranges`
	`# s2 = f, s3 = g, s4 = h`
	`    bne s0, s1, L1 # skip if (apples != oranges)`
	`    add s2, s3, s4 # f = g + h`
	`    j   L2`
	`L1: sub s0, s1, s4 # apples = oranges - h`
	`L2:`

3. switch/case 语句 *

switch/case 语句(简称 case 语句)根据条件执行多个代码块中的一个,若无满足的条件就执行默认块,它相当于一系列嵌套的 if/else 语句。代码示例 6.17 左侧展示了两个具有相同功能的高级语言代码片段,它们都可以编译成右侧的 RISC-V 汇编代码块,该代码块根据按下的按钮计算是否从 ATM(自动柜员机)中提取 20 美元、50 美元或 100 美元。

代码示例 6.17 switch/else 语句

高级语言代码	RISC-V 汇编代码

`switch (button) {`
`  case 1:  amt = 20; break;`
	`# s0 = button, s1 = amt`
	
	`case1:`
	`  addi  t0, zero, 1       # t0 = 1`

```
case 2:  amt = 50; break;              bne    s0, t0, case2      # button == 1?
                                       addi   s1, zero, 20       # if yes, amt = 20
                                       j      done               # break out of case
                                     case2:
                                       addi   t0, zero, 2        # t0 = 2
case 3:  amt = 100; break;             bne    s0, t0, case3      # button == 2?
                                       addi   s1, zero, 50       # if yes, amt = 50
                                       j      done               # break out of case
                                     case3:
                                       addi   t0, zero, 3        # t0 = 3
default: amt = 0;                      bne    s0, t0, default    # button == 3?
}                                      addi   s1, zero, 100      # if yes, amt = 100
                                       j      done               # break out of case
// equivalent function using         default:
// if/else statements                  add    s1, zero, zero     # amt=0
if     (button == 1)  amt = 20;      done:
else if (button == 2)  amt = 50;
else if (button == 3)  amt = 100;
else                   amt = 0;
```

6.3.5 循环语句

循环语句根据条件重复执行代码块，常用的有 while 循环和 for 循环。本节将展示如何利用条件分支将循环语句转换成 RISC-V 汇编语言。

1. while 循环

while 循环在满足条件时重复执行代码块直到条件不满足，如代码示例 6.18 的 while 循环重复计算 x 值直到 $2^x = 128$。该代码块执行了 7 次，直到 pow 为 128。

代码示例 6.18　while 循环

高级语言代码	RISC-V 汇编代码

`// determines the power`
`// of x such that 2`^{x}`=128`
`int pow = 1;`
`int x   = 0;`
 	
`while (pow != 128) {`
` pow = pow * 2;`
` x = x + 1;`
`}`
	`# s0 = pow, s1 = x`
	`        addi s0, zero, 1     # pow = 1`
	`        add  s1, zero, zero  # x = 0`
	
	`        addi t0, zero, 128   # t0 = 128`
	`while:  beq  s0, t0, done    # pow = 128?`
	`        slli s0, s0, 1       # pow = pow * 2`
	`        addi s1, s1, 1       # x = x + 1`
	`        j    while           # repeat loop`
	`done:`

while 循环与 if/else 语句一样，汇编代码中的测试条件与高级代码中的相反设置。本例中，当相反条件 s0==128 为 TRUE 时循环结束，否则结束条件不满足，执行循环体。代码示例 6.18 中，while 循环之前初始化 pow 为 1，x 为 0，执行 while 循环时比较 pow 等于 128 否，若相等就退出循环。否则，执行 pow=2*pow（左移 1 位），递增 x，并回到 while 循环起点重复执行。

与 while 循环类似的有 do/while 循环，该循环会在检查条件前执行一次循环体，如代码示例 6.19 所示。注意，此时代码中的测试条件与高级代码中的是一样的。

代码示例 6.19　do/while 循环

高级语言代码	RISC-V 汇编代码

`// determines the power`
`// of x such that 2`^{x}` = 128`
`int pow = 1;`
`int x   = 0;`
 	
`do {`
` pow = pow * 2;`
` x = x + 1;`
`} while (pow != 128);`
	`# s0 = pow, s1 = x`
	`        addi s0, zero, 1     # pow = 1`
	`        add  s1, zero, zero  # x = 0`
	
	`        addi t0, zero, 128   # t0 = 128`
	`while:  slli s0, s0, 1       # pow = pow * 2`
	`        addi s1, s1, 1       # x = x + 1`
	`        bne  s0, t0, while   # pow = 128?`
	`done:`

198 数字设计和计算机体系结构 RISC-V 版

2. for 循环

对于 while 循环，通常在循环前初始化变量，循环中依循环条件检查该变量，并在每次循环体内修改该变量值。for 循环简化了这些操作，将初始化、条件检查和变量更改集成为一条语句，其高级代码格式如下：

```
for (initialization; condition; loop operation)
    statement
```

初始化操作在 for 循环开始时执行，每次循环开始时检查条件是否满足，条件不满足则退出循环，条件满足则执行循环体语句（或多个语句），每次循环结束执行循环变量运算。

代码示例 6.20 完成的是 0 ~ 9 的数字累加，循环变量 i 初始化为 0，每次循环结束后递增，只要 i < 10 满足就执行 for 的循环体语句。注意，此例也说明了相对比较，高级语言代码检查若 i < 10 满足则循环继续，因此汇编代码检查相反条件 i > =10，该条件满足则退出循环。

代码示例 6.20 for 循环

高级语言代码	RISC-V 汇编代码
```// add the numbers from 0 to 9int sum = 0;int i;for (i = 0; i < 10; i = i + 1) { sum = sum + i;}```	```# s0 = i, s1 = sum addi s1, zero, 0 # sum = 0 addi s0, zero, 0 # i = 0 addi t0, zero, 10 # t0 = 10for: bge s0, t0, done # i >= 10? add s1, s1, s0 # sum = sum + i addi s0, s0, 1 # i = i + 1 j for # repeat loopdone:```

for 循环对于访问存储在内存数组中的大量同类型数据特别有用（见下节讨论）。

6.3.6 数组

为了便于存储和访问，同类型的数据可以构成数组。数组元素按地址顺序存储于内存，每个元素由数字索引号标识，数组元素数量称为数组长度。图 6.4 展示了含有 200 个元素的整数分数数组在内存的存储情况，每个元素的地址都在前一个元素的地址上增加 4（1 个整数占 4 字节），数组第 0 个元素的地址称为数组基址。

代码示例 6.21 是为每个分数加 10 分的算法，此处未显示初始化 scores 数组的过程。假设数组的基址 s0 初始化为 0x174300A0。数组的索引为变量 i，随着遍历每个数组元素而递增 1，汇编语言在将索引值添加到基址之前先乘以 4。

图 6.4 以基址 0x174300A0 开始的 scores[200] 数组在内存的存储情况

代码示例 6.21 使用 for 循环访问数组

高级语言代码	RISC-V 汇编代码
```int i;int scores[200];```	```# s0 = scores base address, s1 = i addi s1, zero, 0 # i = 0 addi t2, zero, 200 # t2 = 200```

```
for (i = 0; i < 200; i = i + 1)                    for:
                                                     bge   s1, t2, done   # if i >= 200 then done
                                                     slli  t0, s1, 2      # t0 = i * 4
                                                     add   t0, t0, s0     # address of scores[i]
                                                     lw    t1, 0(t0)      # t1 = scores[i]
    scores[i] = scores[i] + 10;                      addi  t1, t1, 10     # t1 = scores[i] + 10
                                                     sw    t1, 0(t0)      # scores[i] = t1
                                                     addi  s1, s1, 1      # i = i + 1
                                                     j     for            # repeat
                                                   done:
```

1. 字节与字符

因为范围 [−128,127] 内的数字以单字节存储到内存，而非以整字存储，又因为英文键盘上字符少于 256 个，所以英文字符通常使用字节表示。字节或字符在 C 语言中用 char 类型来表示。

早期计算机在字节和英文字符之间缺乏映射标准，导致在计算机之间交换文本很困难。于是，美国标准协会于 1963 年发布了美国信息交换标准代码（ASCII），为每个文本字符分配了一个唯一的字节值。表 6.2 列出了可印刷的 ASCII 字符编码，其值以十六进制形式给出，小写字母和大写字母相差 0x20(32)。

表 6.2　ASCII 编码

#	字符	#	字符	#	字符	#	字符	#	字符	#	字符
20	空格	30	0	40	@	50	P	60	`	70	p
21	!	31	1	41	A	51	Q	61	a	71	q
22	"	32	2	42	B	52	R	62	b	72	r
23	#	33	3	43	C	53	S	63	c	73	s
24	$	34	4	44	D	54	T	64	d	74	t
25	%	35	5	45	E	55	U	65	e	75	u
26	&	36	6	46	F	56	V	66	f	76	v
27	'	37	7	47	G	57	W	67	g	77	w
28	(	38	8	48	H	58	X	68	h	78	x
29	)	39	9	49	I	59	Y	69	i	79	y
2A	*	3A	:	4A	J	5A	Z	6A	j	7A	z
2B	+	3B	;	4B	K	5B	[	6B	k	7B	{
2C	,	3C	<	4C	L	5C	\	6C	l	7C	|
2D	−	3D	=	4D	M	5D	]	6D	m	7D	}
2E	.	3E	>	4E	N	5E	^	6E	n	7E	~
2F	/	3F	?	4F	O	5F	_	6F	o		

lb（字节加载）、lbu（无符号数字节加载）和 sb（字节存储）指令用于访问内存中的单字节数据。lb 和 lbu 分别用符号扩展和零扩展字节来填充 32 位寄存器，sb 将 32 位寄存器的最低有效字节存储到内存的指定字节地址处。图 6.5 展示了这 3 个指令，其中内存基址 s4 为 0xD0。lbu s1,2(s4) 读取内存地址 0xD2 处的字节加载到 s1 寄存器的最低有效字节，并将寄存器其余位填 0。lb s2,3(s4) 读取内存地址 0xD3 处的字节加载到 s2 寄存器的最低有效字节，并用符号位填充寄存器的其余 24 位。sb s3,1(s4) 将 s3 寄存器的最低有效字节（0x9B）存储到内存字节地址 0xD1 处（用 0x9B 替换了 0x42）。内存其他字节没有改变，s3 寄存器的其他有效字节被忽略。

字符串是一串字符，如单词或句子，其长度是可变的，因此编程语言必须提供一种方法来确定字符串的长度或结束位置，如 C 语言用空字符（0x00）表示字符串结束。在图 6.6 的例子中，字符串"Hello!"在内存中存储为 0x48 65 6C 6C 6F 21 00，长 7 字节，占据地址 0x1522FFF0 ~ 0x1522FFF4，最低字节地址 0x1522FFF0 处存储第一个字符（H = 0x48），这叫作小端存储。

图 6.5　字节访问指令　　　　图 6.6　存储的"Hello!"字符串

例 6.2（使用 lb 和 sb 指令访问字符数组）下列高级语言代码将长度为 10 的字符数组中的元素从小写字母转换为大写字母，采用的方法是将每个元素减去 32。请转换成 RISC-V 汇编代码。注意数组元素占 1 字节（非 4 字节），因此元素存储地址是连续的，且假设 s0 已经保存了 chararray 的基址。

```
// high-level code
// chararray[10] was declared and initialized earlier
int i;

for (i = 0; i < 10; i = i + 1)
  chararray[i] = chararray[i] - 32;
```

解：

```
# RISC-V assembly code
# s0 = base address of chararray (initialized earlier), s1 = i
       addi s1, zero, 0       # i = 0
       addi t3, zero, 10      # t3 = 10
for:   bge  s1, t3, done      # i >= 10 ?
       add  t4, s0, s1        # t4 = address of chararray[i]
       lb   t5, 0(t4)         # t5 = chararray[i]
       addi t5, t5, -32       # t5 = chararray[i] - 32
       sb   t5, 0(t4)         # chararray[i] = t5
       addi s1, s1, 1         # i = i + 1
       j    for               # repeat loop
done:
```

6.3.7　函数调用

高级语言提供函数（也称为过程或子例程）来重用公共代码，使程序更模块化、更具可读性。函数的输入和输出分别称为参数（可能多个）和返回值（1 个），函数会计算返回值且不会产生其他非预期的结果。

当一个函数调用其他函数时，调用方（caller）和被调用方（callee）之间必须就参数和返回值放在哪儿达成一致。在 RISC-V 程序中，调用方在函数调用之前通常将至多 8 个参数存入寄存器 a0 ~ a7 中，被调用方在结束之前将返回值存入寄存器 a0 中。有了这个约定，即使由不同人编写的调用方函数和被调用方函数，也都知道在哪里找到参数和返回值。

被调用方不能干涉调用方的功能，意味着不能破坏调用方所需的任何寄存器或内存，以及必须知道在执行完成后返回到何处。调用方将返回地址存入返回地址寄存器 ra，同时使用跳转和链接指令（jal）跳转到被调用方。被调用方不能覆盖调用方所依赖的任何体系结构状或内存，即被调用方必须保持存储寄存器（s0～s11）、返回地址寄存器（ra）和栈（用于存放临时变量的一部分内存）的值不变。

本节将讨论函数调用与函数返回，还将介绍函数如何访问参数和返回值，以及如何使用栈存储临时变量。

1. 函数调用与函数返回

RISC-V 使用 jal 指令调用函数，使用 jr 指令从函数返回。如代码示例 6.22 所示，main 函数调用 simple 函数，main 是调用方，simple 是被调用方。调用 simple 函数时，未带输入参数，也未生成返回值，只是返回至调用方。本例的指令地址在每条 RISC-V 指令左边以十六进制列出。

代码示例 6.22 调用函数 simple

高级语言代码	RISC-V 汇编代码
```int main() {```	```0x00000300 main: jal simple # call function```
``` simple();```	```0x00000304 ...```
``` ...```	```... ...```
```}```	
```// void means the function```	
```// returns no value```	
```void simple() {```	```0x0000051c simple: jr ra # return```
``` return;```	
```}```	

jal 和 jr 是函数调用和返回中两个很重要的指令，此处 main 函数通过执行 jal simple 调用 simple 函数，jal 指令完成两个任务：（1）跳转到位于 simple（0x0000051C）的目标指令处；（2）将返回地址，也就是 jal 之后指令的地址（在本例中为 0x00000304）存入返回地址寄存器 ra。当然程序员可以指定将返回地址写入哪个寄存器，默认写入 ra，且优先选择 ra。所以，jal simple 就相当于 jal ra,simple。simple 函数通过执行 jr ra 指令立即返回，跳转到 ra 中保存的指令地址处，main 函数从该地址（0x00000304）继续执行程序。

2. 输入参数与返回值

上例的 simple 函数不常用，因为没有参数输入和返回值输出。RISC-V 约定寄存器 a0～a7 可用于保存函数的输入参数，a0 还可以保存返回值。例如代码示例 6.23 中的被调用函数 diffofsums 带有 4 个参数返回了 1 个结果。结果 result 是局部变量，其值保存在 s3 中。（保存和恢复寄存器见后续讨论。）

代码示例 6.23 带参数与返回值的函数调用

高级语言代码	RISC-V 汇编代码
```int main(){```	```# s7 = y```
``` int y;```	```main:```
``` ...```	``` ...```
	``` addi a0, zero, 2 # argument 0 = 2```
	``` addi a1, zero, 3 # argument 1 = 3```
	``` addi a2, zero, 4 # argument 2 = 4```
``` y = diffofsums(2, 3, 4, 5);```	``` addi a3, zero, 5 # argument 3 = 5```
``` ...```	``` jal diffofsums # call function```
```}```	``` add s7, a0, zero # y = returned value```
```int diffofsums(int f, int g, int h, int i){```	```# s3 = result```

```
int result;

result = (f + g) - (h + i);

return result;
}
```

```
diffofsums:
    add  t0, a0, a1    # t0 = f+g
    add  t1, a2, a3    # t1 = h+i
    sub  s3, t0, t1    # result = (f+g)-(h+i)
    add  a0, s3, zero  # put return value in a0
    jr   ra            # return to caller
```

依据 RISC-V 的约定，main 函数在调用其他函数之前需要将函数参数从左到右放入输入寄存器 a0 ~ a7，被调用函数 diffofsums 要将返回值存储在返回寄存器 a0 中。当函数的输入参数超过 8 个时，多余的输入参数将保存在栈里（见下面讨论）。

3. 栈

栈是用于保存函数内局部变量的临时存储空间，当处理器有更多的临时空间需求时它将扩展（使用更多的内存），当处理器不再需要它存储的变量时它将收缩（使用更少的内存）。下面讨论栈的工作原理，以进一步理解如何使用栈存储函数的局部变量。

栈是后进先出（LIFO）队列，就像一摞盘子，最后压入栈的元素（放置在最上面的盘子）第一个被弹出（取出）。函数通过分配栈空间来存储局部变量，并在返回之前释放这些存储空间。栈的顶部是最近分配的空间，与盘子的栈空间向上增长不同，RISC-V 栈的存储空间是向下增长的。也就是说，当程序需要更多的临时空间时，栈将扩展到更低的内存地址。

图 6.7 是 RISC-V 的栈。栈指针 sp（2 号寄存器）是普通的一个 RISC-V 寄存器，指向栈顶部。指针是内存地址的新名字，我们说 sp 指向了数据或给出了数据的地址。如图 6.7a 所示的栈指针 sp 保存了地址值 0xBEFFFAE8，指向了数据值 0xAB000001。

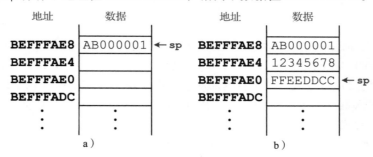

图 6.7　栈。a) 栈扩展之前。b) 2 字扩展之后

sp 从保存高内存地址开始并根据需要递减以扩展空间，图 6.7b 演示了为获得更多两个数据字的临时空间进行的栈扩展过程，此时 sp 中地址减 8 变成了 0xBEFFFAE0，另外的两个数据字 0x12345678 和 0xFFEEDDCC 得以临时存入栈。

栈的一个重要用途是保存和恢复函数使用的寄存器。函数应该计算返回值，但不能出现非预期的结果，特别是除了用于保存返回值的 a0 外，函数不应该修改任何寄存器的值。在代码示例 6.23 中，diffofsums 函数修改了 t0、t1 和 s3，违反了这一规则。一旦 main 在调用 diffofsums 之前使用了这些寄存器，那么它们的内容就会被函数调用破坏。

为了解决这个问题，函数在修改寄存器之前将其值压入栈中，然后在返回之前从栈中弹出原值，具体来说就是执行以下步骤：

（1）创建栈空间来存储一个或多个寄存器的值；

（2）将寄存器的值压入栈；

（3）使用寄存器执行函数；

（4）弹栈恢复寄存器的原始值；

（5）释放栈空间。

代码示例 6.24 给出了 diffofsums 的改进版本，增加了保存和恢复 t0、t1、s3 寄存器的功能，函数 diffofsums 在调用之前、期间和之后的栈变化情况如图 6.8 所示。其中，栈起始地址为 0xBEF0F0FC，diffofsums 通过把栈指针 sp 递减 12 将栈空间扩展得可容纳 3 个字，然后将 t0、t1、s3 的当前值压入这些新分配的空间，这样函数 diffofsums 在执行体内就可以更改这三个寄存器中的值。diffofsums 执行结束时从栈中恢复这些寄存器的值并释放其栈空间，然后返回。函数返回的结果由 a0 保留，而其他寄存器 t0、t1、s3、sp 的值不受影响，与函数调用前的值相同。

函数为自己分配的栈空间称为栈帧（stack frame），diffofsums 的栈帧深度为 3 字。模块化原则告诉我们，函数应该只访问自己的栈帧而不能访问其他函数的。

代码示例 6.24　用栈保存寄存器值的函数

高级语言代码	RISC-V 汇编代码

```
int diffofsums(int f, int g, int h, int
i){
 int result;
```

```
# s3 = result
diffofsums:
  addi sp, sp, -12    # make space on stack to
                      # store three registers
  sw   s3, 8(sp)      # save s3 on stack
  sw   t0, 4(sp)      # save t0 on stack
  sw   t1, 0(sp)      # save t1 on stack
  add  t0, a0, a1     # t0 = f + g
  add  t1, a2, a3     # t1 = h + i
```

```
 result = (f + g) - (h + i);
```

```
  sub  s3, t0, t1     # result = (f + g) - (h + i)
  add  a0, s3, zero   # put return value in a0
  lw   s3, 8(sp)      # restore s3 from stack
  lw   t0, 4(sp)      # restore t0 from stack
  lw   t1, 0(sp)      # restore t1 from stack
  addi sp, sp, 12     # deallocate stack space
  jr   ra             # return to caller
```

```
 return result;
}
```

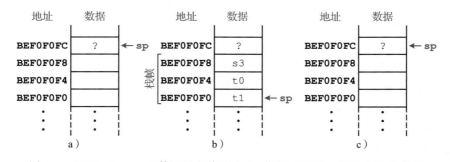

图 6.8　diffofsums 函数调用之前（图 a）、期间（图 b）、之后（图 c）的栈

4. 保留寄存器

在代码示例 6.24 中，必须保存和恢复使用的寄存器（t0、t1、s3），如果不使用这些寄存器，那么保存和恢复工作就失去了意义。因此，RISC-V 将寄存器分为保留寄存器和非保留寄存器，保留寄存器必须在被调用函数的开始和结束处包含相同的值，这样在函数调用之后保留寄存器的值保持不变。

保留寄存器包括 s0 ～ s11（名字为保存寄存器）、sp 和 ra，非保留寄存器（也称为暂存寄存器）包括 t0 ～ t6（名字为临时寄存器）和 a0 ～ a7（参数寄存器）。函数可以随意使用非保留寄存器，但必须保存和恢复所用的保留寄存器。

代码示例 6.25 展示了只在栈上保存 s3 的 diffofsums 改进版本，t0 和 t1 是两个非保留寄存器，因此不需要保存。

代码示例 6.25　用栈保存保留寄存器值的函数

RISC-V 汇编代码

```
# s3 = result
diffofsums:
  addi sp, sp, -4    # make space on stack to store one register
  sw   s3, 0(sp)     # save s3 on stack
  add  t0, a0, a1    # t0 = f + g
  add  t1, a2, a3    # t1 = h + i
  sub  s3, t0, t1    # result = (f + g) - (h + i)
  add  a0, s3, zero  # put return value in a0
  lw   s3, 0(sp)     # restore s3 from stack
  addi sp, sp, 4     # deallocate stack space
  jr   ra            # return to caller
```

因为被调用函数可以自由地更改任何非保留寄存器，所以调用方必须在函数调用之前保存含有基本信息的非保留寄存器，并在调用之后恢复这些寄存器的值。鉴于此因，保留寄存器也称为被调用者保存寄存器，非保留寄存器称为调用者保存寄存器。

表 6.3 汇总了主要的保留 / 非保留寄存器，保留 / 非保留寄存器的约定是 RISC-V 体系结构的标准调用约定的内容，与体系结构自身无关。

s0 ～ s11 通常用于被调用函数内部局部变量的保存，因此必须保留。为使函数知道返回位置，ra 寄存器也

表 6.3　保留 / 非保留寄存器与存储空间

保留（被调用者保存）寄存器	非保留（调用者保存）寄存器
保存寄存器：s0 ～ s11	临时寄存器：t0 ～ t6
返回地址：ra	参数寄存器：a0 ～ a7
栈指针：sp	
栈指针之上的栈空间	栈指针之下的栈空间

必须保留。t0 ～ t6 用于保存临时结果，其计算任务通常在函数调用之前完成，因此不需要在整个被调用函数内保存，调用方也很少保存这些寄存器。a0 ～ a7 通常在调用函数过程中被重写，因此如果调用方在被调用函数返回后需要用到原先自己的参数，则必须事先保存这些寄存器的值。

只要被调用函数不在 sp 之上的内存地址存储数据，sp 之上的栈就会被自动保留，这样便不会修改其他函数的栈帧。栈指针 sp 本身应当被保留，因为被调用函数将在函数开始时从 sp 中减去的量加了回来，从而在返回之前释放了自己的栈帧。

机敏的读者或优化的编译器可能会注意到，diffofsums 的局部变量 result 值会立即返回，而不做他用。因此，直接将计算结果存入返回寄存器 a0 中以消除局部变量，这样省去了栈帧的空间分配和将结果从 s3 移入 a0 的操作，代码示例 6.26 显示了进一步优化 diffofsums 函数的效果。

代码示例 6.26　优化的 diffofsums 函数

RISC-V 汇编代码

```
# a0 = result
diffofsums:
  add t0, a0, a1  # t0 = f + g
  add t1, a2, a3  # t1 = h + i
  sub a0, t0, t1  # result = (f + g) - (h + i)
  jr  ra          # return to caller
```

5. 非叶函数调用

不调用其他函数的函数称为叶函数，例如 diffofsums 函数，而调用其他函数的函数称为非叶函数。非叶函数比较复杂，因为它们在调用另一个函数之前需要在栈上保存非保留

寄存器，调用之后又要恢复这些寄存器。具体来说，非叶函数必须遵守以下调用规则：

（1）调用函数保存规则：调用者在函数调用之前必须保存调用所需的非保留寄存器（t0 ～ t6、a0 ～ a7），而调用之后必须先恢复这些寄存器的值才可使用。

（2）被调用函数保存规则：被调用者在干扰保留寄存器（s0 ～ s11、ra）之前必须保存这些寄存器，并在返回之前恢复它们的值。

代码示例 6.27 给出了非叶函数 f1 和叶函数 f2，以及必要的寄存器保存。f1 函数将 i 放进 s4，将 x 放进 s5；f2 函数将 r 放进 s4。f1 函数使用保留寄存器 s4、s5 和 ra，因此开始时依照上述调用规则（2）将这些寄存器压入栈。此外它使用 t3 保存中间结果（a-b），所以无须保留另一个寄存器来保存该结果。f1 在调用 f2 之前，根据调用规则（1）将 a0 和 a1 压入栈，以防 f2 改变这两个非保留寄存器，这样调用之后 f1 仍然可以使用这些寄存器的初始值（弹栈恢复）。ra 在调用函数 f2 时将被重写，需要保存。尽管非保留寄存器 t3 也会被 f2 函数重写，但 f1 不再需要它，因此不必保存。f1 在进行函数调用时将参数通过 a0 传递给 f2 函数，且运算结果存入 a0，然后恢复 a0 和 a1，因为仍然需要它们。当 f1 函数执行完成时，返回值存入 a0，同时恢复寄存器 s4、s5、ra 和 sp，最后返回。f2 根据调用规则（2）保存并恢复 s4 和 sp 的值。

代码示例 6.27　非叶函数调用

高级语言代码	RISC-V 汇编代码

高级语言代码:
```
int f1(int a, int b) {
  int i, x;




  x = (a + b)*(a − b);




  for (i = 0; i < a; i++)




    x = x + f2(b + i);






  return x;
}
```

RISC-V 汇编代码:
```
# a0 = a, a1 = b, s4 = i, s5 = x
f1:
  addi sp, sp, −12    # make room on stack for 3 registers
  sw   ra, 8(sp)      # save preserved registers used by f1
  sw   s4, −4(sp)
  sw   s5, 0(sp)
  add  s5, a0, a1     # x = (a + b)
  sub  t3, a0, a1     # temp = (a − b)
  mul  s5, s5, t3     # x = x * temp = (a + b) * (a − b)
  addi s4, zero, 0    # i = 0
for:
  bge  s4, a0, return # if i >= a, exit loop
  addi sp, sp, −8     # make room on stack for 2 registers
  sw   a0, 4(sp)      # save nonpreserved regs. on stack
  sw   a1, 0(sp)
  add  a0, a1, s4     # argument is b + i
  jal  f2             # call f2(b + i)
  add  s5, s5, a0     # x = x + f2(b + i)
  lw   a0, 4(sp)      # restore nonpreserved registers
  lw   a1, 0(sp)
  addi sp, sp, 8
  addi s4, s4, 1      # i++
  j    for            # continue for loop
return:
  add  a0, zero, s5   # return value is x
  lw   ra, 8(sp)      # restore preserved registers
  lw   s4, 4(sp)
  lw   s5, 0(sp)
  addi sp, sp, 12     # restore sp
  jr   ra             # return from f1
```

高级语言代码:
```
int f2(int p) {
  int r;

  r = p + 5;
  return r + p;
}
```

RISC-V 汇编代码:
```
# a0 = p,  s4 = r
f2:
  addi sp, sp, −4     # save preserved regs. used by f2
  sw   s4, 0(sp)
  addi s4, a0, 5      # r = p + 5
  add  a0, s4, a0     # return value is r + p
  lw   s4, 0(sp)      # restore preserved registers
  addi sp, sp, 4      # restore sp
  jr   ra             # return from f2
```

仔细检查会发现 f1 没有保存和恢复寄存器 a1 是因为 f2 没有修改 a1，然而编译器并不总能轻易确定在函数调用期间哪些非保留寄存器可能受到干扰。因此，对于简单的编译器，调用者总要在调用后保存和恢复所需的非保留寄存器。优化的编译器能察觉 f2 是叶函数，并用非保留寄存器存储 r 变量值，从而避免保存和恢复 s4。图 6.9 展示了函数执行期间的栈变化，其中栈指针 sp 初始化为 0xBEF7FF0C。

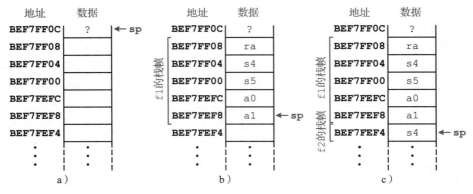

图 6.9 栈。a) 函数调用前。b) f1 执行期间。c) f2 执行期间

6. 递归函数调用

递归函数是会调用自身的非叶函数，它既是调用者又是被调用者，必须同时保存保留寄存器和非保留寄存器。如阶乘函数就可以按递归函数处理，其表达式为 $factorial(n) = n \times (n-1) \times (n-2) \times \cdots \times 2 \times 1$，可写为递归形式 $factorial(n) = n \times factorial(n-1)$，则得出代码示例 6.28 所示的程序段，1 的阶乘是 1。为便于引用程序地址，设程序从地址 0x8500 开始。根据调用规则（2），非叶函数 factorial 必须保存 ra。根据调用规则（1），factorial 调用自身后会用到 n，于是必须保存 a0。因此，开始时两个寄存器都被压入栈，然后判断 n <=1 是否满足。如果是，则将返回值 1 存入 a0 中，恢复栈指针并返回给调用者，这种情况下 ra 未被修改因而不一定要恢复。如果否，则函数递归调用 factorial(n-1)，从栈中恢复 n 的值和返回地址寄存器（ra），执行乘法运算，并返回该结果。注意，该函数巧妙地将 n 恢复到 t1 中，以免覆盖返回值。乘法指令 mul a0,t1,a0 将 n（t1）与返回值（a0）相乘，结果值被存入返回寄存器 a0 中。

代码示例 6.28 factorial 递归函数调用

高级语言代码	RISC-V 汇编代码
``int factorial(int n) {
  if (n <= 1)
    return 1;

else
  return (n * factorial(n − 1));
}``` | ```0x8500 factorial: addi sp, sp, −8   # make room for a0, ra
0x8504   sw   a0, 4(sp)
0x8508   sw   ra, 0(sp)
0x850C   addi t0, zero, 1   # temporary = 1
0x8510   bgt a0, t0, else # if n > 1, go to else
0x8514   addi a0, zero, 1   # otherwise, return 1
0x8518   addi sp, sp, 8   # restore sp
0x851C   jr   ra   # return
0x8520 else: addi a0, a0, −1   # n = n − 1
0x8524   jal factorial   # recursive call
0x8528   lw   t1, 4(sp)   # restore n into t1
0x852C   lw   ra, 0(sp)   # restore ra
0x8530   addi sp, sp, 8   # restore sp
0x8534   mul a0, t1, a0   # a0 = n * factorial(n−1)
0x8538   jr   ra   # return``` |

为清晰，本例在函数调用开始时保存寄存器，优化的编译器可能会察觉到在 $n \leqslant 1$ 的情况不需要保存 a0 和 ra，只在函数的 else 分支将寄存器保存到栈中。

图 6.10 描述了执行 factorial(3) 时的栈变化，图 6.10a 展示了 sp 初始指向 0xFF0（高位地址位为 0），该函数创建了两字长的栈帧来保存 n（a0）和 ra。图 6.10b 反映了第一次调用的情况，factorial 将 a0（保存 n 为 3）存入地址 0xFEC，将 ra 存入 0xFE8。然后函数将 n 改为 2，递归调用 factorial(2)，使 ra 保存 0x8528。在第二次调用过程中，函数将 a0（保存的 n 为 2）存入地址 0xFE4 单元，将 ra 存入 0xFE0。此时我们知道 ra 保存着 0x8528。此后函数将 n 改为 1，递归调用 factorial(1)。在第三次调用中，函数将 a0（保存的 n 为 1）存入 0xFDC，将 ra 存入 0xFD8。此时，ra 再次保存 0x8528。factorial 的第三次调用返回了 a0 中的值 1，并在返回第二次调用之前释放了栈帧；第二次调用将 n（存入 t1）恢复为 2，将 ra 恢复为 0x8528（碰巧已经有这个值），释放了栈帧，并向第一次调用返回 a0（2×1=2）；第一次调用将 n（存入 t1）恢复为 3，恢复了调用函数的返回地址 ra，释放了栈帧，并返回 a0（3×2=6）。图 6.10c 给出了递归调用函数返回时的栈，当 factorial 返回给调用者时，栈指针位于其初始位置（0xFF0），而指针之上的栈内容未有改变，所有的保留寄存器都保存着其原始值，a0 保存着返回值 6。

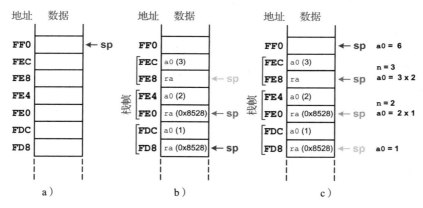

图 6.10　factorial(3) 函数调用之前（图 a）、期间（图 b）、之后（图 c）的栈

7. 附加参数和局部变量 *

栈还可以用在函数有 8 个以上输入参数和太多局部变量的情况，因为保留寄存器无法满足要求，RISC-V 约定前 8 个参数照常传递到参数寄存器（a0 ～ a7）中，其他参数则存储到 sp 之上的栈空间。调用函数必须扩展栈空间来存储多出来的参数，图 6.11a 描述了调用含超过 8 个参数的函数的调用函数的栈。

函数内可以定义局部变量或数组，函数内的局部变量只能在该函数内访问，且可以存入寄存器 s0 ～ s11 中。如果有太多的局部变量，也可以存储在函数的栈帧中。局部的数组和结构也可以存储在栈中。

图 6.11b 描述了被调用函数栈帧的组织结构，栈帧包含临时寄存器、参数寄存器和返回地址寄存器（以防后续函数调用，需要保存它们），以及函数可能修改任何已保存寄存器。栈帧还包含局部数组和任何多余的局部变量。被调用函数若有超过 8 个参数，则可以在调用函数的栈帧中找到更多的参数。访问多出来的输入参数是一个例外，此时函数可以访问其栈帧之外的栈数据。

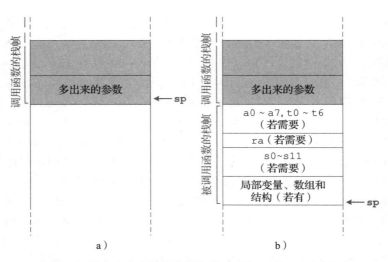

图 6.11　带多出来参数的扩展栈帧。a）调用前。b）调用后

6.3.8　伪指令

在介绍如何将汇编代码转换为机器码（1 和 0）之前，先回顾一下伪指令。大家知道 RISC-V 是精简指令集计算机 (RISC)，通过保持较小的指令数量来最小化指令大小和硬件复杂度。然而 RISC-V 定义了伪指令，这些伪指令不是 RISC-V 指令集的指令，但便于程序员和编译器使用，伪指令在转换为机器码时被转换为一条或多条 RISC-V 指令。例如，前面讨论的跳转（j）伪指令转换为以 x0 作为目的地址的跳转和链接（jal）指令，也就是说，不写入返回地址。逻辑 NOT 可以通过对全 1 和源操作数做异或运算来完成。

表 6.4 给出了伪指令和用于实现伪指令的 RISC-V 指令的例子。例如，移动伪指令 mv 将一个寄存器的内容复制到另一个寄存器；加载立即数伪指令 li 使用 lui 和 addi 指令的组合来加载一个 32 位常数，如果常数用 12 位表示，li 就被转换成 addi 指令；无操作伪指令 nop 不执行任何操作，该指令执行后 PC 增加 4，而其他寄存器或内存的值不变；调用伪指令 call 执行过程调用，如果调用的是邻近函数则 call 被转换为 jalr 指令，如果函数距离较远则 call 被转换为两个 RISC-V 指令——auipc 和 jalr。例如，auipc s1,0xABCDE 指令将 0xABCDE000 添加到 PC 上，并将结果放在 s1 中。因此，如果 PC 是 0x02000000，那么 s1 现在持有 0xADCDE000。然后，jalr ra,s1,0x730（0xADCDE730）指令跳转到地址 s1+ 0x730（0xADCDE730），并将 PC+4 存入 ra。ret 伪指令从函数返回，转化为 jalr x0,ra,0 指令。本书附录 B 的表 B.7 列出了最常见的 RV32I 伪指令。

表 6.4　伪指令

伪指令	RISC-V 指令	说明	操作
j label	jal zero, label	跳转	PC = label
jr ra	jalr zero, ra, 0	按寄存器跳转	PC = ra
mv t5, s3	addi t5, s3, 0	移动	t5 = t3
not s7, t2	xori s7, t2, -1	反码	s7 = ~t2
nop	addi zero, zero, 0	无操作	
li s8, 0x7EF	addi s8, zero, 0x7EF	加载 12 位立即数	s8 = 0x7EF
li s8, 0x56789DEF	lui s8, 0x5678A	加载 32 位立即数	s8 = 0x56789DEF
	addi s8, s8, 0xDEF		

（续）

伪指令	RISC-V 指令	说明	操作
bgt s1, t3, L3	blt t3, s1, L3	条件转移（大于）	if (s1 > t3), PC = L3
bgez t2, L7	bge t2, zero, L7	条件转移（大于或等于）	if (t2 ≥ 0), PC = L7
call L1	jal L1	邻近函数调用	PC = L1, ra = PC + 4
call L5	auipc ra, imm31:12	远程函数调用	PC = L5, ra = PC + 4
	jalr ra, ra, imm11:0		
ret	jalr zero, ra, 0	函数返回	PC = ra

6.4 机器语言

汇编语言虽便于人类阅读，然而数字电路只理解 1 和 0。因此，用汇编语言编写的程序需要从助记符转换为仅使用 1 和 0 表示的指令集（称为机器语言）。本节介绍 RISC-V 机器语言以及在汇编语言和机器语言之间进行转换的烦琐过程。

RISC-V 使用 32 位指令，再次强调利于简单设计的规整性原则，最常规的选择是将所有指令编码为可以存储在内存中的机器字。尽管有些指令不需要 32 位编码，但可变长度指令会增加复杂度。简单设计虽然鼓励使用单指令格式，但限制太大。因此，引出最后一个设计原则：

设计原则 4：利于上品设计的上佳折中原则（good design demands good compromises）

依据设计原则 4，RISC-V 定义了 R-type（寄存器型）、I-type（立即型）、S/B-type（存储 / 分支型）和 U/J-type（高位立即 / 跳转型）四种主要的指令格式，指令格式少允许各指令符合规整性要求，因此解码器硬件更简单，能适应不同的指令需求。

R-type 指令如 add s0,s1,s2，对三个寄存器实施操作。I-type 指令如 addi s3,s4,42，S/B-type 指令如 sw a0,4(sp) 或 beq a0,a1,L1，对两个寄存器和一个 12 位 /13 位有符号立即数实施操作。U/J-type 指令如 jal ra,factorial，对一个寄存器和一个 20 位 /21 位立即数实施操作。本节讨论这四种指令格式，并展示如何将它们编码成二进制码。

6.4.1 R-type 指令

R-type 指令使用三个寄存器作为操作数：两个源操作数和一个目标操作数。指令格式如图 6.12 所示，32 位的指令有六个字段——

R-type

31:25	24:20	19:15	14:12	11:7	8:0
funct7	rs2	rs1	funct3	rd	op
7 位	5 位	5 位	3 位	5 位	7 位

图 6.12 R-type 指令格式

funct7、rs2、rs1、funct3、rd 和 op，每个字段的长度为 3 ~ 7 位不等。

指令执行的操作编码为 3 个字段（显示为灰色）：7 位的 op（操作码）、7 位的 funct7（功能码 7）和 3 位的 funct3（功能码 3）。特定 R-type 操作由操作码和功能码字段决定，这两个字段合称为控制位，负责控制要执行的操作。例如，add 指令的操作码和功能码字段为 op = 51 (0110011_2)、funct7 = 0(0000000_2) 和 funct3 = 0(000_2)。类似地，sub 指令有 op = 51，funct7 = 32(0100000_2) 和 funct3 = 0(000_2)。这两条 R-type 指令的机器码如图 6.13 所示，其中两个源寄存器和一个目标寄存器编码为 rs1、rs2 和 rd 三个字段，这些字段包含表 6.1 中给出的寄存器号，如 s0 为寄存器 8(x8)。注意汇编指令和机器语言指令中的寄存器顺序是相反的。例如，汇编指令 add s2,s3,s4 有 rd = s2 (18)、rs1 = s3 (19)、rs2 = s4(20)，这些寄存器在汇编指令中从左到右排列，而在机器语言指令中从右到左排列。

汇编指令	funct7	rs2	rs1	funct3	rd	op	机器码 funct7	rs2	rs1	funct3	rd	op	
add s2, s3, s4 add x18,x19,x20	0	20	19	0	18	51	0000 000	10100	10011	000	10010	011 0011	(0x01498933)
sub t0, t1, t2 sub x5, x6, x7	32	7	6	0	5	51	0100 000	00111	00110	000	00101	011 0011	(0x407302B3)
	7位	5位	5位	3位	5位	7位	7位	5位	5位	3位	5位	7位	

图 6.13   R-type 指令机器码

附录 B 中的表 B.1 列出了 RV32I 指令的操作码和功能码字段（funct3 和 funct7），汇编代码转换为机器码的最简单方法是写出每个字段的二进制值，如图 6.13 所示。然后，用十六进制描述指令字（4 位一组），使机器语言表示更紧凑。

其他 R-type 指令还有移位指令 sll、srl、sra 和逻辑运算指令 and、or、xor，带立即数移位量的移位指令 slli、srli、srai 是 I-type 指令，将在 6.4.2 节讨论。

图 6.14 展示了左移逻辑指令 sll 和 xor 的机器码，所有 R-type 指令的操作码都是 51（0110011$_2$）。带寄存器移位量的指令 sll、srl、sra 的移位量由 rs2 中低 5 位（第 4:0 位）的无符号数给定，对 rs1 实施移位并将结果放在 rd 中。所有移位指令都由 funct7 和 funct3 编码要执行的移位或逻辑操作的类型，如 sll 指令的 funct7 = 0 和 funct3 = 1，xor 指令的 funct7 = 0 和 funct3 = 4。

汇编指令	funct7	rs2	rs1	funct3	rd	op	机器码 funct7	rs2	rs1	funct3	rd	op	
sll s7, t0, s1 sll x23,x5, x9	0	9	5	1	23	51	0000 000	01000	00101	001	10111	011 0011	(0x00929BB3)
xor s8, s9, s10 xor x24,x25,x26	0	26	25	4	24	51	0000 000	11010	11001	100	11000	011 0011	(0x01ACCC33)
	7位	5位	5位	3位	5位	7位	7位	5位	5位	3位	5位	7位	

图 6.14   更多的 R-type 指令机器码

例 6.3（R-type 汇编指令转换成机器码）   请将下条 RISC-V 汇编指令转换成机器语言：

```
add t3, s4, s5
```

解：根据表 6.1，t3、s4、s5 分别是寄存器 28、20、21。由表 B.1 可知 add 的 op=51（0110011$_2$）、funct7 = 0、funct3 = 0。各字段及机器码如图 6.15 所示，其 4 位一组对应于十六进制数字（由下划线表示），则机器语言指令是 0x015A0E33。∎

汇编指令	funct7	rs2	rs1	funct3	rd	op	机器码 funct7	rs2	rs1	funct3	rd	op	
add t3, s4, s5 add x28,x20,x21	0	21	20	0	28	51	0000 000	10101	10100	000	11100	011 0011	(0x015A0E33)
	7位	5位	5位	3位	5位	7位	7位	5位	5位	3位	5位	7位	

图 6.15   例 6.3 的 R-type 指令机器码

6.4.2 I-type 指令

I-type 指令的操作数有两个寄存器和一个立即数，指令包括 addi、andi、ori 和 xori、加载指令（lw、lh、lb、lhu 和 lbu）和寄存器跳转指令（jalr）等。指令格式如图 6.16 所

	I-type			
31:20	19:15	14:12	11:7	6:0
imm$_{11:0}$	rs1	funct3	rd	op
12 位	5 位	3 位	5 位	7 位

图 6.16   I-type 指令格式

示，格式虽然类似于 R-type，但包含一个 12 位的立即数字段 imm，没有 funct7 和 rs2 字段，rs1 和 imm 是源操作数，rd 是目标寄存器。

图 6.17 列举了几条 I-type 指令的编码，除立即数移位指令（slli、srli 和 srai）之外，立即数字段都表示 12 位有符号数（补码）。对于这些移位指令，$imm_{4:0}$ 是 5 位无符号移位量，imm 字段的其余 7 个高位对于 srli 和 slli 是 0，而 srai 的 imm_{10}（即指令位 30）置为 1。与 R-type 指令一样，I-type 汇编指令的操作数与机器指令的也是反序。

汇编指令	字段值					机器码					
	$imm_{11:0}$	rs1	funct3	rd	op	$imm_{11:0}$	rs1	funct3	rd	op	
addi s0, s1, 12 addi x8, x9, 12	12	9	0	8	19	0000 0000 1100	01001	000	01000	001 0011	(0x00C48413)
addi s2, t1, -14 addi x18,x6, -14	−14	6	0	18	19	1111 1111 0010	00110	000	10010	001 0011	(0xFF230913)
lw t2, -6(s3) lw x7, -6(x19)	−6	19	2	7	3	1111 1111 1010	10011	010	00111	000 0011	(0xFFA9A383)
lb s4, 0x1F(s4) lb x20,0x1F(x20)	0x1F	20	0	20	3	0000 0001 1111	10100	000	10100	000 0011	(0x01FA0A03)
slli s2, s7, 5 slli x18, x23, 5	5	23	1	18	19	0000 0000 0101	10111	001	10010	001 0011	(0x005B9913)
srai t1, t2, 29 srai x6, x7, 29	(高7位=32) 29	7	5	6	19	0100 0001 1101	00111	101	00110	001 0011	(0x41D3D313)
	12 位	5 位	3 位	5 位	7 位	12 位	5 位	3 位	5 位	7 位	

图 6.17　I-type 指令的机器码

例 6.4（I-type 汇编指令转换成机器码）　请将下条汇编指令转换成机器语言：

lw t3, -36(s4)

解： 根据表 6.1，t3 和 s4 是寄存器 28 和 20，rs1（s4 =x20）表示基址，rd（t3 = x28）表示目的地址，立即数 imm 表示 12 位偏移量（−36）。表 B.1 列出了 lw 的 op 值为 3（0000011_2），funct3 值为 2（010_2）。各字段及机器码如图 6.18 所示。　■

汇编指令	字段值					机器码					
	$imm_{11:0}$	rs1	funct3	rd	op	$imm_{11:0}$	rs1	funct3	rd	op	
lw t3, -36(s4) lw x28, -36(x20)	−36	20	2	28	3	1111 1101 1100	10100	010	11100	000 0011	(0xFDCA2E03)
	12 位	5 位	3 位	5 位	7 位	12 位	5 位	3 位	5 位	7 位	

图 6.18　例 6.4 的 I-type 指令机器码

I-type 指令有一个 12 位的立即数字段，该字段却用于 32 位操作，如 lw 将 12 位偏移量添加到 32 位基寄存器上。32 位的高 20 位应该是什么？对于正立即数，高 20 位应全部为 0，但对于负的立即数，高 20 位应全部为 1。（见 1.4.6 节的符号扩展）

6.4.3　S/B-type 指令

S/B-type 指令和 I-type 指令格式一样，也使用两个寄存器和一个立即数操作数，只是此处寄存器操作数都为源寄存器（rs1 和 rs2），I-type 指令则使用一个源寄存器（rs1）和一个目标寄存器（rd）。图 6.19 给出了 S/B-type 机器指令格式，

31:25	24:20	19:15	14:12	11:7	6:0	
$imm_{11:5}$	rs2	rs1	funct3	$imm_{4:0}$	op	S-type
$imm_{12,10:5}$	rs2	rs1	funct3	$imm_{4:1,11}$	op	B-type
7 位	5 位	5 位	3 位	5 位	7 位	

图 6.19　S/B-type 指令格式

其中用 12 位立即数 imm 替换了 R-type 指令的 funct7 和 rd 字段，立即数由指令的第 31:25 位和第 11:7 位两个部分组成。

存储指令使用 S-type 格式，分支指令使用 B-type 格式，它们的区别仅在于立即数的编码方式不同。S-type 指令有一个 12 位有符号立即数（补码），高 7 位（$imm_{11:5}$）位于指令的

第 31:25 位，低 5 位（$\text{imm}_{4:0}$）位于指令的第 11:7 位。

B-type 指令有一个表示分支偏移量的 13 位有符号立即数，但指令中只编码了 12 位。由于分支数量总是偶数字节，因此最低有效位恒置 0。该指令中的立即数有点奇特，imm_{12} 在 instr_{31} 中，imm_{11} 在 instr_7 中，$\text{imm}_{10:5}$ 在 $\text{instr}_{30:25}$ 中，$\text{imm}_{4:1}$ 在 $\text{instr}_{11:8}$ 中，而指令中没有设置的 imm_0 恒为 0 值。这种设计目的是使立即数在指令格式中尽可能地占据同样的位，且符号位总是在 instr_{31} 中（参见 6.4.5 节）。

图 6.20 展示了若干条 S-type 格式指令的编码，rs1 是基址，imm 是偏移量，rs2 为待存储到内存的值，负立即数采用 12 位补码表示。如指令 `sw x7, -6(x19)` 中，基址 rs1 为寄存器 x19，第二个源操作数 rs2 为 x7，偏移量为 -6。所有 S-type 指令的 op 都是 35（0100011_2），funct3 用于区分 sb(0)、sh(1) 和 sw(2)3 条存储指令。

汇编指令	字段值						机器码					
	$\text{imm}_{11:5}$	rs2	rs1	funct3	$\text{imm}_{4:0}$	op	$\text{imm}_{11:5}$	rs2	rs1	funct3	$\text{imm}_{4:0}$	op
`sw t2, -6(s3)` `sw x7, -6(x19)`	1111 111	7	19	2	11010	35	1111 111	00111	10011	010	11010	010 0011 (0xFE79AD23)
`sh s4, 23(t0)` `sh x20,23(x5)`	0000 000	20	5	1	10111	35	0000 000	10100	00101	001	10111	010 0011 (0x01429BA3)
`sb t5, 0x2D(zero)` `sb x30,0x2D(x0)`	0000 001	30	0	0	01101	35	0000 001	11110	00000	000	01101	010 0011 (0x03E006A3)
	7 位	5 位	5 位	3 位	5 位	7 位	7 位	5 位	5 位	3 位	5 位	7 位

图 6.20 S-type 指令机器码

分支指令（beq、bne、blt、bge、bltu、bgeu）都采用 B-type 格式，图 6.21 给出了 beq 指令的示例代码，左边为指令地址。分支目的地址用 BTA 表示，图 6.21 中 beq 指令的 BTA 为 0x80（L1 标签的指令地址）。将分支偏移量符号扩展后与分支指令的地址相加，便形成了 BTA。

```
#Address    # RISC-V Assembly
0x70        beq  s0, t5, L1      1
0x74        add  s1, s2, s3      2
0x78        sub  s5, s6, s7      3
0x7C        lw   t0, 0(s1)       4
0x80   L1:  addi s1, s1, -15
```

L1 is 4 instructions (i.e., 16 bytes) past beq

$\text{imm}_{12:0}$ = 16	0	0 0 0 0	0 0 0 1	0 0 0 0
bit number	12	11 10 9 8	7 6 5 4	3 2 1 0

汇编指令	字段值						机器码					
	$\text{imm}_{12,10:5}$	rs2	rs1	funct3	$\text{imm}_{4:1,11}$	op	$\text{imm}_{12,10:5}$	rs2	rs1	funct3	$\text{imm}_{4:1,11}$	op
`beq s0, t5, L1` `beq x8, x30, 16`	0000 000	30	8	0	1000 0	99	0000 000	11110	01000	000	1000 0	110 0011 (0x01E40863)
	7 位	5 位	5 位	3 位	5 位	7 位	7 位	5 位	5 位	3 位	5 位	7 位

图 6.21 B-type 指令格式及 beq 的计算

对于 B-type 指令，rs1 和 rs2 是两个源寄存器，13 位分支偏移量立即数 $\text{imm}_{12:0}$ 给出了分支指令和 BTA 之间的字节数。图中的 BTA 是位于 beq 指令之后的第 4 条指令，目标距离为 4 × 4 = 16 字节，分支偏移量为 16，且指令只给出第 12:1 位（分支偏移量的第 0 位恒为 0）。

例 6.5（B-type 汇编指令转换成机器码） 请考虑下列 RISC-V 汇编指令代码段，左边是指令地址，将 bne 指令转换成机器码。

```
地址            指令
0x354          L1: addi s1, s1, 1
0x358              sub  t0, t1, s7
...                ...
0xEB0              bne  s8, s9, L1
```

解： 根据表 6.1，s8 和 s9 是寄存器 24 和 25，所以 rs1 是 24，rs2 是 25。标签 L1 在 bne 指令之前给出，有 0xEB0-0x354 = 0xB5C(2908) 字节，所以 13 位立即数是 −2908 (1010010100100_2)。由附录 B 知道 op=99(1100011_2)，funct3=1(001_2)。这样得出了图 6.22 所示的机器码。注意，分支指令可以向前转移（到更高的地址），也可以如本例向后转移（到更低的地址）。

图 6.22 例 6.5 的 B-type 指令机器码

6.4.4 U/J-type 指令

U/J-type 指令设有一个目标寄存器操作数 rd 和一个 20 位的立即数字段，如图 6.23 所示，U/J-type 指令和其他格式一样也有一个 7 位的操作码。U-type 指令中剩余的 20 位约定为 32 位立即数的高 20 位有效位。J-type 指令中剩余的 20 位约定为 21 位跳转偏移量立即数的高 20 位有效位，它与 B-type 指令一样，立即数的最低有效位总是 0（不编码在指令中）。

图 6.23 U/J-type 指令格式

图 6.24 展示了加载高位立即数指令 lui 的机器码，32 位立即数由编码在指令中的高 20 位和低 12 位的 0 组成。本例的指令执行后，寄存器 s5(rd) 中的值是 0x8CDEF000。

图 6.24 U-type 指令 lui 的机器码

图 6.25 则给出了跳转和链接指令 jal 的示例代码，左边是指令地址。和分支指令一样，J-type 指令也是基于当前 PC 跳转到目的指令地址，即 jal 指令的地址。图中的跳转目标地址（JTA）是 0xABC04，超过地址 0x540C 处的 jal 指令 0xA67F8 字节，因为 0xABC04−0x540C = 0xA67F8 字节。立即数最低有效位也总是 0（不编码在指令中），剩余的位被混合到 20 位的立即数字段中。若 jal 汇编指令不指定目标寄存器 rd，则该字段默认为 ra(x1)，如指令 jal L1 等价于 jal ra,L1 并且 rd = 1。普通跳转指令 j 编码为 rd = 0 的 jal。

```
# Address                RISC-V Assembly
0x0000540C              jal ra, func1
0x00005410              add s1, s2, s3
...                     ...

0x000ABC04  func1: add s4, s5, s8
...
```

func1 is 0xA67F8 bytes past jal

imm = 0xA67F8   0   1 0 1 0   0 0 1 1 0   0 1 1 1   1 1 1 1   1 0 0 0
位编号   20 19 18 17 16 15 14 13 12 11 10 9 8   7 6 5 4   3 2 1 0

汇编指令   字段值   机器码

	imm$_{20,10:1,11,19:12}$	rd	op	imm$_{20,10:1,11,19:12}$	rd	op	
jal ra, func1 jal x1, 0xA67F8	0111 1111 1000 1010 0110	1	111	0111 1111 1000 1010 0110	00001	110 1111	**(0x7F8A60EF)**
	20 位	5 位	7 位	20 位	5 位	7 位	

图 6.25   J-type 指令 jal 的机器码

6.4.5   立即数编码

RISC-V 使用 32 位有符号立即数，指令中只给出了立即数的第 12:21 位的编码，图 6.26 给出了各指令类型的立即数编码。I-type 和 S-type 指令的立即数编码为 12 位有符号数，J-type 和 B-type 指令则使用 21 位和 13 位有符号立即数，且最低有效位始终为 0（参见 6.4.3 和 6.4.4 节），U-type 指令的立即数编码为 32 位中的高 20 位。

imm$_{11}$		imm$_{11:1}$	imm$_0$	I, S
imm$_{12}$		imm$_{11:1}$	0	B
imm$_{31:21}$	imm$_{20:12}$	0		U
imm$_{20}$	imm$_{20:12}$	imm$_{11:1}$	0	J

31 30 29 28 27 26 25 24 23 22 21 20 19 18 17 16 15 14 13 12 11 10 9 8 7 6 5 4 3 2 1 0

图 6.26   RISC-V 立即数

在不同的指令格式中，RV32I 试图将立即数放置在相同的指令位，以简化硬件设计（并以复杂的指令编码为代价）。图 6.27 的灰色字段适用于所有指令格式，突出了数据同位的一致性（此处省去了所有指令的操作码，即第 6:0 位）。instr$_{31}$ 总是立即数的符号位，instr$_{30:20}$ 保存 U-type 指令的 imm$_{30:20}$ 值。此外，U/J-type 指令的 instr$_{30:25}$ 保存 imm$_{10:5}$ 值和 instr$_{19:12}$ 保存 imm$_{19:12}$ 值，imm$_{4:1}$ 则占据 instr$_{24:21}$ 或 instr$_{11:8}$，立即数的第 11 位（为非符号位时）和第 0 位是指令的第 0 位或第 20 位中的机动位。

11	10	9	8	7	6	5	4	3	2	1	0	rs1	funct3	rd	I
11	10	9	8	7	6	5			rs2			rs1	funct3	4 3 2 1 0	S
12	10	9	8	7	6	5			rs2			rs1	funct3	4 3 2 1 11	B
31	30 29 28 27 26 25 24 23 22 21 20 19 18 17 16 15 14 13 12													rd	U
20	10	9	8	7	6	5	4	3	2	1	11	19 18 17 16 15 14 13 12		rd	J

31 30 29 28 27 26 25 24 23 22 21 20 19 18 17 16 15 14 13 12 11 10 9 8 7

图 6.27   RISC-V 机器指令的立即数编码

在所有指令格式中保持立即数位置一致是满足设计规则 1 的又一实例。确切地说，能最小化线路和多路选择器的数量，以满足立即数的提取和符号扩展需求。（参见习题 6.47 和习题 6.48 进一步探讨这种设计决策的硬件含义。）

6.4.6　寻址方式

寻址方式定义了指令如何指定其操作数，本节概述了用于寻找指令操作数的寻址方式。RISC-V 主要有寄存器寻址、立即数寻址、基址寻址和 PC 相对寻址四种寻址方式，大多数其他体系结构也提供类似寻址方式，因此了解这些寻址方式有助于学习其他汇编语言。前三种寻址方式定义了操作数的读写方式，最后一种则定义了写入 PC 的方式。

1. 寄存器寻址

寄存器寻址（register-only addressing）使用寄存器作为源和目的操作数，所有 R-type 指令都使用寄存器寻址方式。

2. 立即数寻址

立即数寻址（immediate addressing）使用立即数和寄存器作为操作数，有些 I-type 指令使用的是立即数寻址，如 addi、xori 指令使用了带 12 位有符号立即数的立即数寻址，带有立即数移位量的移位指令（slli、srli 和 srai）对 $\text{imm}_{4:0}$ 中的 5 位无符号立即数移位量进行编码。虽然加载指令（lb、lh 和 lw）也为 I-type 指令，但使用基址寻址。

3. 基址寻址

内存访问指令如加载字（lw）和存储字（sw）指令，使用的是基址寻址（base addressing），通过将寄存器 rs1 中的基址与立即数字段经符号扩展的 12 位偏移量相加而得到内存操作数的有效地址。加载是 I-type 指令，而存储是 S-type 指令。

4. PC 相对寻址

分支指令和 jal 指令使用 PC 相对寻址（PC-relative addressing）来指定 PC 的新值，即将立即数字段带符号的偏移量与 PC 相加求得目标地址，这就是新的 PC 值。因此，目标地址是相对于当前 PC 的距离。分支和 jal 指令分别使用 13 位和 21 位有符号立即数作为偏移量，B-type 和 J-type 指令中偏移量的最高有效位被编码到 12 位和 20 位的立即数字段，而偏移量的最低有效位总是 0，因此不在指令中编码。auipc 指令也使用 PC 相对寻址，如指令 auipc s3,0xABCDE 将 PC + 0xABCDE000 放在 s3 中。

6.4.7　解释机器语言代码

要解释机器语言，必须解码 32 位指令字的每个字段。不同的指令使用不同的格式，但所有格式共享一个 7 位的操作码字段。因此，开始时最好查看操作码，以确定是 R-type、I-type、S/B-type 还是 U/J-type 指令。

例 6.6（机器语言转换成汇编语言）　请将下列机器语言代码转换成汇编语言。

```
0x41FE83B3
0xFDA48293
```

解：首先将指令用二进制表示，查看指令的最低 7 位有效位以便找到操作码。

```
0100 0001 1111 1110 1000 0011 1011 0011   (0x41FE83B3)
1111 1101 1010 0100 1000 0010 1001 0011   (0xFDA48293)
```

操作码决定了其余位的解释方式，第一条指令的操作码为 0110011_2，根据附录 B 的表

B.1，得出它是 R-type 指令，于是剩余位可划分为 R-type 字段，如图 6.28 上部所示。第二条指令的操作码为 0010011_2，意味着这是一条 I-type 指令，因此将剩余的位划分成 I-type 字段，如图 6.28 下部所示。右边给出了这两个机器指令的等价汇编代码。 ∎

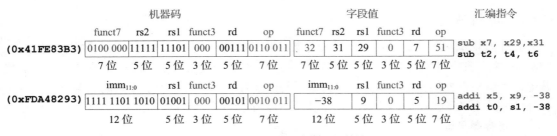

图 6.28　机器码到汇编代码的转换

6.4.8　存储程序

用机器语言编写的程序是表示指令的一串 32 位数字，这些指令和其他二进制数一样存储在内存中。这就是存储程序概念，是计算机强大的一个关键原因。运行不同的程序不需要花费大量的时间和精力来重新配置或连接硬件，只需要向内存中写入一段新程序。相比专用硬件，存储程序提供通用的计算，如此计算机只需简单改变存储程序，就能够执行从计算器、文字处理器再到视频播放器等的各种应用程序。

存储程序中的指令由处理器从内存中检索、提取并执行，即使是大而复杂的程序也只是简单的一系列内存访问和指令执行，图 6.29 展示了机器指令在内存中的存储情况。RISC-V 程序的指令通常从低地址开始存储，但对于不同的实现存储方式有所不同，图 6.29 列出了存储在地址 0x00000830 和 0x0000083C 之间的代码。请注意，RISC-V 内存按字节寻址，指令地址须递加 4 而不是加 1。

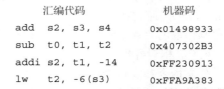

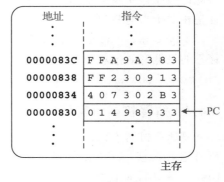

图 6.29　存储程序

为了运行或执行存储程序，处理器按顺序从内存中取出指令，然后由数字硬件译码并执行所取指令，当前指令的地址保存在 32 位 PC 中。为了执行图 6.29 的代码，视始化 PC 为 0x00000830，处理器按 PC 给出的内存地址取指令和执行指令 0x01498933（add s2,s3,s4）。然后处理器将 PC 增加 4 变成 0x00000834，再取出并执行该地址处的指令。重复运行上述过程。

微处理器的体系结构状态包含了每个必须过程，以决定程序做什么操作。RISC-V 的体系结构状态包括内存、寄存器堆和 PC，如果操作系统在程序的某点保存了体系结构状态，就可以中断程序去执行其他操作，然后恢复状态并使程序继续正常运行，而不知道曾经中断过。体系结构状态在构建微处理器时也非常重要（见第 7 章）。

6.5 编译、汇编和加载 *

到目前为止，我们讲述了如何将简短高级代码片段转换为汇编代码和机器码。本节叙述如何编译和汇编一个完整的高级程序，以及如何将程序加载到内存中执行。首先介绍 RISC-V 内存映射的例子，该例定义了代码、数据和栈在内存中的位置。

图 6.30 给出了程序从高级语言转换成机器语言并得以执行所需的步骤：首先，编译器将高级代码转换为汇编代码，汇编器将汇编代码转换为机器码并放入目标文件中，链接器将机器码与库及其他文件代码组合起来，并确定适当的分支地址和变量位置，以生成完整的可执行程序。实际上，大多数编译器都执行编译、汇编和链接这三个步骤。最后，加载器将程序加载到内存中并开始执行。本节其余部分将介绍这些简单程序步骤。

6.5.1 内存映射

RISC-V 具有 32 位的地址，地址空间占据 2^{32} 字节（4GB）。字地址为 4 的倍数，取值范围为 0 ~ 0xFFFFFFFC。图 6.31 为内存映射示例图，该图将地址空间划分为五段：文本段、全局数据段、动态数据段、异常处理段和操作系统 [包括专用于输入 / 输出（I/O）的内存]。后续几节将叙述各段作用。这里给出的是 RISC-V 内存映射的例子，但 RISC-V 并没有定义特定的内存映射。异常处理程序通常位于低地址或高地址，用户可以定义文本（代码和常量数据）、内存映射 I/O、栈和全局数据的位置。这就提供了灵活性，特别是对于手持设备等只使用部分内存，其他由物理内存填充的较小系统而言。

1. 文本段

文本段存储机器语言用户程序，可能包括除代码外的文字（常量）和只读数据。

2. 全局数据段

全局数据段存储全局变量。与局部变量不同，全局变量可以被程序中的所有函数访问。局部变量在函数中定义，只能由该函数访问，通常位于寄存器中或栈上。全局变量在程序开始执行之前被分配到内存中，通常由全局指针寄存器 gp（寄存器 x3）访问，gp 指向全局数据段的中间位置，如本例的 gp=0x10000800。程序员使用 12 位有符号偏移量和 gp 可以访问整个全局数据段。

3. 动态数据段

动态数据段保存栈（stack）和堆（heap），该段的数据在启动时是未知的，在整个程序的执行过程中可以动态分配和释放。

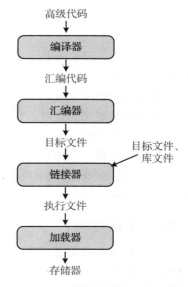

图 6.30 转换与启动程序步骤

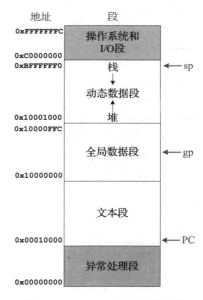

图 6.31 RISC-V 内存映射例子

在启动时，操作系统设置栈指针（sp，寄存器 x2）指向栈顶部，本例 sp=0xBFFFFFF0。栈通常由顶向下扩展，如图 6.31 所示。栈存放临时存储内容和局部变量，如不适合寄存器存储的数组，还有 6.3.7 节所述的函数使用栈来保存和恢复寄存器。栈帧按后进先出的顺序访问。

堆存储的是程序在运行时分配的数据，C 语言的内存分配由 malloc 函数完成，C++ 和 Java 则用 new 分配内存。堆数据就像宿舍地板上的一堆衣服，可以按任何顺序使用和丢弃。堆通常从动态数据段的底部向上扩展。

如果栈和堆相互扩展，程序数据就会崩溃。若没有足够的空间来分配更多的动态数据，内存分配器就会通过返回内存不足错误来确保这种情况永远不会发生。

4. 异常处理、操作系统和 I/O 段

RISC-V 内存映射例子的最低地址部分预留给异常处理程序（参见 6.6.2 节）和启动时运行的引导代码。内存映射的最高地址部分为操作系统和 I/O 保留（参见 9.2 节）。

6.5.2 汇编指示字

汇编指示字指导汇编程序分配和初始化全局变量、定义常量，以及区分代码和数据，表 6.5 给出了 RISC-V 常见汇编指示字，代码示例 6.29 则列举了如何使用这些指示字。

表 6.5 RISC-V 汇编指示字

汇编指示字	说明
.text	文本段
.data	全局数据段
.bss	全局数据初始化为 0
.section.foo	段名为 .foo
.align N	下一条数据 / 指令在 2^N 字节边界对齐
.balign N	下一条数据 / 指令在 N 字节边界对齐
.globl sym	标签 sym 为全局标签
.string"str"	将字串 "str" 存入内存
.word w1,w2,…,wN	将 N 个 32 位值存放在连续字单元中
.byte b1,b2,…,bN	将 N 个 8 位值存放在连续字节单元中
.space N	预留 N 个字节给存储变量
.equ name,constant	用值 constant 定义符号 name
.end	汇编代码结束

代码示例 6.29 使用汇编指示字

```
.globl main          # make the main label global
.equ N, 5            # N = 5

.data                # global data segment
A: .word 5, 42, -88, 2, -5033, 720, 314
str1: .string "RISC-V"
.align 2             # align next data on 2^2-byte boundary
B: .word 0x32A

.bss                 # bss segment - variables initialized to 0
C: .space 4
D: .space 1

.balign 4            # align next instruction on 4-byte boundary
.text                # text segment (code)
main:
  la  t0, A          # t0 = address of A            = 0x2150
```

```
    la  t1, str1      # t1 = address of str1                        = 0x216C
    la  t2, B         # t2 = address of B                           = 0x2174
    la  t3, C         # t3 = address of C                           = 0x2188
    la  t4, D         # t4 = address of D                           = 0x218C
    lw  t5, N*4(t0)   # t5 = A[N] = A[5] = 720                       = 0x2D0
    lw  t6, 0(t2)     # t6 = B = 810                                 = 0x32A
    add t5, t5, t6    # t5 = A[N] + C = 720 + 810 = 1530             = 0x5FA
    sw  t5, 0(t3)     # C = 1530                                     = 0x5FA
    lb  t5, N-1(t1)   # t5 = str1[N-1] = str1[4] = '-'               = 0x2D
    sb  t5, 0(t4)     # D = str1[N-1]                                = 0x2D
    la  t5, str2      # t5 = address of str2                         = 0x140
    lb  t6, 8(t5)     # t6 = str2[8] = 'r'                           = 0x72
    sb  t6, 0(t1)     # str1[0] = 'r'                                = 0x72
    jr  ra            # return
.section .rodata
str2: .string "Hello world!"
.end                  # end of assembly file
```

.data、.text、.bss 和 .section、.rodata 汇编器指示字告诉汇编器将一连串
的数据或代码放在内存的全局数据段、文本
（代码）段、BSS 段或只读数据（.rodata）
段中。BSS 段位于全局数据段中，但初始化
为零。只读数据段是放在文本段（即程序内
存）中的常量数据。

　　代码示例 6.29 的程序首先将主函数设
为全局标签（.globl main），以便可以从
该文件外部调用主函数，主函数通常由操作
系统或引导加载程序调用。然后将值 N 设
置为 5（.equ N,5），汇编程序将 N 替换
为 5 的工作在将汇编指示字转换为机器码
之前完成，如指令 lw t5,N*4(t0) 被转
换为 lw t5,20(t0)，再被转换为机器码
0x0142AF03。接下来，程序分配图 6.32 所示
的全局变量：A（32 字节值构成的 7 元素数
组）、str1（以空字符结束的字符串）、B（4
个字节）和 C（4 个字节），以及 D（1 个字节）。
A、B 和 str1 的初始值分别为 {5, 42, -88, 2,

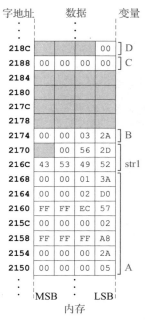

图 6.32　代码示例 6.29 的全局变量内存分配

-5033, 720, 314}、0x32A 和 "RISC-V"（即 {52,49,53,43,2d, 56,00}，见表 6.2）。注意 C 语
言中的字符串以空字符（0x00）结束，变量 C 和 D 未设初始值并置于 BSS 段中。图 6.32 中
的灰色框展示了汇编程序在数据段和 BSS 段之间的未分配内存（16 个字节）。

　　.align 2 汇编指示字在 2^2 = 4 字节的边界上对齐下一条数据或代码，这与 .balign
4 汇编指示字是等效的。这些汇编程序指示字有助于保持数据和指令的一致性。例如，如果
在分配 B（即在 B:.word 0x32A）之前删除了 .align 2，则直接在 str1 变量之后分配
B，存储地址为 0x2157 ～ 0x215A（而不是 0x2158 ～ 0x215B）。

　　main 函数首先使用 la 伪指令（参见表 B.7），将全局变量的地址加载到 t0 ～ t4 中，
程序从内存中检索 A[5] 和 C，将它们相加后的结果（0x5FA）存入 D 中。然后使用指令 lb
t5, N-1(t1) 加载 str1[4] 的值（即 '-'，ASCII 码为 0x2D），并将该值放在全局变量 B
中。最后，程序读取 str2[8]（即字符 'r'），并将该值放在 str1[0] 中。main 函数通
过 jr ra 返回到操作系统或引导代码，结束程序的运行。图 6.33 显示了 C、D 和 str1 的

最终值，.end 汇编指示字表示汇编文件的结束。

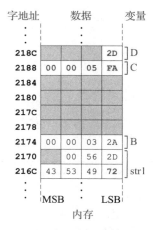

图 6.33   全局变量 C、D 和 str1 的最终值

6.5.3   编译

编译器将高级代码转换成汇编代码，然后汇编器将该汇编代码翻译成机器码。本节中的示例基于流行且广泛使用的免费编译器 GCC，它是具有诸多功能的 toolchain 的一部分，本节将讨论它的一些功能。代码示例 6.30 为一简单的高级程序，有三个全局变量和两个函数，还有汇编代码，汇编代码由 SiFive 的 Freedom E SDK toolchain 的 GCC 生成（有关使用 RISC-V 编译器的说明，请参阅前言）。

代码示例 6.30   编译高级程序

高级语言代码	RISC-V 汇编代码

高级语言代码

```
int f, g, y;

int func(int a, int b) {
  if (b < 0)
    return (a + b);
  else
    return(a + func(a, b − 1));
}
```

RISC-V 汇编代码

```
        .text
        .globl   func
        .type func,@function
func:
        addi    sp,sp,-16
        sw      ra,12(sp)
        sw      s0,8(sp)
        mv      s0,a0
        add     a0,a1,a0
        bge     a1,zero,.L5
.L1:
        lw      ra,12(sp)
        lw      s0,8(sp)
        addi    sp,sp,16
        jr      ra
.L5:
        addi    a1,a1,-1
        mv      a0,s0
        call    func
        add     a0,a0,s0
        j       .L1

        .globl      main
        .type main,   @function
main:
        addi    sp,sp,-16
        sw      ra,12(sp)
        lui     a5,%hi(f)
        li      a4,2
        sw      a4,%lo(f)(a5)
        lui     a5,%hi(g)
```

```
void main() {
  f=2;
  g=3;
  y=func(f,g);

  return;
}
```

```
li    a4,3
sw    a4,%lo(g)(a5)
li    a1,3
li    a0,2
call  func
lui   a5,%hi(y)
sw    a0,%lo(y)(a5)
lw    ra,12(sp)
addi  sp,sp,16
jr    ra
.comm y,4,4
.comm g,4,4
.comm f,4,4
```

在代码示例 6.30 中，main 函数首先将 ra 存入栈，程序设置了 4 个字（16 字节）的栈空间，但只使用其中一个栈地址。前面提到 sp 必须保持 16 字节对齐以便与 RV128I 兼容。然后 main 将 2 写入全局变量 f、将 3 写入全局变量 g。此时全局变量还未存入内存，稍后由汇编器存入，即汇编代码使用 sw、liu 两条指令来存储每个全局变量，以满足 32 位地址需要。

接着，程序将 f 和 g（即 2 和 3）放入参数寄存器 a0 和 a1，使用伪代码 call func 调用 func，该函数将 ra 和 s0 存入栈。然后把 a0(a) 放在 s0 中（递归调用 func 需要），并计算 a0=a0+a1（返回值为 a+b）。如果 a1(b) 大于或等于 0，则跳转到 .L5，否则恢复 ra、s0 和 sp 并使用 jr ra 返回。在分支转移（b ≥ 0）时，func 递减 a1(b) 的值，并递归调用 func。每次递归调用后，执行 a0=a0+s0，跳转到标签 .L1，恢复 ra、s0、sp，函数返回，最后 main 函数将 func(a0) 返回结果存入全局变量 y，恢复 ra 和 sp，返回 y。在汇编代码底部，程序使用 .comm g,4,4 等表明有三个 4 字节宽的全局变量 f、g 和 y，第一个 4 表示 4 字节对齐，第二个 4 表示变量的大小（4 个字节）。

为编译、汇编和链接名为 prog.c 的 C 程序，可使用 GCC 命令：

```
gcc -01 -g prog.c -o prog
```

该命令生成名为 prog 的可执行输出文件，-01 标志要求编译器执行基本的优化，g 标志告诉编译器包含文件中的调试信息。

若要查看中间步骤，则可以使用 -S 标志进行编译，而不进行汇编或链接：

```
gcc -01 -S prog.c -o prog.s
```

此时的 prog.s 输出虽然冗长，但也有趣（见代码示例 6.30）。

6.5.4　汇编

汇编器将汇编代码转换为包含机器语言代码的目标文件，GCC 可以用 prog.s 或直接用 prog.c 创建目标文件：

```
gcc -c prog.s -o prog.o
```

或 `gcc -01 -g -c prog.c -o prog.o`

汇编器对汇编代码进行两次遍历，第一次分配指令地址并查找所有符号，如标签和全局变量名，符号的名称和地址保存在符号表中；第二次产生机器语言代码，从符号表获取标签地址，将机器语言代码和符号表存储在目标文件中。

我们可以使用 objdump 命令反汇编目标文件，以查看机器语言代码与汇编代码：

```
objdump -S prog.o
```

下面是 .text 节的反汇编代码。如果代码最初用 -g 编译，反汇编器也会显示相应的 C 代码行，并穿插在汇编代码中。注意，当函数较远，即离当前 PC 比离 jal 的有符号 21 位偏移量能到达的位置还远时，call 伪指令被转换成两条 RISC-V 指令——auipc ra, 0x0 和 jalr ra。存储全局变量的指令在全局变量存入内存前也只是占位符。如地址为 0x48 ～ 0x50 的三个指令用于存储全局变量 f 的值 2。一旦在链接阶段将 f 放入内存中，这些指令将得到更新。

```
00000000 <func>:
int f, g, y;
int func(int a, int b) {
   0: ff010113              addi  sp,sp,-16
   4: 00112623              sw    ra,12(sp)
   8: 00812423              sw    s0,8(sp)
   c: 00050413              mv    s0,a0
  if (b<0) return (a+b);
  10: 00a58533              add   a0,a1,a0
  14: 0005da63              bgez  a1,28 <.L5>
00000018 <.L1>:
  else return(a + func(a, b-1));
}
  18: 00c12083              lw    ra,12(sp)
  1c: 00812403              lw    s0,8(sp)
  20: 01010113              addi  sp,sp,16
  24: 00008067              ret
00000028 <.L5>:
  else return(a + func(a, b-1));
  28: fff58593              addi  a1,a1,-1
  2c: 00040513              mv    a0,s0
  30: 00000097              auipc ra,0x0
  34: 000080e7              jalr  ra # 30 <.LVL5+0x4>
  38: 00850533              add   a0,a0,s0
  3c: fddff06f              j     18 <.L1>

00000040 <main>:
void main() {
  40: ff010113              addi  sp,sp,-16
  44: 00112623              sw    ra,12(sp)
  f=2;
  48: 000007b7              lui   a5,0x0
  4c: 00200713              li    a4,2
  50: 00e7a023              sw    a4,0(a5) # 0 <func>
  g=3;
  54: 000007b7              lui   a5,0x0
  58: 00300713              li    a4,3
  5c: 00e7a023              sw    a4,0(a5) # 0 <func>
  y=func(f,g);
  60: 00300593              li    a1,3
  64: 00200513              li    a0,2
  68: 00000097              auipc ra,0x0
  6c: 000080e7              jalr  ra # 68 <main+0x28>
  70: 000007b7              lui   a5,0x0
  74: 00a7a023              sw    a0,0(a5) # 0 <func>
  return;
```

```
    }
    78: 00c12083              lw    ra,12(sp)
    7c: 01010113              addi  sp,sp,16
    80: 00008067              ret
```

使用带 -t 标志的 objdump 命令：

```
objdump -t prog.o
```

可以查看目标文件的符号表，我们为感兴趣的 3 列添加标签——符号的内存地址、大
小和符号名，如下所示。因为程序没有存入内存（还没有被链接），所以地址只是占位
符，.text 表示代码（文本）段，.data 表示数据（全局数据）段，且这两个符号的大小目
前为 0（程序尚未链接）。两个函数 func 和 main 的大小是：func 为 0x40(64) 字节 = 16
条指令，main 为 0x44(68) 字节 = 17 条指令，如上面的代码所示。全局变量符号 f、g 和 y
都占 4 个字节，但它们的地址标为占位符值 0x00000004（因为还未分配地址）。

```
SYMBOL TABLE:

  内存地址                    大小         名称
  00000000 l d .text       00000000    .text
  00000000 l d .data       00000000    .data
  00000000 g F .text       00000040    func
  00000040 g F .text       00000044    main
  00000004 O *COM*         00000004    f
  00000004 O *COM*         00000004    g
  00000004 O *COM*         00000004    y
```

6.5.5 链接

多数大型程序包含多个文件，如果程序员只编辑某个文件，那么重新编译和重新汇编其
他文件就将造成浪费。特别是程序经常调用库文件中的函数，这些库文件几乎从不改变。如
果没有修改高级代码文件，则不需要更新相关的目标文件。还有，程序通常涉及一些启动代
码（用于初始化栈、堆等），必须在调用 main 函数之前执行这些代码。

链接器的工作是将所有目标文件和启动代码组合成可执行的机器语言文件，并为全局变
量分配地址；重新定位目标文件的数据和指令，使它们不会彼此重叠；基于新标签和全局变
量地址使用符号表中的信息调整代码；使用以下命令调用 GCC 链接目标文件：

```
gcc prog.o -o prog
```

可以使用下列命令再次反汇编执行文件：

```
objdump -S -t prog
```

下面给出了更新后的符号表和反汇编可执行文件得到的程序代码（启动代码太长未予
以显示），再次为相关列添加了标签，函数和全局变量重新定位到实际地址。根据符号表，
整个文本段和数据段（包括启动代码和系统数据）分别从 0x10074 和 0x115e0 地址开始。
func 从地址 0x10144 开始，占 0x3c 字节（15 条指令）。main 从 0x10180 开始，占 0x34
字节（13 条指令）。全局变量各占 4 字节：f 位于内存地址 0x11a30，g 位于 0x11a34，y 位
于 0x11a38。

```
SYMBOL TABLE:
内存地址                    大小          名称
00010074 l d .text      00000000      .text
000115e0 l d .data      00000000      .data
00010144 g F .text      0000003c      func
00010180 g F .text      00000034      main
00011a30 g O .bss       00000004      f
00011a34 g O .bss       00000004      g
00011a38 g O .bss       00000004      y
```

请注意，下列所示的 func 只有 15 条指令（非 16 条指令），对它的调用较近，因此只需要一条指令 jalr 就可进行调用。同样，由于全局指针 gp 附近的调用和存储，主函数的代码也从 17 条指令减至 13 条。程序使用 sw a4,-944(gp) 指令将数据存储到 f 变量。由这条指令还可以确定启动代码初始化的全局指针 gp 的值。f 的地址是 0x11a30，因此 gp 的值为 0x11a30 + 944 = 0x11DE0。

```
00010144 <func>:
int f, g, y;

int func(int a, int b) {
   10144: ff010113          addi    sp,sp,-16
   10148: 00112623          sw      ra,12(sp)
   1014c: 00812423          sw      s0,8(sp)
   10150: 00050413          mv      s0,a0
 if (b<0) return (a+b);
   10154: 00a58533          add     a0,a1,a0
   10158: 0005da63          bgez    a1,1016c <func+0x28>
 else return(a + func(a, b-1));
}
   1015c: 00c12083          lw      ra,12(sp)
   10160: 00812403          lw      s0,8(sp)
   10164: 01010113          addi    sp,sp,16
   10168: 00008067          ret
 else return(a + func(a, b-1));
   1016c: fff58593          addi    a1,a1,-1
   10170: 00040513          mv      a0,s0
   10174: fd1ff0ef          jal     ra,10144 <func>
   10178: 00850533          add     a0,a0,s0
   1017c: fe1ff06f          j       1015c <func+0x18>

00010180 <main>:
void main() {
   10180: ff010113          addi    sp,sp,-16
   10184: 00112623          sw      ra,12(sp)
 f=2;
   10188: 00200713          li      a4,2
   1018c: c4e1a823          sw      a4,-944(gp) # 11a30 <f>
 g=3;
   10190: 00300713          li      a4,3
   10194: c4e1aa23          sw      a4,-940(gp) # 11a34 <g>
 y=func(f,g);
   10198: 00300593          li      a1,3
   1019c: 00200513          li      a0,2
   101a0: fa5ff0ef          jal     ra,10144 <func>
   101a4: c4a1ac23          sw      a0,-936(gp) # 11a38 <y>
```

```
    return;
}
    101a8: 00c12083          lw     ra,12(sp)
    101ac: 01010113          addi   sp,sp,16
    101b0: 00008067          ret
```

6.5.6　加载

操作系统从存储设备（通常是硬盘或闪存）读取可执行文件的文本段并加载到内存的文本段，再跳转到程序头部开始执行程序，图 6.34 展示了程序执行开始时的内存映射情况。

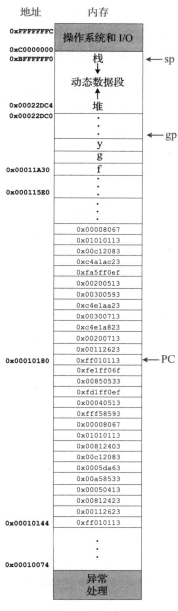

图 6.34　加载进内存的 prog

6.6 其他主题 *

本节涵盖了一些不适合本章其他部分的可选主题，包括字节顺序、异常、有符号 / 无符号数算术指令、浮点指令和压缩（16 位）指令。

6.6.1 字节顺序

按字节寻址的内存以大端或小端方式组织，如图 6.35 所示。在这两种格式中，32 位字的最高有效字节（MSB）都在左边，最低有效字节 (LSB) 都在右边。两种格式的字地址相同，引用相同的四个字节，但一个字内的字节地址不同。大端机器的字节从大端（最高有效位）开始编号，小端机器的字节从小端（最低有效位）开始编号。

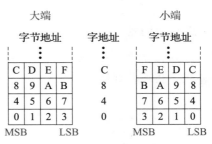

图 6.35   大小端内存寻址

RISC-V 是典型的小端模式，然而也定义了大端模式的变体。IBM 的 PowerPC(用于 Macintosh 计算机) 使用大端寻址，Intel 的 x86 架构（用于 PC）使用小端寻址。虽然端序的选择完全随意，但在大端序和小端序计算机之间共享数据时会导致麻烦。本文的示例都使用小端存储格式，以明确字节顺序的重要性。

6.6.2 异常

异常类似于由软硬件事件引起的未安排的函数调用，如处理器可能接收到用户按下键盘上一个键的通知，会停止正在做的事情，确定用户按下了哪个键，并保存以供将来参考，然后恢复正在运行的程序。这种由 I/O 设备（如键盘）触发的硬件异常通常称为中断。相应地，程序可能遇到由软件引起的错误条件（如未定义指令），则为软件异常（有时被称为陷阱）。导致异常的其他原因有重置、读取不存在的内存等。像其他函数调用一样，异常必须有保存返回地址、跳转地址、完成工作、清理自己和返回到程序断点等环节。

1. 异常模式与特权等级

RISC-V 处理器可以运行于拥有不同特权级别的不同执行模式下，特权级别指明了可以执行的指令以及可以访问的内存。RISC-V 特权级别有用户模式、管理器模式和机器模式这三种主要模式，它们按特权的递增顺序排列。机器模式（M-mode）的特权级别最高，运行的程序可以访问所有寄存器和内存位置，是唯一必需的特权模式，也是在没有操作系统的处理器（包括许多嵌入式系统）中使用的唯一模式。用户模式（U-mode）通常适用于运行在操作系统上的用户应用程序，操作系统则以管理器模式（S-mode）运行，用户程序不能访问为操作系统保留的特权寄存器或内存位置。设置不同的模式可以防止密钥状态被破坏，我们只讨论运行机器模式时的异常（其他级别的异常也类似，并使用与该模式关联的寄存器）。

2. 异常处理程序

异常处理程序使用 mtvec、mcause、mepc 和 mscratch 四个专用寄存器（称为控制和状态寄存器，CSR）来处理异常事件。mtvec（机器陷阱向量基址寄存器）保存异常处理程序的地址，当异常发生时处理器在 mcause 中记录异常的原因（见表 6.6），将异常指令所在的 PC 存储在机器异常 PC 寄存器 mepc 中，并跳转到位于 mtvec 预置地址的异常处理程序处。

表 6.6　常见异常原因代码

中断	异常代码	说明	中断	异常代码	说明
1	3	机器软件中断	0	5	加载访问故障
1	7	机器定时中断	0	6	存储地址错位
1	11	机器外部中断	0	7	存储访问故障
0	0	指令地址错位	0	8	来自用户模式的环境调用
0	2	非法指令	0	9	来自管理器模式的环境调用
0	3	断点	0	11	来自机器模式的环境调用
0	4	加载地址错位（不对齐）			

在跳转到 mtvec 预置的地址后，异常处理程序读取 mcause 寄存器来检查产生异常的原因并做出适当的响应（如硬件中断时读取键盘）。然后，中止程序或通过执行 mret（机器异常返回指令）返回程序，该指令跳转到 mepc 所指地址。mepc 保存异常指令 PC 值，类似于 jal 指令使用 ra 来存储返回地址。异常处理程序必须使用程序寄存器（x1～x31）来处理异常事件，并使用 mscratch 所指的内存地址来保存和恢复这些寄存器的值。

3. 异常相关的指令

异常处理程序使用特殊指令来处理异常事件，这些指令由于要访问 CSR 而被称为特权指令，属于 RV32I 基本指令集的一部分（见附录 B 的表 B.8）。mepc 和 mcause 寄存器不在 RISC-V 程序寄存器（x1～x31）之列，因此异常处理程序必须将这些 CSR 寄存器移到程序寄存器中以便读取和操作。RISC-V 使用 csrr（读 CSR）、csrw（写 CSR）和 csrrw（读/写 CSR）三条指令对 CSR 进行读、写和同时读写，例如，csrr t1,mcause 将 mcause 的值读入 t1,csrw mepc,t2 将 t2 的值写入 mepc, csrrw t1,mscratch,t0 在将 mscratch 的值读入 t1 的同时将 t0 的值写入 mscratch。

4. 异常处理小结

总的来说，当检测到异常时，处理器：

（1）跳转到 mtvec 中保存的异常处理程序地址处。

（2）异常处理程序将寄存器保存在 mscratch 所指的栈上，然后使用 csrr 查看异常的原因（mcause 中的编码）并做出相应的响应。

（3）当处理程序处理完时，可以选择将 mepc 加 4，从内存中恢复寄存器，并中止程序或使用 mret 指令（该指令跳转到 mepc 保存的地址处）返回用户代码。

例 6.7（异常处理程序）　请编写一个异常处理程序来处理以下两个异常事件：非法指令（mcause = 2）和加载地址错位（mcause = 4）。如果出现非法指令，程序应该在非法指令之后继续执行。如果出现加载地址错位，程序中止。如果发生任何其他异常，程序尝试重新执行指令。

解：异常处理程序首先保留将被覆盖的程序寄存器，然后检查每个异常原因：

（1）检查到非法指令异常时，继续执行异常指令（即在 mepc+ 4 处）；

（2）检查到加载地址错位时，中止程序；

（3）检查到其他异常时，尝试重新执行异常指令（即返回到 mepc）。

在返回到程序之前，异常处理程序恢复所有被覆盖的寄存器。为中止程序，异常处理程序跳转到位于 exit 标签处的退出代码（未显示）。对于运行在操作系统之上的程序，不用指令 j exit 而是用环境调用指令 ecall，返回代码存储在程序寄存器（如 a0）中。　■

```
# save registers that will be overwritten
  csrrw t0, mscratch, t0    # swap t0 and mscratch
  sw    t1, 0(t0)           # save t1 on mscratch stack
  sw    t2, 4(t0)           # save t2 on mscratch stack

# check cause of exception
  csrr  t1, mcause          # t1 = mcause
  addi  t2, x0, 2           # t2 = 2 (illegal instruction exception code)

illegalinstr:
  bne   t1, t2, checkother  # branch if not an illegal instruction
  csrr  t2, mepc            # t2 = exception PC
  addi  t2, t2, 4           # increment exception PC by 4
  csrw  mepc, t2            # mepc = mepc + 4
  j     done                # restore registers and return

checkother:
  addi  t2, x0, 4           # t2 = 4 (misaligned load exception code)
  bne   t1, t2, done        # branch if not a misaligned load
  j     exit                # exit program
# restore registers and return from the exception
done:
  lw    t1, 0(t0)           # restore t1 from mscratch stack
  lw    t2, 4(t0)           # restore t2 from mscratch stack
  csrrw t0, mscratch, t0    # swap t0 and mscratch
  mret                      # return to program (PC = mepc)
  ...
exit:
  ...
```

6.6.3 有符号 / 无符号数算术指令

前面章节介绍过二进制数有有符号数和无符号数两种，RISC-V 与大多数体系结构一样采用补码表示有符号数，并具有特定的有符号数和无符号数指令，包括乘法、除法、小于设置、分支和部分字加载等。

1. 乘法和除法指令

乘法和除法在有符号 / 无符号数方面的表现有所不同，例如，0xFFFFFFFF 作为无符号数表示一个大数，作为有符号数却是 −1。无符号数 0xFFFFFFFF × 0xFFFFFFFF 等于 0xFFFFFFFE00000001，将它们当有符号数相乘则等于 0x0000000000000001。（注意下面的 32 位对于有符号数和无符号数乘法都是相同的。）因此，乘法和除法指令有有符号数和无符号数两种形式，mulh 和 div 是有符号数的指令，multhu 和 divu 是无符号数的指令，而 mulhsu 将第一个操作数视为有符号操作数，将第二个操作数视为无符号操作数。所有相乘高指令（mulh、mulhu 和 mulhsu）都将最高 32 位放在目的寄存器 rd 中。对于无符号数或有符号数乘法，结果的低 32 位是相同的，因此对于无符号数和有符号数乘法，mul 都将乘法结果的低 32 位放在 rd 中。

2. 小于设置指令

小于设置指令用于比较两个寄存器（slt）或比较寄存器与立即数（slti），有带符号（slt/slti）和不带符号（sltu/sltiu）两种版本。在带符号比较中，0x80000000 是最大的负数补码数，小于任何数字。在无符号比较中，所有数字都是正数，0x80000000 大于

0x7FFFFFFF 但小于 0x80000001。注意，sltiu 在做无符号处理前扩展了 12 位立即数，例如，sltiu s0,s1,-1273 将 s1 与 0xFFFFFB07 进行比较，此时立即数被视为大正数。

3. 分支指令

分支指令也有带符号（blt 和 bge）和不带符号（bltu 和 bgeu）版本，带符号版本将两个源操作数视为补码，不带符号版本将源操作数视为无符号数。

4. 加载指令

字节加载指令分为有符号（lb）和无符号（lbu）两种版本，lb 通过符号扩展而 lbu 通过零扩展来填充整个 32 位寄存器。类似地，有符号和无符号半字加载指令（lh/lhu）将两个字节加载到低位半部分，并分别对字的高位半部分进行符号扩展和零扩展。

6.6.4 浮点指令

RISC-V 体系结构定义了 RVF、RVD 和 RVQ 等可选的浮点扩展模块，分别用于操作单精度、双精度和四精度浮点数。RVF/D/Q 定义了从 f0 到 f31 的 32 个浮点寄存器，宽度分别为 32、64 和 128 位。处理器在实现多个浮点扩展时，使用浮点寄存器的较低部分来执行低精度指令，f0 ～ f31 与程序（也称为整数）寄存器 x0 ～ x31 分开设置。与程序寄存器一样，按照约定可以为某些目的保留浮点寄存器，如表 6.7 所示。

表 6.7 RISC-V 浮点寄存器集

名称	寄存器号	用途
ft0 ～ 7	f0 ～ 7	临时变量
fs0 ～ 1	f8 ～ 9	保存变量
fa0 ～ 1	f10 ～ 11	函数参数 / 返回值
fa2 ～ 7	f12 ～ 17	函数参数
fs2 ～ 11	f18 ～ 27	保存变量
ft8 ～ 11	f28 ～ 31	临时变量

附录 B 的表 B.3 列出了所有的浮点指令，计算和比较指令对所有精度使用相同的助记符，在末尾添加 .s、.d 或 .q 来表示精度。例如，fadd.s、fadd.d 和 fadd.q 分别执行单精度、双精度和四精度加法。其他浮点指令包括 fsub、fmul、fdiv、fsqrt、fmadd（乘加）和 fmin 等。内存访问使用不同精度的单条指令，加载指令包括 flw、fld 和 flq，存储指令有 fsw、fsd 和 fsq。

浮点指令使用 R、I 和 S 型格式，以及新的 R4 型指令格式（参见附录 B 的图 B.1）。R4 指令格式对使用四个寄存器操作数的乘加指令非常有用，如代码示例 6.31 修改了代码示例 6.21（粗体显示修改），使其对单精度浮点数数组进行操作。

代码示例 6.31 使用 for 循环访问浮点数组

高级语言代码
```
int i;
float scores[200];

for (i = 0; i < 200; i = i + 1)




    scores[i] = scores[i] + 10;
```

RISC-V 汇编代码
```
# s0 = scores base address, s1 = i

    addi     s1, zero, 0      # i = 0
    addi     t2, zero, 200    # t2 = 200
    addi     t3, zero, 10     # t3 = 10
    fcvt.s.w ft0, t3          # ft0 = 10.0

for:
    bge      s1, t2, done     # if i >= 200 then done
```

```
slli      t3, s1, 2          # t3 = i * 4
add       t3, t3, s0         # address of scores[i]
flw       ft1, 0(t3)         # ft1 = scores[i]
fadd.s    ft1, ft1, ft0      # ft1 = scores[i] + 10
fsw       ft1, 0(t3)         # scores[i] = t1
addi      s1, s1, 1          # i = i + 1
j         for                # repeat
done:
```

6.6.5   压缩指令

RISC-V 的压缩指令扩展（RVC）通过减少控制、立即数和寄存器等字段的大小，以及利用冗余或隐含寄存器，将普通整数和浮点指令的长度减少到 16 位。减小的指令长度降低了成本、功耗和所需内存大小，所有这些对于手持和移动应用程序来说至关重要。根据 RISC-V 指令集手册，通常 50% ～ 60% 的程序指令可以用 RVC 指令代替。16 位指令仍然在基本数据大小（32、64 或 128 位）上操作，这由基本指令集决定。如果处理器需要处理 16 位和 32 位指令，汇编程序可以混合使用这两种指令。

大多数 RV32I 指令都有一个以 c. 开头的压缩副本，如附录 B 的表 B.6 所示。大多数压缩指令为减少指令大小而只指定两个寄存器，第一个源寄存器也是目的寄存器，且大多数使用 3 位寄存器码来指定从 x8 到 x15 的 8 个寄存器编码——X8 编码为 000_2，x9 编码为 001_2，等。立即数的值也只有 6 ～ 11 位，可用于操作码的位更少（见图 B.2）。

代码示例 6.32 使用压缩指令修改了代码示例 6.21，由于常数 200 太大不能放入压缩的立即数中，因此用未压缩的 addi 初始化了 s0，还使用了非压缩的 bge。采用增量 s0 作为指向 scores[i] 的指针，以减少移动、相加等二操作数压缩指令的困惑。整个程序大小从 40 字节缩减到 22 字节。

代码示例 6.32   使用压缩指令

高级语言代码	RISC-V 汇编代码

`int i;`
`int scores[200];`
 	
`for (i = 0; i < 200; i = i + 1)`
 	
`    scores[i] = scores[i] + 10;`
	`# s0 = scores base address, s1 = i`
	
	`c.li s1, 0        # i = 0`
	`addi t2, zero, 200 # t2 = 200`
	
	`for:`
	`bge   s1, t2, done # if i >= 200 then done`
	`c.lw  a3, 0(s0)    # a3 = scores[i]`
	`c.addi a3, 10      # a3 = scores[i] + 10`
	`c.sw  a3, 0(s0)    # scores[i] = a3`
	`c.addi s0, 4       # next element of`
	`                       scores`
	`c.addi s1, 1       # i = i + 1`
	`c.j   for          # repeat`
	`done:`

6.7   RISC-V 体系结构的演变

RISC-V 是一种商业可行开源的计算机体系结构，具有健壮、高效、灵活的特性。RISC-V 与其他体系结构的区别在于其具有开源特性，采用基本指令集简化兼容性，支持从嵌入式系统到高性能计算机的各种微体系结构，提供定义和可定制扩展，并提供压缩指令和 RV128I 等功能，优化硬件并支持现有和未来的设计，从而确保体系结构的寿命。

RISC-V 创建了一个由行业和学术合作伙伴组成的社区，成立了 RISC-V 国际联盟（见 riscv.org），从而加速了创新、商业化和合作，联盟还帮助设计和批准 RISC-V 体系结构。截至 2021 年，RISC-V 国际联盟已发展到包括西部数据、英伟达、微芯和三星等 500 多个行业和学术成员的地步。

6.7.1 RISC-V 基本指令集与扩展

RISC-V 包括各种基本指令集与扩展，可以支持从小型、廉价的嵌入式处理器（如手持设备中的处理器）到高性能、多核、多线程系统等的处理器。RISC-V 有 32 位、64 位和 128 位基本指令集：RV32I/E、RV64I 和 RV128I。32 位基本指令集有本章讨论的标准版本 RV32I 和只有 16 个寄存器的嵌入式版本 RV32E，适用于非常低成本的处理器。截至 2021 年，只有 RV32I 和 RV64I 指令集已完成打结，而 RV32E 和 RV128I 仍在定义中。除了这些基础体系结构，RISC-V 还定义了表 6.8 中列出的扩展，最常用的扩展有用于浮点操作（RVF/D/Q）、压缩指令（RVC）和原子指令（RVA）的扩展，这些已全部完成叙述，利于开发和商业化。其余的扩展仍在开发中。

表 6.8 RISC-V 扩展

扩展	说明	状态	扩展	说明	状态
M	整数乘除	打结	B	位操作	开源
F	单精度浮点	打结	L	十进制浮点	开源
D	双精度浮点	打结	J	动态转换语言	开源
Q	四精度浮点	打结	T	事务存储器	开源
C	压缩指令	打结	P	打包 SIMD 指令	开源
A	原子指令	打结	V	向量运算	开源

所有 RISC-V 处理器必须支持 RV32/64/128I 或 RV32E 中的一种基本体系结构，可以选择性地支持扩展，例如压缩或浮点扩展。RISC-V 通过使用扩展而不是新的体系结构版本，解决了微体系结构之间向后或向前兼容性的问题。所有处理器必须支持基本体系结构，但不必支持扩展。

为了理解 RISC-V 体系结构的演变，有必要了解 RISC-V 之前的其他体系结构（尤其是 MIPS 体系结构）。RISC-V 遵循了 MIPS 体系结构的众多原则，但也受益于现代体系结构和应用程序受益度，包括支持嵌入式、多核和多线程系统以及可扩展性等特性。

6.7.2 RISC-V 与 MIPS 体系结构的比较

RISC-V 体系结构与 John Hennessy 在 20 世纪 80 年代开发的 MIPS 体系结构有许多相似之处，但消除了不必要的复杂性，并引入了立即数等要素！相似之处包括汇编和机器码格式、指令助记符、寄存器命名以及栈和调用约定，不同之处包括 RISC-V 的立即数大小和编码、分支相对于 PC（而不是 PC+4）、分支和跳转都是相对于 PC 的、删除了 MIPS 的分支延迟槽、严格定义了源和目的寄存器指令字段、有不同的临时和保存以及参数寄存器、通过增加指令控制位实现了更强的可扩展性。通过在所有类型指令将 rs1、rs2 和 rd 放置在相同位字段，RISC-V 比 MIPS 能更简化译码器的硬件。同样，RISC-V 的立即数编码简化了立即数扩展硬件。

6.7.3 RISC-V 与 ARM 体系结构的比较

ARM 是一种 RISC 体系结构，在 20 世纪 80 年代与 MIPS 体系结构同时开发。在过去十多年的时间里，ARM 处理器一直主导着移动设备领域的应用，也出现在机器人、弹球机和服务器等其他应用程序中。ARM 与 RISC-V 的相似之处包括少量的机器码格式和汇编指令，具有类似的栈和调用约定。ARM 与 RISC-V 的不同之处包括条件执行、访存的复杂索引模式、单条指令将多个寄存器压弹栈的能力、可选的移位源寄存器以及非常规的立即数编码。立即数被编码为 8 位值和 4 位旋转，且只编码正立即数的值（减法由控制位决定）。为了减少程序量和存储开销，ARM 引入了犹如条件执行、移位寄存器和索引模式等的存在于 CISC 体系结构中的一些特性，这对于嵌入式和手持设备来说至关重要。当然，这些设计决策也会导致需要更复杂的硬件。

6.8 换位观察：x86 体系结构

今天几乎所有的个人计算机都使用 x86 体系结构的微处理器，x86（也称为 IA-32）是最初由英特尔开发的 32 位体系结构，AMD 也销售兼容 x86 的微处理器。

x86 体系结构漫长而曲折的历史可以追溯到 1978 年，当时英特尔发布了 16 位 8086 微处理器，IBM 选择 8086 和姊妹产品 8088 作为 IBM 的第一代个人计算机。1985 年，英特尔推出了向后兼容 8086 的 32 位 80386 微处理器，可以运行为早期个人计算机开发的软件。与 80386 兼容的处理器体系结构称为 x86 处理器，如奔腾、酷睿和 Athlon 处理器都是众所周知的 x86 处理器。

多年来，英特尔和 AMD 的团队都在这个旧体系结构中增加了更多的指令和功能，其结果远不如 RISC-V 优雅。然而软件的兼容性远比技术优雅重要得多，因此 x86 成为事实上的 PC 标准已有 20 多年了。每年有超过 1 亿片 x86 处理器售出，如此巨大的市场为每年超过 50 亿美元的研究和开发提供了理由，促使团队继续改进处理器。

x86 是 CISC 体系结构的例子，与 RISC-V 等 RISC 体系结构相比，每条 CISC 指令能承担更多的工作。CISC 程序需要的指令量更少，编码的指令更紧凑。当 RAM 昂贵的时候，要选紧凑的指令编码以节省内存。CISC 指令长度可变，通常小于 32 位。代价就是复杂指令更难译码，执行速度更慢。

本节介绍 x86 体系结构，目的不是让大家成为 x86 汇编语言程序员，而是说明 x86 和 RISC-V 之间的一些异同，看看 x86 如何工作也是很有趣的，当然也不建议用本节的材料去理解本书其余部分内容，表 6.9 总结了 x86 和 RISC-V (RV32I) 之间的主要区别。

表 6.9 RISC-V(RV32I) 与 x86 的主要区别

特性	RISC-V	x86
寄存器数量	32 个通用寄存器	8 个，有些限制用途
操作数数量	3 个（2 源，1 目的）操作数	2 个（1 源，1 源 / 目的）操作数
操作数位置	寄存器或立即数	寄存器、立即数、存储器
操作数大小	32 位	8 位、16 位、32 位
条件标志	无	有
指令类型	简单	简单和复杂
指令编码	长度固定：4 字节	可变长：1 ～ 15 字节

6.8.1 x86 寄存器

8086 微处理器提供了 8 个 16 位寄存器，可以分别访问这些寄存器的高字节和低字节。随着 32 位 80386 处理器问世，寄存器被扩展到 32 位，取名为 EAX、ECX、EDX、EBX、ESP、EBP、ESI 和 EDI。为了向后兼容，低 16 位和低 8 位的部分仍然可用，如图 6.36 所示。

8 个通用寄存器并不完全通用。特定寄存器不能用于特定指令，而其他指令总是把结果存入特定的寄存器。就像 RISC-V 的 sp，ESP 通常为栈指针保留。

x86 程序计数器称为 EIP（扩展指令指针），就像 RISC-V 的 PC，可以从一条指令递增到下一条指令，使用分支和函数调用指令可以修改其值。

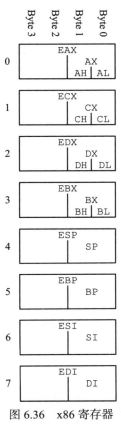

图 6.36　x86 寄存器

6.8.2　x86 操作数

RISC-V 指令总是对寄存器或立即数实施操作，内存和寄存器间的数据移动需要显式的加载和存储指令来处理。与此不同，x86 指令可以操作寄存器、立即数或内存的数据，以弥补寄存器量少的不足。

RISC-V 指令通常指定三个操作数：两个源操作数和一个目的操作数。x86 指令只指定两个操作数，第一个是源操作数，后者既是源操作数也是目的操作数。因此，x86 指令总是用结果覆盖某个源操作数。表 6.10 列出了 x86 操作数位置的组合，除内存对内存外，所有组合皆有可能。

表 6.10　操作数位置

源 / 目的操作数位置	源操作数位置	示例	含义
寄存器（reg）	寄存器（reg）	add EAX, EBX	EAX ← EAX+EBX
寄存器（reg）	立即数（imm）	add EAX, 42	EAX ← EAX+42
寄存器（reg）	内存（mem）	add EAX, [20]	EAX ← EAX+Mem[20]
内存（mem）	寄存器（reg）	add [20], EAX	Mem[20] ← Mem[20]+EAX
内存（mem）	立即数（imm）	add [20], 42	Mem[20] ← Mem[20]+42

x86 和 RISC-V（RV32I）一样，也有一个 32 位字节可寻址的内存空间，然而与 RISC-V 不同的是，x86 支持更广泛的内存索引模式。内存位置由基寄存器、位移量和缩放变址寄存器的任意组合指定，如表 6.11 所示。位移量可以是 8 位、16 位或 32 位值，与变址寄存器相乘的缩放系数可以是 1、2、4 或 8。基址 + 位移量模式相当于 RISC-V 中加载和存储使用的基址寻址模式，但是 RISC-V 指令不允许缩放。x86 还提供了缩放变址寻址，用一种简单的方法来访问含 2 字节、4 字节或 8 字节元素的数组或结构，而不必发出一系列指令来生成地址。RISC-V 总是操作 32 位字，而 x86 指令可以操作 8 位、16 位或 32 位数据，如表 6.12 所示。

表 6.11 内存寻址模式

示例	含义	注解
add EAX, [20]	EAX ← EAX+Mem[20]	位移量
add EAX, [ESP]	EAX ← EAX+Mem[ESP]	基址
add EAX, [EDX+40]	EAX ← EAX+Mem[EDX+40]	基址 + 位移量
add EAX, [60+EDI*4]	EAX ← EAX+Mem[60+EDI*4]	位移量 + 缩放变址
add EAX，[EDX+80+EDI*2]	EAX ← EAX+Mem[EDX+80+EDI*2]	基址 + 位移量 + 缩放变址

表 6.12 操作 8 位、16 位或 32 位数据的指令

示例	含义	数据大小
add AH,BL	AH ← AH+BL	8 位
add AX, -1	AX ← AX+0xFFFF	16 位
add EAX, EDX	EAX ← EAX+EDX	32 位

6.8.3 状态标志

x86 与多数 CISC 体系结构一样采用条件标志（也称为状态标志）来决定是否分支跳转，并跟踪进位和算术溢出。状态标志保存在称为 EFLAGS 的 32 位寄存器里，表 6.13 给出了 EFLAGS 寄存器的部分标志，其他标志由操作系统使用。x86 处理器的体系结构状态包括 EFLAGS、8 个寄存器和 EIP。

表 6.13 EFLAGS 的标志精选

名称	含义
CF（进位标志）	最近一次算术运算产生的进位，指明无符号运算溢出，也用于多精度算术运算字之间的进位传递
ZF（零标志）	最近的运算结果为零
SF（符号标志）	最近的运算结果为负数（最高位为 1）
OF（溢出标志）	补码算术运算溢出

6.8.4 x86 指令

x86 的指令集比 RISC-V 的大，表 6.14 描述了一些通用指令。x86 也有用于浮点运算的指令，以及用于将多个短数据元素压缩成长字的运算指令。表中的 D 表示目的操作数（寄存器或内存），S 表示源操作数（寄存器、内存或立即数）。

表 6.14 x86 指令精选

指令	含义	功能
ADD/SUB	加 / 减	D = D + S / D = D - S
ADDC	带进位的加	D = D + S + CF

（续）

指令	含义	功能
INC/DEC	递增 / 递减	D = D + 1 / D = D - 1
CMP	比较	依据 D-S 设置标志
NEG	求负	D = - D
AND/OR/XOR	逻辑与 / 或 / 异或	D = D op S
NOT	逻辑非	D = $\overline{\text{D}}$
IMUL/MUL	有符号数 / 无符号数乘	EDX:EAX = EAX × D
IDIV/DIV	有符号数 / 无符号数除	EDX:EAX/D EAX = 商；EDX = 余数
SAR/SHR	算术 / 逻辑右移	D = D >>> S / D = D >> S
SAL/SHL	算术 / 逻辑左移	D = D << S
ROR/ROL	循环右 / 左移	依 S 循环移位 D
RCR/RCL	带进位的循环右 / 左移	依 S 循环移位 CF 和 D
BT	位测试	CF = D[S]（D 的第 S 位）
BTR/BTS	位测试复位 / 置位	CF = D[S]；D[S] = 0 / 1
TEST	依据屏蔽位设置标志	依据 D AND S 设置标志
MOV	移动	D = S
PUSH	压栈	ESP = ESP - 4；Mem[ESP] = S
POP	弹栈	D = MEM[ESP]；ESP = ESP + 4
CLC，STC	清除 / 置位进位标志	CF = 0 / 1
JMP	无条件跳转	相对跳转：EIP = EIP + S 绝对跳转：EIP = S
Jcc	条件跳转	如果标志成立，EIP = EIP + S
LOOP	循环	ECX = ECX -1 if（ECX ≠ 0）EIP = EIP + imm
CALL	函数调用	ESP = ESP - 4； MEM[ESP] = EIP；EIP = S
RET	函数返回	EIP = MEM[ESP]；ESP = ESP + 4

请注意，有些指令总是作用于指定的寄存器（隐含操作数）。如 32 位 × 32 位乘法从 EAX 中获取源操作数，并将 64 位的结果存入 EDX 和 EAX。又如 LOOP 将循环计数值存储在 ECX 中，PUSH、POP、CALL 和 RET 使用栈指针 ESP。

条件跳转指令检查标志，当满足条件时进行分支转移。状态标志有多种组合形式，如 ZF 为 1 则用 JZ 指令跳转，ZF 为 0 则用 JNZ 指令跳转，跳转指令通常安排在某条指令（如用于设置标志的比较指令 CMP）的后面。表 6.15 列出了若干条件跳转指令，以及如何依赖先前比较操作设置的标志。与 RISC-V 不同，条件跳转（在 RISC-V 中称为条件分支）通常需要两条指令而不是一条指令。

表 6.15　分支条件指令精选

指令	含义	功能（位于 CMP D,S 指令后）
JZ/JE	ZF=1 则跳转	D = S 则跳转
JNZ/JNE	ZF=0 则跳转	D ≠ S 则跳转
JGE	SF=0F 则跳转	D ≥ S 则跳转
JG	SF=0F 且 SF=0 则跳转	D > S 则跳转

（续）

指令	含义	功能（位于 CMP D,S 指令后）
JLE	SF ≠ 0F 或 ZF=1 则跳转	D ≤ S 则跳转
JL	SF ≠ 0F 则跳转	D < S 则跳转
JC/JB	CF=1 则跳转	
JNC	CF=0 则跳转	
JO	OF=1 则跳转	
JNO	OF=0 则跳转	
JS	SF=1 则跳转	
JNS	SF=0 则跳转	

6.8.5　x86 指令编码

x86 指令编码比较混乱，与几十年来零零碎碎的变化有关。x86 指令不像 RISC-V 指令有 32 位（压缩指令统一为 16 位）的固定长度，其指令长度从 1 字节～ 15 字节不等⊖。指令编码如图 6.37 所示，Opcode（操作码）有 1、2 或 3 字节，其后面是 4 个可选字段：ModR/M、SIB、Displacement 和 Immediate。ModR/M 为寻址模式，SIB 在有些寻址模式中用于指定范围、变址和基址寄存器，Displacement 在有些寻址模式中表示 1、2 或 4 字节的位移量，Immediate 是使用立即数作为源操作数的指令的 1、2 或 4 字节常量。此外，指令前面最多可以有 4 个可选的字节长度的前缀来修改指令行为。

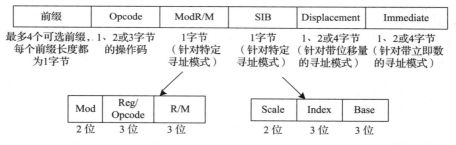

图 6.37　x86 指令编码

ModR/M 字节使用 2 位 Mod 和 3 位 R/M 字段来指定其中一个操作数的寻址模式，操作数可以是 8 个寄存器中的一个，也可以是 24 种内存寻址模式中的一个。由于编码的人为性，ESP 和 EBP 寄存器在某些寻址模式下不能用作基址或变址寄存器。Reg 字段指定用作另一个操作数的寄存器。对于不需要第二个操作数的某些指令，Reg 字段用作指定超过 3 位的 Opcode。

在使用缩放变址寄存器的寻址模式中，SIB 字段指定变址寄存器和缩放系数（1、2、4 或 8）。如果同时使用基址寄存器和变址寄存器，SIB 字段将指定基址寄存器。

RISC-V 通过 op、funct3 和 funct7 字段能够完整地指明指令功能，x86 则使用可变位数来指明不同指令的功能。x86 使用更少位描述常用指令，以减少指令的平均长度，有些指令甚至有多个操作码。例如，指令 ADD AL,imm8 将 AL 与一个 8 位的立即数相加，操作码 0x04 放在第一字节，第二字节是立即数。寄存器 A（AL、AX 或 EAX）称为累加器。又如，

⊖　如果所有可选字段都用上，则有可能构建 17 字节的指令。然而，x86 对合法指令设置了 15 字节的长度限制。

指令 ADD D,imm8 将任意目的操作数 D（内存或寄存器）与 8 位立即数相加，此时 1 字节的操作码为 0x80，后跟一个或多个用于指定 D 的字节，再跟一个 1 字节的立即数。当目的操作数是累加器时，多数指令可以缩短编码。

最初的 8086 操作码规定指令作用于 8 位或 16 位操作数，但当 80386 引入 32 位操作数时，没有新的操作码可用于指定 32 位操作数。因此，16 位和 32 位操作数使用相同的操作码，并通过操作系统代码段描述符中的附加位规定处理器选择的处理形式。为了向后兼容 8086 程序，附加位为 0 表示操作码为 16 位操作数，附加位为 1 则表示程序默认使用 32 位操作数。此外，程序员可以指定前缀来改变特殊指令格式，在操作码前加缀 0x66 表示使用可替代大小的操作数（32 位模式下为 16 位，16 位模式下为 32 位）。

6.8.6　x86 的其他特性

80286 采用分段技术将内存划分为若干段（段最长为 64 KB）。操作系统启用分段后，存储地址都基于本段从零开始计算。处理器检查段结束地址是否超出范围并指出错误，从而防止程序访问自己段之外的内存。事实上，分段不利于程序员编程，且现代版本的 Windows 操作系统没有使用分段技术。

x86 含有作用于完整字节串或字串的字符串指令，这些指令的操作包括对指定串的移动、比较或扫描。在现代处理器中，这些指令通常慢于使用一串简单指令执行相同的操作，因此尽量避免使用这些指令。

6.8.5 节提到的 0x66 前缀用于选择 16 位和 32 位操作数大小，其他还有用于锁定总线（以控制对多处理器系统中共享变量的访问）、预测分支是否发生，以及在字符串移动期间重复指令的前缀。

英特尔和惠普在 20 世纪 90 年代中期联合开发了一种新的 64 位体系结构（称为 IA-64），该体系结构绕过 x86 的复杂历史，利用 20 年来计算机体系结构的新研究成果从零开始设计并提供 64 位地址空间。第一个 IA-64 芯片由于上市太迟，未能在商业上取得成功。目前多数计算机采用的大地址空间都使用了 x86 的 64 位扩展。

任何体系结构都害怕耗尽内存容量，如 x86 使用 32 位地址可以访问 4 GB 内存空间，远远超过了 1985 年最大计算机的容量。然而，21 世纪初却又显得空间有限。AMD 于 2003 年将地址空间和寄存器大小扩展到 64 位（称为增强体系结构 AMD64），AMD64 具有兼容模式，允许操作系统利用更大地址空间，无须修改就可运行 32 位程序。英特尔也于 2004 年转而采用了 64 位扩展，将其重新命名为扩展内存 64 技术（EM64T），计算机使用 64 位地址可以访问 16EB（160 亿 GB）的内存空间。

读者若对 x86 体系结构更多的细节感兴趣，可以从英特尔网站免费获得 x86 英特尔架构软件开发人员手册。

6.8.7　整体情况

本节介绍了 RISC-V 体系结构和 x86 CISC 体系结构间的区别。x86 的程序短，且因编码后可最小化使用内存，它的一条复杂指令相当于一串简单的 RISC-V 指令。然而，x86 体系结构是多年积累的性能大杂烩，有些指令虽然不再有用，但必须保留以与旧程序兼容。x86 的寄存器太少，其指令译码难，仅解释指令集就困难重重。尽管有这些缺点，x86 仍然是 PC 中占主导地位的计算机体系结构，因为软件兼容性的价值非常巨大，人们都为巨大市场而努力构建快速的 x86 微处理器。

6.9　本章总结

要控制一台计算机，就必须说计算机语言。计算机体系结构定义了如何控制处理器。当今很多不同计算机体系结构在商业上得到了广泛的应用，一旦理解了其中一种体系结构，其他的就很容易学习。在接触新的体系架构时，需要提出以下关键问题：

- 数据字的长度是多少？
- 寄存器都有哪些？
- 存储器如何组织？
- 指令系统是什么？

RISC-V（RV32I）是 32 位体系结构，操作 32 位数据，有 32 个通用寄存器，这些寄存器原则上可以用于任何目的。然而，按照惯例，有些寄存器专为某用途保留以便于编程，这样由不同程序员编写的函数就可以很容易地通信，如寄存器 0(0) 始终保存常数 0，ra 保存 jal 指令后的返回地址，a0 ～ a7 保存函数的参数，a0 ～ a1 保存函数的返回值。RISC-V 有 32 位地址并按字节寻址访问内存，指令长度为 32 位且按字对齐以保证访问效率。本章讨论了最常用的 RISC-V 指令。

定义计算机体系结构的动力在于为给定体系结构编写的程序可以运行在该体系结构的不同实现上，如 1993 年的英特尔奔腾处理器程序仍然可以在 2021 年的英特尔 i9 或 AMD Ryzen 处理器上运行（并且运行速度更快）。

我们通过本书前几章学习了电路和逻辑的抽象层次，本章又了解了体系结构级别，接着下一章将研究微体系结构，即实现处理器体系结构的数字逻辑块如何安排与组织。

微体系结构是硬件和软件的交界面，这是所有计算机工程中最令人兴奋的话题之一，大家将学习构建自己的微处理器！

习题

6.1　利用 RISC-V 体系结构给出三个遵循 6.2.1 节中设计原则的例子。请解释每个例子如何展示设计原则的特征。

6.2　RISC-V 体系结构有由 32 个 32 位寄存器组成的寄存器集。请问有没有可能设计一个没有寄存器集的计算机体系结构？如果有，请简要描述此体系结构及指令集。这种体系结构与 RISC-V 体系结构相比的优缺点是什么？

6.3　请使用 ASCII 码编写以下字符串，并用十六进制数写出答案。

（a）hello there

（b）bag o'chips

（c）To the rescue!

6.4　请重复习题 6.3 完成下列字符串的编码。

（a）Cool

（b）RISC-V

（c）boo!

6.5　请展示习题 6.3 的字符串如何存储在从内存地址 0x004F05BC 开始的字节寻址内存中，字符串的第一个字符存储在最低字节地址（本例为 0x004F05BC）。请清晰指出每个字节内存地址。

6.6　请用习题 6.4 的字符串重复习题 6.5。

6.7　nor 指令不在 RISC-V 指令集中，但可以使用现有指令实现相同的功能。请编写一个具有以下功能的汇编代码片段：s3 = s4 NOR s5。指令越少越好。

6.8　nand 指令不在 RISC-V 指令集中，但可以使用现有指令实现相同的功能。请编写一个具有以下功能的汇编代码片段：s3 = s4 NAND s5。指令越少越好。

6.9　请将以下高级语言代码段转换为 RISC-V 汇编语言。假设（有符号）整数变量 g 和 h 分别位于寄存器 a0 和 a1 中，并清晰标明注释。

(a) if (g > h)
```
    g = g + 1;
else
    h = h - 1;
```

(b) if (g <= h)
```
    g = 0;
else
    h = 0;
```

6.10　请重复习题 6.9 完成下列代码段的转换。

(a) if (g >= h)
```
    g = g + h;
else
    g = g - h;
```

(b) if (g < h)
```
    h = h + 1;
else
    h = h * 2;
```

6.11　请将以下高级语言代码段转换为 RISC-V 汇编语言，假设 array1 和 array2 的基址保存在 t1 和 t2 中，使用 array2 之前已经完成了初始化。指令越少越好，并标明注释。

```
int i;
int array1[100];
int array2[100];
...
for (i = 0; i < 100; i = i + 1)
    array1[i] = array2[i];
```

6.12　请重复习题 6.11 完成下列高级语言代码段的转换。假设 temp 数组在使用之前已被初始化，且 temp 基址由 t3 保存。

```
int i;
int temp[100];
...
for (i = 0; i < 100; i = i + 1)
 temp[i] = temp[i] * 128;
```

6.13　请编写 RISC-V 汇编代码，将下列立即数（常数）存入 s7 中。要求使用最少指令实现。

(a) 29

(b) -214

(c) -2999

(d) 0xABCDE000

(e) 0xEDCBA123

(f) 0xEEEEEFAB

6.14　请重复习题 6.13 完成下列立即数的存入操作。

(a) 47

(b) -349

(c) 5328

(d) 0xBBCCD000

(e) 0xFEEBC789

(f) 0xCCAAB9AB

6.15 请用高级语言为 int find42(int array[], int size) 编写一个函数。size 指定数组中元素的个数，array[] 指定数组的基址。该函数返回索引号，指示是第一个值为 42 的数组元素。如果没有值为 42 的数组元素，则返回值 −1。请给出注释。

6.16 下列的高级语言函数 strcpy（字符串拷贝）将源字符串 src 复制到目的字符串 dst。

```
// C code
void strcpy(char dst[], char src[]) {
  int i = 0;
  do {
    dst[i] = src[i];
  } while (src[i++]);
}
```

(a) 请用 RISC-V 汇编代码实现 strcpy 函数，i 保存在 t0 中。

(b) 请画出 strcpy 函数调用之前、期间和之后的栈变化图。假设在 strcpy 调用之前，sp = 0xFFC000。

6.17 请将习题 6.15 中的高级语言函数转换为 RISC-V 汇编代码，并标注注释。

6.18 请考虑下面的 RISC-V 汇编代码，func1、func2 和 func3 是非叶函数，func4 是叶函数。代码没有给出每个函数的具体内容，但是注释指出了函数使用的寄存器。假设这些函数不需要将未保留寄存器存入栈中。

```
0x00091000 func1: ...    # func1 uses t2-t3, s4-s10
...
0x00091020    jal func2
...
0x00091100 func2: ...    # func2 uses a0-a2, s0-s5
...
0x0009117C    jal func3
...
0x00091400 func3: ...    # func3 uses t3, s7-s9
...
0x00091704    jal func4
...
0x00093008 func4: ...    # func4 uses s10-s12
...
0x00093118    jr  ra
```

(a) 每个函数的栈帧有多少个字？

(b) 请画出调用 func4 后的栈图，指出寄存器在栈中的存储位置，并标记每个栈帧。尽可能给出值。假设调用 func1 之前 sp = 0xABC124。

6.19 斐波那契数列中的每一个数都是前两个数的和，表 6.16 列出了 fib(n) 序列的前若干数字。

(a) 当 $n = 0$ 和 $n = -1$ 时 fib(n) 是多少？

(b) 请用高级语言编写名为 fib 的函数，返回值 n 为非负数的斐波那契数。提示：可以使用循环，且须清晰给出注释。

(c) 请将 (b) 中的高级语言函数转换为 RISC-V 汇编代码，并在每行代码后面添加注释，解释代码的作用。建议对 fib(9) 使用模拟器测试代码。（参见前言的 RISC-V 模拟器链接。）

表 6.16　斐波那契数列

n	1	2	3	4	5	6	7	8	9	10	11	...
fib (n)	1	1	2	3	5	8	13	21	34	55	89	...

6.20　请参考代码示例 6.28 解答本题，假设调用 factorial(n) 时输入参数 n = 5。

（a）当 factorial 返回到调用函数时 a0 的值是多少？

（b）假设将地址 0x8508 和 0x852C 处的指令替换为 nops。程序会：

　（1）进入无限循环但不崩溃？

　（2）崩溃（导致栈扩展或收缩超出动态数据段，或 PC 跳转到程序外的位置）？

　（3）当程序返回循环时，在 a0 中产生一个错误的值（若产生会是什么值）？

　（4）正确运行（尽管删除了指令行）？

（c）重复（b）问，并对下列指令进行修改：

　（1）将地址 0x8504 和 0x8528 处的指令替换为 nops。

　（2）将地址为 0x8518 的指令替换为 nop。

　（3）将地址为 0x8530 的指令替换为 nop。

6.21　Ben Bitdiddle 试图计算函数 $f(a, b) = 2a + 3b$（b 为非负数），着重使用了函数调用和递归，并为函数 f 和 g 生成了以下高级代码。

```
// high-level code for functions f and g
int f(int a, int b) {
  int j;
  j = a;
  return j + a + g(b);
}

int g(int x) {
  int k;
  k = 3;
  if (x == 0) return 0;
  else return k + g(x - 1);
}
```

随后将这两个函数转换成如下的 RISC-V 汇编语言，还写了 test 函数，test 调用函数 f(5,3)。

```
# RISC-V assembly code
# f: a0 = a, a1 = b, s4 = j;
# g: a0 = x, s4 = k

0x8000 test:  addi  a0, zero, 5    # a = 5
0x8004        addi  a1, zero, 3    # b = 3
0x8008        jal   f              # call f(5, 3)
0x800C loop:  j     loop           # and loop forever
0x8010 f:     addi  sp, sp, -16    # make room on stack
0x8014        sw    a0, 0xC(sp)    # save a0
0x8018        sw    a1, 0x8(sp)    # save a1
0x801C        sw    ra, 0x4(sp)    # save ra
0x8020        sw    s4, 0x0(sp)    # save s4
0x8024        addi  s4, a0, 0      # j = a
0x8028        addi  a0, a1, 0      # place b as argument for g()
0x802C        jal   g              # call g
0x8030        lw    t0, 0xC(sp)    # restore a into t0
0x8034        add   a0, a0, t0     # a0 = g(b) + a
0x8038        add   a0, a0, s4     # a0 = (g(b) + a) + j
```

```
0x803C          lw    s4, 0x0(sp)      # restore registers
0x8040          lw    ra, 0x4(sp)
0x8044          addi  sp, sp, 16
0x8048          jr    ra               # return
0x804C g:       addi  sp, sp, -8       # make room on stack
0x8050          sw    ra, 4(sp)        # save registers
0x8054          sw    s4, 0(sp)
0x8058          addi  s4, zero, 3      # k = 3
0x805C          bne   a0, zero, else   # if (x != 0), goto else
0x8060          addi  a0, zero, 0      # return 0
0x8064          j     done             # clean up and return
0x8068 else:    addi  a0, a0, -1       # decrement x
0x806C          jal   g                # call g(x-1)
0x8070          add   a0, s4, a0       # return k + g(x-1)
0x8074 done:    lw    s4, 0(sp)        # restore registers
0x8078          lw    ra, 4(sp)
0x807C          addi  sp, sp, 8
0x8080          jr    ra               # return
```

请画出类似于图 6.10 的栈图, 并回答以下问题。

(a) 代码从 test 开始运行, 程序进入循环时 a0 的值是多少? 该程序能正确计算 $2a + 3b$ 吗?

(b) 假设 Ben 将地址 0x8014 处的指令替换为 nop (无操作), 这个程序会:

   (1) 进入无限循环而不崩溃?

   (2) 崩溃 (导致栈扩展或收缩超出动态数据段, 或 PC 跳转到程序外的位置)?

   (3) 程序返回循环时, a0 得到不正确的值 (会是什么值)?

   (4) 删除指令行后能正确运行吗?

(c) 更改下列指令, 请重复 (b) 问。请注意, 标签没有改变, 只改了指令。

   (1) 0x8014 和 0x8030 处的指令改成 nops。

   (2) 0x803C 和 0x8040 处的指令改成 nops。

   (3) 0x803C 处的指令改成 nop。

   (4) 0x8030 处的指令改成 nop。

   (5) 0x8054 和 0x8074 处的指令改成 nops。

   (6) 0x8020 和 0x803C 处的指令改成 nops。

   (7) 0x8050 和 0x8078 处的指令改成 nops。

6.22 请将下面的 RISC-V 汇编代码转换成机器语言, 并用十六进制数写出指令。

```
addi s3, s4, 28
sll  t1, t2, t3
srli s3, s1, 14
sw   s9, 16(t4)
```

6.23 请对下列 RISC-V 汇编代码重复习题 6.22。

```
add  s7, s8, s9
srai t0, t1, 0xC
ori  s3, s1, 0xABC
lw   s4, 0x5C(t3)
```

6.24 请思考含有立即数字段的指令。

(a) 习题 6.22 的哪些指令在其机器码格式中使用了立即数字段?

(b) 指出 (a) 问解答中指令是什么类型 (I、S、B、U 或 j)?

(c) 请用十六进制数写出 (a) 问解答中指令的第 5 ~ 21 位立即数。如果涉及符号扩展, 请写出 32 位扩展后的立即数, 否则指明未扩展。

6.25 请对习题 6.23 的指令重复习题 6.24。

6.26 请思考下列 RISC-V 机器代码段，顶部是第一条指令。

```
0x01800513
0x00300593
0x00000393
0x00058E33
0x01C54863
0x00138393
0x00BE0E33
0xFF5FF06F
0x00038533
```

（a）将机器代码段转换成 RISC-V 汇编语言。

（b）请从逆向工程角度写出其高级语言代码，该代码可以编译成上述汇编语言例程或编写例程，并请（在高级语言代码中）清晰注释代码。

（c）请叙述该代码的功能，a0 和 a1 为输入参数，且初始值是正数 A 和 B。程序结束时，寄存器 a0 保留输出结果（即返回值）。

6.27 请对下面的机器代码段重复习题 6.26，a0 和 a1 为输入参数，a0 是 32 位的数字，a1 是含有 32 个元素的字符数组（char）的地址。

```
0x01F00393
0x00755E33
0x001E7E13
0x01C580A3
0x00158593
0xFFF38393
0xFE03D6E3
0x00008067
```

6.28 请将下列分支指令转换成机器代码，左边数字是指令的地址。

（a）
```
0x0000A000        beq t4, zero, Loop
0x0000A004        ...
0x0000A008        ...
0x0000A00C Loop: ...
```

（b）
```
0x00801000        bne s5, a1, L1
...               ...
0x0080174C L1:    ...
```

（c）
```
0x0000C10C Back:  ...
...               ...
0x0000D000        blt s1, s2, Back
```

（d）
```
0x01030AAC        bge t4, t6, L2
...               ...
0x01031AA4 L2:    ...
```

（e）
```
0x0BC08004 L3:    ...
...               ...
0x0BC09000        beq s3, s7, L3
```

6.29 请将下列分支指令转换成机器代码，左边数字是指令的地址。

（a）
```
0xAA00E124        blt t4, s3, Loop
0xAA00E128        ...
0xAA00E12C        ...
0xAA00E130 Loop: ...
```

（b）
```
0xC0901000        bge t1, t2, L1
...               ...
0xC090174C L1:    ...
```

(c) 0x1230D10C Back: ...
```
     ...                   ...
     0x1230D908           bne  s10, s11, Back
```
(d) 0xAB0C99A8   beq a0, s1, L2
```
     ...                   ...
     0xAB0CA0FC L2:        ...
```
(e) 0xFFABCF04 L3:   ...
```
     ...                   ...
     0xFFABD640           blt  s1, t3, L3
```

6.30 请将下列跳转指令转换成机器代码，左边数字是指令的地址。

(a) 0x1234ABC0   j Loop
```
     ...                   ...
     0x123CABBC Loop:      ...
```
(b) 0x12345678 Back: ...
```
     ...                   ...
     0x123B8760           jal  s0, Back
```
(c) 0xAABBCCD0   jal L1
```
     ...                   ...
     0xAABDCD98 L1:        ...
```
(d) 0x11223344   j L2
```
     ...                   ...
     0x1127BCDC L2:        ...
```
(e) 0x9876543C L3:   ...
```
     ...                   ...
     0x9886543C           jal  L3
```

6.31 请将下列跳转指令转换成机器代码，左边数字是指令的地址。

(a) 0x0000ABC0   jal Loop
```
     ...                   ...
     0x0000EEEC Loop:      ...
```
(b) 0x0000C10C Back: ...
```
     ...                   ...
     0x000F1230           jal  Back
```
(c) 0x00801000   jal s1, L1
```
     ...                   ...
     0x008FFFDC L1:        ...
```
(d) 0xA1234560   j L2
```
     ...                   ...
     0xA131347C L2:        ...
```
(e) 0xF0BBCCD4 L3:   ...
```
     ...                   ...
     0xF0CBCCD4           j  L3
```

6.32 请思考下列 RISC-V 汇编语言程序段，每条指令左边的数字是指令地址。

```
0xA0028 Func1: addi  t4, a1, 0
0xA002C        ori   a0, a0, 32
0xA0030        sub   a1, a1, a0
0xA0034        jal   Func2
...             ...
0xA0058 Func2: lw    t2, 4(a0)
```

```
0xA005C        sw   t2, 16(a1)
0xA0060        srli t3, t2, 8
0xA0064        beq  t2, t3, Else
0xA0068        jr   ra
0xA006C Else:  addi a0, a0, 4
0xA0070        j    Func2
```

（a）将指令序列转换成机器码，并用十六进制数表示。

（b）列出每行代码的指令类型和寻址方式（请清晰注释代码）。

6.33 请思考下列 C 代码段。

```
// C code
void setArray(int num) {
  int i;
  int array[10];

  for (i = 0; i < 10; i = i + 1)
    array[i] = compare(num, i);
}

int compare(int a, int b) {
  if (sub(a, b) >= 0)
    return 1;
  else
    return 0;
}
int sub(int a, int b) {
  return a - b;
}
```

（a）用 RISC-V 汇编语言实现该 C 代码段，用 s4 保存变量 i，确保处理好栈指针。涉及的数组存储在 setArray 函数栈里（参见 6.3.7 节的末尾）。请清晰注释代码。

（b）假如 setArray 是第一个被调用的函数，请画出调用 setArray 之前和每个函数调用期间的栈状态，标明栈地址以及存储在栈上的寄存器和变量的名称；标记 sp 的位置；并清晰标记每个栈帧。（假设 sp 从 0x8000 开始。）

（c）如果 ra 不能保存到栈里，代码将如何运行？

6.34 请思考下列高级语言函数。

```
// C code
int f(int n, int k) {
  int b;

  b = k + 2;
  if (n == 0)
    b = 10;
  else
    b = b + (n * n) + f(n - 1, k + 1);
  return b * k;
}
```

（a）将高级语言函数 f 转换成 RISC-V 汇编语言，注意函数调用之间寄存器的正确保存和恢复，并使用 RISC-V 的保留寄存器约定。请清晰注释代码。假设函数从指令地址 0x8100 开始，局部变量 b 存入 s4 中。

（b）从（a）问中推导出函数 f(2,4) 的情况，画出类似于图 6.10 的栈图，假设调用 f 时 sp=0xBFF00100。写出栈地址、寄存器名和存储在栈中每个位置的数据值，并跟踪栈指针值（sp）。请清晰标记每个栈帧。大家会发现程序执行过程中跟踪 a0、a1 和 s4 中的值很有用。假设调用 f 时，s4 = 0xABCD，ra = 0x8010。

（c）调用 f(2,4) 时 a0 的最终值是多少？

6.35 请问分支指令（如 beq）向前跳转（即跳转到更高指令地址）的最大指令数是多少？

6.36 请问分支指令（如 beq）向后跳转（即跳转到更低指令地址）的最大指令数是多少？

6.37 请编写条件分支指令的汇编代码，该分支从给定指令开始向前跳转 32M 条指令。1M 条指令 = 2^{20} 条指令 = 1 048 576 条指令。假设代码从地址 0x8000 开始，要求指令数量最少。

6.38 请解释为什么大立即数有利于机器格式的 jal 的实现。

6.39 请思考含有 10 个 32 位整数数组的函数，数组按小端存储，然后将其转换为大端方式。

（a）请用高级代码编写该函数。

（b）将该函数转换成 RISC-V 汇编代码，注释所有代码。要求使用最少的指令数量。

6.40 请思考两个字符串：string1 和 string2。

（a）请为名为 concat 的字符串连接函数编写高级代码：void concat(char string1[], char string2[], char stringconcat[])，函数无返回值。该函数连接 string1 和 string2，结果存入 stringconcat 字符串。假设字符数组 stringconcat 足够容纳连接的字符串。请清晰注释代码。

（b）请将（a）问的函数转换成 RISC-V 汇编语言，并清晰注释代码。

6.41 请编写将 a0 和 a1 两个正单精度浮点数相加的 RISC-V 汇编程序，不能使用 RISC-V 浮点指令。不必担忧为特殊目的保留的编码（例如，0、nan 等），或溢出、下溢的数字。科研使用模拟器（参见前言的 RISC-V 模拟器链接）测试代码，测试时可以手动设置 a0 和 a1 的值。请证明代码运行可靠，并清晰注释代码。

6.42 请扩展习题 6.41 中的 RISC-V 汇编程序，使之既可以处理正的又可以处理负的单精度浮点数，并清晰注释代码。

6.43 请思考给含 10 个元素的 scores 排序的函数，按从低到高的顺序排序，即函数结束时，scores[0] 的值最小，scores[9] 的值最大。

（a）用高级语言编写排序函数 sort，sort 只有一个参数，该参数为 scores 数组的地址。请清晰注释代码。

（b）将 sort 函数转换成 RISC-V 汇编程序，并清晰注释代码。

6.44 请考虑下列 RISC-V 程序。假设指令从内存地址 0x8400 开始，全局变量 x 和 y 分别位于内存地址 0x10024 和 0x10028 中。

```
# RISC-V assembly code
main:
    addi sp, sp, -4    # make room on stack
    sw   ra, 0(sp)     # save ra on stack
    lw   a0, -940(gp)  # a0 = x
    lw   a1, -936(gp)  # a1 = y
    jal  diff          # call diff()
    lw   ra, 0(sp)     # restore registers
    addi sp, sp, 4
    jr   ra            # return
diff:
    sub  a0, a0, a1    # return (a0-a1)
    jr   ra
```

（a）请先在每条汇编指令左边标出指令地址。

（b）请描述符号表，即列出每个符号的名称、地址和大小（函数标签和全局变量）。

（c）将所有指令转换成机器码。

（d）数据和文本段共有多大（多少字节）？

（e）按图 6.34 画出内存图，标明数据和指令的存储位置，务必标记程序开始时的 PC 和 gp 值。

6.45 请为下列 RISC-V 代码重复习题 6.44。假设指令从内存地址 0x8534 开始，全局变量 g 和 h 位于内存地址 0x1305C 和 0x13060 处。

```
# RISC-V assembly code
main:        addi sp, sp, -8
```

```
            sw    ra, 4(sp)
            sw    s4, 0(sp)
            addi  s4, zero, 15
            sw    s4, -300(gp)   # g = 15
            addi  a1, zero, 27   # arg1 = 27
            sw    a1, -296(gp)   # h = 27
            lw    a0, -300(gp)   # arg0 = g = 15
            jal   greater
            lw    s4, 0(sp)
            lw    ra, 4(sp)
            addi  sp, sp, 8
            jr    ra
greater:    blt   a1, a0, isGreater
            addi  a0, zero, 0
            jr    ra
isGreater:  addi  a0, zero, 1
            jr    ra
```

6.46 请解释 RISC-V 立即数编码中位混用的优点和缺点。

6.47 请考虑 RISC-V 指令中立即数的符号扩展,使用以下步骤为 RISC-V 立即数设计一个符号扩展单元。要求所需硬件量最少。

(a) 请画出符号扩展单元的示意图,该单元对 I-type 指令的 12 位立即数进行符号扩展。电路的输入是指令的高 12 位($Instr_{31:20}$),对 12 位有符号立即数编码,输出是一个 32 位已符号扩展的立即数($ImmExt_{31:0}$)。

(b) 请按照(a)问的扩展单元,符号扩展 S-type 指令中的 12 位立即数。需要时可修改输入,并尽量重用(a)问的硬件。

(c) 请按照(b)问的扩展单元,符号扩展 B-type 指令中的 13 位立即数。

(d) 请按照(c)问的扩展单元,符号扩展 J-type 指令中的 21 位立即数。

6.48 请使用最少硬件为 RISC-V 立即数设计一个替代扩展单元。假设 RISC-V 体系结构设计人员采用图 6.38 的立即数编码,便于人类处理。图 6.38 给出了除 op 外的所有指令字段,立即数不使用位混合编码(但仍然将 S/B-type 指令中的立即数拆分为两个指令字段),与实际的 RISC-V 立即数编码不同的位(如图 6.27 所示)用灰色标明。其实,这些假设的(直接)立即数编码不同于实际的 RISC-V B-type 和 J-type 格式的立即数编码。

11	10	9	8	7	6	5	4	3	2	1	0		rs1		funct3		rd				**I**
11	10	9	8	7	6	5		rs2			rs1			funct3		4	3	2	1	0	**S**
12	11	10	9	8	7	6		rs2			rs1			funct3		5	4	3	2	1	**B**
31	30	29	28	27	26	25	24	23	22	21	20	19	18	17	16	15	14	13	12	rd	**U**
20	19	18	17	16	15	14	13	12	11	10	9	8	7	6	5	4	3	2	1	rd	**J**
31	30	29	28	27	26	25	24	23	22	21	20	19	18	17	16	15	14	13	12	11 10 9 8 7	

图 6.38　替换立即数编码

(a) 请画出符号扩展单元的示意图,该单元对 I-type 指令中的 12 位立即数进行符号扩展。电路的输入是指令的高 12 位($Instr_{31:20}$),对 12 位有符号立即数编码,输出是一个 32 位已符号扩展的立即数($ImmExt_{31:0}$)。

(b) 请按照(a)问的扩展单元,符号扩展 S-type 指令中的 12 位立即数。需要时可修改输入,并尽量重用(a)问的硬件。

(c) 请按照(b)问的扩展单元,符号扩展修改的 B-type 指令中的 13 位立即数(见 6.38)。

(d) 请按照(c)问的扩展单元,符号扩展修改的 J-type 指令中的 21 位立即数(见图 6.38)。

（e）若已解答习题 6.47，请对本题硬件与实际的 RISC-V 扩展单元进行对比。

6.49   请思考 jal 指令能跳转多远。

（a）请问 jal 指令向前跳转（即跳转到更高指令地址）的最大指令数是多少？

（b）请问 jal 指令向后跳转（即跳转到更低指令地址）的最大指令数是多少？

6.50   请思考一个 32 位字的内存存储情况，该字在字节寻址内存的第 42 个字处。记住，第 0 个字的内存地址是 0，第 1 个字的地址是 4，依此类推。

（a）第 42 个字的内存字节地址是什么？

（b）第 42 个字覆盖的字节地址有哪些？

（c）请分别画出大端和小端机器字地址 42 处的内存图，该字地址存储的数据是 0xFF223344。要求清晰标记每个数据字节值对应的字节地址。

6.51   请重复习题 6.50，此时 32 位字存储在字节寻址内存的第 15 个字处。

6.52   请解释如何用下面的 RISC-V 程序确定计算机是大端还是小端存储。

```
addi  s7, 100
lui   s3, 0xABCD8      # s3 = 0xABCD8000
addi  s3, s3, 0x765    # s3 = 0xABCD8765
sw    s3, 0(s7)
lb    s2, 1(s7)
```

面试题

下面列出了在面试数字设计工作时可能会碰到的问题。

6.1   请写一段 RISC-V 汇编代码，交换两个寄存器 R0 和 R1 中的内容，但不允许使用其他寄存器。

6.2   假设有一个包含正负数的整数数组。请编写 RISC-V 汇编代码，查找数组中最大和的子集。假设数组的基址为 a0，数组元素的个数为 a1。代码应该将数组的结果子集放置于从 a2 基址开始的内存中，所编代码运行速度越快越好。

6.3   现给定一个数组，其中包含以空字符串结尾的句子。请编写一段 RISC-V 汇编语言程序反转句子的词序，并将新句子存储回数组中。

6.4   请编写 RISC-V 汇编语言程序统计 32 位数字中 "1" 的个数。

6.5   请编写 RISC-V 汇编语言程序反转寄存器位序，要求用尽量少的指令。

6.6   请编写一段简洁的 RISC-V 汇编语言程序，测试 a3 减去 a2 时是否发生溢出。

6.7   请编写 RISC-V 汇编语言程序，测试给定字符串是否为回文。（回文就是顺序读与反序读相同的单词。例如，单词 wow 和 racecar 是回文。）

微体系结构

7.1 引言

本章中，大家不仅要学习如何构建微处理器，而且要深层理解三个不同的实现方案，每个方案在性能、成本和复杂性之间都有不同的折中考虑。

对于初学者来说，构建微处理器就像魔术一样难以琢磨。但实际上是相对简单的，而且大家已经掌握了所需的基本知识。具体地说，已经学会了在给定功能和时序规范的情况下设计组合和时序逻辑，熟悉了算术单元电路和存储电路，并且已经掌握了 RISC-V 体系结构，了解了程序员视角下的寄存器、指令和存储器等 RISC-V 处理器术语。

本章主要学习逻辑和体系结构之间的承接件——微结构，这是寄存器、ALU、有限状态机、存储器和实现该结构所需的其他逻辑构建块的组合排列。特定的体系结构（如 RISC-V）会有多种不同的微体系结构，每种微体系结构在性能、成本和复杂性方面有不同的折中考虑，虽然都能运行相同的程序，但内部设计差别很大。本章通过讨论三种不同的微体系结构的设计方法讲解其中的差异。

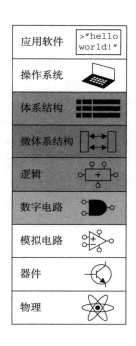

7.1.1 体系结构状态与指令集

计算机体系结构由指令集和体系结构状态定义。RISC-V 处理器的体系结构状态由程序计数器和 32 个 32 位寄存器组成，RISC-V 微体系结构必须包含这些状态。基于当前体系结构状态，处理器可以使用特定数据集执行特定指令，从而产生新的体系结构状态。有些微体系结构还有附加的非体系结构状态以简化逻辑或提高性能，后面还会讨论。

为便于理解微体系结构，本章重点讨论 RISC-V 指令系统的一个指令子集，主要包括下列指令：

- **R-type** 指令：add、sub、and、or、slt。
- 存储指令：lw、sw。
- 分支指令：beq。

选择这些指令就足以编写常用程序。一旦理解了如何实现这些指令，就可以扩展硬件处理其他指令。

7.1.2 设计过程

微体系结构分为相互关联的两个部分：数据通路（datapath）和控制单元（control unit）。

数据通路用于操作数据字，包含存储器、寄存器、ALU 和多路选择器等结构，对于我们要实现的 32 位 RISC-V（RV32I）体系结构，数据通路使用 32 位。控制单元接收数据通路的当前指令，并通知数据通路如何执行指令。为控制数据通路的操作，控制单元要产生多路选择器选择、寄存器使能和存储器写入等信号。

设计复杂系统的好方法是从状态器件硬件开始，这些器件包括内存和体系结构状态（程序计数器和寄存器）。然后，在状态器件之间加入组合逻辑块，并根据当前状态计算新状态。指令从内存某段读取，加载和存储指令则从内存另一段读取和向内存另一段写入数据。通常便利的做法是将整个内存划分为两段小区域，一段包含指令，另一段包含数据。图 7.1 给出了包含四个状态器件的框图，这四个器件是程序计数器、寄存器堆、指令内存和数据内存。

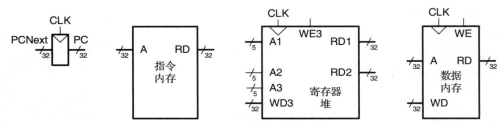

图 7.1　RISC-V 处理器状态器件

本章的粗线表示 32 位数据总线，次粗线表示寄存器堆的 5 位地址总线，细线表示 1 位线。灰线表示控制信号，如寄存器堆写使能信号。寄存器通常有一个复位输入，在启动时进入已知状态，复位线没有给出以免造成混乱。

程序计数器指向当前指令，其输入 PCNext 指示下一条指令的地址。

指令内存有单个读端口[⊖]，使用 32 位的指令地址 A 作为输入，从该地址读取 32 位数据（即指令）到读数据输出端口 RD。

寄存器堆有 32 个 32 位的寄存器（编号为 x0 ～ x31），且 x0 硬连线为 0。寄存器堆有两个读端口和一个写端口，读端口获取 5 位地址输入 A1、A2，它们分别指定 $2^5 = 32$ 个寄存器作为源操作数。寄存器堆将 32 位寄存器值放入读数据输出端口 RD1 或 RD2。写端口（端口 3）获取 5 位地址输入 A3、32 位写数据输入 WD3、写使能输入 WE3 和时钟信号。当写使能信号 WE3 有效时，寄存器堆在时钟上升沿将 32 位的数据 WD3 写入由 A3 指定的寄存器。

数据内存只有一个读/写端口，当写使能 WE 有效时，它在时钟上升沿将数据 WD 写入地址 A 指定的内存单元，否则写使能为 0 时，从地址 A 读取存储器数据送入数据总线 RD。

指令内存、寄存器堆和数据内存可以组合使用。换句话说，若改变地址，新数据要经过一定的传播延迟才能到 RD，此过程与时钟无关。时钟只控制写，且只在时钟上升沿写入这些记忆部件，即系统的状态只在时钟边沿改变。地址、数据和写使能必须在时钟边沿之前设置，且在时钟边沿后保持一段时间的稳定。

⊖　这是一种将指令内存作为 ROM 的过度简化方法。多数实际处理器中的指令内存必须是可写的，这样操作系统才能加载新程序到内存。7.4 节描述的多周期微体系结构更切实际，使用单个内存存储指令和数据，既可读又可写。

由于状态器件只在时钟上升沿改变状态，所以是同步时序电路。微处理器由时钟状态器件和组合逻辑构建而成，因此也是同步时序电路。其实处理器可以被看成一个巨大的有限状态机，或者一组更简单的交互状态机。

7.1.3 微体系结构

本章将研讨 RISC-V 的三种微体系结构：单周期微体系结构、多周期微体系结构和流水线微体系结构。这些微体系结构的不同之处在于状态器件的连接方式和所需非体系结构状态的数量。

单周期微体系结构（single-cycle microarchitecture）在一个周期内执行整条指令，这种结构易于理解，控制单元简单。由于要求在单周期内完成操作，所以不需要任何非体系结构状态。然而，周期时间受到最慢指令的限制，处理器需要单独的指令和数据内存，通常不现实。

多周期微体系结构（multicycle microarchitecture）用一系列短周期执行指令，简单指令比复杂指令执行周期更少。这种结构还通过重复使用昂贵硬件逻辑块（如加法器和存储器）来降低硬件成本，如加法器可以在执行一条指令的不同周期用于不同目的。多周期微处理器通过引入非体系结构寄存器来保存中间结果。多周期处理器一次只执行一条指令，每条指令需要多个时钟周期。这种处理器只需要一个内存，一个周期用于访问该内存并取指令，另一个周期则读取 / 写入数据。因为比单周期处理器使用的硬件更少，所以多周期处理器用于廉价系统是历史选择。

流水线微体系结构（pipelined microarchitecture）是单周期微体系结构的流水化形式，可以同时执行多条指令，吞吐率得以明显提高。流水线需要添加逻辑来处理同时执行的指令之间的依赖关系，还需要非体系结构的管道寄存器。流水线处理器必须在同一周期内访问指令和数据，为此它们通常使用单独的指令和数据缓存（见第 8 章），因此增加的逻辑和寄存器物有所值。现今所有商用高性能处理器都采用流水线技术。

接下来将探讨这三种微体系结构的设计细节和优缺点，最后简要介绍现代高性能微处理器使用的其他加速技术。

7.2 性能分析

正如前述，特定处理器体系结构可以有多种不同的微体系结构，这些微体系结构在成本和性能间进行取舍。成本取决于所需硬件数量和实现技术。精确的成本计算需要对实现技术的详尽了解，一般而言，更多的逻辑门和更大的内存意味着需要更多的费用。

本节旨在奠定性能分析的基础。衡量计算机系统性能的方法很多，且市场营销部门倾向于选择使他们的计算机看起来最快的方法，而不管衡量值与实际性能相关与否。例如，微处理器制造商通常根据时钟频率和内核数量来销售产品，却掩盖了有些处理器在一个时钟周期内能比其他处理器完成更多工作的复杂性，且这因程序而异。这种情况下买方又能做什么呢？

衡量性能唯一无噱头的方法是测量程序的执行时间，执行程序最快的计算机具有最高的性能。最好的方法是度量与计划运行程序相似的一组程序的总执行时间。这个工作对于还未编完的程序或已编完但还未测试的程序来说很有必要，这样的一组程序被称为基准（benchmark）测试程序，这些程序的执行时间是公开的以反映处理器的性能。

流行的基准有 Dhrystone、CoreMark 和 SPEC 三种，前两个是由程序的重要公共部分组成的综合基准。Dhrystone 开发于 1984 年，尽管其代码在某种程度上不能代表现实中用的程序，但仍然普遍用于嵌入式处理器。CoreMark 则改进了 Dhrystone，它包括使用乘法器和加法器的矩阵乘法、使用内存系统的链表、使用分支逻辑的状态机，以及涉及处理器许多部分的循环冗余检查。这两个基准测试程序的大小都在 16KB 之内，且不强调指令 Cache。

SPECspeed 2017 整数基准测试程序来自标准性能评估公司（SPEC），该程序由真实程序组成，包括 x264（视频压缩）、deepsjeng（人工智能棋手）、omnetpp（模拟）和 GCC（C 编译器）。SPECspeed 2017 因以具有代表性的方式强调整体系统性能而广泛用于高性能处理器中。

程序的执行时间（单位为秒）如公式（7.1）所示：

$$执行时间 = 指令数 \times \frac{周期数}{指令} \times \frac{秒数}{周期} \tag{7.1}$$

程序中的指令数取决于处理器的体系结构，有些体系结构有复杂的指令系统，每条指令完成多项工作，从而减少了程序的指令数。然而，复杂指令的硬件实现速度慢，还需要发挥程序员的聪明才智。就本章来说，假设执行的是已知的 RISC-V 程序，因此每个程序的指令数是恒定的，与微体系结构无关。每条指令所需要的周期数（Cycle Per Instruction, CPI）是平均执行一条指令所需要的周期数，是吞吐率（Instruction Per Cycle, IPC）的倒数。不同的微体系结构的 CPI 值不同，本章假设采用的理想内存系统不影响 CPI 值。有时候处理器需要等待内存操作，这将增加 CPI 值（见第 8 章）。

时钟周期 T_c 表示每个周期的秒数，由处理器中的关键逻辑路径决定。不同微体系结构的时钟周期不同。时钟周期的不同很大程度上也受逻辑和电路设计的影响，如先行进位加法器比行波进位加法器快，同时制造工艺的进步提高了晶体管的速度，即使微体系结构和逻辑不变，现在生产的微处理器也远远快于过去十年生产的微处理器。

微体系结构设计的挑战在于如何选择合适的设计，这种设计既要最小化执行时间，又要兼顾成本 / 功耗限制。由于微体系结构对 CPI 和 T_c 影响很大，又受逻辑和电路设计的影响，因此确定最佳的设计需要精细化分析。

很多其他因素也会影响计算机的整体性能，如硬盘、内存、图形系统和网络连接等方面也会约束处理器的性能。即使是全球最快的微处理器，也无法在连接不佳的情况下上网。但这些因素不属于本书讨论的范围。

7.3 单周期处理器

我们首先来设计在单周期内执行指令的微体系结构。由构建数据通路开始，将图 7.1 中的状态器件与执行各种指令的组合逻辑互连。控制信号决定数据通路什么时候执行什么指令。控制单元包含当前指令产生的控制信号的逻辑组合。本节最后分析单周期处理器的性能。

7.3.1 简单程序

来看一个具体例子，图 7.2 是运行于单周期处理器上的短程序，该程序执行加载、存储、R-type（or）和分支（beq）等 4 条指令。假设程序从内存的 0x1000 地址开始存储，并且图中给出了每条指令的地址、指令类型、指令字段以及对应的十六进制机器语言代码。

地址	指令	类型			字段			机器语言
			imm$_{11:0}$		rs1	f3	rd	op	
0x1000 L7:	lw x6, -4(x9)	I	111111111100		01001	010	00110	0000011	FFC4A303
			imm$_{11:5}$	rs2	rs1	f3	imm$_{4:0}$	op	
0x1004	sw x6, 8(x9)	S	0000000	00110	01001	010	01000	0100011	0064A423
			funct7	rs2	rs1	f3	rd	op	
0x1008	or x4, x5, x6	R	0000000	00110	00101	110	00100	0110011	0062E233
			imm$_{12,10:5}$	rs2	rs1	f3	imm$_{4:1,11}$	op	
0x100C	beq x4, x4, L7	B	1111111	00100	00100	000	10101	1100011	FE420AE3

图 7.2　执行不同类型指令的简单程序

假设寄存器 x5 初值是 6，x9 的值为 0x2004，内存地址 0x2000 处的值为 10，程序计数器从 0x1000 开始。lw 指令从地址 (0x2004 − 4) = 0x2000 处读取 10 并置入 x6，sw 指令将 10 写到地址为（0x2004 + 8）= 0x200C 的内存中，or 指令计算 x4 = 6 | 10 = 0110$_2$ | 1010$_2$ = 1110$_2$ = 14，然后 beq 指令返回到标签 L7，程序一直重复运行。

7.3.2　单周期数据通路

本节一次往图 7.1 中的状态器件上增加一块组合逻辑，逐步构建单周期数据通路，新连接用黑色表示（新控制信号用深灰色表示），而已经连过的硬件用浅灰色表示。正在执行的示例指令显示在图的底部。

程序计数器保存将要执行的指令的地址，首先从指令内存读取指令。图 7.3 给出了 PC 与指令内存输入端的简单连接，被读出 / 获取的 32 位指令标记为 Instr。图 7.2 中简单程序的 PC 值是 0x1000。（注意，本书讨论的是 32 位处理器，因此 PC 的实际值是 0x00001000，这里前面的 0 省去以免混乱。）Instr 为 lw 指令，机器码是 0xFFC4A303，如图 7.3 底部所示（这些样例值以深灰色标注）。

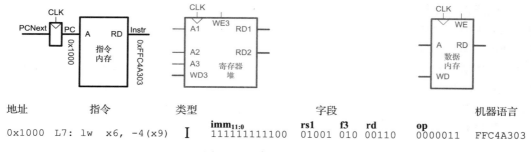

地址	指令	类型			字段			机器语言
			imm$_{11:0}$		**rs1**	**f3**	**rd**	**op**	
0x1000 L7:	lw x6, -4(x9)	**I**	111111111100		01001	010	00110	0000011	FFC4A303

图 7.3　从存储器取指令

处理器的动作取决于所获取的具体指令。我们首先来构造 lw 指令的数据通路，再考虑如何泛化数据通路去处理其他指令。

1. lw 指令

对于 lw 指令，下一步是读取基址源寄存器。如前所述，lw 是一条 I-type 指令，基址寄存器由指令 Instr$_{19:15}$ 的 rs1 字段指定，该字段连接到寄存器堆的 A1 地址输入端，如图 7.4 所示。寄存器堆将寄存器值读入 RD1，本例的寄存器堆从寄存器 x9 读取 0x2004。

lw 指令还需要一个偏移量，由指令 inst$_{31:20}$ 的 12 位立即数字段指定。偏移量是一个有符号数，因此必须将其符号扩展为 32 位，即将符号位一直复制到最高有效位：ImmExt$_{31:12}$ = Instr$_{31}$，ImmExt$_{11:0}$ = Instr$_{31:20}$。符号扩展由 Extend 逻辑单元完成，如图 7.5 所示，该单元接收 Instr$_{31:20}$ 中的 12 位有符号立即数，并产生 32 位经符号扩展的立即数 ImmExt。本例将补码立即数 −4 从 12 位表示 0xFFC 符号扩展为了 32 位表示 0xFFFFFFFC。

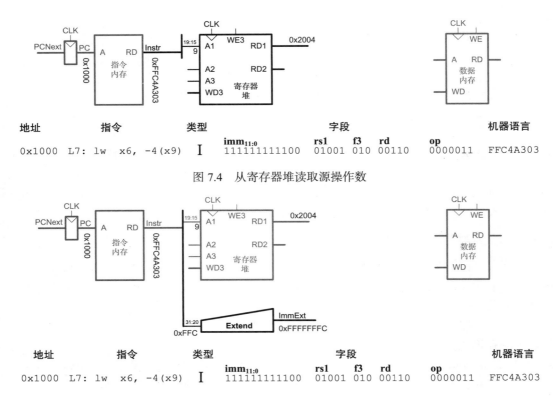

地址	指令	类型	字段					机器语言
			$imm_{11:0}$	rs1	f3	rd	op	
0x1000	L7: lw x6, -4(x9)	I	111111111100	01001	010	00110	0000011	FFC4A303

图 7.4　从寄存器堆读取源操作数

地址	指令	类型	字段					机器语言
			$imm_{11:0}$	rs1	f3	rd	op	
0x1000	L7: lw x6, -4(x9)	I	111111111100	01001	010	00110	0000011	FFC4A303

图 7.5　符号扩展立即数

　　处理器将基址与偏移量相加得到要读内存的地址，加法可以由图 7.6 中的 ALU 来完成。ALU 接收两个操作数——SrcA 和 SrcB，SrcA 是来自寄存器堆的基址，SrcB 则是来自经符号扩展的立即数 ImmExt 的偏移量。ALU 具有很多功能（见 5.2.4 节），由 3 位 ALUControl信号指定操作（见表 5.3），可以接收 32 位操作数并生成 32 位 ALUResult。对于 lw 指令，将 ALUControl 信号设置为 000 来执行加法。ALUResult 作为要读内存的地址被传送到数据内存，如图 7.6 所示。本例的 ALU 完成计算 0x2004 + 0xFFFFFFFC = 0x2000（这也是一个省略了前导 0 的 32 位值）。

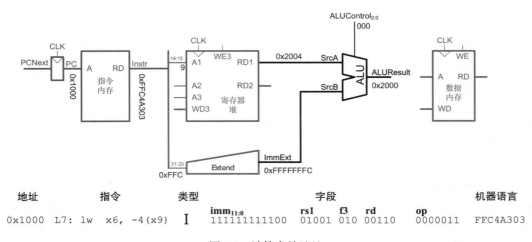

地址	指令	类型	字段					机器语言
			$imm_{11:0}$	rs1	f3	rd	op	
0x1000	L7: lw x6, -4(x9)	I	111111111100	01001	010	00110	0000011	FFC4A303

图 7.6　计算存储地址

数据内存的地址端口 (A) 收到 ALU 的内存地址计算结果后，读取数据内存的数据传到 ReadData 总线，并在周期结束时将此数据写回目标寄存器，如图 7.7 所示，寄存器堆端口 3 为写端口。lw 的目的寄存器由 rd 字段（$Instr_{11:7}$）指示，连接到 A3（端口 3 的地址输入）。 ReadData 总线连接到 WD3（端口 3 的写数据输入）。称为 RegWrite（寄存器写）的控制信号连接到 WE3（端口 3 的写使能输入），并在 lw 指令期间有效，以便将数据写入寄存器堆。 写操作发生在周期结束时的时钟上升沿。本例的处理器从数据内存地址 0x2000 处读取 10， 并将该值 (10) 写入寄存器堆中的 x6 寄存器。

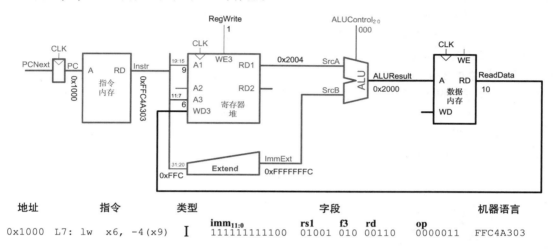

地址	指令	类型	字段					机器语言
			$imm_{11:0}$	rs1	f3	rd	op	
0x1000	L7: lw x6, -4(x9)	I	111111111100	01001	010	00110	0000011	FFC4A303

图 7.7 读内存和将结果写回寄存器堆

在指令执行的同时，处理器还必须计算下一条指令地址 PCNext，因为是 32 位指令（4 字节），所以下一条指令地址是 PC+4，这个操作可用图 7.8 的加法器完成。本例的 PCNext = 0x1000 + 4 = 0x1004，新地址将在时钟下一个上升沿写入程序计数器。至此完成了 lw 指令的数据通路构建。

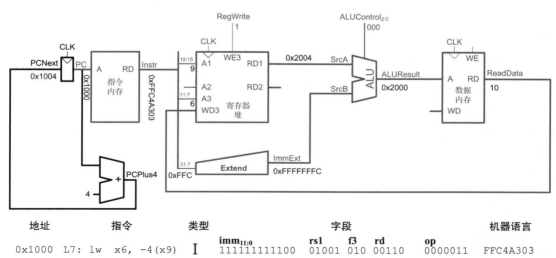

地址	指令	类型	字段					机器语言
			$imm_{11:0}$	rs1	f3	rd	op	
0x1000	L7: lw x6, -4(x9)	I	111111111100	01001	010	00110	0000011	FFC4A303

图 7.8 程序计数器的增量计算

2. sw 指令

接下来，扩展数据通路以处理 sw 指令，这是一条 S-type 指令。与 lw 一样，sw 从寄存器堆的端口 1 读取基址，并符号扩展立即数，基址与立即数经 ALU 相加得到内存地址。数据通路支持所有这些功能，只是 12 位有符号立即数存储在 $Instr_{31:25,11:7}$ 中（不像 lw 在 $Instr_{31:20}$ 中）。因此，必须修改 Extend 单元接收额外的数据位 $Instr_{11:7}$。为简单（以及为适用于后面的 jal 等指令），Extend 单元接收 $Instr_{31:7}$ 的所有位，由控制信号 ImmSrc 决定指令所使用的立即数位。当 ImmSrc = 0（代表 lw 指令）时，Extend 单元选择 $Instr_{31:20}$ 作为 12 位有符号立即数；当 ImmSrc = 1（代表 sw 指令）时，选择 $Instr_{31:25,11:7}$ 作为立即数。

sw 指令还须从寄存器堆读取第二个寄存器，并将其内容写入数据内存。图 7.9 显示了为实现该新功能增加的新连接，寄存器由 rs2 字段（$Instr_{24:20}$）指定，它作为输入地址连接到寄存器堆的地址 2（A2）。读取的寄存器值由读数据 2（RD2）输出，然后连接到数据内存的写数据（WD）输入，数据内存的 WE 由 MemWrite 控制信号控制。对于 sw 指令，MemWrite = 1，控制数据写入内存；ALUControl = 000 将基址和偏移量相加；RegWrite = 0，因为没有内容写入寄存器堆。此时虽然数据仍然从给定的数据内存地址读取，但可以忽略 ReadData，因为 RegWrite = 0。

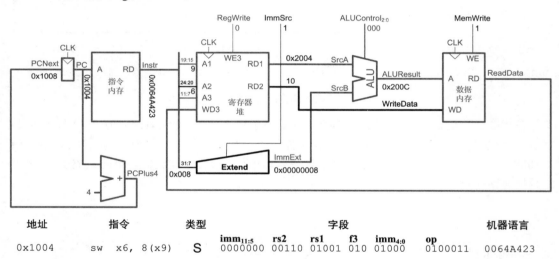

地址	指令	类型				字段			机器语言
			$imm_{11:5}$	rs2	rs1	f3	$imm_{4:0}$	op	
0x1004	sw x6, 8(x9)	S	0000000	00110	01001	010	01000	0100011	0064A423

图 7.9 sw 指令的数据写入存储器

本例 PC 的值为 0x1004，因此从指令内存读出 sw 指令 0x0064A423，从寄存器堆的 x9 读出 0x2004（基址），从 x6 读出 10，而 Extend 单元将立即数偏移量 8 从 12 位扩展到 32 位。ALU 计算 0x2004 + 8 = 0x200C，将数据 10 写入数据内存地址 0x200C。同时，PC 增加到 0x1008。

3. R-type 指令

下面扩展数据通路以处理 R-type 指令：add、sub、and、or 和 slt。这类指令都从寄存器堆读取两个源寄存器，执行相应的 ALU 操作，并将结果写回目标寄存器，指令的区别在于具体的 ALU 操作不同。因此，这类指令可以用相同的硬件实现，再用不同的 ALUControl 信号控制。我们在 5.2.4 节提到，ALUControl 为 000 表示 add，为 001 表示 sub，为 010 表示 and，为 011 表示 or，为 101 表示 slt。

图 7.10 显示了处理 R-type 指令的增强数据通路，它从寄存器堆的端口 1 和端口 2 读取 rs1 和 rs2，并执行 ALU 操作。此时引入了一个多路选择器和一个新选择信号 ALUSrc，以便在作为 ALU 第二个源操作数 SrcB 的 RD2 和 ImmExt 之间做选择。对于 lw 和 sw 指令，ALUSrc=1 代表选择 ImmExt；对于 R-type 指令，ALUSrc=0 代表选择寄存器堆的输出 RD2 作为 SrcB。

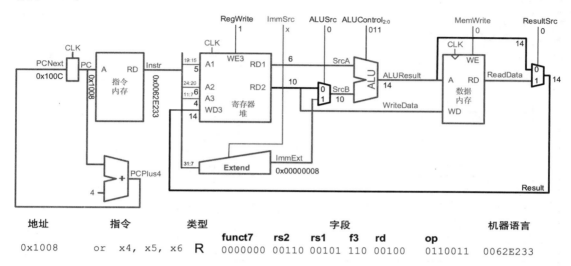

地址	指令	类型	字段						机器语言
			funct7	**rs2**	**rs1**	**f3**	**rd**	**op**	
0x1008	or x4, x5, x6	R	0000000	00110	00101	110	00100	0110011	0062E233

图 7.10　R-type 指令的增强数据通路

设写回寄存器堆的值名为 Result，lw 指令的 Result 来自内存的 ReadData 输出，而 R-type 指令的 Result 来自 ALU 的 ALUResult 输出。可以设置多路选择器根据指令类型选择 Result 输出：多路选择器选择信号 ResultSrc =0 表示 R-type 指令，选择 ALUResult 作为 Result 输出；ResultSrc=1 表示 lw 指令，选择 ReadData 输出结果；sw 指令由于不涉及写寄存器堆操作，故不关心 ResultSrc 的值。

本例的 PC 为 0x1008，因此从指令内存读出 or 指令 0x0062E233，从寄存器堆的 x5 读出源操作数 6，从 x6 读出源操作数 10。ALUControl 信号为 011，因此 ALU 计算 6 | 10 = $0110_2 | 1010_2 = 1110_2 = 14$，结果写回 x4 寄存器。同时，PC 增加到 0x100C。

4. beq 指令

最后扩展数据通路以处理指令 beq。beq 指令比较两个寄存器的值，若它们相等则将 PC 加上分支偏移量，然后执行分支。

分支偏移量是 13 位有符号立即数，由 B-type 指令的 12 位立即数字段描述。因此，Extend 逻辑单元需再加一种模式用于选择合适的立即数，这样 ImmSrc 增加到 2 位，编码如表 7.1 所示。ImmExt 要么是经符号扩展的立即数（ImmSrc = 00 或 01 时），要么是分支偏移量（ImmSrc = 10 时）。

表 7.1　ImmSrc 编码

ImmSrc	ImmExt	类型	说明
00	{{20{$Instr[31]$}}, $Instr[31:20]$}	I	12 位有符号立即数
01	{{20{$Instr[31]$}}, $Instr[31:25]$, $Instr[11:7]$}	S	12 位有符号立即数
10	{{20{$Instr[31]$}}, $Instr[7]$, $Instr[30:25]$, $Instr[11:8]$, 1'b0}	B	13 位有符号立即数

图 7.11 给出了数据通路的修改图，图中增加了一个加法器来计算分支目标地址，即 PCTarget = PC + ImmExt，两个源寄存器由 ALU 计算（SrcA–SrcB）进行比较。如果 ALUResult 为 0（由 ALU 的 Z 标志指示），则寄存器值相等。为了得到 PCNext，再加一个多路选择器来选择 PCPlus4 或 PCTarget。如果指令是分支指令且 Z 标志有效，则选择 PCTarget。对于 beq 指令，ALUControl = 001，ALU 执行减法运算。ALUSrc = 0 表示 SrcB 源自寄存器堆。由于分支指令不涉及写寄存器堆或内存操作，因此 RegWrite 和 MemWrite 都为 0（不关心 ResultSrc 的值）。

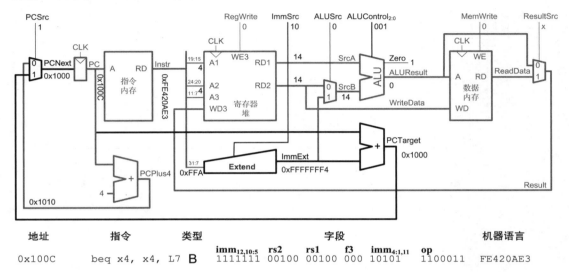

地址	指令	类型			字段				机器语言
			imm_{12,10:5}	rs2	rs1	f3	imm_{4:1,11}	op	
0x100C	beq x4, x4, L7	**B**	1111111	00100	00100	000	10101	1100011	FE420AE3

图 7.11　beq 指令的增强数据通路

本例的 PC 是 0x100C，因此从指令内存读出 beq 指令 0xFE420AE3。两个源寄存器都是 x4，从寄存器堆的两个端口读取 14，ALU 计算 14 − 14 = 0，置 Z 标志。同时，Extend 单元产生 0xFFFFFFF4（即 −12），与 PC 相加得到 PCTarget = 0x1000。注意扩展单元的输入只显示了 13 位立即数的高 12 位（0xFFA）。PCNext 多路选择器选择 PCTarget 为下一个 PC，并在下一个时钟边沿跳转到代码的起始处。

至此完成了单周期处理器数据通路的设计。我们不仅介绍了数据通路自身的设计，而且给出了确定状态器件并系统地增加组合逻辑以连接状态器件的设计过程。下一节将讨论如何计算可直接操作数据通路的控制信号。

7.3.3　单周期控制信号

单周期处理器的控制单元基于 op、funct3 和 funct7 设计控制信号，RV32I 指令集只使用 funct7 的第 5 位，故只须考虑 op（Instr$_{6:0}$）、funct3（Instr$_{14:12}$）和 funct7$_5$（Instr$_{30}$）。图 7.12 给出了整个单周期处理器结构图，其中控制单元连接到数据通路。

图 7.13 按层次结构分解控制单元（又称控制器或译码器），它译码指令得到应该做什么。控制器分为两个主要部分：产生大部分控制信号的主译码器和决定 ALU 执行什么操作的 ALU 译码器。

表 7.2 列出了主译码器产生的控制信号，这些信号在设计数据通路时就需要确定下来。主译码器依据操作码确定指令类型，为数据通路产生适当的控制信号。数据通路的多数控制

信号由主译码器产生，此外主译码器还产生用于控制器自身的内部信号 Branch 和 ALUOp。
主译码器的控制逻辑可以采用组合逻辑设计技术的真值表来构建。

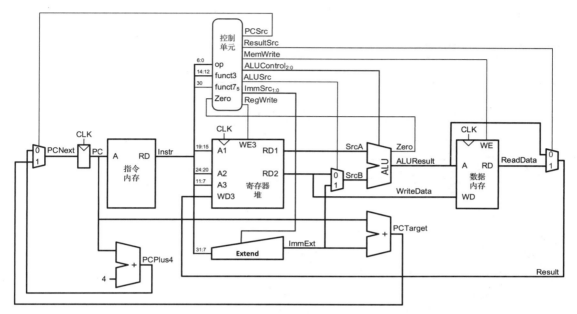

图 7.12 完整的单周期处理器

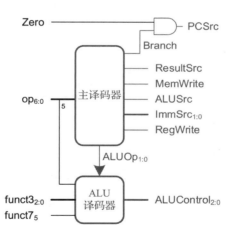

图 7.13 单周期处理器控制单元

表 7.2 主译码器真值表

指令	Op	RegWrite	ImmSrc	ALUSrc	MemWrite	ResultSrc	Branch	ALUOp
lw	0000011	1	00	1	0	1	0	00
sw	0100011	0	01	1	1	x	0	00
R-type	0110011	1	xx	0	0	0	0	10
beq	1100011	0	10	0	0	x	1	01

ALU 译码器依据 ALUOp 和 funct3 产生 ALUControl。对于 sub 或 add 指令，ALU 译码器还用 $funct7_5$ 和 op_5 确定 ALUControl，如表 7.3 所示。ALUOp=00 表示加（如求得加载

或存储的地址），ALUOp=01 表示减（如比较两个数字以实现分支操作）。ALUOp 为 10 表示 R-type 的 ALU 指令，而且 ALU 译码器必须查看其 funct3 字段的内容（有时也看 op_5 和 $funct7_5$ 的值），依此决定执行哪个 ALU 操作（如 add、sub、and、or 和 slt）。

表 7.3　ALU 译码器真值表

ALUOp	funct3	{op_5,$funct7_5$}	ALUControl	指令
00	x	x	000（加）	lw、sw
01	x	x	001（减）	beq
10	000	00,01,10	000（加）	add
	000	11	001（减）	sub
	010	x	101（小于置位）	slt
	110	x	011（或）	or
	111	x	010（与）	and

例 7.1（单周期处理器操作）　请确定执行 and 指令时的控制信号值及其使用的数据通路部分。

解: 图 7.14 给出了执行 and 指令时的控制信号和数据流，PC 指向存放指令的内存地址，指令内存输出该指令。经过寄存器堆和 ALU 的主数据流用加粗的深灰线表示，寄存器堆读取由 Instr 指定的两个源操作数，SrcB 取自寄存器堆的第二个端口（不是 ImmExt），ALUSrc 信号为 0。ALU 执行按位与逻辑操作，故 ALUControl 信号必为 010。结果产生自 ALU，所以 ResultSrc 信号为 0，并且结果会写入寄存器堆，所以 RegWrite 信号为 1。and 指令不写内存，所以 MemWrite 信号为 0。

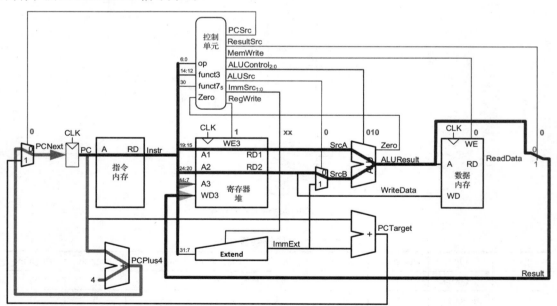

图 7.14　执行 and 指令时的控制信号与数据流

此时由 PCPlus4 更新 PC（用加粗的浅灰线表示），PCSrc 信号为 0（为选择增量 PC）。注意：虽然数据流确实经过了未突出显示的路径，但相应的值可以忽略，如会扩展立即数并从内存读取数据，这些值不影响系统的下一个状态。■

7.3.4　更多指令

到目前为止，我们只讨论了 RISC-V 的少数指令。本节将增强数据通路和控制器，以支持 addi 和 jal 指令。这些例子引出的相关原理可用来处理新指令，给出的足够丰富的指令集可用来编写众多有趣的程序。你只要努力就可以扩展单周期处理器来处理每条 RISC-V 指令，然而会发现支持某些指令只需要增强译码器，而支持其他指令还需要往数据通路中加新硬件。

例 7.2（addi 指令）　前面介绍过，addi rd,rs1,imm 是一条 I-type 指令，将 rs1 的值与经符号扩展的立即数相加，结果写入 rd，且数据通路已经能够完成这项任务。请对控制器做必要的修改以支持 addi 指令。

解：所要做的工作就是增加一行到主译码器真值表中，列出 addi 的控制信号值，如表 7.4 所示。结果写入寄存器堆，所以 RegWrite = 1。对 $Instr_{31:20}$ 的 12 位立即数做符号扩展，这个过程与讨论 lw（另一条 I-type 指令）时相同，所以 ImmSrc=00（见表 7.1）。将立即数送入 SrcB，所以 ALUSrc = 1。addi 指令无内存写和分支跳转，所以 MemWrite = Branch = 0。由 ALU 而不是内存产生结果，所以 ResultSrc = 0。最后，安排 ALU 完成加操作，因此 ALUOp = 10。因为 funct3 = 000，$op_5 = 0$，所以 ALU 译码器的 ALUControl 为 000。

敏锐的读者可能发现，这个更改还支持其他 I-type ALU 指令：andi、ori 和 slti。这些指令共享相同的 op 值 0010011，控制信号相同，唯有 func3 字段有所不同，ALU 译码器可用该字段确定 ALUControl 控制信号，从而确定 ALU 执行的操作。　■

表 7.4　为支持 addi 增强的主译码器真值表

指令	Op	RegWrite	ImmSrc	ALUSrc	MemWrite	ResultSrc	Branch	ALUOp
lw	0000011	1	00	1	0	1	0	00
sw	0100011	0	01	1	1	x	0	00
R-type	0110011	1	xx	0	0	0	0	10
beq	1100011	0	10	0	0	x	1	01
addi	0010011	1	00	1	0	0	0	10

例 7.3（jal 指令）　请指出如何更改 RISC-V 单周期处理器以支持 jal 指令。jal 指令的功能：将 PC+4 写入 rd，将 PC 值更改为跳转目标地址 PC+ imm。

解：首先处理器计算跳转目标地址 PCNext 的值，即将 PC 与编码在指令中的 21 位有符号立即数相加。立即数最低有效位总是 0，其他 20 位最高有效位来自 $Instr_{31:12}$，对该 21 位立即数进行符号扩展。数据通路中已有硬件可将 PC 和符号扩展后的立即数相加并将结果作为 PC 的下一个值，同时计算 PC+4 并写入寄存器堆。因此，在数据通路中，只须修改 Extend 单元以对 21 位立即数进行符号扩展，增加 Result 多路选择器选择 PC+4（即 PCPlus4），如图 7.15 所示。表 7.5 列出了 ImmSrc 的新编码，支持 jal 的长立即数。　■

控制单元将 PCSrc 设置为 1 才可进行跳转，这要求增加一个 OR 门和另一个控制信号 Jump，如图 7.16 所示。当 Jump 为 1 时，PCSrc = 1，选择 PCTarget（跳转目标地址）作为下一个 PC。

表 7.6 显示了更新后的主译码器表，增加了 jal 指令行。RegWrite = 1 和 ResultSrc = 10 时 PC+4 写入 rd，ImmSrc = 11 选择 21 位跳转偏移量。ALUSrc 和 ALUOp 不起作用（无 ALU 操作），也没有写存储器操作（MemWrite = 0），也不是分支指令（Branch = 0）。新跳转信号为 1，选择跳转目标地址作为下一个 PC 值。

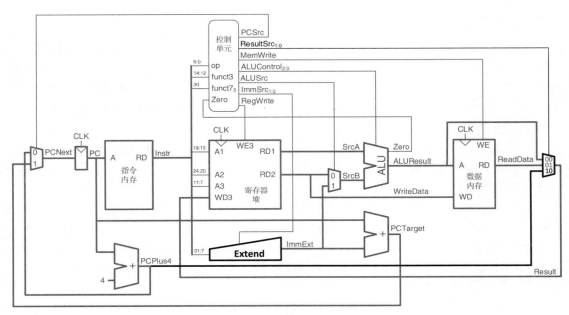

图 7.15　为支持 jal 指令增强的数据通路

表 7.5　ImmSrc 编码

ImmSrc	ImmExt	类型	说明
00	{{20{Instr[31]}}, Instr[31:20]}	I	12 位有符号立即数
01	{{20{Instr[31]}}, Instr[31:25], Instr[11:7]}	S	12 位有符号立即数
10	{{20{Instr[31]}}, Instr[7], Instr[30:25], Instr[11:8], 1'b0}	B	13 位有符号立即数
11	{{12{Instr[31]}}, Instr[19:12], Instr[20], Instr[30:21], 1'b0}	J	21 位有符号立即数

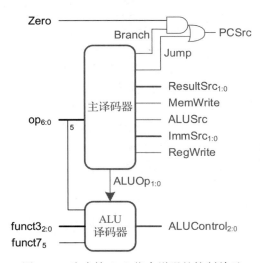

图 7.16　为支持 jal 指令增强的控制单元

表 7.6　为支持 jal 增强的主译码器真值表

指令	Op	RegWrite	ImmSrc	ALUSrc	MemWrite	ResultSrc	Branch	ALUOp	Jump
lw	0000011	1	00	1	0	01	0	00	0

（续）

指令	Op	RegWrite	ImmSrc	ALUSrc	MemWrite	ResultSrc	Branch	ALUOp	Jump
sw	0100011	0	01	1	1	xx	0	00	0
R-type	0110011	1	xx	0	0	00	0	10	0
beq	1100011	0	10	0	0	xx	1	01	0
I-type ALU	0010011	1	00	1	0	00	0	10	0
jal	1101111	1	11	x	0	10	0	xx	1

7.3.5 单周期性能分析

公式（7.1）指出，程序的执行时间是指令数、每条指令所需要的周期数（CPI）和周期时间的乘积。单周期处理器的指令均占用一个时钟周期，故 CPI 为 1。周期时间则由关键路径设置。我们的单周期处理器的 lw 指令耗时最长，图 7.17 标注了该指令的关键路径（用加粗的深灰线标注）。关键路径从 PC 开始，在时钟上升沿加载新地址，然后指令内存读取新指令，寄存器堆读取 rs1 送入 SrcA。在寄存器堆读取的同时立即数字段基于 ImmSrc 做符号扩展，并在 SrcB 多路选择器处接受选择（路径以加粗的浅灰色显示）。ALU 将 SrcA 与 SrcB 相加求得内存地址，数据内存从此地址处读取数据，Result 多路选择器选择 ReadData 作为 Result。最后在下一个时钟上升沿之前，Result 必须被传送至寄存器堆，确保正确写入数据。因此，单周期处理器的周期时间为

$$T_{c\_single}=t_{pcq\_PC}+t_{mem}+\max[t_{RFread},t_{dec}+t_{ext}+t_{mux}]+t_{ALU}+t_{mem}+t_{mux}+t_{RFsetup} \quad （7.2）$$

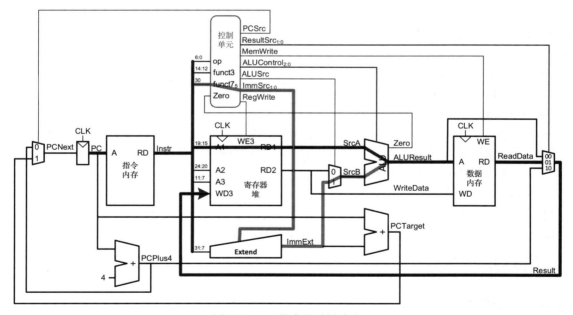

图 7.17 lw 指令的关键路径

在多数实现技术中，ALU、内存和寄存器堆远远慢于其他组合逻辑块。因此，关键路径经过寄存器堆，不考虑译码器（控制器）、Extend 单元和多路选择器，如图 7.17 中深灰色突出显。这样周期时间简化为

$$T_{c\_single}=t_{pcq\_PC}+2t_{mem}+t_{RFread}+t_{ALU}+t_{mux}+t_{RFsetup} \quad （7.3）$$

这些时间的值取决于具体实现技术。

其他指令的关键路径更短，如 R-type 指令无须访问数据内存。不管怎样，我们的系统可以采用同步时序设计，这样时钟周期为常数，且足够长，可用于处理最慢的指令。

例 7.4（单周期处理器性能） Ben Bitdiddle 准备在 7nm 的 CMOS 工艺上制造单周期处理器，并选择了具有表 7.7 所示延迟的逻辑器件。请帮助他计算运行有 1000 亿条指令的程序的执行时间。

表 7.7　电路器件的时延

器件	参数	延迟（ps）	器件	参数	延迟（ps）
寄存器时钟到 Q	t_{pcq}	40	译码器（控制单元）	t_{dec}	25
寄存器启动	t_{setup}	50	Extend 单元	t_{ext}	35
多路选择器	t_{mux}	30	内存读	t_{mem}	200
与或门	t_{AND-OR}	20	寄存器堆读	t_{RFread}	100
ALU	t_{ALU}	120	寄存器堆启动	$t_{RFsetup}$	60

解：由公式（7.3）可知，单周期处理器的周期时间为

$$T_{c\_single}=40+2(200)+100+120+30+60=750ps$$

再根据公式（7.1），总执行时间为

$$T_{single}=（100\times10^9 条指令）（1周期/指令）（750\times10^{-12}s/周期）=75s$$

7.4　多周期处理器

单周期处理器有 3 个明显的缺点。首先，使用两个独立的内存分别存储指令和数据，而大多数处理器只有一个内存用于存储指令和数据；其次，需要足够长的时钟周期支持最慢的指令（lw），尽管大多数指令可能更快；最后，用了 3 个加法器（1 个在 ALU 中，2 个用于实现 PC 逻辑），加法器是相对昂贵的电路，尤其是需要快速时价格更高。

多周期处理器通过将一条指令分解成多个短步骤以避免上述缺点。内存、ALU 和寄存器堆的延迟最长，为了保持每个短步骤的延迟大致相等，处理器在每个步骤中只能使用其中的一个器件。处理器使用单个内存，因为在某步读取指令后，在后面的一个步骤才会读或写数据。处理器只用一个加法器，在不同的步骤中用于不同的目的。不同指令具有不同的步骤数，所以简单指令比复杂指令更快执行完。

多周期处理器的设计过程与单周期处理器的相同。首先，用组合逻辑连接体系结构状态器件和内存来构建数据通路，只是这里还增加了非体系结构状态器件（锁存器）来保存各步骤间的中间结果。然后，设计控制器，它在单条指令执行期间为每个步骤产生不同的信号，因此这里使用有限状态机而不是组合逻辑。最后，分析多周期处理器的性能，并与单周期处理器进行比较。

7.4.1　多周期数据通路

从处理器的内存和体系结构状态开始设计，如图 7.18 所示。单周期设计采用了单独的指令内存和数据内存，是因为需要在一个周期内读取指令内存和读取或写入数据内存。而现在选择更切实可行的组合内存（既存储指令也存储数据），这样可以在一个周期读取指令而在另一个周期读取或写入数据。PC 和寄存器堆保持不变。

与单周期处理器一样，通过增加器件处理每条指令的每一步，以逐步构建数据通路。

PC 包含要执行指令的地址，第一步是从内存读取该指令，图 7.19 显示了 PC 简单连接到内存的地址输入端。读取后的指令存入一个新置的非体系结构器件——指令寄存器 (IR) 中，供后面的周期使用。IR 接收一个使能信号（称为 IRWrite），该信号有效意味着 IR 应该加载新指令。

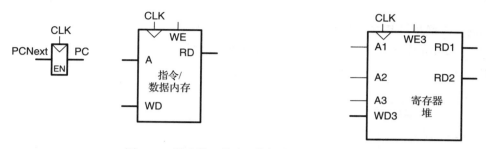

图 7.18　具有统一指令 / 数据内存的状态器件

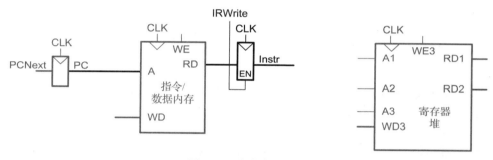

图 7.19　从内存取指令

1. lw 指令

和单周期处理器一样，第一步找出连接 lw 指令的数据通路。lw 指令取出后，第二步从中读基址源寄存器（由指令的 rs1 字段 $Inst_{19:15}$ 指定），将这些位连接到寄存器堆的输入地址 A1，如图 7.20 所示。寄存器堆将读出的数据经 RD1 传送到非体系结构寄存器 A（锁存器 A）中。

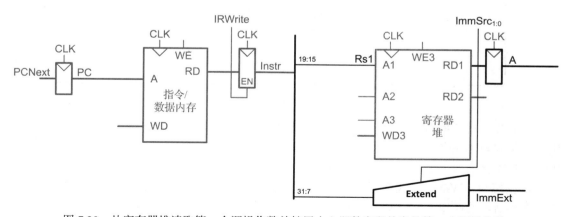

图 7.20　从寄存器堆读取第一个源操作数并扩展由立即数字段给定的第二个源操作数

lw 指令还需要一个 12 位偏移量，由指令的立即数字段 $Instr_{31:20}$ 给定，该字段也必须符号扩展到 32 位，如图 7.20 所示。与单周期处理器一样，Extend 单元采用 2 位 ImmSrc 控制信号为各种类型的指令指定要扩展的 12 位、13 位或 21 位立即数。扩展得到的 32 位立即数称为 ImmExt。为了保持一致，ImmExt 也存入另一个非体系结构寄存器（锁存器）。然而，ImmExt 是 Instr 的组合函数，在处理当前指令时不会改变，因此不需要专门的寄存器来保存该常值。

加载指令的地址是基址与偏移量的和，第三步需要使用 ALU 来计算此和，如图 7.21 所示。ALUControl 设置为 000 以执行加法，ALUResult 保存到名为 ALUOut 的非体系结构寄存器中。

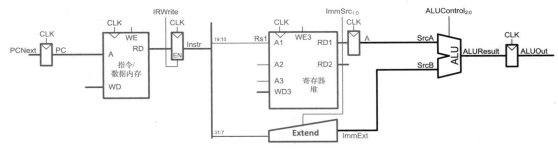

图 7.21　基址与偏移量相加运算

第四步从算出的内存地址处加载数据。此时在内存前加一个多路选择器，它依据 AdrSrc 信号从 PC 或 ALUOut 中选择内存地址 Adr，如图 7.22 所示。从内存读取的数据存入另一个非体系结构寄存器（称为 Data 寄存器）。请注意，地址（Adr）多路选择器允许在执行 lw 指令期间重用内存单元，第一步从 PC 中得到地址以读取指令，第四步从 ALUOut 中得到地址以加载数据。因此，在单条指令的不同步骤中，AdrSrc 必须包含不同的值。7.4.2 节将阐述生成这些控制信号序列的 FSM 控制器。

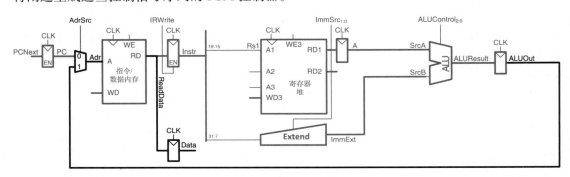

图 7.22　从内存加载数据

第五步，将数据写回寄存器堆，如图 7.23 所示。目的寄存器由指令的 rd 字段 $inst_{11:7}$ 指定，结果来自 Data 寄存器。不直接将 Data 寄存器连接到寄存器堆的 WD3 写端口，而是在 Result 总线上增加一个多路选择器，先选择 ALUOut 或 Data，再将 Result 传送回寄存器堆的写数据端口（WD3）。这样做的好处是，其他指令也可以将 ALU 的结果写入寄存器堆。更新寄存器堆的操作由 RegWrite=1 控制。

所有操作生效后，处理器须完成 PC+4 操作以更新程序计数器。单周期处理器使用单个加法器，多周期处理器则在取指令步骤中使用现有的 ALU，因此此时 ALU 处于空闲状态。为此须插入源多路选择器，以选择 PC 或常数 4 作为 ALU 的输入，如图 7.24 所示。由 ALUSrcA 控制的多路选择器选择 PC 或 A 作为 SrcA，另一个多路选择器选择 4 或 ImmExt 作为 SrcB。其余的多路选择器输入线可以在实现更多指令时使用。为了更新 PC, ALU 将 SrcA（PC）与 SrcB（4）相加并将结果写回程序计数器。Result 多路选择器从 ALUResult 而 不是从 ALUOut 中选择相加结果，实现这点需要第三个多路选择器输入。PCWrite 控制信号 使能只在某些周期写入 PC。至此设计完成了 lw 指令的数据通路。

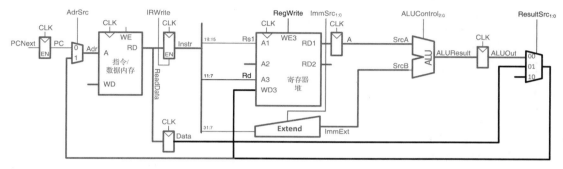

图 7.23　数据写回寄存器堆

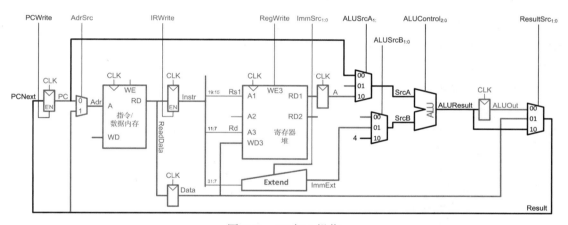

图 7.24　PC 加 4 操作

2. sw 指令

接下来讨论扩展数据通路以处理 sw 指令。与 lw 指令一样，sw 第一步从寄存器堆的 端口 1 读取一个基址并在第二步扩展立即数，然后 ALU 将基址与立即数相加得到第三步所 需的内存地址。sw 唯一的新特性是必须从寄存器堆读取第二个寄存器的值并将该值写入内 存，如图 7.25 所示。第二个寄存器由指令的 rs2 字段 $Instr_{24:20}$ 指定，连接到寄存器堆的第 二个端口（A2）。第二步读取的寄存器内容存入一个非体系结构寄存器（A 寄存器下方的 WriteData 寄存器）中，然后在第四步被发送到数据内存的写数据端口（WD）。内存的写操 作由 MemWrite 信号控制，当该信号有效时数据方可写入内存。

3. R-type 指令

R-type 指令操作两个源寄存器，结果被写回寄存器堆，上述数据通路已经涵盖了这些步 骤所需的连接。

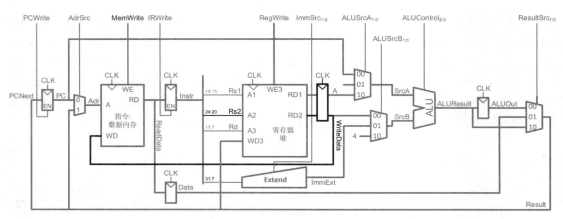

图 7.25   sw 指令的增强数据通路

4. beq 指令

beq 第一步检查两个寄存器内容是否相等，第二步将当前 PC 与 13 位有符号分支偏移量相加计算分支目标地址。（用减法）比较寄存器的硬件已经涵盖于上述数据通路中。

在指令执行的第二步并未使用 ALU，因此可用它求分支目标地址 PCTarget = PC + ImmExt。由于此步的指令已经从内存取出，PC 也更新为 PC+4。于是，在第一步中当前指令的 PC 值（OldPC）必须保存到非体系结构寄存器中。在第二步中由于也获取了寄存器的值，因此 ALU 为 SrcA 选择 OldPC，为 SrcB 选择 ImmExt，并使控制信号 ALUControl = 000（代表执行加法运算），进而计算。加法结果由处理器存储到 ALUOut 寄存器，图 7.26 给出了更新后的 beq 数据通路。

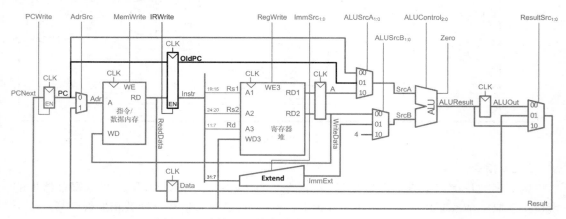

图 7.26   计算 beq 指令分支目标地址的增强通路

第三步，ALU 将两个源寄存器相减，相等则 Zero 输出有效，此时控制单元使 PCWrite 有效，且 Result 多路选择器选择 ALUOut（包含目标地址）回送到 PC。不需要新硬件。

至此，完成了多周期数据通路的设计，过程很像单周期处理器，硬件在状态器件间系统地连接以处理每条指令。主要区别在于多周期指令分多步骤执行，用插入的非体系结构寄存器保存每一步的结果。通过这种方式，指令和数据可以共享内存，ALU 多次得到重用，降低了硬件成本。下一节将阐述 FSM 控制器，在每条指令的每个步骤向数据通路传递合适的控制信号序列。

7.4.2 多周期控制信号

与单周期处理器一样，控制单元根据指令的 op、funct3 和 $funct_{75}$ 字段（$Instr_{6:0}$、$Instr_{14:12}$ 和 $Instr_{30}$）计算控制信号。图 7.27 显示了完整的多周期处理器，它的控制单元与数据通路连接，黑色表示数据通路，深灰色表示控制单元。

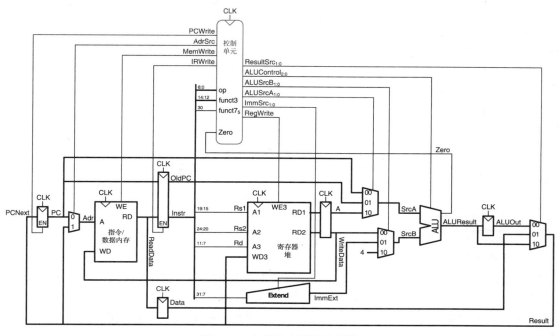

图 7.27 完整的多周期处理器

控制单元由主 FSM、ALU 译码器和指令译码器组成，如图 7.28 所示。ALU 译码器与单周期处理器中的相同 (见表 7.3)，只是单周期处理器中的主译码器组合逻辑在多周期处理器中变为了主 FSM，便于所处周期产生一系列控制信号。根据表 7.6 中的 ImmSrc 编码，小型指令译码器组合产生 ImmSrc 信号。主 FSM 设计为 Moore 型，这样输出仅是当前状态函数。下面子节将阐述主 FSM 的状态转换图。

主 FSM 为数据通路产生多路选择器选择、寄存器使能和内存写使能信号。为了保证后续状态转换图的可读性，其中只列出相关的控制信号。多路选择器选择信号仅在重要时列出（否则不关心它），使能信号（RegWrite、MemWrite、IRWrite、PCUpdate 和 Branch） 只在有效时才列出（否则都是 0）。

1. 取指

执行任何指令的第一步都是按照 PC 保存的地址从内存取出指令。FSM 复位后进入取

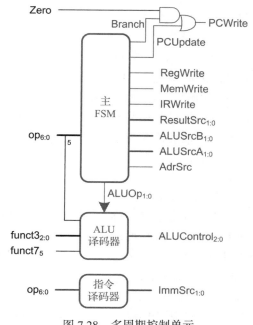

图 7.28 多周期控制单元

指状态，控制信号如图 7.29 所示。AdrSrc = 0，表示从内存取指令，所以地址从 PC 获取。IRWrite 有效，表示将指令写入 IR。同时，当前 PC 被写入 OldPC 寄存器。图 7.32 给出了数据通路上上述过程对应的数据流，以及 lw 指令接下来两个步骤的数据流。

2. 译码

第二步是读取寄存器堆并对指令译码。控制单元负责对指令进行译码，即根据 op、funct3 和 funct7$_5$ 得出应执行的操作，此状态下处理器读取源寄存器 rs1 和 rs2 并写入 A 和 WriteData 寄存器（这些任务不需要控制信号）。图 7.30 显示了主 FSM 的译码状态，图 7.32 中显示了该状态下经过数据通路的数据流。在取指和译码之后，处理器就可以根据指令区分操作。此处以 lw 指令为例介绍剩下的步骤，然后继续介绍 RISC-V 指令的其他步骤。

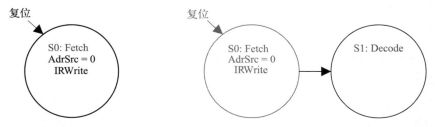

图 7.29　取指状态转换图　　　　　图 7.30　译码状态转换图

3. 计算内存地址

lw 指令的第三步是计算内存地址。ALU 将基址和偏移量相加，所以 ALUSrcA = 10 以选择 A（从 rs1 读取的值）作为 SrcA，ALUSrcB = 01 以选择 ImmExt 作为 SrcB。指令译码器确定 ImmSrc 为 00 以符号扩展 I-type 指令的立即数，ALUOp 为 00 以实施 SrcA+SrcB 操作。此状态结束的 ALU 结果（即地址计算结果）存入 ALUOut 寄存器。图 7.31 显示了加此状态到主 FSM 的情况，图 7.32 显示了该状态下经过数据通路的数据流。

4. 内存读取

第四步是内存读取，将算出的地址 ALUOut 传送至内存的地址端口 Adr。令 ResultSrc = 00 和 AdrSrc = 1，以将 ALUOut 经过 Result 和 Adr 多路选择器送至内存地址输入端口。读取的数据传至 ReadData，并在该步结束时写入 Data 寄存器。

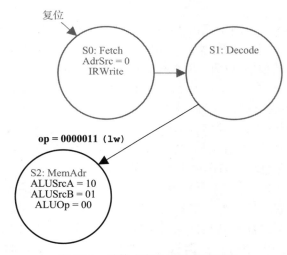

5. 内存写回

第五步是内存写回，将从内存读取

图 7.31　计算内存地址状态转换图

的数据 Data 写入目标寄存器。令 ResultSrc=01 以选择 Data 作为 Result，在 RegWrite 有效时将数据写入寄存器堆，此时寄存器堆的地址端口 A3 和数据端口 WD3 已分别连到 rd（Instr$_{11:7}$）和 Result。图 7.33 和图 7.34 给出了第四、五步的状态转换图及数据流，第五步为 lw 指令的最后一步。图 7.33 还展示了从第五步回到第一步的转换，便于取下一条指令，但 PC 还没有完成增量操作（留由下段讨论）。

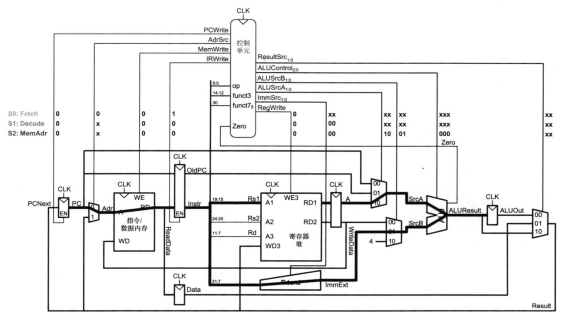

图 7.32 取指、译码和计算内存地址状态的数据流

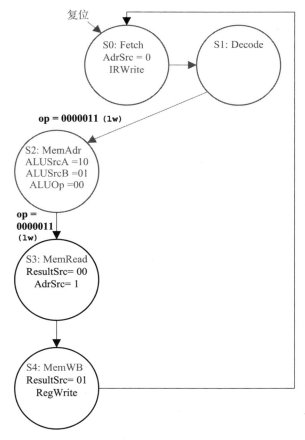

图 7.33 内存读取与写回状态转换图

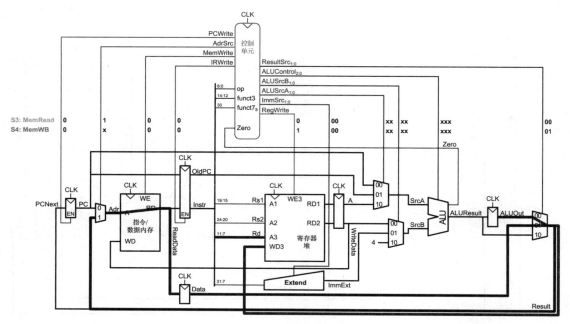

图 7.34　内存读取与写回状态的数据流

lw 指令结束前，处理器必须完成 PC 增量操作以便取下一条指令。为此，新增一个状态，然而观察发现取指步骤没有使用 ALU，因此可以节省一个周期，即处理器取指令的同时计算 PC+4。ALUSrcA = 00 由 PC（即 OldPC）送至 SrcA，ALUSrcB = 10 将常数 4 送入 SrcB，并令 ALUOp = 00 表示 ALU 实施 PC+4 运算。此后 ResultSrc = 10 选择 ALUResult 作为结果，PCUpdate = 1 强制 PCWrite 为高电平（见图 7.28）以将 PC+4 更新至 PC。图 7.35 给出了修改后的取指状态转换图，其余部分与图 7.33 相同。图 7.36 的深灰色表示计算 PC+4 的数据流，同时发生的取指令用浅灰色突出显示。

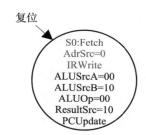

图 7.35　取指状态的 PC 增量运算

6. sw 指令的状态

现在可以扩展主 FSM 处理更多的 RISC-V 指令，所有指令都要经过前两个状态——取指和译码。

sw 指令使用与 lw 相同的计算内存地址状态，随后进入内存写（MemWrite）状态，将 WriteData（来自 rs2 的值）写入内存。WriteData 被硬连线到内存写数据端口（WD），使 ResultSrc = 00 和 AdrSrc = 1 将已算出的地址 ALUOut 传送至内存地址端口 Adr，在 MemWrite 有效期写入内存。至此设计完成了 sw 指令，主 FSM 返回到取指状态开始取下一条指令。图 7.37 和图 7.38 为扩展后的主 FSM 和内存写状态的数据流，注意 FSM 的前两个状态（取指和译码）与图 7.33 中相同（图 7.37 未显示）。

7. R-type 指令的状态

译码状态后，R-type ALU 指令进入执行状态（ExecuteR）执行所需的 ALU 计算。换言之，使 ALUSrcA = 10 和 ALUSrcB = 00 将 rs1 的值送至 SrcA，将 rs2 的值传给 SrcB。置 ALUOp = 10，让 ALU 译码器使用指令的控制字段去确定要执行的操作。

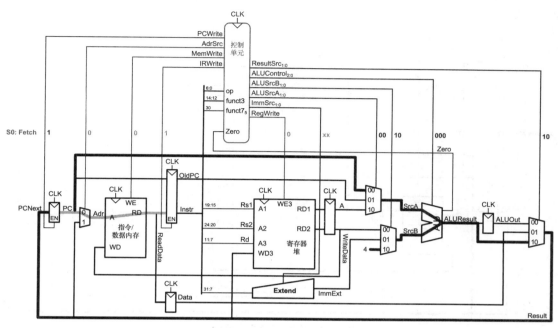

图 7.36 在取指阶段增加 PC 增量操作的数据流

ALUResult 在周期末写入 ALUOut 寄存器，然后 R-type 指令进入 ALU 写回（ALUWB）
状态，将计算结果 ALUOut 写回寄存器
堆。ALU 写回状态下，ResultSrc = 00
表示选择 ALUOut 作为结果写入 rd（此时
RegWrite = 1）。图 7.39 给出了主 FSM
添加执行和 ALU 写回后的状态图，图 7.40
为两种状态的数据流，其中 ExecuteR 数
据流用浅灰色粗线表示，ALUWB 数据
流用深灰色粗线表示。

8. beq 指令的状态

最后一条指令 beq 比较两个寄存器
并计算分支目标地址。到目前为止，译码
状态下的 ALU 都是空闲的，故可以在该
状态期间用 ALU 来计算 OldPC+ImmExt
得到分支目标地址。令 ALUSrcA 和
ALUSrcB 信号都为 01，以将 OldPC 传
至 SrcA，将分支偏移量（ImmExt）送入
SrcB，令 ALUOp = 00 使 ALU 实施加
运算。译码状态结束时，目标地址存入

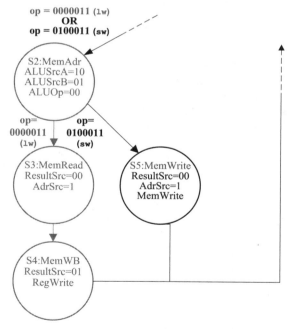

图 7.37 内存写状态转换图

ALUOut 寄存器中。图 7.41 显示了增强的译码状态及随后的 BEQ 状态（见下段讨论）的状
态转换图。图 7.42 中的译码状态数据流用灰色线表示，其中分支目标地址计算用深灰色突
出显示，寄存器读取和立即扩展用加粗的浅灰色线突出显示。

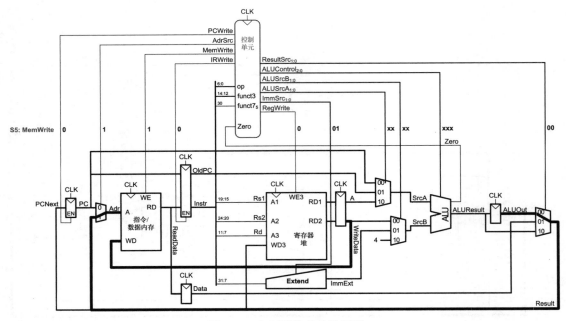

图 7.38 内存写状态的数据流

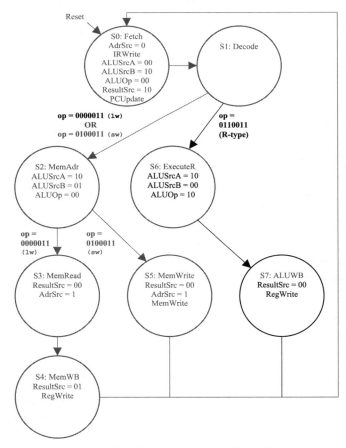

图 7.39 执行状态和 ALU 写回状态转换图

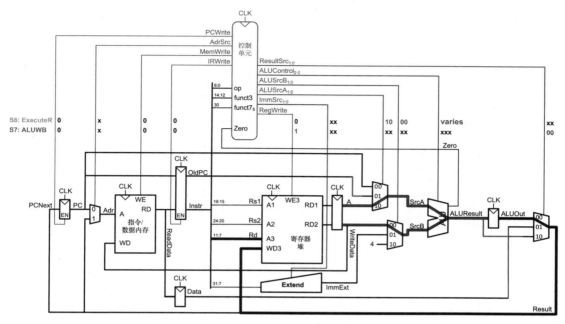

图 7.40 执行状态和 ALU 写回状态的数据流

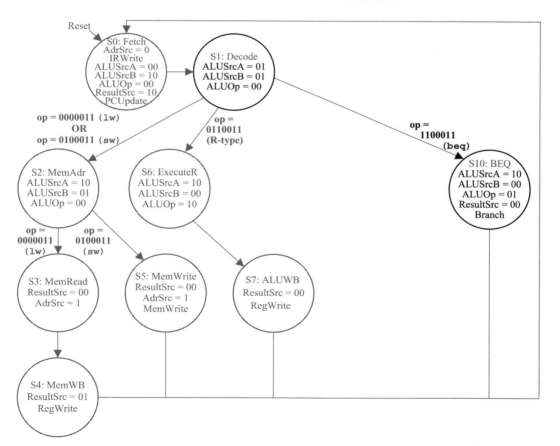

图 7.41 带分支目标地址计算的增强译码状态、BEQ 状态转换图

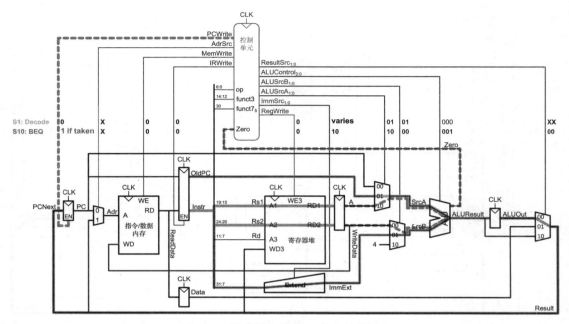

图 7.42　译码状态和 BEQ 状态的数据流

译码状态之后，beq 指令进入 BEQ 状态进行对两个源寄存器的比较。令 ALUSrcA = 10 和 ALUSrcB = 00 将从寄存器堆读取的值分别送入 SrcA 和 SrcB，并置 ALUOp = 01 使 ALU 执行减法运算。如果两个源寄存器相等，则 ALU 的 Zero 输出为 1（因为 rs1 − rs2 = 0）。此时 Branch = 1 和 Zero=1，PCWrite 信号生效（如图 7.28 的 PCWrite 逻辑所示），分支目标地址 (ALUOut) 成为下一个 PC。ResultSrc 为 00 将 ALUOut 传入 PC 寄存器。图 7.42 中比较 rs1 和 rs2 的路径显示为虚线，通过 Result 寄存器（有条件地）将目标地址置入 PC 的路径显示为浅灰色。以上就是上述这些指令的控制器的设计过程。

7.4.3　更多指令

也像对单周期处理器所做的一样，接下来以处理新指令——I-type ALU 指令（addi、andi、ori、slti）和 jal 为例，考虑修改多周期处理器的数据通路和控制信息。

例 7.5（扩展多周期处理器处理 I-type ALU 指令）　请扩展多周期处理器以处理 addi、andi、ori 和 slti 等 I-type ALU 指令。

解：I-type ALU 指令与等效的 R-type 指令（add、and、or 和 slt）几乎相同，只是第二个源操作数来自 ImmExt（非寄存器堆）。引入 ExecuteI 状态来满足所有 I-type ALU 指令的计算需求，与 ExecuteR 类似，只是 ALUSrcB = 01 会将 ImmExt 送至 SrcB。ExecuteI 状态结束后，I-type ALU 指令进入 ALUWB 状态，将结果写入寄存器堆。图 7.43 给出了增强的主 FSM，图中含有例 7.6 介绍的 JAL 状态。　■

例 7.6（扩展多周期处理器处理 jal 指令）　请扩展多周期处理器以处理 jal 指令。

解：jal 指令与例 7.5 中的 I-type ALU 指令一样，实现起来不需要额外的硬件，只须更新主 FSM。jal 指令前两步与其他指令相同，译码状态的跳跃目标地址计算与分支目标地址计算的流程相同，但 ImmSrc = 11（由指令译码器设置）。因此，译码期间，跳转偏移量经符号扩展后与当前 PC（OldPC 信号）相加以形成跳转目标地址，译码状态结束时该地址写入 ALUOut 寄存器，然后进入 JAL 状态，处理器将目标地址写入 PC 并计算返回地址（PC+4），下一个状态再将其写入 rd。ALU 使 ALUSrcA = 01（SrcA = OldPC）、ALUSrcB = 10（SrcB = 4）和 ALUOp = 00 以计算 PC+4(即 OldPC+4)，ResultSrc = 00 以选择目标地址（ALUOut 的值）作为 Result, PCUpdate = 1 以示 PCWrite 有效，从而可将目标地址写入 PC。JAL 状态已展示在图 7.43 中，图 7.44 则为 JAL 状态的数据流，其中 PC 更新目标地址的流程为浅灰色，PC+4 计算过程为深灰色。JAL 状态结束后进入 ALUWB 状态，返回地址（ALUOut = PC+4）写入 rd。至此 jal 指令结束，主 FSM 返回到取指状态。

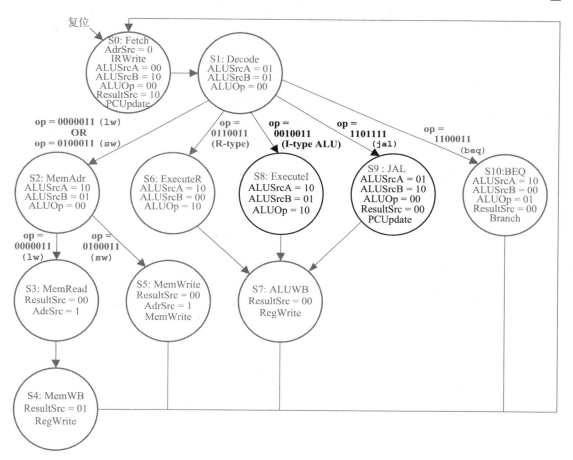

图 7.43　含 ExecuteI 和 JAL 状态的增强主 FSM

所有指令的步骤结合起来就能得出图 7.45 所示的多周期处理器完整的主 FSM 状态转换图，状态转换图下面列出了每个状态的功能。状态转换图可以使用第 3 章技术转换为硬件，虽然简单却又乏味。更好办法的是，用 HDL 编码 FSM 并用第 4 章技术进行综合。

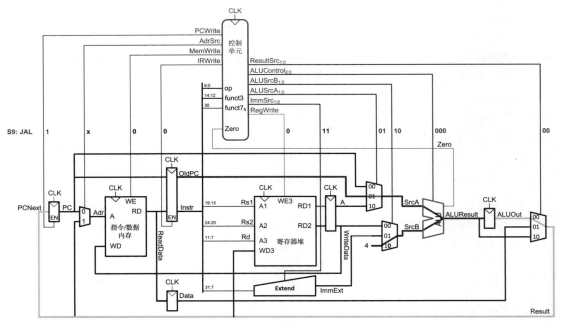

图 7.44 JAL 状态的数据流

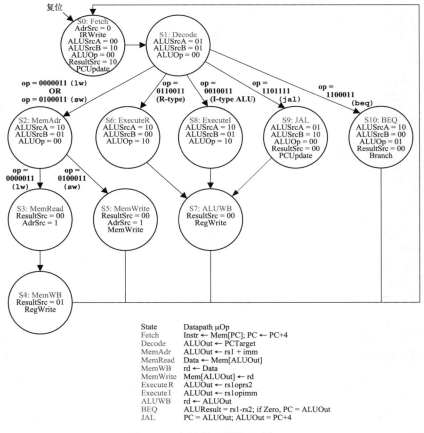

State	Datapath μOp
Fetch	Instr ← Mem[PC]; PC ← PC+4
Decode	ALUOut ← PCTarget
MemAdr	ALUOut ← rs1 + imm
MemRead	Data ← Mem[ALUOut]
MemWB	rd ← Data
MemWrite	Mem[ALUOut] ← rd
ExecuteR	ALUOut ← rs1oprs2
Execute I	ALUOut ← rs1opimm
ALUWB	rd ← ALUOut
BEQ	ALUResult = rs1-rs2; if Zero, PC = ALUOut
JAL	PC = ALUOut; ALUOut = PC+4

图 7.45 完整的多周期控制 FSM

7.4.4　多周期性能分析

指令的执行时间与周期数和周期时间相关。单周期处理器在一个周期内执行所有指令，而多周期处理器对不同的指令使用不同的周期数，且单个周期做的工作更少，周期时间更短。

多周期处理器的分支指令占 3 个周期，R-type 指令、I-type ALU、跳转和存储指令占 4 个周期，加载指令占 5 个周期。CPI 是一个与指令使用有关的相对值。

例 7.7（多周期处理器的 CPI）　SPECINT2000 基准测试程序含有 25% 的加载、10% 的存储、11% 的分支、2% 的跳转和 52% 的 R 或 I 型 ALU 指令，请确定此基准程序的平均 CPI。

解：平均 CPI 是每条指令 CPI 的加权和，加权项由该指令周期数与指令占比之积构成。因此，该基准程序的平均 CPI =(0.11)(3) +(0.10 + 0.02 + 0.52)(4) +(0.25)(5) = 4.14。该值优于最差情况下的 CPI=5，这种情况下所有指令的周期数相同。　■

回想前面设计多周期处理器时，使每个周期分别包含一个 ALU 操作、内存访问或寄存器堆访问。假设寄存器访问比内存访问快，写内存比读内存快，则观察数据通路发现有两条影响周期时间的关键路径，如图 7.46 所示。

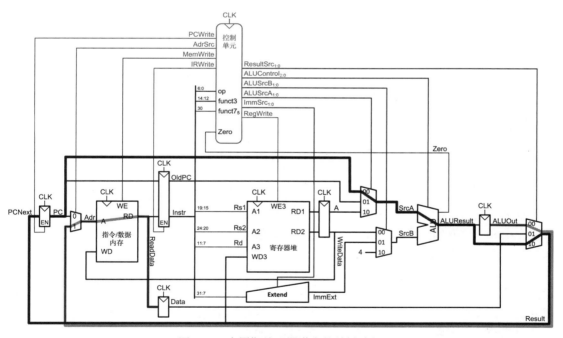

图 7.46　多周期处理器潜在的关键路径

一条是计算 PC+4 的路径，该路径从 PC 寄存器开始，通过 SrcA 多路选择器、ALU 和 Result 多路选择器返回 PC 寄存器（用加粗的深灰线突出显示）。

另一条是读内存数据的路径，该路径从 ALUOut 寄存器开始，通过 Result 和 Adr 多路选择器将内存读入 Data 寄存器（用加粗的浅灰线突出显示）。

这两条路径都需要在状态更新后通过译码器的延迟（在 tpcq 延迟之后）来产生控制（多路选择器选择和 ALUControl）信号，时钟周期如公式（7.4）所示。

$$T_{c\_multi}=t_{pcq}+t_{dec}+2t_{mux}+\max[t_{ALU},t_{mem}]+t_{setup} \qquad (7.4)$$

公式中的时间参数与具体的实现技术有关。

例 7.8（多周期处理器的性能比较） 为了知道多周期处理器是否会比单周期处理器更快，Ben Bitdiddle 在设计这两种处理器时都使用 7 纳米 CMOS 制造工艺，其延迟见表 7.7。请帮助他比较两个处理器执行 SPECINT2000 基准测试（参见例 7.4）中 1000 亿条指令的执行时间。

解：由公式（7.4）得知，多周期处理器的周期时间为

$$T_{c\_multi}=t_{pcq}+t_{dec}+2t_{mux}+t_{mem}+t_{setup} = 40+25+2(30)+200+50 = 375ps。$$

再用例 7.7 中的 CPI =4.14，则总执行时间为

$$T_{multi}=(100\times10^9 条指令)(4.14周期/指令)(375\times10^{-12}s/周期)=155s。$$

对照例 7.4，单周期处理器的总执行时间为 75s，所以多周期处理器速度慢⊖。 ∎

构建多周期处理器的一个初衷是避免让所有指令用的时间与最慢的指令一样长，然而在这个例子假设的 CPI 和电路元件延迟情况下，多周期处理器比单周期处理器慢。根本问题是，即使最慢的 lw 指令也被分解成 5 个步骤，而多周期处理器的周期时间没有变成 5 倍。一部分原因是并非所有的步骤都执行完全相同的时间，另一部分原因是每个步骤都必须增加 90ps 的寄存器 clk-to-Q 时间和建立时间，意味着所有指令都不止增加一次该时间。一般来说，工程师必须知道在计算差异不太大的情况下，要利用一些计算比另一些速度更快这一特点是非常困难的。

与单周期处理器相比，多周期处理器更便宜，指令和数据共享一个内存，还少了两个加法器然而需要五个非体系结构寄存器和更多的多路选择器。

7.5 流水线处理器

流水线是提高数字系统吞吐量的一种有效方法（见 3.6 节）。本节以单周期处理器为框架设计一个五段的流水线处理器，每个阶段执行一条指令，五条指令同时执行。由于每段只有整个逻辑的五分之一，因此时钟频率快了五倍。理想情况下每条指令的延迟是固定的，但吞吐量提高了五倍。微处理器每秒执行数百万或数十亿条指令，因此吞吐量比延迟更重要。流水线会引入一些开销，使得吞吐率不能达到理想值，但依然优势巨大，所有现代高性能微处理器都采用了流水线技术。

读写内存和寄存器堆以及使用 ALU 等操作通常是处理器的最大延迟所在。本节选择五段流水线且每段只完成一个操作。具体来说，流水线的五个阶段包括取指、译码、执行、访存和写回，类似于用于执行 lw 的多周期处理器的五个步骤。取指阶段的处理器从指令内存中读取指令，译码阶段的处理器从寄存器堆读取源操作数并译码指令产生控制信号，执行阶段的处理器使用 ALU 执行计算，访存阶段的处理器需要读取或写入数据内存，最后写回阶段的处理器需要将结果写入寄存器堆。

图 7.47 给出了单周期处理器和流水线处理器的时序图，横轴为时间，纵轴为指令。该图采用了表 7.7 的器件延迟，简单起见，忽略了多路选择器和锁存器的延迟。在图 7.47a 的单周期处理器中，在时间 0 从内存中读第一条指令，接下来从寄存器堆读取操作数，然后 ALU 执行必要的计算，最后访问数据内存，并在 680ps 时将结果写回寄存器堆，此后开始

⊖ 实际上，多周期处理器采用了更快的器件和更高的时钟频率，应该会更快。——译者注

取第二条指令。因此单周期处理器的指令延迟为 $200 + 100 + 120 + 200 + 60 = 680ps$，吞吐量为 680ps/ 每条指令（每秒 14.7 亿条指令）。

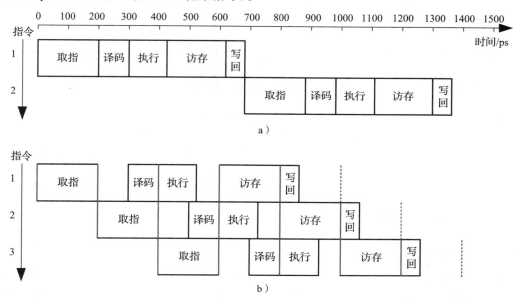

图 7.47　时序图。a）单周期处理器。b）流水线处理器

在图 7.47b 的流水线处理器中，流水线段时延为最慢的段时延（200ps），即取指或访存段的内存访问时间。每个流水线的段由垂直实线或虚线表示。第一条指令在时间 0 从内存取出，200ps 后进入译码段并获取第二条指令，400ps 后执行第一条指令而第二条指令进入译码段并获取第三条指令，依此类推直到完成所有指令操作，指令延迟为 $5 \times 200 = 1000ps$。由于各段的逻辑数量不完全平衡，因此流水线处理器的延迟比单周期处理器的延迟更长。流水线吞吐量是 200ps/ 每条指令（每秒 50 亿条指令），每个时钟周期完成一条指令。此时吞吐量是单周期处理器的 3.4 倍，虽然还不到 5 倍，但速度已经有了很大的提高。

图 7.48 是运行中流水线操作的抽象视图，每个功能段以图形方式表示，即流水线段都用主要的器件表示，这些器件有指令内存（IM）、寄存器堆（RF）、ALU、数据内存（DM），并以此描述流水线的指令流。沿每一行解读，就能知道特定指令所处阶段的时钟周期，如 sub 指令在第 3 周期获取并在第 5 周期执行。沿每一列解读，则可以了解流水线各段在特定周期所做的工作，如第 6 个周期将求和值写入寄存器堆的 s3 寄存器，数据内存处于空闲，ALU 计算 s11 & t0，从寄存器堆读取 t4，从指令内存读取 or 指令。段中的阴影表示何时使用器件，如 lw 指令在第 4 周期使用数据内存，而 sw 指令在第 8 周期使用。每个周期都要用到指令内存和 ALU，每条指令都有写寄存器堆操作（sw 指令除外）。流水线处理器的寄存器堆在每个周期中允许使用两次：周期前半部分写寄存器，后半部分读寄存器，如阴影所示。此时数据可以在一个周期内被一条指令写入并被另一条指令读取。

流水线系统最重要的挑战是处理冲突，即当一条指令结果还未写入而后续指令又要读取时就发生了冲突。例如，若图 7.48 中的 add 指令用 s2 替换 s10 作为源操作数，则会造成冲突，因为 add 在第 3 周期要读取的 s2 还没有被 lw 指令写入。本节在设计流水线数据通路和控制之后，将探讨转发、暂停和刷新等解决冲突的方法，最后再次讨论涉及时序开销和冲突影响的流水线性能。

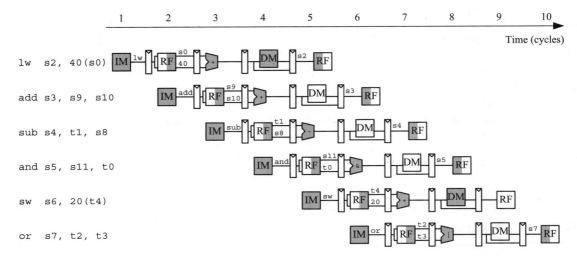

图 7.48   运行中流水线的抽象视图

7.5.1   流水线数据通路

流水线数据通路将单周期数据通路分成五个功能段，段之间由流水线寄存器隔离。图 7.49a 是为流水线寄存器流出空间的单周期数据通路，图 7.49b 描述了插入四个流水线寄存器后形成的五段流水线数据通路。各段及其边界用虚线表示，信号的后缀 F、D、E、M 或 W 表示所处的功能段。

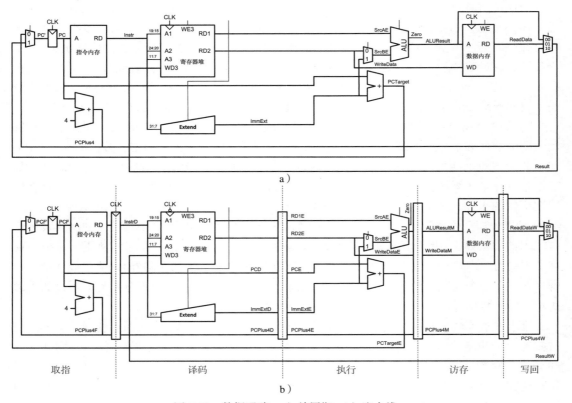

图 7.49   数据通路。a）单周期。b）流水线

比较特殊的是寄存器堆，译码阶段会读它，写回阶段会写它。尽管寄存器堆描述于译码阶段，但写地址和写数据发生在写回阶段，这种反馈将会导致流水线冲突（将在 7.5.3 节讨论）。流水线处理器的寄存器堆写操作由 CLK 下降沿触发，这样可以在周期前半段写结果而在周期后半段读结果，以便在后续指令中使用。

流水线微妙而又关键的问题是：与特定指令相关的所有信号必须在流水线中一起向前流动。图 7.49b 就存在一个与此问题相关的错误，大家能找到吗？

这个错误发生在寄存器堆的写逻辑中，该逻辑应该在写回阶段操作。数据值来自 ResultW，这是写回阶段的信号，而目标寄存器来自 RdD（InstrD$_{11:7}$）的，这是译码阶段的信号。这样图 7.48 的流水线中，第 5 个周期会出现 lw 指令的结果写入 s5（而不是 s2）的错误。

图 7.50 给出了更正后的数据通路，灰色表示修改部分。Rd 信号可以沿着执行、访存和写回阶段流水线化前行，与指令其余部分保持同步。RdW 和 ResultW 在写回阶段一起反馈至寄存器堆。

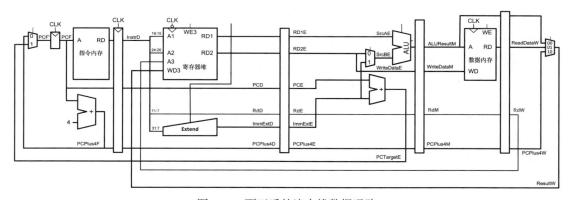

图 7.50 更正后的流水线数据通路

敏锐的读者可能会发现，产生 PCF'（下一个 PC）的逻辑也有问题，它既可以用取指又可以用执行阶段信号（PCPlus4F 和 PCTargetE）更新。这是控制冲突，将在 7.5.3 节讨论。

7.5.2 流水线控制信号

流水线处理器采用与单周期处理器相同的控制信号，控制单元基本相同。控制单元在译码段检查指令的 op、funct3 和 funct7$_5$ 字段，并产生控制信号（见 7.3.3 节对单周期处理器的描述）。这些控制信号必须与数据一起流水线化前进，以便与指令保持同步。图 7.51 是带有控制信号的完整流水线处理器，RegWrite 在反馈到寄存器堆之前，必须流水线化到写回阶段，就像图 7.50 中 Rd 的流水线化。流水线处理器除了支持 R-type ALU 指令、lw、sw 和 beq 指令之外，还支持 jal 和 I-type ALU 指令。

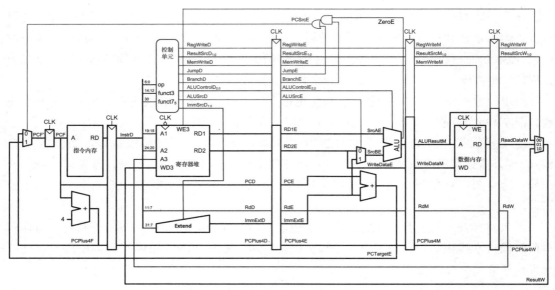

图 7.51   带控制信号的流水线处理器

7.5.3   流水线冲突

流水线系统中，多条指令并发处理，当一条指令依赖于另一条未执行完指令的结果时，就会发生冲突。在同一周期内安排对寄存器堆的读写操作就不会引起冲突，可以在周期的前半段写寄存器而在周期后半段读寄存器。

图 7.52 说明了当一条指令写寄存器（s8）而随后指令读这个寄存器时发生冲突的情况，箭头显示 s8 在第 5 周期写入寄存器堆，晚于后续指令需要 s8 的时间。这种冲突称为写后读（RAW）冲突。add 指令在第 5 周期前半段将结果写入 s8，sub 指令在第 3 周期读 s8 得到错误的值，or 指令在第 4 周期读 s8 再次获得错误的值，and 指令在第 5 周期后半段读 s8 并得到正确的值（该值在第 5 周期前半段已经写入），随后的指令也能读取 s8 正确值。从而得知，当一条指令写寄存器，而后续两条指令中的任何一条读该寄存器时，流水线就会发生冲突。如果不进行特殊处理，流水线会计算出错误的结果。

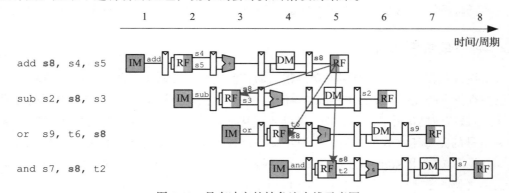

图 7.52   具有冲突的抽象流水线示意图

一种解决方案是软件方法，程序员或编译器在 add 和 sub 指令之间插入若干 nop 指令，以保证后续指令在寄存器堆写操作之前不读取结果（s8），如图 7.53 所示。这种软件互锁使编程变得复杂并降低了性能，因此软件方案非良策。

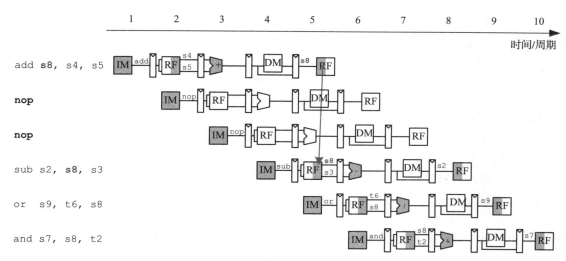

图 7.53 用 nop 指令解决数据冲突

再仔细观察图 7.52 得知，由 ALU 在第 3 周期计算 add 指令的求和结果，在第 4 周期 ALU 用到该结果之前，and 指令并不一定需要它。原理上，应该将结果直接从前条指令传到后续指令以解决 RAW 冲突，而无须等结果写入寄存器堆，也不会降低流水线的性能。在后续讨论中，会遇到必须停顿流水线以暂停后续指令执行，为前面指令获得计算结果赢得时间的情况。无论什么情况，必须处理好流水线的冲突问题，保证程序运行的正确性。

冲突分为数据冲突和控制冲突。当一条指令试图读取前条指令还未写回的寄存器时，就会发生数据冲突。当要取指令却还没有决定下一步取什么指令时，就会发生控制冲突。本节的后续部分将增设一个冲突（Hazard）单元来增强流水线处理器功能，该冲突单元能够检测冲突并适时处理，从而保证流水线处理器正确地执行程序。

1. 解决数据冲突——递进电路

有些数据冲突可以采用递进电路（也称旁路）解决，该电路将访存或写回段的结果递进给依赖指令的执行段，此时需要在 ALU 前增加多路选择器以选择来自寄存器堆、内存或写回段的操作数。图 7.54 描述了递进电路的原理，程序的 add 指令计算 s8 而后续的三条指令使用 s8，第 4 周期的 s8 经 add 指令的访存段递进到后续 sub 指令的执行阶段，第 5 周期的 s8 经 add 指令的写回段递进到后续 or 指令的执行段，但 and 指令不需要递进，因为 s8 的值已经在第 5 周期前半段写入寄存器堆，and 指令在后半段能读取正确的值。

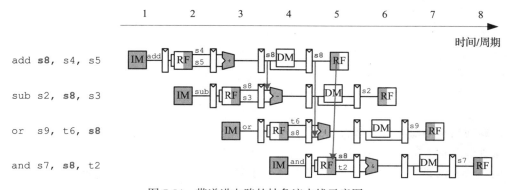

图 7.54 带递进电路的抽象流水线示意图

当处于执行阶段的指令的源寄存器与处于访存或写回阶段的指令的目标寄存器相匹配时，就必须用递进电路。图 7.55 为支持递进修改了流水线处理器，增加了一个 Hazard 单元和两个递进多路选择器。Hazard 单元接收处于执行阶段指令的两个源寄存器 Rs1E 和 Rs2E，以及处于访存和写回阶段指令的目标寄存器 RdM 和 RdW，还接收访存和写回阶段的 RegWrite 信号 RegWriteM 和 RegWriteW，以知道是否真正写入目标寄存器（如 sw 和 beq 指令的结果不写入寄存器堆，结果无须递进）。

Hazard 单元计算控制信号，以确定递进多路选择器是选择寄存器堆的操作数，还是选择访存或写回阶段的结果（ALUResultM 和 ResultW）。如果某阶段将写入目标寄存器且目标寄存器与源寄存器匹配，则应在该阶段使用递进，但 x0 为硬件置 0 不得递进。如果访存阶段和写回阶段都包含匹配的目标寄存器，则须优先响应访存阶段，它包含最近执行的指令。下面给出了 SrcAE 递进逻辑（ForwardAE）的功能。SrcBE 的递进逻辑（ForwardBE）与 SrcAE 的相同，只用 Rs2E 代替 Rs1E 即可。

 if ((Rs1E == RdM) & RegWriteM) & (Rs1E != 0) then // 访存段递进
    ForwardAE = 10
 else if ((Rs1E == RdW) & RegWriteW) & (Rs1E != 0) then // 写回段递进
    ForwardAE = 01
 else ForwardAE = 00   // 无须递进（利用 RF 输出）

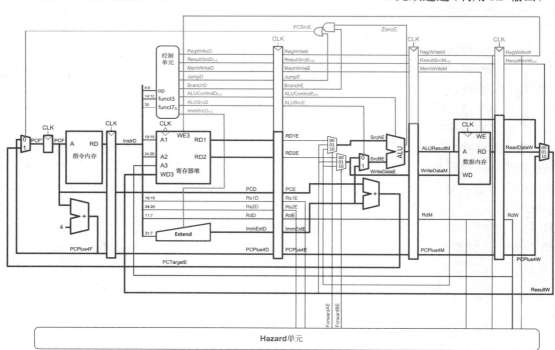

图 7.55 具有解决数据冲突的递进电路的流水线处理器

2. 解决数据冲突——停顿方法

递进电路只能解决 RAW 数据冲突，因为指令执行段的计算结果可以递进到后续指令的执行段。遗憾的是，lw 指令直到访存段结束才完成数据的读取，结果不能递进到下条指令的执行段。lw 指令需要两个周期的延迟，因为此时相关指令才能使用它的结果，如图 7.56

所示。图中 lw 指令在第 4 周期结束时接收内存数据，而 and 指令在第 4 周期开始处就需要这些数据（s7 的值）作为源操作数。这种冲突无法通过递进电路解决。

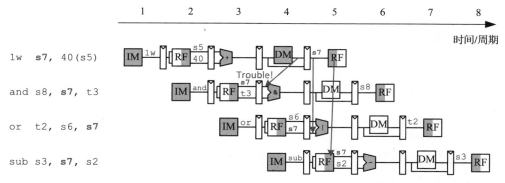

图 7.56　不能使用递进电路解决 lw 问题的抽象流水线示意图

　　一种解决方案是停顿流水线的运行直到数据可用，图 7.57 显示了在译码段停顿相关的 and 指令操作。and 指令在第 3 周期进入译码段并在第 4 周期停顿，后续的 or 指令也必须在这两个周期保持处于取指段，此时译码段被 and 指令占用。

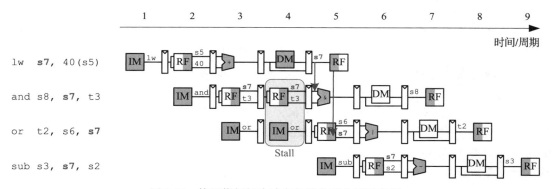

图 7.57　使用停顿解决冲突的抽象流水线示意图

　　lw 指令的结果在第 5 周期的写回段递进到 and 的执行段，同时已写入寄存器堆的值可以直接读入 or 指令的源 s7 而不需要递进。

　　需要关注的是，第 4 周期的执行段未使用。同样，访存段在第 5 周期未使用，写回段在第 6 周期未使用。这种经由流水线传播的未使用段称为气泡，其行为类似于 nop 指令。气泡的产生是由于译码段停顿时对执行段产生了无效的控制信号，因此气泡不执行任何操作，也不改变任何体系结构状态。

　　总而言之，通过禁用流水线寄存器（即段左侧的寄存器）来停顿功能段的流动，不会引起功能段输入的改变。当某功能段停顿时，先前的功能段也必须停顿，以免丢失后续指令。停顿功能段之后的流水线寄存器必须直接清除（刷新）以防止错误信息向前传播。停顿会降低流水线性能，只在必要时使用。

　　图 7.58 修改了流水线处理器，为避免 lw 指令数据依赖性增加了停顿功能，Hazard 单元停顿流水线流动的条件是：

　　（1）lw 指令处于执行段（ResultSrcE0 = 1）；

　　（2）与 lw 指令的目标寄存器（RdE）匹配的 Rs1D 或 Rs2D 是译码段指令的源操作数。

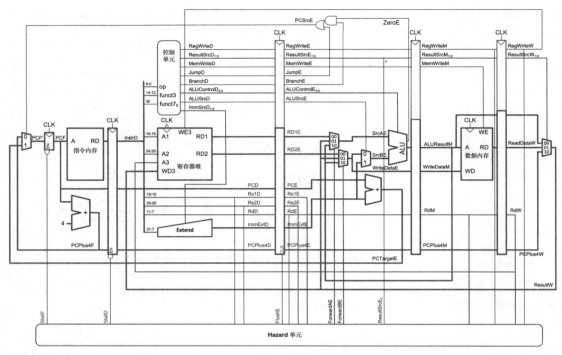

图 7.58 使用停顿解决 lw 数据冲突的流水线处理器

流水线为支持停顿，向取指与译码段流水寄存器增加使能信号（EN）和向执行段流水寄存器增加同步重置 / 清除（CLR）信号。当 lw 指令发生停顿时，使 StallD 和 StallF 有效以强制译码和取指段流水寄存器保留现有的值，并使 FlushE 有效以清除执行段流水寄存器的内容和插入一个气泡。Hazard 单元的 lwStall 信号用于指明由于 lW 指令依赖流水线而停顿的时间，只要 lwStall 为 TRUE，所有的停顿和刷新信号就必须有效。因此，计算停顿和刷新信号的逻辑是：

lwStall = ResultSrcE0 & ((Rs1D == RdE) | (Rs2D == RdE))
StallF = StallD = FlushE = lwStall

3. 解决控制冲突

beq 指令会引起控制冲突，由于在取下一条指令前还没有做出分支决策，流水线处理器不知道下一步要取什么指令。

处理控制冲突的一种机制是在做出分支决策（即计算 $PCSrcE$）之前停顿流水线流动。由于做决策发生在执行段，因此流水线必须在每个分支停顿两个周期。经常发生分支这种极端情况将严重降低流水线系统性能。

另一种机制是预测分支是否会发生，并根据预测执行指令。一旦分支决策可用又预测错误，则处理器丢弃相应的指令。图 7.58 是目前认可的流水线，处理器预测分支不发生，并简单地继续按顺序执行程序，直到 PCSrcE 有效而从 PCTargetE 中选择下一个 PC。如果该分支确实发生了，那么必须通过清除这些指令的流水线寄存器来刷新 (丢弃) 分支后续的两个指令。这种造成指令周期浪费的情况被称为分支错误预测惩罚。

图 7.59 给出了分支预测方案，其中地址 0x20 ～ 0x58 有分支发生。PC 直到第 3 周期才有新值写入，此时地址为 0x24 和 0x28 的 sub 和 or 指令已被取出。必须刷新这些指令并在

第 4 周期从地址 0x58 获取 add 指令。

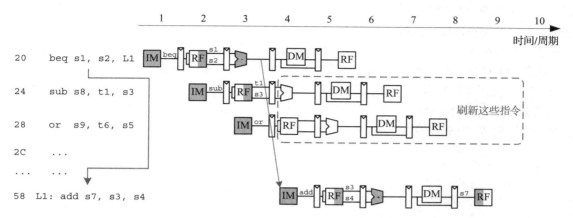

图 7.59 分支发生时进行刷新的抽象流水线示意图

最后，必须计算出处理分支和 PC 写入的停顿和刷新信号。当分支发生时，必须从译码和执行段的流水线寄存器中刷新随后的两条指令。因此，需加 CLR 信号到译码流水线寄存器，并将 FlushD 输出加到 Hazard 单元（CLR=1 时清除寄存器内容并使之变为 0）。当一个分支发生（PCSrcE=1）时，FlushD 和 FlushE 必须生效以刷新译码和执行段的流水线寄存器。图 7.60 给出了用于处理分支控制冲突的增强型流水线处理器，计算刷新信号的逻辑式为：

FlushD = PCSrcE

FlushE = lwStall | PCSrcE

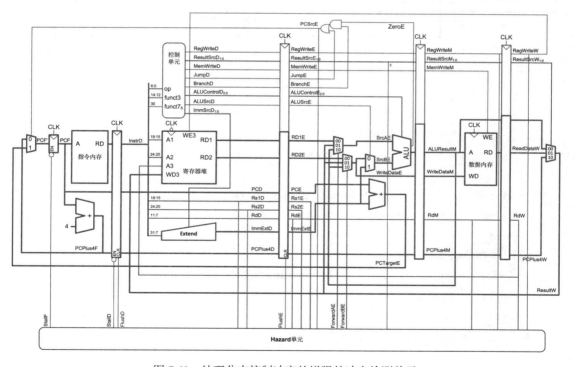

图 7.60 处理分支控制冲突的增强的冲突检测单元

4. 冲突小结

当一条指令依赖于另一条指令的结果（尚未写入寄存器堆）时，就会发生 RAW 数据冲突。数据冲突在能够早点得到计算结果情况下采用递进电路解决，否则采用停顿流水线的方法直到获得结果。当必须取下一条指令而还没有决定取什么指令时，就会发生控制冲突。解决控制冲突的方法有：停顿流水线直到做出决定，或者预测应该取哪条指令，若预测错误则刷新流水线。可以将分支确定过程尽量提前以减少预测错误时刷新的指令数目。大家可能发现设计流水线处理器的挑战之一是理解指令之间所有可能的相互关系并发现可能存在的冲突，图 7.61 给出的是处理所有冲突的完整流水线处理器，下面列出了冲突逻辑判断依据。

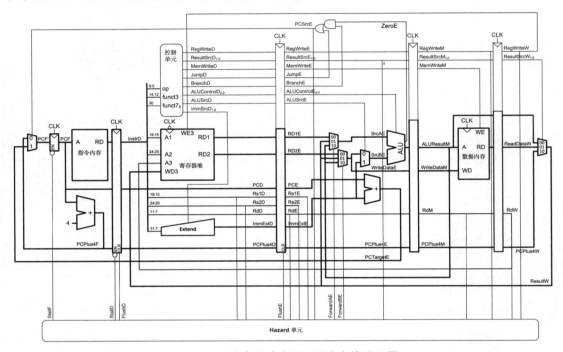

图 7.61　具有完整冲突处理的流水线处理器

- 若可能，使用递进电路解决数据冲突[注]：

  if $((Rs1E == RdM)$ & $RegWriteM)$ & $(Rs1E \neq 0)$ then

                 $ForwardAE = 10$

  else if $((Rs1E == RdW)$ & $RegWriteW)$ & $(Rs1E \neq 0)$ then

                 $ForwardAE = 01$

  else $ForwardAE = 00$

- 用停顿解决加载冲突：

  $lwStall$ = $ResultSrcE0$ & $((Rs1D == RdE) | (Rs2D == RdE))$

  $StallF$ = $lwStall$

  $StallD$ = $lwStall$

- 当分支发生或加载引入气泡时进行刷新：

⊖　前面提到过，$SrcBE$ 的递进逻辑（$ForwardBE$）与此相同，只需用 $Rs2E$ 代替 $Rs1E$ 进行检测。

FlushD = PCSrcE

FlushE = lwStall | PCSrcE

7.5.4 流水线性能分析

流水线处理器的 CPI 理想值应该为 1，因为每个周期都要取新指令并发送至流水线。然而停顿或刷新都会浪费 1 或 2 个周期，使得 CPI 值略高一些，这与正在执行的具体程序有关。

例 7.9（流水线处理器的 CPI） 例 7.4 的 SPECINT2000 基准测试程序由 25% 的加载、10% 的存储、11% 的分支、2% 的跳转和 52% 的 R 或 I 型 ALU 指令组成。假设 40% 加载指令后面的指令使用其结果而插入一个停顿，50% 的分支发生（错误预测）需要刷新两条指令，其他冲突忽略。请计算流水线处理器的平均 CPI。

解： 平均 CPI 是每条指令 CPI 的加权和，加权项由该指令周期数与指令占比之积构成。

加载指令在没有依赖项时占用一个时钟周期，必须为依赖项而停顿时占用两个时钟周期，因此加载指令的 CPI 为 $(0.6)(1)+(0.4)(2)=1.4$。

分支指令预测正确时使用一个时钟周期，错误时使用三个时钟周期，因此分支指令的 CPI 为 $(0.5)(1)+(0.5)(3)=2$。

跳转指令需要三个时钟周期 (CPI = 3)，所有其他指令的 CPI 都是 1。

因此，该基准测试程序的平均 CPI 是：

$$CPI_{avg}=(0.25)(1.4)+(0.1)(1)+(0.11)(2)+(0.02)(3)+(0.52)(1)=1.25。$$

周期时间可以通过图 7.61 中流水线五个功能段的关键路径来估算。寄存器堆在一个周期内使用了两次：写回周期前半部分写它和译码周期后半部分读它，所以这两个功能段的关键路径只算一半周期时间。另一种说法是这两个段的关键路径必须在一个时钟周期内。图 7.62 显示了执行段的关键路径，此时分支处于执行段需要从写回段递进。该路径从写回段流水线寄存器开始，通过 Result、ForwardBE 和 SrcB 多路选择器，再经由 ALU 和 AND-OR 逻辑到 PC 多路选择器，最后到 PC 寄存器。

$$T_{c\_pipelined}=\max\begin{bmatrix} t_{pcq}+t_{mem}+t_{setup} & 取指\\ 2(t_{RFread}+t_{setup}) & 译码\\ t_{pcq}+4t_{mux}+t_{ALU}+t_{AND-OR}+t_{setup} & 执行\\ t_{pcq}+t_{mem}+t_{setup} & 访存\\ 2(t_{pcq}+t_{mux}+t_{RFsetup}) & 写回 \end{bmatrix} \qquad (7.5)$$

例 7.10（流水线处理器性能比较） Ben Bitdiddle 需要对流水线处理器与例 7.4 的单周期和例 7.8 的多周期处理器进行性能比较，且表 7.7 给出了逻辑延迟。请帮助 Ben 用 SPECINT2000 基准测试程序比较每个处理器执行 1000 亿条指令的时间。

解： 由式 (7.5) 可知，流水线处理器的周期时间为

$$T_{c\_pipelined}=\max[40+200+50,$$
$$2(100+50),$$
$$40+4(30)+120+20+50, //执行段所用时间最长$$
$$40+200+50,$$
$$2(40+30+60)]=350ps。$$

根据式 (7.1)，总执行时间为

$$T_{\text{pipelined}} = (100 \times 10^9 条指令)(1.25周期 / 指令)(350 \times 10^{-12} s / 周期) = 44s$$

相比之下，单周期处理器为 75s，多周期处理器为 155s。

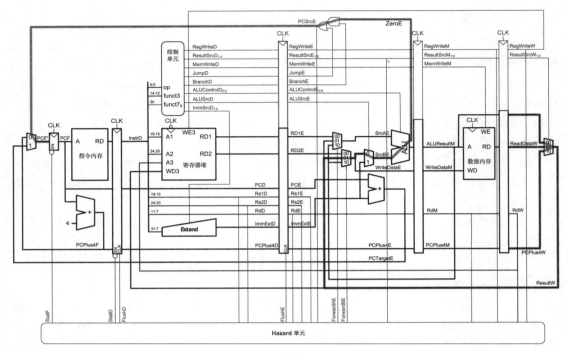

图 7.62 流水线处理器关键路径

流水线处理器明显快于其他处理器。然而，与单周期处理器相比，五段流水线处理器的优势远没有达到人们期望获得五倍加速的预期，流水线冲突就是对 CPI 的小惩罚。更重要的是，寄存器时序开销（clock-to-Q 时间和启动时间）会影响流水线的每个功能段，而不仅是一次性影响整个数据通路。时序开销限制了流水线带来的好处，流水线功能段的不均等延迟也降低了流水线的效益。流水线处理器的硬件要求与单周期处理器类似，但增加了众多 32 位流水线寄存器，以及多路选择器、更小的流水线寄存器和控制逻辑来解决冲突。

7.6 硬件描述语言表示 *

本节介绍单周期 RISC-V 处理器的硬件描述语言（HDL）代码，代码支持本章讨论的所有指令。本节代码可为中等复杂系统提供良好的编程实践技巧，而多周期处理器和流水线处理器的 HDL 代码可在习题 7.25 ～习题 7.27 和习题 7.42 ～习题 7.44 加以训练。

本节的指令内存和数据内存与数据通路分开，并由地址和数据总线连接。实际上，大多数处理器均从分离的 cache 中提取指令和数据。然而，为了处理数据与指令混合的小内存映射，一个更完整的处理器还必须能够从指令内存中读取（附加到指令中的）数据。第 8 章将会再次讨论包括 cache 与主存交互的存储系统。

图 7.63 给出了单周期 RISC-V 处理器与外部存储器连接的框图，处理器由图 7.15 的数据通路和图 7.16 的控制器组成，控制器仍然由主译码器和 ALU 译码器组成。

本节 HDL 代码由若干部分组成：7.6.1 节提供了单周期处理器数据通路和控制器的 HDL；7.6.2 节介绍了寄存器和多路选择器等通用构建块，这些块用于任何微体系结构；7.6.3 节介绍了测试程序、测试平台和外部存储器。HDL 和测试程序的电子版可以从本书网站（见前言）获取。

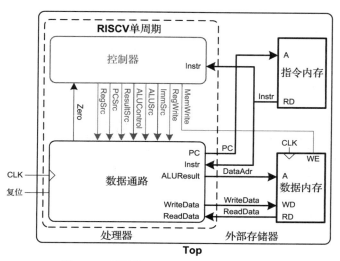

图 7.63 单周期 RISC-V 处理器连接外存

7.6.1 单周期处理器

下面的例子用 HDL 描述了单周期处理器的主要模块。

HDL 示例 7.1 单周期处理器

SystemVerilog

```
module riscvsingle(input  logic       clk, reset,
                   output logic [31:0] PC,
                   input  logic [31:0] Instr,
                   output logic        MemWrite,
                   output logic [31:0] ALUResult, WriteData,
                   input  logic [31:0] ReadData);

  logic        ALUSrc, RegWrite, Jump, Zero;
  logic [1:0] ResultSrc, ImmSrc;
  logic [2:0] ALUControl;

  controller c(Instr[6:0], Instr[14:12], Instr[30], Zero,
               ResultSrc, MemWrite, PCSrc,
               ALUSrc, RegWrite, Jump,
               ImmSrc, ALUControl);
  datapath dp(clk, reset, ResultSrc, PCSrc,
              ALUSrc, RegWrite,
              ImmSrc, ALUControl,
              Zero, PC, Instr,
              ALUResult, WriteData, ReadData);
endmodule
```

VHDL

```
library IEEE;
use IEEE.STD_LOGIC_1164.all;

entity riscvsingle is
  port(clk, reset:          in  STD_LOGIC;
       PC:                  out STD_LOGIC_VECTOR(31 downto 0);
       Instr:               in  STD_LOGIC_VECTOR(31 downto 0);
       MemWrite:            out STD_LOGIC;
       ALUResult, WriteData: out STD_LOGIC_VECTOR(31 downto 0);
       ReadData:            in  STD_LOGIC_VECTOR(31 downto 0));
end;

architecture struct of riscvsingle is
  component controller
    port(op:                in  STD_LOGIC_VECTOR(6 downto 0);
         funct3:            in  STD_LOGIC_VECTOR(2 downto 0);
         funct7b5, Zero:    in  STD_LOGIC;
         ResultSrc:         out STD_LOGIC_VECTOR(1 downto 0);
         MemWrite:          out STD_LOGIC;
         PCSrc, ALUSrc:     out STD_LOGIC;
         RegWrite, Jump:    out STD_LOGIC;
         ImmSrc:            out STD_LOGIC_VECTOR(1 downto 0);
         ALUControl:        out STD_LOGIC_VECTOR(2 downto 0));
  end component;
  component datapath
    port(clk, reset: in STD_LOGIC;
         ResultSrc:          in STD_LOGIC_VECTOR(1 downto 0);
         PCSrc, ALUSrc:      in STD_LOGIC;
         RegWrite:           in STD_LOGIC;
         ImmSrc:             in STD_LOGIC_VECTOR(1 downto 0);
         ALUControl:         in STD_LOGIC_VECTOR(2 downto 0);
         Zero:               out STD_LOGIC;
         PC:                 out STD_LOGIC_VECTOR(31 downto 0);
         Instr:              in STD_LOGIC_VECTOR(31 downto 0);
         ALUResult, WriteData: out STD_LOGIC_VECTOR(31 downto 0);
         ReadData:           in STD_LOGIC_VECTOR(31 downto 0));
  end component;
```

```
                                      signal ALUSrc, RegWrite, Jump, Zero, PCSrc: STD_LOGIC;
                                      signal ResultSrc, ImmSrc: STD_LOGIC_VECTOR(1 downto 0);
                                      signal ALUControl: STD_LOGIC_VECTOR(2 downto 0);
                                    begin
                                      c: controller port map(Instr(6 downto 0), Instr(14 downto 12),
                                                     Instr(30), Zero, ResultSrc, MemWrite,
                                                     PCSrc, ALUSrc, RegWrite, Jump,
                                                     ImmSrc, ALUControl);
                                      dp: datapath port map(clk, reset, ResultSrc, PCSrc, ALUSrc,
                                                     RegWrite, ImmSrc, ALUControl, Zero,
                                                     PC, Instr, ALUResult,WriteData,
                                                     ReadData);

                                    end;
```

HDL 示例 7.2   控制器

SystemVerilog

```
module controller(input  logic [6:0] op,
                  input  logic [2:0] funct3,
                  input  logic       funct7b5,
                  input  logic       Zero,
                  output logic [1:0] ResultSrc,
                  output logic       MemWrite,
                  output logic       PCSrc, ALUSrc,
                  output logic       RegWrite, Jump,
                  output logic [1:0] ImmSrc,
                  output logic [2:0] ALUControl);
  logic [1:0] ALUOp;
  logic       Branch;

  maindec md(op, ResultSrc, MemWrite, Branch,
             ALUSrc, RegWrite, Jump, ImmSrc, ALUOp);
  aludec ad(op[5], funct3, funct7b5, ALUOp, ALUControl);

  assign PCSrc = Branch & Zero | Jump;
endmodule
```

VHDL

```
library IEEE;
use IEEE.STD_LOGIC_1164.all;

entity controller is
  port(op:            in     STD_LOGIC_VECTOR(6 downto 0);
       funct3:        in     STD_LOGIC_VECTOR(2 downto 0);
       funct7b5, Zero: in    STD_LOGIC;
       ResultSrc:     out    STD_LOGIC_VECTOR(1 downto 0);
       MemWrite:      out    STD_LOGIC;
       PCSrc, ALUSrc: out    STD_LOGIC;
       RegWrite:      out    STD_LOGIC;
       Jump:          buffer STD_LOGIC;
       ImmSrc:        out    STD_LOGIC_VECTOR(1 downto 0);
       ALUControl:    out    STD_LOGIC_VECTOR(2 downto 0));
end;

architecture struct of controller is
  component maindec
    port(op:             in  STD_LOGIC_VECTOR(6 downto 0);
         ResultSrc:      out STD_LOGIC_VECTOR(1 downto 0);
         MemWrite:       out STD_LOGIC;
         Branch, ALUSrc: out STD_LOGIC;
         RegWrite, Jump: out STD_LOGIC;
         ImmSrc:         out STD_LOGIC_VECTOR(1 downto 0);
         ALUOp:          out STD_LOGIC_VECTOR(1 downto 0));
  end component;
  component aludec
    port(opb5:       in  STD_LOGIC;
         funct3:     in  STD_LOGIC_VECTOR(2 downto 0);
         funct7b5:   in  STD_LOGIC;
         ALUOp:      in  STD_LOGIC_VECTOR(1 downto 0);
         ALUControl: out STD_LOGIC_VECTOR(2 downto 0));
  end component;

  signal ALUOp:  STD_LOGIC_VECTOR(1 downto 0);
  signal Branch: STD_LOGIC;
begin
  md: maindec port map(op, ResultSrc, MemWrite, Branch,
                       ALUSrc, RegWrite, Jump, ImmSrc, ALUOp);
  ad: aludec port map(op(5), funct3, funct7b5, ALUOp, ALUControl);
  PCSrc <= (Branch and Zero) or Jump;
end;
```

HDL 示例 7.3   主译码器

SystemVerilog

```
module maindec(input  logic [6:0] op,
               output logic [1:0] ResultSrc,
               output logic       MemWrite,
               output logic       Branch, ALUSrc,
               output logic       RegWrite, Jump,
               output logic [1:0] ImmSrc,
               output logic [1:0] ALUOp);
  logic [10:0] controls;

  assign {RegWrite, ImmSrc, ALUSrc, MemWrite,
          ResultSrc, Branch, ALUOp, Jump} = controls;

  always_comb
```

VHDL

```
library IEEE;
use IEEE.STD_LOGIC_1164.all;

entity maindec is
  port(op:             in  STD_LOGIC_VECTOR(6 downto 0);
       ResultSrc:      out STD_LOGIC_VECTOR(1 downto 0);
       MemWrite:       out STD_LOGIC;
       Branch, ALUSrc: out STD_LOGIC;
       RegWrite, Jump: out STD_LOGIC;
       ImmSrc:         out STD_LOGIC_VECTOR(1 downto 0);
       ALUOp:          out STD_LOGIC_VECTOR(1 downto 0));
end;
```

```
case(op)
// RegWrite_ImmSrc_ALUSrc_MemWrite_ResultSrc_Branch_ALUOp_Jump
  7'b0000011: controls = 11'b1_00_1_0_01_0_00_0; // lw
  7'b0100011: controls = 11'b0_01_1_1_00_0_00_0; // sw
  7'b0110011: controls = 11'b1_xx_0_0_00_0_10_0; // R-type
  7'b1100011: controls = 11'b0_10_0_0_00_1_01_0; // beq
  7'b0010011: controls = 11'b1_00_1_0_00_0_10_0; // I-type ALU
  7'b1101111: controls = 11'b1_11_0_0_10_0_00_1; // jal
  default:    controls = 11'bx_xx_x_x_xx_x_xx_x; // ???
endcase
endmodule
```

```
architecture behave of maindec is
  signal controls: STD_LOGIC_VECTOR(10 downto 0);
begin
  process(op) begin
    case op is
      when "0000011" => controls <= "10010010000"; -- lw
      when "0100011" => controls <= "00111000000"; -- sw
      when "0110011" => controls <= "1--00000100"; -- R-type
      when "1100011" => controls <= "01000001010"; -- beq
      when "0010011" => controls <= "10010000100"; -- I-type ALU
      when "1101111" => controls <= "11100100001"; -- jal
      when others    => controls <= "-----------"; -- not valid
    end case;
  end process;

  (RegWrite, ImmSrc(1), ImmSrc(0), ALUSrc, MemWrite,
  ResultSrc(1), ResultSrc(0), Branch, ALUOp(1), ALUOp(0),
  Jump) <= controls;
end;
```

HDL 示例 7.4 ALU 译码器

SystemVerilog

```
module aludec(input  logic       opb5,
              input  logic [2:0] funct3,
              input  logic       funct7b5,
              input  logic [1:0] ALUOp,
              output logic [2:0] ALUControl);

  logic RtypeSub;
  assign RtypeSub = funct7b5 & opb5; // TRUE for R-type subtract

  always_comb
    case(ALUOp)
      2'b00:          ALUControl = 3'b000; // addition
      2'b01:          ALUControl = 3'b001; // subtraction
      default: case(funct3) // R-type or I-type ALU
             3'b000: if (RtypeSub)
                       ALUControl = 3'b001; // sub
                     else
                       ALUControl = 3'b000; // add, addi
             3'b010: ALUControl = 3'b101; // slt, slti
             3'b110: ALUControl = 3'b011; // or, ori
             3'b111: ALUControl = 3'b010; // and, andi
             default: ALUControl = 3'bxxx; // ???
           endcase
    endcase
endmodule
```

VHDL

```
library IEEE;
use IEEE.STD_LOGIC_1164.all;

entity aludec is
  port(opb5:       in  STD_LOGIC;
       funct3:     in  STD_LOGIC_VECTOR(2 downto 0);
       funct7b5:   in  STD_LOGIC;
       ALUOp:      in  STD_LOGIC_VECTOR(1 downto 0);
       ALUControl: out STD_LOGIC_VECTOR(2 downto 0));
end;

architecture behave of aludec is
  signal RtypeSub: STD_LOGIC;
begin
  RtypeSub <= funct7b5 and opb5; -- TRUE for R-type subtract
  process(opb5, funct3, funct7b5, ALUOp, RtypeSub) begin
    case ALUOp is
      when "00" =>          ALUControl <= "000"; -- addition
      when "01" =>          ALUControl <= "001"; -- subtraction
      when others => case funct3 is   -- R-type or I-type ALU
          when "000" = if RtypeSub = '1' then
                         ALUControl <= "001"; -- sub
                       else
                         ALUControl <= "000"; -- add, addi
                       end if;
          when "010" => ALUControl <= "101"; -- slt, slti
          when "110" => ALUControl <= "011"; -- or, ori
          when "111" => ALUControl <= "010"; -- and, andi
          when others => ALUControl <= "---"; -- unknown
        end case;
    end case;
  end process;
end;
```

HDL 示例 7.5 数据通路

SystemVerilog

```
module datapath(input  logic       clk, reset,
                input  logic [1:0] ResultSrc,
                input  logic       PCSrc, ALUSrc,
                input  logic       RegWrite,
                input  logic [1:0] ImmSrc,
                input  logic [2:0] ALUControl,
                output logic       Zero,
                output logic [31:0] PC,
                input  logic [31:0] Instr,
                output logic [31:0] ALUResult, WriteData,
                input  logic [31:0] ReadData);

  logic [31:0] PCNext, PCPlus4, PCTarget;
```

VHDL

```
library IEEE;
use IEEE.STD_LOGIC_1164.all;
use IEEE.STD_LOGIC_ARITH.all;

entity datapath is
  port(clk, reset:     in     STD_LOGIC;
       ResultSrc:      in     STD_LOGIC_VECTOR(1 downto 0);
       PCSrc, ALUSrc:  in     STD_LOGIC;
       RegWrite:       in     STD_LOGIC;
       ImmSrc:         in     STD_LOGIC_VECTOR(1 downto 0);
       ALUControl:     in     STD_LOGIC_VECTOR(2 downto 0);
       Zero:           out    STD_LOGIC;
       PC:             buffer STD_LOGIC_VECTOR(31 downto 0);
```

```
logic [31:0] ImmExt;
logic [31:0] SrcA, SrcB;
logic [31:0] Result;

// next PC logic
flopr #(32) pcreg(clk, reset, PCNext, PC);
adder       pcadd4(PC, 32'd4, PCPlus4);
adder       pcaddbranch(PC, ImmExt, PCTarget);
mux2 #(32) pcmux(PCPlus4, PCTarget, PCSrc, PCNext);

// register file logic
regfile    rf(clk, RegWrite, Instr[19:15], Instr[24:20],
              Instr[11:7], Result, SrcA, WriteData);
extend     ext(Instr[31:7], ImmSrc, ImmExt);

// ALU logic
mux2 #(32) srcbmux(WriteData, ImmExt, ALUSrc, SrcB);
alu        alu(SrcA, SrcB, ALUControl, ALUResult, Zero);
mux3 #(32) resultmux(ALUResult, ReadData, PCPlus4,
                     ResultSrc, Result);
endmodule
```

```
  Instr:                  in      STD_LOGIC_VECTOR(31 downto 0);
  ALUResult, WriteData: buffer STD_LOGIC_VECTOR(31 downto 0);
  ReadData:               in      STD_LOGIC_VECTOR(31 downto 0));
end;

architecture struct of datapath is
  component flopr generic(width: integer);
    port(clk, reset: in STD_LOGIC;
         d:          in  STD_LOGIC_VECTOR(width-1 downto 0);
         q:          out STD_LOGIC_VECTOR(width-1 downto 0));
  end component;
  component adder
    port(a, b: in  STD_LOGIC_VECTOR(31 downto 0);
         y:    out STD_LOGIC_VECTOR(31 downto 0));
  end component;
  component mux2 generic(width: integer);
    port(d0, d1: in  STD_LOGIC_VECTOR(width-1 downto 0);
         s:      in  STD_LOGIC;
         y:      out STD_LOGIC_VECTOR(width-1 downto 0));
  end component;
  component mux3 generic(width: integer);
    port(d0, d1, d2: in  STD_LOGIC_VECTOR(width-1 downto 0);
         s:          in  STD_LOGIC_VECTOR(1 downto 0);
         y:          out STD_LOGIC_VECTOR(width-1 downto 0));
  end component;
  component regfile
    port(clk:        in  STD_LOGIC;
         we3:        in  STD_LOGIC;
         a1, a2, a3: in  STD_LOGIC_VECTOR(4 downto 0);
         wd3:        in  STD_LOGIC_VECTOR(31 downto 0);
         rd1, rd2:   out STD_LOGIC_VECTOR(31 downto 0));
  end component;
  component extend
    port(instr:  in  STD_LOGIC_VECTOR(31 downto 7);
         immsrc: in  STD_LOGIC_VECTOR(1 downto 0);
         immext: out STD_LOGIC_VECTOR(31 downto 0));
  end component;
  component alu
    port(a, b:      in     STD_LOGIC_VECTOR(31 downto 0);
         ALUControl: in     STD_LOGIC_VECTOR(2 downto 0);
         ALUResult:  buffer STD_LOGIC_VECTOR(31 downto 0);
         Zero:       out    STD_LOGIC);
  end component;

  signal PCNext, PCPlus4, PCTarget: STD_LOGIC_VECTOR(31 downto 0);
  signal ImmExt:                    STD_LOGIC_VECTOR(31 downto 0);
  signal SrcA, SrcB:                STD_LOGIC_VECTOR(31 downto 0);
  signal Result:                    STD_LOGIC_VECTOR(31 downto 0);
begin
  -- next PC logic
  pcreg: flopr generic map(32) port map(clk, reset, PCNext, PC);
  pcadd4: adder port map(PC, X"00000004", PCPlus4);
  pcaddbranch: adder port map(PC, ImmExt, PCTarget);
  pcmux: mux2 generic map(32) port map(PCPlus4, PCTarget, PCSrc,
                                       PCNext);

  -- register file logic
  rf: regfile port map(clk, RegWrite, Instr(19 downto 15),
                       Instr(24 downto 20), Instr(11 downto 7),
                       Result, SrcA, WriteData);
  ext: extend port map(Instr(31 downto 7), ImmSrc, ImmExt);
  -- ALU logic
  srcbmux: mux2 generic map(32) port map(WriteData, ImmExt,
                                         ALUSrc, SrcB);
  mainalu: alu port map(SrcA, SrcB, ALUControl, ALUResult, Zero);
  resultmux: mux3 generic map(32) port map(ALUResult, ReadData,
                                           PCPlus4, ResultSrc,
                                           Result);
end;
```

7.6.2　通用构建块

本节介绍出现于数字系统中的有用通用构建块，如加法器、触发器和 2:1 多路选择器等，寄存器堆已在 HDL 示例 5.8 中讨论过。ALU 的 HDL 留作习题 5.11 ~习题 5.14。

HDL 示例 7.6 加法器

SystemVerilog

```systemverilog
module adder(input  [31:0] a, b,
             output [31:0] y);

    assign y = a + b;
endmodule
```

VHDL

```vhdl
library IEEE;
use IEEE.STD_LOGIC_1164.all;
use IEEE.NUMERIC_STD_UNSIGNED.all;

entity adder is
   port(a, b: in  STD_LOGIC_VECTOR(31 downto 0);
        y:    out STD_LOGIC_VECTOR(31 downto 0));
end;

architecture behave of adder is
begin
   y <= a + b;
end;
```

HDL 示例 7.7 Extend 单元

SystemVerilog

```systemverilog
module extend(input  logic [31:7] instr,
              input  logic [1:0]  immsrc,
              output logic [31:0] immext);

  always_comb
    case(immsrc)
               // I-type
      2'b00:   immext = {{20{instr[31]}}, instr[31:20]};
               // S-type (stores)
      2'b01:   immext = {{20{instr[31]}}, instr[31:25],
                          instr[11:7]};
               // B-type (branches)
      2'b10:   immext = {{20{instr[31]}}, instr[7],
                          instr[30:25], instr[11:8], 1'b0};
               // J-type (jal)
      2'b11:   immext = {{12{instr[31]}}, instr[19:12],
                          instr[20], instr[30:21], 1'b0};
      default: immext = 32'bx; // undefined
    endcase
endmodule
```

VHDL

```vhdl
library IEEE;
use IEEE.STD_LOGIC_1164.all;

entity extend is
   port(instr: in  STD_LOGIC_VECTOR(31 downto 7);
        immsrc: in  STD_LOGIC_VECTOR(1  downto 0);
        immext: out STD_LOGIC_VECTOR(31 downto 0));
end;

architecture behave of extend is
begin
   process(instr, immsrc) begin
     case immsrc is
       -- I-type
       when "00" =>
         immext <= (31 downto 12 => instr(31)) & instr(31 downto 20);
       -- S-types (stores)
       when "01" =>
         immext <= (31 downto 12 => instr(31)) &
                   instr(31 downto 25) & instr(11 downto 7);
       -- B-type (branches)
       when "10" =>
         immext <= (31 downto 12 => instr(31)) & instr(7) & instr(30
                   downto 25) & instr(11 downto 8) & '0';
       -- J-type (jal)
       when "11" =>
         immext <= (31 downto 20 => instr(31)) &
                   instr(19 downto 12) & instr(20) &
                   instr(30 downto 21) & '0';
       when others =>
         immext <= (31 downto 0  => '-');
     end case;
   end process;
end;
```

HDL 示例 7.8 可复位触发器

SystemVerilog

```systemverilog
module flopr #(parameter WIDTH = 8)
              (input  logic             clk, reset,
               input  logic [WIDTH-1:0] d,
               output logic [WIDTH-1:0] q);

  always_ff @(posedge clk, posedge reset)
            if (reset) q <= 0;
            else       q <= d;
endmodule
```

VHDL

```vhdl
library IEEE;
use IEEE.STD_LOGIC_1164.all;
use IEEE.STD_LOGIC_ARITH.all;

entity flopr is
   generic(width: integer);
   port(clk, reset: in  STD_LOGIC;
        d:          in  STD_LOGIC_VECTOR(width-1 downto 0);
        q:          out STD_LOGIC_VECTOR(width-1 downto 0));
end;

architecture asynchronous of flopr is
begin
   process(clk, reset) begin
     if reset = '1' then           q <= (others => '0');
     elsif rising_edge(clk) then q <= d;
     end if;
   end process;
end;
```

HDL 示例 7.9   带使能的可复位触发器

SystemVerilog

```
module flopenr #(parameter WIDTH = 8)
               (input  logic           clk, reset, en,
                input  logic [WIDTH-1:0] d,
                output logic [WIDTH-1:0] q);

always_ff @(posedge clk, posedge reset)
  if (reset)   q <= 0;
  else if (en) q <= d;
endmodule
```

VHDL

```
library IEEE;
use IEEE.STD_LOGIC_1164.all;
use IEEE.STD_LOGIC_ARITH.all;

entity flopenr is
  generic(width: integer);
  port(clk, reset, en: in  STD_LOGIC;
       d:              in  STD_LOGIC_VECTOR(width-1 downto 0);
       q:              out STD_LOGIC_VECTOR(width-1 downto 0));
end;

architecture asynchronous of flopenr is
begin
  process(clk, reset, en) begin
    if reset = '1' then                  q <= (others => '0');
    elsif rising_edge(clk) and en = '1' then q <= d;
    end if;
  end process;
end;
```

HDL 示例 7.10   2:1 多路选择器

SystemVerilog

```
module mux2 #(parameter WIDTH = 8)
            (input  logic [WIDTH-1:0] d0, d1,
             input  logic             s,
             output logic [WIDTH-1:0] y);

  assign y = s ? d1 : d0;
endmodule
```

VHDL

```
library IEEE;
use IEEE.STD_LOGIC_1164.all;

entity mux2 is
  generic(width: integer := 8);
  port(d0, d1: in  STD_LOGIC_VECTOR(width-1 downto 0);
       s:      in  STD_LOGIC;
       y:      out STD_LOGIC_VECTOR(width-1 downto 0));
end;

architecture behave of mux2 is
begin
  y <= d1 when s = '1' else d0;
end;
```

HDL 示例 7.11   3:1 多路选择器

SystemVerilog

```
module mux3 #(parameter WIDTH = 8)
            (input  logic [WIDTH-1:0] d0, d1, d2,
             input  logic [1:0]       s,
             output logic [WIDTH-1:0] y);

  assign y = s[1] ? d2 : (s[0] ? d1 : d0);
endmodule
```

VHDL

```
library IEEE;
use IEEE.STD_LOGIC_1164.all;

entity mux3 is
  generic(width: integer := 8);
  port(d0, d1, d2: in  STD_LOGIC_VECTOR(width-1 downto 0);
       s:          in  STD_LOGIC_VECTOR(1 downto 0);
       y:          out STD_LOGIC_VECTOR(width-1 downto 0));
end;

architecture behave of mux3 is
begin
  process(d0, d1, d2, s) begin
    if    (s = "00") then y <= d0;
    elsif (s = "01") then y <= d1;
    elsif (s = "10") then y <= d2;
    end if;
  end process;
end;
```

7.6.3   测试平台

测试平台加载程序到存储器里，如图 7.64 所示的程序，通过执行只有所有指令的功能都正确实现才能产生正确结果的计算，检测了所有指令。就本例来说，程序正常运行时会把值 25 写入地址 100，否则硬件有问题就不可能实现该功能。这种测试方法称为随机测试（ad hoc testing）。

```
# riscvtest.s
# Sarah.Harris@unlv.edu
# David_Harris@hmc.edu
# 27 Oct 2020
#
# Test the RISC-V processor:
#   add, sub, and, or, slt, addi, lw, sw, beq, jal
# If successful, it should write the value 25 to address 100
#       RISC-V Assembly         Description                 Address    Machine Code
main:   addi x2, x0, 5          # x2 = 5                     0          00500113
        addi x3, x0, 12         # x3 = 12                    4          00C00193
        addi x7, x3, -9         # x7 = (12 - 9) = 3          8          FF718393
        or   x4, x7, x2         # x4 = (3 OR 5) = 7          C          0023E233
        and  x5, x3, x4         # x5 = (12 AND 7) = 4        10         0041F2B3
        add  x5, x5, x4         # x5 = 4 + 7 = 11            14         004282B3
        beq  x5, x7, end        # shouldn't be taken         18         02728863
        slt  x4, x3, x4         # x4 = (12 < 7) = 0          1C         0041A233
        beq  x4, x0, around     # should be taken            20         00020463
        addi x5, x0, 0          # shouldn't execute          24         00000293
around: slt  x4, x7, x2         # x4 = (3 < 5) = 1           28         0023A233
        add  x7, x4, x5         # x7 = (1 + 11) = 12         2C         005203B3
        sub  x7, x7, x2         # x7 = (12 - 5) = 7          30         402383B3
        sw   x7, 84(x3)         # [96] = 7                   34         0471AA23
        lw   x2, 96(x0)         # x2 = [96] = 7              38         06002103
        add  x9, x2, x5         # x9 = (7 + 11) = 18         3C         005104B3
        jal  x3, end            # jump to end, x3 = 0x44     40         008001EF
        addi x2, x0, 1          # shouldn't execute          44         00100113
end:    add  x2, x2, x9         # x2 = (7 + 18) = 25         48         00910133
        sw   x2, 0x20(x3)       # [100] = 25                 4C         0221A023
done:   beq  x2, x2, done       # infinite loop              50         00210063
```

图 7.64 测试程序 riscvtest.s

图 7.65 是机器码所在的文本文件（名为 riscvtest.txt），在模拟期间由测试平台加载。文件由十六进制数形式的指令机器码组成，每行表示一条指令。

```
00500113
00C00193
FF718393
0023E233
0041F2B3
004282B3
02728863
0041A233
00020463
00000293
0023A233
005203B3
402383B3
0471AA23
06002103
005104B3
008001EF
00100113
00910133
0221A023
00210063
```

图 7.65 代码文本 riscvtest.txt

下面通过示例介绍测试平台、顶层 RISC-V 模块（实例化 RISC-V 处理器与存储器）和外部存储器的 HDL 代码。测试平台在模拟启动时实例化所检测的顶层模块，并生成周期时钟和复位信号。测试平台检查内存写操作，并在测试到正确值（25）写入地址 100 后报告成功。本例的存储器均保存 64 个 32 位的字。

HDL 示例 7.12　测试平台

SystemVerilog

```
module testbench();

    logic       clk;
    logic       reset;
    logic [31:0] WriteData, DataAdr;
    logic       MemWrite;

    // instantiate device to be tested
    top dut(clk, reset, WriteData, DataAdr, MemWrite);

    // initialize test
    initial
      begin
        reset <= 1; # 22; reset <= 0;
    end

    // generate clock to sequence tests
    always
      begin
        clk <= 1; # 5; clk <= 0; # 5;
    end

    // check results
    always @(negedge clk)
      begin
        if(MemWrite) begin
          if(DataAdr === 100 & WriteData === 25) begin
            $display("Simulation succeeded");
            $stop;
          end else if (DataAdr !== 96) begin
            $display("Simulation failed");
            $stop;
          end
        end
    end
endmodule
```

VHDL

```
library IEEE;
use IEEE.STD_LOGIC_1164.all;
use IEEE.NUMERIC_STD_UNSIGNED.all;

entity testbench is
end;

architecture test of testbench is
  component top
    port(clk, reset:          in  STD_LOGIC;
         WriteData, DataAdr: out STD_LOGIC_VECTOR(31 downto 0);
         MemWrite:            out STD_LOGIC);
  end component;

  signal WriteData, DataAdr:   STD_LOGIC_VECTOR(31 downto 0);
  signal clk, reset, MemWrite: STD_LOGIC;
begin
  -- instantiate device to be tested
  dut: top port map(clk, reset, WriteData, DataAdr, MemWrite);

  -- Generate clock with 10 ns period
  process begin
    clk <= '1';
    wait for 5 ns;
    clk <= '0';
    wait for 5 ns;
  end process;

  -- Generate reset for first two clock cycles
  process begin
    reset <= '1';
    wait for 22 ns;
    reset <= '0';
    wait;
  end process;

  -- check that 25 gets written to address 100 at end of program
  process(clk) begin
    if(clk'event and clk = '0' and MemWrite = '1') then
      if(to_integer(DataAdr) = 100 and
         to_integer(writedata) = 25) then
        report "NO ERRORS: Simulation succeeded" severity
          failure;
      elsif (DataAdr /= 96) then
        report "Simulation failed" severity failure;
      end if;
    end if;
  end process;
end;
```

HDL 示例 7.13　顶层模块

SystemVerilog

```
module top(input  logic        clk, reset,
           output logic [31:0] WriteData, DataAdr,
           output logic        MemWrite);

    logic [31:0] PC, Instr, ReadData;

    // instantiate processor and memories
    riscvsingle rvsingle(clk, reset, PC, Instr, MemWrite,
                    DataAdr, WriteData, ReadData);
    imem imem(PC, Instr);
    dmem dmem(clk, MemWrite, DataAdr, WriteData, ReadData);
endmodule
```

VHDL

```
library IEEE;
use IEEE.STD_LOGIC_1164.all;
use IEEE.NUMERIC_STD_UNSIGNED.all;

entity top is
  port(clk, reset:          in     STD_LOGIC;
       WriteData, DataAdr: buffer STD_LOGIC_VECTOR(31 downto 0);
       MemWrite:            buffer STD_LOGIC);
end;

architecture test of top is
  component riscvsingle
    port(clk, reset:          in  STD_LOGIC;
         PC:                  out STD_LOGIC_VECTOR(31 downto 0);
         Instr:               in  STD_LOGIC_VECTOR(31 downto 0);
         MemWrite:            out STD_LOGIC;
         ALUResult, WriteData: out STD_LOGIC_VECTOR(31 downto 0);
         ReadData:            in  STD_LOGIC_VECTOR(31 downto 0));
  end component;
  component imem
```

```
                              port(a:  in  STD_LOGIC_VECTOR(31 downto 0);
                                   rd: out STD_LOGIC_VECTOR(31 downto 0));
                            end component;
                            component dmem
                            port(clk, we: in  STD_LOGIC;
                               a, wd:     in  STD_LOGIC_VECTOR(31 downto 0);
                               rd:        out STD_LOGIC_VECTOR(31 downto 0));
                            end component;

                            signal PC, Instr, ReadData: STD_LOGIC_VECTOR(31 downto 0);
                         begin
                            -- instantiate processor and memories
                            rvsingle: riscvsingle port map(clk, reset, PC, Instr,
                                                          MemWrite, DataAdr,
                                                          WriteData, ReadData);
                            imem1: imem port map(PC, Instr);
                            dmem1: dmem port map(clk, MemWrite, DataAdr, WriteData,
                                                ReadData);
                         end;
```

HDL 示例 7.14 指令内存

SystemVerilog

```
module imem(input  logic [31:0] a,
            output logic [31:0] rd);

  logic [31:0] RAM[63:0];

  initial
    $readmemh("riscvtest.txt",RAM);

  assign rd = RAM[a[31:2]]; // word aligned
endmodule
```

VHDL

```
library IEEE;
use IEEE.STD_LOGIC_1164.all;
use STD.TEXTIO.all;
use IEEE.NUMERIC_STD_UNSIGNED.all;
use ieee.std_logic_textio.all;

entity imem is
   port(a:  in  STD_LOGIC_VECTOR(31 downto 0);
        rd: out STD_LOGIC_VECTOR(31 downto 0));
end;

architecture behave of imem is
type ramtype is array(63 downto 0) of
                 STD_LOGIC_VECTOR(31 downto 0);

  -- initialize memory from file
  impure function init_ram_hex return ramtype is
  file text_file : text open read_mode is "riscvtest.txt";
    variable text_line : line;
    variable ram_content : ramtype;
    variable i : integer := 0;
  begin
    for i in 0 to 63 loop -- set all contents low
      ram_content(i) := (others => '0');
    end loop;
    while not endfile(text_file) loop -- set contents from file
      readline(text_file, text_line);
      hread(text_line, ram_content(i));
      i := i + 1;
    end loop;

    return ram_content;
  end function;

signal mem : ramtype := init_ram_hex;
begin
-- read memory
process(a) begin
   rd <= mem(to_integer(a(31 downto 2)));
end process;
end;
```

HDL 示例 7.15 数据内存

SystemVerilog

```
module dmem(input  logic       clk, we,
            input  logic [31:0] a, wd,
            output logic [31:0] rd);

  logic [31:0] RAM[63:0];

  assign rd = RAM[a[31:2]]; // word aligned
```

VHDL

```
library IEEE;
use IEEE.STD_LOGIC_1164.all;
use STD.TEXTIO.all;
use IEEE.NUMERIC_STD_UNSIGNED.all;

entity dmem is
  port(clk, we: in STD_LOGIC;
       a, wd:  in  STD_LOGIC_VECTOR(31 downto 0);
```

```
always_ff @(posedge clk)
    if (we) RAM[a[31:2]] <= wd;
endmodule
```

```
        rd:      out STD_LOGIC_VECTOR(31 downto 0));
end;

architecture behave of dmem is
begin
  process is
    type ramtype is array (63 downto 0) of
                    STD_LOGIC_VECTOR(31 downto 0);
    variable mem: ramtype;
  begin
    -- read or write memory
    loop
      if rising_edge(clk) then
        if (we = '1') then mem(to_integer(a(7 downto 2))) := wd;
          end if;
        end if;
        rd <= mem(to_integer(a(7 downto 2)));
        wait on clk, a;
      end loop;
  end process;
end;
```

7.7　高级微体系结构 *

高性能微处理器会用各种技术促使程序运行更快。前面介绍过，程序执行时间与时钟周期和 CPI 成正比，要想提高性能就需要加快时钟频率或降低 CPI 值。本节探讨已有的加速技术，重点介绍概念而忽略繁杂的实现细节。读者若想充分了解细节可以参见 Hennessy 和 Patterson 的权威教材《计算机体系结构》。

集成电路制造的进步稳步缩小了晶体管大小，使得晶体管体积更小且速度又快又能耗低。逻辑门的速度加快，使得即使微体系结构不发生变化，也能通过增加时钟频率提高性能。晶体管变小意味着芯片可以集成更多的晶体管，微体系结构设计师利用增加的晶体管构建更复杂的处理器或在芯片上构造多个处理器。遗憾的是，功耗随着晶体管数量和运行速度的增加而增加（参见 1.8 节），已经引起人们担忧与关注。微处理器设计者面临着一项具有挑战性的任务，他们要在速度、功率和成本之间做出权衡，因为在人类有史以来建造的一些最复杂的系统中，芯片上有数十亿个晶体管。微处理器设计者面临的挑战是在集成了数十亿晶体管的芯片上构造人类有史以来最为复杂的系统，同时又要权衡速度、功耗和成本等因素。

7.7.1　深度流水线

除了制造技术的进步之外，缩短时钟周期的最简单方法就是将流水线划分更多的功能段，每个功能段包含更少的逻辑，运行速度更快。本章只考虑经典的 5 段流水线，但目前普遍采用的为 8 ～ 20 段流水线，如西部数据开发的开源商业 RISC-V 处理器 SweRV EH1 核有 9 个流水线功能段。

流水线功能段的最大段数受限于流水线冲突、时序开销和成本。流水线越长指令依赖就越多，有的依赖关系可以通过递进电路解决，有的则需要停顿却又增加了 CPI 的值。各功能段间的流水线寄存器存在 clk-to-Q 延迟和建立时间的时序开销（也包括时钟偏移），从而增加更多的流水线功能段将导致收益递减。最后，由于需要额外的流水线寄存器和处理冲突硬件，增加流水线功能段也会增加成本。

例 7.11（深度流水线）　请考虑将单周期处理器设计成具有 N 个功能段的流水线处理器。单周期处理器采用组合逻辑实现时的传播延迟为 750ps，流水线寄存器的时序开销是 90ps。假设组合延迟可以划分为任意数量的功能段且流水线冲突逻辑不增加延迟。例 7.9 的 5 段流水线 CPI 为 1.25。假设由于分支错误预测和其他流水线冲突，每增加一功能段 CPI 就增加 0.1。为了使处理器尽可能快地执行程序，应该采用多少个流水线功能段？

解： N 段流水线的周期时间为 $T_c =$ $[(750/N)+90]$ ps，CPI 为 $1.25 + 0.1(N-5)$，其中 $N \geqslant 5$。每条指令的时间（即指令时间）是周期时间 T_c 与 CPI 的乘积。图 7.66 绘制了周期时间和指令时间与段数的关系，$N = 8$ 时指令时间最少为 281ps，略好于五功能段流水线中每条指令的 295ps，且曲线在第 7 ～ 10 段之间几乎平稳。 ∎

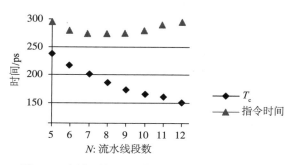

图 7.66 周期时间和指令时间与流水线段数关系

7.7.2 微操作

大家可以回想第 6 章介绍的设计原则。纯 RISC 体系结构（如 RISC-V）只包含简单指令，通常在单周期内执行，运行在简单快速的数据通路上，数据通路上主要有三端口寄存器堆、单个 ALU 和单个数据内存等器件，本章已讨论了这些器件的开发方法。CISC 体系结构包含的指令通常需要更多寄存器、更多加法器或更多次的访问内存。例如，x86 指令 ADD [ESP]，[EDX+80+EDI*2] 涉及读取三个寄存器（ESP、EDX 和 EDI），由基址（EDX）、位移（80）及缩放变址（EDI*2）相加得出有效地址，两次读取内存源操作数并将它们相加，再将结果写回内存。一个可以一次执行所有这些功能的微处理器，在执行更普通、更简单的指令时，就会不必要地慢下来。

CISC 处理器计算机架构师通过定义一组可以在简单数据通路上执行的简单微操作（也称为 micro-op 或 μop）来快速处理通用情况，每条 CISC 指令被译码成一个或多个微操作。假如定义类似 RISC-V 指令的 μop，并使用临时寄存器 t1 和 t2 保存中间结果，那么上述的 x86 指令变成 6 个 μop：

```
slli  t2, EDI, 1    # t2 = EDI*2
add   t1, EDX, t2   # t1 = EDX + EDI*2
lw    t1, 80(t1)    # t1 = MEM[EDX + EDI*2 + 80]
lw    t2, 0(ESP)    # t2 = MEM[ESP]
add   t1, t2, t1    # t1 = MEM[ESP] + MEM[EDX + EDI*2 + 80]
sw    t1, 0(ESP)    # MEM[ESP] = MEM[ESP] + MEM[EDX + EDI*2 + 80]
```

7.7.3 分支预测

理想流水线处理器的 CPI 为 1，分支错误预测惩罚则是 CPI 增加的主要原因。流水线越深，分支问题的解决就越迟，进而导致分支预测错误的开销越大，这是因为在错误预测分支指令后发送的所有指令将被刷新。为了解决这个问题，大多数流水线处理器使用分支预测器来猜测分支转移的发生情况。7.5.3 节简单介绍了流水线预测分支不发生的情况。

有些分支设在循环的开始处以检查条件，条件不满足时分支跳出循环（如 for 和 while 循环）。循环往往会多次执行，因此通常不会采用这种前向分支技术。有些分支设在程序循环结束时以决定是否重复循环（如 do-while 循环）。同样循环也要执行很多次，所以通常采用这些后向分支技术。分支预测的最简单形式是检查分支发生的方向，并预测采用后向分支技术，这就是静态分支预测，它与程序运行的历史记录无关。

　　然而，若不更多地了解具体程序是很难预测分支情况的，尤其是前向分支预测更难。因此，大多数处理器使用动态分支预测器，使用程序执行的历史记录来猜测是否应该执行跳转。动态分支预测器维护一张处理器执行的最后几百（或几千）条分支指令的表（称为分支目标缓冲区），表的内容包括分支的目的地址和分支是否发生的历史记录。

　　为了观察动态分支预测器的操作，大家可以看下列源自代码示例 6.20 的循环，该循环重复 10 次且只在最后一次迭代时跳出循环体（bge s0,t0,done）。

```
        addi  s1, zero, 0  # s1 = sum = 0
        addi  s0, zero, 0  # s0 = i = 0
        addi  t0, zero, 10 # t0 = 10
for:
        bge   s0, t0, done # i >= 10?
        add   s1, s1, s0   # sum = sum + i
        addi  s0, s0, 1    # i = i + 1
        j     for          # repeat loop
done:
```

　　一位动态分支预测器只记录上次分支是否发生，并预测下次是否会执行同样的操作。当循环重复时，预测器记住了上次 beq 没有发生跳转，并预测下次仍然不发生跳转。在执行循环的最后一个分支（此时分支确实发生了）之前，这样的预测都是正确的。遗憾的是，如果再次运行循环，分支预测器将按照最后一次分支发生的情况做预测。因此，预测器在再次第一次运行循环时错误地预测分支会发生。总之，1 位分支预测器会错误预测循环的第一个和最后一个分支的发生情况。

　　上述问题可以由 2 位动态分支预测器解决，它有 4 种状态：强发生、弱发生、弱未发生和强未发生，如图 7.67 所示。预测器在循环重复时进入强未发生状态，并预测该分支下次未发生。这样的预测可以正确地保持到循环的最后一个分支之前，而最后一个分支应该发生并使预测器转换到弱未发生状态。当循环再次第一次运行时，分支预测器能正确地预测该分支不发生并重新进入强未发生状态。总之，2 位动态分支预测器仅在循环结束时才会预测错误。所谓 2 位分支预测器，需要用 2 位来反映预测的 4 种状态。

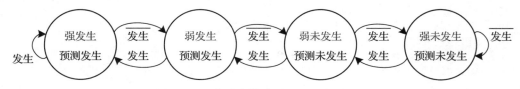

图 7.67　2 位动态分支预测器状态转换图

　　分支预测器在流水线的取指段运行以便确定下一个周期执行的指令，当它预测到分支应该发生时，处理器便从存储在分支目标缓冲区的分支目的地址处获取下一条指令。

　　大家可以想象到，分支预测器可以用来跟踪程序的更多历史记录，以提高预测的准确性。好的分支预测器预测典型的程序时，可以达到 90% 以上的准确率。

7.7.4　超标量处理器

　　超标量处理器含有多套数据通路硬件以同时执行多条指令，图 7.68 给出了一个单周期内同时取两条指令并执行两条指令的两路超标量处理器框图。数据通路一次从指令内存取出两条指令，从六端口的寄存器堆读取四个源操作数，并在每个周期中写入两个结果。此外还包含两个 ALU 和一个双端口数据内存用于同时执行两条指令。

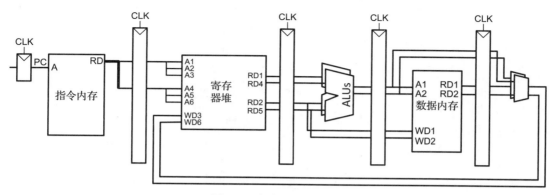

图 7.68　超标量数据通路

　　图 7.69 是两路超标量处理器在每个周期执行两条指令的流水线图，处理器运行该程序的 CPI 为 0.5。设计者通常将 CPI 的倒数称为每周期执行的指令数（instructions per cycle，IPC），此时处理器运行程序的 IPC 是 2。

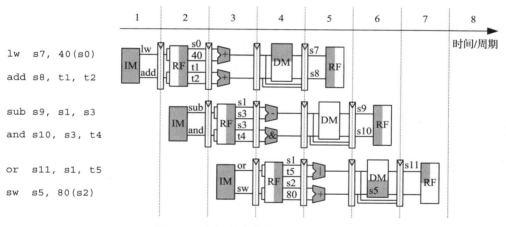

图 7.69　超标量流水线运行的抽象图

　　依赖关系使得同时执行多条指令举步维艰，图 7.70 是运行带数据依赖关系程序的流水线图，代码中依赖关系用箭头表示。add 指令因依赖由 lw 指令产生的结果 s8 而不能与 lw 同时发出，需要停顿一个周期，以便 lw 将 s8 递进到第 5 周期实施相加操作。其他的依赖关系（如 and 依赖 sub 的 s8，以及 sw 依赖 or 的 s11）可以采用递进电路处理，即递进在前一个周期产生却在后一个周期使用的结果。图 7.70 需要 5 个周期发射程序的 6 条指令，IPC 为 6/5 = 1.2。

　　大家知道，并行性体现在时间和空间这两方面，流水线属于时间并行，多个执行单元则为空间并行。超标量处理器研发了兼具两种并行的并行系统，其性能远远超过了前述的单周期和多周期处理器。

　　现在商用处理器已经采用了三路、四路甚至六路超标量流水线，把控制冲突（如分支冲突）视为数据冲突处理。遗憾的是，实际程序中依赖关系非常多，超标量处理器无法充分利用所有的执行单元。此外，大量的执行单元和复杂的递进网络需要大量的电路和功耗。

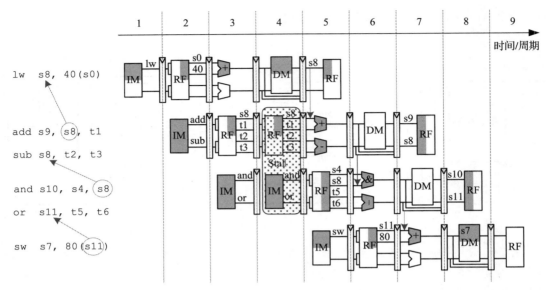

lw s8, 40(s0)

add s9, (s8), t1

sub s8, t2, t3

and s10, s4, (s8)

or s11, t5, t6

sw s7, 80(s11)

图 7.70 带数据依赖关系的程序

7.7.5 乱序处理器

为了处理依赖关系的问题，乱序处理器提前检测多条指令并尽快发送无依赖的指令。只要保证满足依赖关系使得产生预期结果，就可以不按照程序员编写的顺序发送指令。

现考虑在两路超标量乱序处理器上运行图 7.70 的程序，处理器在保证依赖关系的前提下，每个周期可以从程序的任何地方发送两条指令，运行结果图 7.71 所示。依赖关系可以分为读后写（RAW）和即将讨论的写后读（WAR）两类。发送指令的约束条件是：

- 周期 1
  - 发送 lw 指令。
  - add、sub 和 and 指令由于依赖 lw 指令的 s8 而停止发送，然而 or 指令不存在依赖故得以发射。
- 周期 2
  - 注意已发送的 lw 指令与具有依赖的指令间存在两个周期的延迟。add 指令因依赖 s8 仍然不能发送。sub 指令有写 s8 操作，为避免 add（此时依赖于 sub 指令）收到错误的 s8 值，也不能在 add 之前发射。
  - 只有 sw 指令可以发射。
- 周期 3
  - s8 的值可以使用了（确切地说 add 需要它），因此 add 得以发送，同时 sub 也得以发送且保证在 add 读 s8 之后写入 s8。
- 周期 4
  - and 指令可以发送，此时 s8 的值由 sub 经递进电路转发给 and。

乱序处理器发送 6 条指令需要 4 个周期，IPC 为 6/4 = 1.5。add 指令与 lw 指令因 s8 值产生的依赖关系为写后读（RAW）冲突，add 指令必须等 lw 指令写入 s8 后才可读取 s8 的值，这种依赖类型在流水线处理器中已经有办法处理。这种依赖从本质上限制了程序运行的速度，即使在有无限多个执行单元可用时。类似地，sw 依赖 or 指令的 s11 值以及 and

依赖 sub 指令的 s8 值都是 RAW 依赖。

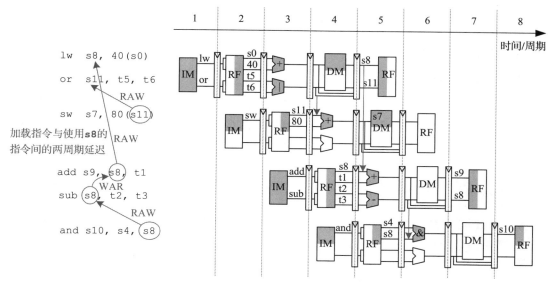

图 7.71 带依赖关系程序的乱序执行

sub 和 add 指令间由 s8 引起的依赖关系称为读后写（WAR）冲突或反依赖，sub 指令在 add 读取 s8 之前不能写入 s8，这样 add 才能按照程序原顺序得到正确的值。WAR 冲突不会在简单流水线中出现，但如果过早移动依赖指令（本例为 sub，该冲突就会出现在乱序处理器中）。

WAR 冲突对程序的运行不是很重要，仅是程序员给两个不相关的指令使用相同寄存器引起的假象。如果 sub 指令用 s3 替代 s8，那么依赖关系自然会消失，sub 也可以在 add 之前发送。RISC-V 架构只有 31 个寄存器，有时程序员由于其他所有寄存器都已占用而不得已重复使用同一个寄存器才导致冲突出现。

另一种类型的冲突（本程序例子未显示）称为写后写（WAW）危险或输出依赖，如果一条指令在后续指令写寄存器之后再次写同样的寄存器，则发生了 WAW 冲突，从而导致错误的值写入寄存器。如下面代码中的 lw 和 add 都要写 s7 寄存器，按照正常顺序执行正确结果应该是 add 写的值。如果乱序处理器先执行 add 后执行 lw，则会发生 WAW 冲突。

```
lw   s7, 0(t3)
add s7, s1, t2
```

WAW 冲突也不是绝对的，它们是由程序员在两个不相关的指令中使用相同的目标寄存器引起的假象。如果先发送 add 指令，那么程序可以通过丢弃 lw 的结果不写入 s7 来消除 WAW 冲突，这种方法称为消除 lw 指令。⊖

乱序处理器使用一个称为记分牌（scoreboard）的表来跟踪指令等待发送的次序，表中记录有关依赖项的信息，表的大小决定了可以考虑发送指令的数量。处理器在每个周期检查记分牌并发送尽可能多的指令，指令发射量受到程序中依赖关系和可用执行部件（如 ALU、内存端口等）数量的限制。

⊖ 大家可能想知道为什么要发送 lw 指令，原因是乱序处理器必须保证发生的所有异常都与按原顺序执行程序时发生的异常相同。lw 指令可能会产生地址不一致异常或访存错误，因此即使结果可能被丢弃，也必须发送 lw 指令来检查异常。

指令级并行（instruction-level parallelism, ILP）是指对特定程序和微体系结构，可以同时执行的指令数量。理论研究表明，在完美分支预测器和大量执行单元的支持下，乱序微体系结构的 ILP 可以很高。然而，即使采用了六路超标量乱序处理器执行数据通路结构，实际处理器的 ILP 也很难超过 2 或 3。

7.7.6 寄存器重命名

乱序处理器使用寄存器重命名技术来消除 WAR 和 WAW 冲突，该技术是给处理器增加一些非体系结构的重命名寄存器，如给处理器增加 20 个重命名寄存器（r0 ～ r19）。这些寄存器不是体系结构部件，程序员不能直接使用。然而处理器可以自由使用重命名寄存器来消除冲突。

例如，上一节的 WAR 冲突因相邻指令 add s9,s8,t1 和 sub s8,t2,t3 间的 s8 寄存器产生。乱序处理器可以将 sub 指令的 s8 重命名为 r0，然后因消除了与 add 指令的依赖关系，sub 得以发送执行。处理器用一张表保存寄存器的重命名情况，以便后续依赖指令在寄存器重命名上保持一致。本例 and 指令中的 s8 是 sub 指令的结果，也必须重命名为 r0 寄存器。图 7.72 给出了与图 7.71 相同的程序在一个采用寄存器重命名的乱序处理器上执行的情况，s8 在 sub 和 and 指令中重命名为 r0 以消除 WAR 冲突。发送指令的约束条件是：

- 周期 1
  - 发送 lw 指令。
  - add 指令因依赖于 lw 的 s8 而不能发送。然而 sub 因目的寄存器重命名为 r0 变成了无依赖指令，所以 sub 指令可以发送。
- 周期 2
  - 记住 lw 与具有依赖的指令间必须有两个周期的时延。add 指令因为 s8 存在依赖不能发送。
  - and 指令依赖于 sub 可以发送，r0 的值由 sub 经递进电路转发至 and。
  - or 指令无依赖关系也可以发送。
- 周期 3
  - 周期 3 中 s8 的值可以使用，add 指令可以发送。
  - s11 的值也有效，sw 指令得以发送。

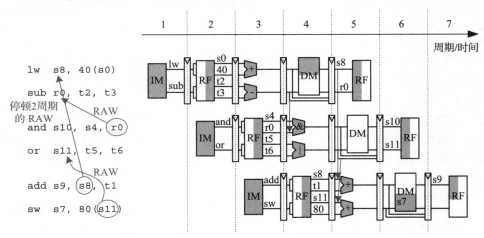

图 7.72 采用寄存器重命名的程序的乱序执行

带寄存器重命名技术的乱序处理器在 3 个周期内可以发射 6 条指令，IPC 为 2。

7.7.7　多线程

实际程序的指令级并行性（ILP）往往相当弱，即使给超标量处理器或乱序处理器增加更多的执行单元，带来的回报也是递减性的。另一个问题是存储器比处理器慢得多（第 8 章讨论），因此多数加载和存储操作访问小而快的 cache。然而当指令或数据不在 cache 中时，处理器将停顿 100 个及更多的周期从主存索取信息。多线程是一种让具有多个执行单元的处理器处于忙碌状态的技术，即使程序的 ILP 很低或程序因等待存储器而停顿也会让处理器保持工作。

在解释多线程前先定义几个新术语。运行于计算机的程序称为进程（process），计算机可以同时运行多个进程，如在个人计算机上播放音乐的同时可以上网和运行病毒检查程序。每个进程由一个或多个同时运行的线程（thread）组成，如文字处理器可以用一个线程处理用户打字，一个线程在用户工作时检查文档的拼写，一个线程打印文档。这样用户不必等待文档打印结束就可继续输入文字。一个进程分割成多个并发线程的程度决定了其线程级并行化（thread-level parallelism, TLP）的水平。

传统处理器中的线程只是给人一种同时运行的错觉，这些线程实际上是在操作系统控制下轮流运行于处理器。当一个线程结束时，操作系统保存其体系结构状态，加载下一个线程的体系结构状态并开始执行，这个过程称为上下文切换（context switching）。只要处理器以足够快的速度切换线程，用户就会产生所有线程都在同时运行的错觉。RISC-V 在 32 个寄存器中专门指定了线程指针寄存器 tp（即 x4），用于指向（保存）线程的本地内存。

硬件多线程处理器含有一个以上的体系结构状态，因此一次可以有多个线程处于活动状态。例如，将处理器扩展为含有 4 个程序计数器和 128 个寄存器，则可以同时运行 4 个线程。如果一个线程因等待主存的数据而停止，则处理器可以毫无延迟地切换到另一个线程，因为有多个程序计数器和寄存器就绪。此外，如果一个线程在超标量设计中没有足够的并行性来保持所有执行单元忙碌，那么另一个线程可以向空闲单元发送指令。线程之间的切换既可以是细粒度也可以是粗粒度的，细粒度（fine-grained）多线程切换发生在指令级的线程上，且需要硬件多线程支持。粗粒度（coarse-grained）多线程切换用在发生代价昂贵的停顿的情况下，比如由于缓存访问失效而进行长时间内存访问的情况。

多线程处理器不提升 ILP 值，因此确实不能改进单个线程的性能，但它确实提高了处理器的总体吞吐量，因为多个线程能使用执行单个线程时处于空闲的处理器资源。此外多线程处理器只重复设置了 PC 和寄存器堆，并没有增加执行单元和存储器等硬件，因此实现成本也相对较低。

7.7.8　多处理器

现代处理器有大量晶体管可用，但用它们来增加流水线深度或增加超标量处理器的执行单元，性能提升收效甚微且浪费电能。2005 年前后，计算机架构师将重心转移到在同一芯片上来构建多个处理器副本（称为核，core）。

多处理器系统由多个处理器和处理器之间的通信方法组成，并形成了包括对称（symmetric）或同构（homogeneous）多处理器、异构（heterogeneous）多处理器和集群（cluster）在内的三种通用多处理器类型。

1. 对称多处理器

对称多处理器中两个或多个相同的处理器共享一个主存，多个处理器可以分置于不同的芯片，也可以在同一芯片上构建多个核。

多处理器可用于同时运行多个线程或使特定线程运行更快。同时运行多个线程容易实现，只须简单划分线程到各处理器中。遗憾的是，典型的 PC 用户在给定时间内只需要运行少量线程，让特定线程运行更快则更具挑战性。程序员必须把现有线程分成多个线程分配到每个处理器中运行，若处理器需要相互通信则棘手难当。计算机设计人员和程序员面临的主要挑战之一就是如何有效地使用大量处理器内核。

对称多处理器还是有很多优点的，它们的设计相对简单，因为处理器可以被设计一次然后被复制多次用以提高性能。在对称多处理器上编程和执行代码也相对简单，任何程序都可以运行于系统中的任何处理器上并达到大致相同的性能。

2. 异构多处理器

从上述可以遗憾地看出，继续增加越来越多的对称核并不能保证系统性能得以改进。多数用户应用程序在任何给定时间只使用几个线程，并且通常只有几个应用程序实际上同时进行计算。虽然这足以让双核和四核系统保持忙碌状态，但若不让程序的并行能力显著增强，继续增加更多的核只是徒劳而无益。另一个问题是，由于通用处理器的设计初衷是提供良好的平均性能，因此通常不考虑用最节能的选项去执行指定操作。这种能源低效问题在高能源受限系统（如移动电话）中尤为重要。

异构多处理器旨在通过将不同类型处理器核或专用硬件集成到单一系统上来解决上述问题，每个应用程序使用那些为其提供最佳性能或功耗性能比的计算资源。目前晶体管相当丰富，要求每个应用程序都充分利用每一块硬件资源已无关紧要了。

异构系统以多种形式存在，可以包含具有相同体系结构不同微体系结构的处理器内核，每个内核都从功耗、性能和面积等不同方面进行权衡设计。RISC-V 体系结构是专门为支持一系列处理器实现而设计的，其产品从低成本的嵌入式处理器到高性能的多处理器。另一种异构策略是加速器系统，包括对特定类型任务的性能或能效进行优化的专用硬件。如目前的移动片上系统（SoC）含有用于图形处理、视频、无线通信、实时任务和加密的专用加速器，加速器在处理同样任务时的效率（体现为性能、成本和面积）是通用处理器的 10 ～ 100 倍。数字信号处理器则是另一类加速器，设有专门的指令集去优化数学密集型任务。

异构系统并非完美无缺，它在设计不同的异构元素和决定何时以及如何使用不同资源的额外编程工作方面都增加了系统的复杂性。对称系统和异构系统都在现代系统中占有一席之地，对称多处理器适用于具有大量线程级并行性的大型数据中心等，而异构系统适用于具有更多变化或特殊用途工作负载的系统（如移动设备）。

3. 集群

与其他多处理器相比，集群多处理器系统中的每个处理器都有自己的本地内存系统（替代共享内存）。一种类型的集群是一组连接在网络上的个人计算机，它们通过运行软件共同解决一个大问题，计算机间使用消息传递（而非共享内存）进行通信。数据中心（data center）则是另一个越来越重要的大型计算机集群，也称为仓库规模计算机（warehouse-scale computer，WSC），计算机和磁盘并架联网共享电源和冷却系统。数据中心配有 5 万～ 10 万台计算机或服务器, 耗资 1.5 亿美元。包括 Google、Amazon 等的 5 家主要互联网公司推动了数据中心的快速发展, 可以支持全球数百万用户。集群的主要优点是, 单台计算机出现故障或要升级时可以随需要而更换。

近年来, 云计算取代了各种公司拥有的传统服务器, 规模较小的公司也从 Google 和 Amazon 等公司租用 WSC 的部分资源。类似地, 应用程序不是完全在手持设备, 如智能手机或平板计算机等个人移动设备 (PMD) 上运行, 而将部分应用程序运行于云上以加快计算速度并提高数据存储效率, 这就是软件即服务 (software as a service, SaaS) 模式。SaaS 的常见示例是 Web 搜索, 其数据库已存储在 WSC 中。提供租云或网络服务的公司应该满足隐私 (不受云上其他软件的影响) 和性能需求, 这两者都用虚拟机实现, 虚拟机模拟整个计算机, 包括运行于物理机的操作系统, 且物理机上本身可能运行不同的操作系统。多个虚拟机可以同时在一台物理机上运行, 内存和 I/O 等资源可以分时分区使用也可以共享使用。这就使得 Amazon Web Service (AWS) 等提供商必须有效使用物理资源, 在虚拟机之间提供保护, 并将虚拟机从非工作计算机或低性能计算机上迁移出去。管理程序 [称为虚拟机监视器 (virtual machine monitor, VMM)] 是运行于虚拟机上的软件, 负责将虚拟资源映射到物理资源。管理程序 (hypervisor) 承担的功能类似于操作系统, 负责管理 I/O、CPU 和内存等资源。管理程序运行于主机 (底层物理硬件平台) 和所模拟的操作系统之间, 允许管理程序直接在硬件上 (而不是在软件上) 运行的指令集体系结构称为可虚拟化指令集结构, 这样能够产生更高效、更高性能的虚拟机。可虚拟化架构的例子有 x86 (截至 2005 年)、RISC-V 和 IBM 370 等, 而 ARMv7 和 MIPS 架构不可虚拟化, 但 ARM 于 2013 年推出的 ARMv8 引入了虚拟化扩展。

云计算也是物联网 (IoT) 应用的关键场所, 扬声器、电话和传感器等设备通过蓝牙或 Wi-Fi 等网络连接, 应用示例有使用蓝牙将耳机连接到智能手机, 或使用 Wi-Fi 连接 Alexa 或 Siri 软件。低成本设备 (耳机、谷歌助手的 Google Home 或 Alexa 的 Echo Dot) 可以通过网络连接到更高功率的服务器, 经由这些服务器流媒体播放音乐, 或完成 Siri 和 Alexa 给出的语音识别、查询数据库和执行计算命令。

7.8 现实世界视角: RISC-V 微体系结构的演变 *

本节将追述自 2010 年诞生以来, RISC-V 微体系结构的演变情况。由于基本指令集直到最近的 2017 年才得以完整描述, 因此多数 RISC-V 芯片还正在研发之中, 截至 2021 年也只有少数芯片上市。但随着支持工具和开发周期的成熟, 这种情况有望迅速改变。

多数现有的处理器实现都是低级或嵌入式处理器, 高性能芯片也即将面世。RISC-V 国际公司网站 (riscv.org) 提供不断变长的处理器核和 SoC 平台列表。RISC-V 商用处理器核已应用在 SiFive 公司的 HiFive 开发板、西部数据硬盘驱动器和 NVIDIA GPU 系统以及其他产品中。

截至 2021 年, 两款著名商用 RISC-V 处理器是 SiFive 的 Freedom E310 核和西部数据的开源 SweRV 核, 共开发了三个版本。Freedom E310 是 SiFive 的 HiFive 和 Sparkfun 的 RED-V 开发板使用的一款低成本嵌入式处理器, 能执行 RV32IMAC 指令集 (带乘除法 [M]、原子存储器访问 [A] 和压缩指令 [C] 扩展的 RV32I), 并配有 8KB 程序内存、8KB 引导代码 ROM、16KB 数据 SRAM 和 16KB 两路组相联指令 cache。此外还配置了 JTAG、SPI、I2C

⊖ 参见 D. Patterson 和 J. Hennessy 著的 *Computer Organization and Design, The Hardware-Software Interface: RISC-V Edition*。

和 UART 接口以及 QSPI 闪存接口。处理器运行频率为 320MHz，是一个按序单发送，具有（与本章描述相同的）5 功能段流水线的处理器核。图 7.73 描述的是 HiFive 1 Rev B 板使用的 FE310-G002 处理器框图。

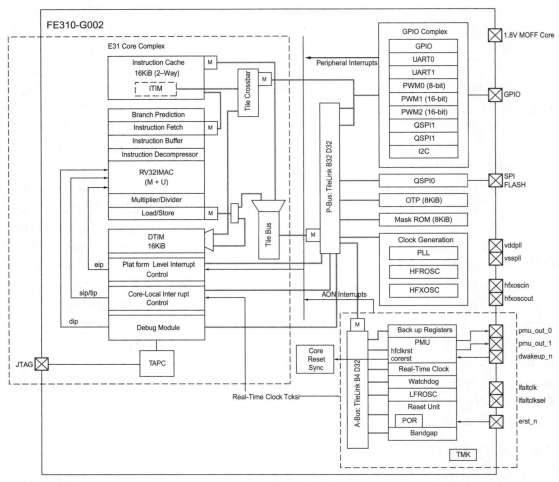

图 7.73 Freedom E310-G002 逻辑框图
（SiFive 公司提供：SiFive FE310-G002 Preliminary Datasheet v1p0，©2019）

西部数据的 SweRV 核有三个开源版本：EH1、EH2 和 EL2。EH1 是一个 32 位两路超标量 9 功能段流水线处理器核，支持乱序执行。这些处理器核实现执行 RV32IMC 指令集（即 32 位基本指令集以及 C 和 M 扩展集）。处理器采用 28nm 芯片制造工艺且定标主频为 1GHz，HDL 也可以综合到 FPGA 上。EH2 核为 EH1 加上双线程，是一款为嵌入式系统设计的低性能处理器。图 7.74 描述的是 EH1 核的 9 段流水线，流水线起始于两个取指段、一个对齐段和一个译码段，译码段最多可译码两条指令。此后流水线分成五条并行路径：一条加载 / 存储路径、两条整数（加法、减法和异或）指令路径、一条乘法路径以及一条除法路径。除法有 34 个周期的延迟且路径不列入流水线内。流水线的最后两个功能段是提交段和写回段。提交段用于处理乱序执行和存储缓冲器，最后的写回段则在需要时将结果写回寄存器堆。

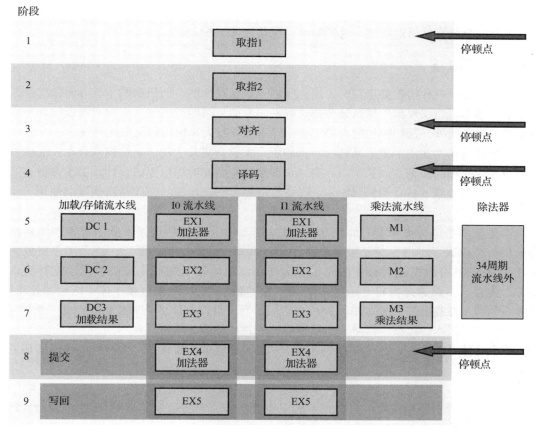

图 7.74　SweRV EH1 9 段流水线图
（西部数据公司提供：RISC-V SweRV™ EH1 程序员参考手册，©2020）

图 7.75 展示的是 SweRV EH1 Core Complex 框图，包括处理器（SweRV EH1 Core）、指令高速缓存（I-Cache）、数据和指令内存（DCCM 和 ICCM——数据和指令紧耦合存储模式）、可编程中断控制器（PIC）、JTAG 调试器接口以及可按 AXI4 或 AHB-Lite 总线配置的内存 / 调试接口。处理器由取指单元（IFU）、译码单元（DEC）、执行单元（EXU）和加载 / 存储单元（LSU）组成，IFU 包括流水线的两个取指段，DEC 包括对齐和译码两段，EXU 包括除流水线加载 / 存储段外的其他功能段，加载 / 存储段放在 LSU 中。SweRV EH1 Core Complex 系统包括一个可

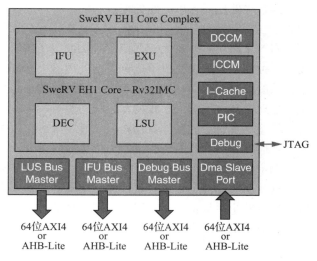

图 7.75　SweRV EH1 Core Complex 框图
（西部数据公司提供：RISC-V SweRV™ EH1 程序员参考手册，©2020）

以配置为 16 ～ 256KiB 的 4 路组相联指令缓存，DCCM 和 ICCM 采用紧耦合存储模式是由于片上存储系统有低延迟特性，且容量可以配置为 4 ～ 512KiB。

7.9　本章总结

本章描述了三种构建处理器的方法，每种方法都在性能、面积和成本等方面做权衡，也发现了一个不可思议现象：像微处理器这样一个看似复杂的设备怎么简单到可以放在半页的示意图中呢？此外，这样神秘的内部工作原理对于外行人来说为何又如此直观。

本书目前基本涵盖了微体系结构涉及的所有主题，将几个微体系结构图合在一起就可以反映前几章介绍的原理，如第 1 章～第 3 章涉及的组合和时序电路的设计，第 5 章描述的构建块应用，以及第 6 章介绍的 RISC-V 体系结构的实现。本章的微体系结构可以使用第 4 章的 HDL 来描述。

构建微体系结构也要求有处理复杂性的技术，微体系结构连接了数字逻辑和体系结构抽象层，也构成了本书中关于数字电路设计和计算机体系结构的要点，还采用逻辑框图和 HDL 的抽象来简洁描述对部件的安排。微体系结构体现了规整化和模块化，重新使用了 ALU、内存、多路选择器和寄存器等常见构建块部件，层次结构也在微体系结构多处使用。微体系结构由数据通路和控制单元构成，它们本身又可以分成更小的逻辑块单元。按照第 5 章描述的开发技术，这些逻辑单元由逻辑门形成并最终由晶体管构成。

本章比较了 RISC-V 处理器的单周期、多周期和流水线微体系结构特性，且都实现了相同的 RISC-V 指令子集，并具有相同的体系结构状态。其中单周期处理器最直接明了，并且 CPI 的值为 1。

多周期处理器使用较短的可变长步骤来执行指令，并通过重复使用 ALU 减少加法器数量，含有单个内存，然而需要若干非体系结构寄存器来保存各步骤之间的中间结果。由于所有指令执行时间不完全相同，因此理论上多周期设计的速度应该更快。事实是由于受到最慢步骤和每个步骤的时序开销的限制，速度更慢了。

流水线处理器在单周期处理器基础上设计成含有五个较快功能段的流水线，各段之间增加流水线寄存器以分隔同时执行的五条指令。流水线的 CPI 理论上为 1，但由于冲突导致停顿或刷新从而使 CPI 略大于此值，解决冲突还需要增加硬件从而增加了设计的复杂性。流水线的时钟周期在理想情况下比单周期处理器快五倍，但实际上由于受到最慢功能段及各段时序开销的限制而难以达到这个速度。然而，流水线具有潜在的性能优势，当前所有现代高性能微处理器都使用了流水线技术。

尽管本章讨论的微体系结构只实现了 RISC-V 体系结构的子集，但大家看到了，通过增强数据通路和控制器的功能可以支持更多的指令。

本章给出的一个主要限制是假设有一个又快又大的理想存储系统可以存储整个程序和全部数据，而实际情况是大容量快速存储器的成本非常高。下一章将讨论如何组合使用保存最常用信息的小容量快速存储器与保存其余信息的大容量慢速存储器，达到和大容量快速存储器一样的效果。

习题

7.1　假设单周期 RISC-V 处理器的以下控制信号中有一个有固定 0 故障，即无论赋什么值信号始终为 0。请问哪些指令会出错？为什么？（可参考图 7.15 和图 7.16 中扩展版本的单周期处理器。）

(a) RegWrite	(b) $ALUOp_1$	(c) $ALUOp_0$	(d) MemWrite
(e) $ImmSrc_1$	(f) $ImmSrc_0$	(g) $ResultSrc_1$	(h) $ResultSrc_0$
(i) PCSrc	(j) ALUSrc		

7.2　请重复习题 7.1 的问题，此时假设信号有固定 1 故障。

7.3　请修改单周期 RISC-V 处理器以实现以下指令（指令的定义见附录 B），并在图 7.15 的副本上标出对数据通路的修改，命名新的控制信号。在表 7.3 和表 7.6 的副本中标出对 ALU 译码器和主译码器的修改。此外，根据需要标出对 ALU、ALU 译码器和主译码器图的修改（参见图 7.16），并描述其他需要修改的内容。

(a) xor	(b) sll	(c) srl	(d) bne

7.4　请为下列指令重复习题 7.3 的问题。

(a) lui	(b) sra	(c) lbu	(d) blt
(e) bltu	(f) bge	(g) bgeu	(h) jalr
(i) auipc	(j) sb	(k) slli	(l) srai

7.5　扩展 RISC-V 指令集以包含 lwpostinc 指令，该指令具有后变址功能。lwpostinc rd,imm(rs) 等效于以下两条指令：

```
lw   rd, 0(rs)
addi rs, rs, imm
```

请为 lwpostinc 指令重复习题 7.3 的问题。

7.6　扩展 RISC-V 指令集以包含 lwpreinc 指令，该指令具有前变址功能。lwpreinc rd,imm(rs) 等效于以下两条指令：

```
lw   rd, imm(rs)
addi rs, rs, imm
```

请为 lwpreinc 指令重复习题 7.3 的问题。

7.7　有一个优秀的电路设计师朋友提出重新设计单周期 RISC-V 处理器中的一个单元，使其延迟减半。对照表 7.7 中的延迟，这位朋友应该设计哪个单元以使整个处理器获得最大加速？改进后的周期时间是多少？请解释为什么。

7.8　考虑表 7.7 给出的延迟，Ben Bitdiddle 设计了一个前缀加法器并将 ALU 延迟减少了 20ps。如果其他器件延迟保持不变，请求出新的单周期 RISC-V 处理器的周期时间，并计算基准测试程序执行 1000 亿条指令所需的时间。

7.9　请修改 7.6 节给出的单周期 RISC-V 处理器的 HDL 代码，以处理习题 7.3 中的新指令。请增强 7.6.3 节给出的测试平台和测试程序（riscvtest.s 与 riscvtest.txt）来测试上述新指令。要求加注释说明修改之处。

7.10　请针对习题 7.4 中的新指令，重复习题 7.9。

7.11　假设多周期 RISC-V 处理器中的以下控制信号中有一个有固定 0 故障，即无论赋什么值信号始终为 0。请问哪些指令会出错？为什么？（可参考图 7.27 和图 7.45 的多周期处理器。）

(a) $ResultSrc_1$	(b) $ResultSrc_0$	(c) $ALUSrcB_1$	(d) $ALUSrcB_0$
(e) $ALUSrcA_1$	(f) $ALUSrcA_0$	(g) $ImmSrc_1$	(h) $ImmSrc_0$
(i) RegWrite	(j) PCUpdate	(k) Branch	(l) AdrSrc
(m) MemWrite	(n) IRWrite		

7.12　请重复习题 7.11 的问题，此时假设信号有固定 1 故障。

7.13　请修改多周期 RISC-V 处理器以实现以下指令（指令的定义见附录 B），命名新的控制信号。分别在图 7.27 与图 7.45 的副本上标出对数据通路的修改以及对控制器 FSM 的修改，并描述其他需要修改的内容。

(a) xor   (b) sll   (c) srl   (d) bne

7.14   请为下列指令重复习题 7.13 的问题。

(a) lui   (b) sra   (c) lbu   (d) blt
(e) bltu   (f) bge   (g) bgeu   (h) jalr
(i) auipc   (j) sb   (k) slli   (l) srai

7.15   请对多周期 RISC-V 处理器重复习题 7.5，指明多周期数据通路和控制器 FSM 的变化情况。是否可以在不修改寄存器堆的情况下增加指令？如果是请展示如何做。

7.16   请对多周期 RISC-V 处理器重复习题 7.6，指明多周期数据通路和控制器 FSM 的变化情况。是否可以在不修改寄存器堆的情况下增加指令？如果是请展示如何做。

7.17   请对多周期 RISC-V 处理器重复习题 7.7。

7.18   请用例 7.7 的混合指令对多周期 RISC-V 处理器重复习题 7.8。

7.19   有一个优秀的电路设计师朋友提出重新设计多周期 RISC-V 处理器中的一个单元，使其速度加快很多。对照表 7.7 中的延迟，这位朋友应该设计哪个单元以使整个处理器获得最大加速？应该有多快（太快了就会白费这位朋友的努力）？改进后的周期时间是多少？请做出解释并给出思路。

7.20   Goliath 公司拥有一个三端口寄存器堆的专利。为了避免与 Goliath 对簿公堂，Ben Bitdiddle 设计了一个新的寄存器堆，它只有一个读/写端口（就像指令和数据内存组合）。请使用这个新的寄存器堆重新设计 RISC-V 多周期数据通路和控制器。

7.21   假设多周期 RISC-V 处理器使用了表 7.7 中的延迟。Alyssa P. Hacker 设计了一种新的寄存器堆，该寄存器堆功耗降低了 40% 而延迟是原来的两倍。请问：针对她的多周期处理器，Alyssa P. Hacker 应该转而更慢但是功耗更低的寄存器堆吗？解释为什么。

7.22   请问习题 7.20 重新设计的多周期 RISC-V 处理器的 CPI 值是多少？（使用例 7.7 的混合指令。）

7.23   请问多周期 RISC-V 处理器运行下列程序需要多少时钟周期？程序的 CPI 值又是多少？

```
        addi s0, zero, 5    # result = 5
L1:
        bge  zero, s0, Done # if result <= 0, exit loop
        addi s0, s0, -1     # result = result - 1
        j    L1
Done:
```

7.24   请为下列程序重复习题 7.23。

```
        addi s0, zero, 0  # i = 0
        addi s1, zero, 0  # sum = 0
        addi t3, zero, 10 # t3 = 10
Loop:
        beq  s0, t3, L2   # if i == 10, goto L2
        add  s1, s1, s0   # sum = sum + i
        addi s0, s0, 1    # i = i + 1
        j    Loop
L2:
```

7.25   请为多周期 RISC-V 处理器编写 HDL 代码，命名为 riscvmulti 模块。该处理器支持本章描述的指令：lw、sw、add、sub、and、or、slt、addi、andi、ori、slti、beq 和 jal。处理器应该与下列顶层模块兼容。存储模块存放指令和数据，可以使用 7.6 节中单周期处理器 HDL 的逻辑构建块。请用 7.6.3 节的测试平台和测试程序（riscvtest.s 和 riscvtest.txt）测试多周期处理器。要求加注释说明修改之处。

```
module top(input   logic     clk, reset,
           output logic [31:0] WriteData, DataAdr,
           output logic     MemWrite);
    logic [31:0] ReadData;

    // instantiate processor and memories
    riscvmulti rvmulti(clk, reset, MemWrite, DataAdr,
                    WriteData, ReadData);
    mem mem(clk, MemWrite, DataAdr, WriteData, ReadData);
endmodule
```

7.26 请扩展习题 7.25 为多周期 RISC-V 处理器编写的 HDL 代码, 处理习题 7.14 的新指令, 并增强 7.6.3 节的测试平台和测试程序 (riscvtest.s 和 riscvtest.txt) 测试有关新指令。要求加注释说明修改之处。

7.27 请重复习题 7.26 处理习题 7.13 的新指令。

7.28 流水线 RISC-V 处理器运行以下代码片段。请问第 5 周期有哪些寄存器写操作, 又有哪些读操作? 本章讨论了流水线 RISC-V 处理器有 Hazard 单元, 可以假设存储器系统在一个周期内返回结果。

```
addi s1, zero, 11 # s1 = 11
lw   s2, 25(s0)   # s2 = memory[s0+25]
add  s3, s3, s4   # s3 = s3 + s4
or   s4, s1, s2   # s4 = s1 | s2
lw   s5, 16(s2)   # s5 = memory[s2+16]
```

7.29 请为下列代码段重复习题 7.28。

```
xor  s1, s2, s3 # s1 = s2 ^ s3
addi s0, s3, −4 # s0 = s3 − 4
lw   s3, 16(s7) # s3 = memory[s7+16]
sw   s4, 20(s1) # memory[s1+20] = s4
or   t2, s0, s1 # t2 = s0 | s1
```

7.30 请为下列代码段重复习题 7.28。

```
addi s1, zero, 11 # s1 = 11
lw   s2, 25(s1)   # s2 = memory[36]
lw   s5, 16(s2)   # s5 = memory[s2+16]
add  s3, s2, s5   # s3 = s2 + s5
or   s4, s3, t4   # s4 = s3 | t4
and  s2, s3, s4   # s2 = s3 & s4
```

7.31 请为下列代码段重复习题 7.28。

```
addi s1, zero, 52 # s1 = 52
addi s0, s1, −4   # s0 = s1 − 4 = 48
lw   s3, 16(s0)   # s3 = memory[64]
sw   s3, 20(s0)   # memory[68] = s3
xor  s2, s0, s3   # s2 = s0 ^ s3
or   s2, s2, s3   # s2 = s2 | s3
```

7.32 请用图 7.57 的框图指出习题 7.30 的指令 (程序) 运行于流水线 RISC-V 处理器时所需的递进电路和停顿。

7.33 请重复习题 7.32 的工作, 分析运行习题 7.31 中指令 (程序) 的情况。

7.34 请问在流水线 RISC-V 处理器上发送习题 7.30 中程序的所有指令, 需要多少时钟周期? 程序的 CPI 值又是多少?

7.35 请为习题 7.31 的程序重复习题 7.33。

7.36 请解释怎样扩展 RISC-V 处理器以处理加载高位立即数指令 lui, 命名新的控制信号。分别在

图 7.61 的副本上标对出对数据通路的修改和在表 7.3 及表 7.6 副本上标出对 ALU 译码器及主译码器的修改情况，并描述其他需要修改的内容。

7.37　请为 xor 指令重复习题 7.36 的工作。

7.38　如果分支发生在译码段而不是执行段，那么流水线处理器的性能可能会更好。请展示如何修改图 7.61 的流水线处理器实现将分支逻辑前移到译码段。停顿、刷新和递进电路等信号又如何修改？请重做例 7.9 与例 7.10，求出新的 CPI、周期时间和执行程序的总时间。

7.39　有一个优秀的电路设计师朋友提出重新设计流水线 RISC-V 处理器中的一个单元，使其速度加快很多。对照表 7.7 中的延迟，这位朋友应该设计哪个单元以使整个处理器获得最大加速？应该有多快（太快了就会白费这位朋友的努力）？改进后处理器的周期时间是多少？请解释答案并给出思路。

7.40　对照表 7.7 中的器件延迟，现假设 ALU 快了 20%，那么流水线 RISC-V 处理器的周期时间会有变化吗？如果 ALU 慢 20% 又会怎样？请解释答案并给出思路。

7.41　设 RISC-V 流水线处理器有 10 个功能段，每段时延为 400ps（含时序开销）。假如考虑例 7.7 的混合指令，若 50% 的加载指令执行后立即有后续指令使用其结果，则需要 6 个停顿，并且 30% 的分支指令存在错误预测。分支指令的目标地址直到第 2 段结束时才计算出。请求出 SPECINT2000 基准测试程序使用该 10 段流水线处理器处理 1000 亿条指令的平均 CPI 和执行时间。

7.42　请为流水线 RISC-V 处理器编写 HDL 代码（称为 riscv 模块），并与下列顶层模块兼容。该处理器支持本章描述的指令：lw、sw、add、sub、and、or、slt、addi、andi、ori、slti、beq 和 jal。可以使用 7.6 节中单周期处理器 HDL 的逻辑构建块。请修改 7.6.3 节的测试平台，并用 7.6.3 节的测试程序（riscvtest.s 和 riscvtest.txt）测试流水线处理器。

```
module top(input  logic        clk, reset,
           output logic [31:0] WriteDataM, DataAdrM,
           output logic        MemWriteM);

    logic [31:0] PCF, InstrF, ReadDataM;

    // instantiate processor and memories
    riscv riscv(clk, reset, PCF, InstrF, MemWriteM, DataAdrM,
              WriteDataM, ReadDataM);
    imem imem(PCF, InstrF);
    dmem dmem(clk, MemWriteM, DataAdrM, WriteDataM, ReadDataM);
endmodule
```

7.43　请扩展习题 7.42 为流水线 RISC-V 处理器编写的 HDL 代码，处理习题 7.37 的 xor 指令。请修改 7.6.3 节的测试程序和代码文本（riscvtest.s 和 riscvtest.txt）测试增强的处理器。

7.44　请扩展习题 7.42 为流水线 RISC-V 处理器编写的 HDL 代码，处理习题 7.36 的 lui 指令。请修改 7.6.3 节的测试程序和代码文本（riscvtest.s 和 riscvtest.txt）测试增强的处理器。

7.45　请为流水线 RISC-V 处理器设计如图 7.61 所示的 Hazard 单元，并使用 HDL 实现所设计的单元。请描绘由综合工具依据所写的 HDL 生成的硬件原理图。

7.46　请展示如何修改 RISC-V 多周期处理器来处理遇到未定义指令时的异常情况（参见 6.6.2 节的异常描述），未定义指令的原因代码为 2（见表 6.6）。请根据需要分别修改数据通路（图 7.27）和包括主 FSM 的控制单元（图 7.45）。假定异常处理程序地址已经写入 mtvec。

7.47　请重复习题 7.46 以处理加载指令边界不对齐的异常，边界不对齐的原因码为 4（见表 6.6）。

7.48　请展示如何修改 RISC-V 多周期处理器来实现特权指令 csrrw（CSR 读 / 写）。图 7.76 给出的是 csrrw x9,mscratch,x8 汇编指令和机器码，该指令同时完成将 mscratch 复制到 x9 以及将 x8 复制到 mscratch 的操作。CSR 编号在 I-type 指令的 12 位立即数字段中，mscratch 为 CSR 编号 0x340。12 位 CSR 编号都应该能读 / 写（表 B.8 列出了更多的特权指令信息）。请修改数据通路（图 7.27）和包括主 FSM 的控制单元（图 7.45），依要求适应 csrrw 指令。

图 7.76 csrrw 特权指令

7.49 请重复习题 7.48 来处理特权指令 csrrs(CSR 读 / 设置)。图 7.77 给出了 csrrs x7,mcause, x3 汇编指令和机器码，该指令同时完成将 mcause 复制到 x7 以及将 mcause|x3 值设置到 mcause 的操作。mcause 为 CSR 编号 0x342。12 位 CSR 编号都应该能读 / 设置。

汇编指令	字段值					机器码				
	imm$_{11:0}$	rs1	funct3	rd	op	imm$_{11:0}$	rs1	funct3	rd	op
csrrs x7, mcause, x3	0x342	3	2	7	115	0011 0100 0010	00011	010	00111	111 0011	(0x3421A3F3)
	12位	5位	3位	5位	7位	12位	5位	3位	5位	7位

图 7.77 csrrs 特权指令

面试题

下面列出了在面试数字设计工作时可能会碰到的问题。

7.1 请解释流水线处理器的优点。

7.2 既然增加流水线功能段可以让处理器运行得更快，那为什么处理器不能有含 100 个功能段的流水线呢？

7.3 请描述微处理器出现的冲突，并解释化解冲突的方法以及每种方法的优缺点。

7.4 请描述超标量处理器的概念及其优缺点。

存储器系统

8.1 引言

计算机系统的性能依赖于存储器系统和处理器微体系结构。第 7 章假想了一个理想的存储器系统，它可以在单时钟周期内访问。然而，这种假想只适用于非常小的存储器或非常低速的处理器。早期的处理器相对较慢，所以存储器能跟上其速度。但是处理器的速度比存储器的速度增长更快。目前 DRAM 比处理器速度慢 $10 \sim 100$ 倍。针对不断增长的处理器和 DRAM 的速度差距，存储器系统需要借助巧妙的设计来与处理器实现速度匹配。本章的前半部分研究存储器系统，并考虑速度、容量和成本之间的权衡。

处理器通过存储器接口（memory interface）与存储器通信。图 8.1 展示了多周期 RISC-V 存储器中使用的简单存储器接口。处理器通过地址总线向存储器系统发送地址。对于读操作，MemWrite 为 0，存储器通过读数据总线 ReadData 返回数据。对于写操作，MemWrite 为 1，处理器通过写数据总线 WriteData 向存储器发送数据。

应用软件	>"hello world!"
操作系统	
体系结构	
微体系结构	
逻辑	
数字电路	
模拟电路	
器件	
物理	

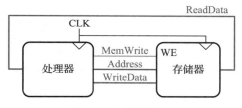

图 8.1　存储器接口

要理解存储器系统设计的主要问题，可以联想图书馆里的书。图书馆中的书都放在书架上。如果你正在写一篇以梦为主题的学期论文，你可能会去图书馆⊖从书架上取出弗洛伊德的《梦的解释》，并把这本书带回住处。在阅读这本书之后，你可能会把它送回图书馆，然后取出荣格的《无意识心理学》。之后，你可能会因为一篇引用又回到图书馆借阅《梦的解释》，随后又到图书馆借阅弗洛伊德的《自我与本我》。很快，你会对从住处走到书架的路程感到疲惫。一种更聪明的办法是将书保存在自己的住处而不是来回搬运，这样可以节省时间。此外，当你取出一本弗洛伊德的书时，还可以从同一书架取出他编著的其他几本书。

这个比喻说明了 6.2.1 节所介绍的利用常用功能的快速执行原则。通过将最近使用的或者将来最可能使用的书保存在住处，减少从住处到书架来回奔波的时间消耗。这里应用了时间局部性（temporal locality）和空间局部性（spatial locality）的原理。时间局部性指如果你

⊖　我们意识到由于互联网的存在，图书馆在高校学生中的使用率急剧下降。但是我们也相信图书馆中含有大量无法通过电子方式存取的来之不易的人类知识财富。我们希望网络搜索不会完全取代图书馆检索。

最近使用过一本书，则可能很快会再次使用它。空间局部性指当你使用一本书时，很可能对同一书架上的其他书也感兴趣。

　　图书馆也基于局部性原理快速处理常见事件。图书馆没有那么多的书架和预算来保存世界上所有的书，因此它将一些不常用的书保存在地下室。此外，它可能与附近的图书馆签订馆际借阅协议，这样它可以提供比自身物理存储能力更多的书籍。

　　总的来说，通过存储层次化可以做到对常用书的大量收藏和快速访问。最常用的书在自己的住处，更多的书在书架上，其他的大量可用书存储在地下室和其他图书馆。类似地，存储器系统使用存储器层次结构以快速访问最常用的数据，同时仍有存储空间可以存储大量的数据。

　　基于这种层次结构的存储子系统已经在 5.5 节中介绍。计算机存储器主要由动态 RAM（DRAM）和静态 RAM（SRAM）构成。理想的计算机存储器系统应该具有速度快、容量大以及价格便宜的特点。实际上某种特定的存储器只拥有这三个特点中的两个，它必然会有速度慢、容量小或价格昂贵三个缺点中的一个。但是计算机系统可以将一个速度快、容量小、价格便宜和一个速度慢、容量大、价格便宜的存储器结合起来，以便接近理想的存储器系统。使用快速存储器存储最常用的数据和指令，所以平均来看，存储器系统看上去运行速度很快。使用大容量存储器存储其余大部分数据和指令，所以存储器总的存储容量很大。将两个廉价的存储器组合在一起使用比使用单个大容量快速存储器便宜得多。这个原则可以扩展为使用增加容量且降低成本的存储器层次结构。

　　速度体现为延迟和吞吐量。存储器延迟是指访问第一个字节信息所需的时间。吞吐量是指每秒可以传输的字节数。许多存储器有较高的吞吐量但延迟较长。

　　计算机主存由 DRAM 芯片构成。2021 年，一个典型的个人计算机的主存包括一个 8 ～ 32GiB 的 DRAM，DRAM 的价格约为每吉字节 3 美元。在过去的三十年中，DRAM 的价格以每年 15% ～ 25% 的速度下降，存储器的容量以相同的速度增加。所以个人计算机中存储器的总成本大致保持稳定。然而，每年 DRAM 的速度增长率只有 7%，处理器的性能则以每年 25% ～ 50% 的速度增长，如图 8.2 所示。图中展示了存储器（DRAM）和处理器的速度，其基线为 1980 年的速度。在 1980 年前，处理器和存储器的速度是相同的。从那之后，性能开始出现差异，存储器的性能严重滞后。⊖

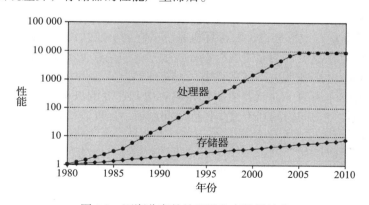

图 8.2　逐渐分离的处理器和存储器性能

（得到了 Hennessy 和 Patterson 所著《计算机体系结构：量化分析方法》第 5 版的许可）

　　⊖　尽管如图 8.2 所示，2005 ～ 2010 年单处理器性能近乎保持不变，但多核系统（图中未描述）的增加只会加大处理器和存储器性能之间的差距。

在 20 世纪 70 年代和 20 世纪 80 年代早期，DRAM 速度和处理器速度保持一致，但是现在它的速度很慢。DRAM 访问时间比处理器访问时间长 1 或 2 个数量级（前者需要几十纳秒，而后者只需要不到一纳秒）。DRAM 吞吐量很高，大约为 30GB/s。

为了减小这种差距，计算机将最常用的指令和数据存储在一个速度更快但容量更小的存储器中，这种存储器称为高速缓存（cache）。高速缓存通常放在与处理器位于同一芯片上的 SRAM 中。高速缓存与处理器速度相近，因为 SRAM 的速度比 DRAM 快，并且片上存储器可以消除片间传输产生的延迟。2021 年，片上 SRAM 成本大约为 100 美元 /GiB，但高速缓存容量相对较小（千字节到数兆字节），所以总成本并不是很高。高速缓存可以存储指令和数据，但是它们的内容统称为"数据"。SRAM 的延迟在 16KiB 高速缓存的十分之几纳秒到 4 MiB 高速缓存的几纳秒范围之内。吞吐量可以达到数百吉字节每秒。

如果处理器需要的数据在高速缓存中可用，那么它可以快速返回，这称为缓存命中（hit）。否则，处理器需要从主存（DRAM）中检索数据，这称为缓存缺失（miss）。如果大部分情况下缓存命中，那么处理器基本不需要等待低速的主存，平均访问时间就会比较短。

存储器层次结构还有一层是硬盘（hard drive）。与图书馆使用地下室存储没有放在书架上的书籍一样，计算机系统使用硬盘存储不在主存中的数据。2021 年，一个使用磁性存储器构建的硬盘驱动（hard disk drive，HDD）的成本低于 0.03 美元 /GB，访问时间约为 5 ~ 10ms。大文件的吞吐量约为 100MB/s，随机访问小文件（4KiB 大小）的吞吐量为 1 MB/s。硬盘成本以每年 60% 的速度下降，但访问时间几乎没有缩短。使用闪存技术构建的固态硬盘（solid state drive，SSD）日益成为 HDD 的常见替代品。SSD 已经在小众市场中使用了超过 20 年，并于 2007 年进入主流市场。SSD 克服了 HDD 的一些机械故障，但价格是 HDD 的 3 ~ 4 倍，即 0.10 美元 /GB。自从 SSD 上市以来，它与 HDD 的价格差距逐渐缩小，SSD 相对 HDD 的受欢迎程度也相应提高。SSD 的访问时间少于 0.1ms。大文件的吞吐量为 500 ~ 3000 MB/s，4KiB 文件的吞吐量为 50 ~ 250 MB/s。

硬盘提供了一个比主存实际容量更大的存储器空间，称为虚拟存储器（virtual memory）。就像地下室的书一样，虚拟存储器中的数据需要很长的时间才会被访问。主存，也称为物理存储器（physical memory），包含了虚拟存储器的一个子集。因此，主存可以看作硬盘中常用数据的高速缓存。

图 8.3 总结了本章剩余部分讨论的计算机系统的存储器层次结构。处理器首先在通常位于相同芯片上的容量小速度快的高速缓存中寻找数据。如果数据不在高速缓存中，处理器会在主存中寻找数据。如果数据也不在主存中，则处理器会从容量大速度慢的硬盘的虚拟存储器中获取数据。图 8.4 说明了存储器层次结构对容量和速度的权衡，并列出了在 2021 年技术水平下典型的成本、访问时间和带宽。访问时间越短，速度越快。

图 8.3　典型的存储器层次结构

8.2 节分析存储器系统性能，8.3 节讨论多种高速缓存的组织方法，8.4 节研究虚拟存储器系统。

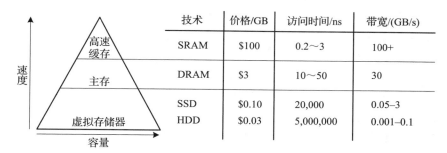

图 8.4 2021 年存储器层次结构中各组成部分的典型特征

8.2 存储器系统性能分析

设计者（和计算机购买者）需要用定量的方法来度量存储器系统的性能，以便评估不同选择下成本和收益的平衡点。存储器系统性能的度量标准是缺失率（miss rate）或命中率（hit rate），以及平均存储器访问时间（average memory access time，AMAT）。缺失率和命中率的计算公式如下：

$$缺失率 = \frac{存储器访问缺失的次数}{总的存储器访问次数} = 1 - 命中率$$

$$命中率 = \frac{存储器访问命中的次数}{总的存储器访问次数} = 1 - 缺失率 \tag{8.1}$$

例 8.1（计算高速缓存的性能） 假设一个程序有 2000 条数据访问指令（加载和存储指令），其中 1250 条指令所需要的数据在高速缓存中可找到，其余的 750 条的数据由主存或硬盘提供。求高速缓存的缺失率和命中率。

解：缺失率为 750/2000=0.375=37.5%。

命中率为 1250/2000=0.625=1-0.375=62.5%。 ◼

AMAT 是处理器必须等待存储器装入和存储每条指令的平均时间。在图 8.3 所示的典型计算机系统中，处理器首先在高速缓存中查找数据。如果在高速缓存中找不到，则处理器在主存中查找。如果在主存中也没有找到，则处理器访问硬盘上的虚拟存储器。因此，AMAT 计算如下：

$$AMAT = t_{cache} + MR_{cache}(t_{MM} + MR_{MM}t_{VM}) \tag{8.2}$$

其中，t_{cache}、t_{MM} 和 t_{VM} 分别表示高速缓存、主存和虚拟存储器的访问时间，MR_{cache} 和 MR_{MM} 分别表示高速缓存和主存的缺失率。

例 8.2（计算平均存储器访问时间） 假设某个计算机系统拥有由高速缓存和主存两层构成的存储器结构。根据表 8.1 给出的访问时间和缺失率计算平均存储器访问时间。

解：平均存储器访问时间为 1+0.1×(100)=11 个周期。 ◼

表 8.1 访问时间和缺失率

存储器层次	访问时间 / 个周期	缺失率
高速缓存	1	10%
主存	100	0%

例 8.3（改进的访问时间） 11 个周期的平均存储器访问时间意味着对于每一个实际需要使用数据的的周期，处理器都需要用 10 个周期等待数据。使用表 8.1 中的数据，为了将平

均存储器访问时间减小至 1.5 个周期，高速缓存缺失率应为多少？

解：若缺失率为 m，则平均访问时间为 $1+100m$。将这个时间设置为 1.5，求得需要的高速缓存缺失率 m 为 0.5%。　■

值得注意的是，性能改进并不总像看起来那么好。例如，存储器系统速度提高 10 倍并不一定意味着计算机程序运行速度达到 10 倍。如果 50% 的程序指令是加载和存储指令，则将存储器系统速度提高 10 倍时程序性能只提高 1.82 倍。这个通用原则称为 Amdahl 定律（Amdahl's law），他说明只有在子系统的性能影响占全部性能影响中的大部分时，提升子系统性能才是有意义的。

8.3　高速缓存

高速缓存保存着最常用的存储器数据。它能存放的数据字的数量称为容量 C（capacity）。因为高速缓存的容量比主存小，所以计算机系统设计者必须选择将主存的哪个子集放在高速缓存中。

当处理器尝试访问数据时，它首先检查高速缓存中的数据。如果高速缓存命中，那么数据可以马上使用。如果高速缓存缺失，则处理器将从主存中提取数据，并将其放入高速缓存中以便以后使用。为了放置新数据，高速缓存必须替换（replace）旧数据。本节将研究高速缓存设计中的以下问题：（1）高速缓存中存放哪些数据？（2）如何在高速缓存中寻找数据？（3）当高速缓存存满时，如何替换旧数据来放置新数据？

在阅读后续各节时，要记住解决这些问题的驱动力是在大部分应用中，数据访问存在固定的时间和空间局部性。高速缓存使用时间和空间局部性预测接下来需要的数据是什么。如果程序以随机顺序访问数据，它便不会从高速缓存中获益。我们将在后续各节中，从容量、组数、块大小、块数和相关联度方面分析高速缓存。

尽管这里我们主要关注数据高速缓存的加载，但是从指令高速缓存中取指令也适用同样的原则。数据高速缓存的存储也与之类似，这将在 8.3.4 节中讨论。

8.3.1　高速缓存中存放的数据

理想的高速缓存应能提前预测处理器需要的所有数据，并提前从主存中提取这些数据，因此理想的高速缓存的缺失率为 0。因为不可能精确地预测未来所需的数据，所以高速缓存必须根据过去存储器访问的模式来猜测未来需要什么数据。特别地，高速缓存利用时间和空间局部性来实现低缺失率。

时间局部性意味着，如果处理器最近访问过一块数据，那么它可能很快会再次访问这块数据。因此，当处理器加载或存储不在高速缓存中的数据时，需要将该数据从主存复制到高速缓存中。随后对此数据的访问请求将在高速缓存中命中。

空间局部性意味着，当处理器访问一块数据时，它可能也会访问此存储位置附近的数据。因此，当高速缓存从内存中提取一个字时，需要提取多个相邻的字。这组字被称为高速缓存块（cache block）或高速缓存行（cache line）。一个高速缓存块中的字数称为块大小（b）。容量为 C 的高速缓存包含 $B=C/b$ 块。

时间和空间局部性原理已在实际程序中得到验证。如果在程序中使用了一个变量，那么同一变量很可能被再次使用，从而产生时间局部性。如果使用了一个数组中的元素，那么同一数组中的其他元素很可能也会被使用，从而产生空间局部性。

8.3.2 高速缓存中的数据查找

一个高速缓存可以组织成 S 组，其中每一组有一个或多个数据块。数据在主存中的地址和在高速缓存中的位置之间的关系称为映射（mapping）。每一个内存地址都可以准确地映射到高速缓存中的一组。某些地址用于确定哪个高速缓存组包含数据。如果一组包含多块，那么数据可能保存在该组中的任何一块中。

高速缓存按照组中块的数量进行分类。在直接映射（direct mapped）高速缓存中，每一组只包含一块，所以高速缓存中包含了 $S=B$ 组，一个特定的主存地址映射到高速缓存的唯一一块。在 N 路组相联（N-way associative）高速缓存中，每一组包含 N 块，共有 $S=B/N$ 组。地址依然映射到一个唯一的组，但是这个地址对应的数据可以映射到组中 N 个块中的任何一个块。全相联（fully associative）高速缓存只有唯一一组（$S=1$），数据可以映射到组内 B 块中的任何一块，因此全相联高速缓存也可称为 B 路组相联高速缓存。

为了说明高速缓存的组织方式，我们将考虑一个具有 32 位地址和 32 位字的 RISC-V 存储器系统。内存按字节寻址，每个字有 4 字节，所有内存包含 2^{30} 个字，并按照字方式对齐。为了简化，我们首先分析容量 C 为 8 个字，块大小 b 为 1 个字的高速缓存，然后推广分析更大的块。

1. 直接映射高速缓存

直接映射高速缓存的每组内都有一个块，所以其组数等于块数，即 $S=B$。为了理解内存地址如何映射到高速缓存块，想象主存像高速缓存那样映射到 b 字大小的块。主存中第 0 块的地址映射到高速缓存的第 0 组，主存中第 1 块的地址映射到高速缓存的第 1 组，依此类推，直至主存中第 $B-1$ 块的地址映射到高速缓存的第 $B-1$ 组。此时，高速缓存没有更多的块了，所以映射开始循环，主存中第 B 块的地址映射到高速缓存的第 0 组。

图 8.5 用容量为 8 个字，块大小为 1 个字的直接映射高速缓存展示了这种映射。高速缓存有 8 组，每组包含一个块大小为 1 个字的块。因为地址是字对齐的，所以地址的最低两位总是 00。紧接着的 $\log_2 8=3$ 位表示存储器地址映射到哪个组。因此，地址 0x00000004，0x00000024，…，0xFFFFFFE4 的数据都被映射到第 1 组，以灰色标注。类似地，地址 0x00000010，…，0xFFFFFFF0 的数据都被映射到第 4 组。其余映射都是类似的，每个主存地址都可以映射到高速缓存中的一个唯一一组。

例 8.4（高速缓存字段） 在图 8.5 中，地址 0x00000014 的字映射到哪一个高速缓存组？给出另一个映射到相同组的地址

解： 因为地址是字对齐的，所以地址的最低两位为 00。接下来的 3 位为 101，所以这个字映射到第 5 组。地址 0x34, 0x54, 0x74, …, 0xFFFFFFF4 的字都映射到这一组。∎

因为许多地址都映射到同一组，所以高速缓存还必须跟踪每个组中实际包含的数据的地址。地址的最低有效位反映了哪个组包含该数据。剩下的高位称为标志（tag），用来指示包含在组内的数据是多个可能地址中的哪一个。

在前面的例子中，32 位地址的最低两位称为字节偏移量（byte offset），它表示字节在字中的位置。紧接着的 3 位称为组位（set bit），它表示地址映射到哪一块（一般情况下，组位的位数为 $\log_2 S$。）剩下的 27 位标志位表示存储在特定高速缓存组中数据的存储器地址。图 8.6 展示了地址 0xFFFFFFE4 处的高速缓存字段。它映射到第 1 组，且所有的标志位都为 1。

例 8.5（高速缓存字段） 为具有 1024(2^{10}) 个组和块大小为 1 个字的直接映射高速缓存确定组位数和标志位数。其中地址长度为 32 位。

解：一个有 2^{10} 个组的高速缓存的组位数为 $\log_2 2^{10}=10$。地址中的最低两位为字节偏移量，剩下的 32-10-2=20 位作为标志位。 ■

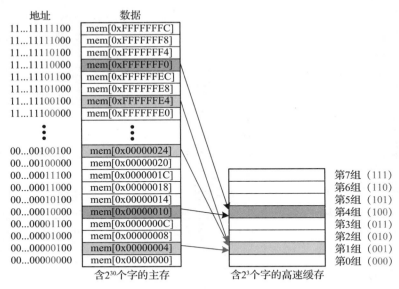

图 8.5 将主存映射到直接映射高速缓存

图 8.6 当地址 0xFFFFFFE4 映射到图 8.5 中的高速缓存时，该地址处的高速缓存字段

有时，例如计算机第一次启动时，高速缓存组中没有包含任何数据。高速缓存的每一组都有一个有效位（valid bit）来表示该组中是否包含有意义的数据。如果有效位为 0，则其中的内容没有意义。

图 8.7 是图 8.5 中直接映射高速缓存的硬件结构。高速缓存由含 8 个表项（组）的 SRAM 组成。每个表项包含一个 32 位数据缓存行、27 位标志位和 1 位有效位。高速缓存使用 32 位地址访问。最低两位因为字对齐而省略，紧接着的 3 位（组位）指明了高速缓存中的表项或组。加载指令从高速缓存中读出特定的表项，检查标志位和有效位。如果标志位与地址中的最高 27 位相同，且有效位为 1，则高速缓存命中，将数据返回到处理器。否则，高速缓存发生缺失，存储器系统必须从主存中读取数据。

例 8.6（直接映射高速缓存的时间局部性） 在应用中，循环是时间和空间局部性的常见来源。使用图 8.7 中的高速缓存，给出在执行以下 RISC-V 汇编代码循环后高速缓存中的内容。假设高速缓存的初始状态为空。缺失率为多少？

```
        addi s0, zero, 5
        addi s1, zero, 0
LOOP:   beq  s0, zero, DONE
        lw   s2, 4(s1)
        lw   s3, 12(s1)
        lw   s4, 8(s1)
        addi s0, s0, -1
```

```
        j    LOOP
DONE:
```

解： 这个程序包含一个重复 5 次的循环，每次循环涉及 3 次内存访问（加载），最后总计产生 15 次内存访问。在第一次循环执行的时候，高速缓存为空，必须从主存的 0x4、oxC、ox8 地址获取数据，存放到高速缓存的第 1 组、第 3 组和第 2 组。然后，在以后 4 次的循环执行中，在高速缓存中读取数据。图 8.8 显示了最后一次请求访问内存地址 0x4 时的高速缓存内容。因为地址的高 27 位为 0，所以标志位全为 0。缺失率为 3/15=20%。 ■

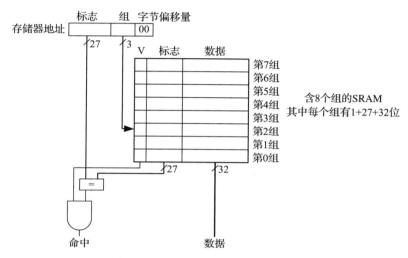

图 8.7 含 8 组的直接映射高速缓存

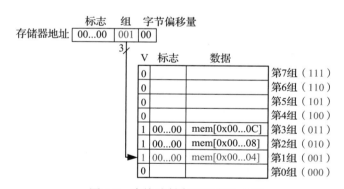

图 8.8 直接映射高速缓存的内容

当两个最近访问的地址映射到同一个高速缓存组时，就会产生冲突（conflict），并且最近访问的数据会从块中逐出前面地址的数据。直接映射高速缓存的每组中只有 1 块，所以映射到同一组的两个地址常常会产生冲突。例 8.7 说明了冲突。

例 8.7（高速缓存块冲突） 当在图 8.7 中的直接映射高速缓存中执行以下循环时，缺失率是多少？假设高速缓存初始为空。

```
        addi s0, zero, 5
        addi s1, zero, 0
LOOP:   beq  s0, zero, DONE
        lw   s2, 0x4(s1)
        lw   s4, 0x24(s1)
```

```
        addi s0, s0, -1
        j    LOOP
DONE:
```

解：内存地址 0x4 和 0x24 都映射到第一组。在循环的初始执行阶段，地址 0x4 处的数据被加载到高速缓存的第 1 组。然后，地址 0x24 处的数据被加载到第 1 组，并逐出地址 0x4 中的数据。在循环的第二次执行中，这种模式重复，高速缓存必须重新获取地址 0x4 处的数据，逐出地址 0x24 处的数据。这两个地址产生冲突，缺失率为 100%。 ∎

2. N 路组相联高速缓存

N 路组相联高速缓存通过为每组提供 N 块的方式来减少冲突。每个内存地址依然映射到唯一的一个组，但是它可以映射到该组 N 块中的任意一块。因此，直接映射高速缓存也称为单路组相联高速缓存。N 称为高速缓存的相联度（degree of associative）。

图 8.9 给出了容量 C 为 8 个字，相联度 N 为 2 的 2 路组相联高速缓存的硬件。高速缓存现在只有 4 组，而不是直接映射高速缓存的 8 组。因此，只需要 $\log_2 4 = 2$ 个组位来选择组，而不是直接映射高速缓存的 3 个组位。标志从 27 位增加到 28 位。每组包括 2 路（相联度为 2）。每路由数据块、有效位和标志位组成。高速缓存从选定的组中读取所有 2 路中的块，检查标志位和有效位来确定是否命中。如果其中一路命中，多路选择器就从此路选择数据。

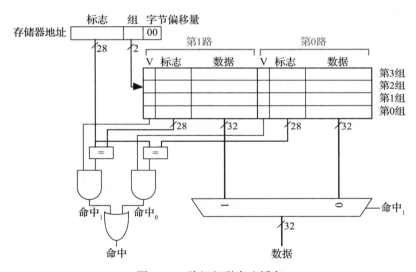

图 8.9 2 路组相联高速缓存

与相同容量的直接映射高速缓存相比，组相联高速缓存的缺失率一般比较低，因为它们的冲突更少。但是，由于增加了输出多路选择器和额外的比较器，组相联高速缓存常常比较慢，成本也比较高。它们还会产生另一个问题，即当 2 路都满时，选择哪一路进行替换？这个问题将在 8.3.3 节中得到进一步的讨论。大部分的商业系统都使用组相联高速缓存。

例 8.8（组相联高速缓存的缺失率） 重复例 8.7 的问题，使用图 8.9 中的 2 路组相联高速缓存。

解：对地址 0x4 和 0x24 的存储器访问都映射到第一组。然而，高速缓存有 2 路，所以它能同时为两个地址提供数据空间。在第一次循环中，空的高速缓存对两个地址访问都产生缺失，然后将两个字的数据加载到第 1 组的 2 路中，如图 8.10 所示。在随后的 4 次循环中，高速缓存都命中。因此缺失率为 2/10=20%。例 8.7 中相同容量大小的直接映射高速缓存的缺失率为 100%。

	第1路			第0路		
V	标志	数据	V	标志	数据	
0			0			第3组
0			0			第2组
1	00...00	mem[0x00...24]	1	00...10	mem[0x00...04]	第1组
0			0			第0组

图 8.10　2 路组相联高速缓存内容

3. 全相联高速缓存

全相联高速缓存只有一组，其中包含了 B 路（B 为块数）。存储器地址可以映射到这些路中的任何一路。全相联高速缓存也可以称为 B 路单组组相联高速缓存。

图 8.11 显示了包含 8 块的全相联高速缓存 SRAM 阵列。对于一个数据请求，由于数据可能在任何一块中，所以必须对 8 个标志位进行比较（图中没有表示）。类似地，如果命中，则使用 8:1 多路选择器选择合适的数据。对于给定的高速缓存容量，全相联高速缓存一般具有最小的冲突缺失，但是需要更多的硬件用于标志比较。因为需要大量的比较器，所以它们仅适合于较小的高速缓存。

图 8.11　8 块全相联高速缓存

4. 块大小

前面的例子只能够利用时间局部性，因为块大小是一个字。为了利用空间局部性，高速缓存使用更大的块来保存多个连续的字。

块大小大于 1 个字的优势在于，在发生缺失并取出字放入高速缓存中时，块中相邻的字也会被取出放入高速缓存。因此，由于空间局部性，后续的访问很可能命中。然而，对于固定大小的高速缓存，较大的块大小意味着块的数目较少。这可能会导致更多的冲突，增加缺失率。此外，因为要从主存中取出多于一个字的数据，所以在一次缺失后需要耗费更多时间来取出缺失的高速缓存块。将缺失块装入高速缓存所需的时间称为缺失代价（miss penalty）。如果块中的相邻字在稍后未被访问，那么用于取出它们的工作就浪费了。然而，大部分实际程序都能从较大的块中受益。

图 8.12 显示了容量 C 为 8 个字，块大小 b 为 4 个字的直接映射高速缓存硬件。此时，高速缓存只有 $B=C/b=2$ 块。直接映射高速缓存的每组中仅有一块，所以这个高速缓存有两组，只需要 $\log_2 2=1$ 位用于选择组。同时，需要一个多路选择器来选择在一个块中的字。多路选择器由地址的 $\log_2 4=2$ 位块内偏移量控制。地址最高的 27 位组成标志位。整个块只需要一个标志位，因为块内字的地址是连续的。

图 8.13 显示了映射到图 8.12 中的直接映射高速缓存时地址 0x8000009C 处的高速缓存字段。对于字访问，字节偏移量总是 0，紧接着的 $\log_2 4=2$ 位块内偏移量指明了此字在块中的位置，下一位指出第几组，剩下的 27 位为标志位。因此，地址为 0x8000009C 的字映射

到高速缓存中第 1 组的第 3 个字。使用更大的块大小来利用空间局部性的原理也适用于相联高速缓存。

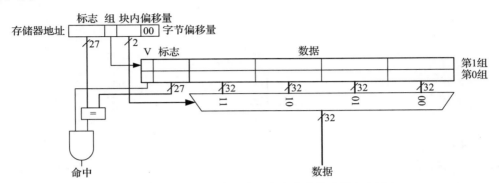

图 8.12　组数为 2，块大小为 4 个字的直接映射高速缓存

图 8.13　当映射到图 8.12 的高速缓存时，地址 0x8000009C 处的高速缓存字段

例 8.9（直接映射高速缓存的空间局部性）　用容量为 8 个字，块大小为 4 个字的直接映射高速缓存重复例 8.6。

解：图 8.14 显示了第一次存储器访问后高速缓存的内容。在第一次循环中，高速缓存在访问存储器地址 0x4 时产生缺失，故将地址 0x0 ～ 0xC 的数据装入高速缓存块中。所有的后续访问（如对地址 0xC 的访问）都将在高速缓存中命中。因此，缺失率为 1/15=6.67%。　■

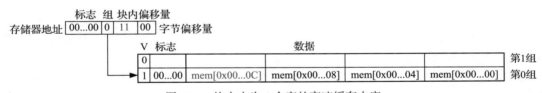

图 8.14　块大小为 4 个字的高速缓存内容

5. 小结

高速缓存组织为二维阵列，行称为组，列称为路。阵列中每个表项包括一个数据块、相应的有效位和标志位。高速缓存的关键参数为：

- 容量 C
- 块大小 b（以及块数 $B=C/b$）
- 一组内的块数 N

表 8.2 总结了不同类型的高速缓存组织方式。存储器中的每个地址都映射到唯一的一组，但是它可以存放在此组的任何一路中。

表 8.2　高速缓存的组织方式

组织方式	路数 N	组数 S
直接映射	1	B
组相联	$1 < N < B$	B/N
全相联	B	1

　　高速缓存的容量、相联度、组大小和块大小一般都是 2 的整数次幂。这使得高速缓存字段（标志、组和块内偏移量）均为地址位的子集。

　　增加相联度 N 通常可以减少因为冲突引起的缺失，但是高的相联度需要更多的标志比较器。增加块的大小 b，可以利用空间局部性减少缺失率。然而，对于固定大小的高速缓存，这将减少组数，可能导致更多的冲突。同时，它也会增加缺失代价。

8.3.3　数据的替换

　　在直接映射高速缓存中，每个地址都映射到唯一的块和组。如果一个组在必须加载数据时已满，那么该组中的块就必须用新数据替换。在组相联和全相联高速缓存中，高速缓存必须在组满时选择哪一个块被替换。根据时间局部性，最好选择最近最少使用的块，因为它看起来最近最不可能再次用到。因此，大部分相联高速缓存采用最近最少使用（Least Recently Used，LRU）的替换原则。

　　在 2 路组相联高速缓存中，1 位使用位 U 说明了组中的哪一路是最近最少使用的。每当使用其中一路时，就修改 U 位来指示另一路为最近最少使用的。对于多于 2 路的组相联高速缓存，跟踪最近最少使用的路将更为复杂。为了简化问题，组中的多路分成两部分（group），而 U 指示哪一部分为最近最少使用的。替换时，就从最近最少使用的部分中随机选择一块用于替换。这样的策略称为伪 LRU，易于实现。

　　例 8.10（LRU 替换）　写出下述执行代码后容量为 8 个字的 2 路组相联高速缓存的内容。假设采用 LRU 替换策略，块大小为 1 个字，初始时高速缓存为空。

```
addi t0, zero, 0
lw   s1, 0x4(t0)
lw   s2, 0x24(t0)
lw   s3, 0x54(t0)
```

　　解：前两条指令将存储器地址 0x4 和 0x24 处的数据加载到高速缓存的第 1 组，如图 8.15a 所示。$U=0$ 说明第 0 路的数据是最近最少使用的。下一次存储器访问地址 0x54，依然映射到第 1 组，这将替换第 0 路中的最近最少使用的数据，如图 8.15b 所示。随后将使用位 U 设置为 1，说明第 1 路中的数据是最近最少使用的。

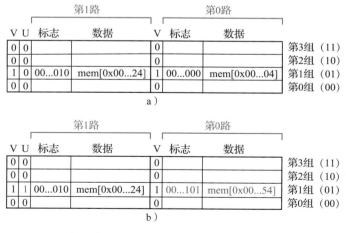

图 8.15　依据 LRU 替换策略的 2 路相联高速缓存

8.3.4 多级高速缓存设计 *

现代系统使用多级高速缓存来减少内存访问时间。本节将讨论两级高速缓存系统的性能，研究块大小、相联度和高速缓存容量对缺失率的影响。本节还将介绍高速缓存如何使用直写或写回策略处理存储器存储或写入。

1. 多级高速缓存

大容量高速缓存的效果更好，因为它们更有可能保存当前需要使用的数据，因此会有更低的缺失率。然而，大容量高速缓存的速度比小容量高速缓存低。现代处理器系统常常使用至少两级高速缓存，如图 8.16 所示。第一级（L1）高速缓存足够小以保证访问时间为 1 ～ 2 个处理器周期。第二级（L2）高速缓存常常也由 SRAM 构成，但比 L1 高速缓存容量更大，因此速度也更慢。处理器首先在 L1 高速缓存中查找数据，如果 L1 高速缓存缺失，那么处理器将从 L2 高速缓存中查找。如果 L2 高速缓存也缺失，处理器将从主存访问数据。由于访问主存的速度很慢，所以一些现代处理器系统在存储器层次结构中增加了更多级的高速缓存。

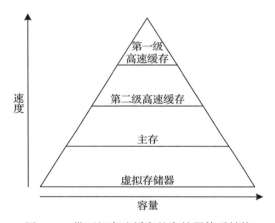

图 8.16   带两级高速缓存的存储器体系结构

例 8.11（带 L2 高速缓存的系统） 使用图 8.16 中的系统，其中 L1、L2 高速缓存和主存的访问时间分别为 1、10 和 100 个周期。假设 L1 和 L2 高速缓存的缺失率分别为 5% 和 20%，即 5% 的访问在 L1 中缺失，其中这些缺失的 20% 在 L2 中依然缺失。那么 AMAT 是多少？

解：每次内存访问都检查 L1 高速缓存。当 L1 高速缓存缺失时，处理器就检查 L2 高速缓存。当 L2 高速缓存缺失时，处理器就从主存中获取数据。使用公式（8.2），可以计算 AMAT 为

$$1个周期 + 0.05 \times [10个周期 + 0.2 \times (100个周期)] = 2.5个周期$$

L2 高速缓存的缺失率高，因为它只接收那些在 L1 高速缓存中缺失的"硬"内存访问。如果所有的访问都可以直接从 L2 高速缓存中获得，那么 L2 的缺失率大约是 1%。 ∎

2. 减少缺失率

可以通过改变容量、块大小和相联度的方式减少高速缓存的缺失率。减少缺失率的第一步是理解产生缺失的原因。缺失可以分为强制缺失、容量缺失和冲突缺失。对高速缓存块的第一次请求称为强制缺失（compulsory miss），因为无论高速缓存怎样设计，块都必须先从内存读取。当高速缓存容量太小不能保存所有并发使用的数据时，发生容量缺失（capacity miss）。当多个地址映射到同一组而被替换的块依然需要时，发生冲突缺失（conflict miss）。

改变高速缓存的参数可以影响一种或多种的高速缓存缺失。例如，增加高速缓存容量可以减少冲突缺失和容量缺失，但是不会影响强制缺失。增加块大小可以减少强制缺失（因为空间局部性），但是可能增加冲突缺失（因为更多的地址可能会映射到同一组中，这可能会冲突）。

存储器系统十分复杂，评估它们性能的最佳方法是在不同的高速缓存配置参数下运行基准测试程序。图 8.17 描述了对于 SPEC2000 基准测试程序，高速缓存容量、相联度与缺失率的关系。在该基准测试程序中强制缺失较少，用靠近轴的黑色区域表示。正如所期望的，当增加高速缓存容量时可以减少容量缺失。特别是对于小型高速缓存来说，增加相联性可以减少冲突缺失，如曲线的顶端所示。在 4 路或 8 路以上再增加相联度只能很小地减少缺失率。

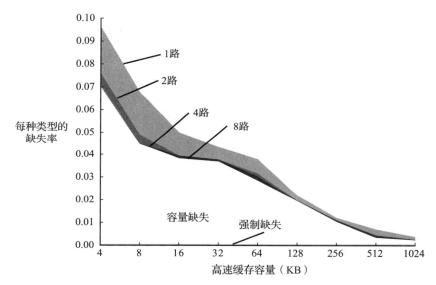

图 8.17　在基准测试程序 SPEC2000 上高速缓存容量、相联度与缺失率的关系

（得到了 Hennessy 和 Patterson 所著的 *Computer Architecture: A Quantitative Approach,5th*, Morgan Kaufmann, 2012 的许可）

正如前面提到的，可以用增加块大小的方法利用空间局部性，以减少缺失率。但是在固定大小的高速缓存中，随着块大小的增加，组数将减少，从而增加冲突的可能性。图 8.18 描述了对于不同容量的高速缓存，块大小（以字节为单位）与缺失率之间的关系。对于小型高速缓存（如 4KiB 大小的高速缓存），增加块大小超过 64 字节会因为冲突而增加缺失率。对于大型高速缓存，增加块大小超过 64 字节并不会改变缺失率。然而，较大的块大小仍可能因为较大的缺失造成执行时间增加，因为从主存获取缺失的高速缓存块需要时间。

3. 写入策略

前面各节关注存储器加载。存储器的存储或写入使用与加载操作相似的过程。当存储器存储时，处理器检查高速缓存。如果高速缓存缺失，就会将相应的高速缓存块从主存取出放入高速缓存中，然后将高速缓存块中的适当字写入。如果高速缓存命中，就简单地将字写入高速缓存块中。

高速缓存写入可以分为直写和写回两种方式。在直写（write-through）高速缓存中，写入高速缓存块的数据同时写入主存。在写回（write-back）高速缓存中，每个高速缓存块都与脏位（D）关联。若高速缓存块已被写入则 D 设置为 1，其余情况为 0。只有在从高速缓存中逐出脏高速缓存块时，才将它们写回主存。直写高速缓存不需要脏位，但比写回高速缓存需要更多主存写入操作。由于主存访问时间过长，所以现代的高速缓存往往采用写回方式。

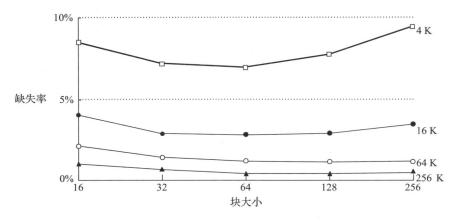

图 8.18　在 SPEC92 基准测试程序上，块大小、高速缓存容量与缺失率的关系

（得到了 Hennessy 和 Patterson 所著的 *Computer Architecture: A Quantitative Approach, 5th*, Morgan Kaufmann，2012 的许可）

例 8.12（直写与写回）　假设某高速缓存的块大小为 4 个字。使用直写和写回两种策略，在执行以下代码时主存访问次数分别为多少？

```
addi t5, zero, 0
sw   t1, 0(t5)
sw   t2, 12(t5)
sw   t3, 8(t5)
sw   t4, 4(t5)
```

解： 所有 4 条存储指令都写入同一个高速缓存块。在直写高速缓存中，每一条存储指令都将一个字写入主存，需要 4 次主存写入。写回策略仅在脏高速缓存块被逐出时才需要一次主存访问。

8.4　虚拟存储器

大部分现代计算机系统使用硬盘（也称为硬盘驱动器）作为存储器层次结构中的最底层（如图 8.4 所示）。与理想的大容量、快速、廉价存储器相比，硬盘容量大、价格便宜，但是速度非常慢。硬盘比高成本效益的主存（DRAM）提供了更大容量。然而，如果大部分的存储器访问需要使用硬盘，那么性能将严重下降。在 PC 上一次运行太多程序时，就可能遇到这种情况。

图 8.19 显示了一个去掉外壳盖子的硬盘，它由磁性存储器构成。顾名思义，硬盘包含一片或者多片坚硬的盘片（platter），每个盘片的长三角臂末端都有一个读/写头（read/write head）。移动读/写头到盘片的正确位置，当盘片在它下面旋转时它以磁方式读/写数

图 8.19　硬盘

据。读 / 写头需要毫秒级的时间完成在盘片上的正确寻道，这对于人来说很快，但比处理器慢百万倍。硬盘驱动器正日益被固态驱动器取代，因为后者读取速度快几个数量级（参见图 8.4），而且不太容易发生机械故障。

在存储器层次结构中增加硬盘的目的是在提供一个虚拟化的廉价超大容量存储器系统，而且在大部分存储器访问中，依然能提供较快速的存储器访问速度。例如，一台只有 16 GiB DRAM 的计算机可以使用硬盘有效地提供 128 GiB 的内存。这个更大的 128 GiB 内存称为虚拟存储器（virtual memory），而较小的 16 GiB 主存称为物理存储器（physical memory）。在本节中，我们将使用物理存储器这个术语来表示主存。

程序可以访问虚拟存储器中任意地方的数据，所以它们必须使用虚地址（virtual address）指明数据在虚拟存储器中的位置。物理存储器保存的内容是虚拟存储器中大部分最近访问过内容的子集。这样，物理存储器充当虚拟存储器的高速缓存。因此，大部分访问将以 DRAM 的速度命中物理存储器，而程序可以使用更大容量的虚拟存储器。

对于 8.3 节中讨论的相同的高速缓存原理，虚拟存储器系统使用了不同的术语。表 8.3 总结了类似的术语。虚拟存储器分为虚页（virtual page），大小一般为 4 KiB。物理存储器也类似地划分为大小相同的物理页。虚页可能在物理存储器（DRAM）中，也可能在硬盘上。例如，图 8.20 给出了一个大于物理存储器的虚拟存储器，长方形表示页。有些虚页在物理存储器中，有些在硬盘上。根据虚地址确定物理地址的过程称为地址转换（address translation）。如果处理器试图访问不在物理存储器中的虚地址，就会产生页面失效（page fault），操作系统（OS）会将页从硬盘装入物理存储器中。

表 8.3　高速缓存和虚拟存储器的相似术语

高速缓存	虚拟存储器
块	页
块大小	页大小
块内偏移量	页内偏移量
缺失	页面失效
标志	虚页号

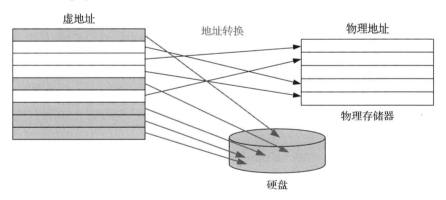

图 8.20　虚页和物理页

为了防止因冲突产生的页面失效，任何虚页都可以映射到任何物理页。换句话说，物理存储器就像虚拟存储器的全相联高速缓存。在常规的全相联高速缓存中，每一个高速缓存块都有一个比较器来比较最高有效地址位与标志位，确定请求是否命中块。在类似的虚拟存储器系统中，每一个物理页也需要一个比较器来比较最高有效虚拟地址位和标志位，确定虚页是否映射到了物理页。

现实的虚拟存储器系统有很多物理页，为每一页都提供一个比较器的成本很高。为此，虚拟存储器系统使用页表实现地址转换。每个虚页页表都包含一个表项，说明它在物理存储器中的位置，或在硬盘上的位置。每个加载或者存储指令需要首先访问页表，然后访问物理存储器。页表访问将程序使用的虚地址转换为物理地址，再使用物理地址进行实际的读或写数据。

页表常常太大因此只能放在物理存储器中。因此，每次加载或者存储时需要两次物理存储器访问，第一次是访问页表，第二次是访问数据。为了加速地址转换，转换后备缓冲器（translation lookaside buffer，TLB）缓存了最常用的页表表项。

本节的后续部分详细介绍地址转换、页表和 TLB。

8.4.1 地址转换

在包含虚拟存储器的系统中，程序使用虚地址访问大容量存储器。计算机必须转换虚地址以便找到物理存储器中的地址，或产生一个页面缺失然后从硬盘获得数据。

前面提到，虚拟存储器和物理存储器都分成页。虚地址和物理地址的最高有效位分别给出了虚页号和物理页号（page number）。最低有效位给出了页内字的位置，也称为页内偏移量。

图 8.21 给出了包含 2 GiB 虚拟存储器、128 MiB 物理存储器，以及页大小为 4 KiB 的虚拟存储器系统页结构。处理器采用 32 位地址。对于大小为 $2GiB=2^{31}$ 字节的虚拟存储器，只使用虚拟存储器地址的最低 31 位，第 32 位总为 0。类似地，对于大小为 $128MiB=2^{27}$ 字节的物理存储器，只使用物理地址的最低 27 位，最高 5 位总为 0。

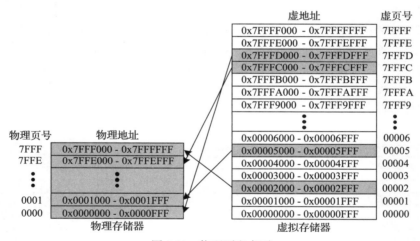

图 8.21　物理页和虚页

因为页大小为 $4 KiB=2^{12}$ 字节，所以 $2^{31}/2^{12}=2^{19}$ 个虚页和 $2^{27}/2^{12}=2^{15}$ 个物理页。因此，虚页号和物理页号分别为 19 和 15 位。物理存储器在任何时间最多只能保存 1/16 的虚页，其余的虚页保存在硬盘上。

图 8.21 展示了虚页 6 映射到物理页 1，虚页 0x7FFFC 映射到物理页 0x7FFE 等。例如，虚地址 0x53F8（虚页 5 内 0x3F8 的偏移量）映射到物理地址 0x13F8（物理页 1 内 0x3F8 的偏移量），虚地址和物理地址的最低 12 位是一样的（0x3F8），它是虚页和物理页的页内偏移量。从虚地址到物理地址的转换过程中，只需要转换页号。

图 8.22 说明了虚地址到物理地址的转换。最低 12 位为页内偏移量，不需要转换。虚地址的最高 19 位为

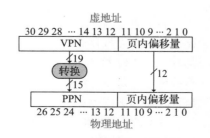

图 8.22　虚地址到物理地址的转换

虚页号（Virtual Page Number，VPN），可转换为 15 位的物理页号（Physical Page Number，PPN）。后面两小节将进一步介绍页表以及如何使用 TLB 实现地址转换。

例 8.13（虚地址到物理地址的转换）用图 8.21 中的虚拟存储器系统确定虚地址 0x247C 对应的物理地址。

解： 12 位页内偏移量（0x47C）不需要转换。虚地址的其余 19 位给出了虚页号，所以虚地址 0x247C 应在虚页 0x2 中。在图 8.21 中，虚页 0x2 映射到物理页 0x7FFF。因此，虚地址 0x247C 映射到物理地址 0x7FFF47C。◼

8.4.2　页表

处理器使用页表（page table）将虚地址转换为物理地址。对每一个虚页，页表都包含一个表项，表项包括物理页号和有效位。如果有效位是 1，则虚页映射到表项指定的物理页，否则虚页在硬盘上。

因为页表非常大，所以它需要存储在物理存储器中。假设页表存储为连续数组，如图 8.23 所示。页表包含图 8.21 中的存储器系统的映射。页表用虚页号作为索引。例如，第 5 个表项说明虚页 5 映射到物理页 1。第 6 个表项无效（$V=0$），所以虚页 6 在硬盘上。

例 8.14（使用页表实现地址转换）使用图 8.23 给出的页表找出虚地址 0x247C 对应的物理地址。

解： 图 8.24 给出了虚地址 0x247C 到物理地址的转换。其中 12 位页内偏移量不需要转换。虚地址的其余 19 位为虚页号 0x2，是页表的索引。页表将虚页 0x2 映射到物理页 0x7FFF。所以，虚地址 0x247C 映射到物理地址 0x7FFF47C。物理地址和虚地址的最低 12 位是相同的。◼

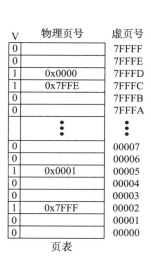

图 8.23　图 8.21 的页表

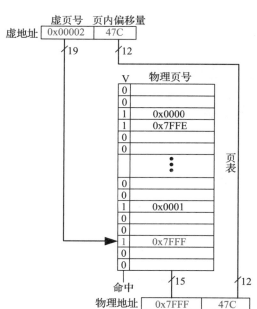

图 8.24　使用页表进行地址转换

页表可以存放在物理存储器的任何位置，这由操作系统自由决定。处理器一般使用称为页表寄存器（page table register）的专用寄存器存放物理存储器中页表的基址。

为了实现加载和存储操作,处理器必须首先将虚地址转换为物理地址,然后访问物理地址处的数据。处理器从虚地址中提取虚页号,将其与页表寄存器相加来寻找页表表项的物理地址。然后处理器从物理存储器中读取这个页表表项,以便获得物理页号。如果表项有效,则处理器将物理页号与页内偏移量合并,生成物理地址。最后,它从物理地址处读取或者写入数据。因为页表存储在物理存储器中,所以每次加载或者存储操作都需要两次物理存储器访问。

8.4.3 转换后备缓冲区

如果每一次的加载和存储都需要页表,那么对虚拟存储器的性能就会产生严重的影响,将增加加载和存储的延迟。幸运的是,页表访问有很大的时间局部性。数据访问的时间和空间局部性,以及大的页意味着很多连续的加载和存储操作都发生在同一页。因此,如果处理器能记住它最后读出的页表表项,它就可能重用这个转换表项而不需要重读页表。一般来说,处理器可以将最近使用的一些页表表项保存在称为转换后备缓冲器(translation lookaside buffer,TLB)的小型高速缓存内。处理器在访问物理存储器页表前,首先在 TLB 内查找转换表项。在实际的程序中,绝大多数访问都在 TLB 中命中,避免了读取物理存储器中页表产生的时间消耗。

TLB 以全相联高速缓存的方式组织,一般有 16 ~ 512 个表项。每个 TLB 表项都有一个虚页号和相应的物理页号。使用虚页号访问 TLB。如果 TLB 命中,它返回相应的物理页号,否则处理器必须从物理存储器中读页表。TLB 设计得足够小使得它的访问时间可以小于一个周期。即使如此,TLB 的命中率一般也大于 99%。对于大多数加载和存储指令,TLB 使所需的内存访问数从 2 次减少为 1 次。

例 8.15(使用 TLB 实现地址转换) 考虑图 8.21 中的虚拟存储器系统。使用一个二表项 TLB 完成地址转换,或解释为什么对于虚地址 0x247C 和 0x5FB0 到物理地址的转换必须访问页表。假设 TLB 目前保存着有效的虚页 0x2 和 0x7FFFD 的转换内容。

解: 图 8.25 显示了处理对虚地址 0x247C 的请求的二表项 TLB。TLB 接收传入地址的虚页号 0x2,对其与每一个表项的虚页号做比较。表项 0 与其匹配且有效,所以请求命中。将匹配表项的物理页号 0x7FFF 与虚地址的页内偏移量拼接形成转换后的物理地址。与往常一样,页内偏移量不需要转换。

对虚地址 0x5FB0 的请求在 TLB 中缺失,所以请求被转发到页表进行转换。 ∎

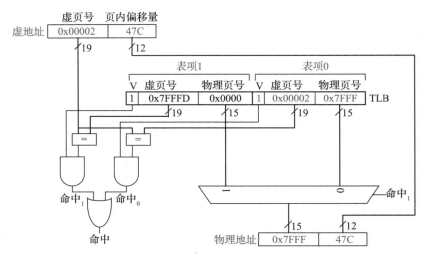

图 8.25   使用二表项 TLB 的地址转换

8.4.4 存储器保护

到目前为止，本节都关注如何使用虚拟存储器来提供一个快速、廉价和大容量的存储器。使用虚拟存储器的另一个同样重要的原因是提供对并发运行程序的保护。

你可能已经知道，现代计算机一般在同一时间运行多个程序或者进程。所有程序在物理存储器内是同时存在的。在一个设计良好的计算机系统中，程序应当各自独立地保护起来，避免某个程序破坏其他程序。具体地，在没有得到允许的情况下，没有程序可以访问其他程序的存储空间。这称为存储器保护（memory protection）。

虚拟存储器系统为每个程序提供自己的虚地址空间（virtual address space）来提供存储器保护。每一个程序可以任意使用自己虚地址空间中的存储器，但在任一时刻只有部分虚地址空间在物理存储器中。每个程序可以使用它的所有虚地址空间而无须担心其他程序的物理位置。然而，一个程序只能访问已经映射到自身页表中的物理页。这样，程序就不能意外地或者恶意地访问其他程序的物理页，因为它们没有映射到程序的页表中。在某些情况下，多个程序可以访问公共的指令或者数据。操作系统为每一个页表项增加了控制位，以便决定哪些程序可以写入共享的物理页。

8.4.5 替换策略 *

虚拟存储器系统使用写回和近似的 LRU 替换策略。每一次对物理存储器的写都产生写硬盘操作的直写策略是不实际的。如果采用直写策略，存储指令将以毫秒级的硬盘速度操作，而不是纳秒级的处理器速度。在写回策略下，只有当物理页替换出物理存储器时，才写回到硬盘。把物理页写回到硬盘，然后把它重新装入不同虚页的过程称为分页（paging），虚拟存储器系统中的硬盘有时称为交换空间（swap space）。当出现页故障时，处理器将最近最少使用的物理页换出，然后用缺失的虚页替换被换出的页。为了支持这种替换策略，每个页表表项包含两个额外的状态位：脏位 D 和使用位 U。

从硬盘读出物理页后，如果任何存储指令修改了该物理页，则脏位设置为 1。物理页被换出后，只在它的脏位为 1 时，它才需要写回到硬盘，否则硬盘已经有了这一页的正确副本。

如果物理页最近被访问过，那么使用位为 1。与高速缓存系统一样，精确的 LRU 替换将会异常复杂。实际上，操作系统使用近似的 LRU 替换策略：周期性地重新设置所有页表中的使用位为 0。当一页被访问时，它的使用位设置为 1。在页面缺失时，操作系统寻找 $U=0$ 的页并将其换出物理存储器。因此，操作系统不一定替换出最近最少使用的页，而只是其中一个最近最少使用的页。

8.4.6 多级页表 *

页表可能占据大量的物理存储器。例如，前面提到的页面大小为 4KiB 的 2GiB 虚拟存储器将需要 2^{19} 个表项。如果每一个表项占用 4 字节，则页表需要占用 $2^{19} \times 2^2$ 字节 $=2^{21}$ 字节 $=2MiB$。

为了节省物理存储器，页表可以分为多级（一般是两级）。第一级页表总是在物理存储器中，它指明小的第二级页表在虚拟存储器中存放的位置。第二级页表包含一段范围内虚页的实际转换内容。如果特定范围的转换内容没有使用到，则相应的第二级页表可以替换到硬盘，避免浪费物理存储器。

在两级页表中，虚页号分为两部分：页表号（page table number）和页表内偏移量（page table offset），如图 8.26 所示。页表号对驻留在物理存储器中的第一级页表进行寻址。第一级页表表项给出了第二级页表的基址或者在 V 为 0 时表示必须从硬盘获取。页表内偏移量对第二级页表进行寻址。虚拟存储器地址的其余 12 位为页内偏移量，页大小为 2^{12}=4KiB。

在图 8.26 中，19 位虚页号被分为 9 位的页表号和 10 位的页表内偏移量。因此，第一级页表有 2^9=512 个表项。这 512 个第二级页表均有 2^{10}=1Ki 个表项。如果每个第一级和第二级页表表项各占用 32 位（4 字节），而且只有两个第二级页表同时在物理存储器中，那么这个多级页表结构只使用了 (512×4 字节)+2×(1Ki×4 字节)=10 KiB 的物理存储器。两级页表只需要存储全部页表的 2 MiB 物理存储器的一小部分。两级页表的缺点是，当 TLB 缺失时转换过程将增加一次额外的存储器访问。

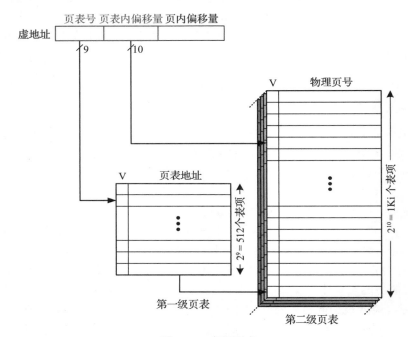

图 8.26　多级页表

例 8.16（使用多级页表完成地址转换）　图 8.27 为图 8.26 所示的两级页表可能包含的内容，只给出了一个第二级页表的内容。使用这个两级页表，描述访问虚地址 0x003FEFB0 时发生了什么情况。

解： 与往常一样，只有虚页号需要转换。虚地址的最高 9 位为页表号 0x0，这是第一级页表的索引。第一级页表的 0x0 号表项说明第二级页表在内存中（V=1），其物理地址为 0x2375000。

虚地址的后 10 位（0x3FE）为页表内偏移量，它给出了第二级页表的索引。第二级页表的表项 0 位于底部，表项 0x3FE 位于顶部。第二级页表的第 0x3FE 号表项说明虚页在物理存储器（V=1）中，且物理页号为 0x23F1。将物理页号和页内偏移量拼接起来，形成物理地址 0x23F1FB0。 ∎

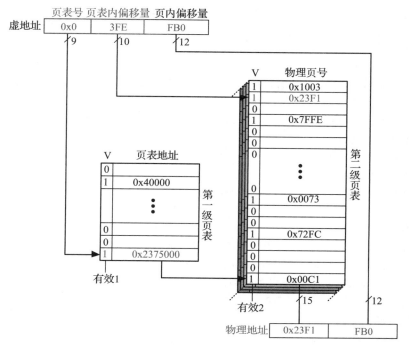

图 8.27　两级页表的地址转换

8.5　本章总结

存储器系统的结构是决定计算机性能的主要因素。DRAM、SRAM 和硬盘等不同的存储器技术在容量、速度和价格 3 方面提供不同的权衡。本章介绍了基于高速缓存和虚拟存储器的结构，它们使用存储器层次结构提供接近理想的大容量、快速、廉价的存储器系统。主存一般由 DRAM 构成，其速度明显比处理器慢。高速缓存把常用的数据保存在快速 SRAM 中以便减少访问时间。虚拟存储器用硬盘存储暂时不需要存在主存中的数据以便增加内存容量。高速缓存和虚拟存储器增加了计算机系统的复杂度和硬件，但带来的好处通常大于需要付出的成本。所有的现代个人计算机都使用高速缓存和虚拟存储器。大部分处理器还使用内存接口与输入 / 输出（I/O）设备通信。这称为内存映射 I/O。程序使用加载和存储操作访问 I/O 设备，有关这些操作的详细讨论可在第 9 章找到。

习题

8.1　用简短的语言描述 4 个日常活动，说明时间局部性和空间局部性。说出每一种局部性的两个例子，并加以解释。

8.2　用一段话描述两个可以利用时间局部性和空间局部性的计算机应用。说明原理。

8.3　给出一地址序列，使容量为 16 个字和块大小为 4 个字的直接映射高速缓存的性能优于具有同样容量和块大小且使用 LRU 替换策略的全相联高速缓存。

8.4　重做习题 8.3 的例子，使全相联高速缓存优于直接映射高速缓存。

8.5　在下述高速缓存参数中，依次增加其中一项而保持其他参数不变时，描述所产生的性能变化。

（a）块大小

（b）相联度

（c）高速缓存容量

8.6 2 路组相联高速缓存的性能一定比同样容量和块大小的直接映射高速缓存好吗？请解释。

8.7 以下是关于高速缓存缺失率的说法。标明每句话是对还是错，简单解释原因。当说法是错的时，给出一个反例。

(a) 一个 2 路组相联高速缓存比有同样容量和块大小的直接映射高速缓存有更低的缺失率。

(b) 一个 16 KiB 大小的直接映射高速缓存比有同样块大小的 8 KiB 直接映射高速缓存有更低的缺失率。

(c) 块大小为 32 字节的指令高速缓存一般比一个 8 字节块大小且有同样相联度和总容量的指令高速缓存有更低的缺失率。

8.8 高速缓存有以下的参数：块大小 b（以字为单位）、组数 S、路数 N、地址位数 A。

(a) 用给出的参数表示高速缓存容量 C。

(b) 用给出的参数表示需要多少位来存放标志。

(c) 全相联高速缓存的容量是 C，块大小是 B，这时 S 和 N 是多少？

(d) 直接映射高速缓存的容量是 C，块大小是 b，S 是多少？

8.9 16 字高速缓存的参数同习题 8.8 中。考虑以下重复的 lw 地址序列（以十六进制给出）：

40 44 48 4C 70 74 78 7C 80 84 88 8C 90 94 98 9C 0 4 8 C 10 14 18 1C 20

假设对相联高速缓存采用 LRU 替换策略，将这个地址序列输入到以下高速缓存，忽略开始的影响（也就是忽略强制缺失），计算有效的缺失率。

(a) 直接映射高速缓存，b=1 个字。

(b) 全相联高速缓存，b=1 个字。

(c) 2 路组相联高速缓存，b=1 个字。

(d) 直接映射高速缓存，b=2 个字。

8.10 重复习题 8.9。考虑以下重复的 lw 地址序列（以十六进制给出）和高速缓存配置。高速缓存容量仍为 16 个字。

74 A0 78 38C AC 84 88 8C 7C 34 38 13C 388 18C

(a) 直接映射高速缓存，b=1 个字。

(b) 全相联高速缓存，b=1 个字。

(c) 2 路组相联高速缓存，b=1 个字。

(d) 直接映射高速缓存，b=2 个字。

8.11 假设用以下数据访问模式运行程序，这个模式仅运行一次。

0 8 10 18 20 28

(a) 如果使用直接映射高速缓存，其容量为 1KiB，块大小为 8 字节（2 个字），那么高速缓存内有多少组？

(b) 使用与（a）中相同的高速缓存容量和块大小，针对给出的内存访问模式，该直接映射高速缓存的缺失率是多少？

(c) 针对给出的内存访问模式，以下哪种方法可以降低缺失率？（高速缓存容量保持不变。）

(i) 增加相联度为 2。

(ii) 增加块大小为 16 字节。

(iii)（i）和（ii）都采用。

(iv)（i）和（ii）都不采用。

8.12 你正在为 RISC-V 处理器设计一个指令高速缓存。它的总容量为 $4C=2^{c+2}$ 字节，采用 $N=2^n$ 路组相联高速缓存（$N \geqslant 8$），块大小为 $b=2^{b'}$ 字节（$b \geqslant 8$）。根据这些参数给出以下问题的答案。

(a) 地址的哪些位用于选择块中的字？

(b) 地址的哪些位用于选择高速缓存中的组？

(c) 每一个标志有多少位？

（d）整个高速缓存中有多少位标志位？

8.13　考虑具有以下参数的高速缓存：N（相联度）=2，b（块大小）=2 个字，W（字大小）=32 位，C（高速缓存容量）=32 Ki 字，A（地址大小）=32 位。只需要考虑一个字地址。

（a）给出地址中的标志、组、块内偏移量和字节偏移量位，说明每个字段需要多少位。

（b）高速缓存中的所有标志占多少位？

（c）假设每个高速缓存块还有 1 位有效位（V）和 1 位脏位（D）。每一个高速缓存组（包括数据、标志和状态位）需要多少位？

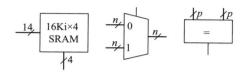

图 8.28　电路模块

（d）使用图 8.28 中的模块和少量的二输入逻辑门设计高速缓存。高速缓存的设计必须包括标志存储、数据存储、地址比较、数据输出选择和任何你认为需要的部件。注意多路选择器和比较器块可以为任何大小（分别为 n 或者 p 位宽），但是 SRAM 块必须为 16 Ki×4 位。请给出包含简明标志的电路模块图。只需要设计实现读功能的高速缓存。

8.14　你参加了一个热门的新 Internet 创业，用内嵌传呼机和网络浏览器开发腕表。它使用的嵌入式处理器采用了图 8.29 中的多级高速缓存方案。处理器包括一个小型的片上高速缓存和一个大型的片外第二级高速缓存（对，这个手表重 3 磅，但是你可以用它上网）。

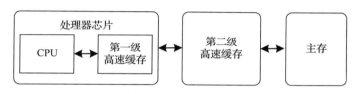

图 8.29　计算机系统

假设处理器使用 32 位物理存储器地址但只在字边界访问数据。表 8.4 给出了高速缓存参数。DRAM 的访问时间为 t_m，大小为 512MiB。

表 8.4　存储器参数

参数	片上高速缓存	片外第二级高速缓存
组织方式	4 路组相联	直接映射
命中率	A	B
访问时间	t_a	t_b
块大小	16 字节	16 字节
块数	512	256Ki

（a）对于存储器中的给定的字，在片上高速缓存和片外第二级高速缓存中总共有多少个可能的位置可以找到它？

（b）片上高速缓存和片外第二级高速缓存的每个标志各需要多少位？

（c）给出 AMAT 的表达式。两级高速缓存按顺序连续访问。

（d）对于某一特定问题，经研究可知片上高速缓存的命中率为 85%，片外第二级高速缓存的命中率为 90%。然而，当屏蔽片上高速缓存时，片外第二级高速缓存的命中率提高到 98.5%。请解释这个现象。

8.15　本章描述了多路相联高速缓存使用的 LRU 替换策略。还有一些不太常见的策略，如先入先出（FIFO）策略和随机策略。FIFO 策略会替换存在最长时间的块，而不考虑它是否最近被访问过。随机策略则随机选择一个块进行替换。

（a）讨论这些替换策略的优缺点。

（b）描述一个用 FIFO 策略比用 LRU 策略性能更好的数据访问模式。

8.16   你正在设计的计算机存储器体系结构有单独的指令和数据高速缓存，并使用图 7.44 中的
RISC-V 多周期处理器，主频为 1GHz。

（a）假设指令高速缓存已经完美（总是命中），但数据高速缓存有 5% 的缺失率。在高速缓存缺失
时，处理器暂停 60 ns 访问主存，之后恢复正常操作。考虑高速缓存缺失的情况，AMAT 为
多少？

（b）考虑到非理想的存储器系统，平均每一条加载和存储指令需要多少个时钟周期？

（c）考虑例 7.7 中的基准测试程序，其中有 25% 的加载指令、10% 的存储指令、11% 的分支指令，
2% 的跳转指令和 52% 的 R-type 指令。考虑非理想的存储器系统，这个基准测试程序的平
均 CPI 是多少？

（d）现在假设指令高速缓存也是非理想的，缺失率为 7%，那么（c）中的基准测试程序的平均
CPI 是多少？把指令和数据高速缓存缺失都考虑在内。

8.17   使用以下参数重做习题 8.16。

（a）假设指令高速缓存已经完美（总是命中），但数据高速缓存有 15% 的缺失率。在高速缓存缺
失时，处理器暂停 200 ns 访问主存，之后恢复正常操作。考虑高速缓存缺失的情况，AMAT
为多少？

（b）考虑非理想的存储器系统，平均每一条加载和存储指令需要多少个时钟周期？

（c）考虑例 7.7 中的基准测试程序，其中有 25% 的加载指令、10% 的存储指令、11% 的分支指令、
2% 的跳转指令和 52% 的 R-type 指令⊖。考虑非理想的存储器系统，这个基准测试程序的平
均 CPI 是多少？

（d）现在假设指令高速缓存也是非理想的，缺失率为 10%，那么（c）中的基准测试程序的平均
CPI 是多少？把指令和数据高速缓存缺失都考虑在内。

8.18   如果计算机使用 64 位虚拟地址，那么可以访问多少个虚拟存储器。注意 2^{40} 字节 =1 太字节（TB），
2^{50} 字节 =1 拍字节（PB），2^{60} 字节 =1 艾字节（EB）。

8.19   一个超级计算机的设计者花费 1 亿美元在 DRAM 上，同时花费同样多的钱在硬盘上作为虚拟存
储器。根据图 8.4 的价格，这台计算机可以拥有多大的物理存储器和虚拟存储器？需要多少位的
物理地址和虚地址来访问这个存储器系统？

8.20   考虑一个可以寻址全部 2^{32} 字节的虚拟存储器系统。你有无限的硬盘空间，但是只有有限的
8MiB 物理存储器。假设虚页和物理页大小都是 4KiB。

（a）物理地址为多少位？

（b）系统中最大的虚页号是多少？

（c）系统中有多少物理页？

（d）虚页号和物理页号占多少位？

（e）假设你设计了一个把虚拟存储器映射到物理存储器的直接映射方案。该映射使用虚页号的多
位最低有效位来确定物理页号。每一个物理页上可以映射多少虚页？为什么这里的直接映射
不是一个好的方案？

（f）显然，需要一个比（d）中更有灵活性和动态性的虚拟存储器地址到物理地址的转换方案。假
设你使用页表存储映射（从虚页号到物理页号的转换）方案。页表将包含多少个页表表项？

（g）除了物理页号外，每个页表表项还要包括一些状态信息，如有效位（V）和脏位（D）。每一
个页表表项需要占用多少字节？（整数字节向上取整。）

（h）给出页表的布局图。页表的大小是多少字节？

8.21   考虑一个可以寻址全部 2^{50} 字节的虚拟存储器系统。你有无限的硬盘空间，但是只有有限的

⊖ 数据来自 Patterson 和 Hennessg 所著的 *Computer Organization and Design*, 4th Edition, Morgan Kaufmann, 2011.
允许转载。

2GiB 物理存储器。假设虚页和物理页大小都是 4KiB。

（a）物理地址为多少位？

（b）系统中最大的虚页号是多少？

（c）系统中有多少物理页？

（d）虚页号和物理页号占多少位？

（e）页表包含多少个页表表项？

（f）除了物理页号外，每个页表表项还要包括一些状态信息，如有效位（V）和脏位（D）。每一个页表表项需要占用多少字节？（整数字节向上取整。）

（g）给出页表的布局图。页表的大小是多少字节？

8.22　你决定使用 TLB 为习题 8.20 中的虚拟存储器系统加速。假设内存系统的参数如表 8.5 所示。TLB 和高速缓存的缺失率表示所请求的内容未找到的概率。主存缺失率表示页缺失的概率。

表 8.5　存储器参数

存储器单元	访问时间 / 周期	缺失率
TLB	1	0.05%
高速缓存	1	2%
主存	100	0.0003%
硬盘	1 000 000	0%

（a）在增加 TLB 前，虚拟存储器系统的 AMAT 是多少？假设页表常驻在物理存储器中，而不会保存在数据高速缓存中。

（b）如果 TLB 有 64 个表项，TLB 大小为多少位？每个表项包括以下字段：数据（物理页号）、标志（虚页号）和有效位。给出各个字段所占用的位数。

（c）画出 TLB 的草图，清楚标志所有字段和大小。

（d）需要多大容量的 SRAM 来构造（c）中描述的 TLB？以深度 × 宽度的形式给出答案。

8.23　你决定采用含 128 个表项的 TLB 加速习题 8.21 中的虚拟存储系统。

（a）TLB 大小为多少位？每个表项中包括以下字段：数据（物理页号）、标志（虚页号）和有效位。给出各个字段所占用的位数。

（b）画出 TLB 的草图，清楚标志所有字段和大小。

（c）需要多大容量的 SRAM 来构造（b）中描述的 TLB？以深度 × 宽度的形式给出答案。

8.24　假设 7.4 节描述的 RISC-V 多周期处理器使用虚拟存储器系统。

（a）在多周期处理器原理图内画出 TLB 的位置。

（b）描述增加 TLB 后如何影响处理器的性能。

8.25　你正在设计的虚拟存储器系统使用一个由专用硬件（SRAM 和相关逻辑）构成的单级页表。它支持 25 位虚地址、22 位物理地址和 2^{16} 字节（64KiB）的页。每个页表表项包含一个物理页号、可用位（V）和脏位（D）。

（a）页表的总大小为多少位？

（b）操作系统小组建议将页大小从 64KiB 减少到 16KiB。但是你们小组的硬件工程师坚决反对，认为这将增加硬件开销。说出他们的理由。

（c）将页表与片上高速缓存集成在处理器芯片上。片上高速缓存只对物理地址（不对虚拟地址）操作。对于给定的内存访问，可以同时访问片上高速缓存的合适组和页表吗？简要解释同时访问高速缓存组和页表表项的必要条件。

（d）对于给定的内存访问，可以同时执行片上高速缓存的标志比较和页表访问吗？简要解释原因。

8.26　描述虚拟存储器系统可能影响应用写入的方案。必须讨论页大小和物理存储器大小如何影响程序的性能。

8.27　假设你的个人计算机使用 32 位虚地址。

（a）每一个程序可以使用的最大虚拟存储器空间是多少？

（b）PC 硬盘的大小如何影响性能？

（c）PC 的物理存储器大小如何影响性能？

面试题

下面列出了在面试数字设计工作时可能会碰到的问题。

8.1　解释直接映射、组相联和全相联高速缓存的不同。对于每一种高速缓存类型，给出一个程序，使其性能要好于其他两种高速缓存。

8.2　解释虚拟存储器系统是如何工作的。

8.3　解释使用虚拟存储器系统的优点和缺点。

8.4　解释存储器系统的虚页大小如何影响高速缓存的性能。

嵌入式 I/O 系统

9.1 引言

输入 / 输出（I/O）系统用于连接计算机与外部设备（简称外设，peripheral）。在个人计算机中，这些设备一般包括键盘、显示器、打印机和无线网络。在嵌入式系统中，这些设备可能包括烤面包机的加热器件、玩偶的声音同步器、发动机的燃料注入器、卫星的太阳能面板定位电动机等。处理器就像访问内存一样使用地址和数据总线访问 I/O 设备。

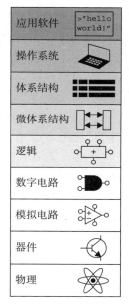

本章提供了 I/O 设备的具体示例。9.2 节介绍了将 I/O 设备与处理器接口连接并从程序中访问它的基本原理。9.3 节探讨了嵌入式系统中的 I/O 问题，展示了如何使用 SparkFun 公司的 RED-V RedBoard 开发板，其中包含一个 RISC-V 微控制器，可以用来访问板载外设，包括通用、串行和模拟 I/O，以及计时器和脉宽调制（PWM）。9.4 节提供了与其他常见设备进行连接的示例，这些设备如字符 LCD、VGA 显示器、蓝牙收发器和电动机等。

9.2 内存映射 I/O

回顾 6.5.1 节，其中提到地址空间的一部分专供 I/O 设备使用，而不是内存。例如，假设 0x20000000 ～ 0x20FFFFFF 的物理地址用于 I/O，每个 I/O 设备都被分配一个或多个位于该范围的内存地址。将数据存储到指定的地址会将数据发送到设备，而从指定的地址加载数据会从设备中接收数据。这种与 I/O 设备通信的方法称为内存映射 I/O（memory-mapped I/O）。

在一个支持内存映射 I/O 的系统中，加载或存储操作可能访问内存，也可能访问 I/O 设备。图 9.1 展示了支持两个内存映射 I/O 设备所需的硬件。地址译码器决定哪个设备与处理器通信。它使用 Address 和 MemWrite 信号为其余硬件生成控制信号。ReadData 多路选择器在内存和各种 I/O 设备之间进行选择。写使能寄存器保存写入 I/O 设备的值。

例 9.1（与 I/O 设备通信） 假设给图 9.1 中的 I/O 设备 1 分配内存地址 0x20001000。写出把值 7 写入 I/O 设备 1 和从 I/O 设备 1 读出输出值的 RISC-V 汇编语言。

解： 以下 RISC-V 汇编代码把值 7 写入 I/O 设备 1。.equ 汇编器指示字用给定值代替命名的符号，因此 li s1,ioadr 指令变成了 li s1,0x20001000。

```
.equ ioadr    0x20001000

    li s0,7
    li s1,ioadr
    sw s0,0(s1)
```

地址译码器检测到地址 0x20001000 并且 MemWrite=1，因此它会激活 WE1 信号，将写使能传递给设备 1 的寄存器。在下一个时钟边沿，WriteData 总线上的值 7 被写入寄存器，其输出连接到 I/O 设备 1 的输入引脚上。为了从 I/O 设备 1 中读取数据，处理器执行以下 RISC-V 汇编代码。

```
lw s0, 0(s1)
```

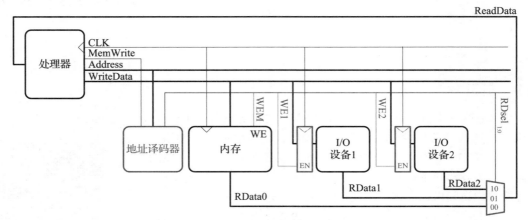

图 9.1   支持内存映射 I/O 所需要的硬件

地址译码器检测到地址 0x20001000 后，将 $RDsel_{1:0}$ 设置为 01，因此多路选择器选择 RData1（来自设备 1 的读取数据），将其连接到 ReadData 总线上，其值被加载到处理器的寄存器 s0 中。

与 I/O 设备相关联的地址通常被称为 I/O 寄存器，因为它们可能与 I/O 设备中的物理寄存器（如图 9.1 所示）一致。

与 I/O 设备通信的软件称为设备驱动程序（device driver）。你可能已经下载或者安装了打印机以及其他 I/O 设备的设备驱动程序。编写设备驱动程序需要详细了解 I/O 设备硬件的知识，包括内存映射 I/O 寄存器的地址和行为。其他程序调用设备驱动程序提供的函数来访问设备，而无须了解底层的设备硬件。

9.3   嵌入式 I/O 系统

嵌入式系统使用一个处理器来控制与物理环境的交互。嵌入式系统一般围绕着微控制器单元（MicroController Unit，MCU）来构造，MCU 将一个微处理器与一组容易使用的外围设备相结合，这些设备如通用数字和模拟 I/O 引脚、串行端口（简称串口）、计时器等。微控制器通常是廉价的，并且通过将大部分必要组件集成到单一芯片上使系统成本和尺寸最小。大多数嵌入式系统比一角硬币更小、更轻，功率只有几毫瓦，成本从几十美分到几美元不等。微控制器根据它处理的数据量大小来进行分类。8 位微控制器是最小和最便宜的，32 位微控制器则提供更大内存和更高性能。

9.3.1   RED-V 开发板

为了具体化，本节将以真实系统为背景介绍嵌入式系统 I/O。我们将具体关注来自 SiFive 的 FE310-G002 片上系统（SoC），它包含一个 320MHz 的 32 位 RISC-V 处理器，实现了 RV32IMAC 体系结构——基本的 32 位整数指令集（RV32I）加上乘法 / 除法（M）、原子内存访问（A）和压缩 16 位指令（C）扩展。这个微控制器可以在 SiFive 的 HiFive 开发板上使用，也可以在第三方开发板（例如 SparkFun 的 RED-V 系列开发板，在 Arduino 和 Thing Plus 元器件封装上皆可用）上使用。每个小节描述 I/O 接口之后，都将给出特定的在 FE310

上运行的示例。所有示例均已在 SparkFun 的 RED-V RedBoard 上进行了测试，并且可以轻松地在 HiFive 开发板上运行或适配到 RED-V Thing Plus 开发板上。

图 9.2a 展示了 SparkFun 的 RED-V RedBoard，它的大小为 2.7 英寸 × 2.1 英寸，售价不到 40 美元。该图还显示了每个引脚的信号名称，对它们的描述将贯穿本节。该开发板可以通过 5V USB 电源或通过桶形插孔接口的 7 ～ 15V 直流电源供电。板载的 FE310-G002 芯片由 3.3V 和 1.8V 的电压稳压器供电。FE310-G002 具有 16 KiB 的 L1 指令缓存和 16 KiB 的数据 SRAM Scratchpad。SparkFun 开发板还具有 32MiB 的片外闪存存储器，可通过串行外设接口（SPI）访问，用于存储程序和数据。

图 9.2b 展示了 RED-V Thing Plus 开发板，它的功能与 RED-V RedBoard 类似，但更小（2.3 英寸 × 0.9 英寸），适合插入面包板进行简便的接口连接。与 RedBoard 上的引脚编号不同，Thing Plus 上的引脚编号较难在丝印层上读取，但图 9.2b 中有标注。

RED-V RedBoard 的大小设计基于 Arduino R3 标准接口，旨在尽可能地与许多采用该接口的 Arduino 扩展板兼容。所有 19 个可配置的 I/O 信号均可通过引脚接口访问，并以 3.3V 电压工作。该接口还提供了 3.3V、5V 和地线，以便为连接到 RedBoard 上的小型设备供电，但在 3.3V 和 5V 下的最大总电流分别限制为 50mA 和约 300mA。

为了保持与 Arduino R3 标准接口的兼容性，每个引脚都有多个名称：丝印层（印在板上的文本）列出了标准的 Arduino 引脚编号，但图 9.2 中文档化的 RED-V 引脚布局同时显示了 Arduino 引脚编号和相应的 FE310 GPIO（通用输入 / 输出）引脚编号。例如，如图 9.2 所示，GPIO5（FE310 引脚 5）对应于 D13（Arduino 引脚 13）。RED-V Thing Plus 开发板不具备与 Arduino 兼容的引脚命名，因此也避免了单个引脚具有多个引脚编号的情况。同时请注意，在图 9.2 中，一些 GPIO 引脚具有多种用途。例如，GPIO18（D2）也可以作为 UART 1 的发送线路（UART1_TX），稍后将进行描述。

在两种开发板上，GPIO5 都连接到蓝色 LED。该引脚在 RedBoard 上标记为 13（即 D13），在 Thing Plus 开发板上标记为 5。

本节首先描述了 FE310-G002 SoC，并描述了一种用于内存映射 I/O 的通用设备驱动程序。本节的其余部分介绍了嵌入式系统如何执行通用数字、模拟和串行 I/O。

9.3.2　FE310-G002 片上系统

FE310-G002 SoC 是由 SiFive 设计的一款功能强大且价格便宜的微控制器芯片。它包括一个 RISC-V 微处理器，具有 5 级流水线（与第 7 章中描述的类似）和许多 I/O 外设。FE310 芯片采用 48 引脚，无引脚四方体封装。SiFive 发布了一份数据手册，描述了许多特性和 I/O 寄存器，本章仅讨论其中的一部分特性。

表 9.1 显示了 FE310 的内存映射。启动时，处理器执行地址为 0x20000000 的外部闪存中的代码。内存映射可以容纳多达 512MiB 的外部闪存，尽管当前的 RED-V 开发板要少得多：RED-V RedBoard 拥有 32MiB 的外部闪存，RED-V Thing Plus 拥有 4MiB。该芯片还具有 16KiB 的 RAM，称为数据紧密集成存储器（data tightly integrated memory，DTIM），位于地址 0x80000000 处。这种 RAM 具有 2 个周期的加载延迟，并用于保存变量。各种外设与地址在 0x02000000 和 0x1FFFFFFF 之间的内存相映射，后面将对此详细描述。这些外设包括通用 I/O、三个 PWM 块（用于生成输出波形），以及许多串行端口 [用于连接外部设备，包括三个串行外设接口（SPI）、两个通用异步收发器（UART）和一个 I^2C(Inter-Integrated Circuit) 接口]。

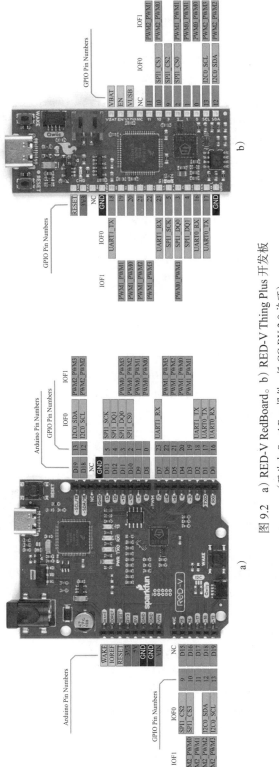

图 9.2 a) RED-V RedBoard。b) RED-V Thing Plus 开发版
（照片由 SparkFun 提供，经 CC BY 2.0 许可）

表 9.1 FE310 的内存映射

基址	结束地址	属性	描述	注释
0x0000_0000	0x0000_0FFF	RWX A	Debug	调试地址空间
0x0000_1000	0x0000_1FFF	R XC	Mode Select	
0x0000_2000	0x0000_2FFF		Reserved	
0x0000_3000	0x0000_3FFF	RWX A	Error Device	
0x0000_4000	0x0000_FFFF		Reserved	
0x0001_0000	0x0001_1FFF	R XC	Mask ROM（8KiB）	片上非易失性存储器
0x0001_2000	0x0001_FFFF		Reserved	
0x0002_0000	0x0002_1FFF	R XC	OTP Memory Region	
0x0002_2000	0x001F_FFFF		Reserved	
0x0200_0000	0x0200_FFFF	RW A	CLINT	
0x0201_0000	0x07FF_FFFF		Reserved	
0x0800_0000	0x0800_1FFF	RWX A	E31 ITIM（8KiB）	
0x0800_2000	0x0BFF_FFFF		Reserved	
0x0C00_0000	0x0FFF_FFFF	RW A	PLIC	
0x1000_0000	0x1000_0FFF	RW A	AON	
0x1000_1000	0x1000_7FFF		Reserved	
0x1000_8000	0x1000_8FFF	RW A	PRCI	
0x1000_9000	0x1000_FFFF		Reserved	
0x1001_0000	0x1001_0FFF	RW A	OTP Control	
0x1001_1000	0x1001_1FFF		Reserved	
0x1001_2000	0x1001_2FFF	RW A	GPIO	片上外设
0x1001_3000	0x1001_3FFF	RW A	UART 0	
0x1001_4000	0x1001_4FFF	RW A	QSPI 0	
0x1001_5000	0x1001_5FFF	RW A	PWM 0	
0x1001_6000	0x1001_6FFF	RW A	I2C 0	
0x1001_7000	0x1002_2FFF		Reserved	
0x1002_3000	0x1002_3FFF	RW A	UART 1	
0x1002_4000	0x1002_4FFF	RW A	SPI 1	
0x1002_5000	0x1002_5FFF	RW A	PWM 1	
0x1002_6000	0x1003_3FFF		Reserved	
0x1003_4000	0x1003_4FFF	RW A	SPI 2	
0x1003_5000	0x1003_5FFF	RW A	PWM 2	
0x1003_6000	0x1FFF_FFFF		Reserved	
0x2000_0000	0x3FFF_FFFF	R XC	QSPI 0 Flash（512MiB）	片外非易失性存储器
0x4000_0000	0x7FFF_FFFF		Reserved	
0x8000_0000	0x8000_3FFF	RWX A	E31 DTIM（16KiB）	片上易失性存储器
0x8000_4000	0xFFFF_FFFF		Reserved	

注：内存属性：R 代表读，W 代表写，X 代表执行，C 代表可缓存，A 代表原子操作。
资料来源：SiFive 公司 2019 年的 *FE310-G0002* 手册中的表 4，已获得授权。

图 9.3 显示了 RED-V RedBoard 的简化原理图。该开发板从 USB 电源供应器接收 5V 电压，通过稳压器产生 3.3V 和 1.8V 的电压用于 I/O，为低功耗常开型内核和其他功能供电。

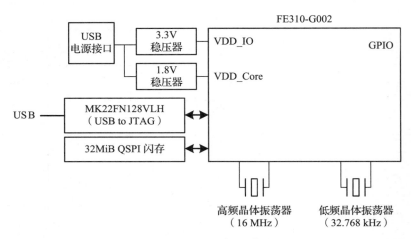

图 9.3   RED-V 板电路图

9.3.3   通用数字 I/O

通用输入 / 输出（GPIO）引脚用于读取或写入数字信号。至少，GPIO 引脚需要内存映射 I/O 寄存器来读取输入引脚值，写入输出引脚值，并设置引脚的方向。在许多嵌入式系统中，可以与一个或多个有特殊用途的外设共享 GPIO 引脚，因此需要额外的配置寄存器来确定引脚是通用的还是有特殊用途的。此外，当处理器检测到输入引脚上发生如上升或下降沿的事件时，可能会生成中断，并可使用配置寄存器指定中断的触发条件。回想一下，FE310 具有 19 个 GPIO 引脚。本节将从基本的控制这些引脚的示例开始，探讨一些这些引脚的特殊用途。

图 9.4 显示了三个发光二极管（LED）和三个连接到六个 GPIO 引脚上的开关。LED 当被驱动到 1 时接通，被驱动到 0 时熄灭。限制电流的电阻（通常在 300Ω 左右）与 LED 串联，通过设置亮度来避免超过 GPIO 的电流。开关闭合时产生 1，断开时产生 0。如图所示，当开关处于断开状态时，1kΩ 下拉电阻将引脚拉到 0。图 9.4 显示了标记在开发板上的（Arduino）引脚编号以及 GPIO 引脚编号。

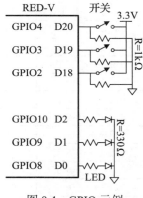

图 9.4   GPIO 示例

表 9.2 列 出 了 各 GPIO 寄 存 器 及 其 相 对 于 GPIO 基 址 0x10012000 的地址偏移量，如 *FE310-G002* 手册的表 51 所示。我们首先关注前四个寄存器（即内存映射 I/O 地址）。每个 GPIO 引脚都映射到寄存器的一个位。从 input_val（输入值）寄存器读取 GPIO 引脚的值，向 output_val（输出值）寄存器写入 GPIO 引脚的值。在读取或写入引脚之前，必须设置输入和输出使能寄存器（input_en 和 output_en）以将引脚配置为输入或输出引脚，并清除硬件驱动功能使能寄存器（iof_en）以将引脚配置为受 GPIO 控制的。

表 9.2   GPIO 寄存器偏移量

偏移量	名称	描述
0x00	input_val	引脚值
0x04	input_en	引脚输入使能[①]

（续）

偏移量	名称	描述
0x08	output_en	引脚输出使能①
0x0C	output_val	输出值
0x10	pue	内部上拉使能①
0x14	ds	引脚驱动强度
0x18	rise_ie	上升沿中断使能
0x1C	rise_ip	上升沿中断挂起
0x20	fall_ie	下降沿中断使能
0x24	fall_ip	下降沿中断挂起
0x28	high_ie	高电平中断使能
0x2C	high_ip	高电平中断挂起
0x30	low_ie	低电平中断使能
0x34	low_ip	低电平中断挂起
0x38	iof_en	硬件驱动功能使能
0x3C	iof_sel	硬件驱动功能选择
0x40	out_xor	输出异或（反转）

①这些寄存器在启动时会异步复位为 0，以使 GPIO 引脚处于非活动状态。

资料来源：SiFive 公司 2019 年发布的 *FE310-G0002* 手册的表 52，已获得 SiFive 公司的授权。

1. GPIO 内存映射 I/O

我们通过编写一个程序，演示如何使用 GPIO 引脚读取开关的状态并使用 GPIO 控制 LED。与 GPIO 引脚交互使用的最重要的五个寄存器分别是 input_val、input_en、output_en、output_val 和 iof_en，它们相对于基址的偏移量分别是 0x0、0x4、0x8、0xC 和 0x38。每个寄存器的宽度为 32 位，可以控制多达 32 个 GPIO 引脚，但在该芯片上只有 19 个 GPIO 引脚。

要读取 GPIO n 的状态，程序会设置 input_en 寄存器的第 n 位，然后读取 input_val 寄存器并查看第 n 位。类似地，要控制 GPIO n，程序会设置 output_en 寄存器的第 n 位，并将所需的值写入 output_val 寄存器的第 n 位。在这两种情况下，必须清除 iof_en 寄存器的第 n 位，以确保引脚由 GPIO 控制器而不是由芯片上的其他硬件驱动。

代码示例 9.1 演示了一个简单的程序，它读取连接到 GPIO19 的开关的值，并相应地打开或关闭连接到 GPIO5 的板载 LED。硬件设置如图 9.5 所示。为了访问内存映射 I/O，程序首先声明了指向上述地址处五个寄存器的指针。每个指针的类型都是 uint32_t*，因为寄存器包含 32 位无符号值。程序将 1 写入 input_en 寄存器的第 19 位，并将 1 写入 output_en 寄存器的第 5 位，以将 GPIO 引脚 19 配置为输入引脚，将 GPIO 引脚 5 配置为输出引脚。请注意，我们使用移位操作（1<<19）在第 19 位设置 1，并对其与使能寄存器的现有内容进行 OR 运算，以打开该位而不影响可能已打开的其他位。然后，我们在 iof_en 寄存器的第 5 位和第 19 位写入 0，以确保引脚由 GPIO 控制器驱动。为将某个位写入 0，我们使用与上述清除 iof_en 寄存器中位的方式相同的方法，对 iof_en 与除该位以外的所有位置为 1 的值进行 AND 运算，从而将所需的位强置为低电平，而不影响其他位。接下来，程序重复读取输入引脚并写入输出引脚。为读取输入引脚，程序读取 input_val 寄存器，将值向右移动 19 位（将引脚 19 的值移动到位 0），并和 0x1 逐位做 AND 运算，只

保留位 0，留下一个单独的 0 或 1，对应于最初在第 19 位的值。为将高电平写入 output_val 寄存器的某个位，我们使用 OR 运算，就像在使能寄存器中打开位一样。为将 0 写入 output_val 寄存器中的某个位，我们使用了与上述清除 iof_en 寄存器中位的方式相同的方法。

代码示例 9.1　根据开关输入设置 GPIO 输出

```c
#include <stdint.h>
int main(void) {
    volatile uint32_t *input_val  = (uint32_t*)0x10012000;
    volatile uint32_t *input_en   = (uint32_t*)0x10012004;
    volatile uint32_t *output_en  = (uint32_t*)0x10012008;
    volatile uint32_t *output_val = (uint32_t*)0x1001200C;
    volatile uint32_t *iof_en     = (uint32_t*)0x10012038;
    int val;

    *iof_en     &= ~(1 << 19);          // Pin 19 is a GPIO
    *input_en   |=  (1 << 19);          // Pin 19 is an input
    *iof_en     &= ~(1 << 5);           // Pin 5 is a GPIO
    *output_en  |=  (1 << 5);           // Pin 5 is an output
    while (1)  {
        val = (*input_val >> 19) & 1;   // Read value on pin 19
        if (val) *output_val |= (1 << 5);   // Turn ON pin 5
        else     *output_val &= ~(1 << 5);  // TURN OFF pin 5
    }
}
```

2. 其他 GPIO 寄存器

表 9.2 列出了其他几个值得关注的 GPIO 控制寄存器，特别是引脚驱动强度（ds）、内部上拉使能（pue）和 I/O 函数（iof_sel 和 iof_en）寄存器。

ds 寄存器控制每个引脚的最大输出电流。它取默认值（0）会将 I_{OL}/I_{OH} 配置为 15～16mA，而某个引脚的 ds 取 1 会适度增加该引脚的输出电流至 21mA，这可能有助于驱动更亮的 LED。

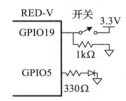

图 9.5　GPIO 引脚 5 上的 LED 输出和 GPIO 引脚 19 上的开关输入

pue 寄存器配置了内部上拉电阻。图 9.4 显示了一个外部下拉电阻的示例。如果开关到电源和地的线连接反了，那么电阻将变成一个上拉电阻，当开关未连接时，它会将引脚拉到高电平。在这种情况下，当按下开关时，引脚将跌落到低电平。为了节省成本和电路板空间，许多微控制器都包含内部上拉电阻，可以在软件中选择是否启用。向 pue 寄存器的某个位写入 1，将会启用相应 GPIO 引脚的内部上拉电阻。根据 *FE310-G002* 数据手册的表 4.2，当引脚为 0V 时，上拉电流为 85μA。因此，有效的上拉电阻为 3.3V/85μA=39kΩ（V/A=Ω）。

如表 9.3 所示，大多数 GPIO 引脚还可以执行特殊功能，例如作为串行端口或 PWM 输出。我们将在本章后面详细讨论这些功能。iof_sel 寄存器和 iof_en 寄存器共同确定每个引脚是作为 GPIO 引脚还是执行特殊功能。当 iof_en 为 0（默认值）时，引脚将作为 GPIO 引脚。当 iof_en 为 1 时，它将承担特殊功能。特殊功能是根据引脚的 iof_sel 位从表 9.3 中选择的。例如，为使用 GPIO11 生成 PWM 波形，将 iof_sel 和 iof_en 的第 11 位设为 1。然后，使用 PWM 寄存器来控制输出。iof_en 映射到地址 0x10012038，iof_sel 映射到地址 0x1001203C。表 9.3 列出了 32 个 GPIO 引脚，但请记住，RED-V 开发板只包括 19 个 GPIO 引脚：GPIO0～GPIO5、GPIO9～GPIO13，以及 GPIO16～GPIO23。

表 9.3 GPIO 引脚特殊功能映射表

GPIO 编号	IOF0	IOF1
0		PWM0_PWM0
1		PWM0_PWM1
2	SPI1_CS0	PWM0_PWM2
3	SPI1_DQ0	PWM0_PWM3
4	SPI1_DQ1	
5	SPI1_SCK	
6	SPI1_DQ2	
7	SPI1_DQ3	
8	SPI1_CS1	
9	SPI1_CS2	
10	SPI1_CS3	PWM2_PWM0
11		PWM2_PWM1
12	I2C0_SDA	PWM2_PWM2
13	I2C0_SCL	PWM2_PWM3
14		
15		
16	UART0_RX	
17	UART0_TX	
18	UART1_TX	
19		PWM1_PWM1
20		PWM1_PWM0
21		PWM1_PWM2
22		PWM1_PWM3
23	UART1_RX	
24		
25		
26	SPI2_CS0	
27	SPI2_DQ0	
28	SPI2_DQ1	
29	SPI2_SCK	
30	SPI2_DQ2	
31	SPI2_DQ3	

资料来源：经 SiFive 授权，重印自 SiFive 的 *FE310-G0002* 手册中的表 53。

9.3.4 设备驱动器

正如我们在代码示例 9.1 中看到的，程序员可以通过读取或写入内存映射的 I/O 寄存器来直接操作 I/O 设备。然而，更好的编程实践是调用访问内存映射 I/O 的函数，这些函数称为设备驱动程序（device driver）。使用设备驱动程序的一些好处包括：

- 当代码包括清晰命名的函数调用而不是往模糊的内存地址写入位字段时，代码更易于阅读。
- 熟悉 I/O 设备深层工作原理的人可以编写设备驱动程序，普通用户直接调用它而无须了解细节。

- 当需要将代码移植到具有不同内存映射或 I/O 设备的另一个处理器时，只需要更改设备驱动程序，因此代码更易于移植。
- 如果设备驱动程序是操作系统的一部分，则操作系统可以控制对多个程序共享的物理设备的访问，并管理安全性（例如，防止用户在网页浏览器中输入密码时，恶意程序读取键盘）。

本章将开发一个名为 EasyREDVIO 的简单设备驱动程序，用于访问 FE310 外设，以便展示设备驱动程序内部发生的事情。为了访问 FE310 的所有功能，用户可能更喜欢使用 Freedom Metal 环境，该环境提供了方便的软件接口，用于控制 SiFive 核心 IP 特性和外设。Freedom Metal 具有强大的功能，因为它的编写方式使它的 API 可以在任何具有 Freedom Metal 板支持包（BSP）的设备上工作。BSP 是包含驱动程序和其他常用例程的软件包。SiFive 还提供 Freedom E 软件开发工具包（SDK）和 Freedom Studio，使用户可以为任何 SiFive 核心开发软件。

例 9.2（使用 C 语言编写设备驱动程序） 访问和修改内存映射 I/O 的值是通过读取或写入内存地址来完成的。在汇编语言中，这可以使用 lw 和 sw 指令来实现。如代码示例 9.2 所示，C 语言可以使用指针来完成同样的操作，但为每个内存映射的 I/O 寄存器声明指针是烦琐且容易出错的。在 C 语言中，更自然的描述和控制内存映射 I/O 的方法是使用结构体。

如 C.8.5 节所述，C 语言中的结构体是将不同数据类型的集合组合成单个单元的一种方式。在内存映射寄存器的上下文中使用结构体，可以使用给定寄存器或字段的名称与 I/O 设备进行通信，而不是使用内存地址。C 程序可以声明一个内存映射外设的结构体，按照寄存器在内存映射中出现的顺序列出它们。然后，可以声明一个指向这样的结构体的指针，并通过结构体指针访问外设。

通过编写 pinMode、digitalRead 和 digitalWrite 函数来启动 EasyREDVIO 库，以配置引脚的方向并进行读写。

- pinMode 函数有两个输入：引脚编号和模式。例如，pinMode(5,INPUT) 将 GPIO 引脚 5 设置为输入引脚，而 pinMode(17,OUTPUT) 将 GPIO 引脚 17 设置为输出引脚。
- digitalRead 需要一个输入，即引脚编号，然后返回该引脚的值。例如，digitalRead(19) 读取 GPIO19 的值。
- digitalWrite 需要两个输入：引脚编号和值。例如 digital(3,1) 向 GPIO 引脚 3 写入 1，digital(5,0) 向 GPIO 引脚 5 写入 0。

写完这些函数后，使用图 9.4 中的硬件，编写一个 C 语言程序，使用这些函数来读取三个开关并打开相应的 LED。

解： 以下是 EasyREDVIO 的代码。各函数必须选择要访问哪些寄存器及寄存器中的哪些位。例如，为将一个引脚配置为输入引脚，pinMode 必须设置该引脚在 input_en 中的位，并清除该引脚在 output_en 中的位。digitalWrite 通过写入 output_val 来处理写入 1 或 0。digitalRead 读出 input_val 的所需位。

GPIO 结构体（struct）通过名称指定了 32 位寄存器。两个 define 语句指定了 GPIO 的基址（GPIO0_BASE），并实例化了一个指向该基址的 GPIO 类型指针。然后，该结构体中的每个 32 位变量在内存中的位置是从该基址起升序排列的。 ■

代码示例 9.2 用于控制开关和 LED 的 GPIO

```c
// EasyREDVIO.h
// Joshua Brake, David Harris, and Sarah Harris, 7 October 2020

#include <stdint.h>

#define INPUT  0
#define OUTPUT 1

// Define statements to map Arduino pin names to FE310 GPIO pin number according to Figure9.2
#define D0  16
#define D1  17
#define D2  18
#define D3  19
#define D4  20
#define D5  21
#define D6  22
#define D7  23
#define D8  0
#define D9  1
#define D10 2
#define D11 3
#define D12 4
#define D13 5
#define D15 9
#define D16 10
#define D17 11
#define D18 12
#define D19 13

// Declare a GPIO structure defining the GPIO registers in the order they appear in Table9.2
typedef struct {
    volatile uint32_t input_val;    // (GPIO offset 0x00) Pin value
    volatile uint32_t input_en;     // (GPIO offset 0x04) Pin input enable*
    volatile uint32_t output_en;    // (GPIO offset 0x08) Pin output enable*
    volatile uint32_t output_val;   // (GPIO offset 0x0C) Output value
    volatile uint32_t pue;          // (GPIO offset 0x10) Internal pull-up enable*
    volatile uint32_t ds;           // (GPIO offset 0x14) Pin drive strength
    volatile uint32_t rise_ie;      // (GPIO offset 0x18) Rise interrupt enable
    volatile uint32_t rise_ip;      // (GPIO offset 0x1C) Rise interrupt pending
    volatile uint32_t fall_ie;      // (GPIO offset 0x20) Fall interrupt enable
    volatile uint32_t fall_ip;      // (GPIO offset 0x24) Fall interrupt pending
    volatile uint32_t high_ie;      // (GPIO offset 0x28) High interrupt enable
    volatile uint32_t high_ip;      // (GPIO offset 0x2C) High interrupt pending
    volatile uint32_t low_ie;       // (GPIO offset 0x30) Low interrupt enable
    volatile uint32_t low_ip;       // (GPIO offset 0x34) Low interrupt pending
    volatile uint32_t iof_en;       // (GPIO offset 0x38) HW-Driven functions enable
    volatile uint32_t iof_sel;      // (GPIO offset 0x3C) HW-Driven functions selection
    volatile uint32_t out_xor;      // (GPIO offset 0x40) Output XOR (invert)
    // Registers marked with * are asynchronously reset to 0 at startup
} GPIO;
    // Define the base address of the GPIO registers (see Table9.1) and a pointer to this
    // structure
    // The 0x...U notation in 0x10012000U indicates an unsigned hexadecimal number
    #define GPIO0_BASE  (0x10012000U)
    #define GPIO0 ((GPIO*) GPIO0_BASE)

    // To access the members of the structure, the member-access operator -> is used.

    void pinMode(int gpio_pin, int function) {
        switch(function) {
            case INPUT:
                GPIO0->input_en  |=  (1 << gpio_pin); // Sets a pin as an input
                GPIO0->output_en &= ~(1 << gpio_pin); // Clear output_en bit
                GPIO0->iof_en    &= ~(1 << gpio_pin); // Disable IOF
                break;
            case OUTPUT:
                GPIO0->output_en |=  (1 << gpio_pin); // Set pin as an output
                GPIO0->input_en  &= ~(1 << gpio_pin); // Clear input_en bit
                GPIO0->iof_en    &= ~(1 << gpio_pin); // Disable IOF
                break;
        }
    }

    void digitalWrite(int gpio_pin, int val) {
        if (val) GPIO0->output_val |=  (1 << gpio_pin);
        else     GPIO0->output_val &= ~(1 << gpio_pin);
```

```
    }

int digitalRead(int gpio_pin) {
    return (GPIO0->input_val >> gpio_pin) & 0x1;
}

// The program below reads switches and writes LEDs. It sets pins 2 to 4 as inputs (for the
// switches) and pins 7 to 9 as outputs (for the LEDs). It then continuously reads the
// switches and writes their values to the corresponding LEDs.

#include "EasyREDVIO.h"
int main(void) {
    // Set GPIO 4:2 as inputs
    pinMode(2, INPUT);
    pinMode(3, INPUT);
    pinMode(4, INPUT);
    // Set GPIO 10:8 as outputs
    pinMode(8, OUTPUT);
    pinMode(9, OUTPUT);
    pinMode(10, OUTPUT);
    while (1) { // Read each switch and write corresponding LED
        digitalWrite(8,  digitalRead(2));
        digitalWrite(9,  digitalRead(3));
        digitalWrite(10, digitalRead(4));
    }
}
```

9.3.5 串行 I/O

微控制器可以使用多根导线向外设发送多个位，或在单根导线上串行发送多个位。前者称为并行 I/O，后者称为串行 I/O。串行 I/O 使用的导线较少，对于许多应用程序而言速度足够快。因此串行 I/O 很受欢迎，特别是在引脚有限的情况下，以至于许多串行 I/O 标准已经建立，并且微控制器提供了专门的硬件来轻松地根据这些标准发送数据。本节描述了 SPI 和 UART 标准串行接口。

其他常见的串行标准包括 I^2C、USB 和以太网。I^2C（发音为"I squared C"）是一种带有时钟和双向数据引脚的 2 线接口，其使用方式类似于 SPI。USB 和以太网更加复杂，是高性能的标准。FE310 通过板载专用外设支持 SPI、UART 和 I^2C。

1. 串行外设接口

串行外设接口（Serial Peripheral Interface，SPI）是一种简单的同步串行协议，易于使用且相对较快。物理接口由三个引脚组成：串行时钟（SCK）、串行数据输出（SDO）和串行数据输入（SDI）。如图 9.6a 所示，SPI 将控制器设备连接到外设。控制器产生时钟信号，它通过在 SCK 上发送时钟脉冲来启动通信。控制器使用其 SDO 引脚向外设的 SDI 引脚发送数据，从最高位开始，每个周期发送一位。外设可以同时通过其 SDO 引脚响应控制器的 SDI 引脚。图 9.6b 显示了 8 位数据传输的 SPI 波形。位在 SCK 的下降沿发生改变，并在上升沿稳定以进行采样。SPI 还可以发送一个低电平的片选信号来提醒接收器数据即将到来。

FE310 有三个 SPI 控制器端口，但是只有两个（SPI1 和 SPI2）可供用户使用，剩下的 SPI0 控制器端口用于与外部闪存进行关于程序和数据存储的通信。本节描述了可使用 GPIO 引脚 5:2 访问的 SPI1 控制器端口。SPI2 控制器端口完全相同，只是连接到不同的 GPIO 引脚，并且控制寄存器位于不同的内存地址。如果要将引脚用于 SPI 而不是 GPIO，则应将其 iof_sel 位设置为 0 以选择 SPI1 功能，并将其 iof_en 位设置为 1 以使 SPI 控制器可以访问引脚。当 FE310 写入 SPI txdata 寄存器时，数据被串行传输到外设。同时，从外设收到的数据被收集起来，当传输完成时，FE310 可以从 rxdata 中读取它。

微控制器上的 SPI 端口通常提供各种配置选项，以匹配外设的要求。在设计与特定外设通信的接口时，必须正确配置控制器，以确保正确解释通过链接传输的数据。

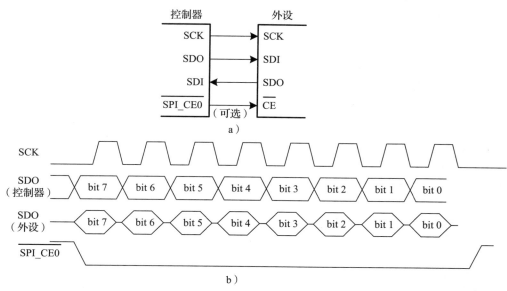

图 9.6 SPI 配置。a）SPI 控制器 – 外设连接图。b）SPI 数据信号示例

两个常见的配置参数是时钟极性（CPOL）和时钟相位（CPHA）。CPOL 用于设置时钟在空闲时的电平，CPHA 则用于设置在数据（SDO 和 SDI）采样（和变化）时的时钟沿。如果 CPOL=1，则在不传输数据时 SCK 保持高电平（1）；如果 CPOL=0，则在空闲时 SCK 保持低电平（0）。如果 CPHA=0，则数据在 SCK 前沿采样（并在后沿变化）；如果 CPHA=1，则数据在 SCK 后沿采样（并在前沿变化）。数据变化时的边沿也称为移位边沿，因为底层硬件通常是移位寄存器。图 9.7 显示了 CPHA 和 CPOL 的四个可能组合。图 9.6 的示例显示了 CPOL=0 且 CPHA=0。

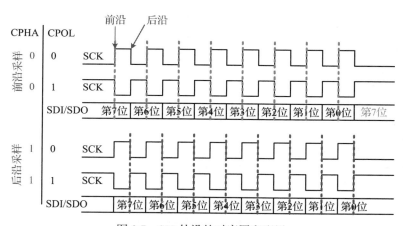

图 9.7 SPI 外设的时序图和配置

表 9.4 展示了与 SPI1 相关的控制寄存器，表 9.5 展示了关键寄存器的字段。sckdiv（见表 9.4）通过为所选输入外设时钟指定一个除数（div）来配置 SPI 时钟频率（在 RED-V 开发板上，外设时钟的默认频率为 16MHz）。SPI 时钟频率由 $f_{sck} = \dfrac{f_{in}}{2(div+1)}$ 给出。例如，

如果 div=15，则串行时钟为 $f_{\text{sck}} = \dfrac{16\,\text{MHz}}{2(15+1)} = 500\text{kHz}$。如果频率过高（面包板上的 >~ 1MHz 或未终止印刷电路板上的几十兆赫兹），则 SPI 连接可能由于反射、串扰或其他信号完整性问题而变得不可靠。

表 9.4　SPI1 寄存器的内存映射

偏移量	名称	描述
0x00	sckdiv	串行时钟除数
0x04	sckmode	串行时钟模式
0x08	Reserved	
0x0C	Reserved	
0x10	csid	片选 ID
0x14	csdef	片选默认值
0x18	csmode	片选模式
0x1C	Reserved	
0x20	Reserved	
0x24	Reserved	
0x28	delay0	延时控制 0
0x2C	delay1	延时控制 1
0x30	Reserved	
0x34	Reserved	
0x38	Reserved	
0x3C	Reserved	
0x40	fmt	帧格式
0x44	Reserved	
0x48	txdata	Tx FIFO 数据
0x4C	rxdata	Rx FIFO 数据
0x50	txmark	Tx FIFO 水印
0x54	rxmark	Rx FIFO 水印
0x58	Reserved	
0x5C	Reserved	
0x60	fctrl	SPI 闪存接口控制 *
0x64	ffmt	SPI 闪存指令格式 *
0x68	Reserved	
0x6C	Reserved	
0x70	ie	SPI 中断使能
0x74	ip	SPI 中断挂起

资料来源：来自 SiFive FE310-G0002 手册的表 65，已获得 SiFive 公司的授权转载，版权归 SiFive 公司所有，2019 年。

表 9.5　SPI 寄存器位字段

串行时钟除数寄存器（sckdiv）				
寄存器偏移量		0x0		
位	字段名称	属性	复位值	描述
[11:0]	div	RW	0x3	串行时钟的除数。div_width 为位宽
[31:12]	Reserved			

（续）

串行时钟模式寄存器（sckmode）

寄存器偏移量			0x4		
位	字段名称	属性	复位值		描述
0	pha	RW	0x0		串行时钟相位
1	pol	RW	0x0		串行时钟极性
[31:2]	Reserved				

传输数据寄存器（txdata）

寄存器偏移量			0x48		
位	字段名称	属性	复位值		描述
[7:0]	data	RW	0x0		传输的数据
[30:8]	Reserved				
31	full	RO	X		FIFO 满标志

接收数据寄存器（rxdata）

寄存器偏移量			0x4C		
位	字段名称	属性	复位值		描述
[7:0]	data	RO	X		接收到的数据
[30:8]	Reserved				
31	empty	RW	X		FIFO 空标志

资料来源：来自 SiFive *FE310-G0002* 手册的表 66、表 67、表 80 和表 81，已获得 SiFive 公司的授权转载，版权归 SiFive 公司所有，2019 年。

sckmode 用于控制时钟信号的相位和极性，只使用最低的两个位。位 0 是 CPHA，位 1 是 CPOL。

txdata 用于往其中写入要通过 SPI 通道传输的字节，而 rxdata 用于从其中读取接收到的字节。只有写入 txdata 的最低有效字节（LSB）会被传输。FE310 上的 SPI 实例在发送和接收数据寄存器上都设有 8 个先进先出（FIFO）缓冲区。这意味着当把数据写入 txdata 寄存器时，数据会被放置在 FIFO 缓冲区中，SPI 外设内部的硬件负责将其发送出去。txdata 寄存器的最高有效位是一个标志位，称为 full，当 FIFO 已满且无法再接收任何数据时，该位为 1。

从 FE310 SPI rxdata 寄存器中读取数据时需要小心。SPI 控制器的设计使得在读取寄存器时，会从接收 FIFO 中移除寄存器的数据。为了检查 rxdata 寄存器是否包含有效数据，应该先读取一次寄存器，然后检查 empty 位以确定数据是否有效。程序员应该注意避免为每个字节多次读取寄存器，因为这会导致数据丢失。

寄存器 csid、csdef 和 csmode 可以选择性地用于控制与片选线控制和配置相关的参数。换言之，可以配置片选引脚为 GPIO 输出引脚，并在软件中通过 digitalWrite 控制它。

一些 SPI 寄存器将多个小信息字段打包成单个 32 位字。在 C 语言中，我们可以使用冒号和数字来声明每个字段的位数，作为位字段结构的一部分。例 9.3 显示了如何使用位字段和结构体来定义这些寄存器。

例 9.3（通过 SPI 发送和接收字节） 设计一种系统，用于在 FE310 控制器和 FPGA 外设之间通过 SPI 进行通信。绘制接口的原理图，并编写用于 FE310 发送字符 A 和接收返回字符的 C 代码。编写 FPGA 上 SPI 外设的 HDL 代码。如果外设仅需要接收数据,如何简化外设?

　　解: 图 9.8 显示了使用 SPI1 通信的 FE310 控制器和 FPGA 外设之间的连接。引脚编号来自于组件数据表(例如,FE310 的表 9.3)。请注意,图中显示了引脚编号和信号名称,以指示物理和逻辑连接性。当启用 SPI 连接时,这些引脚不能用于 GPIO。

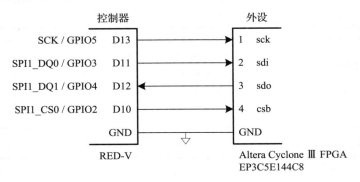

图 9.8　RED-V 和 Altera Cyclone FPGA 的连接图

　　代码示例 9.3 来自于 EasyREDVIO.h 文件,用于初始化 SPI 通道并发送和接收字符。该文件首先声明了 SPI 位字段和内存映射。pinMode 函数被通用化以支持 I/O 函数以及输入和输出。函数 spiSendReceive 完成了一个完整的 SPI 事务:发送和接收一个字节。它初始化时检查传输 FIFO 是否已满,是否可以接受另一个元素。如果是,则它将字符写入传输 FIFO 中以进行移位输出。在传输之后,读取 rxdata 寄存器。此处需要注意,因为每当读取寄存器时,rxdata 寄存器的 empty 标志位都会更新,所以应该读取整个 32 位的 rxdata 寄存器。然后,在检查 empty 标志未设置(即数据有效)后,返回接收到的字节。　■

代码示例 9.3　SPI 函数

```
/////////////////////////////////////////////////////////////////////
// SPI Registers
/////////////////////////////////////////////////////////////////////
typedef struct {
    volatile uint32_t    div        :    12;   // Clock divisor
    volatile uint32_t               :    20;
} sckdiv_bits;

typedef struct {
    volatile uint32_t    pha        :    1;    // Serial clock phase
    volatile uint32_t    pol        :    1;    // Serial clock polarity
    volatile uint32_t               :    30;
} sckmode_bits;

...

typedef struct {
    volatile uint32_t    data       :    8;    // Transmit data
    volatile uint32_t               :    23;
    volatile uint32_t    full       :    1;    // FIFO full flag
} txdata_bits;

typedef struct {
    volatile uint32_t    data       :    8;    // Received data
    volatile uint32_t               :    23;
    volatile uint32_t    empty      :    1;    // FIFO empty flag
} rxdata_bits;

// Pin modes
#define INPUT  0
#define OUTPUT 1
#define GPIO_IOF0 2
```

```
#define GPIO_IOF1 3

void pinMode(int gpio_pin, int function) {
    switch(function) {
        case INPUT:
            GPIO0->input_en   |= (1 << gpio_pin);    // Set a pin as an input
            GPIO0->iof_en     &= ~(1 << gpio_pin);   // Disable IOF
            break;
        case OUTPUT:
            GPIO0->output_en  |= (1 << gpio_pin);    // Set pin as an output
            GPIO0->iof_en     &= ~(1 << gpio_pin);   // Disable IOF
            break;
        case GPIO_IOF0:
            GPIO0->iof_en     |= (1 << gpio_pin);    // Enable IOF
            GPIO0->iof_sel    &= ~(1 << gpio_pin);   // IO Function 0
            break;
        case GPIO_IOF1:
            GPIO0->iof_en     |= (1 << gpio_pin);    // Enable IOF
            GPIO0->iof_sel    |= (1 << gpio_pin);    // IO Function 1
            break;
    }
}

void spiInit(uint32_t clkdivide, uint32_t cpol, uint32_t cpha) {

    // Initially assigning SPI pins (GPIO 2-5) to HW I/O function 0
    pinMode(3, GPIO_IOF0); // SDO
    pinMode(4, GPIO_IOF0); // SDI
    pinMode(5, GPIO_IOF0); // SCK

    digitalWrite(2, 1);    // make sure CS0 doesn't pulse low
    pinMode(2, OUTPUT);    // CS0 is manually controlled

    SPI1->sckdiv.div = clkdivide; // Set the clock divisor

    SPI1->sckmode.pol = cpol;     // Set the polarity
    SPI1->sckmode.pha = cpha;     // Set the phase
}

/* Transmits a character (1 byte) over SPI and returns the received character.
 *    send: the character to send over SPI
 *    return value: the character received over SPI */
uint8_t spiSendReceive(uint8_t send) {
    while(SPI1->txdata.full); // Wait until transmit FIFO is ready for new data
    SPI1->txdata.data = send;  // Transmit the character over SPI

    rxdata_bits rxdata;
    while (1) {
        rxdata = SPI1->rxdata; // Read the rxdata register EXACTLY once
        if (!rxdata.empty) {    // If the empty bit was not set, return the data
            return (uint8_t)rxdata.data;
        }
    }
}
```

代码示例 9.4 中的 C 代码用于初始化 SPI，然后发送和接收一个字符。使用公式 $f_{sck} = \dfrac{f_{in}}{2(\text{div}+1)}$，其中 f_{in} 是 16MHz 的 `coreclk`，它将 SPI 时钟设置为 500kHz。

代码示例 9.4　初始化 SPI 函数

```
#include "EasyREDVIO.h"

int main(void) {
    uint8_t volatile received;

    // Initialize the SPI
    // Clock divisor of div = 15, CPOL = 0, CPHA = 0
    spiInit(15, 0, 0);

    digitalWrite(2, 0);              // enable the peripheral (chip select = 0), if necessary
    received = spiSendReceive('A'); // Send letter A and receive byte
    digitalWrite(2, 1);              // turn off chip enable
}
```

如果外设仅需要从控制器接收数据，那么它只是一个简单的移位寄存器，如 HDL 示例 9.1 所示。在每个上升的 sck 边沿，都会有一个新的 sdi 位从数据的最高有效位开始移入移位寄存器。经过八个时钟周期后，整个字节都被读入了移位寄存器。

HDL 示例 9.1　仅用于接收的 SPI 外设的 HDL

```
module spi_peripheral_receive_only(input  logic          sck, // From controller
                                   input  logic          sdi, // From controller
                                   output logic [7:0] q); // Data received
  always_ff @(posedge sck)
    q <= {q[6:0], sdi}; // shift register
endmodule
```

HDL 示例 9.2 给出了一个既能发送又能接收数据的 SPI 外设（即 SPI 收发器）的 SystemVerilog 代码，图 9.9 显示了其模块图和在 CPHA=CPOL=0 时的时序，主要组件仍然是一个移位寄存器。移位寄存器会将要发送的字节（d[7:0]）并行加载到移位寄存器中，然后在 sdo 上移出这些数据，同时通过 sdi 接收控制器发送的数据（t[7:0]）。计数器 cnt 负责跟踪已经发送/接收了多少位。当 sck 空闲时，cnt=0，d 的最高有效位（d[7]）位于 sdo 线上。一个微妙之处在于，sdo 只能在下降沿时改变，因此 sdo 输出（即移位寄存器的最高有效位 q[7]）被位于图 9.9 中的负边沿触发的 qdelayed 寄存器延迟了半个时钟周期。

HDL 示例 9.2　SPI 外设的 HDL

```
module spi_peripheral(input  logic       sck,   // From controller
                      input  logic       sdi,   // From controller
                      output logic       sdo,   // To controller
                      input  logic       reset, // System reset
                      input  logic [7:0] d,     // Data to send
                      output logic [7:0] q);    // Data received
  logic [2:0] cnt;
  logic qdelayed;

  // 3-bit counter tracks when full byte is transmitted
  always_ff @(negedge sck, posedge reset)
    if (reset) cnt = 0;
    else       cnt = cnt + 3'b1;
  // Loadable shift register
  // Loads d at the start, shifts sdi into bottom on each step
  always_ff @(posedge sck)
    q <= (cnt == 0) ? {d[6:0], sdi} : {q[6:0], sdi};

  // Align sdo to falling edge of sck
  // Load d at the start
  always_ff @(negedge sck)
    qdelayed = q[7];

  assign sdo = (cnt == 0) ? d[7] : qdelayed;
endmodule
```

2. 通用异步收发器（UART）

UART（发音为 you-art）是一种串行 I/O 外设，用于在两个系统之间进行通信而不发送时钟信号。反而，两个系统必须事先达成一致，使用相同的数据传输速率，并且各自必须本地生成自己的时钟。时钟不同步，因此传输是异步的。虽然两个系统时钟可能存在小的频率误差和未知的相位关系，但 UART 可以管理可靠的异步通信。UART 通常用于 RS-232 和 RS-485 等协议。例如，旧的计算机串行端口使用 RS-232C 标准，该标准由电子工业协会于 1969 年引入。该标准最初设想将数据终端设备（DTE），例如大型计算机连接到数据通信设备（DCE），例如调制解调器。尽管与 SPI 相比，UART 传输速率相对较慢且容易出现配置错误，但这些标准已经存在了很长时间，因此在今天仍然非常重要。

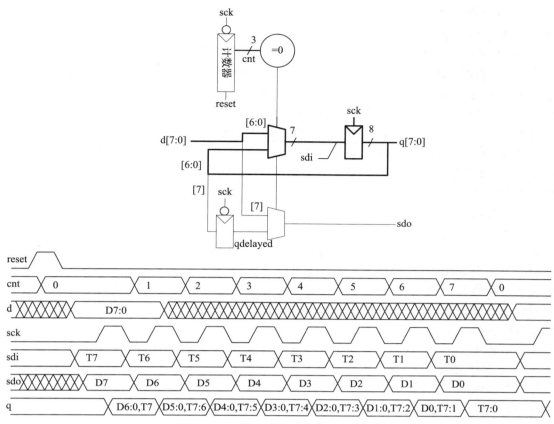

图 9.9 FPGA 上的 SPI 外设的模块图和时序图

图 9.10a 显示了一个异步串行连接。DTE 通过 TX 线向 DCE 发送数据，并通过 RX 线接收数据。图 9.10b 显示了其中一个线路以 9600 波特率发送字符。当线路使用时，处于逻辑 1 的空闲状态。发送的每个字符都包括 1 个起始位（0）、7 或 8 个数据位、1 个可选的奇偶校验位和 1 个或多个停止位（1）。通常发送起始位、停止位，以及 8 个数据位。UART 检测从空闲到开始的下降转换，并在适当的时间锁定传输。虽然 7 个数据位足以发送 ASCII 字符，但通常使用 8 个数据位，因为它们可以传递任意字节的数据。

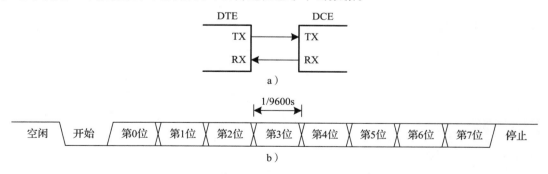

图 9.10 异步串行连接

可选的奇偶校验位允许系统在传输过程中检测位是否损坏。它可以配置为偶校验或奇校验，偶校验意味着配置的奇偶校验位要使数据位和奇偶校验位中总共有偶数个 1。换句话说，奇偶校验位是数据位的异或结果。接收器可以检查是否接收到偶数个 1，并在否的情况下发出错误信号。奇校验则相反。

通常使用 1 个起始位、8 个数据位和 1 个停止位，共计 10 个符号来传递一个 8 位字符的信息，无奇偶校验位。因此，信号速率以波特率为单位而不是 b/s。例如，9600 波特率表示每秒 9600 个符号，或者 960 个字符 /s。发送器和接收器都必须根据适当的波特率和数据位、奇偶校验位、停止位数量进行配置，否则数据将会出现混乱。这是一件麻烦的事情，尤其对于非技术人员来说，这也是在个人计算机系统中 USB 取代 UART 的原因之一。

典型波特率有 300、1200、2400、9600、14 400、19 200、38 400、57 600 和 115 200。在 20 世纪 70 年代和 80 年代，调制解调器用较低的波特率通过电话线以一系列音调发送数据。在当代系统中，9600 和 115 200 是最常见的两个波特率，9600 用于速度不重要的场合，而 115 200 是最快的标准速率，但与其他现代串行 I/O 标准相比仍然较慢。

RS-232 标准定义了几个附加信号。请求发送（RTS）和清除发送（CTS）信号可用于硬件握手（hardware handshaking）。它们可以在两种模式下操作：流控制和单工模式。在流控制模式下，当 DTE 准备好从 DCE 接收数据时，它会将 RTS 清除为 0。同样，当 DCE 准备好接收来自 DTE 的数据时，它会将 CTS 清除为 0。一些数据表使用上划线表示它们是低电平有效的。在旧的单工模式下，当 DTE 准备好发送数据时，它会将 RTS 清除为 0。当 DCE 准备好接收传输时，它会通过清除 CTS 来回复。

一些系统，特别是连接在电话线上的系统，还使用数据终端就绪（DTR）、数据载波检测（DCD）、数据集就绪（DSR）和振铃指示器（RI）信号来指示设备何时连接到线路。这些信号仍然出现在一些连接器中。

最初的 RS-232 标准建议使用一个庞大的 25 引脚 DB-25 连接器，但个人计算机将其简化为 9 引脚公头 DE-9 连接器，引脚分配如图 9.11a 所示。电缆线通常直接连接，如图 9.11b 所示。但是，当直接连接两个 DTE 时，可能需要使用如图 9.11c 所示的空调制解调器电缆来交换 RX 和 TX 并完成握手。最后，一些连接器是公头的，一些是母头的。总之，为了在 RS-232 上连接两个系统，可能需要一盒大的电缆和一定量的猜测，这再次解释了为什么转向选择 USB。幸运的是，嵌入式系统通常使用简化的 3 或 5 线设置，包括 GND、TX、RX，以及可能的 RTS 和 CTS。

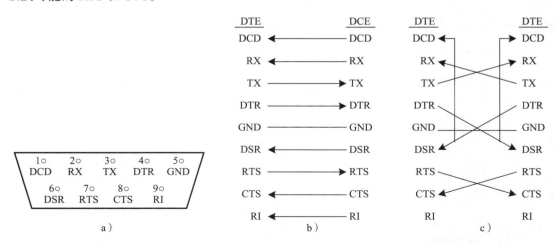

图 9.11 DE-9 公头电缆。a）引脚分配。b）标准布线。c）空调制解调器布线

RS-232 使用 3 ～ 15V 来表示 0，使用 −15 ～ −3V 来表示 1，这被称为双极性信号。转发器将 UART 的数字逻辑电平转换为 RS-232 所期望的正负电平，并提供静电放电保护，以防止用户插入电缆时串口被击穿。MAX3232E 是一种广泛使用的转发器，与 3.3V 和 5V 数字逻辑兼容。它包含一个电荷泵，与外部电容器一起从单个低电压电源产生 ±5V 输出。一些用于嵌入式系统的串行外围设备省略了转发器，只使用 0V 表示 0，使用 3.3V 或 5V 表示 1，请查看数据手册！

FE310 芯片有两个 UART，分别命名为 UART0 和 UART1。UART0 可以配置为在引脚 16 和 17 上运行，UART1 在引脚 18 和 23 上运行。为将这些引脚用作 UART 而不是 GPIO，应将它们对应的 iof_sel 位设置为 0（选择 IOF0），并将 iof_en 位设置为 1 以启用外设控制。与 SPI 一样，FE310 必须首先配置端口。不同于 SPI 的是，读写可以独立进行，因为任一系统都可以在不接收的情况下进行发送，反之亦然。UART0 的寄存器如表 9.6 所示。

表 9.6 UART0 内存映射寄存器

	...
0x10013018	div
	...
0x1001300C	rxctrl
0x10013008	txctrl
0x10013004	rxdata
0x10013000	txdata
	...

该表来自 SiFive *FE310-G0002* 手册的表 55，已获得 SiFive 公司的授权转载，版权归 SiFive 公司所有，2019 年。

为配置 UART，首先设置波特率。UART 使用板载 TileLink 总线时钟 tlclk 作为时钟源。对于 FE310-G002，此总线时钟默认配置得与处理器时钟 coreclk 相同，为 16MHz。必须将此时钟信号分频以产生所需的波特率，最终波特率由公式（9.1）给出：

$$f_{baud} = \frac{f_{in}}{div+1} \tag{9.1}$$

FE310 的 UART 外设只支持 8-N-1 和 8-N-2 协议配置。这两种协议都支持 8 个数据位和无奇偶校验位，数据包可以配置为有 1 个停止位（在 8-N-1 中）或 2 个停止位（在 8-N-2 中）。在 txctrl 寄存器中使用 nstop 字段设置停止位配置。默认情况下，nstop=0，这将使外设使用一个停止位。

数据分别使用 txdata 和 rxdata 寄存器进行传输和接收。传输和接收寄存器都以可容纳 8 个元素的 FIFO 缓冲区作为缓冲。为了传输数据，请检查 txdata 寄存器的 full 位是否为 0，是则表示 FIFO 缓冲区中有空间可写入新数据。然后，将一个字节写入 txdata 中的数据字段。为了读取数据，请读取 rxdata 寄存器，并检查 empty 位是否为 0，以确认数据字段中的字节是否有效。

例 9.4（与 PC 串行通信） 为 FE310 开发一个电路和一个 C 语言程序，使其能以 115 200 波特率以及含 8 个数据位、1 个停止位、无奇偶校验的方式与 PC 进行串行通信。PC 应该运行一个控制台程序，如 PuTTY，以便通过串口进行读写。该程序应要求用户输入一个字符串，然后它应该显示用户输入的内容。

解： 图 9.12a 展示了串行连接的基本原理，说明了电平转换和布线的问题。由于很少有 PC 还有物理串行端口，我们使用了 plugable.com 上的可插 USB 到 RS-232 DB9 串行适配器（如图 9.13 所示）来提供与 PC 的串行连接。该适配器连接到一个母头 DE-9 连接器上，该连接器焊接到供给收发器的电线上，收发器将电压从双极 RS-232 电平转换为 FE310 的 3.3V 电平。FE310 和 PC 都是 DTE，所以电路中必须交叉连接 TX 和 RX 引脚。不使用 FE310 的 RTS/CTS 握手方式，DE9 连接器上的 RTS 和 CTS 被连接在一起，这样 PC 会自己握手。■

图 9.12b 展示了一种更简单的方法，使用 Adafruit 954 USB 到 TTL 的串行电缆。该电缆直接兼容 3.3V 电平。

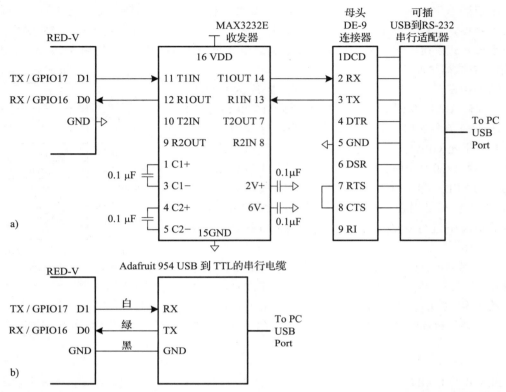

图 9.12　串行通信线路原理图。a）通过 RS-232 进行串行通信。b）通过 USB 到 TTL 的串行电缆进行串行通信

图 9.13　可插 USB 到 RS-232 DB9 串行适配器

为配置 PuTTY 以与串行线路一起使用，请将 Connection type 设置为 Serial，将 Speed 设置为 115 200。将 Serial line 设置为操作系统分配给串行到 USB 适配器的 COM 端口。在 Windows 中，可以在设备管理器中找到它，例如它可能是 COM3。在 Connection → Serial 选项卡下，将流控制设置为 NONE 或 RTS/CTS。在 Terminal 选项卡下，将 Local Echo 设置为 Force On 以在用户输入字符时，终端显示该字符。

EasyREDVIO.h 中的串行端口设备驱动程序代码如代码示例 9.5 所示。终端程序中的 Enter 键对应于回车字符，这在 C 语言中表示为 \r，ASCII 代码为 0x0D。为在打印时移到下一行的开头，请发送 \n 和 \r（换行和回车）字符[⊖]。uartInit 函数按上述方式配置 UART。getCharSerial 和 putCharSerial 分别使用 UART 从终端读取和往终端写入

⊖　即使没有 /r 字符，PuTTY 也能打印正确。

字符（代码示例 9.5）。

代码示例 9.5　使用 UART 从终端读写字符

```
void uartInit(uint32_t baud) {
    uint32_t div = 16000000/baud-1;      // 16 MHz tileclock
    pinMode(16, GPIO_IOF0);
    pinMode(17, GPIO_IOF0);

    UART0->div.div = div;                // Set clock divisor
    UART0->txctrl.txen = 1;              // Enable transmitter
    UART0->txctrl.nstop = 1;             // Set one stop bit
    UART0->rxctrl.rxen = 1;              // Enable receiver
}

uint8_t getCharSerial(void) {
    uart_rxdata_bits rxdata;             // Create temporary variable to store register

    while(1) {
        rxdata = UART0->rxdata;          // Read register exactly once
        if(!rxdata.empty) {
            return (uint8_t)rxdata.data; // Check to see if the data is valid
        }
    }
}

void putCharSerial(uint8_t c) {
    while(UART0->txdata.full);           // Wait until ready to transmit
    UART0->txdata.data = c;
}
```

代码示例 9.6 中的 main 函数演示了使用 putStrSerial 和 getStrSerial 函数将数据打印到控制台和从控制台读取数据的过程。

代码示例 9.6　使用 UART 从终端读写字符串

```
#include "EasyREDVIO.h"

#define MAX_STR_LEN 80

void getStrSerial(char *str) {
    int i = 0;
    do {                                       // Read an entire string until detecting
        str[i] = getCharSerial();              // Carriage return
    } while ((str[i++] != '\r') && (i < MAX_STR_LEN));  // Look for carriage return
    str[i-1] = 0;                              // Null-terminate the string
}

void putStrSerial(char *str) {
    int i = 0;
    while (str[i] != 0) {                       // Iterate over string
        putCharSerial(str[i++]);                // Send each character
    }
}

int main(void) {
    char str[MAX_STR_LEN];

    uartInit(115200); // initialize UART with baud rate

    while(1) {
        putStrSerial("Please type something: \r\n");
        getStrSerial(str);
        putStrSerial("You typed: ");
        putStrSerial(str);
        putStrSerial("\r\n");
    }
}
```

在 PC 上用 C 语言程序与串口通信是有点麻烦的，因为串口驱动库在不同的操作系统上没有标准化。在其他编程环境，如 Python、MATLAB 或 LabVIEW 上串行通信会变得轻松。

9.3.6 计时器

嵌入式系统通常需要测量时间。例如，微波炉需要用第一个计时器来跟踪时间，用第二个计时器来测量烹饪时间，可能会使用第三个计时器来产生脉冲以使转盘旋转，用第四个计时器来控制功率设置（只在每秒的一小部分时间内激活微波炉的能量）。

FE310 具有一个带 64 位自由运行计数器的系统计时器，它根据外部提供的时钟信号递增。在 RED-V 上，这个时钟源是一个 32.768kHz（恰好是 2^{15}Hz）的振荡器。表 9.7 显示了系统计时器的内存映射，它位于核心本地中断器（CLINT）块内。mtime 包含计数器当前的 64 位值，可以被读取或写入。因此，要重新启动计时器，可以写入 0。mtimecmp 是一个 64 位寄存器，包含计时器比较值。msip 是机器模式软件中断寄存器。当计数器值达到 mtimecmp 中的值时，msip 寄存器的最低有效位设置为 1。使用 msip 和 mtimecmp 寄存器是检查是否发生延迟的一种有效方法。表 9.7 显示了这些寄存器的内存地址。

PWM 模块（参见 9.3.7 节）提供了可用于测量精确延迟的附加计数器，如有需要可以使用。

表 9.7 系统计时器寄存器

地址	寄存器
	...
0x0200BFFC	mtime (hi)
0x0200BFF8	mtime (lo)
	...
0x02004004	mtimecmp (hi)
0x02004000	mtimecmp (lo)
	...
0x02000000	msip
	...

资料来源：经过许可，本表来自 2019 年 SiFive *FE310-G002* 手册的表 24，版权归 SiFive 公司所有。

例 9.5（闪烁 LED） 编写一个程序，使 RED-V 的状态 LED 每秒闪烁 5 次，持续 4s。

解：EasyREDVIO 中的延迟函数（见代码示例 9.7）使用计时器比较通道来创建指定毫秒级的延迟。结果见代码示例 9.8。■

代码示例 9.7 延迟函数

```
#define MTIME_CLK_FREQ 32768          // RTC frequency in Hz
volatile uint64_t *mtime = (uint32_t*) 0x0200BFF8;
void delay(int ms) {
    uint64_t doneTime = *mtime + (ms*MTIME_CLK_FREQ)/1000;
    while (*mtime < doneTime);         // Wait until time is reached
}
```

GPIO5 (D13) 用于驱动 RED-V 开发板上的活动 LED。代码示例 9.8 设置该引脚为输出引脚。之后通过 200ms 一次（5Hz）的一系列数字写来开关 LED。

代码示例 9.8 闪烁 LED

```
#include "EasyREDVIO.h"

void main(void) {
    uint32_t i;

    pinMode(D13, OUTPUT);      // status led as output

    for(i = 0; i < 20; i++) {
        delay(100);
        digitalWrite(D13, 0); // turn led off
        delay(100);
        digitalWrite(D13, 1); // turn led on
    }
}
```

9.3.7 模拟 I/O

真实世界是模拟信号的世界。许多嵌入式系统需要用模拟输入和输出与外界交互，它们使用模拟数字转换器（analog-to-digital converter，ADC）将模拟信号量化为数字值，使用数字模拟转换器（digital-to-analog-converter，DAC）将数字值转化为模拟信号。图 9.14 展示了这些组件的符号。转换器的特征由它们的分辨率、动态范围、采样频率和准确度来决定。例如，一个 ADC 可能有 $N=12$ 位的分辨率，范围 $V_\text{ref}^- \sim V_\text{ref}^+$ 为 0 ~ 5V，采样频率为 $f_\text{s}=44\text{kHz}$，准确度为 ±3 个最低有效位（Lsb）。采样频率也可称为每秒采样数（samples per second，sps），其中 1sps=1Hz。模拟输入电压 $V_\text{in}(t)$ 与数字样本 $X[n=t/f_\text{s}]$ 之间的关系是

$$X[n] = 2^N \frac{V_\text{in}(t) - V_\text{ref}^-}{V_\text{ref}^+ - V_\text{ref}^-} \qquad (9.2)$$

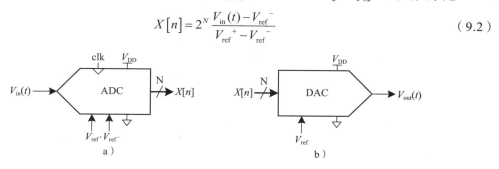

图 9.14　ADC 和 DAC 符号

例如，输入电压 2.5V（全部量程的一半）对应于 $2^{12}/2$（最大值的一半），输出为 100000000000_2= $0\text{x}800=2^{11}=2048$，不确定性高达 31lsb。

同样，DAC 的全量程输出电压范围为 $V_\text{ref}=2.56\text{V}$，具有 $N=16$ 位的分辨率，它产生的输出为

$$V_\text{out}(t) = \frac{X[n]}{2^N} V_\text{ref} \qquad (9.3)$$

许多微控制器具有中等性能的 ADC。为了获得更高的性能（例如，16 位的分辨率或超过 1MHz 的采样频率），通常需要使用连接到微控制器的独立 ADC。只有较少的微控制器具有内置的 DAC，所以必须使用单独的芯片将数字值转换为模拟电压。然而，微控制器通常使用一种称为 PWM 的技术产生模拟输出。

1. 数字 / 模拟转换

FE310 中没有通用的 DAC。本节介绍的是使用外部 DAC 进行数字 / 模拟（D/A）转换，并阐述 FE310 通过并行和串行端口与其他芯片交互的过程。下一节使用 PWM 实现了相同的结果。

有些 DAC 通过具有 N 条连线的并行接口接收 N 位数字输入，而另一些通过串行接口（如 SPI）接收数据。有些 DAC 同时要求正负电源电压，而其他使用单个电源电压。有些支持弹性的电源电压范围，而另一些需要特定的电压。输入逻辑电平应当与数字源兼容。有些 DAC 生成与数字输入成正比的电压输出，而另一些产生电流输出，可能需要一个运算放大器来将此电流转换为所需范围内的电压。

在本节中，我们使用 Linear Technology LTC1450 12 位并行 DAC 和 Microchip MCP4801 8 位串行 DAC。这两种 DAC 产生电压输出，在单个 5 ~ 15V 电源供应下运行，使用 $V_\text{IN}=2.4\text{V}$，这样它们与 3.3V 的 I/O 兼容，采用 DIP 封装使它们易于安装且使用方便。LTC1450 的输出范围为 0 ~ 2.048V 或 0 ~ 4.095V，这取决于增益设置，功耗为 2mW，采用 24 引脚封装，并有 4μs 稳定时间（settling time），允许 250ksps 的输出速率。数据手册可以从 analog.com 获得。MCP4801 的输出范围为 0 ~ 2.048V 或 0 ~ 4.096V，功耗低于 2mW，采用 8 引脚封装，并有 4.5μs 稳定时间。它的 SPI 的最高工作频率为 20MHz，数据手册可以从 microchip.com 获得。

例 9.6（使用外部 DAC 的模拟输出）　绘制电路图并为利用 RED-V、LTC1450 和

MCP4801 生成正弦波以及三角波的简单信号产生器编写软件。

解： 电路图如图 9.15 所示。在本例中使用了两个 DAC 芯片，它们都使用 5V 电源电压，并有一个 0.1μF 的去耦电容器来降低电源噪声。

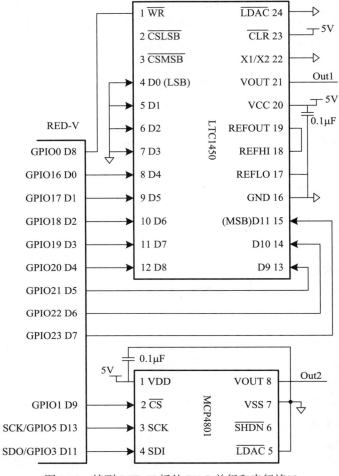

图 9.15　接到 RED-V 板的 DAC 并行和串行接口

LTC1450 的 DAC 有 12 个数据输入，即 D0 ～ D11，用于指定在 VOUT 上生成的模拟电压。在本例中，我们只需 8 位精度，所以将 D0 ～ D3 这四个最低有效位连接到地。为了将数据加载到 DAC 中，RED-V 将所需值放在 D4 ～ D11 上。然后，RED-V 将写校验（active-low write，WR）引脚设置为低电平，以将数据写入 DAC。CLR 与 VCC 绑定，因为我们不需要清除输入数据锁存器。低负载 DAC 信号 LDAC 连接到 GND，以在每次 WR 变低时加载数据。

MCP4801 通过 SPI1 连接到 RED-V。除了标准 SPI 信号外，MCP4801 还有一个模拟输出电压引脚（VOUT），以及两个低电平有源控制输入，即硬件关闭（SHDN）和锁存 DAC（LDAC）。SHDN 用于在不需要输出值时关闭输出驱动电路以节省功率。LDAC 在为低电平时锁存输入值。为了向 MCP4801 发送数据，将一个 16 位的值发送至 SPI：第 11 ～ 4 位保存在 D7 ～ D0 上，第 13 位是增益选择（如果设置为 1 则为 1x，如果设置为 0 则为 2x），第 12 位控制 SHDN（为 0 则关闭输出，为 1 则允许 VOUT 驱动模拟值）。在这种情况下，

SHDN 在软件中接受控制，在电路中悬空（不受驱动）。

用于驱动两个 DAC 的程序如代码示例 9.9 所示。该程序将 8 个并行端口引脚配置为输出引脚，将 GPIO0 配置为输出引脚以驱动 LTC1450 上的 WR 信号，还配置 GPIO1 以驱动 MCP4801 上的片选信号。程序将 SPI 初始化为 500kHz，由 initWaveTables 函数预先计算正弦波和三角波的采样值数组，然后程序更新串行 DAC，再等待，直到计时器指示该进行下一次采样了。所生成波形的最大频率由在 genWaves 函数中发送每个点的时间设置，该时间受 SPI 传输时间的限制。

代码示例 9.9　使用 DAC 生成正弦波

```
#include "EasyREDVIO.h"
#include <math.h> // required to use the sine function

#define NUMPTS 64
int sine[NUMPTS], triangle[NUMPTS];

#define SHDNn_Pos 12
#define Gain_Pos  13

int parallelPins[8] = {D0, D1, D2, D3, D4, D5, D6, D7};

void initWaveTables(void) {
  int i;
  for (i = 0; i<NUMPTS; i++) {
    sine[i] = 127*(sin(2*3.14159*i/NUMPTS) + 1); // 8-bit scale
    if (i < NUMPTS/2) triangle[i] = i*255/NUMPTS; // 8-bit scale
    else triangle[i] = 254 - i*255/NUMPTS;
  }
}

void genWaves(int freq) {
  int i, j;
  int delay_cycles = MTIME_CLK_FREQ/(NUMPTS*freq);

  for (i = 0; i < 2000; i++){
    for (j = 0; j < NUMPTS; j++) {
      uint64_t doneTime = *mtime + delay_cycles; // Set sample period

      // Load serial DAC
      digitalWrite(1, 0);       // enable chip (chip select: CS = 0)
      // Set SHDNn to active (bit 12) and gain to 1 (bit 13)
      volatile uint16_t sine_samp_dac = ((uint16_t) sine[j] << 4) \
                                  |(1 << SHDNn_Pos) | (1 << Gain_Pos);
      spiSendReceive16(sine_samp_dac);
      digitalWrite(1, 1);       // disable chip (chip select: CS = 1)

      // Load parallel DAC
      digitalWrite(0, 1);          // No load while changing inputs
      digitalWrites(parallelPins, 8, triangle[j]);
      digitalWrite(0, 0);          // Load new points into DACs
      while(*mtime < doneTime); // Wait for mtime_cmp to hit
    }
  }
}

int main(void) {
  pinsMode(parallelPins, 8, OUTPUT); // Set pins connected to the AD558 as outputs
  pinMode(0, OUTPUT);                // Make pin 0 an output to control LOAD
  pinMode(1, OUTPUT);                // Make pin 1 an output to control CE
  spiInit(15, 0, 0);                 // Initialize the SPI
  initWaveTables();
  genWaves(100);
}
```

2. PWM

另一种由数字系统产生模拟输出的方式为 PWM，它产生一个周期性脉冲输出，输出的一部分为高电平，其余部分为低电平。占空比是高电平部分在一个周期中所占的比例（脉宽/周期），如图 9.16 所示。输出的平均值正比于占空比。例如，如果输出在 0～3.3V 之间，占空比为 25%，则电压平均值为 0.25 × 3.3=0.825V。对 PWM 信号进行低通滤波可以消除振荡，使信号得到所需的平均值。因此，如果脉冲速率远高于模拟输出频率，则 PWM 是产生模拟输出的有效方法。PWM 的其他应用包括制作方波音频音调，对电动机或灯的功率或亮度进行数字控制。

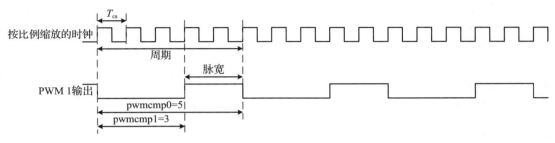

图 9.16　PWM 信号

FE310 有 3 个 PWM 外设，如表 9.3 所示，每个 PWM 有 4 个 PWM 输出，共有 12 个可用的 PWM 输出。PWM0 的输出精度为 8 位，PWM1 和 PWM2 的输出精度为 16 位。本节中，我们展示如何使用 PWM2，对其他两个 PWM 外设的配置和使用遵循类似的步骤。PWM2 有四个输出，即 PWM2_PWM0、PWM2_PWM1、PWM2_PWM2 和 PWM2_PWM3，它们可以在 GPIO10 ～ GPIO13 引脚上使用 IOF1 引脚函数。

PWM 有几种模型产生模式，我们关注的是产生如图 9.16 所示的 PWM 波形。为了产生这种波形，外设被配置为重复模式。这种模式下，比较器 0（pwmcmp0）设置周期，比较器 1（pwmcmp1）设置低电平时间。这些时间的单位是按比例缩放的时钟周期，即 T_{cs}。例如，如图 9.17 所示，如果缩放后的时钟周期为 0.5μs（2MHz），且 pwmcmp0=5，则引脚 PWM2_PWM1（引脚 11）将以 5 × 0.5μs=2.5μs（400kHz）的周期振荡。若 pwmcmp1=3，则占空比为 1−(3/5)=40%。

表 9.8 显示了 PWM2 寄存器的内存映射。在本节中，我们将描述配置 PWM1_PWM1 输出所需的步骤，对其他 PWM 及其输出使用类似的方式进行配置。

表 9.9 展示了 PWM 配置寄存器 pwmcfg 中的位字段。需要注意的是，大多数位在系统重置时不会被清除，因此谨慎的做法是首先将所有位重置为 0，然后向 pwmenalways 和 pwmzerocmp 写入 1，以配置 PWM 来生成由 pwmcmp0 设置周期的重复波形。

表 9.8　PWM2 配置寄存器

地址	寄存器
0x1002502C	pwmcmp3
0x10025028	pwmcmp2
0x10025024	pwmcmp1
0x10025020	pwmcmp0
…	…
0x10025010	pwms
0x1002500C	…
0x10025008	pwmcount
0x10025004	…
0x10025000	pwmcfg
	…

表 9.9　PWM 配置寄存器字段

PWM 配置寄存器 (pwmcfg)				
寄存器偏移量			0x0	
位	字段名称	属性	复位值	描述
[3:0]	pwmscale	RW	X	PWM 计数器范围
[7:4]	Reserved			
8	pwmsticky	RW	X	PWM 锁存控制位——不允许清除 pwmcmp*X*ip 位
9	pwmzerocmp	RW	X	PWM 零——匹配后计数器复位为零

（续）

PWM 配置寄存器（pwmcfg）

寄存器偏移量				0x0	
位	字段名称	属性	复位值	描述	
10	pwmdeglitch	RW	X	PWM 去抖动——在同一周期内锁存 pwmcmpXip	
11	Reserved				
12	pwmenalways	RW	0x0	总是使能 PWM——持续运行	
13	pwmenoneshot	RW	0x0	只使能一次 PWM 输出——运行一个周期	
[15:14]	Reserved				
16	pwmcmp0center	RW	X	PWM0 比较中心	
17	pwmcmp1center	RW	X	PWM1 比较中心	
18	pwmcmp2center	RW	X	PWM2 比较中心	
19	pwmcmp3center	RW	X	PWM3 比较中心	
[23:20]	Reserved				
24	pwmcmp0gang	RW	X	PWM0、PWM1 比较器绑定在一起以同步更新	
25	pwmcmp1gang	RW	X	PWM1、PWM2 比较器绑定在一起以同步更新	
26	pwmcmp2gang	RW	X	PWM2、PWM3 比较器绑定在一起以同步更新	
27	pwmcmp3gang	RW	X	PWM3、PWM0 比较器绑定在一起以同步更新	
28	pwmcmp0ip	RW	X	PWM0 中断挂起	
29	pwmcmp1ip	RW	X	PWM1 中断挂起	
30	pwmcmp2ip	RW	X	PWM2 中断挂起	
31	pwmcmp3ip	RW	X	PWM3 中断挂起	

缩放后的时钟频率 f_{scaled} 是 f_{base}=16MHz 的基准总线时钟频率除以 $2^{pwmscale}$ 的结果，其中 pwmscale 是 pwmcfg 寄存器中 0～15 范围内的 4 位数字。PWM 频率为 $f_{pwm}=f_{scaled}$/pwmcpm0=f_{base}/(pwmcmp0 × $2^{pwmscale}$)。如上所述，占空比为 1-(pwmcmp1/pwmcmp0)。为提供所需的 PWM 频率，pwmscale 和 pwmcmp0 存在许多可能的选择。然而，在 pwmcmp0 是一个无符号 16 位数字（即它不能超过 65 535）的约束下，当 pwmscale 尽可能小而 pwmcmp0 尽可能大时，PWM 频率分辨率（期望频率与实际频率之间的误差）是最好的。

例 9.7（PWM） 选择 pwmscale 和 pwmcmp0 以在 1.2Hz 的频率下闪烁 LED。重复这个问题以产生 1 190Hz 的音调。

解： 为了说明这一点，假设我们希望以 f_{pwm}=1.2Hz 的频率闪烁 LED。$f_{pwm}=f_{base}$/(pwmcmp0 × $2^{pwmscale}$)。因此，选择 pwmscale=8 和 pwmcmp0=52 083.33，以得到 f_{scaled}=16MHz/2^8=62.5KHz 的期望频率。pwmcmp0 是一个 16 位寄存器，所以我们必须舍入到 52 083，给出一个实际的 f_{pwm}=16MHz/(52 083 × 2^8)=1.200 007 68Hz，这非常接近所需的频率，可与典型石英晶体时钟参考值的百万分之十精度相媲美。

另一个问题，假设我们想要一个 1190Hz 的输出。如果我们不更改 pwmscale，则 pwmcmp0 需要为 52.521。舍入到 53 得到的实际 f_{pwm}=16MHz/(53 × 2^8)=1179.2Hz，误差约为 10Hz 或 0.91%。如果我们需要更精确的输出频率，则可以将 pwmscale 减小到 0，并将 pwmcmp0 增加到 13 445，得到 f_{pwm}=16MHz/(13 445 × 2^0)=1190.03Hz。■

PWM 设备驱动程序具有 pwmInit() 和 pwm(int freq,float duty) 函数。pwmInit 将为 PWM 外设设置适当的引脚，并在 pwmcfg 寄存器中设置位。pwm 函数将选择适当的

pwmscale、pwmcmp0 和 pwmcmp1 来生成具有指定频率和占空比的波形。编写这些函数的过程类似于编写 SPI 或 UART 设备驱动程序，细节留给读者作为练习。

3. 模拟 / 数字转换

许多微控制器至少有一个内置 ADC，但 FE310 没有。本节描述如何使用外部转换器进行 A/D 转换，类似于前一节中描述的外部 DAC。

例 9.8（使用外部 ADC 模拟输入） 使用 SPI 将 10 位 MCP3002 模拟 / 数字转换器（ADC）连接到 FE310 并打印输入值。设置 3.3V 的满量程电压。在网上搜索数据表，了解操作的全部细节。

解： 图 9.17 显示了 FE310 和 MCP3002 ADC 的连接原理图，代码示例 9.10 显示了驱动程序代码。MCP3002 使用 VDD 作为满量程参考，即 VDD（引脚 8）连接到 3.3V。它可以接受 3.3 ~ 5.5V 的电源电压，我们选择 3.3V。ADC 有两个输入通道：CH0 和 CH1。我们将通道 0 连接到一个电位计（图中未显示），进行旋转以将输入电压调整在 0 和 3.3V 之间。

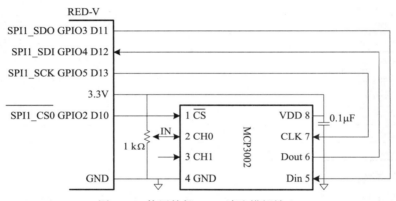

图 9.17　使用外部 ADC 读取模拟输入

FE310 代码（参见代码示例 9.10）初始化 SPI 并重复读取和打印样本。根据数据表，FE310 必须通过 SPI 发送 16 位数据 0x6000 来读取 CH0，并将在 16 位结果的底部 10 位中接收 10 位结果。由于我们不能直接将 FE310 设置为传输 16 位帧的，因此可以将两个 8 位数据包放在一起，而不需要在两者之间增加片选线。虽然 SPI 外设有自动控制片选线的选项，但这里我们手动配置 GPIO2 作为输出，并在传输开始时（往片选线写入 0）和传输结束时（往片选线写入 1）适当地切换它。　　　　　　　　　　　　　　　　　　　　■

代码示例 9.10　与 ADC 连接的代码

```
#include "EasyREDVIO.h"

int main(void) {
  uint8_t sample;
  spiInit(15, 0, 0);    // Initialize the SPI
                        // Clock divisor of div = 15, CPOL = 0, CPHA = 0
  pinMode(D10, OUTPUT);
  while(1) {
    digitalWrite(D10, 0);
    spiSendReceive('0x60');
    sample = spiSendReceive('0x00');
    digitalWrite(D10, 1);
    printf("Read %d\n", sample);
    delay(200);
  }
}
```

9.3.8　中断

到目前为止，我们依靠的是轮询（polling），即程序不断检查一个值直到事件发生，例如数据到达 UART 或计时器达到其比较值。这会浪费处理器的能量，并使编写同时等待事件发生和执行工作的程序变得困难。

大多数微控制器都支持中断（interrupt）。当事件发生时，微控制器停止正在执行的程序并跳转到响应中断的中断处理程序。处理完中断后，处理器返回到用户程序并无缝地从它被中断的地方继续执行。中断属于 6.6.2 节中讨论的硬件异常。

FE310 用一个核心 – 本地中断器（core-local interruptor，CLINT）来处理计时器和软件中断。软件中断用于处理器间的通信和调试。FE310 还具有一个平台 – 级中断控制器（platform-level interrupt controller，PLIC），用于收集来自其他外设的中断。在多处理器系统中，PLIC 将外设中断路由到适当的处理器来接受处理。

例 9.9 演示了如何使用中断而不是轮询来闪烁 LED。

例 9.9（伴有计时器中断的 LED 闪烁）　我们使用 CLINT 在 FE310 上配置本地中断。对于 RED-V RedBoard 和 RED-V Thing Plus 上的 FE310-G002 芯片如何使用中断的信息，可参考 *FE310-G002* 手册的第 8 章～第 10 章。下面概述了通过 CLINT 进行本地中断的基本配置过程。

（1）编写一个陷阱处理程序，在触发中断或异常时执行。陷阱处理程序的主要目的是找出触发了什么中断或异常，然后执行所需的操作作为响应。

（2）配置 mtvec，这是一个控制和状态寄存器（CSR），使用陷阱处理程序的地址和模式（直接或矢量模式）。

（3）使能特定的中断（例如，来自计时器的中断）。

（4）全局使能所有中断。

在定义常量和函数指针数组之后，代码声明了全局缺陷处理函数 handle_trap()，如代码示例 9.11 所示。每当触发一个陷阱（中断或异常）时，就调用这个函数。它的任务是找出触发了调用的陷阱，并跳转到正确的中断或异常处理程序。陷阱处理程序执行两个任务。首先，它使用一个掩码 MCAUSE_INT_MASK 来检查 mcause 寄存器的最高有效位，以明确该陷阱是中断（从内核外部的设备生成）还是异常（从内核内部生成）。mcause 的结构如表 9.10 所示，中断和异常代码的列表如表 6.6 所示。然后，它使用另一个掩码 MCAUSE_CODE_MASK 来确定陷阱代码，并根据 interrupt_handler 或 exceptiontion_handler 函数指针数组的索引跳转到适当的中断或异常处理程序。

表 9.10　mcause 寄存器字段

位	字段名称	描述
[9:0]	异常代码	用于标识最近异常的代码
[30:10]	保留	
31	中断	如果陷阱是由中断引起的则为 1，否则为 0

接下来，我们为计时器定义一个中断服务例程（interrupt service routine，ISR），这是一个函数，当发生计时器中断时，将会执行这个函数中的指令。在这个例子中，我们调用函数 timer_handler()。它读取驱动板载 LED 的 GPIO 引脚（D13/GPIO5）的电流值，并使用 digitalWrite() 切换状态。

代码示例 9.11　设置陷阱处理程序

```
// Function pointer arrays for interrupt and exception handlers
#define MAX_INTERRUPTS 16
void (*interrupt_handler[MAX_INTERRUPTS])();
void (*exception_handler[MAX_INTERRUPTS])();

// Masks for isolating interrupt vs. exception and the relevant code
#define MCAUSE_INT_MASK 0x80000000  // If [31] = 1 interrupt, else exception
#define MCAUSE_CODE_MASK 0x7FFFFFFF // low bits show code

// Declaration for interrupt handler. Declared with attribute interrupt which
// maps to GCC helper function.
void handle_trap(void) __attribute((interrupt));

// Define trap handler
void handle_trap() {
    unsigned long mcause_value = read_csr(mcause);
    if (mcause_value & MCAUSE_INT_MASK) {
        // Branch to interrupt handler here
        // Index into 32-bit array containing addresses of functions
        interrupt_handler[mcause_value & MCAUSE_CODE_MASK]();
    }
    else {
        // Branch to exception handler here
        exception_handler[mcause_value & MCAUSE_CODE_MASK]();
    }
}
```

　　然后，通过调用 reset_timer() 重置计时器，它将 mtime 寄存器中的当前计数设置为 0，并重置应该触发下一个中断的计数值，如代码示例 9.12 所示。

代码示例 9.12　计时器 ISR 和重置计时器的函数

```
void timer_handler() {
    volatile int pin_val = (GPIO0->output_val >> D13) & 1; // Read the current output state
    if(pin_val) digitalWrite(D13, LOW);
    else digitalWrite(D13, HIGH);
    reset_timer(MTIME_CLK_FREQ / (2 * BLINK_FREQ));
}

void reset_timer(int count_val) {
    *MTIME = 0;
    *MTIMECMP = count_val;
}
```

　　与我们在本章中使用的其他寄存器不同，大多数与 CLINT 相关的寄存器（如 mtvec、mie 和 mstatus）都不是内存映射的。这些寄存器称为 CSR。为了操作 CSR，我们必须使用 RISC-V 汇编指令 CSR 读（csrr）和 CSR 写（csrw）。这些指令可以方便地封装在 C 宏中，使我们能够更容易地与它们交互，见代码示例 9.13。

代码示例 9.13　用于写入和读取 CSR 的宏

```
// Macros for reading and writing the control and status registers (CSRs)
#define read_csr(reg) ({ unsigned long __tmp; \
 asm volatile ("csrr %0, " #reg : "=r"(__tmp)); \
 __tmp; })

#define write_csr(reg, val) ({ \
 asm volatile ("csrw " #reg ", %0" :: "rK"(val)); })
```

　　设置陷阱处理程序之后，我们通过将其地址放入 mtvec 寄存器来注册它，如代码示例 9.14 所示。其结构如表 9.11 所示。mtvec 是一个 32 位寄存器，其中第 31:2 位保存缺陷处理函数地址的第 31:2 位（第 1:0 位被自动假定为 0，因为指令必须在内存中对齐）。mtvec 的第 1:0 位用来配置异常是在直接还是在矢量模式下处理。在直接模式下，不管触发什么中断或异常，都跳转到 mtvec[31:2] 指示的函数地址。这是我们将使用的模式。在矢量模式下，根据触发的中断类型跳转到不同的内存地址。

代码示例 9.14　通过写入 mtvec 来注册陷阱处理程序的函数

```
void register_trap_handler(void *func) {
    // Set mtvec[31:2] to interrupt handler function address
    // The two lsbs are not meaningful because instructions are aligned to 4 bytes
    // Set mtvec[1:0] to 00 for direct mode.
    write_csr(mtvec, ((unsigned long) func) & ~(0b11));
}
```

表 9.11　mtvec 寄存器字段

位	字段名称	描述
[1:0]	模式	设置中断处理模式为直接（00）或矢量（10）
[31:2]	BASE[31:2]	trap_handler 的基址

在配置陷阱处理程序和设置计时器中断服务例程之后，我们通过设置第 7 位——机器计时器中断使能（MTIE）位，在机器中断使能寄存器（mie）中使能机器计时器中断，并通过设置第 3 位——机器中断使能（MIE）位，在机器状态寄存器（mstatus）中使能全局中断。代码示例 9.15 显示了用于全局使能和禁用中断的简单帮助函数。关于 mstatus 和 mie 结构的完整细节可以在 SiFive *FE310-G002* 手册中的表 17 和表 20 中找到。

代码示例 9.15　全局使能和禁用中断

```
void enable_interrupts() {
    // Set bit 3 in mstatus (MIE) to enable machine interrupts
    write_csr(mstatus, read_csr(mstatus) | (1 << 3));
}

void disable_interrupts() {
    // Clear bit 3 in mstatus (MIE) to disable machine interrupts
    write_csr(mstatus, read_csr(mstatus) & ~(1 << 3));
}
```

最后，我们把所有的部分放在一起，并调用在主函数中构建的函数，如代码示例 9.16 所示。这里，因为我们的应用程序是中断驱动的，所以在主 while 循环中不做任何事情。

代码示例 9.16　带有计时器中断的闪烁 LED

```
#include "EasyREDVIO.h"

// CLINT memory map pointers
#define MTIMECMP ((uint64_t *) 0x02004000UL)
#define MTIME ((uint64_t *) 0x0200BFF8UL)

#define BLINK_FREQ 4 // This is an arbitrary constant used to specify the LED blink
frequency

int main(void) {

    // Set LED pin as an output
    pinMode(D13, OUTPUT);

    // Register interrupt handler.
    // The machine timer interrupt is exception code 7 as shown in  so we put the
    // timer_handler() function at index 7 of the array.
    interrupt_handler[7] = timer_handler;

    // Set up interrupt by configuring mtvec
    register_trap_handler(handle_trap);

    // Reset timer
    reset_timer(MTIME_CLK_FREQ / (2 * BLINK_FREQ));

    // Enable timer interrupt
    write_csr(mie, read_csr(mie) | (1 << 7));

    enable_interrupts();

    while(1) {
    };

    return 0;
}
```

在开发具有中断机制的安全或时间关键型应用程序时，应该小心，因为它们是异步事件，可以在程序执行期间的任何时间触发。作为一名程序员，你应该考虑在不合适的时间触发中断可能会引入哪些故障。如果你有一段代码想要避免被中断，可以在执行指令时禁用中断（即清除 mstatus 中的 MIE），然后在完成时重新使能中断（即设置 mstatus 中的 MIE）。　■

9.4　其他微控制器外设

微控制器经常与其他外部外设连接。本节介绍各种常见示例，包括字符液晶显示器（liquid crystal display，LCD）、VGA 显示器、蓝牙无线链路和电动机控制器。

9.4.1　字符 LCD

字符 LCD 是一种能够显示一行或多行文本的小型液晶显示器。它们通常用在设备的前面板上，这些设备例如收银机、激光打印机和传真机，需要显示有限的信息量。它们很容易通过并口、RS-232 或 SPI 与微控制器通信。Crystalfontz America 销售各种各样的字符 LCD，大小从 8 列 ×1 行到 40 列 ×4 行，颜色可选择，背光源，在 3.3V 或 5V 下操作，提供日光能见度。他们的 LCD 在小批量生产时售价为 20 美元或更多，但大批量生产时价格降至 5 美元以下。

本节介绍如何将 RED-V 板连接到如图 9.18 所示的 Crystalfontz CFAH2002A-TMI-JT20 × 2 并行 LCD 上。接口为 8 位并行接口，该接口兼容 Hitachi 最初开发的行业标准 HD44780 LCD 控制器。

图 9.19 显示了 LCD 通过 8 位并行接口连接到 RED-V 板（LCD 的输入为 D0 ～ D7）。LCD 逻辑可工作在 5V，但与来自 RED-V 板 的 3.3V 输入 兼容。LCD 的 对比度由另一个用电位计产生的电压（输入到引脚 3，VO）来设置，该电压设置为 4.2 ～ 4.8V 时它通常可读性最强。LCD 接

图 9.18　Crystalfontz CFAH2002A-TMI-JT20 × 2 字符 LCD

（©2012 Crystalfontz America，允许转载）

收 3 个控制信号：RS（1 代表字符，0 代表指令），R/ $\overline{\text{W}}$（1 表示从显示屏读取，0 表示写入显示屏）和 E（高电平表示在准备好写入下一个数据字节之前需要至少 250 ns 时间来使能液晶显示器）。除了发送数据位外，数据线（D0 ～ D7）用于在 RS=0 时（即在指令模式下）设置 LCD 配置。当读取时，LCD 端口 D7 返回忙标志，当 LCD 忙时该标志为 1，当 LCD 准备好接收另一条指令或数据字节时该标志为 0。

为了初始化 LCD，RED-V 板必须如表 9.12 所示向 LCD 写入一系列指令。指令是通过使 RS=0 和 R/ $\overline{\text{W}}$ =0 来编写的，将值放在 8 条数据线上，并将 E 脉冲设置为至少 250ns。数据字节也是通过同样的方法写入的，只是要使 RS=1。在发送一条指令或数据字节之后，处理器必须至少等待一段指定的时间（或者有时直到忙标志被清除），再发送另一条指令或数据字节。通过使 RS=0 和 R/ $\overline{\text{W}}$ =0，设置脉冲 E 为至少 250ns 来读取忙标志（D7）。需要注意的是，在读取忙标志时，GPIO23 也必须临时设置为输入引脚。

配置完成后，LCD 即可接收要显示的文本。通过使 RS=0 和 R/ $\overline{\text{W}}$ =0 将值放在 8 条数据线上，并将 E 脉冲设置为至少 250ns，将文本写入 LCD。在每个字符之后，RED-V 必须等待忙位清零，然后才能发送另一个字符。它也可以发送指令 0x01 清除显示屏或发送 0x02 返回到左上角的原点位置。

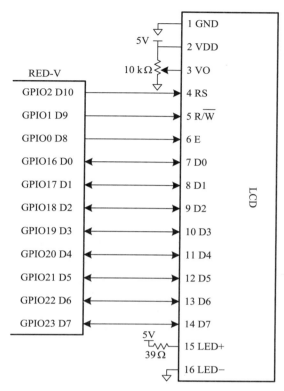

图 9.19　并行 LCD 接口

表 9.12　LCD 初始化序列

代码 (D7 ～ D0)	目的	等待时间 (μs)
(使用 VDD)	允许设备打开	15 000
0x30	设置 8 位模式	4 100
0x30	再次设置 8 位模式	100
0x30	再次设置 8 位模式	直到忙标志被清除
0x3C	配置 2 行和 5×8 点字体	直到忙标志被清除
0x08	关闭显示	直到忙标志被清除
0x01	清除显示	1530
0x06	设置在每个字符后递增光标的输入模式	直到忙标志被清除
0x0C	在没有光标的情况下打开显示	

注：这些是说明，因此 RS=0 和 R/$\overline{\text{W}}$ =0。

例 9.10（LCD 控制）　编写一个程序，在 Crystalfontz CFAH2002a-TMI 字符显示器上打印"I Love LCDs"。

解：代码示例 9.17 中的程序通过初始化显示器，然后发送字符，将"I Love LCDs"写入显示器。 ▪

代码示例 9.17　在 LCD 上写入"I Love LCDs"

```
#include "EasyREDVIO.h"

int LCD_IO_Pins[] = {D0, D1, D2, D3, D4, D5, D6, D7};

typedef enum {INSTR, DATA} mode;
```

```
#define RS D10
#define RW D9
#define E  D8

char lcdRead(mode md) {
    char c;
    pinsMode(LCD_IO_Pins, 8, INPUT);
    digitalWrite(RS,(md == DATA));      // set instr/data mode
    digitalWrite(RW, 1);                // RWbar = read mode
    digitalWrite(E, 1);                 // pulse enable
    delay(1);                           // wait for LCD response
    c = digitalReads(LCD_IO_Pins, 8);   // read a byte from parallel port
    digitalWrite(E, 0);                 // turn off enable
    delay(1);
    return c;
}

void lcdBusyWait(void) {
    char state;
    do {
        state = lcdRead(INSTR);
    } while(state & 0x80);
}

void lcdWrite(char val, mode md) {
    pinsMode(LCD_IO_Pins, 8, OUTPUT);
    digitalWrite(RS, (md == DATA));      // set instr/data mode. OUTPUT = 1, INPUT = 0
    digitalWrite(RW, 0);                 // set RW pin to write  (RW = 0)
    digitalWrites(LCD_IO_Pins, 8, val);  // write the char to the parallel port
    digitalWrite(E, 1); delay(1);        // pulse E
    digitalWrite(E, 0); delay(1);
}

void lcdClear(void) {
    lcdWrite(0x01, INSTR); delay(1);
}

void lcdPrintString(char* str) {
    while (*str != 0) {
        lcdWrite(*str, DATA); lcdBusyWait();
        str++;
    }
}

void lcdInit(void) {
    pinMode(RS, OUTPUT); pinMode(RW, OUTPUT); pinMode(E,OUTPUT);
    // send initialization routine:
    delay(15);
    lcdWrite(0x30, INSTR); delay(1);
    lcdWrite(0x30, INSTR); delay(1);
    lcdWrite(0x30, INSTR); lcdBusyWait();
    lcdWrite(0x3C, INSTR); lcdBusyWait();
    lcdWrite(0x08, INSTR); lcdBusyWait();
    lcdClear();
    lcdWrite(0x06, INSTR); lcdBusyWait();
    lcdWrite(0x0C, INSTR); lcdBusyWait();
}

int main(void) {
    lcdInit();
    lcdPrintString("I love LCDs!");
}
```

9.4.2 VGA 显示器

更灵活的显示选项是驱动计算机显示器。本节解释了直接从 FPGA 上驱动视频图形阵列（video graphics array，VGA）显示器的底层细节。

VGA 显示器标准于 1987 年推出，用于 IBM PS/2 计算机，在阴极射线管（cathode ray tube，CRT）上具有 640×480 像素的分辨率，使用一个 15 引脚连接器通过模拟电压传输颜色信息。现代 LCD 具有更高的分辨率，但保持与 VGA 标准的向后兼容。

在 CRT 中，电子枪从左向右扫描屏幕，发射出荧光材料来显示图像。彩色 CRT 使用红、绿、蓝三种不同的荧光体和三个电子波束，每个电子波束的强度决定了像素中每种颜色的强度。在每条扫描线的末端，电子枪必须关闭一段时间，称为水平消隐间隔（horizontal blanking interval），以便返回到下一条扫描线的开始处。在所有扫描线完成后，电子枪必须再次关闭一段时间，称为垂直消隐间隔（vertical blanking interval），以便返回左上角。整个过程每秒重复 60 ～ 75 次，以刷新荧光体并提供稳定的视觉图像。现代显示器通常使用 LCD 技术，这种技术不需要相同的电子扫描枪，但为了兼容，使用相同的 VGA 接口时序。

在 640×480 像素的 VGA 显示器中，全帧大小实际上是 800 像素 ×525 条水平扫描线，如图 9.20 所示。但只有 480 条扫描线，每条扫描线上的 640 像素实际传输图像，其余为黑色。扫描线从 48 像素的后沿（back porch）开始，这是位于屏幕左侧边缘的空白部分。它包含 640 个有效的像素，紧随其后的是屏幕右侧边缘的一个 16 像素的空白前沿（front porch）和一个 96 像素的时钟水平同步（hsync）脉冲将电子枪快速移回左侧边缘。在垂直方向上，屏幕从顶部的 32 条扫描线的后沿开始，后面是 480 条有效扫描线，底部为 11 条扫描线的前沿，以及返回顶部的 2 条扫描线垂直同步（vsync）脉冲，以开始下一帧。对于刷新频率为 59.52Hz 的 640×480 像素的 VGA 显示器，像素时钟的工作频率为 800×525×59.52=25MHz，因此每个像素的宽度为 40ns。

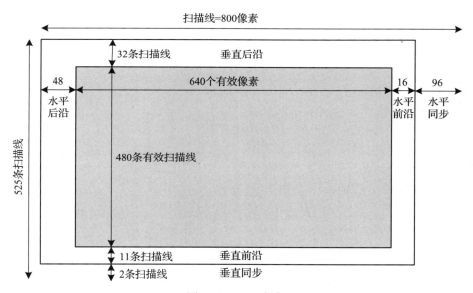

图 9.20　VGA 框架

图 9.21a 显示了每条扫描线的时序。整个扫描线的长度为 32μs。图 9.21b 显示了垂直时序，需要注意的是时间单位现在是扫描线而不是像素时钟。每秒大约绘制 60 次新帧。更高的分辨率使用更快的像素时钟，以 85Hz 刷新的 2048×1536 显示最高可达 388MHz。例如，使用 65MHz 像素时钟可以实现以 60Hz 刷新的 1024×768 显示。

图 9.22 显示了来自视频源的母连接器的引脚图。像素信息通过红、绿、蓝三个模拟电压传输，每个电压范围为 0 ～ 0.7V，电压越大表示亮度越大。该电压在前沿和后沿时应为 0。视频信号必须实时高速产生，这在微控制器上是困难的，但在 FPGA 上很容易。通过使用连接到数字输出引脚的分压器，以 0V 或 0.7V 驱动所有三色引脚，就可以产生简单的黑白显示。另外，彩色显示器使用带有三个独立 DAC 的视频 DAC（video DAC）来独立驱动三色引脚。

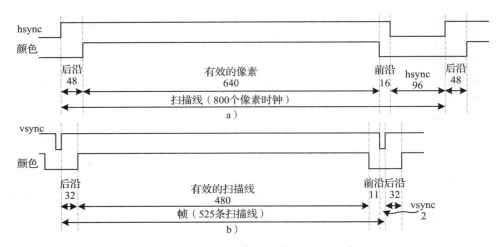

图 9.21 VGA 时序。a) 水平。b) 垂直

图 9.23 显示了一个通过 ADV7125 三重 8 位视频 DAC 驱动 VGA 显示器的 FPGA。DAC 接受来自 FPGA 的 8 位 R、G 和 B 信号。它还接收 SYNC_b 信号，每当 HSYNC 或 VSYNC 有效时，该信号被驱动为有效低电平。视频 DAC 产生三个输出电流来驱动红色、绿色和蓝色模拟线路，这些模拟线路通常是平行直连视频 DAC 和显示器的 75Ω 传输线。R_{SET} 电阻设置输出电流的量程，以实现彩色的满量程。时钟频率取决于分辨率和刷新率，使用快速级 ADV7125JSTZ330 模型 DAC 时，时钟频率可能高达 330MHz。

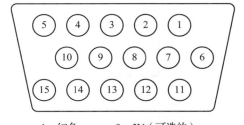

1：红色	9：5V（可选的）
2：绿色	10：GND
3：蓝色	11：预留的
4：预留的	12：I^2C数据
5：GND	13：hsync
6：GND	14：vsync
7：GND	15：I^2C时钟
8：GND	

图 9.22 VGA 连接器引脚图

例 9.11（VGA 显示器显示） 使用图 9.23 中的电路编写 HDL 代码，在 VGA 显示器上显示文本和一个绿色方框。

解： 如 HDL 示例 9.3 所示，该代码假定系统时钟频率为 50MHz，并使用时钟分频器来生成 25MHz 的 VGA 时钟，也可以使用 PLL 来产生时钟。PLL 中的配置不同于 FPGA，对于 Cyclone III，频率由 Altera 的宏功能向导指定。VGA 时钟还可以直接由信号发生器提供。

VGA 控制器通过屏幕的列和行进行计数，在适当的时间生成 hsync 和 vsync 信号。它还生成一个 blank_b 信号，当坐标在 640×480 的有效区域之外时，该信号被设置为低电平以绘制黑色。

视频生成器根据当前 (x, y) 像素位置生成红、绿、蓝颜色值。$(0,0)$ 表示左上角。视频生成器在屏幕上绘制一组字符，以及一个绿色矩形。字符生成器绘制一个 8×8 像素字符，屏幕大小为 80×60 个字符。它从 HDL 示例 9.4 所示的 ROM 中查找字符，其中字符在 ROM 中采用二进制编码，并被编码为 8 行 6 列，另外 2 列是空白的。SystemVerilog 代码中的位顺序是反转的，因为 ROM 文件中最左边的列是最高有效位，而它应该绘制在最低有效 x 位置。

图 9.24 显示了运行此程序时 VGA 显示器的照片。在显示器上字母行交替为红色和蓝色，绿色的方框覆盖了一部分图片。

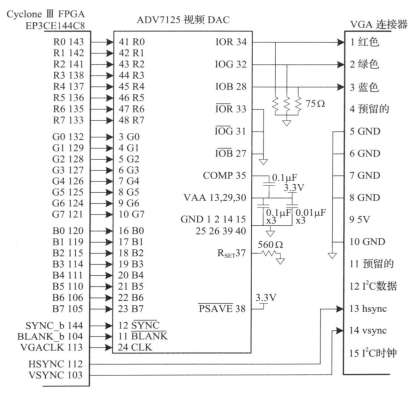

图 9.23 通过视频 DAC 驱动 VGA 电缆的 FPGA

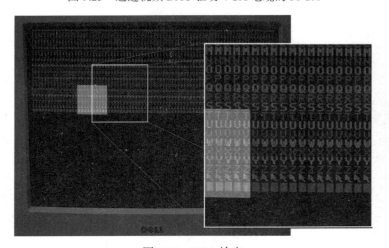

图 9.24 VGA 输出

HDL 示例 9.3 vga.sv

```
module vga(input  logic clk, reset,
           output logic vgaclk,          // 25 MHz VGA clock
           output logic hsync, vsync,
           output logic sync_b, blank_b,  // to monitor & DAC
           output logic [7:0] r, g, b);  // to video DAC

  logic [9:0] x, y;

  // divide 50 MHz input clock by 2 to get 25 MHz clock
```

```
    always_ff @(posedge clk, posedge reset)
      if (reset) vgaclk = 1'b0;
      else       vgaclk = ~vgaclk;

    // generate monitor timing signals
    vgaController vgaCont(vgaclk, reset, hsync, vsync, sync_b, blank_b, x, y);

    // user-defined module to determine pixel color
    videoGen videoGen(x, y, r, g, b);

endmodule

module vgaController #(parameter HBP    = 10'd48,   // horizontal back porch
                                 HACTIVE = 10'd640,  // number of pixels per line
                                 HFP    = 10'd16,    // horizontal front porch
                                 HSYN   = 10'd96,    // horizontal sync pulse = 60 to move
                                                     // electron gun back to left
                                 // number of horizontal pixels (i.e., clock cycles)
                                 HMAX    = HBP + HACTIVE + HFP + HSYN, //48+640+16+96=800:
                                 VBP    = 10'd32,    // vertical back porch
                                 VACTIVE = 10'd480,  // number of lines
                                 VFP    = 10'd11,    // vertical front porch
                                 VSYN   = 10'd2,     // vertical sync pulse = 2 to move
                                                     // electron gun back to top
                                 // number of vertical pixels (i.e., clock cycles)
                                 VMAX    = VBP + VACTIVE + VFP + VSYN) //32+480+11+2=525:

      (input  logic vgaclk, reset,
       output logic hsync, vsync, sync_b, blank_b,
       output logic [9:0] hcnt, vcnt);

      // counters for horizontal and vertical positions
      always @(posedge vgaclk, posedge reset) begin
        if (reset) begin
          hcnt <= 0;
          vcnt <= 0;
        end
        else  begin
          hcnt++;
           if (hcnt == HMAX) begin
            hcnt <= 0;
                vcnt++;
                if (vcnt == VMAX)
                  vcnt <= 0;
          end
        end
      end

      // compute sync signals (active low)
      assign hsync  = ~( ( hcnt >= (HACTIVE + HFP)) & (hcnt < (HACTIVE + HFP + HSYN)) );
      assign vsync  = ~( (vcnt >= (VACTIVE + VFP)) & (vcnt < (VACTIVE + VFP + VSYN)) );
      assign sync_b = 1'b0;   // this should be 0 for newer monitors
                              // for older monitors, use: assign sync_b = hsync & vsync;
      // force outputs to black when not writing pixels
      assign blank_b = (hcnt < HACTIVE) & (vcnt < VACTIVE);
endmodule

module videoGen(input logic [9:0] x, y, output logic [7:0] r, g, b);
  logic pixel, inrect;

  // given y position, choose a character to display
  // then look up the pixel value from the character ROM
  // and display it in red or blue. Also draw a green rectangle.
  chargenrom chargenromb(y[8:3]+8'd65, x[2:0], y[2:0], pixel);
  rectgen rectgen(x, y, 10'd120, 10'd150, 10'd200, 10'd230, inrect);
  assign {r, b} = (y[3]==0) ? {{8{pixel}},8'h00} : {8'h00, {8{pixel}}};
  assign g      = inrect   ? 8'hFF : 8'h00;
endmodule

module chargenrom(input  logic [7:0] ch,
                  input  logic [2:0] xoff, yoff,
                  output logic       pixel);

  logic [5:0] charrom[2047:0]; // character generator ROM
  logic [7:0] line;            // a line read from the ROM

  // initialize ROM with characters from text file
  initial $readmemb("charrom.txt", charrom);

  // index into ROM to find line of character
```

```
   assign line = charrom[yoff+{ch-65, 3'b000}]; // subtract 65 because A
                                                  // is entry 0
   // reverse order of bits
   assign pixel = line[3'd7-xoff];
endmodule

module rectgen(input  logic [9:0] x, y, left, top, right, bot,
               output logic inrect);

   assign inrect = (x >= left & x < right & y >= top & y < bot);
endmodule
```

HDL 示例 9.4 charrom.txt：字符 ROM 的内容

```
// A ASCII 65
011100
100010
100010
111110
100010
100010
100010
000000
//B ASCII 66
111100
100010
100010
111100
100010
100010
111100
000000
//C ASCII 67
011100
100010
100000
100000
100000
100010
011100
000000
...
```

9.4.3 蓝牙无线链路

现在可用于无线通信的标准有许多，包括 Wi-Fi、ZigBee 和蓝牙。这些标准很复杂，并需要复杂的集成电路，但不断增加的模块种类使复杂性被抽象出来，为用户提供无线通信的简单接口。BlueSMiRF 是其中一个模块，它是一个易于使用的蓝牙无线接口，可用来取代串行电缆。

蓝牙是由 Ericsson 于 1994 年开发出来的一种无线通信标准，用于低功率、中速、5 ~ 100m 距离的通信，具体距离取决于发射器的功率级别。它通常用于将耳机连接到手机或将键盘连接到电脑。与红外线通信链路不同，它不要求设备之间进行直接视线连接。

蓝牙工作在 2.4GHz 的工业、科学、医疗（industrial-scientific-medical，ISM）频段。它从 2402MHz 开始，定义了以 1MHz 为间隔的 79 条无线信道。它以伪随机模式在这些信道之间跳转，以避免与在相同频段工作的其他设备（如无线路由器）产生连续干扰。如表 9.13 所示，蓝牙发射器有三类功率水平，反映了传输范围和功耗。

表 9.13 蓝牙类别

类别	发射器功率（mW）	范围（m）
1	100	100
2	2.5	10
3	1	5

在基本速率模式下，它使用高斯频移键控（frequency shift keying，FSK）技术以 1Mb/s 的速度工作。在普通 FSK 中，每个位通过发送 $f_c \pm f_d$ 的频率来传递，其中 f_c 是信道中心频

率，f_d 是偏移量（至少为 115kHz）。位间的频率突然转变会占用额外的带宽。在高斯 FSK（GFSK）中，对频率变化进行平滑处理，以便更好地利用频谱。图 9.25 显示了在 2402MHz 信道上使用 FSK 和 GFSK 传输 0 和 1 序列的频率。

BlueSMiRF Silver 模块如图 9.26a 所示，在一个带有串行接口的小开发板上，包含 2 类蓝牙无线、调制解调器和接口电路。它可以与其他蓝牙设备通信，比如内置蓝牙的笔记本计算机，或者连接到个人计算机的蓝牙 USB。因此，它可以在 RED-V 和 PC 之间提供一个无线串行链路，类似于图 9.12 中的链路，但没有电缆。无线链路与有线链路兼容相同的软件。

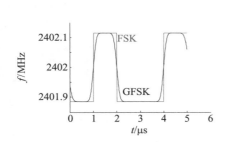

图 9.25 FSK 和 GFSK 波形

图 9.26 a）BlueSMiRF 模块。b）USB 适配器

图 9.27 显示了这种链路的电路图。BlueSMiRF 的 TX 引脚连接到 RED-V 的 RX 引脚，反之亦然。RTS 和 CTS 引脚连接在一起，这样 BlueSMiRF 能自己完成握手。

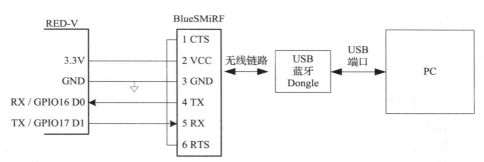

图 9.27 BlueSMiRF RED-V 到 PC 的链路

BlueSMiRF 默认采用 115.2kbaud，8 个数据位，1 个停止位，无奇偶校验位或流控制。它工作在 3.3 V 数字逻辑电平，因此 RS-232 收发器不需要与另一个 3.3V 设备连接。

为了使用该接口，将 USB 蓝牙插入 PC。启动 RED-V 和 BlueSMiRF，BlueSMiRF 上的红色 STAT 指示灯将闪烁，表明它正在等待建立连接。打开 PC 系统托盘中的蓝牙图标，使用"添加蓝牙设备向导"（Add Bluetooth Device Wizard）对适配器和 BlueSMiRF 进行配对。BlueSMiRF 的默认配对码为 1234。注意哪个 COM 端口应分配给适配器。然后就像使用串行电缆一样进行通信。需要注意的是，蓝牙适配器通常工作在 9600 波特率，必须对 PuT TY 进行相应配置。

9.4.4 电动机控制器

微控制器的另一个主要应用是驱动执行器，如电动机。本节介绍三种类型的电动机：直流电动机（DC motor）、伺服电动机（servo motor）和步进电动机（stepper motor）。直流电动机需要高驱动电流，通常在1A左右。因此，微控制器的GPIO不能直接驱动它们，必须在微控制器和电动机之间连接一个强大的驱动器，如H桥（H-bridge）。如果用户想知道电动机的当前位置，则电动机还需要一个轴编码器（shaft encoder）。伺服电动机接收一个PWM信号，以在有限的角度范围内指定其位置。它们很容易连接，但功能不那么强大，不适合连续旋转。步进电动机接收脉冲序列，每个脉冲信号将电动机旋转一个固定的角度，称为一步。它们更昂贵，也需要一个H桥来驱动大电流，但可以精确控制位置。

电动机引入大量电流，并可能往电源电压引入干扰数字逻辑的毛刺。解决这个问题的一种方法是为电动机和数字逻辑使用不同的电源或电池。

1. 直流电动机

有刷直流电动机的结构如图9.28所示。电动机是双端装置，包含称为定子（stator）的永久固定磁铁和连接到轴上的称为转子（rotor）或电枢（armature）的旋转电磁铁。转子的前端连接到一个裂开的金属环，这个环为换向器（commutator）。连接到电源接头（输入终端）的金属刷与换向器摩擦，为转子的电磁铁提供电流。这给转子引入磁场使其旋转以便对准定子磁场。一旦转子接近并对准定子，电刷将摩擦换向器的反面，反转电流和磁场，使其继续一直旋转。

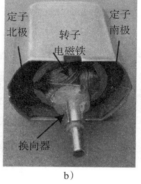

图9.28 直流电动机

直流电动机倾向于用非常低的转矩以每分钟数千转的速度旋转。大多数系统增加齿轮条将速度降低到较合理的水平，同时增加转矩。寻找能紧密贴合你的电动机的齿轮条。Pittman生产种类繁多的高品质直流电动机和配件，而价格低廉的玩具电动机很受发烧友欢迎。

直流电动机需要大量的电流和电压为负载提供显著的功率。如果电动机能双向旋转，那么电流也应该是可逆的。大多数微控制器不能产生足够的电流来直接驱动直流电动机。相反，它们使用H桥，其概念上包含四个电控制开关，如图9.29a所示。H桥得名是因为其开关的结构模仿了字母H。如果开关A和D闭合，则电流从左向右流过电动机，电动机沿一个方向旋转。如果开关B和C闭合，则电流从右向左流过电动机，电动机向另一个方向旋转。如果开关A和C或B和D闭合，则电动机两端的电压强制为0，导致电动机主动制动。如果没有一个开关闭合，则电动机将慢慢停止。H桥中的开关是功率晶体管，也就是说，它们可以承载一个或

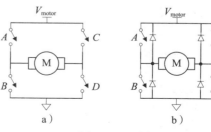

图9.29 H桥

多个安培的大电流。H 桥还包含一些数字逻辑以方便地控制开关。微控制器提供一个小电流数字输入来控制 H 桥的大电流输出。

当电动机电流突然改变时,电动机电磁铁的电感将产生一个大的电压峰值,这可能会损坏功率晶体管。因此,许多 H 桥也有与开关并联的保护二极管,如图 9.29b 所示。如果感应的冲击驱动电动机的某个终端电压高于 V_{motor} 或低于 V_{DD},则二极管将打开并将电压保持在一个安全水平。H 桥可能消耗大量功率,需要散热器保持其冷却。

例 9.12(自主小车) 设计一个由 RED-V 板控制两个驱动电动机的机器人小车系统。编写一个函数库来初始化电动机驱动器,使车向前和向后行驶,向左或向右转,停止。使用 PWM 来改变电压输出,从而控制电动机的速度。

解:图 9.30 显示了一对受控于 RED-V 的直流电动机,它采用 Texas Instruments SN754410 双 H 桥。H 桥需要 5V 逻辑电压 V_{CC1} 和 4.5 ~ 36V 的电动机电压 V_{CC2},它的 V_{IH}=2V,因此与 RED-V 的 3.3 V I /O 兼容。它可以为每个电动机提供高达 1A 的电流。V_{motor} 应该由一个单独的电池组提供。RED-V 的 5V 输出不能提供足够的电流以驱动大多数电动机,并且可能损坏 RED-V。

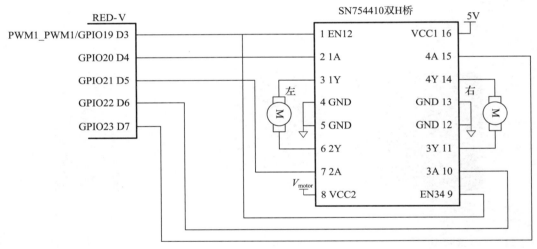

图 9.30　带双 H 桥的电动机控制

表 9.14 描述了每个 H 桥的输入如何控制电动机。微控制器用 PWM 信号驱动使能信号来控制电动机的速度。它驱动其他四个引脚来控制每个电动机的方向。

表 9.14　H 桥控制

EN12	1A	2A	电动机
0	X	X	滑行
1	0	0	制动
1	0	1	反向
1	1	0	正向
1	1	1	制动

将 PWM 配置为工作在约 5kHz 下,占空比范围 0% ~ 100%。任何远高于电动机带宽的 PWM 频率都能达到平滑运动的效果。需要注意的是,占空比和电动机速度之间的关系是非

线性的，低于某个占空比后电动机将不工作。

代码示例 9.18 展示了如何使用图 9.30 所示的带双 H 桥配置的 PWM 控制来驱动两个直流电动机。

代码示例 9.18　直流电动机驱动

```
#include "EasyREDVIO.h"

// Motor Constants
#define EN D3
#define MOTOR_1A D4
#define MOTOR_2A D5
#define MOTOR_3A D6
#define MOTOR_4A D7

void setMotorLeft(int dir) {  // dir of 1 = forward, 0 = backward
    digitalWrite(MOTOR_1A, dir);
    digitalWrite(MOTOR_2A, !dir);
}

void setMotorRight(int dir) {  // dir of 1 = forward, 0 = backward
    digitalWrite(MOTOR_3A, dir);
    digitalWrite(MOTOR_4A, !dir);
}

void forward(void) {
    setMotorLeft(1); setMotorRight(1); // both motors drive forward
}

void backward(void) {
    setMotorLeft(0); setMotorRight(0); // both motors drive backward
}

void left(void) {
    setMotorLeft(0); setMotorRight(1); // left back, right forward
}

void right(void) {
    setMotorLeft(1); setMotorRight(0); // right back, left forward
}

void halt(void) {  // turn both motors off
    digitalWrite(MOTOR_1A, 0);
    digitalWrite(MOTOR_2A, 0);
    digitalWrite(MOTOR_3A, 0);
    digitalWrite(MOTOR_4A, 0);
}

void initMotors(void) {
    pinMode(MOTOR_1A, OUTPUT);
    pinMode(MOTOR_2A, OUTPUT);
    pinMode(MOTOR_3A, OUTPUT);
    pinMode(MOTOR_4A, OUTPUT);
    halt();                      // ensure motors are not spinning
    pwmInit(EN, 1, 255);         // turn on PWM
    analogWrite(200);            // default to partial power
}

int main(void) {
    initMotors();
    while(1)
    {
        forward();
        delay(5000);
        backward();
        delay(5000);
        left();
        delay(5000);
        right();
        delay(5000);
        halt();
    }
}
```

在前面的例子中，没有办法测量每个电动机的位置，两个电动机不可能精确匹配，所以其中一个可能比另一个转得稍快一些，致使机器人小车逐渐偏离轨道。为了解决这个问题，一些系统增加了轴编码器。图 9.31a 展示了一个简单的轴编码器，它由安装在电动机轴上的带槽圆盘组成。将一个 LED 放置在一侧，将一个光传感器放置在另一侧。每次槽间隙旋转经过 LED 时，轴编码器生成一个脉冲。微控制器通过计算这些脉冲数来测量轴旋转所经过的总角度。使用相隔半个槽宽度放置的两个 LED 传感器对，改进的轴编码器可以产生如图 9.31b 所示的正交输出，该输出反映了轴旋转的方向和旋转过的角度。有时，轴编码器增加另一个孔来表示轴什么时候处于索引位置。

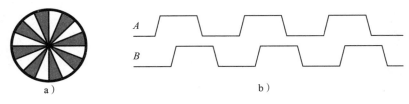

图 9.31   轴编码器。a）圆盘。b）正交输出

2. 伺服电动机

伺服电动机是一种集成了齿轮组、轴编码器和一些控制逻辑的直流电动机，因此它更容易使用。它的旋转角度有限，通常是 180°。图 9.32 展示了打开盖子露出齿轮的伺服电动机。伺服电动机使用 3 引脚接口，分别连接电源（通常为 5V）、地和控制输入。控制输入通常为 50Hz 的 PWM 信号。伺服电动机的控制逻辑驱动轴转动到由控制输入的占空比所确定的位置。伺服电动机的轴编码器是典型旋转式电位器，它根据轴的位置产生电压。

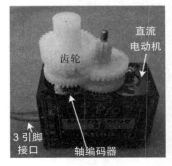

图 9.32   SG90 伺服电动机

在一个以 180° 旋转的典型伺服电动机中，1ms 脉宽驱动轴旋转到 0°，1.5ms 驱动轴旋转到 90°，2ms 驱动轴旋转到 180°。例如，图 9.33 展示了 1.5ms 脉宽的控制信号。驱动伺服电动机超出其控制范围可能会导致电动机撞击机械而制动并损坏。伺服电动机的电源来自电源引脚而不是控制引脚，因此控制可以直接连接到微控制器，而不需要使用 H 桥。伺服电动机由于体积小、重量轻、使用方便，因此在远程控制模型飞机和小型机器人中得到广泛应用。找到具有充足数据手册的电动机可能很困难。带红线的中心引脚通常接电源，而黑色或棕色线通常接地。

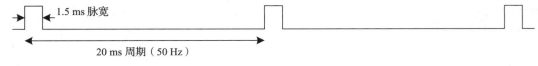

图 9.33   伺服控制波形

例 9.13（伺服电动机）设计一个系统，它使用 RED-V 来驱动伺服电机旋转到指定角度。

解：图 9.34 展示了 SG90 伺服电动机的连接示意图，包括伺服电缆上导线的颜色。伺服电动机在 4.0 ～ 7.2V 电源电压下工作。如果它负载重，消耗将多达 0.5A，但如果负载轻，它可以直接在 RED-V 电源电压下运行。只需要一根电线来传输 PWM 信号，它可以工作在 5V 或 3.3V 逻辑电平下。代码示例 9.19 配置 PWM 以产生并计算转动所需角度对应的适当占空比。它通过将伺服电动机定位在 0°、90° 和 180° 的位置进行循环操作。

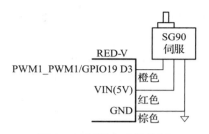

图 9.34 伺服电动机控制

代码示例 9.19 伺服电动机驱动器

```
#include "EasyREDVIO.h"

void genPulseMicroseconds(uint16_t pulse_len_us) {
    PWM1->pwmcmp1.pwmcmp = pulse_len_us;
}

void setServo(float angle) {
    volatile uint16_t pulse_len_us = (uint16_t) (1000 + (angle / 180) * 1000);
    genPulseMicroseconds(pulse_len_us);
}

int main(void) {
    uint32_t scale = 4; // Set scale to get 16e6/2^4 = 1 MHz count speed for 1 us accuracy
    float freq = 50.0;
    volatile uint32_t pwm_period_count = (uint32_t) (1/freq * 1e6); // Period for PWM in
                                                                    // microseconds

    pwmInit(D3, scale, pwm_period_count);
    while(1) {
        setServo(0.0);
        delay(1000);
        setServo(90.0);
        delay(1000);
        setServo(180.0);
        delay(1000);
    }
}
```

另外，也可以将普通的伺服电动机转换为连续旋转的伺服电动机，方法是小心地将其拆卸，移除机械制动，并将电位计替换为固定分压器。许多网站给出了改造特定伺服电动机的详细指导。PWM 将控制速度而不是位置，1.5ms 表示停止，2ms 表示全速前进，1ms 表示全速后退。连续旋转的伺服电动机可能比结合 H 桥和齿轮组的简单直流电动机更方便、更便宜。

3. 步进电动机

步进电动机以离散步骤前进，因为脉冲施加到交替的输入上。步长通常是几度，允许精确定位和连续旋转。小型步进电动机通常带有两组线圈，称为相位（phase），有双极和单极两种方式。对于相同的大小，双极电动机功能更强大，相对更便宜，但需要一个 H 桥驱动器，而单极电动机可以使用晶体管作为开关来驱动。本节的重点是更高效的双极步进电动机。

图 9.35a 展示了一个简化的两相双极电动机，步长为 90°。转子是有一个北极和一个南

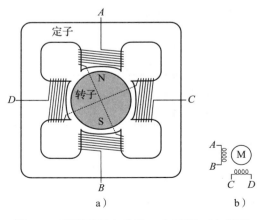

图 9.35 两相双极电动机。a）简图。b）符号

极的永久磁体。定子是包含两对线圈的电磁铁,这两对线圈构成两个相位。因此,两相双极电动机有四个终端。图 9.35b 展示了将两个线圈建模为电感器的步进电动机的符号。实用电动机增加了传动装置,减小了输出步长,增加了转矩。

图 9.36 展示了两相双极电动机的三种常见的驱动序列。图 9.36a 说明了波驱动(wave drive),其中线圈按 *AB–CD–BA–DC* 顺序通电。需要注意的是,*BA* 表示绕组 *AB* 用反向电流通电,这就是双极名称的由来。转子每一步旋转 90°。图 9.36b 表示两相驱动,按 *(AB,CD)–(BA,CD)–(BA,DC)–(AB,DC)* 模式驱动。*(AB,CD)* 表示线圈 *AB* 和 *CD* 同时通电。转子同样每一步旋转 90°,但将自己对准两个极位置的中间。这可以得到最高的转矩运行,因为两个线圈同时通电。图 9.36c 演示了半步驱动,按 *(AB,CD)–CD–(BA,CD)–BA–(BA,DC)–DC–(AB,DC)–AB* 模式驱动。转子每半步旋转 45°。模式推进速度决定了电动机的速度。为了反转电动机的方向,按相反的顺序执行相同的驱动序列。

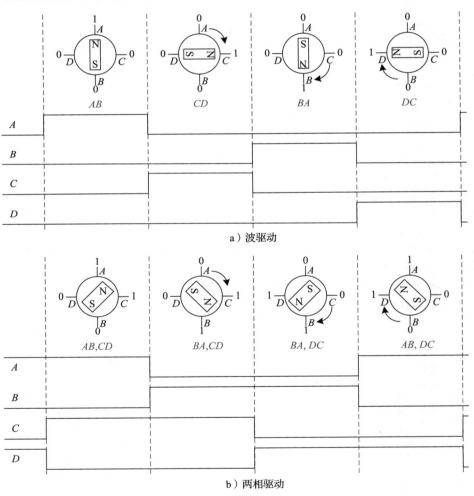

图 9.36　双极电动机驱动

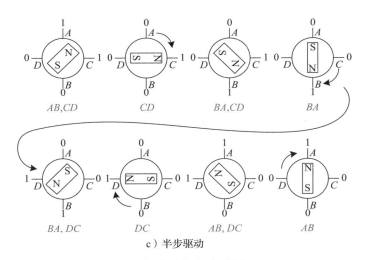

c）半步驱动

图 9.36 双极电动机驱动（续）

在真实的电动机中，转子有许多极，以使步距之间的角度很小。例如，图 9.37 显示了一台具有 7.5° 步长的 AIRPAX LB82773-M1 双极步进电动机。电动机的工作电压为 5V，每个线圈都有 0.8A 电流。

电动机中的转矩与线圈电流成正比。电流由施加的电压以及线圈的电感 L 和电阻 R 决定。最简单的操作模式称为直接电压驱动（direct voltage drive）或 L/R 驱动，在这种模式下，电压 V 直接施加到线圈上。电流上升到 $I=V/R$，上升时间常数由 L/R 设定，如图 9.38a 所示。这非常适

图 9.37 AIRPAX LB82773-M1 双极步进电动机

用于慢速操作。然而，在速度较高的情况下，电流没有足够的时间逐步上升到满电平，如图 9.38b 所示，转矩随之下降。

驱动步进电动机的更有效的方法是利用脉宽调制更高的电压。高电压使电流更快地上升到满电流，然后它被关闭（在 PWM 占空比的空部分），以避免电动机过载。然后，电压被调制或斩波（chop），以便电流维持在所需电平附近。这称为斩波恒流驱动（chopper constant current drive），如图 9.38c 所示。该控制器使用一个与电动机串联的小电阻，通过测量电压下降值来检测所施加的电流，并在电流达到所需电平时向 H 桥施加使能信号以关闭驱动器。原则上，微控制器可以产生正确的波形，但使用步进电机控制器更容易。ST Microelectronics 的 L297 控制器是一个方便的选择，特别是当加上带有电流检测引脚和 2A 峰值功率能力的 L298 双 H 桥时。但是，在 DIP 封装中，L298 不可用，因此它难以安装到试验电路板上。ST 的应用笔记 AN460 和 AN470 对步进电动机设计者来说是有价值的参考。

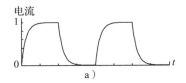

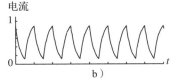

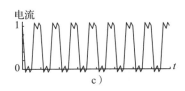

图 9.38 双极步进电动机直接驱动电流。a）缓慢旋转。b）快速旋转。c）带斩波驱动的快速旋转

例 9.14（双极步进电动机直接波驱动） 设计一个系统，用直接波驱动方式指定速度和方向来驱动 AIRPAX 双极步进电动机。

解：图 9.39 显示了由 H 桥直接驱动的双极步进电动机（其驱动器见代码示例 9.20），其接口与直流电动机相同。需要注意的是，VCC2 必须提供足够的电压和电流来满足电动机的要求，否则电动机可能会随着转速的增加而跳步。

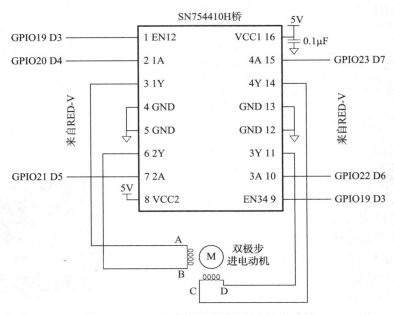

图 9.39　由 H 桥直接驱动的双极步进电动机

代码示例 9.20　步进电动机驱动器

```c
#include "EasyREDVIO.h"

#define STEPSIZE 7.5
#define SECS_PER_MIN 60
#define MILLIS_PER_SEC 1000
#define DEG_PER_REV 360

int stepperPins[] = {19, 22, 23, 20, 21};
int curStepState; // Keep track of the current position of stepper motor

void stepperInit(void) {
  pinsMode(stepperPins, 5, OUTPUT);
  curStepState = 0;
}

void stepperSpin(int dir, int steps, float rpm) {
  int sequence[4] = {0b00011, 0b01001, 0b00101, 0b10001}; //{2A, 1A, 4A, 3A, EN}
  int step = 0;

  unsigned int millisPerStep = (SECS_PER_MIN * MILLIS_PER_SEC * STEPSIZE) /
                               (rpm * DEG_PER_REV);

  for (step = 0; step < steps; step++) {
    digitalWrites(stepperPins, 5, sequence[curStepState]);
    if (dir == 0) curStepState = (curStepState + 1) % 4;
    else  curStepState = (curStepState + 3) % 4;
    delay(millisPerStep);
  }
}
int main(void) {
  stepperInit();
  stepperSpin(1, 12000, 120); // Spin 60 revolutions at 120 rpm
}
```

9.5 本章总结

大多数处理器使用内存映射 I/O 与现实世界进行通信。微控制器提供一系列基本外设，包括通用、串行和模拟 I/O，以及计时器。

本章提供了许多使用 SparkFun Red-V RedBoard 上的 FE310 RISC-V 微控制器的 I/O 具体示例。嵌入式系统设计师会不断遇到新的处理器和外设。将简单的嵌入式 I/O 集成到系统中的一般原则是查阅数据手册，以确定可用的外设以及涉及的引脚和内存映射 I/O 寄存器。通常可以编写一个简单的设备驱动程序来初始化外设的寄存器并发送或接收数据。

对于更复杂的标准，如 USB，编写设备驱动程序是一项高度专业化的工作，最好由详细了解设备和 USB 协议栈的专家来完成。普通设计师应该选择带有经过验证的设备驱动程序的处理器和针对感兴趣设备的示例代码。

后　记

　　这一章把我们带到了数字系统世界旅程的终点。我们希望本书不仅让你学习到工程技术知识，也能让你感受到美妙和令人神往的数字电路设计艺术。你学习了如何使用原理图和硬件描述语言来设计组合和时序逻辑，熟悉了多路选择器、ALU、存储器等较大的数字电路模块。计算机是最吸引人的数字系统应用之一。你已经学习了如何使用汇编语言对 RISC-V 处理器编程，如何使用数字电路模块构造微处理器和存储器系统。你可以发现抽象、规范、层次化、模块化和规整化等原则贯穿了全书。通过这些技术原则，可以解决微处理器内部运行这个难题。从移动电话到数字电视再到火星探测器和医学影像系统，我们的世界日益数字化。

　　想象在一个半世纪之前查尔斯·巴贝奇（Charles Babbage）试图制造一台自动计算机——差分机时所经历的相似历程。他只是渴望以机械精确度来计算数学用表。今天的数字系统是昨天的科幻小说。狄克·崔西（20 世纪 30 年代美国连环漫画人物）曾在电话里听说过 iTunes 吗？儒勒·凡尔纳（19 世纪法国科幻作家）会发射全球定位卫星星座到太空中吗？希波克拉底（古希腊物理学家和医学家）使用过高分辨率的脑部数字照片治疗疾病吗？但是同时，罪犯声称可以用先进的便携计算机开发核武器，它的计算能力比冷战时期用于模拟炸弹实验的房间大小的超级计算机还强。微处理器的发展和进步仍在加速，未来 10 年的变化将超过以往。现在已经有工具设计和建造那些可以改造我们未来的新系统。更高的能力带来更多的责任。我们希望你不仅为了娱乐或金钱而是为了人类的利益来利用它。

附　录

数字系统的实现

A.1 引言

本附录介绍数字系统设计中的实践要素，详细说明构造实际数字系统的过程，实践表明理解数字系统的最佳方法是在实验室自主实现和调试实际系统。

数字系统通常由单个或多个芯片组成，实现策略包括以下三种：一是将单独的逻辑门或较复杂元件如 ALU、存储器等连接起来；二是使用可编程逻辑芯片中的通用电路阵列实现特定的逻辑功能；三是设计系统特定逻辑的专用集成电路。这三种策略在成本、速度、功耗和设计时间上各有不同，后续章节将具体介绍。此外，本附录还介绍电路的物理封装、连接芯片的传输线以及从经济角度考虑数字系统的设计。

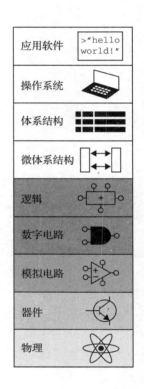

A.2 74 系列芯片

20 世纪七八十年代，许多数字系统由包含一组逻辑门的简单芯片构成，如 7404 芯片包含 6 个非门、7408 芯片包含 4 个与门、7474 芯片包含两个触发器，这些芯片统称为 74 系列。74 系列芯片主要采用 14 脚双列直插封装（dual inline package，DIP），每片售价 10 ~ 25 美分，目前这些经济实用的芯片仅在构造简单数字系统或教学实验中使用。

A.2.1 逻辑门

图 A.1 给出常见 74 系列芯片的引脚布局图，芯片包含的晶体管很少，因此被称为小规模集成电路（small-scale integration，SSI）芯片。芯片上部的缺口或左上角的点表示 14 引脚封装芯片的方向，引脚编号左上角为 1，按照逆时针方向递增，脚 14 接电源（$V_{DD} = 5V$），脚 7 接地（GND = 0V）。芯片中逻辑门的数目由引脚数决定，注意 7421 的脚 3 和脚 11 为不连接脚（NC）。7474 触发器使用 D、CLK 和 Q 信号，同时包括取反输出 $\overline{Q}$ 以及低电平有效的异步（或预先）设置（PRE）和复位（CLR）信号，即 $\overline{PRE} = 0$ 时设置，$\overline{CLK} = 0$ 时复位，$\overline{PRE} = \overline{CLK} = 1$ 时正常操作。

A.2.2 其他功能

74 系列芯片也提供一些复杂的逻辑功能，如图 A.2 和图 A.3 所示的中等规模集成电路（medium-scale integration，MSI）芯片。它们封装更多的输入和输出，但电源和地同样连接在芯片的右上角和左下角。图中仅给出芯片的基本功能，详细描述参见生产商提供的数据手册。

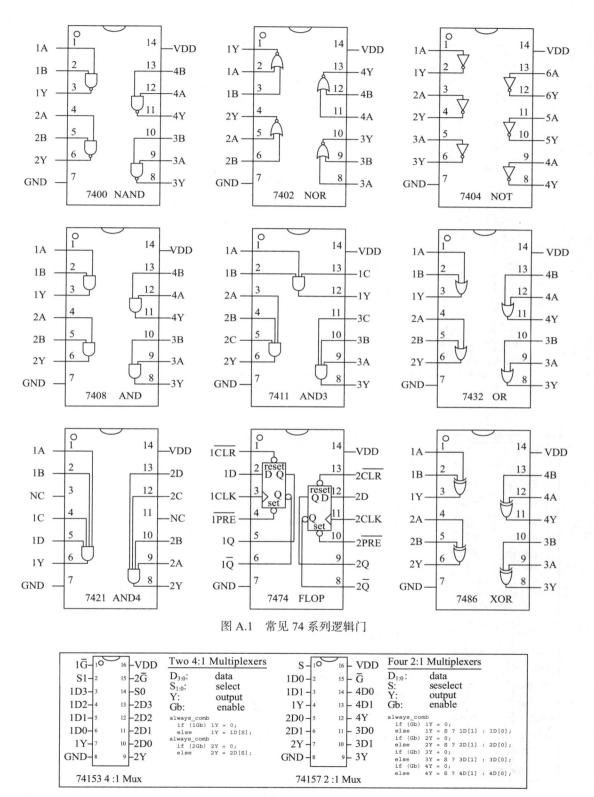

图 A.1 常见 74 系列逻辑门

图 A.2 中等规模集成电路芯片

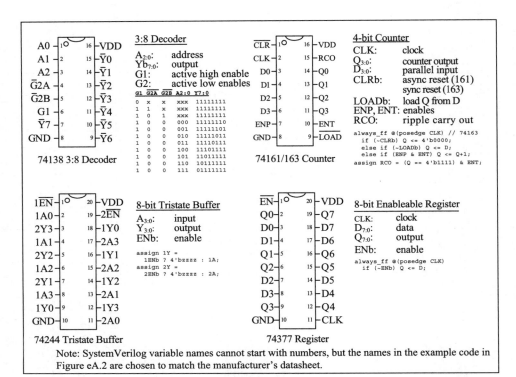

3:8 Decoder

$A_{2:0}$:	address
$Yb_{7:0}$:	output
G1:	active high enable
G2:	active low enables

G1	G2A	G2B	A2:0	Y7:0
0	x	x	xxx	11111111
1	1	x	xxx	11111111
1	0	1	xxx	11111111
1	0	0	000	11111110
1	0	0	001	11111101
1	0	0	010	11111011
1	0	0	011	11110111
1	0	0	100	11101111
1	0	0	101	11011111
1	0	0	110	10111111
1	0	0	111	01111111

74138 3:8 Decoder

4-bit Counter

CLK:	clock
$Q_{3:0}$:	counter output
$D_{3:0}$:	parallel input
CLRb:	async reset (161)
	sync reset (163)
LOADb:	load Q from D
ENP, ENT:	enables
RCO:	ripple carry out

```
always_ff @(posedge CLK) // 74163
   if (~CLRb) Q <= 4'b0000;
   else if (~LOADb) Q <= D;
   else if (ENP & ENT) Q <= Q+1;
assign RCO = (Q == 4'b1111) & ENT;
```

74161/163 Counter

8-bit Tristate Buffer

$A_{3:0}$:	input
$Y_{3:0}$:	output
ENb:	enable

```
assign 1Y =
   1ENb ? 4'bzzzz : 1A;
assign 2Y =
   2ENb ? 4'bzzzz : 2A;
```

74244 Tristate Buffer

8-bit Enableable Register

CLK:	clock
$D_{7:0}$:	data
$Q_{7:0}$:	output
ENb:	enable

```
always_ff @(posedge CLK)
   if (~ENb) Q <= D;
```

74377 Register

Note: SystemVerilog variable names cannot start with numbers, but the names in the example code in Figure eA.2 are chosen to match the manufacturer's datasheet.

图 A.2　中等规模集成电路芯片（续）

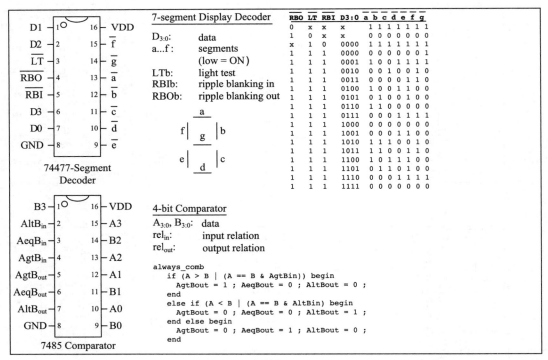

7-segment Display Decoder

$D_{3:0}$:	data
a...f:	segments
	(low = ON)
LTb:	light test
RBIb:	ripple blanking in
RBOb:	ripple blanking out

RBO	LT	RBI	D3:0	a	b	c	d	e	f	g
0	x	x	x	1	1	1	1	1	1	1
1	0	x	x	0	0	0	0	0	0	0
x	1	0	0000	1	1	1	1	1	1	1
1	1	1	0000	0	0	0	0	0	0	1
1	1	1	0001	1	0	0	1	1	1	1
1	1	1	0010	0	0	1	0	0	1	0
1	1	1	0011	0	0	0	0	1	1	0
1	1	1	0100	1	0	0	1	1	0	0
1	1	1	0101	0	1	0	0	1	0	0
1	1	1	0110	1	1	0	0	0	0	0
1	1	1	0111	0	0	0	1	1	1	1
1	1	1	1000	0	0	0	0	0	0	0
1	1	1	1001	0	0	0	1	1	0	0
1	1	1	1010	1	1	1	0	0	1	0
1	1	1	1011	1	1	0	0	1	1	0
1	1	1	1100	1	0	1	1	1	0	0
1	1	1	1101	0	0	1	0	1	0	0
1	1	1	1110	0	0	0	1	1	1	1
1	1	1	1111	0	0	0	0	0	0	0

74477-Segment Decoder

4-bit Comparator

$A_{3:0}$, $B_{3:0}$:	data
rel_{in}:	input relation
rel_{out}:	output relation

```
always_comb
   if (A > B | (A == B & AgtBin)) begin
      AgtBout = 1 ; AeqBout = 0 ; AltBout = 0 ;
   end
   else if (A < B | (A == B & AltBin)) begin
      AgtBout = 0 ; AeqBout = 0 ; AltBout = 1 ;
   end else begin
      AgtBout = 0 ; AeqBout = 1 ; AltBout = 0 ;
   end
```

7485 Comparator

图 A.3　更多中等规模集成电路芯片

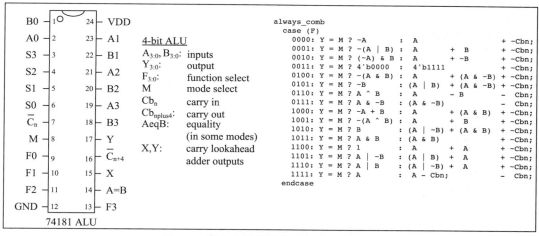

```
always_comb
   case (F)
      0000: Y = M ? ~A        : A                     + ~Cbn;
      0001: Y = M ? ~(A | B)  : A            + B      + ~Cbn;
      0010: Y = M ? (~A) & B  : A            + ~B     + ~Cbn;
      0011: Y = M ? 4'b0000   : 4'b1111               + ~Cbn;
      0100: Y = M ? ~(A & B)  : A     + (A & ~B)      + ~Cbn;
      0101: Y = M ? ~B        : (A | B) + (A & ~B)    + ~Cbn;
      0110: Y = M ? A ^ B     : A            - B      - ~Cbn;
      0111: Y = M ? A & ~B    : (A & ~B)              - ~Cbn;
      1000: Y = M ? ~A + B    : A            + (A & B) + ~Cbn;
      1001: Y = M ? ~(A ^ B)  : A            + B      + ~Cbn;
      1010: Y = M ? B         : (A | ~B) + (A & B)    + ~Cbn;
      1011: Y = M ? A & B     : (A & B)               - ~Cbn;
      1100: Y = M ? 1         : A            + A      + ~Cbn;
      1101: Y = M ? A | ~B    : (A | B) + A           + ~Cbn;
      1110: Y = M ? A | B     : (A | ~B) + A          + ~Cbn;
      1111: Y = M ? A         : A - Cbn;              - ~Cbn;
   endcase
```

图 A.3 更多中等规模集成电路芯片（续）

A.3 可编程逻辑

可编程逻辑（programmable logic）包含的电路阵列可以配置成特定的逻辑功能，前面已经介绍可编程只读存储器（programmable read-only memory，PROM）、可编程逻辑阵列（programmable logic array，PLA）和现场可编程门阵列（field programmable gate array，FPGA）三种可编程逻辑器件，本节介绍它们的芯片实现技术。通过片上熔丝法配置器件虽然可以控制电路组件的连接或断开，但一旦熔丝熔断则无法恢复，因此称为一次性编程（one-time programmable，OTP）。将配置信息放到存储器中能够多次编程，单个芯片在开发中可以多次使用，因此实验室常使用可编程逻辑。

A.3.1 PROM

如 5.5.7 节所述，PROM 可用于查找表，规模为 2^N 字 $\times M$ 位的 PROM 可实现任意 N 输入 M 输出的组合逻辑功能。更改设计时只需要替换 PROM 的内容，不需要重新连接芯片。由于输入增加会造成巨额成本，查找表只适用于简单功能。

经典 8KB 可擦写 PROM（EPROM）2764 如图 A.4 所示，该 EPROM 使用 13 位地址线定位 8KB 的字单元以及 8 位数据线读取字单元的字节数据，芯片使能和输出使能在读时均有效，最大传播延迟为 200ps。正常操作时，$\overline{PGM} = 1$ 且不使用 VPP；EPROM 编程时 $\overline{PGM} = 0$，VPP $= 13V$，且使用特定的输入序列配置存

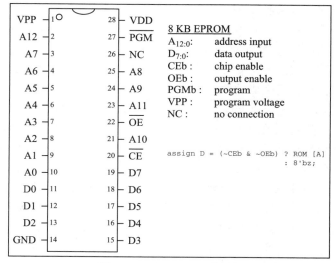

图 A.4 2764 8KB EPROM

储器。

现代 PROM 在概念上和 EPROM 相似，但容量更大且引脚更多。闪存是最便宜的 PROM，2021 年每 GB 售价约 0.1 美元，并且每年降幅 30% ～ 40%。

A.3.2　PLA

如 5.6.1 节所述，含与门和或门的 PLA 能够实现任意与或式的组合逻辑功能，而与门和或门使用 PROMs 可编程。PLA 芯片的每个输入有两列、每个输出有一列、每个最小项有一行。对于大部分功能来说，该方法比单个 PROM 高效，但实现带大量 I/O 和最小项的函数会导致 PLA 阵列过大。

多家制造商将基本 PLA 概念扩展为带寄存器的可编程逻辑器件（programmable logic device，PLD）。最经典的 PLD 器件 22V10 有 12 个输入和 10 个输出引脚，输出可直接从 PLA 引出，也可以从芯片时钟控制寄存器上引出，甚至还可以反馈到 PLA。22V10 芯片可直接实现最多 12 个输入、10 个输出和 10 位状态的有限状态机。22V10 的批发价约为 1.35 美元 / 片，目前 PLA 很少被使用，因为 FPGA 在容量和成本上都要更胜一筹。

A.3.3　FPGA

如 5.6.2 节所述，FPGA 包含可配置逻辑单元（logic element，LE）阵列或可配置逻辑块（configurable logic block，CLB），它们通过可编程线连接起来。LE 包含小的查找表和触发器，FPGA 易扩展可以包含数以千计的查找表。著名的 FPGA 制造商包括 Xilinx 和 Intel FPGA 公司。

查找表和可编程线能够实现任意逻辑功能，但在芯片面积和速度方面比硬连线逻辑实现仍然差一个数量级，因此 FPGA 常常包含存储器、多路复用器甚至整个微处理器等特殊模块。

图 A.5 给出 FPGA 的数字系统设计流程，大部分 FPGA 工具可绘制原理图，但通常还是先使用硬件描述语言（HDL）进行设计。在此基础上进行模拟仿真，给定特定输入并比较输出结果和预期结果以验证（verify）逻辑是否正确，该阶段通常需要调试。下一阶段的逻辑综合（synthesis）将硬件描述语言表示的设计转换成布尔函数，由于不良编码可能生成过大的电路或异步逻辑电路，设计人员检查工具生成的原理图和警告信息以确认逻辑正确。接着，FPGA

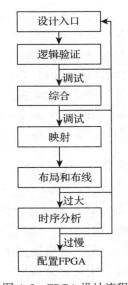

图 A.5　FPGA 设计流程

工具将电路函数映射（map）到特定芯片的 LE 块中，后续的布局和布线（place and route）工具确定函数对应的查找表及其连接。当芯片无法容纳设计过大的电路时，需要重新设计。导线越长延迟越大，因此关键电路要集中放置在一起。时序分析（timing analysis）将实际的电路延迟和时序约束（如预期时钟主频 100MHz）进行比较并报告错误，如果逻辑太慢，则必须重新设计或流水线处理。最后，当设计正确时，生成 FPGA 所有 LE 中内容和连线的配置文件，大部分 FPGA 将配置信息存放在静态 RAM 上，每次上电时需要重新加载。而在实验室开发时，FPGA 可从计算机下载配置信息或者上电时从非易失性 ROM 中读取配置信息。

例 A.1（FPGA 时序分析）　Alyssa 使用 FPGA 实现 M&M 排列器，其中颜色传感器驱动马达将红色和绿色糖果分别放到两个罐子中。该设计使用有限状态机和 Cyclone IV FPGA 实现，FPGA 的时间特征如表 A.1 所示。若有限状态机的运行频率为 100MHz，则关键路径上最多有多少个 LE？有限状态机的最快运行速度是多少？

解： 当运行频率为 100MHz 时，时钟周期 T_c 为 10ns，最小组合电路传播延迟 t_{pd} 计算如下：

$$t_{pd} \leq 10\text{ns} - (0.199\text{ns} + 0.076\text{ns}) = 9.725\text{ns} \qquad (\text{A.1})$$

由于 LE 与连线的组合延迟为 $381\text{ps} + 246\text{ps} = 627\text{ps}$，有限状态机最多使用 15 个连续的 LE（$9.725 / 0.627$）实现下一状态逻辑。

表 A.1 Cyclone IV 时间参数

名字	值 /ps
t_{pcq}	199
t_{setup}	76
t_{hold}	0
t_{pd}（每个 LE）	381
t_{wire}（两个 LE 之间）	246
t_{skew}	0

在 Cyclone IV FPGA 上实现的最快有限状态机为使用单个 LE 产生下一状态逻辑，最小周期时间为：

$$T_c \geq 381\text{ps} + 199\text{ps} + 76\text{ps} = 656\text{ps} \qquad (\text{A.2})$$

因此，最大频率为 1.5GHz。

Altera 公司的 Cyclone IV FPGA 包含 14 400 个 LE，2021 年每片售价 25 美元。大批量生产的中等容量 FPGA 每片价值几美元，最大容量的 FPGA 每片售价几百甚至几千美元。FPGA 的价格平均每年下降 30% 左右，因此使用更加广泛。

A.4 专用集成电路

专用集成电路（application-specific integrated circuit，ASIC）用于图形加速器、网络接口芯片和无线电话芯片等特定领域。设计人员排列晶体管构成各种逻辑门，针对特定功能将逻辑门硬连接，因此同一功能的 ASIC 通常比 FPGA 快好几倍，且芯片面积和成本小一个数量级。然而，生产掩模（mask）以确定芯片上晶体管和连线布局需要上万美元，工厂制造、封装和测试 ASIC 芯片全过程需要 6 到 12 周。如果芯片有问题，设计人员必须纠正错误、重新生产掩模并等待新一批的芯片生产出来。因此，ASIC 仅适用于生产功能明确的大批量芯片。

图 A.6 所示的 ASIC 设计流程类似于图 A.5，其中的逻辑验证步骤非常重要，因为一旦掩模生产出来后才发现错误，修复成本将会非常高。综合步骤生成的网络列表（netlist）包括逻辑门和逻辑门之间的连接，后续步骤将布局网络列表中的逻辑门，并将这些门连接起来。当设计满足要求时生产掩模并制造 ASIC，即使灰尘污点也可能毁坏 ASIC 芯片，因此必须对芯片进行测试。良品率（yield）是正常工作芯片的比例，取决于芯片大小和制造工艺的成熟程度，通常在 50% ～ 90%。最后将正常工作的芯片封装起来，具体细节见后续 A.7 节。

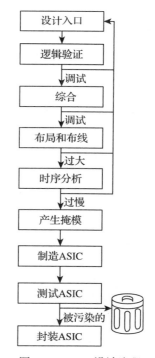

图 A.6 ASIC 设计流程

A.5 数据手册

数据手册（data sheet）是集成电路制造商提供的用来描述芯片功能和性能的文档，不熟悉芯片操作容易导致数字电路系统错误，因此读者有必要阅读和理解数据手册。制造商网站上通常会提供数据手册，使用零件前要确保找到相应数据手册或其他使用文档。为安全起见，数据手册中的一些条目可能经过加密处理。制造商通常发布含多个相关零件的数据手册，开始部分有一些附加的解释信息，这些信息也可以在互联网上找到。

为帮助读者理解一些关键性问题，本节以德州仪器公司（Texas Instruments，TI）的反相器芯片74HC04为例深入剖析其数据手册。TI公司目前仍生产很多74系列芯片，过去很多公司生产这类芯片，但销售减少导致市场开始萎缩。

图A.7给出数据手册的第1页，其中关键部分用蓝色标识，如标题为SN54HC04, SN74HC04 HEX INVERTERS，其中HEX INVERTERS表示芯片包含6个反相器，SN为TI的制造商编号，而HC是逻辑系列（高速CMOS）。每个制造商都有编号，如Motorola编号为MC，National Semiconductor编号为DM。所有制造商生产的74系列芯片相互兼容，因此可以忽略编号。逻辑系列决定芯片的速度和功耗，如7404、74HC04和74LS04芯片均包含6个反相器，但性能和成本却不相同，更多的逻辑系列将在附录A.6中介绍。74系列芯片操作的温度范围为商业0 ~ 70℃或工业 −40 ~ 85℃，与74系列兼容但售价更高的54系列芯片则为军用 −55 ~ 125℃。

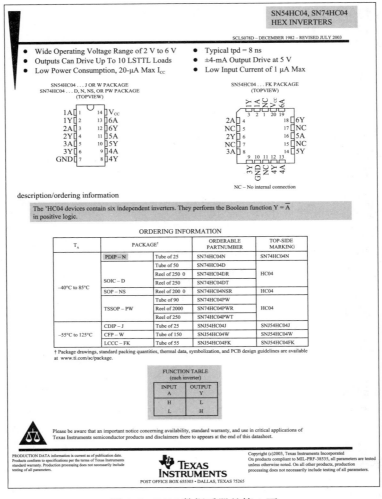

图A.7　7404数据手册的第1页

7404 的不同封装由型号后缀表示，如 N 表示塑料双列直插（Plastic Dual In-line Package，PDIP），该封装芯片可直接插在面包板中或固定在印制电路板的通孔中。更多的封装将在 A.7 节中讨论，读者在购买之前要仔细辨认。从功能表可知，该芯片的每个门对输入取反，若 A 为高（H），Y 则为低（L），反之若 A 为低（L），Y 则为高（H）。本例的功能表很简单，但复杂芯片的功能表至关重要。

图 A.8 中给出数据手册的第 2 页，其中逻辑电路图表明芯片包含反相器。当工作环境超过绝对最大（absolute maximum）部分的设置时，芯片将被毁坏，其中电源电压（V_{CC}，本书中称为 V_{DD}）不能超过 7V，连续输出电流不超过 25mA。温阻（thermal resistance）或温阻抗 θ_{JA} 用于计算特定功耗下芯片温度的上升情况，若芯片所处的环境温度为 T_A 且当前功耗为 P_{chip}，则封装后芯片自身的结（junction）温度为

$$T_J = T_A + P_{chip}\theta_{JA} \tag{A.3}$$

SN54HC04, SN74HC04
HEX INVERTERS

SCLS078D – DECEMBER 1982 – REVISED JULY 2003

logic diagram (positive logic)

absolute maximum ratings over operating free-air temperature range (unless otherwise noted)†

Supply voltage range, V_{CC}..–0.5 V to 7 V
Input clamp current, I_{IK} ($V_I < 0$ or $V_I > V_{CC}$) (see Note 1)........................±20 mA
Output clamp current, I_{OK} ($V_O < 0$ or $V_O > V_{CC}$) (see Note 1)................±20 mA
Continuous output current, I_O ($V_O = 0$ to V_{CC})..±25 mA
Continuous current through V_{CC} or GND..±50 mA
Package thermal impedance, θ_{JA} (see Note 2): D package.........................86° C/W
                                                                    N package.........................80° C/W
                                                                    NS package........................76° C/W
                                                                    PW package.......................131° C/W
Storage temperature range, Tstg..–65° C to 150° C

† Stresses beyond those listed under "absolute maximum ratings" may cause permanent damage to the device. These are stress ratings only, and functional operation of the device at these or any other conditions beyond those indicated under "recommended operating conditions" is not implied. Exposure to absolute-maximum-rated conditions for extended periods may affect device reliability.
NOTES: 1. The input and output voltage ratings may be exceeded if the input and output current ratings are observed.
　　　　 2. The package thermal impedance is calculated in accordance with JESD 51-7.

recommended operating conditions (see Note 3)

			SN54HC04		SN74HC04			UNIT
			MIN	NOM	MAX	MIN	NOM	MAX	
V_{CC}	Supply voltage		2	5	6	2	5	6	V
V_{IH}	High-level input voltage	$V_{CC}=2V$	1.5			1.5			V
		$V_{CC}=4.5V$	3.15			3.15			
		$V_{CC}=6V$	4.2			4.2			
V_{IL}	Low-level input voltage	$V_{CC}=2V$			0.5			0.5	V
		$V_{CC}=4.5V$			1.35			1.35	
		$V_{CC}=6V$			1.8			1.8	
V_I	Input voltage		0		V_{CC}	0		V_{CC}	V
V_O	Output voltage		0		V_{CC}	0		V_{CC}	V
$\Delta t/\Delta v$	Input transition rise/fall time	$V_{CC}=2V$			1000			1000	ns
		$V_{CC}=4.5V$			500			500	
		$V_{CC}=6V$			400			400	
T_A	Operating free-air temperature		–55		125	–40		85	□

NOTE 3: All unused inputs of the device must be held at VCC or GND to ensure proper device operation. Refer to the TI application report, Implications of Slow or Floating CMOS Inputs, literature number SCBA004.

TEXAS
INSTRUMENTS
POST OFFICE BOX 655303 • DALLAS, TEXAS 75265

Figure eA.8 7404 datasheet page 2

图 A.8　7404 数据手册的第 2 页

举例来说，若 7404 芯片使用塑料 DIP 封装，放在 50℃的热盒子中，功耗为 20mW，则结温度为 $50℃ + 0.02W × 80℃/W = 51.6℃$。74 系列芯片的内部功耗问题并不严重，但对功耗超过 10W 以上的现代芯片来说却非常重要。

推荐操作条件（recommended operating condition）部分定义芯片使用的环境，芯片在这些条件下工作才符合规范。和绝对最大部分相比，这些条件更为严格，如工作电压应在 2 ～ 6V 之间。HC 逻辑系列的输入逻辑电平依赖于 V_{DD}，允许由噪声引起的电源电压 10% 降幅，当 V_{DD} 为 5V 时，输入为 4.5V。

图 A.9 给出数据手册的第 3 页，包括电气特征（electrical characteristic）、开关特征（switching characteristic）和操作特征。电气特征描述输入恒定时推荐操作条件下的器件操作，如当 V_{CC} 为 5V（可降为 4.5V）且输出电流 I_{OH}/I_{OL} 均不超过 20μA 时，在最坏情况下 V_{OH} 为 4.4V 且 V_{OL} 为 0.1V。当输出电流增加时，晶体管尽可能提供电流导致输出电压不佳。HC 逻辑系列使用的 CMOS 晶体管产生的电流非常小，单个输入所需电流小于 1000nA 且正常室温下仅为 0.1nA。芯片空闲时的电源静态（quiescent）电流（I_{DD}）不超过 20μA，单个输入的电容小于 10pF。

SN54HC04, SN74HC04
HEX INVERTERS

SCLS078D – DECEMBER 1982 – REVISED JULY 2003

electrical characteristics over recommended operating free-air temperature range (unless otherwise noted)

PARAMETER	TEST CONDITIONS		V_{CC}	T_A = 25 ℃			SN54HC04		SN74HC04		UNIT
				MIN	TYP	MAX	MIN	MAX	MIN	MAX	
V_{OH}	$V_I = V_{IH}$ or V_{IL}	$I_{OH} = -20$ μA	2 V	1.9	1.998		1.9		1.9		V
			4.5V	4.4	4.499		4.4		4.4		
			6 V	5.9	5.999		5.9		5.9		
		$I_{OH} = -4$ mA	4.5V	3.98	4.3		3.7		3.84		
		$I_{OH} = -5.2$ mA	6 V	5.48	5.8		5.2		5.34		
V_{OL}	$V_I = V_{IH}$ or V_{IL}	$I_{OL} = 20$ μA	2 V		0.002	0.1		0.1		0.1	V
			4.5V		0.001	0.1		0.1		0.1	
			6 V		0.001	0.1		0.1		0.1	
		$I_{OL} = 4$ mA	4.5V		0.17	0.26		0.4		0.33	
		$I_{OL} = 5.2$ mA	6 V		0.15	0.26		0.4		0.33	
I_I	$V_I = V_{CC}$ or 0		6 V	±0.1		±100		±1000		±1000	nA
I_{CC}	$V_I = V_{CC}$ or 0, $I_O = 0$		6 V			2		40		20	μA
C_i			2 V to 6V		3	10		10		10	pF

switching characteristics over recommended operating free-air temperature range, CL = 50 pF (unless otherwise noted) (see Figure 1)

PARAMETER	FROM (INPUT)	TO (OUTPUT)	V_{CC}	T_A = 25 ℃			SN54HC04		SN74HC04		UNIT
				MIN	TYP	MAX	MIN	MAX	MIN	MAX	
t_{pd}	A	Y	2 V		45	95		145		120	ns
			4.5V		9	19		29		24	
			6 V		8	16		25		20	
t_t		Y	2 V		38	75		110		95	ns
			4.5V		8	15		22		19	
			6 V		6	13		19		16	

operating characteristics, T_A = 25 ℃

	PARAMETER	TEST CONDITIONS	TYP	UNIT
C_{pd}	Power dissipation capacitance per inverter	No load	20	pF

TEXAS INSTRUMENTS
POST OFFICE BOX 655303 • DALLAS, TEXAS 75265

图 A.9　7404 数据手册的第 3 页

开关特征定义输入发生变化时推荐操作条件下的器件操作。传输延迟（propagation delay）t_{pd} 表示从输入 $0.5\ V_{CC}$ 变成输出 $0.5\ V_{CC}$ 的时间间隔。当 V_{CC} 为 5V 且芯片驱动电容不超过 50pF 时，传播延迟不会超过 24ns。每个输入电容为 10pF，在最快速度下驱动的芯片也不超过 5 个，而且芯片连线上的分布电容也将进一步减少可用负载。转换时间（transition time）也称为上升 / 下降时间，表示输出从 $0.1\ V_{CC}$ 变成 $0.9\ V_{CC}$ 的时间间隔。

如 1.8 节所述，芯片功耗包括静态（static）和动态（dynamic）两个部分。HC 电路的静态功耗很低，85℃时的最大静态电流为 $20\,\mu A$，电压 5V 时的静态功耗为 0.1mW。动态功耗取决于驱动电容和工作频率，7404 中每个反相器的内部功耗电容为 20pF。当 7404 的 6 个反相器工作频率为 10MHz 且驱动负载电容均为 20pF 时，根据公式（1.4），其动态功耗为 $\frac{1}{2}(6)(20pF + 25pF)(5^2)(10MHz) = 33.75mW$，故最大功耗为 33.85mW。

A.6 逻辑系列

使用不同技术制造的 74 系列芯片称为逻辑系列（logic family），它们的速度、功耗和逻辑电平不同，而其他芯片的设计通常要兼容逻辑系列。早期芯片如 7404 由双极型晶体管制造，称为晶体管 – 晶体管逻辑（transistor-transistor logic，TTL）。74 后的一个或两个字母表示新技术，如 74LS04、74HC04 或 74AHCT04。表 A.2 汇总了常见的 5V 逻辑系列。

表 A.2　5V 逻辑系列的典型规格

特征	双极型 /TTL						CMOS		CMOS/TTL 兼容	
	TTL	S	LS	AS	ALS	F	HC	AHC	HCT	AHCT
t_{pd}/ns	22	9	12	7.5	10	6	21	7.5	30	7.7
V_{IH}/V	2	2	2	2	2	2	3.15	3.15	2	2
V_{IL}/V	0.8	0.8	0.8	0.8	0.8	0.8	1.35	1.35	0.8	0.8
V_{OH}/V	2.4	2.7	2.7	2.5	2.5	2.5	3.84	3.8	3.84	3.8
V_{OL}/V	0.4	0.5	0.5	0.5	0.5	0.5	0.33	0.44	0.33	0.44
I_{OH}/mA	0.4	1	0.4	2	0.4	1	4	8	4	8
I_{OL}/mA	16	20	8	20	8	20	4	8	4	8
I_{IL}/mA	1.6	2	0.4	0.5	0.1	0.6	0.001	0.001	0.001	0.001
I_{IH}/mA	0.04	0.05	0.02	0.02	0.02	0.02	0.001	0.001	0.001	0.001
I_{DD}/mA	33	54	6.6	26	4.2	15	0.02	0.02	0.02	0.02
C_{Pd}/pF	n/a						20	12	20	14
价格[①]（美元）	已淘汰	0.63	0.25	0.53	0.32	0.22	0.12	0.12	0.12	0.12

① 2012 年的德州仪器（TI）7408，每单位数量为 1000。

肖特基（Schottky，S）和低功耗肖特基（LS）逻辑系列使用双极型电路和过程化技术，它们比 TTL 逻辑系列更快。S 型的功耗大，而 LS 的功耗则低一些。高级肖特基（AS）和高级低功耗肖特基（ALS）的速度更快且功耗更低，快速（F）逻辑的速度更快但功耗比 AS 低。在上述逻辑系列中，低输出的所需电流超过高输出，因此称为非对称逻辑电平。和 TTL 类似，它们的逻辑电平如下：$V_{IH} = 2V$，$V_{IL} = 0.8V$，$V_{OH} > 2.4V$，$V_{OL} < 0.5V$。

CMOS 工艺在 20 世纪八九十年代已经成熟，而低功耗使其成为主流工艺。高速 CMOS（high speed CMOS，HC）和高级高速 CMOS（advanced high speed CMOS，AHC）逻辑系列的静态功耗几乎为 0 且高低电平的输出电流相同。和 CMOS 类似，它们的逻辑电平如下：$V_{IH} = 3.15V$，$V_{IL} = 1.35V$，$V_{OH} > 3.8V$，$V_{OL} < 0.44V$。由于 TTL 的高输出 2.4V 不能作为 CMOS 的高输入，因此这些逻辑电平和 TTL 电路并不兼容，从而出现高速 TTL 兼容 CMOS（high-speed TTL-compatible CMOS，HCT）和高级高速 TTL 兼容 CMOS（advanced high-speed TTL-compatible CMOS，AHCT）逻辑系列。这两个逻辑系列接收 TTL 输入逻辑电平且产生有效的 CMOS 输出逻辑电平，它们比纯 CMOS 组件慢一些。所有 CMOS 器件对静电放电（electrostatic discharge，ESD）敏感，为避免击穿 CMOS 芯片，接触芯片前要接触大块金属进行自身静电释放处理。

74 系列芯片价格较低，且新的逻辑系列更便宜一些。LS 逻辑系列的应用广泛且可靠，一般是实验室或普通项目的首选。随着晶体管体积变小难以提供 5V 电压，5V 标准在 20 世纪 90 年代中期逐渐被淘汰。低电压可以降低功耗，当前广泛使用 3.3V、2.5V、1.8V、1.2V 甚至更低电压，但多个电压标准增加了不同电源供电芯片之间的通信难度。表 A.3 列举一些低电压逻辑系列，但并非所有的 74 系列芯片都支持这些逻辑系列。

表 A.3　低电压逻辑系列的典型规格

	LVC			ALVC			AUC		
V_{dd}/V	3.3	2.5	1.8	3.3	2.5	1.8	2.5	1.8	1.2
t_{pd}/ns	4.1	6.9	9.8	2.8	3	?[①]	1.8	2.3	3.4
V_{IH}/V	2	1.7	1.17	2	1.7	1.17	1.7	1.17	0.78
V_{IL}/V	0.8	0.7	0.63	0.8	0.7	0.63	0.7	0.63	0.42
V_{OH}/V	2.2	1.7	1.2	2	1.7	1.2	1.8	1.2	0.8
V_{OL}/V	0.55	0.7	0.45	0.55	0.7	0.45	0.6	0.45	0.3
I_O/mA	24	8	4	24	12	12	9	8	3
I_I/mA	0.02			0.005			0.005		
I_{DD}/mA	0.01			0.01			0.01		
C_{pd}/pF	10	9.8	7	27.5	23	?[①]	17	14	14
价格 / 美元	0.17			0.20			不可用		

① 写作本书时无法提供延迟和电容信息。

所有低电压逻辑系列使用 CMOS 晶体管，V_{DD} 的范围较大，但在电压较低时速度会下降。低电压 CMOS（low-voltage CMOS，LVC）和高级低电压 CMOS（advanced low-voltage CMOS，ALVC）逻辑通常工作在 3.3V、2.5V 或 1.8V。LVC 支持的最高输入电压为 5.5V，可接收 5V CMOS 或 TTL 电路的输入。高级超低电压 CMOS（advanced ultra-low-voltage CMOS，AUC）通常工作在 2.5V、1.8V 和 1.2V，而且速度特别快。ALVC 和 AUC 逻辑系列支持的最高输入电压为 3.6V，可接收 3.3V 电路的输入。

FPGA 的内部逻辑（称为 core）和外部 I/O 引脚通常需要不同的电压输入。随着 FPGA 的升级，为减少功耗和避免损坏小晶体管，内部逻辑电压从 5V 逐步降低到 3.3V、2.5V、1.8V 和 1.2V。I/O 引脚电压可以灵活配置以兼容系统的其他部件。

A.7　开关和 LED

数字电路有输入和输出，最基本的输入是直接连到电源或接地，但通常使用可控开关。电压表是检查输出的基本方法，但通常使用输出 TRUE 即发光的发光二极管（LED）。本节介绍这两个模拟组件的操作方式。

A.7.1　开关

图 A.10 给出单刀单掷（SPST）和单刀双掷（SPDT）开关的符号，单刀表示开关仅有一个输出，单掷表示开关只能连接一个终端，双掷表示输出可连接两个终端中的任意一个。

SPST 开关默认为断开或关闭，分别表示阻断或允许电流流动。为产生数字逻辑电平，开关通常与电阻 R 串联，如图 A.11a 所示。当开关断开时，电阻将引脚 Y 下拉到地（逻辑 0）。若连到 Y 的电路负载电流 I_{load} 较小，Y 处的实际电压 $V_Y = I_{load}R$。当开关闭合时，电阻顶部连接到 V_{DD}，将 Y 上拉到 V_{DD}（逻辑 1）。大小为 V_{DD}/R 的电流经过电阻，产生静态功耗 $P = V_{DD}^2/R$。选择大小适中的电阻，过大的电阻使得开关断开时 Y 处的电压 V_Y 可能下降不够低（且连到 Y 的电路也消耗部分电流）；过小的电阻导致电路消耗过多功率（甚至可能熔化）。通常电阻在 1 至 $10k\Omega$ 之间，小功率的泄漏不影响输出电压。然而，若系统操作要求超低功率，则选择更大的电阻，并且要考虑负载（连接到 Y）引起的泄漏电流，以便输出电压能够保持有效的低逻辑电平。

SPST 开关和电阻的替代方案是 SPDT 开关，如图 A.11b 所示，其输出连接到 V_{DD} 或 GND，以产生高或低值。此方案不需要电阻，也不消耗静态功率（假设 Y 连接到 CMOS 门的输入），但 SPDT 开关通常更昂贵。

图 A.10　a）SPST 开关。b）SPDT 开关　　图 A.11　开关的数字输入。a）SPST 和电阻。b）SPDT 和无电阻

A.7.2　LED

当二极管两端电压小于某电压 V_D 时，LED 处于 OFF 状态，反之大于 V_D 时，LED 处于 ON 状态。V_D 值取决于二极管颜色和环境温度，在 1.7 ~ 2.3V 之间，通常取平均值 2.0V。断开的二极管吸收的电流忽略不计，闭合的二极管则吸收可能的电流 I_D，其亮度与电流成比例。然而过大的电流容易损坏二极管或供电设备，因此，二极管通常与限流电阻器一起使用，如图 A.12 所示。小型二极管的电流超过 1mA 时可用于室内照明，5 到 10mA 之间的光照很好，但超亮的 LED 可能会消耗 100mA 或更多。

图 A.12 给出电压 V_{in} 驱动的、带限流电阻 R 的 LED，串联的电阻器和 LED 上的电流相同，因此放置顺序无关紧要。在数字系统中，V_{in} 通常来自逻辑门的输出，取值在 V_{OH} 到 V_{DD} 之间。电阻器上的电压为 $V_{in} - V_D$（V_D 为二极管的电压降），由于二极管和电阻器上的电流相同，电阻器上的电压也为 RI_D，故 $I_D = (V_{in} - V_D)/R$。R 太大时流经的电流太小导致二极管过暗，R 太小时二极管损坏或从驱动 V_{in} 部件中吸收太多电流，因此，数字电路中常使用小几百欧的电阻器驱动 LED。通过查看数据手册上的输出电流 I_O 规格，得出输出可提供的电流。例如，若逻辑门的工作电压为 3.3 V 且正常情况下输出的最大电流为 5mA，当

图 A.12　带限流电阻的 LED

$R = (3.3 - 2)\text{V} / 0.005\text{A} = 260\Omega$ 时 LED 发出的光最亮。

值得注意的是，数据手册上的绝对最大规格是部件永久损坏的数据，而不是部件正常工作的数据，通常使用推荐的操作条件数据。

A.8　封装和装配

集成电路通常封装（package）在塑料或陶瓷内，有以下三个优点：（1）将芯片的细小金属 I/O 引脚连接到封装的较大引脚上方便芯片间的连接；（2）保护芯片免受物理损坏；（3）将芯片产生的热量扩散到封装的大面积上以便冷却。封装后的芯片放置到面包板或印制电路板（printed circuit board，PCB）上，连接到一起从而装配成系统。

A.8.1　封装

图 A.13 给出集成电路的多种封装，封装通常分为通孔（through-hole）和表面贴装（Surface MounT，SMT）两大类。通孔类的封装引脚可以插到 PCB 的通孔或芯片插孔中。双列直插（dual inline package，DIP）包含两列引脚，引脚的间距为 0.1 英寸。格状阵列（pin grid array，PGA）将引脚放在封装下方，这样小封装也可以容纳更多的引脚。SMT 类封装不使用通孔，而是将芯片直接焊在 PCB 上，其引脚也称为引线（lead）。薄型小尺寸封装（thin small outline packages，TSOP）包含两列紧密排列的导线（间距仅为 0.02 英寸），而塑封引线芯片载体（plastic leaded chip carriers，PLCC）的四周有 J 形导线（间距为 0.05 英寸），它们均直接固定在 PCB 或特殊插座上。四方扁平封装（quad flat packs，QFP）的四周有大量紧密排列的引脚。BGA（ball grid array）封装则使用数百个小焊球完全取代引脚，焊装时将它们与 PCB 的焊盘对准，焊料加热融化后与封装一起连接到电路板。双排和四方扁平封装（DFN 和 DFN）分别在芯片两边和四边有引脚，引线布置在封装下方，这样可以节省 PCB 空间但要求更高的焊装技术。

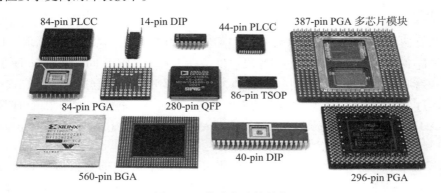

图 A.13　集成电路的封装

A.8.2　面包板

DIP 封装可以直接放置在面包板上，因此易构成原型系统。面包板是含多行插孔的塑料板，如图 A.14 所示，每行有 5 个内部互连的插孔。每个封装引脚放在一个插孔中，通过插在同一行的邻近插孔中引线和芯片的引脚相连。通常面包板的边缘有连接插孔的单独列，它们用于放置电源和地线。

图 A.14 给出含 74LS08 与门和 74LS32 或门的面包板，其电路原理图如图 A.15 所示，图中每个门均标识了芯片（08 或 32）及其输入输出引脚（参见图 A.1）。该面包板上的输入连接到 08 芯片的第 1、2、5 脚，输出则连接到 32 芯片的第 6 脚，电源和地线垂直地将香蕉形插孔的 Vb 和 Va 分别连接到每个芯片的 14 和 7 脚。按照上述描述，在原理图中进行标识并在连接时检查，可以有效地减少面包板电路构造时产生的错误。

图 A.14 面包板的主要电路

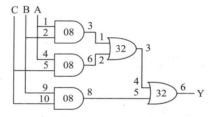

图 A.15 带芯片和引脚的电路原理图

令人遗憾的是，面包板电路构造时很容易将线插错孔或出现线飞出孔的状况，因此要非常小心（在实验室要进行调试），它不适用于工业生产，仅用于构造原型系统。

A.8.3　印制电路板

与面包板技术不同，芯片封装可以直接焊在由多层导电铜和绝缘环氧树脂构成的印制电路板（printed circuit board，PCB）上。铜被刻蚀成的导线称为连线（trace），钻在电路板上的通孔（via）覆盖金属从而连接各层。通常使用计算机辅助设计（computer-aided design，CAD）工具设计 PCB，但在实验室也可以通过刻蚀或钻孔生产简单的电路板，或者将设计好的电路板送到工厂进行大规模生产。工厂的生产周期一般为几天（大规模生产需要几周），尽管需要数百美元的初始安装费用，但对大批量中等复杂的电路板来说，每块板的生产费用仅为几美元。

PCB 连线一般由低电阻的铜刻蚀而成，它们被封装在如绿色阻燃塑料 FR4 之类的绝缘材料中。PCB 在信号层之间有铜制的电源层和地层，称为面（plane）。图 A.16 给出 PCB 剖面图，板的顶部和底部是信号层，中间部分是低电阻的电源和地面，这样不仅为板上的组件分配稳定电源，也使得连线的电容和电导具备一致性和可预测性。

图 A.17 给出 20 世纪 70 年代 Apple II+ 型计算机

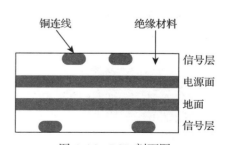

图 A.16 PCB 剖面图

的 PCB，图片最上方是 6502 微处理器，其下方的 6 片 16Kb ROM 芯片构成存储器操作系统的 12KB ROM 系统，3 行（每行 8 片）16Kb 的 DRAM 芯片提供 48KB 的 RAM，图片右侧是用于存储器地址译码和其他功能的 74 系列芯片。芯片间的连线将各个芯片连接起来，连线端的点则是金属覆盖的通孔。

A.8.4 小结

带大量输入和输出引脚的现代芯片大部分采用 SMT 封装技术，其中最常见的是 QFP 和 BGA，它们倾向于使用 PCB 技术。由于需要特殊的焊装设备，BGA 封装尤其困难，而且在实验室调试中，焊球在封装下面从而无法使用电压表或示波器进行测量。

图 A.17 Apple II+ 电路板

总之，系统设计人员要预先考虑封装问题，决定在原型期间是否使用面包板和 BGA 封装。当对芯片连线很有把握时，专业的设计人员很少使用面包板。

A.9 传输线

前文假定整个线中的电压全部相等，即等电势连接。然而，实际上信号按光速以电磁波的形式在线上传播，只有线足够短或信号变化很慢时才是等电势。当线较长或信号变化较快时，电路延迟要考虑线上的传输时间。传输线（transmission line）上的电压和电流按光速以波的形式传播，传输到终点的波可能会沿着线产生反射，从而产生噪声和不规则特征。因此，数字电路设计人员必须考虑传输线的特征以精确计算延迟和噪声影响。

电磁波在介质中的速度虽然很快但仍需要时间，光的传播速度取决于介质的介电常数（permittivity）和磁导率（permeability）：

$$v = \frac{1}{\sqrt{\mu\varepsilon}} = \frac{1}{\sqrt{LC}}$$

真空中的光速 $v = c = 3 \times 10^8 \, \mathrm{m/s}$，FR4 绝缘层的磁导率是真空的 4 倍，故 PCB 中的信号传输速度大约为光速的一半，即 $1.5 \times 10^8 \, \mathrm{m/s}$（即 15cm/ns）。长度为 l 的传输线的信号延迟如下：

$$t_d = \frac{l}{v} \tag{A.4}$$

传输线的特征阻抗（characteristic impedance）Z_0 表示成传输线中的电压和电流之比，即 $Z_0 = V/I$。该阻抗不是电阻（线上电阻可忽略不计），它取决于传输线的电感和电容（推导过程见 A.9.7 节），通常为 $50 \sim 75 \, \Omega$。

$$Z_0 = \sqrt{\frac{L}{C}} \tag{A.5}$$

图 A.18 所示的传输线符号类似于有线电视的同轴电缆，内部为信号传输线，外部为接地的屏蔽导体层。

传输线上的电压波以光速传播，到达终端

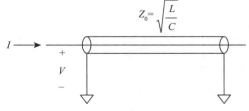

图 A.18 传输线符号

时可能会产生反射或被吸收。反射波沿传输线向后传播，和原有电压产生叠加，导致终端存在匹配、开路、短路或失配四种可能。下面分析波的传输以及到终端的几种情况。

A.9.1　匹配终端

当负载阻抗 Z_L 等于特征阻抗 Z_0 时，传输线的终端匹配，如图 A.19 所示，其特征阻抗为 50Ω。传输线一端连接开关电源，在 $t=0$ 时闭合，而另一端连接匹配的 50Ω 终端负载。下面分析起点 A、三分之一处 B 和终点 C 三个位置的电压和电流。

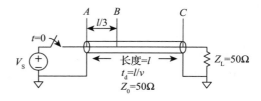

图 A.19　带匹配终端的传输线

图 A.20 分别给出 A、B、C 三点的电压随时间的变化情况。初始时开关断开，传输线中的电压和电流均为 0。$t=0$ 时开关闭合，产生 $V=V_S$ 的入射波，由于存在特征阻抗 Z_0，因此电流 $I=V_S/Z_0$。电压立即到达起点 A，如图 A.20a 所示。波沿着传输线以光速传播，在 $t_d/3$ 时到达 B 点，此处电压从 0 跳变到 V_S，如图 A.20b 所示。在 t_d 时，波到达终点 C，此处电压也随之上升，由于 $Z_L=Z_0$，进入负载 Z_L 的电流产生电压 $V_R=Z_L I=Z_L(V_S/Z_0)=V_S$，电压 V_S 在传输线上稳定传播。在这种情况下，波被负载阻抗吸收，传输线到达稳定状态。

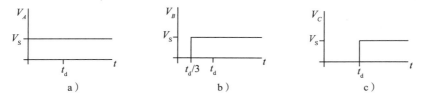

图 A.20　图 A.19 中点 A、B、C 的电压波形

稳定状态下的传输线相当于理想等电势线，线上所有位置的电压相同。图 A.21 给出图 A.19 电路的稳定状态等价模型，线上所有位置的电压为 V_S。

例 A.2（带匹配源端和负载终端的传输线）图 A.22 给出了带匹配源端阻抗 Z_S 和负载阻抗

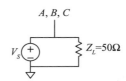

图 A.21　处于稳定状态图 A.19 的等效电路

Z_L 的传输线。请画出点 A、B、C 随时间的电压变化图。系统何时达到稳定状态？画出稳定状态的等价电路。

解： 由于源端阻抗 Z_S 与传输线串联，电压经过 Z_S 下降后沿传输线传播。在波到达终端前，终端负载不会对传输线的行为产生影响，因此阻抗为 Z_0。根据分压方程，传播的跳变电压为：

$$V=V_S\left(\frac{Z_0}{Z_0+Z_S}\right)=\frac{V_S}{2} \tag{A.6}$$

$t=0$ 时，电压波 $V=V_S/2$ 从 A 点沿传输线传播，在 $t_d/3$ 时到达 B 点，在 t_d 时到达终点 C，如图 A.23 所示。所有电流被负载阻抗 Z_L 吸收，电路在 $t=t_d$ 时达到稳定状态，线上所有位置的电压为 $V_S/2$，其稳定状态等效电路如图 A.24 所示。

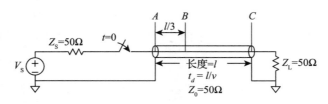

图 A.22 带匹配源和负载终端的传输线

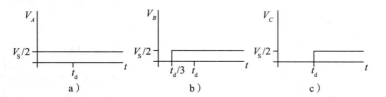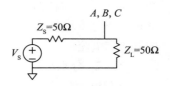

图 A.23 图 A.22 中点 A、B、C 的电压波形

图 A.24 处于稳定状态图 A.22 的等效电路

A.9.2 开路终端

当负载阻抗不等于 Z_0 时，终端无法吸收所有电流，因此部分波被反射出去。图 A.25 给出开路终端的传输线，由于没有电流流过开路终端，因此 C 点的电流恒为 0。

线上的初始电压为 0，$t=0$ 时开关闭合，电压波 $V = V_S \dfrac{Z_0}{Z_0 + Z_S} = \dfrac{V_S}{2}$ 沿传输线传播。由于终端负载在 $2t_d$ 时刻之前对传输线没有任何影响，因此初始波与终端无关，形同例 A.2。电压波在 $t_d/3$ 时刻到达 B 点，在 t_d 时刻到达 C 点，如图 A.26 所示。

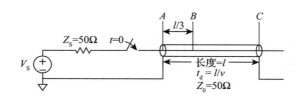

图 A.25 带开路加载终端的传输线

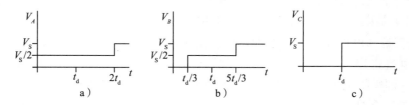

图 A.26 图 A.25 中点 A、B、C 的电压波形

当电压波到达 C 点时，开路终端使其无法向前传播，导致所有波被反射回源端，故反射电压仍为 $V = V_S/2$。线上任意点电压等于初始波和反射波之和，$t = t_d$ 时 C 点电压为 $V = \dfrac{V_S}{2} + \dfrac{V_S}{2} = V_S$。反射波在 $5t_d/3$ 时刻到达 B 点，在 $2t_d$ 时刻到达 A 点时反射波被完全吸收，源端阻抗与特征阻抗匹配。因此，系统在 $t = t_d$ 时达到稳定状态，传输线成为电压为 V_S、电流为 0 的等电势线。

A.9.3 短路终端

图 A.27 给出了终端连接到地的传输线，C 点电压恒为 0。与前面例子相同，初始电压为 0，当开关闭合后，电压波 $V = V_S / 2$ 沿线传播，如图 A.28 所示。到达终端时以反极性方式被反射，反射波电压 $V = -V_S / 2$ 叠加到初

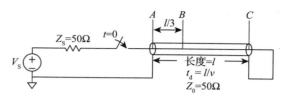

图 A.27 带短路终端的传输线

始波上，从而保证 C 点电压仍为 0。反射波在 $t = 2t_d$ 时刻到达源端，并被源端阻抗吸收，此时系统达到稳定状态，传输线等价为电压为 0 的等势线。

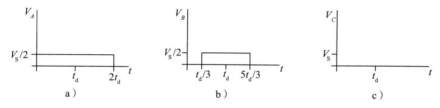

图 A.28 图 A.27 中点 A、B、C 的电压波形

A.9.4 不匹配终端

当终端阻抗不等于特征阻抗时，称为不匹配（mismatched）终端。当跳变波到达不匹配终端时，部分波被吸收，部分波被反射。反射系数 k_r 表示入射波 V_i 中被反射的比例，即 $V_r = k_r V_i$，后续 A.9.8 节将利用电流恒定定律推导反射系数。当入射波沿特征阻抗 Z_0 的传输线到达负载阻抗 Z_T 的终端时，反射系数为：

$$k_r = \frac{Z_T - Z_0}{Z_T + Z_0} \tag{A.7}$$

注意以下几种特殊情况：当终端开路时（$Z_T = \infty$），入射波被完全反射，终端电流为 0，因此 $k_r = 1$；当终端短路时（$Z_T = 0$），入射波以反极性方式被反射，终端电压为 0，因此 $k_r = -1$；当终端为匹配负载时（$Z_T = Z_0$），所有入射波被吸收，因此 $k_r = 0$。

图 A.29 给出了不匹配负载终端的传输线，其负载阻抗为 75Ω。由于 $Z_T = Z_L = 75Ω, Z_0 = 50Ω$，故 $k_r = 1/5$。与前面例子相同，初始电压为 0，当开关闭合后，电压波 $V = V_S / 2$ 沿线传播，在 $t = t_d$ 时刻到达终端，1/5 的波被反射，4/5 的波被终端吸收，因此反射波电压 $V = \frac{V_S}{2} \times \frac{1}{5} = \frac{V_S}{10}$。$C$ 点电压为入射波和反射波电压之和，即 $V_C = \frac{V_S}{2} + \frac{V_S}{10} = \frac{3V_S}{5}$。在 $t = 2t_d$ 时刻反射波到达 A 点，并被 50Ω 的源端阻抗 Z_S 吸收，图 A.30 给出电压和电流波形。此后系统进入稳定状态（$t > 2t_d$），传输线等价为等势线，如图 A.31 所示，此时系统类似于分压器，即 $V_A = V_B = V_C = V_S \left(\frac{Z_L}{Z_L + Z_S} \right) =$

$$V_S \left(\frac{75Ω}{75Ω + 50Ω} \right) = \frac{3V_S}{5}$$

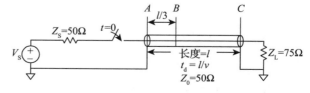

图 A.29 不匹配终端的传输线

在传输线两端均可发生反射,图 A.32 所示传输线的源端阻抗 Z_S 为 450Ω,负载端为开路。负载端和源端的反射系数分别为 $k_{rL} = 1$ 和 $k_{rS} = 4/5$,波在两端反射直至稳定状态。

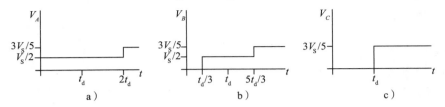

图 A.30　图 A.29 中点 A、B、C 的电压波形

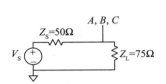

图 A.31　处于稳定状态图 A.29 的等效电路

图 A.32　不匹配源端和终端的传输线

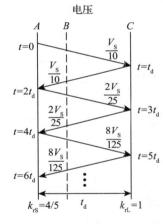

图 A.33 给出传输线两端的反射过程,水平轴表示距离,垂直轴表示时间,两端表示传输线源端 A 和负载端 C,A 和 C 之间的箭头线表示入射和反射信号波。$t = 0$ 时源端阻抗和传输线类似于分压器,产生电压为 $V_S / 10$ 的波从 A 点向 C 点传播。$t = t_d$ 时到达 C 点的信号被完全反射($k_{rL} = 1$)。$t = 2t_d$ 时到达 A 点的反射波 $V_S / 10$ 以反射系数 $k_{rS} = 4/5$ 被反射,产生电压为 $2V_S / 25$ 的反射波向 C 点传播。后续过程依此类推。

传输线上任意一点的电压是所有入射波和反射波之和,因此 $t = 1.1t_d$ 时的 C 点电压为 $\dfrac{V_S}{10} + \dfrac{V_S}{10} = \dfrac{V_S}{5}$,$t = 3.1t_d$ 时的 C 点电压为 $\dfrac{V_S}{10} + \dfrac{V_S}{10} + \dfrac{2V_S}{25} + \dfrac{2V_S}{25} = \dfrac{9V_S}{25}$,后续过程依此类推。图 A.34 中是随时间变化的电压,当 t 无穷大时,电压趋近于稳定状态,即 $V_A = V_B = V_C = V_S$。

图 A.33　图 A.29 的反射图

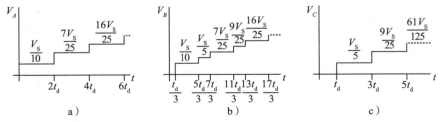

图 A.34　图 A.23 的电压和电流波形图

A.9.5　何时使用传输线模型

当传输线延迟 t_d 大于信号转换(上升或下降)时间的某个比例(通常 20%)时,需要使用传输线模型。若延迟比较小,其影响非常微弱,在信号变化过程中反射很快消散。若延迟

比较大，则必须考虑延迟以精确预测信号的传播延迟和波形，尤其在反射破坏波形数字特征的情况下，避免产生错误逻辑操作。

如前所述，PCB 上信号的传输延迟为 15cm/ns，对于边际速率为 10ns 的 TTL 逻辑来说，长度大于 30cm（10ns×15cm/ns×20%）的线建模为传输线。PCB 上的线长度通常小于 30cm，因此大多数可看成理想等电势线。然而，大部分现代芯片的边际速率为 2ns 甚至更小，长度大于 6cm（约 2.5 英寸）的线要建模为传输线。因此，使用过小的边际速率会给设计增加难度。

面包板缺少地线层使得每个信号的电磁场不规则且难以建模，信号间电磁场的相互作用也会出现奇怪的反射和串扰现象，工作频率超过几兆赫兹的面包板通常不可靠。相反，PCB 上传输线的特征阻抗和传输速度比较稳定，只要源端阻抗或负载阻抗与传输线的特征阻抗相匹配，PCB 就不会受反射影响。

A.9.6　正确的传输线终端

图 A.35 给出了两种常用的传输线终端连接方法。在图 A.35a 所示的并联终端中，驱动门的阻抗很低（$Z_S \approx 0$），负载电阻 Z_L 和特征阻抗 Z_0 在负载端并联（在接收门输入和地之间）。当驱动电压从 0 增加到 V_{DD} 时，电压波 V_{DD} 沿线传播并被匹配的负载终端所吸收而不产生反射。在图 A.35b 所示的串联终端中，源端电阻 Z_S 与驱动端串联使得源端阻抗升至 Z_0 并形成高阻抗负载（$Z_L = \infty$）。当驱动电压变化时，电压波 $V_{DD}/2$ 沿线传播并在开路终端反射，从而使得线上电压升至 V_{DD}，最终反射波在源端被吸收。上述两个电路在接收端的电压变化相同，即 $t = t_d$ 时变为 V_{DD}，而功耗和沿线的波形变化不同。并联终端在高电平时持续消耗电能，而负载和开路的连接使得串联终端不产生任何直流功耗。然而，串联终端的传输线中部位置的起始电压为 $V_{DD}/2$，直到反射波返回，连在线中部的门将收到非法的逻辑电平。因此，串联终端适合于只有一个驱动端和一个接收端的点对点连接，而并联终端适合多个接收端，其线中部的接收端不会收到非法的逻辑电平。

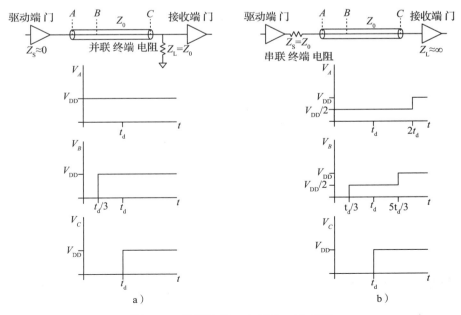

图 A.35　终端连接。a）并联。b）串联

A.9.7 Z_0 的推导 *

本节基于电阻 – 电导 – 电容（resistor-inductor-capacitor，RLC）电路分析的相关知识推导波沿传输线传播的电压与电流之比 Z_0。

图 A.36 给出了半无限传输线以及长 dx 的传输线模型，假定输入电压跳变到半无限传输线的一端（此时无反射），R、L、C 分别是单位长度的电阻、电导和电容。图 A.36b 给出带电阻 R 的传输线模型，由于传输过程中电阻上存在能量消耗，因此称为有损（lossy）模型。然而，为简化分析通常忽略电阻上的损耗，这种理想模型如图 A.36c 所示。

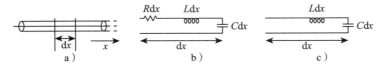

图 A.36　传输线模型。a）半无限电缆。b）有损。c）理想

传输线上的电流和电压是时间和空间的函数，如式（A.8）和式（A.9）所示：

$$\frac{\partial}{\partial x}V(x,t) = L\frac{\partial}{\partial t}I(x,t) \tag{A.8}$$

$$\frac{\partial}{\partial x}I(x,t) = C\frac{\partial}{\partial t}V(x,t) \tag{A.9}$$

求解式（A.8）对空间的微分以及式（A.9）对时间的微分，带入后得到以下波方程式：

$$\frac{\partial^2}{\partial x^2}V(x,t) = LC\frac{\partial^2}{\partial t^2}V(x,t) \tag{A.10}$$

Z_0 是图 A.37a 所示传输线上的电压和电流之比，由于波特征与距离无关，故 Z_0 与传输线长度无关。因此，如图 A.37b 所示的传输线即使增加长度 dx，其特征阻抗仍为 Z_0。

考虑电导和电容的阻抗，图 A.37 的阻抗方程如下：

$$Z_0 = j\omega L dx + [Z_0 \,\|\, (1/(j\omega C dx))] \tag{A.11}$$

重写式（A.11）得到：

$$Z_0{}^2(j\omega C) - j\omega L + \omega^2 Z_0 LC dx = 0 \tag{A.12}$$

当 dx 趋近于 0 时，忽略最后一项得到：

$$Z_0 = \sqrt{\frac{L}{C}} \tag{A.13}$$

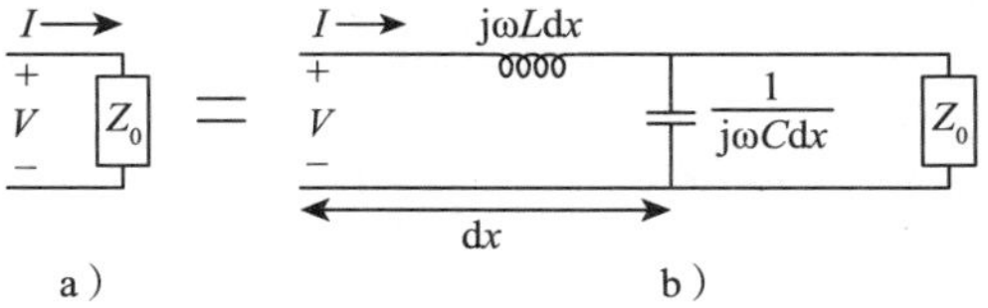

图 A.37　传输线模型。a）整个传输线。b）带额外长度 dx

A.9.8　反射系数的推导 *

基于电流守恒原理可以推导出反射系数 k_r，图 A.38 给出了特征阻抗为 Z_0、负载阻抗为

Z_L 的传输线。假定入射波的电压为 V_i、电流为 I_i，当波到达终点时，经过负载阻抗的部分电流 I_L 产生电压降 V_L，反射回传输线的电压为 V_r、电流为 I_r。因此，传输线中波的电压和电流之比 $Z_0 = \dfrac{V_i}{I_i} = \dfrac{V_r}{I_r}$。

传输线上电压是入射波和反射波电压之和，正向电流是入射波电流和反射波电流之差。

$$V_L = V_i + V_r \tag{A.14}$$

$$I_L = I_i - I_r \tag{A.15}$$

使用欧姆定律替换式（A.15）中的 I_L、I_i 和 I_r 可得：

$$\frac{V_i + V_r}{Z_L} = \frac{V_i}{Z_0} - \frac{V_r}{Z_0} \tag{A.16}$$

因此反射系数 k_r 计算如下：

$$\frac{V_r}{V_i} = \frac{Z_L - Z_0}{Z_L + Z_0} = k_r \tag{A.17}$$

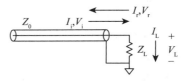

图 A.38　传输线的入射、反射、负载电压和电流

A.9.9　总结

从传输线模型可以看出，光速有限使得信号在线上的传播需要时间。理想传输线的单位长度电感 L、电容 C 相同且电阻为 0，传输线的特征阻抗 Z_0 和传输延迟 t_d 可以从单位长度电感、电容和线长度推导出来。当信号的上升/下降时间超过 $5t_d$ 时，传输线对信号的延迟和噪声有明显影响，即当系统的上升/下降时间为 2ns 时，在 PCB 线长度超过 6cm 的情况下需要使用传输线模型更好地分析系统行为。

当数字系统的驱动端门和第二级接收端门之间距离较长时，需要使用传输线模型，如图 A.39 所示。驱动端门建模为电压源、源端阻抗 Z_S 和开关，在 0 时刻输出电压从 0 变成 1。源端阻抗 Z_S 使得驱动端门无法提供无限大的电流，逻辑门的 Z_S 通常较小，通过串联电阻可以增大 Z_S，从而匹配线阻抗。接收端门建模为 Z_L，由于 CMOS 电路的输入电流通常很小，因此 Z_L

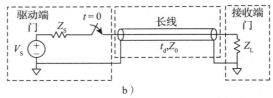

图 A.39　建模为传输线的数字系统

无限大，通过在接收端门的输入和地之间并联电阻，使得 Z_L 和传输线阻抗相匹配。

当第一级门电压变化时，电压波被驱动到传输线上。源端阻抗和传输线形成分压器，使得入射波电压如下：

$$V_i = V_S \frac{Z_0}{Z_0 + Z_s} \tag{A.18}$$

t_d 时刻波到达线终端，部分波被负载吸收部分被反射。反射系数是反射波电压 V_r 和入射波电压 V_i 的比例，即 $k_r = V_r / V_i$，计算如下：

$$k_r = \frac{Z_L - Z_0}{Z_L + Z_0} \tag{A.19}$$

反射波叠加到传输线的源电压，并在 $2t_d$ 时刻到达源，此时部分被吸收部分被反射。反射过程持续进行，线电压最终趋于稳定，传输线成为等电势线。

A.10　经济视角

有人觉得设计数字电路非常有趣，愿意无偿设计，但大多数设计人员和公司希望从中获利，因此经济是设计决策中要考虑的重要因素。

数字系统成本分为非再生工程成本（nonrecurring engineering cost，NRE）和再生成本（recurring cost）。NRE 指系统设计成本，包括设计团队的工资、计算机和软件成本以及生产首个产品的成本。2021 年美国一位设计人员的所有费用（含工资、健康保险、退休保险、带设计工具的计算机）每年约 20 万美元，因此设计成本很高。再生成本指再生产一个产品所需的成本，包括元器件、制造、市场、技术支持和运输费用。

除去系统成本，销售价格还包括办公场所租金、税金以及非直接设计人员的工资（如门房和 CEO）等。除去所有这些费用后，再计算公司的利润。

例 A.3 （Ben 试图挣钱）Ben Bitdiddle 设计了一个巧妙的雨滴计数电路，想销售这些设备来赚钱，但他要选择使用 FPGA 还是 ASIC 实现。FPGA 的设计和测试工具价格是 1500 美元，每个 FPGA 成本是 17 美元。制作 ASIC 掩模的成本是 60 万美元，每片 ASIC 的生产成本是 4 美元。

无论选择哪种实现方式，Ben 还需要在 PCB 上配装芯片，费用为每板 1.5 美元。Ben 期望每个月销售 1000 套设备，为此他免费召集了一组本科生设计芯片作为毕业设计。

如果销售价格是成本的两倍（100% 的利润空间），产品周期为 2 年，那么哪种实现方式比较好？

解： Ben 给出两种实现方式在两年内的所有成本，如表 A.4 所示。Ben 计划销售 24 000 个设备，若产品周期仅为 2 年，显然 FPGA 是更好的选择。单个设备的成本为 445 500 美元 / 24 000 = 18.56 美元，在 100% 利润空间下销售单价为 37.13 美元。ASIC 实现的成本为 732 000 美元 / 24 000 = 30.50 美元，销售单价为 61 美元。　■

表 A.4　ASIC 和 FPGA 成本

成本	ASIC	FPGA
NRE	600 000 美元	1500 美元
单芯片	4 美元	17 美元
PCB	1.50 美元	1.50 美元
总计	600 000 美元 +（24 000 × 5.50 美元）=732 000 美元	1500 美元 +（24 000 × 18.50 美元）=445 500 美元
单价	30.50 美元	18.56 美元

例 A.4 （Ben 更加贪婪）看了产品的市场广告，Ben 觉得可以销售更多产品。如果选择 ASIC 实现，则每个月需要销售多少产品才能比 FPGA 实现获利更多？

解： Ben 通过下述方程求解两年内最小的销售数量 N：

$$600\ 000 美元 +（N \times 5.50 美元）=1500 美元 +（N \times 18.50 美元）$$

解上述方程，结果为 $N = 46\ 039$，即每个月销售 1919 个设备，因此需要月销售量增加一倍才能从 ASIC 实现中获利更多。　■

例 A.5 （Ben 没有这么贪婪）Ben 意识到每个月很难卖到 1000 个设备，并且他认为产品周期可能会超过 2 年。如果设备的月销量为 1000 个，产品周期需要多长才使得 ASIC 实现获利更多？

　　解：如果 Ben 销售超过 46 039 个设备，则 ASIC 实现是最佳选择。因此，月销售 1000个设备时需要 47 个月（向上取整），约 4 年时间，而那时他的产品将被淘汰。　　　■

　　人们通常从分销商购买芯片，而不是直接从制造商购买（除非购买上万个芯片）。Digikey（www.digikey.com）和 Arrow（www.arrow.com）是销售多种电子元件的分销商，Jameco（www.jameco.com）和 All Electronics（www.allelectronics.com）也有适合爱好者且物美价廉的电子产品目录。

附录 B

Digital Design and Computer Architecture RISC-V Edition

RISC-V 指令集汇总

31:25		24:20	19:15	14:12	11:7	6:0	
funct7		rs2	rs1	funct3	rd	op	R-type
$imm_{11:0}$			rs1	funct3	rd	op	I-type
$imm_{11:5}$		rs2	rs1	funct3	$imm_{4:0}$	op	S-type
$imm_{12,10:5}$		rs2	rs1	funct3	$imm_{4:1,11}$	op	B-type
$imm_{31:12}$					rd	op	U-type
$imm_{20,10:1,11,19:12}$					rd	op	J-type
fs3	funct2	fs2	fs1	funct3	fd	op	R4-type
5 位	2 位	5 位	5 位	3 位	5 位	7 位	

图 B.1　RISC-V 32 位指令格式

- `imm`: signed immediate in $imm_{11:0}$
- `uimm`: 5-bit unsigned immediate in $imm_{4:0}$
- `upimm`: 20 upper bits of a 32-bit immediate, in $imm_{31:12}$
- `Address`: memory address: rs1+SignExt($imm_{11:0}$)
- `[Address]`: data at memory location Address
- `BTA`: branch target address: PC + SignExt({$imm_{12:1}$,1'b0})
- `JTA`: jump target address:PC +SignExt({$imm_{20:1}$,1'b0})
- `label`: text indicating instruction address
- `SignExt`: value sign-extended to 32 bits
- `ZeroExt`: value zero-extended to 32 bits
- `csr`: control and status register

表 B.1　RV32I:RISC-V 整数指令

op	funct3	funct7	类型	指令	描述	操作
0000011（3）	000	—	I	lb rd, imm(rs1)	load byte	rd = SignExt([Address]$_{7:0}$)
0000011（3）	001	—	I	lh rd, imm(rs1)	load half	rd = SignExt([Address]$_{15:0}$)
0000011（3）	010	—	I	lw rd, imm(rs1)	load word	rd = [Address]$_{31:0}$
0000011（3）	100	—	I	lbu rd, imm(rs1)	load byte unsigned	rd = ZeroExt([Address]$_{7:0}$)
0000011（3）	101	—	I	lhu rd, imm(rs1)	load half unsigned	rd = ZeroExt([Address]$_{15:0}$)
0010011（19）	000	—	I	addi rd, rs1, imm	add immediate	rd = rs1 + SignExt(imm)
0010011（19）	001	0000000①	I	slli rd, rs1, uimm	shift left logical immediate	rd = rs1 << uimm
0010011（19）	010	—	I	slti rd, rs1, imm	set less than immediate	rd = (rs1 < SignExt(imm))
0010011（19）	011	—	I	sltiu rd, rs1, imm	set less than imm. unsigned	rd = (rs1 < SignExt(imm))
0010011（19）	100	—	I	xori rd, rs1, imm	xor immediate	rd = rs1 ^ SignExt(imm)
0010011（19）	101	0000000①	I	srli rd, rs1, uimm	shift right logical immediate	rd = rs1 >> uimm
0010011（19）	101	0100000①	I	srai rd, rs1, uimm	shift right arithmetic imm.	rd = rs1 >>> uimm
0010011（19）	110	—	I	ori rd, rs1, imm	or immediate	rd = rs1	SignExt(imm)
0010011（19）	111	—	I	andi rd, rs1, imm	and immediate	rd = rs1 & SignExt(imm)
0010111（23）	—	—	U	auipc rd, upimm	add upper immediate to PC	rd = {upimm,12'b0} + PC
0100011（35）	000	—	S	sb rs2, imm(rs1)	store byte	[Address]$_{7:0}$ = rs2$_{7:0}$
0100011（35）	001	—	S	sh rs2, imm(rs1)	store half	[Address]$_{15:0}$ = rs2$_{15:0}$
0100011（35）	010	—	S	sw rs2, imm(rs1)	store word	[Address]$_{31:0}$ = rs2
0110011（51）	000	0000000	R	add rd, rs1, rs2	add	rd = rs1 + rs2
0110011（51）	000	0100000	R	sub rd, rs1, rs2	sub	rd = rs1 - rs2

（续）

op	funct7	funct3	类型	指令	描述	操作
0110011（51）	0000000	001	R	sll rd, rs1, rs2	shift left logical	rd = rs1 << rs2$_{4:0}$
0110011（51）	0000000	010	R	slt rd, rs1, rs2	set less than	rd = (rs1 < rs2)
0110011（51）	0000000	011	R	sltu rd, rs1, rs2	set less than unsigned	rd = (rs1 < rs2)
0110011（51）	0000000	100	R	xor rd, rs1, rs2	xor	rd = rs1 ^ rs2
0110011（51）	0000000	101	R	srl rd, rs1, rs2	shift right logical	rd = rs1 >> rs2$_{4:0}$
0110011（51）	0100000	101	R	sra rd, rs1, rs2	shift right arithmetic	rd = rs1 >>> rs2$_{4:0}$
0110011（51）	0000000	110	R	or rd, rs1, rs2	or	rd = rs1 | rs2
0110011（51）	0000000	111	R	and rd, rs1, rs2	and	rd = rs1 & rs2
0110111（55）	—	—	U	lui rd, upimm	load upper immediate	rd = {upimm, 12'b0}
1100011（99）	—	000	B	beq rs1, rs2, label	branch if =	if (rs1 == rs2) PC = BTA
1100011（99）	—	001	B	bne rs1, rs2, label	branch if ≠	if (rs1 ≠ rs2) PC= BTA
1100011（99）	—	100	B	blt rs1, rs2, label	branch if <	if (rs1 < rs2) PC =BTA
1100011（99）	—	101	B	bge rs1, rs2, label	branch if ≥	if (rs1 ≥ rs2) PC = BTA
1100011（99）	—	110	B	bltu rs1, rs2, label	branch if< unsigned	if (rs1 < rs2) PC = BTA
1100011（99）	—	111	B	bgeu rs1, rs2, label	branch if ≥ unsigned	if (rs1 ≥ rs2) PC = BTA
1100111（103）	—	000	I	jalr rd, rs1, imm	jump and link register	PC =rs1+SignExt(imm), rd = PC+4
1101111（111）	—	—	J	jal rd, label	jump and link	PC =JTA, rd = PC+4

① 编码在立即数字段的高 7 位 Instr$_{31:25}$。

表 B.2　RV64I: 扩展整数指令

op	funct3	funct7	类型	指令	描述	操作
0000011(3)	011	–	I	ld　rd, imm(rs1)	load double word	rd = [Address]$_{63:0}$
0000011(3)	110	–	I	lwu　rd, imm(rs1)	load word unsigned	rd = ZeroExt([Address]$_{31:0}$)
0011011(27)	000	–	I	addiw rd, rs1, imm	add immediate word	rd = SignExt((rs1 + SignExt(imm))$_{31:0}$)
0011011(27)	001	0000000	I	slliw rd, rs1, uimm	shift left logical immediate word	rd = SignExt((rs1$_{31:0}$ << uimm)$_{31:0}$)
0011011(27)	101	0000000	I	srliw rd, rs1, uimm	shift right logical immediate word	rd = SignExt((rs1$_{31:0}$ >> uimm)$_{31:0}$)
0011011(27)	101	0100000	I	sraiw rd, rs1, uimm	shift right arith. immediate word	rd = SignExt((rs1$_{31:0}$ >>> uimm)$_{31:0}$)
0100011(35)	011	–	S	sd　rs2, imm(rs1)	store double word	[Address]$_{63:0}$ = rs2
0111011(59)	000	0000000	R	addw rd, rs1, rs2	add word	rd = SignExt((rs1 + rs2)$_{31:0}$)
0111011(59)	000	0100000	R	subw rd, rs1, rs2	subtract word	rd = SignExt((rs1 − rs2)$_{31:0}$)
0111011(59)	001	0000000	R	sllw rd, rs1, rs2	shift left logical word	rd = SignExt((rs1$_{31:0}$ << rs2$_{4:0}$)$_{31:0}$)
0111011(59)	101	0000000	R	srlw rd, rs1, rs2	shift right logical word	rd = SignExt((rs1$_{31:0}$ >> rs2$_{4:0}$)$_{31:0}$)
0111011(59)	101	0100000	R	sraw rd, rs1, rs2	shift right arithmetic word	rd = SignExt((rs1$_{31:0}$ >>> rs2$_{4:0}$)$_{31:0}$)

注: 1. 在 RV64I 指令集中，寄存器是 64 位的，但指令仍然是 32 位。术语"字"通常指 32 位值。64 位的立即数移位指令用到 6 位立即数移位位数 uimm$_{5:0}$（6 位无符号数）；但对于 32 位移位指令，移位量的最高位（uimm$_5$）必须是 0 值。带 w（代表"字"）的指令令对 64 位寄存器的低 32 位实施运算，并通过符号扩展或零扩展产生 64 位结果。

表 B.3　RVF/D: RISC-V 单 / 双精度浮点指令

op	funct3	funct7	rs2	类型	指令	描述	操作
1000011 (67)	rm	fs3, fmt	—	R4	fmadd fd,fs1,fs2,fs3	multiply-add	fd = fs1 * fs2 + fs3
1000111 (71)	rm	fs3, fmt	—	R4	fmsub fd,fs1,fs2,fs3	multiply-subtract	fd = fs1 * fs2 - fs3
1001011 (75)	rm	fs3, fmt	—	R4	fnmsub fd,fs1,fs2,fs3	negate multiply-add	fd = -(fs1 * fs2 + fs3)
1001111 (79)	rm	fs3, fmt	—	R4	fnmadd fd,fs1,fs2,fs3	negate multiply-subtract	fd = -(fs1 * fs2 - fs3)
1010011 (83)	rm	00000, fmt	—	R	fadd fd,fs1,fs2	add	fd = fs1 + fs2
1010011 (83)	rm	00001, fmt	—	R	fsub fd,fs1,fs2	subtract	fd = fs1 - fs2
1010011 (83)	rm	00010, fmt	—	R	fmul fd,fs1,fs2	multiply	fd = fs1 * fs2
1010011 (83)	rm	00011, fmt	—	R	fdiv fd,fs1,fs2	divide	fd = fs1 / fs2
1010011 (83)	rm	01011, fmt	00000	R	fsqrt fd,fs1	square root	fd = sqrt(fs1)
1010011 (83)	000	00100, fmt	—	R	fsgnj fd,fs1,fs2	sign injection	fd = fs1, sign = sign(fs2)
1010011 (83)	001	00100, fmt	—	R	fsgnjn fd,fs1,fs2	negate sign injection	fd = fs1, sign = -sign(fs2)
1010011 (83)	010	00100, fmt	—	R	fsgnjx fd,fs1,fs2	xor sign injection	fd = fs1, sign = sign(fs2)^sign(fs1)
1010011 (83)	000	00101, fmt	—	R	fmin fd,fs1,fs2	min	fd = min(fs1, fs2)
1010011 (83)	001	00101, fmt	—	R	fmax fd,fs1,fs2	max	fd = max(fs1, fs2)
1010011 (83)	010	10100, fmt	—	R	feq rd,fs1,fs2	compare =	rd = (fs1 == fs2)
1010011 (83)	001	10100, fmt	—	R	flt rd,fs1,fs2	compare <	rd = (fs1 < fs2)
1010011 (83)	000	10100, fmt	—	R	fle rd,fs1,fs2	compare ≤	rd = (fs1 ≤ fs2)
1010011 (83)	001	11100, fmt	00000	R	fclass rd,fs1	classify	rd = classification of fs1

只 RVF

opcode	rm	funct7	rs2	类型	指令	描述	操作
0000111 (7)	010	–	–	I	flw fd, imm(rs1)	load float	$fd = [Address]_{31:0}$
0100111 (39)	010	–	–	S	fsw fs2, imm(rs1)	store float	$[Address]_{31:0} = fd$
1010011 (83)	rm	1100000	00000	R	fcvt.w.s rd, fs1	convert to integer	rd = integer(fs1)
1010011 (83)	rm	1100000	00001	R	fcvt.wu.s rd, fs1	convert to unsigned integer	rd = unsigned(fs1)
1010011 (83)	rm	1101000	00000	R	fcvt.s.w fd, rs1	convert int to float	fd = float(rs1)
1010011 (83)	rm	1101000	00001	R	fcvt.s.wu fd, rs1	convert unsigned to float	fd = float(rs1)
1010011 (83)	000	1110000	00000	R	fmv.x.w rd, fs1	move to integer register	rd = fs1
1010011 (83)	000	1111000	00000	R	fmv.w.x fd, rs1	move to f.p. register	fd = rs1

只 RVD

opcode	rm	funct7	rs2	类型	指令	描述	操作
0000111 (7)	011	–	–	I	fld fd, imm(rs1)	load double	$fd = [Address]_{63:0}$
0100111 (39)	011	–	–	S	fsd fs2, imm(rs1)	store double	$[Address]_{63:0} = fd$
1010011 (83)	rm	1100001	00000	R	fcvt.w.d rd, fs1	convert to integer	rd = integer(fs1)
1010011 (83)	rm	1100001	00001	R	fcvt.wu.d rd, fs1	convert to unsigned integer	rd = unsigned(fs1)
1010011 (83)	rm	1101001	00000	R	fcvt.d.w fd, rs1	convert int to double	fd = double(rs1)
1010011 (83)	rm	1101001	00001	R	fcvt.d.wu fd, rs1	convert unsigned to double	fd = double(rs1)
1010011 (83)	rm	0100000	00001	R	fcvt.s.d fd, fs1	convert double to float	fd = float(fs1)
1010011 (83)	rm	0100001	00000	R	fcvt.d.s fd, fs1	convert float to double	fd = double(fs1)

注：**fs1**、**fs2**、**fs3**、**fd**: 浮点寄存器。**fs1**、**fs2** 和 **fd** 寄存器编码在 **rs1**、**rs2** 和 **rd** 字段。只有 R4-type 指令才会也编码 **fs3**。**fmt**：运算指令精度（single=00_2、double=01_2、quad=11_2）。**rm**：舍入模式（0=就近舍入，1=朝 0 舍入，2=朝下舍入，3=朝上舍入，4=朝最近（最大量级）舍入，7=动态舍入）。sign (**fs1**) :**fs1** 的符号。

表 B.4 寄存器名称与编号

名称	寄存器编号	用途
zero	x0	Constant value 0
ra	x1	Return address
sp	x2	Stack pointer
gp	x3	Global pointer
tp	x4	Thread pointer
t0-2	x5-7	Temporary registers
s0/fp	x8	Saved register / Frame pointer
s1	x9	Saved register
a0-1	x10-11	Function arguments / Return values
a2-7	x12-17	Function arguments
s2-11	x18-27	Saved registers
t3-6	x28-31	Temporary registers

图 B.2 RISC-V 压缩（16 位）指令格式

表 B.5 RVM：RISC-V 乘除指令

op	funct3	funct7	类型	指令	描述	操作
0110011（51）	000	0000001	R	mul rd, rs1, rs2	multiply	rd = (rs1 * rs2)$_{31:0}$
0110011（51）	001	0000001	R	mulh rd, rs1, rs2	multiply high signed signed	rd = (rs1 * rs2)$_{63:32}$
0110011（51）	010	0000001	R	mulhsu rd, rs1, rs2	multiply high signed unsigned	rd = (rs1 * rs2)$_{63:32}$
0110011（51）	011	0000001	R	mulhu rd, rs1, rs2	multiply high unsigned unsigned	rd = (rs1 * rs2)$_{63:32}$
0110011（51）	100	0000001	R	div rd, rs1, rs2	divide（signed）	rd = rs1 / rs2
0110011（51）	101	0000001	R	divu rd, rs1, rs2	divide unsigned	rd = rs1 / rs2
0110011（51）	110	0000001	R	rem rd, rs1, rs2	remainder（signed）	rd = rs1 % rs2
0110011（51）	111	0000001	R	remu rd, rs1, rs2	remainder unsigned	rd = rs1 % rs2

表 B.6　RVC: RISC-V 压缩（16 位）指令

op	instr$_{15:10}$	funct2	类型	RVC 指令	32 位等价指令
00 (0)	000-----	--	CIW	c.addi4spn rd', sp.imm	addi rd', sp, ZeroExt(imm)*4
00 (0)	001-----	--	CL	c.fld fd', imm(rs1')	fld fd', (ZeroExt(imm)*8)(rs1')
00 (0)	010-----	--	CL	c.lw rd', imm(rs1')	lw rd', (ZeroExt(imm)*4)(rs1')
00 (0)	011-----	--	CL	c.flw fd', imm(rs1')	flw fd', (ZeroExt(imm)*4)(rs1')
00 (0)	101-----	--	CS	c.fsd fs2', imm(rs1')	fsd fs2', (ZeroExt(imm)*8)(rs1')
00 (0)	110-----	--	CS	c.sw rs2', imm(rs1')	sw rs2', (ZeroExt(imm)*4)(rs1')
00 (0)	111-----	--	CS	c.fsw fs2', imm(rs1')	fsw fs2', (ZeroExt(imm)*4)(rs1')
01 (1)	000000	--	CI	c.nop (rs1=0, imm=0)	nop
01 (1)	000-----	--	CI	c.addi rd, imm	addi rd, rd, SignExt(imm)
01 (1)	001-----	--	CI	c.jal label	jal ra. label
01 (1)	010-----	--	CI	c.li rd, imm	addi rd, x0, SignExt(imm)
01 (1)	011-----	--	CI	c.lui rd, imm	lui rd. {14{imms}, imm}
01 (1)	011-----	--	CI	c.addi16sp sp, imm	addi sp, sp, SignExt(imm)*16
01 (1)	100-00	--	CB'	c.srli rd', imm	srli rd', rd', imm
01 (1)	100-01	--	CB'	c.srai rd', imm	srai rd'. rd', imm
01 (1)	100-10	--	CB'	c.andi rd', imm	andi rd', rd', SignExt(imm)
01 (1)	100011	00	CS'	c.sub rd', rs2'	sub rd', rd', rs2'
01 (1)	100011	01	CS'	c.xor rd', rs2'	xor rd', rd', rs2'
01 (1)	100011	10	CS'	c.or rd', rs2'	or rd', rd', rs2'

（续）

op	funct2	instr$_{15:10}$	类型	RVC 指令		32 位等价指令
01（1）	11	100011	CS'	c.and rd', rs2'		and rd', rd', rs2'
01（1）	–	101–－－	CJ	c.j label		jal x0, label
01（1）	–	110–－－	CB	c.beqz rs1', label		beq rs1', x0, label
01（1）	–	111–－－	CB	c.bnez rs1', label		bne rs1', x0, label
10（2）	–	000–－－	CI	c.slli rd, imm		slli rd, rd, imm
10（2）	–	001–－－	CI	c.fldsp fd, imm		fld fd, (ZeroExt(imm)*8)(sp)
10（2）	–	010–－－	CI	c.lwsp rd, imm		lw rd, (ZeroExt(imm)*4)(sp)
10（2）	–	011–－－	CI	c.flwsp fd, imm		flw fd, (ZeroExt(imm)*4)(sp)
10（2）	–	1000–－－	CR	c.jr rs1	(rs1 ≠ 0, rs2 = 0)	jalr x0, rs1, 0
10（2）	–	1000–－－	CR	c.mv rd, rs2	(rd ≠ 0, rs2 ≠ 0)	add rd, x0, rs2
10（2）	–	1001–－－	CR	c.ebreak	(rs1 = 0, rs2 = 0)	ebreak
10（2）	–	1001–－－	CR	c.jalr rs1	(rs1 ≠ 0, rs2 = 0)	jalr ra, rs1, 0
10（2）	–	1001–－－	CR	c.add rd, rs2	(rs1 ≠ 0, rs2 ≠ 0)	add rd, rd, rs2
10（2）	–	101–－－	CSS	c.fsdsp fs2, imm		fsd fs2, (ZeroExt(imm)*8)(sp)
10（2）	–	110–－－	CSS	c.swsp rs2, imm		sw rs2, (ZeroExt(imm)*4)(sp)
10（2）	–	111–－－	CSS	c.fswsp fs2, imm		fsw fs2, (ZeroExt(imm)*4)(sp)

注: 1.**rs1'**、**rs2'**、**rd'**: 用于表示寄存器 8～15 的 3 位寄存器标志符: 000_2=x8 或 f8、001_2=x9 或 f9 等。

表 B.7　RISC-V 伪指令

伪指令	RISC-V 指令	描述	操作
nop	addi x0, x0, 0	no operation	
li rd, imm$_{11:0}$	addi rd, x0, imm$_{11:0}$	load 12-bit immediate	rd = SignExtend(imm$_{11:0}$)
li rd, imm$_{31:0}$	lui rd, imm$_{31:12}$* addi rd, rd, imm$_{11:0}$	load 32-bit immediate	rd = imm$_{31:0}$
mv rd, rs1	addi rd, rs1, 0	move (also called "register copy")	rd = rs1
not rd, rs1	xori rd, rs1, -1	one's complement	rd = ~rs1
neg rd, rs1	sub rd, x0, rs1	two's complement	rd = -rs1
seqz rd, rs1	sltiu rd, rs1, 1	set if=0	rd = (rs1 == 0)
snez rd, rs1	sltu rd, x0, rs1	set if≠0	rd = (rs1 ≠ 0)
sltz rd, rs1	slt rd, rs1, x0	set if<0	rd = (rs1 < 0)
sgtz rd, rs1	slt rd, x0, rs1	set if>0	rd = (rs1 > 0)
beqz rs1, label	beq rs1, x0, label	branch if=0	if (rs1 == 0) PC = label
bnez rs1, label	bne rs1, x0, label	branch if≠0	if (rs1 ≠ 0) PC = label
blez rs1, label	bge x0, rs1, label	branch if≤0	if (rs1 ≤ 0) PC = label
bgez rs1, label	bge rs1, x0, label	branch if≥0	if (rs1 ≥ 0) PC = label
bltz rs1, label	blt rs1, x0, label	branch if<0	if (rs1 < 0) PC = label
bgtz rs1, label	blt x0, rs1, label	branch if>0	if (rs1 > 0) PC = label
ble rs1, rs2, label	bge rs2, rs1, label	branch if≤	if (rs1 ≤ rs2) PC = label
bgt rs1, rs2, label	blt rs2, rs1, label	branch if>	if (rs1 > rs2) PC = label
bleu rs1, rs2, label	bgeu rs2, rs1, label	branch if≤ (unsigned)	if (rs1 ≤ (unsigned) rs2) PC = label

（续）

伪指令	RISC-V 指令	描述	操作
bgtu rs1, rs2, label	bltu rs2, rs1, offset	branch if> (unsigned)	if (rs1 > rs2) PC = label
j label	jal x0. label	jump	PC = label
jal label	jal ra, label	jump and link	PC = label, ra = PC + 4
jr rs1	jalr x0. rs1, 0	jump register	PC = rs1
jalr rs1	jalr ra, rs1, 0	jump and link register	PC = rs1, ra = PC + 4
ret	jalr x0. ra, 0	return from function	PC = ra
call label	jal ra, label	call nearby function	PC = label, ra = PC + 4
call label	auipc ra, offset$_{31:12}$① jalr ra, ra, offset$_{11:0}$①	call far away function	PC = PC + offset, ra = PC + 4
la rd, symbol	auipc rd, symbol$_{31:12}$① addi rd, rd, symbol$_{11:0}$①	load address of global variable	rd = PC + symbol
l{b|h|w} rd,symbol	auipc rd, symbol$_{31:12}$① l{b|h|w} rd, symbol$_{11:0}$(rd)①	load global variable	rd = [PC + symbol]
s{b|h|w} rs2, symbol, rs1	auipc rs1, symbol$_{31:12}$① s{b|h|w} rs2,symbol$_{11:0}$(rs1)①	store global variable	[PC +symbol] = rs2
csrr rd. csr	csrrs rd, csr, x0	read CSR	rd =csr
csrrw csr, rs1	csrrw x0. csr, rs1	write CSR	csr = rs1

①如果立即数/偏移量/标志的第 11 位是 1, 则高位立即数增量为 1。symbol 和 offset 分别表示标签和全局变量的 32 位 PC 相对地址。

表 B.8 特权 /CSR 指令

op	funct3	类型	指令	描述		操作
1110011（115）	000	I	ecall	transfer control to OS	（imm=0）	
1110011（115）	000	I	ebreak	transfer control to debugger	（imm=1）	
1110011（115）	000	I	uret	return from user exception	（rs1=0,rd=0,imm=2）	PC = uepc
1110011（115）	000	I	sret	return from supervisor exception	（rs1=0,rd=0,imm=258）	PC = sepc
1110011（115）	000	I	mret	return from machine exception	（rs1=0,rd=0,imm=770）	PC = mepc
1110011（115）	001	I	csrrw rd,csr,rs1	CSR read/write	（imm=CSR number）	rd = csr,csr = rs1
1110011（115）	010	I	csrrs rd,csr,rs1	CSR read/set	（imm=CSR number）	rd = csr,csr = csr | rs1
1110011（115）	011	I	csrrc rd,csr,rs1	CSR read/clear	（imm=CSR number）	rd = csr,csr = csr &~rs1
1110011（115）	101	I	csrrwi rd,csr,uimm	CSR read/write immediate	（imm=CSR number）	rd = csr,csr = ZeroExt(uimm)
1110011（115）	110	I	csrrsi rd,csr,uimm	CSR read/set immediate	（imm=CSR number）	rd = csr, csr = csr | ZeroExt(uimm)
1110011（115）	111	I	csrrci rd,csr,uimm	CSR read/clear immediate	（imm=CSR number）	rd = csr, csr = csr &~ZeroExt(uimm)

注：1. 对于特权 /CSR 指令，5 位无符号立即数（uimm）编码在 **rs1** 字段。

C 语言编程

C.1 引言

本书的总体目标是描绘计算机如何在多个层面上工作，从构成计算机的晶体管一直到计算机运行的软件。本书的前五章贯穿了较低的抽象层次，从晶体管到门再到逻辑设计。第 6 章～第 8 章跳到体系结构，再回到微体系结构，将硬件与软件连接起来。本篇关于 C 语言编程的附录在逻辑上介于第 5 章和第 6 章之间，将 C 语言编程作为文本中最高抽象级别的内容。它促进了体系内容，并将本书与读者可能已经熟悉的编程经验联系起来。这些内容被放在附录中，这样读者就可以根据以往的经验轻松地阅读或跳过它。

程序员使用许多不同的语言来告诉计算机该做什么。从根本上讲，计算机处理由 1 和 0 组成的机器语言指令，这如第 6 章所述。但是，用机器语言编程即乏味又缓慢，所以程序员使用更抽象的语言来更有效地理解它们的含义。表 C.1 列出了一些处于不同抽象级别的编程语言示例。

C 语言是有史以来最流行的编程语言之一。它是由贝尔实验室的 Dennis Ritchie 和 Brian Kernighan 等人于 1969—1973 年间创建的，目的是从原始汇编语言重写 UNIX 操作系统。从许多方面来看，C 语言（包括一系列密切相关的语言，如 C++、C# 和 Objective C）是目前使用最广泛的语言。它的受欢迎程度源于许多因素，包括：

表 C.1 大致降低抽象层次的编程语言

编程语言	描述
MATLAB	旨在促进数学函数的大量使用
Perl	专为脚本编写而设计
Python	旨在强调代码可读性
Java	在任何计算机上安全运行
C	设计用于灵活性和整体系统访问，包括设备驱动程序
汇编语言	人类可读的机器语言
机器语言	程序的二进制表示

- 在各种平台上的可用性，从超级计算机到嵌入式微控制器。
- 相对易于使用，拥有庞大的用户群。
- 中等程度的抽象级，提供了比汇编语言更高的生产力，但使程序员能很好的理解代码是如何执行的。

- 生成高性能程序的适用性。
- 能够与硬件直接交互。

由于各种原因，本章专门讨论 C 语言编程。最重要的是，C 语言允许程序员直接访问内存中的地址，说明了本书中所强调的硬件和软件之间的联系。C 语言是一种实用的语言，所有的工程师和计算机科学家都应该了解这种语言。它有实现和设计的许多方面的应用，例如软件开发、嵌入式系统编程和仿真。这使熟练掌握 C 语言成为一项重要的、有市场的技能。

后面的小节描述了 C 语言程序的总体语法，讨论了程序的每个部分。包括头部、函数和变量声明、数据类型以及库中提供的常用函数。第 9 章（作为网络补充，请参阅前言）描述了一个使用 C 语言对 SparkFun 的 RED-V RedBoard 进行编程的实际操作应用程序，该程序包含 RISC-V 微控制器。

小结

- 高级编程：高级编程在许多设计级别（从编写分析或模拟软件到编写与硬盘交互的微控制器）都很有用。
- 低层次访问：C 语言代码功能强大，因为除了高级结构外，它还提供对底层硬件和内存的访问。

C.2 欢迎来到 C 语言

C 程序是一个文本文件，用于描述计算机要执行的操作。文本文件被编译、转换为机器可读格式，并在计算机上运行或执行。C 代码示例 C.1 是一个简单的 C 程序，它将语句"Hello world！"打印到控制台，即计算机屏幕上。C 程序通常包含在一个或多个以".c"结尾的文本文件中。良好的编程风格需要一个指示程序内容的文件名。例如，该文件可以称为 hello.C。

C 代码示例 C.1 简单 C 程序

```
// Write "Hello world!" to the console
#include <stdio.h>

int main(void) {
  printf("Hello world!\n");
}
```

Console Output

```
Hello world!
```

C.2.1 C 程序剖析

一般来说，一个 C 程序被组织成一个或多个函数。每个程序都必须包含主函数，主函数是程序开始执行的地方。大多数程序使用 C 代码和 / 或库中其他地方定义的其他函数。hello.c 程序的总体结构是头部、主函数和函数体。

头部： `#include <stdio.h>`

头部包含程序所需的库函数。在这种情况下，程序使用 `printf` 函数，它是标准 I/O 库 stdio.h 的一部分。有关 C 语言内置库的更多详细信息，请参阅 C.9 节。

主函数: `int main(void)`

所有的 C 程序必须只包含一个主函数。程序的执行是通过运行在 main 函数内部的代码来实现的，称为主函数体。函数语法见第 C.6 节。函数体包含一系列语句。每条语句都以分号结尾。int 表示主函数输出或返回一个整数型结果，该结果指示程序是否成功运行。

函数体: `printf( "Hello world!\n" );`

这个 main 函数的函数体包含一个语句，即对 `printf` 函数的调用，该函数打印语句"Hello world！"，后跟一个换行符，由特殊序列"\n"表示。有关 I/O（输入 / 输出）功能的更多详细信息，请参见 C.9.1 节。

所有程序都遵循简单的 hello.c 程序的通用格式。当然，非常复杂的程序可能包含数百万行代码和数百个文件。

C.2.2　运行 C 语言程序

C 程序可以在许多不同的机器上运行。这种可移植性是 C 语言的另一个优点。首先要使用 C 编译器在所需的机器上编译程序。C 编译器存在略微不同的版本，包括 cc（C 编译器）或 gcc（GNU C 编译器）。本书中，我们展示了如何使用 gcc 编译并运行 C 程序，该程序可免费下载。它直接在 Linux 机器上运行，并且可以在 Windows 机器上的 Cygwin 环境下访问。它也适用于许多嵌入式系统，如 SparkFun 的 RED-V RedBoard，其中包括 RISC-V 微控制器。下面描述的 C 文件创建、编译和执行的一般过程对于任何 C 程序都是相同的：

（1）创建文本文件，例如 hello.c。

（2）在终端窗口中，更改到包含 hello.c 文件的目录，并在命令提示符下键入 gcc hello.c。

（3）编译器创建一个可执行文件。默认情况下，可执行文件被称为 a.out（或 Windows 计算机上的 a.exe）。

（4）在命令提示下，键入 `./a.out`（或 Windows 上的 `./a.exe`），然后按回车键。

（5）屏幕上将出现"Hello world!"。

小结

- filename.c：C 程序文件通常以 .c 扩展名命名。
- `main`：每个 C 程序必须只有一个主函数。
- `#include`：大多数 C 程序使用内置库提供的函数。这些函数是通过在 C 文件的顶部写入 `#include < library.h >`来使用的。
- `gcc filename.c`：使用诸如 GNU 编译器（gcc）或 C 编译器（cc）之类的编译器将 C 文件转换为可执行文件。
- 执行：编译后，通过在命令行提示符处键入 ./a.out（或 ./a.exe）来执行 C 程序

C.3　编译

编译器是一种软件，它可以读取高级语言的程序，并将其转换为称为可执行文件的机器代码文件。整本教科书都是在编译器上编写的，但我们在这里简单地描述一下。编译器的总体操作为：（1）通过包括引用的库和扩展宏定义来预处理文件；（2）忽略所有不必要的信息，如注释；（3）将高级代码翻译成处理器本地的简单指令，这些指令是用二进制表示的机器语

言；（4）将所有指令编译成可由计算机读取和执行的单个二进制可执行文件。每种机器语言都是特定于给定处理器的，因此必须专门为运行程序的系统编译程序。例如，在第 6 章中详细介绍的 RISC-V 机器语言。

C.3.1　注释

程序员使用注释来描述高层次的代码，并阐明代码的功能。任何阅读过未加注释的代码的人都可以证明它的重要性。C 程序使用两种类型的注释：单行注释以 // 开头，终止于行的末尾；多行注释以 /* 开头，以 */ 结尾。虽然注释对程序的组织和清晰度至关重要，但编译器会忽略掉注释。

```
// This is an example of a one-line comment.
/* This is an example
   of a multi-line comment. */
```

每个 C 文件顶部的注释有助于描述文件的作者、创建和修改日期以及用途。下面的注释可以包含在 hello.c 文件的顶部。

```
// hello.c
// 15 Jan 2021 Sarah.Harris@unlv.edu, David_Harris@hmc.edu
//
// This program prints "Hello world!" to the screen
```

C.3.2　#define

常量使用 #define 指令命名，然后在整个程序中按名称使用。这些全局定义的常量也称为宏。例如，假设你编写的程序最多允许 5 个用户猜测，你可以使用 #define 来标识该数字。

```
#define MAXGUESSES 5
```

表示程序中的这一行将由预处理器处理。在编译之前，预处理器将程序中每次出现的标识符 MAXGUESSES 替换为 5。按照惯例，#define 行位于文件的顶部，标识符用全大写字母书写。通过在一个位置定义常量，然后在程序中使用标识符，使得程序保持一致。并且值很容易修改——只需要在 #define 行更改，而不需要在代码中更改使用值的每一行。

C 代码示例 C.2 展示了如何使用 #define 指令将英寸转换为厘米。变量 inch 和 cm 被声明为 float 型，这意味着它们表示单精度浮点数。如果在整个大型程序中使用转换因子（INCH2CM），那么使用 #define 声明它可以避免由于打字错误而导致的错误（例如，键入 2.53 而不是 2.54），并使其易于查找和更改（例如，如果需要更多重要数字）。

C 代码示例 C.2　使用 #define 声明常量

```
// Convert inches to centimeters
#include <stdio.h>
#define INCH2CM 2.54

int main(void) {
  float inch = 5.5;    // 5.5 inches
  float cm;

  cm = inch * INCH2CM;
  printf("%f inches = %f cm\n", inch, cm);
}
```

Console Output

```
5.500000 inches = 13.970000 cm
```

C.3.3 #include

模块化鼓励我们将程序拆分为不同的文件和函数。常用的函数可以组合在一起，以便于重新使用。通过添加 #include 预处理器指令，位于头文件中的变量声明、定义值和函数定义可以由另一个文件使用。通过这种方式可以访问提供常用函数的标准库。例如，使用标准输入 / 输出（I/O）库中定义的函数（如 printf）需要下面一行代码。

```
#include <stdio.h>
```

include 文件的后缀 ".h" 表示它是一个头文件。虽然 #include 指令可以放在文件中需要包含的函数、变量或标识符之前的任何位置，但它们通常位于 C 文件的顶部。

程序员创建的头文件也可以包括在内，但必须在文件名周围使用引号（""），而不是括号（<>）。例如，用户创建的名为 myfunctions.h 的头文件将使用下面一行代码包含在程序文件中。

```
#include "myfunctions.h"
```

编译时，在系统目录中搜索括号中指定的文件。在找到 C 文件的同一本地目录中搜索用引号指定的文件。如果用户创建的头文件位于不同的目录中，则必须包括文件相对于当前目录的路径。

小结

- 注释：C 语言提供单行注释（//）和多行注释（/**/）。
- #define NAME val：#define 指令允许在整个程序中使用标识符（NAME）。在编译之前，NAME 的所有实例都被替换为 val。
- #include：#include 允许在程序中使用常见函数。对于内置库，请在代码顶部包含以下代码：#include <library.h>。要引用用户定义的头文件，其名称必须用引号括起来，并根据需要列出当前目录的相对路径：即 #include "other/myFuncs.h"。

C.4 变量

C 程序中的变量有类型、名称、值和内存位置。变量声明说明变量的类型和名称。例如，以下声明说明变量的类型为 char（1 字节类型），变量名为 x。编译器决定将此 1 字节变量放在内存中的何处。

```
char x;
```

C 语言将内存视为一组连续的字节，其中内存的每个字节都被分配了一个唯一的数字，指示其位置或地址，如图 C.1 所示。一个变量占用一个或多个字节的内存；多个字节变量的地址由编号最低的字节表示。变量的类型表示将字节解释为整数、浮点数或是其他类型。本节的其余部分描述了 C 语言的基本数据类型、全局和局部变量的声明以及变量的初始化。

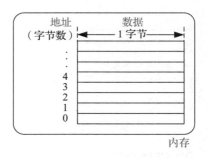

图 C.1　C 语言的内存

C.4.1 基本数据类型

C 语言有许多可用的基本或内置数据类型。它们可以被广泛地描述为整数、浮点变量和字符。整数表示有限范围内的补码或无符号数。浮点变量使用 IEEE 浮点表示来描述具有有限范围和精度的实数。字符可以被视为 ASCII 值或 8 位整数。表 C.2 列出了每个基本类型的大小和范围。整数可以是 16 位、32 位或 64 位。除非限定为无符号，否则它们使用 2 的补码。

表 C.2 基本数据类型和大小

类型	大小 / 位	最小值	最大值
char	8	$-2^{-7} = -128$	$2^7 - 1 = 127$
unsigned char	8	0	$2^8 - 1 = 255$
int	机器相关		
unsigned int	机器相关		
int16_t	16	$-2^{15} = -32\,768$	$2^{15} - 1 = 32\,767$
uint16_t	16	0	$2^{16} - 1 = 65\,535$
int32_t	32	$-2^{31} = -2\,147\,483\,648$	$2^{31} - 1 = 2\,147\,483\,647$
uint32_t	32	0	$2^{32} - 1 = 4\,294\,967\,295$
int64_t	64	-2^{63}	$2^{63} - 1$
uint64_t	64	0	$2^{64} - 1$
float	32	$\pm 2^{-126}$	$\pm 2^{127}$
double	64	$\pm 2^{-1023}$	$\pm 2^{1022}$

int 型的大小取决于机器，通常是机器的本机单词大小。例如，在 32 位处理器上，int 或无符号 int 数的大小为 32 位。在 16 位处理器上，int 数通常是 16 位。然而，64 位处理器的编译器通常使用 32 位的 int 来减少移植这种大小的旧代码的细微错误。如果你在意数据类型的大小，请使用 int16_t、int32_t 或 int64_t 显式定义大小。(这些是有符号的数据类型；它们的无符号类型对应的是 uint16_t 等。)浮点数分别使用 32 或 64 位来实现单精度或双精度。字符为 8 位。

C 代码示例 C.3 显示了不同类型的变量的声明。如图 C.2 所示，x 需要一个字节的数据，y 需要两个字节，z 需要四个字节。程序决定这些字节存储在内存中的位置，但每种类型总是需要相同数据量的数据。为了便于说明，本例中 x、y 和 z 的地址分别为 1、2 和 4。变量名区分大小写。因此，如变量 x 和变量 X 是两个不同的变量。(但在同一个程序中同时使用这两种方法命名会非常令人困惑！)

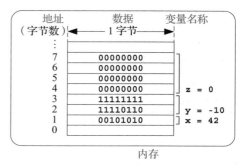

图 C.2 C 代码示例 C.3 的内存中的变量存储

C 代码示例 C.3 示例数据类型

```
// Examples of several data types and their binary representations
unsigned char x = 42;      // x = 00101010
int16_t y = -10;           // y = 11111111 11110110
unit32_t z = 2;            // z = 00000000 00000000 00000000 00000010
```

C.4.2　全局和局部变量

全局变量和局部变量的声明位置和可见位置不同。全局变量在所有函数之外声明，通常在程序的顶部，所有函数都可以访问全局变量。全局变量应该谨慎使用，因为它们违反了模块化原则，使大型程序更难读懂。但是，许多函数访问的变量可以是全局的。

局部变量在函数内部声明，并且只能由该函数使用。因此，两个函数可以具有相同名称的局部变量，而不会相互干扰。局部变量是在函数的开头声明的。当函数结束时，它们就不存在了，当函数再次被调用时，它们就会被重新创建。从一个函数的一次调用到下一次调用，局部变量都不会保留其值。

C 代码示例 C.4 和 C 代码示例 C.5 比较了使用全局变量和局部变量的程序。在 C 代码示例 C.4 中，任何函数都可以访问全局变量 max。如 C 代码示例 C.5 所示，首选使用局部变量，因为它保留了定义良好的模块化接口。

C 代码示例 C.4　全局变量

```
// Use a global variable to find and print the maximum of 3 numbers
int max;                 // global variable holding the maximum value
void findMax(int a, int b, int c) {
  max = a;
  if (b > max) {
    if (c > b) max = c;
    else       max = b;
  } else if (c > max) max = c;
}

void printMax(void) {
  printf("The maximum number is: %d\n", max);
}

int main(void) {
  findMax(4, 3, 7);
  printMax();
}
```

C 代码示例 C.5　局部变量

```
// Use local variables to find and print the maximum of 3 numbers
int getMax(int a, int b, int c) {
 int result = a;  // local variable holding the maximum value
 if (b > result) {
    if (c > b) result = c;
    else       result = b;
 } else if (c > result) result = c;
 return result;
}
void printMax(int m) {
 printf("The maximum number is: %d\n", m);
}
int main(void) {
 int max;
 max = getMax(4, 3, 7);
 printMax(max);
}
```

C.4.3　初始化变量

在读取变量之前，需要对其进行初始化并为其分配一个值。当一个变量被声明时，内存中为该变量保留了正确的字节数。然而，这些位置的内存保留了上次使用时的值，本质上是一个随机值。全局变量和局部变量可以在声明时初始化，也可以在程序体中初始化。C 代码示例 C.3 展示了在声明变量的同时初始化该变量。C 代码示例 C.4 展示了变量声明之后，在使用之前是如何初始化的；全局变量 max 在被 printMax 函数读取之前由 getMax 函数初始化。读取未初始化的变量是一个常见的编程错误，调试起来可能很棘手。

小结

- 变量：每个变量都由其数据类型、名称和内存位置定义。变量被声明为数据类型名称。
- 数据类型：数据类型描述变量的大小（字节数）和表示（字节的解释）。表 C.2 列出了 C 语言的内置数据类型。
- 内存：C 语言将内存视为字节列表。内存存储变量，并将每个变量与地址（字节数）相关联。
- 全局变量：全局变量在所有函数之外声明，并且可以在程序中的任何位置访问。
- 局部变量：局部变量在函数中声明，并且只能在该函数中访问。
- 变量初始化：在读取每个变量之前，必须对其进行初始化。初始化可以在声明时进行，也可以在声明之后进行。

C.5 运算符

C 程序中最常见的语句类型是表达式，例如

y = a + 3;

表达式包含对一个或多个操作数（如变量或常量）进行操作的运算符（如 + 或 *）。C 语言支持表 C.3 中所示的运算符，按类别和优先级递减顺序列出。例如，乘法运算符优先于加法运算符。在同一类别中，运算符按照它们在程序中出现的顺序进行计算。

表 C.3 按优先级递减列出的运算符

类别	运算符	描述	示例
一元	++	后递增	a++; // a = a+1
	--	后递减	x--; // x = x-1

	&	变量的内存地址	x = &y; // x = the memory
			// address of y

	~	按位 NOT	z = ~a;
	!	布尔 NOT	!x
	-	求反	y = -a;
	++	前递增	++a; // a = a + 1
	--	前递减	--x; // x = x - 1

	(type)	转换变量为（数据类型）	x = (int)c; // cast c to an int and
			// assign it to x

	sizeof()	用字节表示的变量或数据类型的大小	int32_t y; x = sizeof(y); // x = 4
乘法	*	乘法	y = x * 12;
	/	除法	z = 9 / 3; // z = 3
	%	求模	z = 5 % 2; // z = 1

（续）

类别	运算符	描述	示例
加法	+	加法	`y = a + 2;`
	-	减法	`y = a - 2;`
按位移位	<<	向左位移	`z = 5 << 2; // z = 0b00010100`
	>>	向右位移	`x = 9 >> 3; // x = 0b00000001`
关系	==	相等	`y == 2`
	!=	不等于	`x != 7`
	<	小于	`y < 12`
	>	大于	`val > max`
	<=	小于或等于	`z <= 2`
	>=	大于或等于	`y >= 10`
按位运算	&	按位 AND	`y = a & 15;`
	^	按位 XOR	`y = 2 ^ 3;`
	|	按位 OR	`y = a | b;`
逻辑运算	&&	布尔 AND	`x && y`
	||	布尔 OR	`x || y`

三元	?:	三元操作	`y = x ? a : b; // if x is TRUE,`
			`// y = a, else y = b`

赋值	=	赋值	`x = 22;`
	+=	加并赋值	`y += 3;        // y = y + 3`
	-=	减并赋值	`z -= 10;       // z = z - 10`
	*=	乘并赋值	`x *= 4;        // x = x * 4`
	/=	除并赋值	`y /= 10;       // y = y / 10`
	%=	求模并赋值	`x %= 4;        // x = x % 4`
	>>=	按位右移并赋值	`x >>= 5;       // x = x >> 5`
	<<=	按位左移并赋值	`x <<= 2;       // x = x << 2`
	&=	按位 AND 并赋值	`y &= 15;       // y = y & 15`
	|=	按位 OR 并赋值	`x |= y;        // x = x | y`
	^=	按位 XOR 并赋值	`x ^= y;        // x = x ^ y`

一元运算符只有一个操作数。三元运算符有三个操作数，其他所有运算符都有两个操作数。三元运算符（来自拉丁语 ternarius，意思是由三个组成）分别根据第一个值是 TRUE（非零）还是 FALSE（零）来选择第二个或第三个操作数。C 代码示例 C.6 展示了如何使用三元运算符以及等效但更详细的 `if/else` 语句来计算 `y=max(a, b)`。

C 代码示例 C.6   三元运算符及 `if/else` 语句

```
(a) y = (a > b) ? a : b; // parentheses not necessary, but makes it clearer
(b) if (a > b) y = a;
    else      y = b;
```

简单赋值使用 = 运算符。C 代码还允许复合赋值，即在简单运算 [如加法（+=）或乘法（*=）] 之后进行赋值。在复合赋值中，左侧的变量既被运算，又被赋值结果。C 代码示例 C.7 中的表展示了这些和其他 C 运算符。注释中的二进制值带前缀 0b。

C 代码示例 C.7 运算符示例

表达式	运算结果	备注
53 / 14	3	整数除法截断
53 % 14	11	53 mod 14
0x2C && 0xE // 0b101100 && 0b1110	1	逻辑 AND
0x2C || 0xE // 0b101100 || 0b1110	1	逻辑 OR
0x2C & 0xE // 0b101100 & 0b1110	0xC (0b001100)	按位 AND
0x2C | 0xE // 0b101100 | 0b1110	0x2E (0b101110)	按位 OR
0x2C ^ 0xE // 0b101100 ^ 0b1110	0x22 (0b100010)	按位 XOR
0xE << 2 // 0b1110 << 2	0x38 (0b111000)	左移 2 位
0x2C >> 3 // 0b101100 >> 3	0x5 (0b101)	右移 3 位
x = 14; x += 2;	x = 16	

y = 0x2C; // y = 0b101100
y &= 0xF; // y = y & 0b1111
	y = 0xC (0b001100)	

x = 14; y = 83; y = y + x++;	x = 15, y = 97	在使用 x 后将其递增
x = 14; y = 83; y = y + ++x;	x = 15, y = 98	在使用 x 前将其递增

C.6 函数调用

模块化是良好编程的关键。一个大型程序被划分为称为函数的较小部分，这些部分与硬件模块类似，具有定义明确的输入、输出和行为。C 代码示例 C.8 给出了 sum3 函数。函数声明以返回类型 int 开头，后跟名称 sum3 和括号内的输入（int a、int b、int c）。大括号 {} 将函数体括起来，其中可能包含零个或多个语句。return 语句指示函数应该返回给调用方的值，这可以看作是函数的输出。函数只能返回一个值。

C 代码示例 C.8 sum3 函数

```
// Return the sum of the three input variables
int sum3(int a, int b, int c) {
  int result = a + b + c;
  return result;
}
```

在接下来对 sum3 的调用之后，y 保持值为 42。

```
int y = sum3(10, 15, 17);
```

尽管一个函数可能有输入和输出，但两者都不是必需的。C 代码示例 C.9 显示了一个没有输入与输出的函数。函数名称前面的关键字 void 表示不返回任何内容。括号之间的 void 表示函数没有输入参数。

C 代码示例 C.9 无输入和输出的 printPrompt 函数

```
// Print a prompt to the console
void printPrompt(void) {
  printf("Please enter a number from 1-3:\n");
}
```

在调用函数之前，必须在代码中声明该函数。这可以通过将调用的函数更早地放在文件中来完成。出于这个原因，main 函数通常被放在 C 文件的末尾，位于它调用的所有函数之后。或者，可以在定义函数之前将函数原型放置在程序中。函数原型是函数的第一行；它声明了返回类型、函数名称和函数输入。例如，C 代码示例 C.8 和 C.9 中函数的函数原型是：

```
int sum3(int a, int b, int c);
void printPrompt(void);
```

C 代码示例 C.10 展示了如何使用函数原型。尽管函数本身在 main 函数之后，但文件顶部的函数原型允许它们在 main 中使用。

C 代码示例 C.10   函数原型

```
#include <stdio.h>
// function prototypes
int sum3(int a, int b, int c);
void printPrompt(void);

int main(void) {
  int y = sum3(10, 15, 20);
  printf("sum3 result: %d\n", y);
  printPrompt();
}

int sum3(int a, int b, int c) {
  int result = a + b + c;
  return result;
}

void printPrompt(void) {
  printf("Please enter a number from 1-3:\n");
}
```

Console Output

```
sum3 result: 45
Please enter a number from 1-3:
```

主函数总是被声明为返回一个 int 值；这个返回值告诉操作系统程序终止的原因。零表示正常完成，而非零值表示出现错误。如果 main 函数到达末尾时没有遇到 return 语句，它将自动返回 0。大多数操作系统不会自动告知用户程序返回的值。

C.7   控制流语句

C 语言为条件语句和循环提供了控制流语句。条件语句只有在满足条件的情况下才会执行。只要满足条件，循环语句就会重复执行。

C.7.1   条件语句

if、if/else 和 switch/case 语句是高级语言中常用的条件语句，包括 C 语言。

1. if 语句

当括号中的表达式为 TRUE（即非零）时，if 语句会立即执行后面的语句。一般格式为：

```
if (expression)
  statement
```

C 代码示例 C.11 显示了如何在 C 语言中使用 if 语句。当变量 aintBroke 等于 1 时，变量 dontFix 设置为 1。一个由多个语句组成的模块可以通过在语句周围放置大括号 {} 来执行，如 C 代码示例 C.12 所示。

C 代码示例 C.11 if 语句

```
int dontFix = 0;

if (aintBroke == 1)
  dontFix = 1;
```

C 代码示例 C.12 带有语句块的 if 语句

```
// If amt >= $2, prompt user and dispense candy
if (amt >= 2) {
  printf("Select candy.\n");
  dispenseCandy = 1;
}
```

花括号 { } 用于将零个或多个语句组成一个复合语句或块。

2. if/else 语句

if/else 语句根据条件执行两个语句中的一个，如下所示。如果 if 语句中的表达式为 TRUE，则执行语句 1。否则，将执行语句 2。

```
if (expression)
  statement1
else
  statement2
```

C 代码示例 C.6（b）给出了 C 语言中的 if/else 语句示例。如果 a 大于 b，则代码将 y 设置为等于 a；否则 y=b。

3. switch/case 语句

switch/case 语句根据条件执行几个语句中的一个，如下面的通用格式：

```
switch (variable) {
  case (expression1): statement1 break;
  case (expression2): statement2 break;
  case (expression3): statement3 break;
  default: statement4
}
```

例如，如果 variable 等于 expression2，则程序在 statement2 处继续执行，直到到达关键字 break，此时程序退出 switch/case 语句。如果不满足任何条件，则执行 default。

如果省略了关键字 break，则执行从条件为 TRUE 的点开始，然后执行它下面的剩余情况。这通常不是想要的结果，也是初学者中常见的错误。

C 代码示例 C.13 显示了一个 switch/case 语句，该语句根据变量选项确定要支付的金额 amt。switch/case 语句等效于一系列嵌套的 if/else 语句，如 C 代码示例 C.14 中的等效代码所示。

C 代码示例 C.13 switch/case 语句

```
// Assign amt depending on the value of option
switch (option) {
  case 1:   amt = 100; break;
  case 2:   amt = 50;  break;
  case 3:   amt = 20;  break;
  case 4:   amt = 10;  break;
  default: printf("Error: unknown option.\n");
}
```

C 代码示例 C.14　嵌套 if/else 语句

```
// Assign amt depending on the value of option
if      (option == 1)  amt = 100;
else if (option == 2)  amt = 50;
else if (option == 3)  amt = 20;
else if (option == 4)  amt = 10;
else printf("Error: unknown option.\n");
```

C.7.2　循环语句

while、do/while 和 for 循环是许多高级语言中使用的常见循环结构，包括 C 语言。只要满足条件，这些循环就会重复执行语句。

1. while 循环

while 循环重复执行一条语句，直到不满足条件为止，如下面的通用格式：

```
while (condition)
    statement
```

C 代码示例 C.15 中的 while 循环计算 $9=9 \times 8 \times 7 \times \cdots \times 1$ 的阶乘。请注意，在执行语句之前会检查条件。在本例中，语句是一个复合语句或块，因此需要大括号。

C 代码示例 C.15　while 循环

```
// Compute 9! (the factorial of 9)
int i = 1, fact = 1;
// Multiply the numbers from 1 to 9
while (i < 10) { // while loops check the condition first
  fact *= i;
  i++;
}
```

2. do/while 循环

do/while 循环与 while 循环类似，但只有在 statement 执行一次后才会检查条件。一般格式如下所示。条件后面跟着一个分号。

```
do
    statement
while (condition);
```

C 代码示例 C.16 中的 do/while 循环询问用户猜测一个数字。只有在 do/while 循环的主体执行一次之后，程序才会检查条件（用户的数字是否等于正确的数字）。在这种情况下，当检查条件之前必须做一些事情时（例如，从用户那里检索到的猜测），这个构造是有用的。C.9.1 节中讨论的 scanf 函数将用户按下的键值放入变量 guess 中。

C 代码示例 C.16　do/while 循环

```
// Query user to guess a number and check it against the correct number.
#define MAXGUESSES 3
#define CORRECTNUM 7

int guess, numGuesses = 0;
do {
  printf("Guess a number between 0 and 9. You have %d more guesses.\n",
        (MAXGUESSES-numGuesses));
  scanf("%d", &guess);      // Read user input
  numGuesses++;
} while ( (numGuesses < MAXGUESSES) & (guess != CORRECTNUM) );
// do loop checks the condition after the first iteration

if (guess == CORRECTNUM)
  printf("You guessed the correct number!\n");
```

3. for 循环

对于如 while 和 do/while 的循环，它们重复执行一条语句，直到条件不满足为止。然而，for 循环添加了对循环变量的支持，该变量通常会追踪循环执行的次数。for 循环的通用格式为

```
for (initialization; condition; loop operation)
    statement
```

在 for 循环开始之前，初始化代码（initialization）只执行一次。在循环的每次迭代开始时测试条件。如果条件（condition）不为 TRUE，则循环退出。循环操作在每次迭代结束时执行。C 代码示例 C.17 显示了使用 for 循环计算的 9 的阶乘。

C 代码示例 C.17 for 循环

```
// Compute 9!
int i; // loop variable
int fact = 1;
for (i = 1; i < 10; i++)
    fact *= i;
```

C 代码示例 C.15 和 C.16 中的 while 和 do/while 循环分别包括用于递增和检查循环变量 i 和 numGuesses 的代码，而 for 循环将这些语句合并到其格式中。for 循环可以等效地表达，但不太方便，代码如下

```
initialization;
while (condition) {
    statement
    loop operation;
}
```

小结

- 控制流语句：C 语言为条件语句和循环提供控制流语句。
- 条件语句：条件语句当条件为 TRUE 时执行。C 语言包含以下条件语句：if、if/else 和 switch/case。
- 循环：循环重复执行一个语句，直到条件为 FALSE。C 语言提供 while、do/while 和 for 循环。

C.8 更多数据类型

除了各种大小的整数和浮点数，C 语言还包括其他特殊的数据类型，包括指针、数组、字符串和结构。这些数据类型将在本节中与动态内存分配一起介绍。

C.8.1 指针

指针是一个变量的地址。C 代码示例 C.18 展示了如何使用指针。salary1 和 salary2 是可以包含整数的变量，ptr 是可以保存整数地址的变量。编译器将根据运行时的环境在 RAM 中为这些变量分配任意的位置。为了具体起见，假设此程序是在 32 位系统上编译的，salary1 位于地址 0x70–73，salary2 位于地址 0x74–77，ptr 位于 0x78–7B。图 C.3 显示了程序执行后的内存及其内容。

C 代码示例 C.18   指针

```
// Example pointer manipulations
int salary1, salary2; // 32-bit numbers
int *ptr;               // a pointer specifying the address of an int variable
salary1 = 67500;        // salary1 = $67,500 = 0x000107AC
ptr = &salary1;         // ptr = 0x0070, the address of salary1
salary2 = *ptr + 1000; /* dereference ptr to give the contents of address 70 = $67,500,
                          then add $1,000 and set salary2 to $68,500 */
```

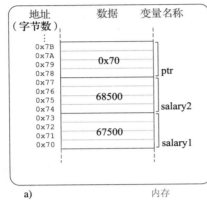

图 C.3   C 代码示例 C.18 执行后的内存内容。a）按值显示。b）按字节显示（使用小端内存）

在变量声明中，变量名前面的星号（*）表示该变量是指向声明类型的指针。在使用指针变量时，* 运算符取消引用指针，返回指针中所包含的指示内存地址中存储的值。& 运算符读作"address of"，它产生被引用变量的内存地址。

当函数需要修改一个变量而不是只返回值时，指针会特别有用。因为函数不能直接修改它们的输入，所以函数可以使变量的指针成为输入。这称为通过引用而不是通过值传递输入变量，如前面的示例所示。C 代码示例 C.19 给出了一个通过引用传递 x 的示例，以便 quadruple 可以直接修改变量。

C 代码示例 C.19   通过引用传递输入变量

```
// Quadruple the value pointed to by a
#include <stdio.h>
void quadruple(int *a) {
  *a = *a * 4;
}
int main(void) {
  int x = 5;
  printf("x before: %d\n", x);
  quadruple(&x);
  printf("x after: %d\n", x);
  return 0;
}
```

Console Output

```
x before: 5
x after: 20
```

指向地址 0 的指针称为空指针，表示指针实际上并没有指向有意义的数据。它在程序中被写为 NULL。

C.8.2 数组

数组是存储在存储器中连续地址中的一组相似变量。元素的编号从 0 到 $N-1$，其中 N 是数组的长度。C 代码示例 C.20 声明了一个名为 scores 的数组变量，该变量保存三名学生的期末考试成绩。内存空间是为三个 32 位整数保留的，即 $3 \times 4 = 12$ 个字节。假设 scores 数组从地址 0x40 开始。0 元素（即 scores[0]）的地址为 0x40，第一个元素为 0x44，第二个元素为 0x48，如图 C.4 所示。在 C 语言中，数组变量（在本例中为分数）是指向第 0 个元素的指针；换句话说，scores 包含第 0 个数组元素的地址。程序员有责任不访问数组末尾以外的元素。C 语言没有内部边界检查，所以在数组末尾以外写入的程序会正常编译，但在运行时可能会占用内存的其他部分。

C 代码示例 C.20 数组声明

```
int32_t scores[3];    // array of three 4-byte numbers
```

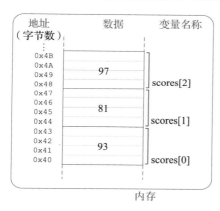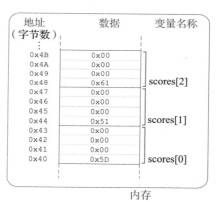

图 C.4 存储在内存中的 scores 数组

数组的元素可以在声明时使用大括号 {} 初始化，如 C 代码示例 C.21 所示，也可以在代码块中单独初始化，如 C 代码示例 C.22 所示。数组的每个元素都使用方括号 [] 进行访问。包含数组的内存内容如图 C.4 所示。使用大括号 {} 的数组初始化只能在声明时执行，不能在声明之后执行。for 循环通常用于分配和读取数组数据，如 C 代码示例 C.23 所示。

C 代码示例 C.21 使用 {} 进行声明时的数组初始化

```
int32_t scores[3] = {93, 81, 97}; // scores[0] = 93; scores[1] = 81; scores[2] = 97;
```

C 代码示例 C.22 使用 ASSIGNMENT 进行数组初始化

```
int32_t scores[3];
scores[0] = 93;
scores[1] = 81;
scores[2] = 97;
```

C 代码示例 C.23 使用一个 for 循环进行数组初始化

```
// User enters 3 student scores into an array
int32_t scores[3];
int i, entered;

printf("Please enter the student's 3 scores.\n");
for (i = 0; i < 3; i++) {
```

```
    printf("Enter a score and press enter.\n");
    scanf("%d", &entered);
    scores[i] = entered;
  }
  printf("Scores: %d %d %d\n", scores[0], scores[1], scores[2]);
```

当声明一个数组时，数组长度必须是恒定的，这样编译器才能分配适当的内存量。然而，当数组作为输入参数传递给函数时，不需要定义长度，因为函数只需要知道数组开头的地址。C 代码示例 C.24 显示了如何将数组传递给函数。输入参数 arr 只是数组中第 0 个元素的地址。通常，数组中元素的数量也会作为输入参数传递。在函数中，类型为 int[] 的输入参数表示它是一个整数数组。任何类型的数组都可以传递给函数。

C 代码示例 C.24　将数组作为输入参数传递

```
// Initialize a 5-element array, compute the mean, and print the result.
#include <stdio.h>
// Returns the mean value of an array (arr) of length len
float getMean(int arr[], int len) {
  int i;
  float mean, total = 0;

  for (i=0; i < len; i++)
    total += arr[i];
  mean = total / len;
  return mean;
}
int main(void) {
  int data[4] = {78, 14, 99, 27};
  float avg;
  avg = getMean(data, 4);
  printf("The average value is: %f.\n", avg);
}
```

Console Output

```
The average value is: 54.500000.
```

数组参数相当于指向数组开头的指针。因此，getMean 也可以被声明为

```
float getMean(int *arr, int len);
```

尽管函数等效，但 datatype[] 是将数组作为输入参数传递的首选方法，因为它更清楚地表明参数是一个数组。

函数仅限有一个输出，即返回变量。然而，通过接收数组作为输入参数，函数可以通过更改数组本身来输出多个值。C 代码示例 C.25 对数组从最低到最高进行排序，并将结果保留在同一数组中。下面的三个函数原型是等效的。函数声明中数组的长度（即 int vals[100]）被忽略。

```
void sort(int *vals, int len);
void sort(int vals[], int len);
void sort(int vals[100], int len);
```

C 代码示例 C.25　将数组及其长度作为输入

```
// Sort the elements of the array vals of length len from lowest to highest
void sort(int vals[], int len) {
  int i, j, temp;

  for (i = 0; i < len; i++) {
    for (j = i + 1; j < len; j++) {
      if (vals[i] > vals[j]) {
        temp = vals[i];
        vals[i] = vals[j];
```

```
        vals[j] = temp;
      }
    }
  }
}
```

数组可以具有多个维度。C 代码示例 C.26 使用二维数组来存储十名学生的八个问题集的成绩。请记住，只有在声明时才允许使用 { } 初始化数组值。

C 代码示例 C.26 二维数组初始化

```
// Initialize 2D array at declaration
int grades[10][8] = { {100, 107, 99, 101, 100, 104, 109, 117},
                      {103, 101, 94, 101, 102, 106, 105, 110},
                      {101, 102, 92, 101, 100, 107, 109, 101},
                      {114, 106, 95, 101, 100, 102, 102, 100},
                      {98, 105, 97, 101, 103, 104, 109, 109},
                      {105, 103, 99, 101, 105, 104, 101, 105},
                      {103, 101, 100, 101, 108, 105, 109, 100},
                      {100, 102, 102, 101, 102, 101, 105, 102},
                      {102, 106, 110, 101, 100, 102, 120, 103},
                      {99, 107, 98, 101, 109, 104, 110, 108} };
```

C 代码示例 C.27 显示了对 C 代码示例 C.26 中的二维等级数组进行操作的一些函数。用作函数输入参数的多维数组必须定义除第一个维度之外的所有维度。因此，以下两种函数原型是可以接受的：

```
void print2dArray(int arr[10][8]);
void print2dArray(int arr[][8]);
```

请注意，由于数组由指向初始元素的指针表示，因此 C 语言无法使用 = 或 == 运算符复制或比较数组。相反，必须使用循环来每次复制或比较每个元素。

C 代码示例 C.27 在多维数组上操作

```
#include <stdio.h>

// Print the contents of a 10 × 8 array
void print2dArray(int arr[10][8]) {
 int i, j;
 for (i = 0; i < 10; i++) {        // for each of the 10 students
   printf("Row %d\n", i);
   for (j = 0; j < 8; j++) {
     printf("%d ", arr[i][j]); // print scores for all 8 problem sets
   }
   printf("\n");
 }
}

// Calculate the mean score of a 10 × 8 array
float getMean(int arr[10][8]) {
 int i, j;
 float mean, total = 0;
 // get the mean value across a 2D array
 for (i = 0; i < 10; i++) {
   for (j = 0; j < 8; j++) {
     total += arr[i][j];          // sum array values
   }
 }
 mean = total / (10 * 8);
 printf("Mean is: %f\n", mean);
 return mean;
}
```

C.8.3 字符

字符（char）是一个 8 位变量。它可以被视为 −128 和 127 之间的 2 的补码，也可以被视是字母、数字或符号的 ASCII 码。ASCII 字符可以指定为数值（十进制、十六进制等），也可以指定为单引号中的可打印字符。例如，字母 A 具有 ASCII 码 0x41、B=0x42 等。因此，"A"+3 可以是 0x44 或"D"。表 6.2 列出了 ASCII 字符编码，表 C.4 列出了用于指示格式或特殊字符的字符。格式代码包括回车（\r）、换行（\n）、水平制表符（\t）和字符串结尾（\0）。\r 是为了完整性而显示的，但很少在 C 程序中使用。\r 将回车符（键入位置）返回到行的开头（左侧），但其中的任何文本都将被覆盖。相反，\n 将键入的位置移到新行的开头。NULL 字符（"\0"）表示文本字符串的结尾，下面将在 C.8.4 节中讨论。

表 C.4　特殊字符

特殊字符	十六进制编码	描述
\r	0x0D	回车
\n	0x0A	换行
\t	0x09	制表
\0	0x00	字符串结束
\\	0x5C	反斜线
\"	0x22	双引号
\'	0x27	单引号
\a	0x07	响铃

C.8.4　字符串

字符串是一组字符，用于存储一段有界但长度可变的文本。每个字符都是一个字节，代表该字母、数字或符号的 ASCII 代码。数组的大小决定了字符串的最大长度，但字符串的实际长度可能更短。在 C 语言中，字符串的长度是通过查找字符串末尾的 NULL 终止符（ASCII 值 0x00）来确定的。

C 代码示例 C.28 显示了一个名为 greeting 的 10 元素字符数组的声明，该数组包含字符串"Hello！"。为了具体起见，假设 greeting 从内存地址 0x50 开始。图 C.5 显示了从 0x50 到 0x59 的内存内容，其中包含字符串"Hello！"。注意，即使内存中分配了十个元素，该字符串也只使用数组的前七个元素。

C 代码示例 C.28　字符串声明

```
char greeting[10] = "Hello!";
```

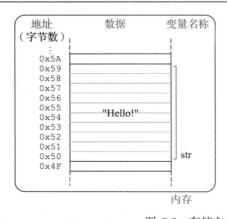

图 C.5　存储在内存中的字符串"Hello！"

C 代码示例 C.29 显示了字符串问 greeting 的替代声明。指针 greeting 包含一个七元素数组的第一个元素的地址，该数组由 " Hello !" 中的每个字符组成，后跟 NULL 终止符。该代码还演示了如何使用 %s（字符串）格式代码打印字符串。

C 代码示例 C.29　替代字符串声明

```
char *greeting = "Hello!";                    Console Output
printf("greeting: %s", greeting);
                                              greeting: Hello!
```

与基元变量不同，不能使用等于运算符 = 将一个字符串设置为等于另一个字符串。字符数组的每个元素必须分别从源字符串复制到目标字符串。任何数组都是如此。C 代码示例 C.30 将一个字符串 src 复制到另一个字符串 dst。不需要给出数组的大小，因为 src 字符串的末尾由 NULL 终止符表示。然而，dst 必须足够大，这样就不会逾越到其他数据。strcpy 和其他字符串操作函数在 C 语言的内置库中可用（见 C.9.4 节）。

C 代码示例 C.30　复制字符串

```
// Copy the source string, src, to the destination string, dst
void strcpy(char *dst, char *src) {
  int i = 0;

  do {
    dst[i] = src[i];        // copy characters one byte at a time
  } while (src[i++]);       // until the null terminator is found
}
```

C.8.5　结构

在 C 语言中，结构用于存储各种类型的数据集合。结构声明的一般格式为：

```
struct name {
  type1 element1;
  type2 element2;
  ...
};
```

struct 是一个关键字，表示它是一个结构；name 是结构标签名称；并且 element1 和 element2 是该结构的成员。一个结构可以有任意数量的成员。C 代码示例 C.31 显示了如何使用结构来存储联系人信息。然后，该程序声明一个类型为 struct contact 的变量 c1。

C 代码示例 C.31　结构声明

```
struct contact {
  char name[30];
  int phone;
  float height; // in meters
};

struct contact c1;
strcpy(c1.name, "Ben Bitdiddle");
c1.phone = 7226993;
c1.height = 1.82;
```

就像内置的 C 语言类型一样，你可以创建结构数组和指向结构的指针。C 代码示例 C.32 创建了联系人数组。

C 代码示例 C.32　结构数组

```
struct contact classlist[200];
classlist[0].phone = 9642025;
```

使用指向结构的指针是很常见的。C 语言提供了成员访问运算符 -> 来取消引用指向结构的指针并访问该结构的成员。C 代码示例 C.33 显示了一个示例，其中声明了一个指向 struct contact 的指针，将其分配给 C 代码示例 C.32 中 classlist 的第 42 个元素，并使用成员访问运算符在该元素中设置值。

C 代码示例 C.33　使用指针和 -> 访问结构成员

```
struct contact *cptr;
cptr = &classlist[42];
cptr -> height = 1.9; // equivalent to: (*cptr).height = 1.9;
```

结构可以通过值或引用作为函数的输入或输出传递。传递值需要编译器将整个结构复制到内存中，以便函数访问。对于一个大的结构来说，这可能需要大量的内存和时间。通过引用传递包括传递指向结构的指针，这种方法更有效。该函数还可以修改所指向的结构，而不必返回另一个结构。C 代码示例 C.34 显示了 stretch 函数的两个版本，使 contact 增高 2cm。stretchByReference 可避免复制大型结构两次。

C 代码示例 C.34　按值或按名称传递结构

```
struct contact stretchByValue(struct contact c) {
  c.height += 0.02;
  return c;
}
void stretchByReference(struct contact *cptr) {
  cptr -> height += 0.02;
}

int main(void) {
  struct contact George;

  George.height = 1.4; // poor fellow has been stooped over
  George = stretchByValue(George); // stretch for the stars
  stretchByReference(&George);     // and stretch some more
}
```

C.8.6　类型定义

C 语言还允许使用 typedef 语句为数据类型定义自己的名称。例如，当经常使用结构 contact 时，编码会变得冗余，所以我们可以定义一个名为 contact 的新类型并使用它，如 C 代码示例 C.35 所示。

C 代码示例 C.35　使用 typedef 创建自己的类型

```
typedef struct contact {
  char name[30];
  int phone;
  float height;  // in meters
} contact;       // defines contact as shorthand for "struct contact"
contact c1;      // now we can declare the variable as type contact
```

typedef 可以用来创建一个新类型，该类型占用的内存量与基本类型相同。C 代码示例 C.36 将 byte 和 bool 定义为 8 位类型。byte 类型可能会更清楚地表明，pos 的目的是作为一个 8 位数字，而不是 ASCII 字符。bool 类型表示 8 位数字代表 TRUE 或 FALSE。这些类型使程序比简单地到处使用 char 更容易阅读。

C 代码示例 C.36　用 typedef 定义 byte 和 bool 类型

```
typedef unsigned char byte;
typedef char bool;
#define TRUE 1
```

```
#define FALSE 0
byte pos = 0x45;
bool loveC = TRUE;
```

C 代码示例 C.37 展示了使用数组定义三元素向量和 3×3 矩阵类型。

C 代码示例 C.37　用 `typedef` 定义 `vector` 和 `matrix` 类型

```
typedef double vector[3];
typedef double matrix[3][3];

vector a = {4.5, 2.3, 7.0};
matrix b = {{3.3, 4.7, 9.2}, {2.5, 4, 9}, {3.1, 99.2, 88}};
```

C.8.7　动态内存分配 *

在目前的所有示例中，变量都是静态声明的；也就是说，它们的大小在编译时是已知的。对于可变大小的数组和字符串来说，这可能是有问题的，因为数组必须声明为足够大，以容纳程序将用到的最大大小。另一种选择是当实际大小已知时，在运行时动态分配内存。

stdlib.h 中的 `malloc` 函数分配一个指定大小的内存块，并返回一个指向该内存块的指针。如果内存不足，则返回一个 NULL 指针。例如，以下代码分配 10 个 16 位整数（10×2=20 字节）。`sizeof` 运算符返回以字节为单位的类型或变量的大小。

```
// Dynamically allocate 20 bytes of memory
int16_t *data = malloc(10 * sizeof(int16_t));
```

C 代码示例 C.38 展示了动态分配和解除分配。该程序接受可变数量的输入，将它们存储在动态分配的数组中，并计算它们的平均值。所需的内存量取决于数组中元素的数量和每个元素的大小。例如，如果 int 是一个 4 字节的变量，并且需要 10 个元素，则动态分配 40 个字节。`free` 函数释放内存，以便以后可以将其用于其他用途。未能解除分配动态分配的内存被称为内存泄漏，应该避免这种情况。

C 代码示例 C.38　动态内存分配和解除分配

```
// Dynamically allocate and deallocate an array using malloc and free
#include <stdlib.h>
// Insert getMean function from C Code Example eC.24.
int main(void) {
  int len, i;
  int *nums;
  printf("How many numbers would you like to enter? ");
  scanf("%d", &len);
  nums = malloc(len*sizeof(int));
  if (nums == NULL) printf("ERROR: out of memory.\n");
  else {
    for (i = 0; i < 100; i++) {
      printf("Enter number: ");
      scanf("%d", &nums[i]);
    }
    printf("The average is %f\n", getMean(nums, len));
  }
  free(nums);
}
```

C.8.8　链表 *

链表是一种常用的数据结构，用于存储可变数量的元素。链表中的每个元素都是一个结构，包含一个或多个数据字段和到下一个元素的链接。链表中的第一个元素称为头。链表说明了结构、指针和动态内存分配的许多概念。

C 代码示例 C.39 描述了一个用于存储计算机用户帐户的链表，以容纳可变数量的用户。每个用户都有一个用户名、密码、唯一的用户标识号（UID）和一个指示他们是否具有管理员权限的字段。链表中的每个元素都是 userL 类型，包含所有这些用户信息以及到列表中下一个元素的链接。指向列表头部的指针存储在一个名为 users 的全局变量中，并且最初设置为 NULL 以指示没有用户。

C 代码示例 C.39   链表

该程序定义了插入、删除和查找用户以及计算用户数量的函数。insertUser 函数为一个新的链表元素分配空间，并将其添加到链表的头部。deleteUser 函数扫描链表，直到找到指定的 UID，然后删除该元素，调整上一个元素的链接以跳过已删除的元素，并释放已删除元素占用的内存。findUser 函数会扫描链表，直到找到指定的 UID，并返回指向该元素的指针；如果找不到 UID，则返回 NULL。numUsers 函数统计链表中元素的数量。

```c
#include <stdlib.h>
#include <string.h>
typedef struct userL {
  char uname[80];        // user name
  char passwd[80];       // password
  int uid;               // user identification number
  int admin;             // 1 indicates administrator privileges
  struct userL *next;
} userL;

userL *users = NULL;

void insertUser(char *uname, char *passwd, int uid, int admin) {
  userL *newUser;

  newUser = malloc(sizeof(userL));   // create space for new user
  strcpy(newUser->uname, uname);      // copy values into user fields
  strcpy(newUser->passwd, passwd);
  newUser->uid = uid;
  newUser->admin = admin;
  newUser->next = users;              // insert at start of linked list
  users = newUser;
}
void deleteUser(int uid) {   // delete first user with given uid
  userL *cur = users;
  userL *prev = NULL;

  while (cur != NULL) {
    if (cur->uid == uid) { // found the user to delete
      if (prev == NULL) users = cur->next;
      else prev->next = cur->next;
      free(cur);
      return; // done
    }
    prev = cur;        // otherwise, keep scanning through list
    cur = cur->next;
  }
}

userL *findUser(int uid) {
  userL *cur = users;
  while (cur != NULL) {
    if (cur->uid == uid) return cur;
    else cur = cur->next;
  }
  return NULL;
```

```
}

int numUsers(void) {
  userL *cur = users;
  int count = 0;
  while (cur != NULL) {
    count++;
    cur = cur->next;
  }
  return count;
}
```

小结

- 指针：指针保存一个变量的地址。
- 数组：数组是使用方括号 [ ] 声明的类似元素的列表。
- 字符：字符类型可以包含较小的整数或用于表示文本或符号的特殊代码。
- 字符串：字符串是以 NULL 结束符 0x00 结尾的字符数组。
- 结构：结构存储相关变量的集合。
- 动态内存分配：malloc 是标准库（stdlib.h）中的一个内置函数，用于在程序运行时分配内存。free 在使用后释放内存。
- 链表：链表是一种常用的数据结构，用于存储可变数量的元素。

C.9 标准库

程序员经常使用各种标准函数，如打印和三角运算。为了使每个程序员不必从头开始编写这些函数，C 语言提供了常用函数库。每个库都有一个头文件和一个相关的对象文件，这是一个部分编译的 C 文件。头文件中包含变量声明、定义的类型和函数原型。对象文件包含函数本身，并在编译时链接以创建可执行文件。因为库函数调用已经被编译到了对象文件中，所以编译时间减少了。表 C.5 列出了一些最常用的 C 语言库，下面对每个库进行简要描述。

表 C.5 常用的 C 库

C 库头文件	描述
stdio.h	标准输入 / 输出库。包括从屏幕或文件打印或读取的函数（printf、fprintf 和 scanf、fscanf）以及打开和关闭文件的函数（fopen 和 fclose）
stdlib.h	标准库。包括用于生成随机数的函数（rand 和 srand）、动态分配或释放内存的函数（malloc 和 free）、提前终止程序（退出）的函数以及在字符串和数字之间转换的函数（atoi、atol 和 atof）
math.h	数学库。包括标准数学函数，如 sin、cos、asin、acos、sqrt、log、log10、exp、floor 和 ceil
string.h	字符串库。包括用于比较、复制、连接和确定字符串长度的函数

C.9.1 标准输入输出

标准输入 / 输出库 stdio.h 包含用于打印到控制台、读取键盘输入以及读取和写入文件的命令。要使用这些函数，stdio 库必须包含在 C 文件的顶部：

```
#include <stdio.h>
```

1. printf

打印格式的函数 printf 向控制台显示文本。它所需的输入参数是一个用引号""括起来的字符串。该字符串包含文本和用于打印变量的可选命令。要打印的变量列在字符串之后，并使用表 C.6 中所示的格式代码打印。C 代码示例 C.40 给出了 printf 的一个简单示例。

表 C.6　打印变量的 printf 格式代码

代码	格式
%d	十进制
%u	无符号十进制
%x	十六进制
%o	八进制
%f	浮点数（float 或 double）
%e	使用科学计数法表示的浮点数（float 或 double），如 1.56e7
%c	字符（char）
%s	字符串（采用空终止符的字符数组）

C 代码示例 C.40　使用 printf 打印到控制台

```c
// Simple print function
#include <stdio.h>

int num = 42;
int main(void) {
  printf("The answer is %d.\n", num);
}
```

Console Output:

```
The answer is 42.
```

浮点格式（float 和 double）默认打印到小数点后六位数字。要更改精度，请将 %f 替换为 %w.df，其中 w 是数字的最小宽度，d 是要打印的小数位数。请注意，小数点包含在宽度计数中。在 C 代码示例 C.41 中，pi 总共打印了四个字符，其中两个字符在小数点 3.14 之后。e 总共打印了八个字符，其中三个在小数点之后。因为它在小数点之前只有一位数字，所以用三个前导空格填充以达到所需的宽度。c 应该用五个字符打印，其中三个字符在小数点之后。但它太宽了而无法被容纳，所以在保留小数点后 3 位数字的情况下覆盖所需宽度。

C 代码示例 C.41　用于打印的浮点数字格式

```c
// Print floating-point numbers with different formats
float pi = 3.14159, e = 2.7182, c = 2.998e8;
printf("pi = %4.2f\ne = %8.3f\nc = %5.3f\n", pi, e, c);
```

Console Output:

```
pi = 3.14
e =    2.718
c = 299800000.000
```

由于 % 和 \ 用于打印格式，因此要打印这些字符本身，必须使用 C 代码示例 C.42 中显示的特殊字符序列。

C 代码示例 C.42 使用 printf 打印 % 和 \

```
// How to print % and \ to the console
printf("Here are some special characters: %% \\ \n");
```

Console Output:

```
Here are some special characters: % \
```

2. scanf

scanf 函数读取键盘上键入的文本。它使用与 printf 相同的格式代码。C 代码示例 C.43 展示了如何使用 scanf。当遇到 scanf 函数时，程序会等待用户键入值后再继续执行。scanf 的自变量是一个字符串，代表一个或多个格式代码以及存储结果的变量的指针。

C 代码示例 C.43 使用 scanf 从键盘读取用户输入

```
// Read variables from the command line
#include <stdio.h>
int main(void)
{
int a;
  char str[80];
  float f;

  printf("Enter an integer.\n");
  scanf("%d", &a);
  printf("Enter a floating-point number.\n");
  scanf("%f", &f);
  printf("Enter a string.\n");
  scanf("%s", str);   // note no & needed: str is a pointer
}
```

3. 文件管理

许多程序需要读取和写入文件，或处理已经存储在文件中的数据，或记录大量信息。在 C 语言中，必须首先使用 fopen 函数打开文件。然后可以用 fscanf 或 fprintf 函数读取或写入文件，其方式类似于对控制台的读取和写入。最后，应该使用 fclose 指令关闭文件。

fopen 函数将文件名和打印模式作为参数。它返回一个 FILE* 类型的文件指针。如果 fopen 无法打开文件，它将返回 NULL。当试图读取一个不存在的文件或写入一个已经被另一个程序打开的文件时，可能会发生这种情况。模式包括：

- "w"：写入文件。如果文件存在，它将被覆盖。
- "r"：从文件中读取。
- "a"：附加到现有文件的末尾。如果该文件不存在，则会创建该文件。

C 代码示例 C.44 展示了如何打开、打印和关闭文件。最好始终检查文件是否已成功打开，如果未成功打开，则提供错误消息。exit 函数将在 C.9.2 节中进行讨论。fprintf 函数类似于 printf，但它也将文件指针作为输入参数，以知道要写入哪个文件。fclose 函数关闭文件，确保所有信息都实际写入磁盘，并释放文件系统资源。

C 代码示例 C.44 使用 fprintf 打印到文件

```
// Write "Testing file write." to result.txt
#include <stdio.h>
#include <stdlib.h>

int main(void) {
  FILE *fptr;

  if((fptr = fopen("result.txt", "w")) == NULL) {
    printf("Unable to open result.txt for writing.\n");
```

```
    exit(1); // exit the program indicating unsuccessful execution
  }
  fprintf(fptr, "Testing file write.\n");
  fclose(fptr);
}
```

C 代码示例 C.45 显示了使用 fscanf 函数从名为 data.txt 的文件中读取数字。必须先打开文件进行读取。然后，程序使用 feof 函数来检查它是否已经到达文件的末尾。只要程序不在末尾，它就会读取下一个数字并将其打印到屏幕上。同样，程序要在最后关闭文件以释放资源。

C 代码示例 C.45   使用 fscanf 函数从文件读取输入

```
#include <stdio.h>
int main(void) {
  FILE *fptr;
  int data;

  // read in data from input file
  if ((fptr = fopen("data.txt", "r")) == NULL) {
    printf("Unable to read data.txt\n");
    exit(1);
  }
  while (!feof(fptr)) { // check that the end of the file hasn't been reached
    fscanf(fptr, "%d", &data);
    printf("Read data: %d\n", data);
  }
  fclose(fptr);
}
```

data.txt

25 32 14 89

Console Output:

```
Read data: 25
Read data: 32
Read data: 14
Read data: 89
```

4. 其他方便的 stdio 函数

sprintf 函数将字符打印到字符串中，sscanf 从字符串中读取变量。fgetc 函数从文件中读取一个字符，而 fgets 则将一整行读取到字符串中。

fscanf 读取和解析复杂文件的能力相当有限。因此更容易的方法是，通常每次用 fgets 读取一行，然后使用 sscanf 或使用 fgetc 一次检查一个字符的循环来处理该行。

C.9.2   stdlib

标准库 stdlib.h 提供通用函数，包括随机数生成（rand 和 srand）、动态内存分配（malloc 和 free，已在 C.8.7 节中讨论）、提前退出程序（exit）和数字格式转换。要使用这些函数，需要在 C 文件的头部添加下面这行代码。

    #include <stdlib.h>

1. rand 和 srand

rand 返回一个伪随机整数。伪随机数具有随机数的统计特性，但遵循从一个称为种子的初始值开始的确定性模式。要将数字转换为特定范围，请使用 C 代码示例 C.46 中所示的模运算符（%），用于 0 ～ 9 的范围。值 x 和 y 将是随机的，但每次运行此程序时它们都是相同的。示例的控制台输出在代码下方。

C 代码示例 C.46 使用 rand 生成随机数

```
#include <stdlib.h>
int x, y;
x = rand();         // x = a random integer
y = rand() % 10;    // y = a random number from 0 to 9
printf("x = %d, y = %d\n", x, y);
```

Console Output:

```
x = 1481765933, y = 3
```

程序每次运行时，程序员都会通过更改种子来创建不同的随机数序列。这是通过调用 srand 函数来完成的，该函数将种子作为其输入参数。如 C 代码示例 C.47 所示，种子本身必须是随机的，因此典型的 C 程序通过调用时间函数来分配种子，该函数以秒为单位返回当前时间。

C 代码示例 C.47 使用 srand 对随机数生成器进行种子设定

```
// Produce a different random number each run
#include <stdlib.h>
#include <time.h>          // needed to call time()

int main(void) {
  int x;
  srand(time(NULL));       // seed the random number generator
  x = rand() % 10;         // random number from 0 to 9
  printf("x = %d\n", x);
}
```

2. exit

exit 函数提前终止程序。它使用返回到操作系统的单个参数来指示终止的原因。0 表示正常完成，而非零表示错误条件。

3. 格式转换：atoi、atol、atof

标准库提供了使用 atoi 和 atof 将 ASCII 字符串转换为整数或双精度的函数，如 C 代码示例 C.48 所示。这在从文件中读取混合数据（字符串和数字的混合）或处理数字命令行参数时尤其有用，如 C.10.3 节所述。

C 代码示例 C.48 格式转换

```
// Convert ASCII strings to ints and floats
#include <stdlib.h>

int main(void) {
  int x;
  double z;
  x = atoi("42");
  z = atof("3.822");
  printf("x = %d\tz = %f\n", x, z);
}
```

Console Output:

```
x = 42    z = 3.822000
```

C.9.3 math

数学库 math.h 提供常用的数学函数，如三角函数、平方根和对数。C 代码示例 C.49 展示了如何使用其中的一些函数。要使用数学函数，请在 C 文件中使用以下代码：

```
#include <math.h>
```

C 代码示例 C.49　数学函数

```
// Example math functions
#include <stdio.h>
#include <math.h>

int main(void) {
  float a, b, c, d, e, f, g, h;

  a = cos(0);          // a = 1, note: the input argument is in radians
  b = 2 * acos(0);     // b = pi (acos means arc cosine)
  c = sqrt(144);       // c = 12
  d = exp(2);          // d = e^2 = 7.389056
  e = log(7.389056);   // e = 2 (natural logarithm, base e)
  f = log10(1000);     // f = 3 (log base 10)
  g = floor(178.567);  // g = 178, rounds to next lowest whole number
  h = pow(2, 10);      // h = 2^10 (i.e., 2 raised to the 10th power)
  printf("a = %.0f, b = %f, c = %.0f, d = %.0f, e = %.2f, f = %.0f, g = %.2f, h = %.2f\n",
         a, b, c, d, e, f, g, h);
}
```

Console Output:

```
a = 1, b = 3.141593, c = 12, d = 7, e = 2.00, f = 3, g = 178.00, h = 1024.00
```

C.9.4　string

字符串库 string.h 提供了常用的字符串操作函数。关键函数包括：

```
// Copy src into dst and return dst
char *strcpy(char *dst, char *src);
```

```
// Concatenate (append) src to the end of dst and return dst
char *strcat(char *dst, char *src);
```

```
// Compare two strings. Return 0 if equal, nonzero otherwise
int strcmp(char *s1, char *s2);
```

```
// Return the length of str, not including the null termination
int strlen(char *str);
```

C.10　编译器和命令行选项

尽管我们已经引入了相对简单的 C 程序，但现实世界的程序可能由数十甚至数千个 C 文件组成，以实现模块化、可读性和多个程序员的合作。本节介绍如何编译分布在多个 C 文件中的程序，并展示如何使用编译器选项和命令行参数。

C.10.1　编译多个 C 源文件

通过在编译行中列出所有文件名，将多个 C 文件编译为一个可执行文件，如下所示。请记住，C 文件组仍然必须只包含一个主函数，通常放在名为 main.C 的文件中。

```
gcc  main.c  file2.c  file3.c
```

C.10.2　编译器选项

编译器选项允许程序员指定输出文件名和格式、优化等。编译器选项不是标准化的，但表 C.7 列出了常用的选项。在命令行中，每个选项的前面通常都有一个短划线（-），如图所示。例如，"-o"选项允许程序员指定除 a.out 默认值之外的输出文件名。存在过多的选择；

可以通过在命令行中键入 `gcc--help` 来查看它们。

表 C.7 编译器选项

编译器选项	描述	示例
`-o outfile`	指定输出文件名	`gcc-o hello hello.c`
`-S`	创建汇编语言输出文件（不可执行文件）	`gcc-S hello.c` this produces `hello.s`
`-v`	详细模式——在完成编译时输出编译结果和过程	`gcc-v hello.c`
`-Olevel`	指定优化水平（通常为 0 ～ 3），生成更快和更短的代码，但其代价是较长的编译时间	`gcc-O3 hello.c`
`--version`	列出编译器版本	`gcc-version`
`--help`	列出所有命令行选项	`gcc--help`
`-Wall`	输出所有警告	`gcc-Wall hello.c`

C.10.3 命令行参数

和其他函数一样，`main` 函数也可以接受输入变量。但是，与其他函数不同，这些参数是在命令行中指定的。如 C 代码示例 C.50 所示，`argc` 代表参数计数，它表示命令行上的参数数量。`argv` 代表参数向量，它是在命令行中找到的字符串数组。例如，假设 C 代码示例 C.50 中的程序被编译成一个名为 testargs 的可执行文件。当在命令行键入以下代码时，`argc` 的值为 4，数组 `argv` 的值为 {"./testargs"、"arg1"、"25"、"lastarg!"}。请注意，可执行文件名称被计算为第 0 个（即最左边的）参数。键入此命令后的控制台输出如 C 代码示例 C.50 所示。

```
gcc -o testargs testargs.c
./testargs arg1 25 lastarg!
```

需要数字参数的程序可以使用 stdlib.h 中的函数将字符串参数转换为数字。

C 代码示例 C.50 命令行参数

```c
// Print command line arguments
#include <stdio.h>
int main(int argc, char *argv[]) {
  int i;
  for (i = 0; i < argc; i++)
    printf("argv[%d] = %s\n", i, argv[i]);
}
```

Console Output

```
argv[0] = ./testargs
argv[1] = arg1
argv[2] = 25
argv[3] = lastarg!
```

C.11 常见错误

与其他编程语言一样，在编写 C 语言程序时，几乎可以肯定会出错。以下是用 C 语言编程时所犯的一些常见错误的描述。其中一些错误特别令人不安，因为它们可以正常编译，但不能按程序员的意图运行。

调试技能是通过实践获得的，但这里有一些提示。

- 修复从编译器指示的第一个错误开始的错误。以后的错误可能是该错误的下游影响。修复该错误后，重新编译并重复，直到所有错误（至少是编译器捕获的错误！）都得到修复。
- 当编译器说一行有效的代码有错误时，请检查上面的代码（即是否缺少分号或大括号）。
- 必要时，将复杂的语句拆分为多行。
- 使用 printf 输出中间结果。
- 当结果与预期不匹配时，从代码偏离预期的第一个地方开始调试代码。
- 查看所有编译器警告。虽然有些警告可以忽略，但其他警告可能会提醒您注意更细微的代码错误，这些错误将编译但不会按预期运行。

C 代码错误 C.1　scanf 中缺失 &

Erroneous Code	Corrected Code
``int a;
printf("Enter an integer:\t");
scanf("%d", a); // missing & before a```	```int a;
printf("Enter an integer:\t");
scanf("%d", &a);```

C 代码错误 C.2　比较语句中使用 = 代替 ==

Erroneous Code	Corrected Code
``if (x = 1) // always evaluates as TRUE
printf("Found!\n");```	```if (x == 1)
printf("Found!\n");```

C 代码错误 C.3　索引超出数组的末端元素

Erroneous Code	Corrected Code
``int array[10];
array[10] = 42; // index is 0-9```	```int array[10];
array[9] = 42;```

C 代码错误 C.4　在 #define 语句中使用 =

Erroneous Code	Corrected Code
``// replaces NUM with "= 4" in code
#define NUM = 4```	```#define NUM 4```

C 代码错误 C.5　使用未初始化的变量

Erroneous Code	Corrected Code
``int i;
if (i == 10) // i is uninitialized
...```	```int i = 10;
if (i == 10)
...```

C 代码错误 C.6　未包含用户获取的头文件的路径

Erroneous Code	Corrected Code
```#include "myfile.h"```	```#include "othercode\myfile.h"```

C 代码错误 C.7　使用逻辑运算符（!、||、&&）代替位运算符（~、|、&）

Erroneous Code

```
char x = !5;    // logical NOT: x = 0
char y = 5||2;  // logical OR:   y = 1
char z = 5&&2;  // logical AND: z = 1
```

Corrected Code

```
char x = ~5; // bitwise NOT:  x = 0b11111010
char y = 5|2; // bitwise OR:   y = 0b00000111
char z = 5&2; // logical AND:  z = 0b00000000
```

C 代码错误 C.8　在 switch/case 语句中遗漏 break 语句

Erroneous Code

```
char x = 'd';
...
switch (x) {
  case 'u': direction = 1;
  case 'd': direction = 2;
  case 'l': direction = 3;
  case 'r': direction = 4;
  default: direction = 0;
}
// direction = 0
```

Corrected Code

```
char x = 'd';
...
switch (x) {
  case 'u': direction = 1; break;
  case 'd': direction = 2; break;
  case 'l': direction = 3; break;
  case 'r': direction = 4; break;
  default: direction = 0;
}
// direction = 2
```

C 代码错误 C.9　遗漏大括号 { }

Erroneous Code

```
if (ptr == NULL) // missing curly braces
  printf("Unable to open file.\n");
  exit(1);       // always executes
```

Corrected Code

```
if (ptr == NULL) {
  printf("Unable to open file.\n");
  exit(1);
}
```

C 代码错误 C.10　在函数声明之前使用函数

Erroneous Code

```
int main(void) {
  test();
}
void test(void) {
  ...
}
```

Corrected Code

```
void test(void) {
  ...
}
int main(void) {
  test();
}
```

C 代码错误 C.11　声明具有相同名称的局部和全局变量

Erroneous Code

```
int x = 5;   // global declaration of x
int test(void) {
  int x = 3;  // local declaration of x
  ...
}
```

Corrected Code

```
int x = 5;   // global declaration of x
int test(void) {
  int y = 3;  // local variable is y
  ...
}
```

C 代码错误 C.12　在数组声明后尝试用 { } 初始化数组

Erroneous Code

```
int scores[3];
scores = {93, 81, 97}; // won't compile
```

Corrected Code

```
int scores[3] = {93, 81, 97};
```

C 代码错误 C.13　使用 = 将一个数组赋值给另一个数组

Erroneous Code

```
int scores[3] = {88, 79, 93};
int scores2[3];
scores2 = scores;
```

Corrected Code

```
int scores[3] = {88, 79, 93};
int scores2[3];
for (i = 0; i < 3; i++)
  scores2[i] = scores[i];
```

C 代码错误 C.14　在 do/while 循环后遗漏分号

Erroneous Code	Corrected Code
| ```c
int num;
do {
  num = getNum();
} while (num < 100) // missing ;
``` | ```c
int num;
do {
  num = getNum();
} while (num < 100);
``` |

C 代码错误 C.15　在 for 循环中使用逗号而不是分号

Erroneous Code	Corrected Code
| ```c
for (i=0, i < 200, i++)
  ...
``` | ```c
for (i = 0; i < 200; i++)
  ...
``` |

C 代码错误 C.16　整数除法代替浮点数除法

Erroneous Code	Corrected Code
| ```c
// integer (truncated) division occurs when
// both arguments of division are integers
float x = 9 / 4; // x = 2.0
``` | ```c
// at least one of the arguments of
// division must be a float to
// perform floating-point division
float x = 9.0 / 4; // x = 2.25
``` |

C 代码错误 C.17　写入未初始化的指针

Erroneous Code	Corrected Code
| ```c
int *y = 77;
``` | ```c
int x, *y = &x;
*y = 77;
``` |

C 代码错误 C.18　预期过高（或缺乏预期）

　　一个常见的初学者错误是编写一个完整的程序（通常没有模块化），并期望它第一次就能完美地运行。对于复杂的程序来说，编写模块化代码和测试单个函数是必不可少的。随着复杂性的增加，调试变得越来越困难并且很耗时。

　　另一个常见的错误是缺乏期望。当这种情况发生时，程序员只能验证代码是否产生了结果，而不能验证结果是否正确。使用已知输入和预期结果测试程序对于验证函数至关重要。

　　本附录重点介绍了在诸如个人计算机之类的系统上使用 C 语言。第 9 章描述了如何使用 C 语言对 SparkFun 的 RED-V RedBoard 进行编程，该程序基于可用于嵌入式系统的 RISC-V 微控制器。微控制器通常用 C 语言编程，因为该语言对硬件的低级控制几乎与汇编语言一样多，但编写起来更简洁、更快。

RVfpga：RISC-V FPGA

D.1　引言

RISC-V FPGA（也称为 RVfpga）包含两门免费系列课程，其内容与计算机体系结构和片上系统（SoC）设计相关，学完本教材中的内容后即可完成这两门课程的学习。

尽管 RISC-V 是一种开放标准和免版税的指令集体系结构，但要想轻松访问、使用和修改开源 RISC-V 系统仍然面临着多重障碍，包括对于体系结构、扩展和 RISC-V 工具的理解之间的差距，以及收集和使用部署、理解、扩展商用 RISC-V 内核与 SoC 所需各种构件的难度。RVfpga 课程（RVfpga 和 RVfpga-SoC）涵盖从系统设置到使用、编程、理解及扩展 RISC-V 内核和 SoC 的全套内容，旨在通过介绍这一完整过程来应对上述挑战。

第一门课程是 RVfpga，将介绍如何面向原生的商用 RISC-V 内核设计 FPGA，使用 RISC-V 汇编语言或 C 语言对其进行编程，向其添加外设，以及分析和修改内核与存储器系统（包括将指令添加到内核）。除了提供教材、实践教程、示例和练习（包括入门指南和 20 个实验），该课程还提供基于 VeeRwolf SoC 和 VeeR EH1 内核的 RVfpga SoC 源代码（Verilog/SystemVerilog）。RVfpga 课程还将介绍如何使用 Verilator（一款开源 HDL 仿真器）、Whisper[一款开源 RISC-V 指令集仿真器（Instruction Set Simulator，ISS）]和 ViDBo（一款开源可视化工具，用于查看 Nexys A7 FPGA 电路板的仿真结果）。用户还可以选择在 Nexys A7 FPGA 电路板上实现其硬件设计。

第二门课程是 RVfpga-SoC，介绍如何使用 VeeR EH1 内核、互连和存储器等构件构建基于 VeeRwolf 的 SoC。然后指导用户在 RISC-V SoC 上装载和运行 Zephyr 操作系统。该课程包含 5 个附带操作指南和教程的实验。

> RVfpga 材料可通过注册参加 Imagination Technologies 大学计划免费获取：https://university.imgtec.com/rvfpga/。所有必要的软件和系统源代码（Verilog/SystemVerilog 文件）均免费提供，课程可在仿真环境中完成，因此不需要任何硬件。

本章的剩余部分介绍 RVfpga 课程以及如何在课上或自学中使用相关材料。

D.2　RVfpga 课程目标、概述和结构

RVfpga 课程旨在让用户了解和使用商用 RISC-V 内核和系统，然后学习如何扩展系统以进行学习、研究和实验。用户应对数字设计和计算机体系结构（即本教材前面章节所涵盖的主题）有基本的了解。RVfpga 课程建立在这些主题的基础之上，并通过动手实验和练习进行扩展。

RVfpga 课程包含两个小节，每个小节都可以作为一个学期的课程来实施教学。第一小

节面向二年级和三年级本科生,侧重于教授如何使用系统,包括对 SoC 进行编程、使用现有外设,以及扩展系统以加入其他外设。第二小节面向高年级本科生或硕士生,侧重于微体系结构,包括理解流水线内核和系统的微体系结构功能,例如分支预测、存储器层级和冲突处理。这两个小节还将介绍如何测试外设和微体系结构修改,以及如何扩展 SoC。

RVfpga 系统是开源 VeeRwolf SoC 的扩展版本。VeeRwolf(最初称为 SweRVolf)基于开源 VeeR EH1 内核。尽管课程中已经提供了 RVfpga 系统的源代码,表 D.1 中仍然给出了内核和原始 SoC(VeeRwolf)的原始存储库链接以供参考。内核和 SoC 由 CHIPS Alliance 提供,该组织致力于开发和分享开源硬件设计。

表 D.1　开源 RISC-V 内核和 SoC

内核或 SoC	网站
VeeR EH1 内核	https://github.com/chipsalliance/Cores-VeeR-EH1
VeeRwolf(SweRVolf)SoC	https://github.com/chipsalliance/Cores-SweRVolf

VeeR EH1 内核具有 2 路 9 级有序流水线,如图 D.1 所示。该流水线有两个取指阶段、对齐和译码阶段、三个执行阶段(整数执行、加载 / 存储路径或乘法路径)以及提交和写回阶段。该内核还包含一个非流水线式除法器,执行时间最长需要 34 个周期。

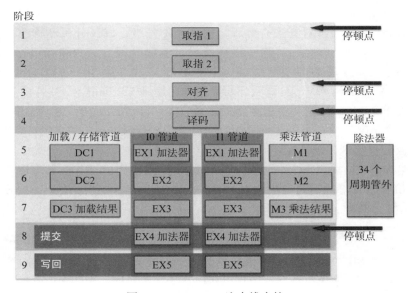

图 D.1　VeeR EH1 流水线内核
(图片来源:https://github.com/chipsalliance/Cores-VeeR-EH1)

各级流水线使用内核中的多个硬件单元实现,包括用于取指和对齐阶段的取指单元(IFU)、用于译码阶段的译码单元(DEC)、用于整数执行阶段(EX1 ～ EX3)和乘法执行阶段(M1 ～ M3)的执行单元(EXU),以及用于加载 / 存储路径(DC1 ～ DC3)的加载 / 存储单元(LSU),如图 D.2 所示。经扩展的内核增加了片上存储器和外设接口,包括用于存储数据和指令的紧耦合存储器(DCCM 和 ICCM)以及 AXI 或 AHB-Lite 总线接口,形成了 VeeR EH1 内核复合体。

若要创建 RVfpga SoC，VeeR EH1 内核复合体需连接到外设、存储器和接口［包括 GPIO）、

8 位 7 段显示管（包含在系统控制器中）、SPI 和 UART 接口］，以及引导 ROM 和 PTC（PWM/定时器/计数器），如图 D.3 所示。表 D.2 所示为 RVfpga 存储器的地址映射表，地址范围为 0x80000000 ～ 0x80002FFF。如前文所述，RVfpga SoC 是 VeeRwolf SoC 的扩展版本，图 D.3 中有阴影的接口和表 D.2 中带星号（*）的接口表示这些接口已添加到 VeeRwolf SoC 上以用于创建 RVfpga SoC。尽管图中没有说明，但 8 位 7 段显示管也已添加到其系统控制器（System-Ctrl）模块内的 VeeRwolf 上。

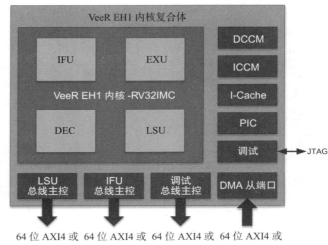

图 D.2 VeeR EH1 内核复合体

（图片来源：https://github.com/chipsalliance/Cores-VeeR-EH1）

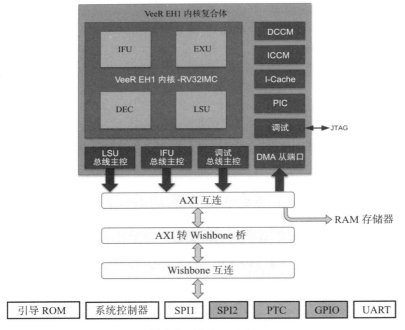

图 D.3 RVfpga SoC

表 D.2 RVfpga 存储器映射

系统	地址	系统	地址
引导 ROM	0x80000000 ～ 0x80000FFF	PTC *	0x80001200 ～ 0x8000123F
系统控制器	0x80001000 ～ 0x8000103F	GPIO *	0x80001400 ～ 0x8000143F
SPI1	0x80001040 ～ 0x8000107F	UART	0x80002000 ～ 0x80002FFF
SPI2 *	0x80001100 ～ 0x8000113F		

D.2.1　RVfpga 软件、工具和可选硬件

该课程需要使用的所有软件（如表 D.3 中所列）均免费提供，且同时支持 Linux、Windows 和 MacOS 系统。PlatformIO 开发环境是 Visual Studio Code（VSCode）的扩展，是需要下载和安装的主要工具。表 D.3 中列出的许多其他工具会在 RVfpga 设置过程中自动安装，课程中将对它们做详细介绍。表 D.3 列出了所有工具的链接以供参考，但除 PlatformIO 外的许多工具并不需要单独下载。RISC-V 工具链包含编译器和调试器，会在 PlatformIO 的环境中下载。

表 D.3　软件工具

工具	网站
PlatformIO	https://platformio.org/ 和 https://code.visualstudio.com/Download
RISC-V 工具链	https://github.com/riscv/riscv-gnu-toolchain
Whisper ISS	https://github.com/chipsalliance/VeeR-ISS
Verilator	https://github.com/verilator/verilator
GTKWave（由 RVfpga-Trace 使用）	http://gtkwave.sourceforge.net/
RVfpga-ViDBo	https://github.com/artecs-group/RVfpga-sim-addons
RVfpga-Pipeline	https://github.com/artecs-group/RVfpga-sim-addons

表 D.3 中列出的其余软件工具为仿真工具。开源 Whisper ISS 最初由 Western Digital 开发，现在可从 CHIPS Alliance 获取。Whisper ISS 用于对 RISC-V 汇编代码进行仿真，不依赖于任何硬件，因此该工具提供的是功能性仿真而非周期精确仿真。

Verilator 是一款用于编译（更准确地说是"用于验证"）RVfpga SoC 的开源 HDL 仿真器，可用作以下几款仿真工具的后端：RVfpga-Trace、RVfpga-ViDBo 和 RVfpga-Pipeline。当用作上述工具的后端时，Verilator 可以对 RVfpga SoC 的实际源代码进行仿真，因此能够保证周期精确。但是，每款仿真工具的前端各不相同。RVfpga-Trace 利用开源 GTKWave 应用程序查看整个 SoC 的信号轨迹，使用户能够深入了解 HDL 层级的底层级别，在对系统进行扩展和调试时特别有用。RVfpga-ViDBo 使用户能够在虚拟开发板上对 I/O 程序进行仿真，而不必购买昂贵的 FPGA 电路板。最后一款工具是 RVfpga-Pipeline，这款开源工具用于可视化 RVfpga 的 9 级流水线，在实验 11 ～ 17 中分析内部 SweRV EH1 微体系结构时特别有用。

表 D.4 列出了可选硬件、FPGA 开发板及其支持工具。Nexys A7-100T FPGA 开发板配有 Artix7 FPGA、外设和专门用于 RVfpga 系统的接口，其中包括 7 段显示管、开关、LED、片外存储器和加速计。用户可以使用免费的 Vivado WebPACK 软件合成 HDL，并将此电路板作为目标板。2023 年，该电路板的价格为 262 美元（学术优惠价）～ 349 美元，但该硬件不是必需的。用户可在仿真环境中使用虚拟电路板完成整个 RVfpga 课程，而无须购买该电路板。RVfpga-ViDBo 仿真器将 Nexys A7 电路板作为目标板并可在仿真环境中对其进行可视化，因此免费的 ViDBo 已经能够提供 exys A7 电路板的许多实用功能。

表 D.4　可选硬件和工具

工具	网站
Nexys A7-100T FPGA 电路板	https://store.digilentinc.com/nexys-a7-fpga-trainer-board-recommended-for-ece-curriculum/
Vivado 2019.2 WebPACK	https://www.xilinx.com/support/download/index.html/content/xilinx/en/downloadNav/vivado-design-tools/archive.html

图 D.4 将介绍运行 RVfpga SoC 的方法：在硬件（rvfpganexys）中使用 Vivado 或在软件（rvfpgasim）中使用之前已经讨论过的仿真工具，即 RVfpga-VIDBo、RVfpga-Trace 和 RVfpga-Pipeline，这些工具使用 Verilator 仿真器作为后端。

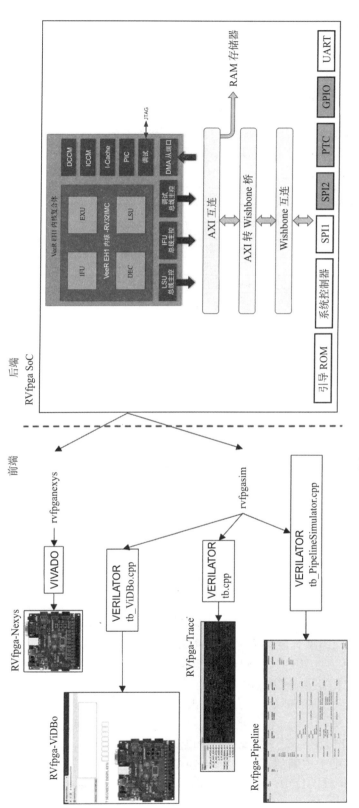

图 D.4　RVfpga 工具图

D.2.2　RVfpga 操作指南、实验和资源

　　RVfpga 课程包含入门指南、20 个实验和各种支持资源，例如整个 RVfpga 系统的 Verilog/SystemVerilog 源代码、预生成的 bit 文件以及仿真可执行文件（适用于各种操作系统，即 Linux、Windows 和 MacOS），其中包含专门用于仿真或在 Nexys A7 板上使用的 RVfpga SoC。所有文档（演示幻灯片、实验文档、习题答案）均提供源文档形式（.PPTX、.DOCX 和文本文档），以便讲师使用和进行改编。表 D.5 列出了 20 个 RVfpga 实验，前十个实验（实验 1 ～ 10）组成第一个子课程，侧重于编程和外设；后十个实验（实验 11 ～ 20）侧重于内核的微体系结构。

表 D.5　RVfpga 实验

实验编号	标题
第 1 部分	
0	RVfpga 实验概述
1	C 语言编程
2	RISC-V 汇编语言
3	函数调用
4	图像处理：采用 C 语言和汇编语言的项目
5	创建 Vivado 项目（选做）
6	I/O 简介
7	7 段显示屏
8	定时器
9	中断驱动 I/O
10	串行总线
第 2 部分	
11	VeeR EH1 配置和结构。性能监视
12	算术 / 逻辑指令：add 指令
13	存储器指令：lw 和 sw 指令
14	结构冲突
15	数据冲突
16	控制冲突。分支指令：beq 指令。分支
17	超标量执行
18	向内核添加新功能（指令和硬件计数器）
19	存储器层级。指令高速缓存
20	ICCM 和 DCCM

　　实验 1 ～ 4 将介绍如何使用 C 语言、RISC-V 汇编语言以及 C 语言和汇编语言的组合对 RVfpga 进行编程。实验 5（选做）将介绍如何创建 Vivado 项目，以生成专门用于 Artix7 FPGA 和 Nexys A7 电路板外设的 bit 文件。只有对于想要扩展 RVfpga SoC 并在硬件中对其进行测试（需要新生成的 bit 文件）的用户来说，该实验才是必需的。需要重申的是实验 5 是选择性的，因为所有实验（包括系统扩展）只需通过仿真即可完成。实验 6 ～ 10 将介绍存储器映射 I/O，并讨论 SoC 中的现有外设以及如何扩展系统以添加更多外设。这些实验中同时使用了编程和基于中断的方法。Western Digital 的 PSP（平台支持包）和 BSP（电路板支持包）能够支持中断的使用，可通过 https://github.com/chipsalliance/riscv-fw-infrastructure 获取并安装在 PlatformIO 中。

实验 11 ~ 20 将深入研究微体系结构，包括配置设置、性能计数器、流水线内核、冲突、超标量执行和存储器层级（包含 ICCM、DCCM 和指令高速缓存）。底层 VeeR EH1 内核不包含数据高速缓存。实验 11 ~ 20 还将介绍如何修改内核和存储器系统，包括探索各种内核配置和分支预测器并扩展内核的功能，如添加新指令（具体来说，我们加入了基线系统不支持的几种扩展的指令，如位操作和浮点指令）和附加性能计数器。

D.3 RVfpga-SoC 课程目标、概述和结构

RVfpga-SoC 是 RVfpga 课程的后续课程。RVfpga 课程侧重于使用和扩展 RISC-V 内核及其外设，而 RVfpga-SoC 课程将介绍如何使用构件创建基于 SweRVolfX 的 RISC-V SoC。

表 D.6 中列出了 5 个 RVfpga-SoC 实验。实验 1 提供了实验概述并介绍如何通过连接模块（包括 VeeR EH1 内核、互连和外设）从头开始创建 RVfpga SoC。我们使用 Xilinx 的 Vivado 块设计工具添加模块，之后将这些模块的引脚逐一连接以创建 RVfpga 系统的子集。然后展示如何确定该 RVfpga 系统的目标 Nexys A7 FPGA 电路板。实验 2 将介绍如何在实验 1 构建的 RVfpga 系统上运行程序。用户可以在仿真环境中或硬件上运行程序。实验 3 将介绍两款开源工具，FuseSoC 是一款用于构建系统的开源工具，SweRVolf 是基于 SweRV EH1 内核的开源 SoC。实验 3 还将对比 FuseSoC 方法与实验 1 中的模块设计方法。实验 4 将介绍如何在 RVfpga 系统上构建、运行和使用开源实时操作系统（Real-Time Operating System，RTOS）Zephyr。最后，实验 5 将介绍如何为 Zephyr（实时操作系统）构建 Tensorflow Lite 项目，以及如何在 SweRVolf 上运行该 Zephyr 程序。

表 D.6 RVfpga-SoC 实验

实验编号	标题
1	RVfpga-SoC 简介
2	在 RVfpga SoC 上运行软件
3	SweRVolf 和 FuseSoC 简介
4	在 SweRVolf 上构建并运行 Zephyr
5	在 SweRVolf 上运行 Tensorflow Lite

D.4 总结

这两门 RVfpga 课程提供了关于使用、理解和扩展商用 RISC-V SoC 的说明、工具、资源和实践操作指南。RVfpga 弥合了 RISC-V 架构的理论理解与实际使用、测试、修改 RISC-V 系统能力之间存在的差距。这些课程可供教授使用和改编，也可供自学使用，只需几分钟即可在 Imagination Technologies 上完成注册并免费使用。完成 RVfpga 课程的用户将了解并掌握如何使用、分析和扩展 RISC-V 开发环境和系统。

扩展阅读

1. Berlin L., The Man Behind the Microchip: Robert Noyce and the Invention of Silicon Valley, Oxford University Press, 2005.

    微芯片的发明者之一，仙童半导体公司和英特尔共同创立者之一，Robert Noyce 的精彩传记。对于任何想要在硅谷工作的人来说，这本书可以让他们了解硅谷这个地方的文化，一种相比其他硅谷风云人物，被 Noyce 加以更深影响的文化。

2. Ciletti M., Advanced Digital Design with the Verilog HDL, 2nd ed., Prentice Hall, 2010.

    一本关于 Verilog 2005（而不是 System Verilog）的较好的参考书。

3. Colwell R., The Pentium Chronicles: The People, Passion, and Politics Behind Intel's Landmark Chips, Wiley, 2005.

    Intel 几代奔腾芯片开发的传奇故事，由这个项目的负责人之一所著。对于那些考虑从事这个领域的人来说，这本书提供了了解这个巨大设计项目管理的多个视角，透露了这个最重要的商业微处理器产品线的幕后新闻。

4. Ercegovac M., and Lang T., Digital Arithmetic, Morgan Kaufmann, 2003.

    关于计算机运算系统的最全面的教材，构建高质量计算机运算单元的优秀资源。

5. Hennessy J., and Patterson D., Computer Architecture: A Quantitative Approach, 6th ed., Morgan Kaufmann, 2017.

    高级计算机体系结构的权威教材。如果你很有兴趣了解最前沿的微处理器的内部工作原理，这本书最适合。

6. Kidder T., The Soul of a New Machine, Back Bay Books, 1981.

    一个计算机系统设计的经典故事。30 年后，这本书依然让你欲罢不能，书中关于项目管理和技术的观点和看法在今天仍然适用。

7. Patterson D., and Waterman A., The RISC-V Reader: An Open Architecture Atlas, Strawberry Canyon, 2017.

    一份两位 RISC-V 架构师对 RISC-V 架构的简要介绍。

8. Pedroni V., Circuit Design and Simulation with VHDL, 2nd ed., MIT Press, 2010.

    一本展示如何用 VHDL 设计电路的参考书。

    （1）System Verilog IEEE Standard (IEEE STD 1800).

    System Verilog Hardware Description Language 的 IEEE 标准，最近更新在 2019 年。相关内容请见：ieeexplore.ieee.org。

    （2）VHDL IEEE Standard (IEEE STD 1076).

    VHDL 的 IEEE 标准，最近更新在 2017 年。相关内容请见：ieeexplore.ieee.org。

9. Wakerly J., Digital Design: Principles and Practices, 5th ed., Pearson, 2018.

    一本关于数字设计方面的全面易懂的教材，非常好的参考书。

10. Weste N., and Harris D., CMOS VLSI Design, 4th ed., Addison-Wesley, 2010.

    超大规模集成电路 (VLSI) 是构造包含很多晶体管的芯片的一门艺术和科学。本书的内容覆盖从初开始的基本知识到用于商业产品的最先进的技术。